"十三五"高等职业教育规划教材

常用机构与零件设计

（第 2 版）

主　编　卢雪红
副主编　朱　林　张　萍　郭　婧

煤 炭 工 业 出 版 社
·北　京·

内 容 提 要

本书为“十三五”高等职业教育规划教材，主要内容包括构件静力学与基本变形分析、常用平面机构结构分析与设计、常用机械传动结构分析与设计、减速器轴系零部件结构分析与设计、零件极限与配合选用。

本教材适用于高等职业院校机械类专业、近机械类相关专业使用。

再版前言

《常用机构与零件设计》是高职高专机械类、近机械类专业的专业技术基础课程，本课程主要研究常用机构及通用零部件的工作原理、结构特点、基本设计理论、设计计算方法和选用原则等。通过对本课程的学习，使学生能够分析常用机械设备传动原理及结构组成，并在初步设计常用机构及机械传动的基础上，建立初步的工程设备设计概念，并通过“任务实施”的完成，做到理论联系实际，提高学生分析问题和解决实际问题的能力，为将来从事机械设备的使用、维护、保养、开发等奠定基础，同时为后续专业技能课程的学习打下坚实的基础。

本教材第1版是兰州资源环境职业技术学院国家骨干院校建设时期教材建设成果之一，系2014年9月出版。在四年的使用过程中，已不断进行修订与完善。在本次再版中除了修订了初版教材中一些错误之外，对编排结构进行了精细处理，并补充了实训项目内容（见附录一），使本教材内容从理论学习到实践环节更加完善。

本书在编写过程中，为突出职业能力培养，体现基于职业岗位和具体工作过程的课程设计理念，全书内容以项目为导向，采取任务驱动的模式，以真实的工作任务或设备组成部分为载体组织课程教学内容，内容编排上打破了传统学科式教学内容的编排顺序，以构件的静力分析和基本变形为切入点，通过对构件的设计，循序渐进地过渡到对常用机构、机械传动以及零部件的设计与选用，进一步对零件提出公差与配合等技术要求，形成了一个完整的设计思想。本课程结合了当前高职学生的特点，内容以“够用”为度，便于学生的学习与应用。

本书由兰州资源环境职业技术学院卢雪红任主编，朱林、张萍、郭婧任副主编，何冬花、车明浪、祁贤业、钟立才、史兆伟、常娜娜、郑建军、王中平参与编写。其中，绪论和项目一的任务一、任务二由卢雪红编写，项目一的任务三由朱林编写，项目一的任务四由郭婧编写，项目一的任务五、任务六由郑建军编写；项目二由常娜娜编写；项目三的任务一、任务二由钟立才编写，项目三的任务三由车明浪编写，项目三的任务四由祁贤业编写，项目三的任务五和项目四的任务一、任务二由史兆伟编写；项目五的任务一由张萍编写，项目五的任务二由王中平编写，项目五的任务三由何冬花编写；附录（包括附录一、附录二、附录三）由王中平编写。兰州资源环境职业技术学院高峰教授和窑街煤电集团公司陈重仪高级工程师任主审。

本书在编写过程中得到了兰州资源环境职业技术学院相关部门及窑街煤电集团有限公司有关高级技术人员的大力帮助，在此表示诚挚谢意。因编者水平有限，书中错误与缺憾诚请读者批评指正。

编　者

2018 年 8 月

前　　言

《常用机构与零件设计》主要介绍常用机构及通用零部件的工作原理、结构特点、基本设计理论、设计计算方法和选用原则等。通过对该课程的学习，使学生能够分析常用机械设备传动原理及结构组成，并在初步设计常用机构及机械传动的基础上，建立初步的工程设备设计概念，并通过一些实训项目的有机结合，做到理论联系实际，提高学生分析和解决实际问题的能力，为将来从事机械设备的使用、维护、保养、开发等奠定基础，同时为后续专业技能课程的学习打下坚实的基础。

本课程是兰州资源环境职业技术学院国家骨干院校建设重点专业——矿山机电及相关专业的一门非常重要的专业技术基础课程。本书在编写过程中，为突出职业能力培养，体现基于职业岗位和具体工作过程的课程设计理念，全书内容以项目为导向，采取任务驱动的模式，以真实的工作任务或设备组成部分为载体组织课程教学内容；内容编排上打破了传统学科式教学内容的编排顺序，以构件的静力分析和基本变形为切入点，通过对构件的设计，循序渐进地过渡到对常用机构、机械传动以及零部件的设计与选用，进一步对零件提出公差与配合等技术要求，形成了一个完整的设计思想。该课程结合了当前高职学生的特点，内容以“够用”为度，便于学生学习与应用。

本书由兰州资源环境职业技术学院机电工程系卢雪红任主编，朱林、张萍、郭婧任副主编，何冬花、祁贤业、车明浪参与编写。其中，绪论，项目一任务一、任务六，项目二任务三，项目五任务一由卢雪红编写；项目一任务三、任务四由朱林编写；项目五任务三由张萍编写；项目一任务二由郭婧编写；项目一任务五，项目三任务一、任务三，项目四任务二由何冬花编写；项目二任务一、任务二、任务四，项目三任务二由祁贤业编写；项目三任务四、任务五，项目四任务一，项目五任务二和附录由车明浪编写。兰州资源环境职业技术学院高峰教授和窑街煤电集团公司陈重仪高级工程师任主审。

本书在编写过程中得到了兰州资源环境职业技术学院相关部门及窑街煤电集团有限公司技术人员的大力帮助，在此表示诚挚谢意。因编者水平有限，书中错误与缺憾诚请读者批评指正。

编　者

2014 年 3 月

目　次

绪　论

一、工作任务

（一）任务概述

本课程在以构件静力分析和基本变形为切入点，在研究如何保证构件经济、安全的理论基础上，研究常用机构及通用零部件的工作原理、结构特点、基本设计理论、设计计算方法和选用原则。并在设计的基础上，进一步对零件提出公差与配合等技术要求，形成了一个完整的设计思想。全书以项目为导向，采取任务驱动的模式，以真实的工作任务或设备组成部分为载体组织课程教学内容，在学中做、做中学，激发学生学习兴趣，实现“理实一体化”，提高学生的职业技能和职业素质。

（二）任务要求

1. 知识要求

（1）掌握作用在刚体上的力系的平衡条件。

（2）掌握构件的强度、刚度计算方法，并能解决实际问题。

（3）掌握公差与配合知识在零件（部件）的设计、制造、使用和维修过程中作用。

（4）了解常用机构的工作原理、运动特性及机械设计的基本理论和方法。

（5）培养学生初步具有运用标准手册查阅相关技术资料的能力，具有通用零件的参数选择和简单机械传动装置的设计计算能力。

（6）得到本学科实验技能的初步训练，培养一定的创新能力。

（7）能正确绘制常用零件的零件图，简单机械产品的装配图。

2. 能力要求

（1）具有一些常用机构和零部件的使用与维修能力。

（2）具有分析和设计常用机构和典型零部件的能力。

（3）具有通用零部件选用和简单工程设备的拆装能力。

3. 态度要求

（1）激发学生的学习兴趣，培养独立思考、乐于观察，发现新事物的能力。

（2）培养学生的动手能力和创新意识。

（3）培养自学或协同学习的能力，享受学习的乐趣。

（4）能从多渠道查看、收集、了解机械发展的前沿。

（5）提高分析、判断、决策、计划、评价能力。

二、相关知识

（一）机械的作用

机械是机器和机构的总称。使用机械可以实现大批量生产，对生产进行严格分工和科学管理；使用机械可以实现产品的标准化、系列化、通用化。因此，机械行业发展水平也是衡量一个国家技术水平和现代化程度的重要标志之一。大量的新机械产品已经从传统的纯机械系统演变成机、电、液、气一体化的机械设备。机械产品的设计、制造进入了智能化的新阶段，其设计制造周期越来越短，对性能、质量的要求也越来越高，个性化要求越来越多，机械产品向着高速、精密、重载、智能等方面发展。

（二）机器的组成及特征

1. 机器的组成

机械的种类繁多，性能、用途各异。在人们的生产和生活中广泛地使用着各种类型的机器。常见的如内燃机、机床、汽车、火车、发电机、洗衣机、计算机等。如图 0－1 所示为颚式破碎机，其主体由机架 1、偏心轴 2、动颚 3 和肘板 4 等组成。偏心轴与带轮 5 固定连接，当电动机驱动带轮运转时，偏心轴 2 则绕轴 A 转动，使动颚 3 作平面运动，轧碎动颚 3 与定颚 6 之间的矿石，从而作有用的机械功。

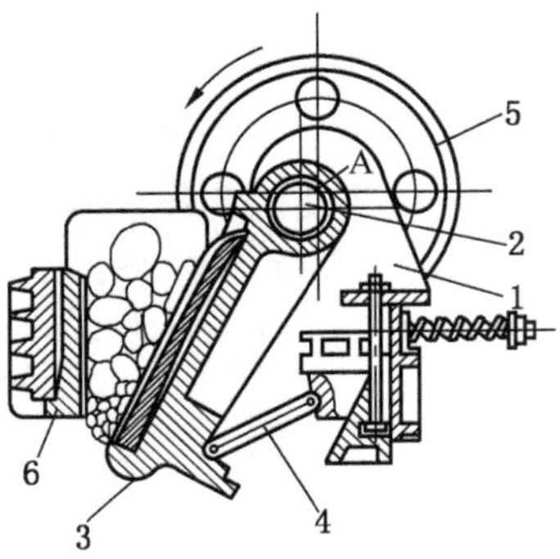

图 0－1　颚式破碎机

一台完整的机器一般由原动部分、执行部分、传动部分和控制部分 4 部分组成。

（1）原动部分为机器动力的来源，应用最多的是电动机。

（2）执行部分是直接完成生产任务的部分，其结构形式取决于机器本身的用途。

（3）传动部分是将原动部分的运动和动力传到执行部分的中间环节。

（4）控制部分是完成各种功能的操纵控制系统。

机器是执行机械运动的装置，用以变换或传递能量、物料与信息等。按照功能不同，机器可分为动力机器、加工机器、运输机器和信息机器。

2. 机器的特征

（1）都是人为的实物组合。

（2）组成机器的各实物之间具有确定的相对运动。

（3）能实现能量转换或完成有用的机械功。

（三）机构

机构是用以传递和变换运动的具有约束的物体系统，由此可知机构只有机器的前两个特征，若仅从结构和运动观点来看机器与机构二者之间并无区别。

最简单的机器只包含一个机构，如电动机。多数机器包含若干个机构，如内燃机就包含曲柄滑块机构、凸轮机构和齿轮机构等多个机构。

（四）零件、部件和构件

零件是制造单元，是机器的基本组成要素。零件可分为通用零件和专用零件两类。

（1）通用零件是在各种机械中普遍采用的零件，如螺钉、齿轮等。

（2）专用零件只出现在特殊机械中，如汽轮机叶片、内燃机活塞等。

组成机构的各个相对运动部分称为构件。构件作为运动单元，它可以是单一的整体，也可以是由几个最基本的实物组成的刚性结构。如图 0－2a 所示的连杆是构件，其由图 0－2b 所示的 8 个零件所组成。

机构有多种形式，其中常用的机构有连杆机构、凸轮机构、齿轮机构和间歇机构等。

此外，常把由一些协同工作且完成共同任务的零件组合称为部件，如减速器、轴承和联轴器等。

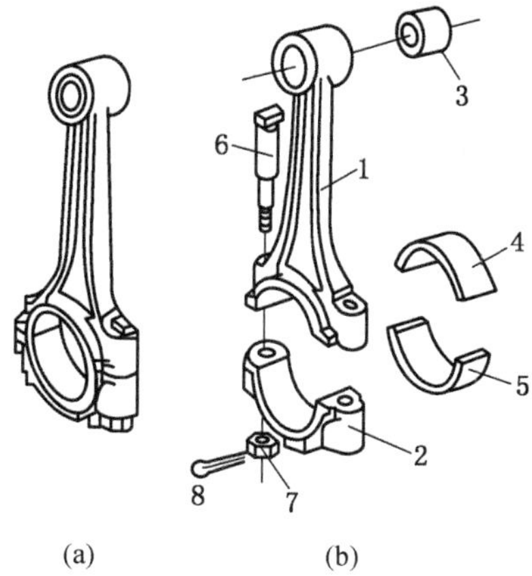

1—连杆体；2—连杆盖；3—连杆衬套；4、5—连杆轴瓦；6—连杆螺栓；7—连杆螺母；8—开口销

图0-2 构件与零件的关系

（五）机械产品设计的基本要求及一般程序

1. 基本要求

机械设计的目的是为了满足社会生产和生活需求，在设计中应合理确定机械系统功能，增强可靠性，提高经济性，确保安全性。机械产品设计应满足以下几方面的基本要求：

（1）预定的功能要求。机器应能实现预定功能，并在规定的工作条件下、工作期限内正常运转。为此，必须正确选择机器的工作原理、机构的类型和机械传动方案，合理设计零件，满足强度、刚度、耐磨性等方面的要求。

（2）满足可靠性要求。机械产品的可靠性是由组成机械的零部件的可靠性保证的。零部件的可靠性直接关系到系统的可靠性。机械系统的零部件越多，其可靠度越低。为此，要尽量减少机械系统的零件数目，对系统可靠性有关键影响的零件必须保证其必要的可靠性。

（3）符合经济性要求。符合经济性要求设计的机械产品应先进、功能强、生产效率高、成本低、使用维护方便，在产品寿命周期内用最低的成本实现产品的预定功能。

（4）确保安全性要求。要能保证操作者的安全和机械设备的安全，以及保证设备对周围环境无危害，要设置过载保护和安全互锁等装置。

（5）推行标准化要求。机械产品规格、参数符合国家标准，零部件应最大限度地与同类产品互换通用，产品应成系列发展，推行标准化、系列化、通用化，提高标准化程度和水平。

2. 机械产品设计的一般程序

（1）制定设计任务书。根据用户的需要和要求，确定机器的功能范围和工作指标，研究实现的可能性，确定设计课题，制定设计任务书。

（2）拟定总体方案。根据设计任务，调查现有同类型机器的设计、生产、使用情况，充分了解用户意见、制造厂的技术设备及工艺能力等，在此基础上确定机器的工作原理，拟定出总体设计方案；进行运动和动力分析，从工作原理上论证设计任务的可行性，必要时对某些技术经济指标作适当修改，然后绘制机构简图。

（3）初步设计。确定零件、构件和机构的主要参数和尺寸，并绘制必要的草图。

（4）结构设计。根据初步设计结果充分考虑满足零件要求的工作能力及结构工艺性，确定零件的形状和全部尺寸，并绘制零件工作图，编制各种技术文件和说明书。

（5）试制与投产。设计结果是否满足要求，需要经过试制和鉴定。样机制成后，可通过生产运行进行性能测试，然后组织鉴定，进行全面的技术经济评价。如动力特性审查、标准化审查、工艺审查、成本预测等。同时对设计可进行适当修改，以继续完善设计方案。在样机的试制与鉴定通过后，就可将产品正式投产。

项目一　构件静力学与基本变形分析

任务一　构件受力图绘制

一、工作任务

（一）任务概述

工程当中的构件或构件系统在传递力时必承受载荷，如图 1－1 所示。确定构件的承载能力必须对构件进行力学分析。本学习任务主要是在静力学基础上，对工程构件进行力学分析，绘制其受力分析图，为进一步确定构件的平衡和承载能力奠定基础。

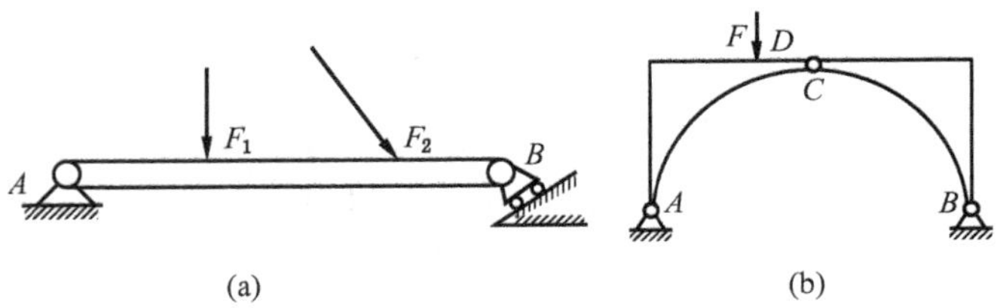

图 1－1　工程中承受载荷的构件或构件系统

（二）任务要求

1. 知识要求

（1）掌握各种常见约束的力学性质。

（2）掌握构件的受力分析方法。

2. 能力要求

（1）能分析构件之间约束的性能。

（2）能对构件进行受力分析。

3. 态度要求

（1）能主动学习，在完成任务过程中发现问题、分析问题和解决问题。

（2）能与小组成员协作、交流、配合完成本学习任务。

二、相关知识

力是物体之间相互的机械作用，其作用效果（也称效应）是使物体运动状态发生改变和物体发生变形，即运动效应（又称外效应）和变形效应（又称内效应）。静力学研究力的外效应，材料力学研究力的内效应。

实践表明，力对物体的作用效应取决于力的三要素，即力的大小、方向和作用点，若改变任一要素，力对物体的作用效应也随之改变（图1－2）。

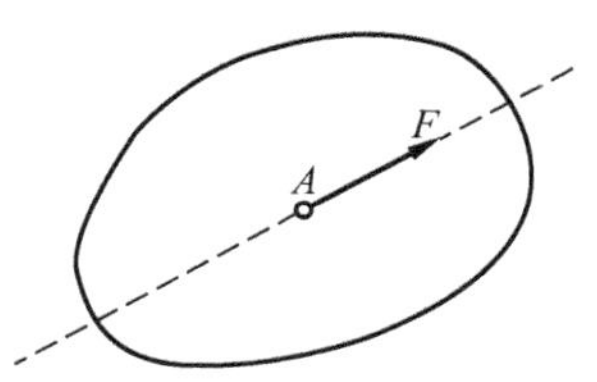

图1－2　力的表示

刚体是在任何力的作用下，其大小和形状都保持不变的物体。显然刚体是一个抽象化的力学模型。在实践中，任何物体在力的作用下或多或少都会发生不同程度的变形，当物体变形不大或变形不影响所研究问题的实质时，均可视为刚体。静力学中，物体的变形对其平衡影响很小，从而可以忽略不计，则静力学的研究对象是刚体。

在一般工程问题中，平衡是指物体相对于地面（或机架）保持静止或作匀速直线运动状态。物体的平衡是相对的，物体也不是在任何力系的作用下都能处于平衡状态，只有该作用力系满足一定条件时才能处于平衡状态。

研究物体在力作用下的平衡条件，就需要对研究对象进行受力分析，其中周围物体对它的作用力的情况较为复杂。

（一）约束类型与约束反力

在空间可以自由运动的物体称为自由体，如气球等。而运动受到一定限制的物体称为非自由体（受约束体），如书本受到课桌的限制等。工程中的各种构件都与它周围的构件互相联系，互相制约，使其运动受到限制，因而都是非自由体或受约束体。所谓约束就是对物体的运动起限制作用的周围其他物体。约束作用于物体的力称为约束反力，简称约束力。约束反力的作用点在约束和被约束体的接触处，方向总与物体运动或运动趋势的方向相反。

在工程中常见的约束，按其特点不同有柔体约束、光滑面约束和光滑圆柱铰链约束三种基本类型。

1. 柔体约束

由绳索、链条、皮带等柔性体形成的约束称为柔体约束。这种约束的特点是，只限制物体沿柔性体的中心线离开柔体的运动，承受拉力而不承受压力，因此约束反力沿柔体的中心线背离物体，如图1－3所示。

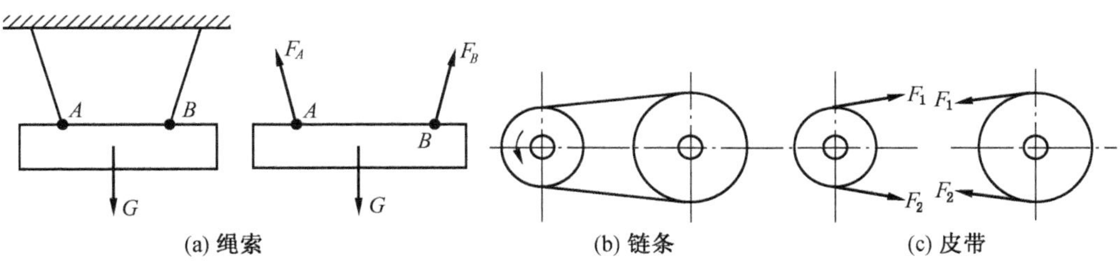

图1－3　柔体约束

2. 光滑面约束

当两物体直接接触，并忽略接触处摩擦时，则可认为接触面是光滑的，由光滑面所形成的约束称为光滑面约束。与柔体约束相反，此类约束不限制物体沿接触面的切线方向运动，只能限制物体沿接触面公法线并指向支承面的运动。因此光滑面约束的约束反力作用在接触点，方向沿着接触面的公法线而指向被约束的物体，通常称为法向约束反力。常见的光滑面约束形式如图 1－4 所示。

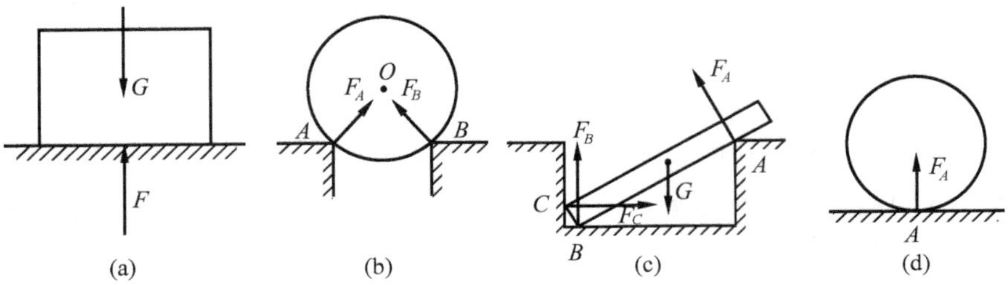

图 1－4　光滑面约束

3. 光滑圆柱铰链约束

两个带有圆孔的物体，用光滑圆柱相连接而形成的约束称为光滑圆柱铰链约束。光滑圆柱铰链约束可分为固定铰链约束、活动铰链约束和中间铰链约束 3 种。

1）固定铰链约束

当铰链连接的构件中有一构件为固定构件（支座）时构成的约束称为固定铰链约束，它限制构件在固定铰链处的任何移动，但不限制其转动。所以固定铰链约束的反力在垂直于圆柱销轴线的平面内，通过圆柱销中心，方向不定，通常用互相垂直的两个分力来表示。固定铰链约束的力学模型常见形式及约束反力如图 1－5 所示。

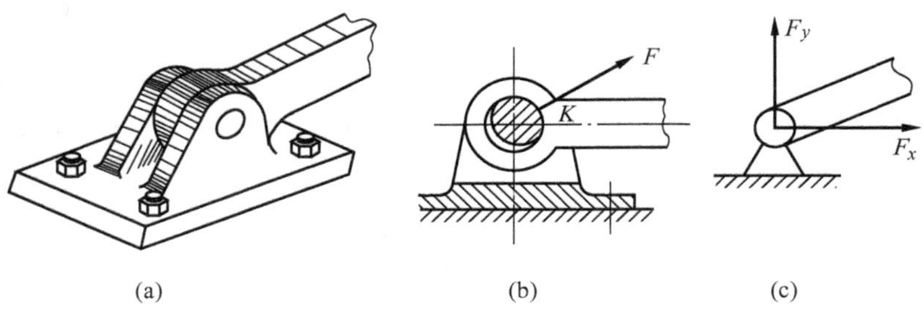

图 1－5　固定铰链约束

2）活动铰链约束

如果在固定铰链支座的座体与支承面之间加圆形滚子，支座可以沿支承面左右方向移动而不受限制，这种约束称为活动铰链约束（或称活动铰链支座），如图 1－6a 所示。它的特点是不限制支承面切线方向的运动，只限制支承面上法线方向的运动，因此活动铰链的约束反力是一个垂直于支承面，通过销钉或销轴中心的力，如图 1－6b 所示。

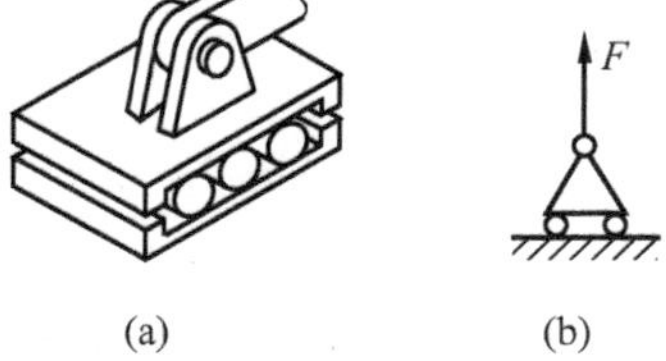

图 1－6　活动铰链约束

3）中间铰链约束

当铰链连接的两构件均为活动构件时构成的约束为中间铰链，中间铰链约束的力学模型常见形式及约束反力如图 1－7 所示。

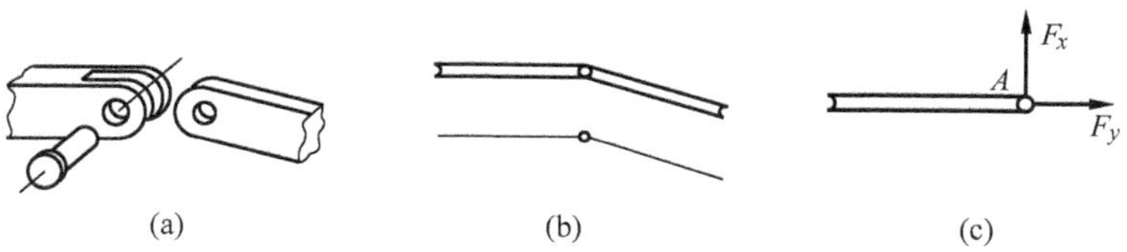

图 1－7　中间铰链约束

4. 固定端约束

构件的一端固嵌于另一构件时形成的约束称为固定端约束，如图 1－8a、图 1－8b 所示。这种约束的特点是，既限制构件在约束处沿任何方向的移动，也限制构件在约束处的转动。其约束反力比较复杂，如图 1－8c 所示。在平面问题中，将固定端约束简化为约束处 A 点一反力 F_A 和一个约束反力偶 M_A，因 F_A 的方向尚不能确定，通常用两个正交分解的分力 F_{Ax}、F_{Ay} 表示，如图 1－8d 所示。

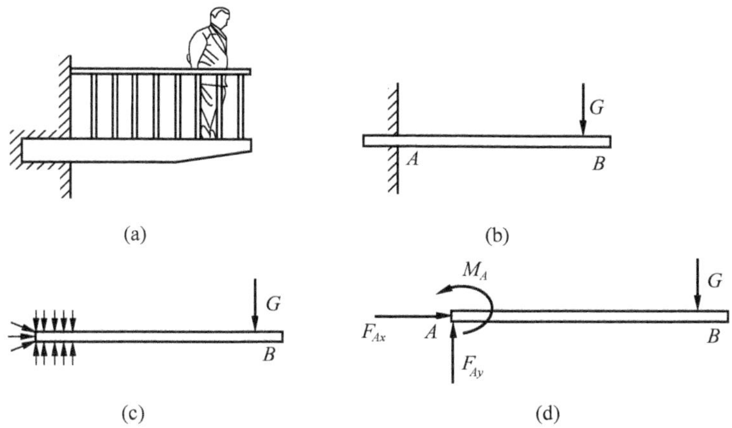

图 1－8　固定端约束

（二）二力构件

仅受两个力作用且处于平衡状态的构件称为二力构件。图 1－9a 所示的三铰架中 AC 就是二力构件，它所受的力满足二力平衡条件，即两力作用线必沿 A、C 两点的连线，且等值、反向。二力构件的受力与形状无关。

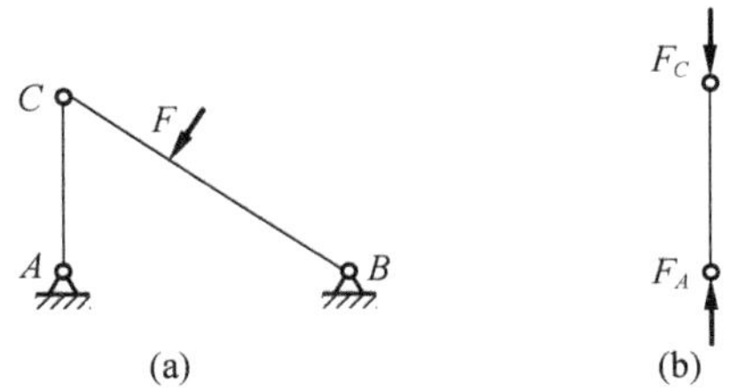

图 1－9　二力构件

（三）力的可传性

如图 1－10 所示，作用在刚体上某点的力，可沿其作用线移至刚体上任意一点而不改变该力对刚体的作用效果，这种性质称为力的可传性。由力的可传性得出：力的三要素可变为力的大小、方向和作用线。

（四）三力平衡汇交

三力平衡汇交：刚体受互不平行的三个力作用而处于平衡时，则这三个力的作用线必定汇交于同一点，如图 1－11 所示。

需要指出，三力平衡汇交只是三力平衡的必要条件，而不是充要条件。三力平衡时作用线一定汇交，但三个作用线交于一点的力不一定平衡。

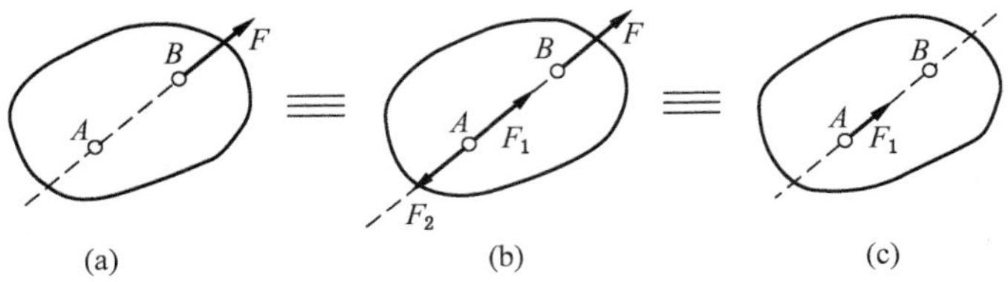

图 1－10　力的可传性

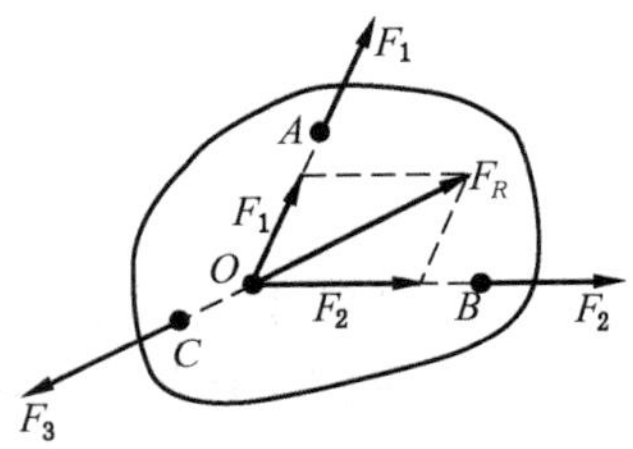

图 1－11　三力平衡汇交

三、任务实施

（一）受力分析图绘制步骤及注意事项

为便于受力分析，需要把研究对象从与其相联系的周围构件系统中分离出来，这种分离出来的研究对象称为分离体。在分离体上画出该物体所受全部主动力和约束反力的图形称为受力图。

1. 受力分析图绘制步骤

（1）根据题意，确定研究对象，画出分离体。研究对象根据需要可以选单个物体，也可选整体或几个物体组成的物系。分离体的大小、形状及方位要与原图保持一致。

（2）画出作用在研究对象上的主动力。主动力的大小、位置、名称都不变。

（3）画出全部的约束反力。

2. 注意事项

（1）分清施力构件和受力构件，受力图上所画的力均为研究对象上所受的力，不得画该分离体对其他物体的反作用力。

（2）若分离体与二力杆相连，应先画二力杆的受力图。

（二）实例分析

【实例 1】如图 1－12a 所示的 AB 梁，若自重不计，分别作用有 F_1、F_2，试画出 AB 梁的受力图。

解　（1）取 AB 梁为研究对象，取分离体。

（2）画出其主动力。将主动力 F_1、F_2 按原方向、原位置画出。

（3）画出约束反力。A 点为固定铰链约束，用 F_{Ax}，F_{Ay} 两个相互垂直的分力表示，B

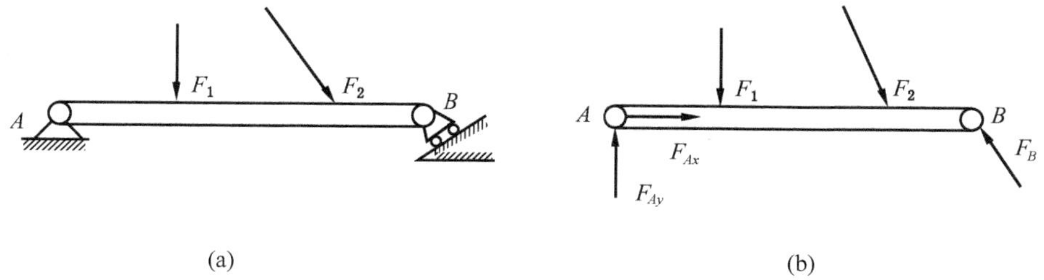

图 1－12　实例 1

点为活动铰链约束，只受一个力 F_B，受力图 1－12b 所示。

【实例 2】如图 1－13a 所示的三铰拱桥 ABC，由 AC 和 CB 两部分组成，不计自重，在点 D 作用有载荷 F，试分别画出拱 AC、BC 的受力图。

解　(1) 取拱 BC 为研究对象，取分离体。由于不计自重，拱 BC 仅在两端受铰链的约束力，拱 BC 为二力构件，受力分析如图 1－13b 所示。

(2) 取拱 AC 为研究对象，取分离体。拱 AC 在 C、D、A 三处受力作用，D 处受主动力 F，C 处受拱 BC 的作用力 F'_C，F'_C 和 F_C 互为作用力与反作用力，即等值、反向、共线。A 处的约束反力有两种表示方法：一是用正交分解的分力 F_{Ax}、F_{Ay} 表示，如图 1－13c 所示，二是根据三力平衡汇交定理作出 F_A 的作用线。由于力 F 与力 F'_C 作用线交于点 O，F_A 的作用线必沿 A、O 两点的连线，如图 1－13d 所示。

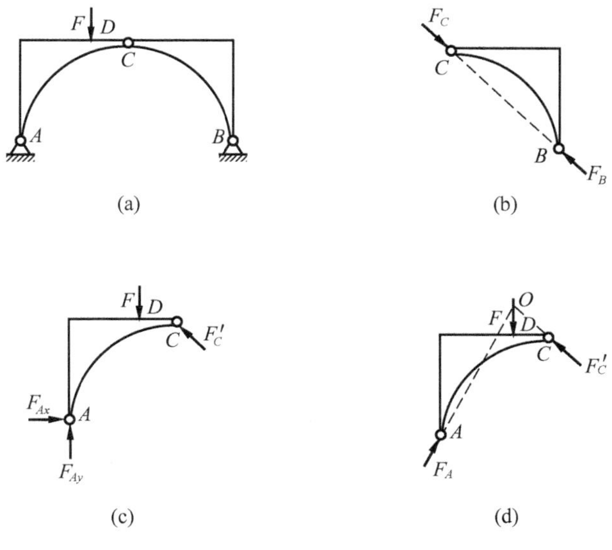

图 1－13　实例 2

思考与练习

1. 变形微小的物体是否就可以抽象化为刚体，为什么？
2. 二力平衡的二力和作用力与反作用力的二力有何区别？
3. 工程上常用的约束类型有哪些？如何确定它们各自的约束反力？
4. 画出图 1－14 中各机构每一个物体的受力图。

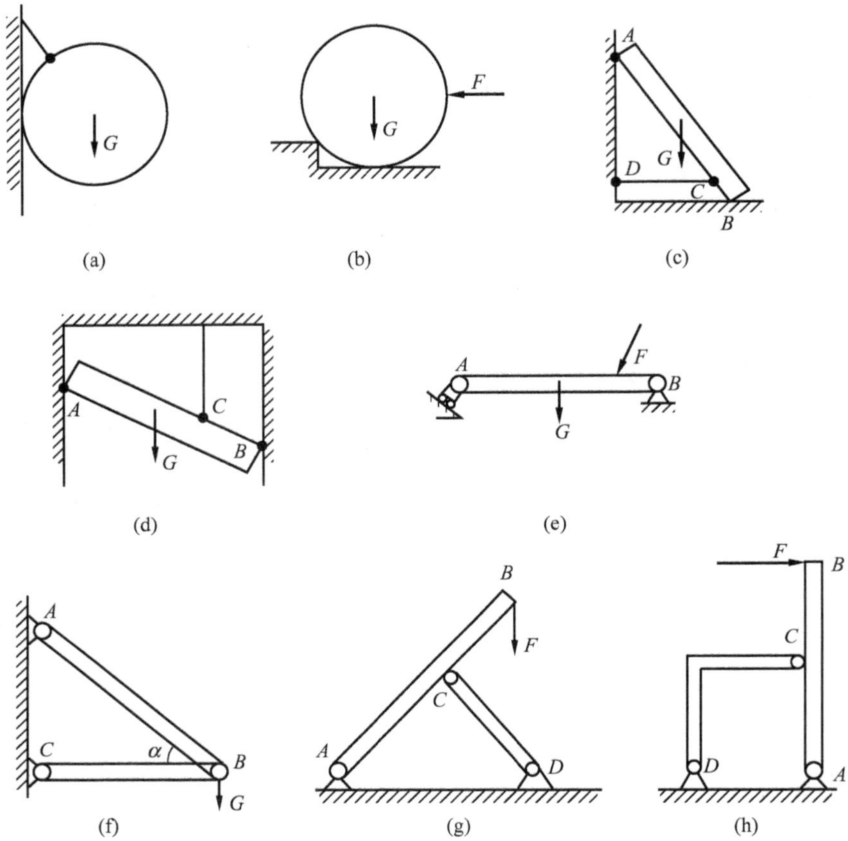

图 1－14　题 4

任务二　构件平衡计算

一、工作任务

（一）任务概述

构件在工作过程中承受力的作用，构件的平衡计算旨在分析构件处于静力平衡时的主动力和约束反力间的关系，以便进一步分析其变形情况、安全性、运动状态等。图 1－15 所示为简易起重机，*AB* 梁在起重过程中处于平衡状态。要想研究 *AB* 梁在受力后的变形及安全性问题，有必要分析构件的平衡问题。本学习任务主要是在平面力系平衡条件的基础上，分析构件的平衡问题，为工程构件设计计算和解决相关力学问题提供必备的理论基础。

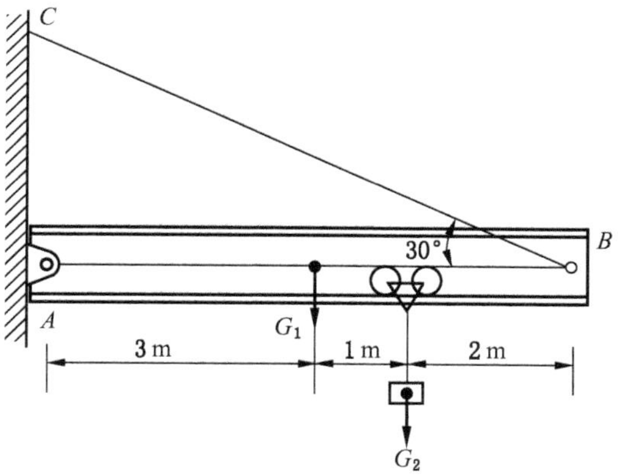

图 1－15　简易起重机

（二）任务要求

1. 知识要求

（1）掌握力矩和力偶的性质及计算方法。

（2）理解平面任意力系三种平衡方程的含义。

2. 能力要求

（1）会分析力偶和求解力矩。

（2）能应用平面任意力系平衡方程解决构件的平衡问题。

3. 态度要求

（1）能主动学习，在完成任务过程中发现问题、分析问题和解决问题。

（2）能与小组成员协商、交流配合完成本学习任务。

（3）严格遵守安全规范。

二、相关知识

（一）力矩和力偶

日常生活和工程实际中，经常见到力使物体转动的实例，这就涉及力矩和力偶的概念。

1. 力矩的性质及计算

1）力矩

力对物体产生的运动效应既能使物体移动，又能使物体转动。例如，用扳手拧螺母、开关门窗等，都是在力的作用下，物体绕某一点或某一轴线的转动。

如图 1－16 所示，用扳手拧螺母时，作用在扳手上的力 F 能使扳手和螺母一起绕螺母中心 O 转动。由经验可知，螺母的拧紧程度不仅与力 F 的大小有关，而且与螺母中心 O

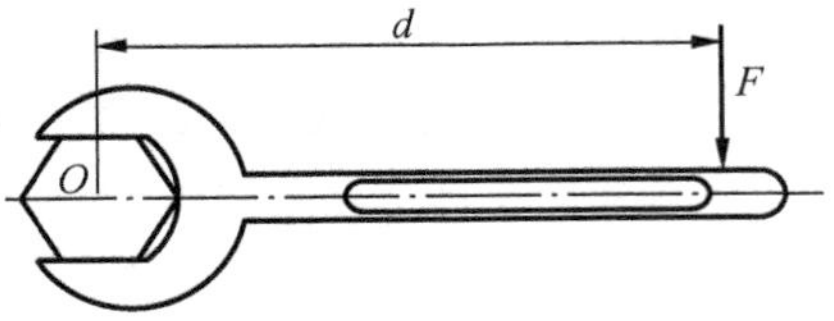

图 1－16　力对点之矩

到力 F 作用线的垂直距离 d 有关。显然，力 F 使扳手绕点 O 转动的方向不同，作用效果也不同。在力学中，以乘积 Fd 并加上适当的正负号作为度量力 F 使物体绕 O 点转动效应的物理量，称为力 F 对 O 点之矩，简称力矩，用符号 $M_o(F)$ 标记，即

$$M_o(F) = \pm Fd \qquad (1-1)$$

式中 O 称为力矩中心（简称矩心），O 点到力 F 作用线的垂直距离 d 称为力臂。正负号表示力矩的转向，通常规定：在力矩的作用平面内，力使物体绕矩心逆时针方向转动时，力矩为正，反之为负。因此力矩是代数量，力矩的单位为牛顿·米（N·m）或千牛顿·米（kN·m）。

2）力矩的性质及计算

（1）力矩与矩心位置有关，同一力对不同的矩心，其力矩不同。

（2）力沿其作用线任意移动时，力矩不变。力沿其作用线移动时，力的大小不变，力臂的长度不变，转向不变，因此其力矩不变。

（3）力的作用线通过矩心时，力矩为零。力的作用线通过矩心时，力臂的长度为零，因此其力矩为零。

（4）合力对平面内任一点的力矩等于力系中各分力对同一点之力矩的代数和，称为平面力系的合力矩定理，即

$$M_o(F_R) = M_o(F_1) + M_o(F_2) + \cdots + M_o(F_n) = \sum M_o(F) \qquad (1-2)$$

式中 F_R 为平面力系 F_1、F_2、…、F_n 的合力。

（5）力矩的计算方法有直接法与间接法两种。

直接法：按定义找力臂、求乘积、定符号。

间接法：当力臂不便求出时，可将该力分解成为两个力臂已知的分力，然后利用合力矩定理求解。

【例 1】手动剪断机的结构及尺寸如图 1－17 所示。设 $L_1 = 80$ cm，$L_2 = 8$ cm，$\alpha = 15°$，被剪物体放在刃口 K 处，在 B 处施加 $F = 50$ N 的作用力。试求在图示位置时力 F 对 A 点之矩。

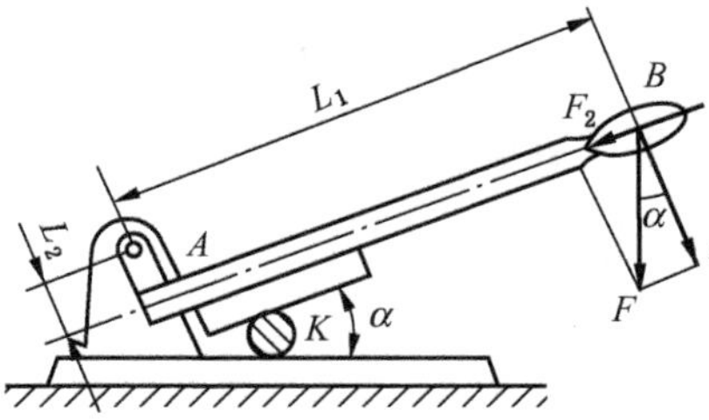

图 1－17　例 1

解　本题计算支点 A（矩心）到力 F 作用线之间的距离（力臂）有困难，而应用合力矩定理求解较方便。因此将力 F 分解为垂直于手柄方向的分力 F_1 和沿手柄方向的分力 F_2，得 $F_1 = F\cos\alpha$，$F_2 = F\sin\alpha$。

根据合力矩定理，力 F 对 A 点之矩为

$$\begin{aligned} M_A(F) &= M_A(F_1) + M_A(F_2) = -F_1L_1 - F_2L_2 \\ &= -F\cos\alpha L_2 - F\sin\alpha L_2 = -F(L_1\cos\alpha + L_2\sin\alpha) \\ &= -50 \times (80\cos15° + 8\sin15°) \\ &= -39.67\ \text{N} \cdot \text{m} \end{aligned}$$

负号说明力 F 使手柄绕 A 点顺时针转动。

2. 力偶、平面力偶系的合成与平衡

1）力偶

在工程实际和日常生活中，经常见到物体同时受大小相等、方向相反、作用线平行但不共线的两个力作用而转动的实例。例如，如图 1－18 所示的钳工转动丝杠攻螺纹和汽车司机转动方向盘。

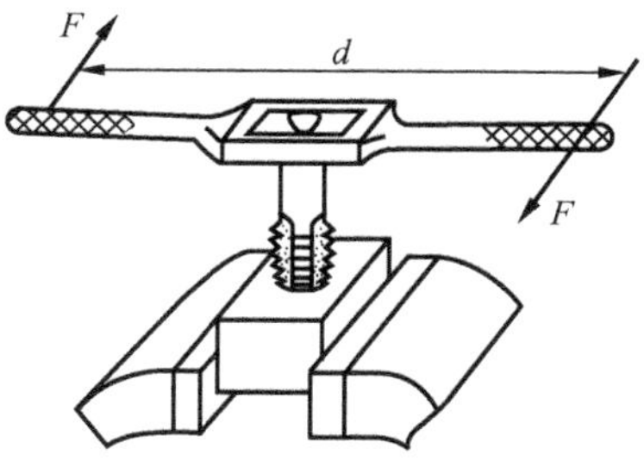

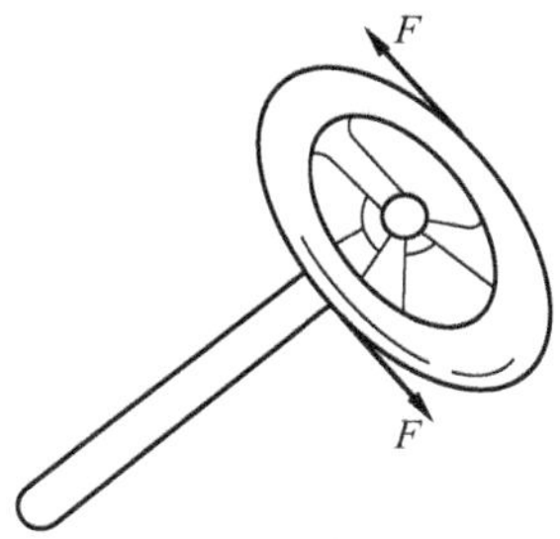

图 1－18　力偶

这种由大小相等、方向相反、作用线平行但不共线的两个力组成的力系称为力偶，记作（F，F'）。力偶中两个力作用线之间的垂直距离 d 称为力偶臂，力偶所在的平面称为力偶的作用面。显然力偶中的两个力不满足二力平衡条件，因此不是平衡力系。力偶只能使物体发生转动（即纯转动），而不会引起物体的移动。

实践证明，力偶对物体的作用效果，与力的大小 F 和力偶臂 d 的长短成正比，因此，可用两者的乘积 Fd 并加上适当的正负号作为度量力偶使物体转动效应的物理量，称为此力偶的力偶矩。记作 $M(F,F')$ 或 M，即

$$M = \pm Fd \tag{1-3}$$

力偶在其作用面内的转向不同，其作用效果不同，因此，力偶矩与力矩一样，也要用正、负号来表示转向。正、负号的规定同力矩，力偶矩也是代数量，其单位与力矩的单位相同。

综上所述，力偶对物体的转动效应取决于力偶矩的大小、力偶的转向及力偶的作用面，即力偶的三要素。

力偶是由两个具有特殊关系的力组成的力系，虽然力偶中的每个力仍具有一般力的性质，但作为整体，则表现出与单个力不同的特性：

（1）力偶无合力。由于力偶中的两个力等值、反向、平行，这两个力的矢量和永远为零，所以力偶无合力。力偶既不能与一个力等效，也不能与一个力平衡，力偶只能与另一力偶等效和平衡。

（2）力偶矩与矩心位置无关。力偶对其作用面内的任一点之矩都等于该力偶的力偶矩，而与矩心的位置无关。

（3）力偶可在其作用面内任意移动或转动，而不改变它对刚体的作用效果。

（4）在保持力偶矩的大小和转向不变的情况下，可同时改变力偶中力的大小和力偶

臂的长短，而不改变它对刚体的作用效果。由于力偶矩和转向没有发生变化，因此它对刚体的作用效果也不会改变。

由力偶的性质可知，力偶中力的大小、力偶臂的长短以及力偶在其作用面内的位置，都不是决定力偶对刚体作用效果的独立因素，只有力偶矩的代数值才能唯一决定力偶对刚体的效应。常用图 1－19 所示的符号表示力偶，M 为力偶矩。

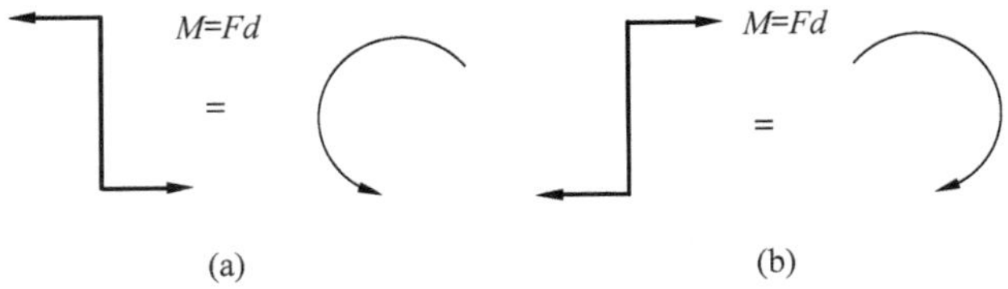

图 1－19　力偶的符号

2）平面力偶系的合成

作用在同一物体上同一平面内的多个力偶组成的力偶系称为平面力偶系。利用力偶的性质可求得：平面力偶系合成的结果为一合力偶，合力偶的力偶矩等于各分力偶矩的代数和。设 M_1、M_2、…、M_n 为平面力偶系中各分力偶的力偶矩，M 为合力偶的力偶矩，则有

$$M = M_1 + M_2 + \cdots + M_n = \sum M_i \tag{1-4}$$

3）平面力偶系的平衡

由于平面力偶系合成的结果是一个合力偶，当其合力偶矩为零时，物体处于平衡状态。因此，平面力偶系平衡的必要与充分条件是：力偶系中所有力偶矩的代数和等于零，即

$$\sum M_i = 0 \tag{1-5}$$

式（1－5）称为平面力偶系的平衡方程，用此方程只能解出一个未知数。使用此方程求解力偶的平衡问题时，应利用力偶只能与力偶平衡的条件进行受力分析，即未知的两个约束反力必组成反力偶与主动力偶相平衡。

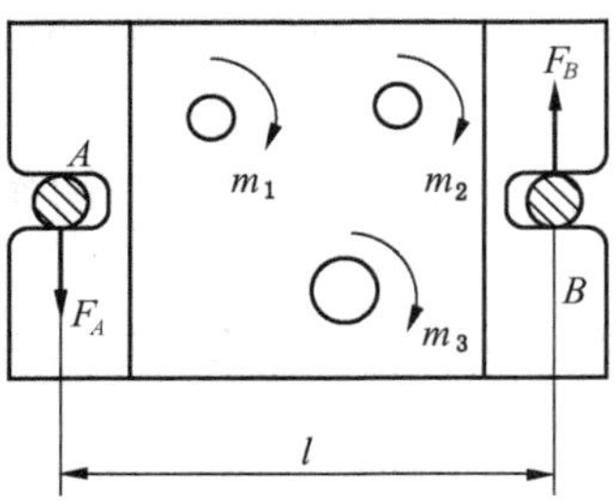

图 1－20　例 2

【例 2】多刀钻床在水平工件上钻孔，如图 1－20 所示，每个钻头的切削刀刃作用在工件上的力分别构成水平面内的一个力偶。已知切制三个孔对工件的力偶矩分别为 $m_1 = m_2 = 13.5\ \mathrm{N \cdot m}$，$m_3 = 17\ \mathrm{N \cdot m}$。求工件受到的合力偶矩。如果工件在 A、B 两处用螺栓固定，A 和 B 之间的距离 $l = 0.2\ \mathrm{m}$，试求两个螺栓在工件平面内所受的力。

解　（1）求三个主动力偶的合力偶矩：

$$M = \sum M_i = -m_1 - m_2 - m_3 = -13.5 - 13.5 - 17 = -44\ \mathrm{N \cdot m}$$

负号表示合力偶矩为顺时针转向。

（2）求两个螺栓所受的力。选工件为研究对象，工件受三个主动力偶和两个螺栓的

反力作用而平衡，因此两个螺栓的反力 F_A 与 F_B 必须组成一个力偶，如图1－20所示，由平面力偶系的平衡条件

$$\sum M_i = 0 \qquad F_A l - m_1 - m_2 - m_3 = 0$$

解得

$$F_A = (m_1 + m_2 + m_3)/l = 44/0.2 = 220\ \text{N}$$

（二）平面力系作用下的平衡

作用在物体上的力系，若其各力的作用线都在同一平面内（或近似地在同一平面内），此力系称为平面力系。如果力系中各力的作用线交于同一点，则称为平面汇交力系；如果各力的作用线互相平行，则称为平面平行力系；如果各力的作用线既不完全相交也不完全平行，则称为平面任意力系。

1. 平面汇交力系

1）平面汇交力系合成与平衡的几何法

（1）平面汇交力系合成的几何法。

设物体上作用有一平面汇交力系 F_1、F_2、F_3，如图1－21a所示，根据力的三角形法则：选定适当的比例尺，先求出力 F_1 与 F_2 的合力 F_{12}，再将 F_{12} 与力 F_3 合成为 F_R，如图1－21b所示。显然，F_R 表示了原力系合力的大小和方向，合力 F_R 的作用线通过原力系的汇交点 O。由图1－21c可以看出，求合力 F_R 时，表示力 F_{12} 的虚线可以不必画出，只要将各已知力矢依次首尾相连，形成折线 $Oabc$，连接矢量 Oc，就可以得到合力 F_R。

作力多边形时，改变各分力作图的先后顺序，将得到不同形状的力多边形，如图1－21d所示，但是所求得的合力 F_R 不变。由此可知，合力 F_R 与各力作图先后次序无关。

求平面汇交力系的合力，以任意一个力矢作为起始矢量，依次首尾相接，连接第一个力矢的起点并指向最后一个力矢终点的有向线段表示合力矢 F_R，此法则称为力的多边形法则。运用力的多边形法则求汇交力系合力的方法称为平面汇交力系合成的几何法。

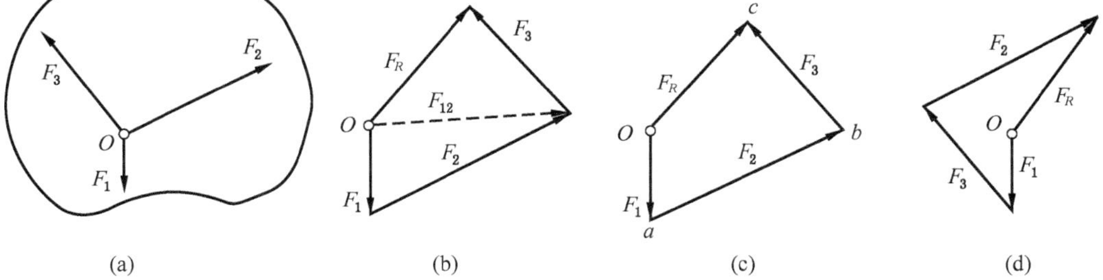

图1－21　三个共点力合成

上述求合力的方法也可用矢量式表示。设平面汇交力系包含了 n 个力 F_1、F_2、…、F_n，用 F_R 表示它们的合力，则有

$$F_R = F_1 + F_2 + \cdots + F_n = \sum F \tag{1-6}$$

即平面汇交力系的合力等于各分力的矢量和。

（2）平面汇交力系平衡的几何法。

要使平面汇交力系处于平衡状态，则力系合成的结果应为零，各分力形成的力的多边形自行封闭。即平面汇交力系平衡的几何条件是力的多边形自行封闭。

2）平面汇交力系合成与平衡的解析法

（1）力在直角坐标轴上的投影。

如图1－22所示，在直角坐标系 Oxy 所在的平面内有一已知力 F，该力与 x 轴所夹的锐角为 α。从力 F 的两端 A 和 B 分别向 x 轴和 y 轴作垂线，即得 F 在 x 和 y 轴上的投影，用 F_x 和 F_y 表示。则有

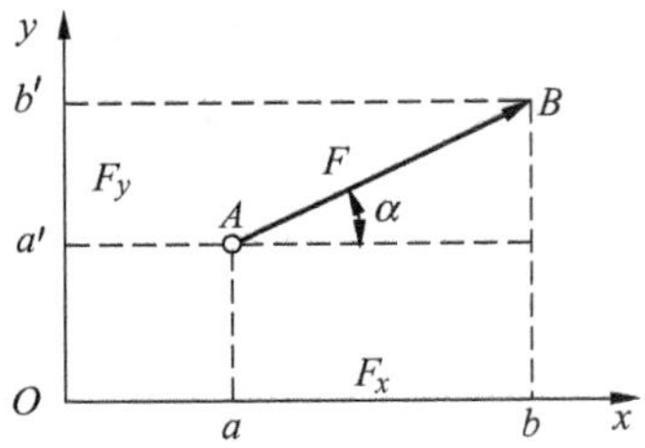

图1－22　力在直角坐标轴上的投影

$$\begin{cases} F_x = \pm F\cos\alpha \\ F_y = \pm F\sin\alpha \end{cases} \tag{1-7}$$

力在坐标轴上的投影正负号的规定：有向线段与坐标轴的正向相同为正，反之为负。力在坐标轴上的投影是代数量。

（2）合力投影定理。

设刚体受一平面汇交力系 F_1、F_2、F_3 作用，如图1－23a所示。用力多边形法则求出其合力为 F_R，如图1－23b所示。在力多边形 $ABCD$ 所在平面内，建立平面直角坐标系 Oxy，将力系中各力 F_1、F_2、F_3 及其合力 F_R 向 x 轴投影，可得下列关系式：

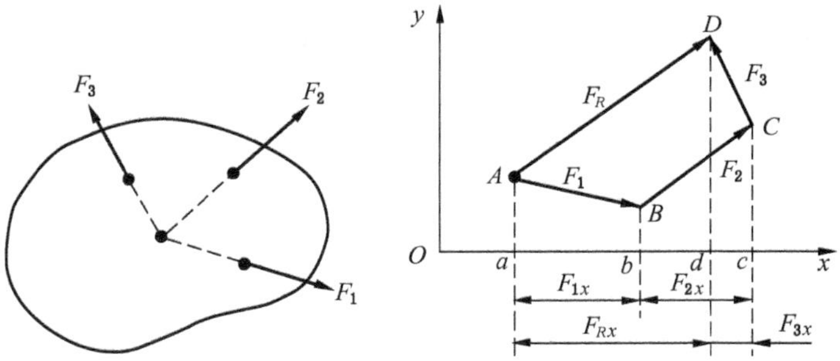

（a）平面汇交力系　　（b）多边形法则求合力

图1－23　合力投影定理

$$\begin{cases} F_{Rx} = F_{1x} + F_{2x} + \cdots + F_{nx} = \sum F_x \\ F_{Ry} = F_{1y} + F_{2y} + \cdots + F_{ny} = \sum F_y \end{cases} \tag{1-8}$$

式（1－8）说明，合力在任一坐标轴上的投影等于各分力在同一轴上投影的代数和。这一关系称为合力投影定理，它是用解析法求合力的基本依据。

（3）平面汇交力系合成的解析法。

求平面汇交力系合力的解析法是用力在直角坐标轴上的投影计算合力的大小，确定合

力的方向。

设有一平面汇交力系 F_1、F_2、…、F_n，各力在 x、y 轴上的投影分别为 F_{1x}、F_{2x}、…、F_{nx}及 F_{1y}、F_{2y}、…、F_{ny}；合力 F_R 在 x、y 轴上的投影分别 F_{Rx}、F_{Ry}，根据合力投影定理有

$$F_{Rx}=F_{1x}+F_{2x}+\cdots+F_{nx}=\sum F_x$$
$$F_{Ry}=F_{1y}+F_{2y}+\cdots+F_{ny}=\sum F_y$$

则合力 F_R 的大小 $F_R=\sqrt{F_{Rx}^2+F_{Ry}^2}=\sqrt{\left(\sum F_x\right)^2+\left(\sum F_y\right)^2}$ （1－9）

合力 F_R 的方向：与 x 轴间所夹的锐角为

$$\tan\alpha=\left|\frac{F_{Ry}}{F_{Rx}}\right|=\left|\frac{\sum F_y}{\sum F_x}\right|$$

再由 $\sum F_x$、$\sum F_y$ 的正负确定是第几象限的力。

（4）平面汇交力系平衡的解析法。

由上述力系合成的方法可知，平面汇交力系平衡的必要与充分条件是：力系的合力等于零，即

$$F_R=\sqrt{F_{Rx}^2+F_{Ry}^2}=\sqrt{\left(\sum F_x\right)^2+\left(\sum F_y\right)^2}$$

要使 $F_R=0$，则必须有

$$\begin{cases}\sum F_x=0\\ \sum F_y=0\end{cases} \qquad (1-10)$$

由此得到平面汇交力系平衡的解析条件：力系中各分力在两个相互垂直的坐标轴上投影的代数和分别等于零。式（1－10）称为平面汇交力系的平衡方程，这是两个独立的方程，在求解平面汇交力系的平衡问题时可以解出两个未知量。解题时，未知力的方向不明确时，可先假设，若计算结果为正值，则表示所设方向与力的实际方向相同；若计算结果为负值，则表示所设方向与力的实际方向相反。

【例 3】如图 1－24a 所示，起重机吊起一减速器箱盖，箱盖重量为 $G=200$ N，钢丝绳与竖直方向的夹角 $\alpha=60°$，$\beta=30°$。求钢丝绳 AB 和 AC 的拉力。

解 取减速器箱盖为研究对象，箱盖受到重力 G 和两根钢丝绳的拉力 F_1、F_2 作用而平衡，根据三力平衡汇交定理可知，这三个力必汇交于一点 A，构成一个平面汇交力系，受力分析如图 1－24b 所示。

建立平面直角坐标系，列平衡方程：

$$\sum F_x=0 \qquad F_1-G\cos60°=0$$
$$\sum F_y=0 \qquad F_2-G\cos30°=0$$

解得

$$F_1=0.5G=0.5\times200\ \text{N}=100\ \text{N}$$
$$F_2=(\sqrt{3}/2)G=(\sqrt{3}/2)\times200\ \text{N}=173\ \text{N}$$

也可以建立其他平面直角坐标系（读者可自行解答）。

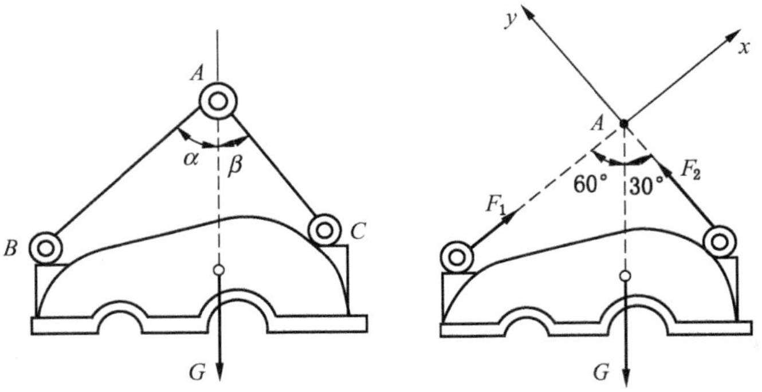

(a)　　(b)

图 1－24　例 3

2. 平面任意力系

1）力的平移定理

设在刚体上的 A 点作用一个力 F，如图 1－25a 所示，现在刚体上任取一点 O，在 O 点加一对等值、反向的共线力 F' 和 F''，并使该二力与力 F 平行且大小相等，即 $F' = F'' = F$，如图 1－25b 所示，则力 F、F' 和 F'' 所组成的新力系与力 F 等效。F 和 F'' 组成力偶，原来作用在 A 点的力 F 就可以被力 F' 和力偶（F，F''）等效代换。由此可见，把作用在 A 点的力 F 平行移动到 O 点时，为了让该力与作用在 A 点的力等效，必须同时附加一个相应的力偶，如图 1－25c 所示，这个附加力偶的力偶矩为

$$M = M_o(F) = -Fd$$

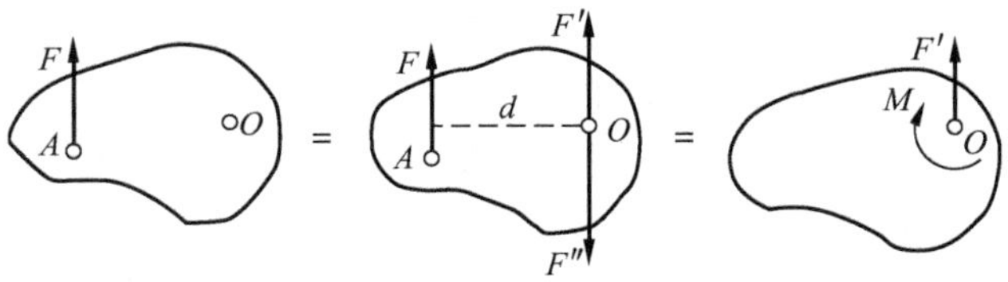

(a)　　(b)　　(c)

图 1－25　力的平移

由此可得结论：若将作用在刚体上某点的力平移到刚体上的另一点，而不改变原力的作用效果，则必须附加一个力偶，该力偶的力偶矩等于原力对平移点的力矩，此原理称为力的平移定理。

注意：力的平移定理的逆定理也成立，即作用于刚体上的一力 F' 和一力偶 M 可以合成为一个合力 F，该合力 F 与 F' 的大小相等，方向相同，力 F 与 F' 作用线之间的距离为 $d = \frac{|M|}{F'}$。

力的平移定理及其逆定理不仅是力系简化的基本依据，也是分析力对物体作用效应的

一个重要手段。

2）平面任意力系向作用面内任意一点简化

（1）平面任意力系向作用面内任意一点简化方法。

设刚体受一平面任意力系 F_1、F_2、…、F_n 作用，如图 1-26a 所示。在力系作用平面内任选一点 O，称为简化中心，应用力的平移定理，将各力平移至 O 点，同时附加相应的力偶。则原力系等效地变成两个基本力系：作用于 O 点的平面汇交力系 F_1'、F_2'、…、F_n' 和附加的平面力偶系 M_1、M_2、…、M_n 如图 1-26b 所示。

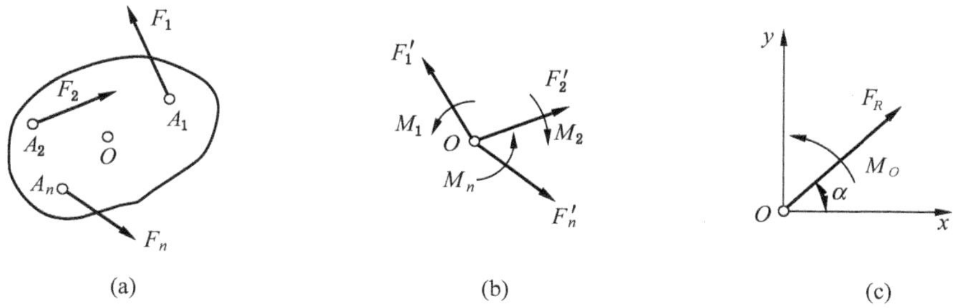

图 1-26　平面任意力系向作用面内任意一点简化

对于平面汇交力系 F_1'、F_2'、…、F_n'，可进一步合成为一个力 F_R，即

$$F_R = F_1' + F_2' + \cdots + F_n' = \sum F'$$

因各力平移时其大小、方向都保持不变，即

$$F_1' = F_1、F_2' = F_2、\cdots、F_n' = F_n$$

所以有

$$F_R = F_1 + F_2 + \cdots + F_n = \sum F \tag{1-11}$$

F_R 称为原力系的主矢量，简称主矢。从式（1-11）可以看出，它等于原力系中各分力的矢量和，作用线通过简化中心，其大小和方向可用解析法求得，即

$$F_{Rx} = F_{1x} + F_{2x} + \cdots + F_{nx} = \sum F_x$$

$$F_{Ry} = F_{1y} + F_{2y} + \cdots + F_{ny} = \sum F_y$$

$$F_R = \sqrt{(F_{Rx})^2 + (F_{Ry})^2} = \sqrt{\left(\sum F_x\right)^2 + \left(\sum F_y\right)^2}$$

$$\tan\alpha = \left|\frac{F_{Ry}}{F_{Rx}}\right| = \left|\frac{\sum F_y}{\sum F_x}\right| \tag{1-12}$$

式中，α 为 F_R 与 x 轴所夹的锐角。F_R 的方向由 $\sum F_x$、$\sum F_y$ 的正负号确定。

对于附加的力偶系 M_1、M_2、…、M_n，可按平面力偶系合成的方法将其合成为一个合力偶。其力偶矩为

$$M_O = M_O(F_1) + M_O(F_2) + \cdots + M_O(F_n) = \sum M_O(F) \tag{1-13}$$

M_O 称为原力系对简化中心的主矩。从式（1-13）可以看出，M_O 等于原力系中各分力对简化中心之矩的代数和。

综上所述，平面任意力系向同平面内任一点简化，可得一个力和一个力偶，该力称为

原力系的主矢，它等于原力系中各分力的矢量和，其大小和方向与简化中心无关，但作用线通过简化中心；该力偶的力偶矩称为原力系对简化中心的主矩，它等于原力系中各分力对简化中心之矩的代数和，其值一般与简化中心有关。

（2）简化结果的讨论。

根据所得主矢和主矩是否为零，有以下四种可能：

① $F_R=0$，$M_O\neq0$——力系合成为一合力偶。$F_R=0$，原力系与一个平面力偶系等效，所以原力系简化的最后结果为一个合力偶，主矩与简化中心的位置无关。

② $F_R\neq0$，$M_O=0$——力系合成为一个合力。$M_o=0$，原力系与一个平面汇交力系等效，所以平面汇交力系的合力就是原力系的合力 F_R。

③ $F_R\neq0$，$M_O\neq0$——力系仍合成为一个合力。

④ $F_R=0$，$M_O=0$——力系平衡。这表明原力系与两个平衡力系等效，因此原力系也是平衡力系。

综上所述，平面任意力系的合成结果可能是一合力，也可能是一合力偶，也可能处于平衡，三者必居其一。

3）平面任意力系的平衡方程

平面任意力系平衡的充分与必要条件是：力系的主矢和力系对任一点的主矩均为零。即

$$F_R=0 \qquad M_O=0$$

由此平衡条件可导出以下不同形式的平衡方程。

（1）基本形式。

$$\begin{cases}\sum F_x=0\\ \sum F_y=0\\ \sum M_O(F)=0\end{cases} \tag{1-14}$$

即平面任意力系平衡的解析条件是：力系中各分力在两个相互垂直的坐标轴上投影的代数和及各分力对任一点之矩的代数和均为零。其中前两个方程称为投影方程，后一个方程称为力矩方程。这三个方程是相互独立的，用来解决平面任意力系的平衡问题时，能且最多只能求出三个未知量。

（2）二力矩式。

用另一点的力矩方程代替其中一个投影方程，则有

$$\begin{cases}\sum F_x=0\\ \sum M_{O_1}(F)=0 \quad (O_1、O_2\text{ 的连线不能与 }x\text{ 轴垂直})\\ \sum M_{O_2}(F)=0\end{cases} \tag{1-15}$$

（3）三力矩式。

如果两个投影方程都用力矩方程代替，则有

$$\begin{cases}\sum M_{O_1}(F)=0\\ \sum M_{O_2}(F)=0 \quad (O_1、O_2、O_3\text{ 三点不共线})\\ \sum M_{O_3}(F)=0\end{cases} \tag{1-16}$$

需要指出的是，上述平衡方程式中所提及的坐标轴和矩心都可任意选取，但为了避免解联立方程，建立坐标系时应使其坐标轴尽量垂直于未知力，所选矩心位于一些未知力的交点上（可在研究对象之外）。尽量使一个方程只含一个未知量，以便简化计算。另外，若矩心选择适当，使用多力矩式可避免解联立方程，但需要注意它们的附加条件。

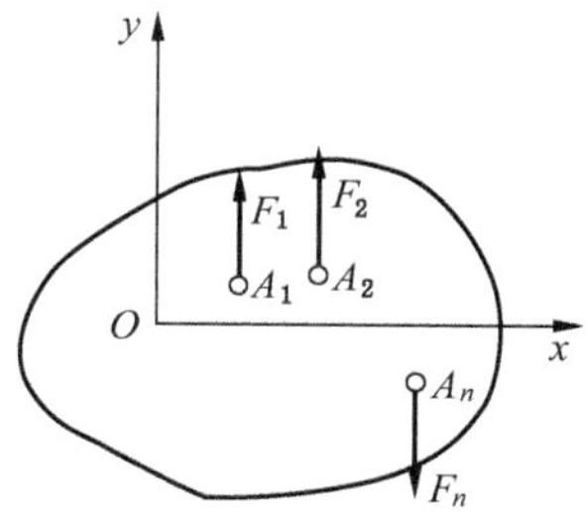

图 1-27　平面平行力系

4）平面平行力系的平衡方程

若在平面平行力系（F_1、F_2、…、F_n）所在平面内建立坐标系 Oxy，如图 1-27 所示，且使 y 轴平行于各力作用线，则不论此力系平衡与否，都有 $\sum F_x \equiv 0$。此恒等式不能求出任何未知数，其平衡方程为

$$\begin{cases} \sum F_y = 0 \\ \sum M_O(F) = 0 \end{cases} \quad (y\text{ 轴与力的作用线平行}) \tag{1-17}$$

即平面平行力系平衡的必要与充分条件是：力系中各力的代数和及各力对任一点之矩的代数和均为零。

同样，平面平行力系的平衡方程也可表示为二力矩式，即

$$\begin{cases} \sum M_{O_1}(F) = 0 \\ \sum M_{O_2}(F) = 0 \end{cases} \quad (O_1、O_2\text{ 的连线不能与各力的作用线平行}) \tag{1-18}$$

由于平面平行力系只有两个独立的平衡方程，因此只能解出两个未知数。

三、任务实施

（一）计算步骤

（1）取研究对象。

（2）画受力分析图。根据约束类型和约束反力的特性，对研究对象进行受力分析。

（3）建立坐标系，列平衡方程，进行相关运算。

（二）实例分析

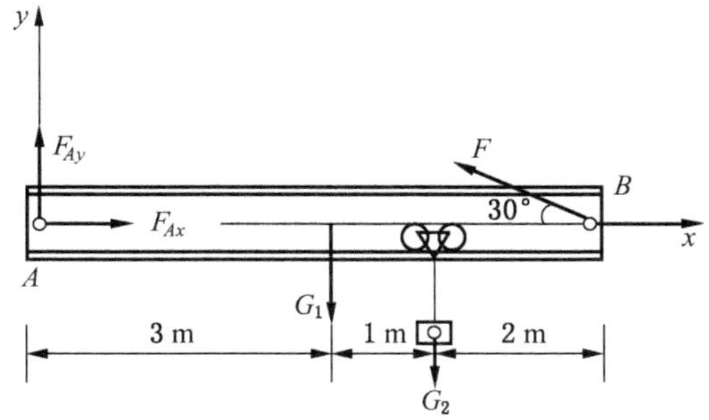

图 1-28　实例

【实例】图 1-28 简易起重机中，水平梁 AB 的一端用铰链连接，另一端用 BC 绳系住。已知梁重 $G_1 = 4$ kN，小车及其载荷共重 $G_2 = 10$ kN，梁的尺寸如图 1-28 所示。试求绳的拉力和 A 支座的反力。

解　（1）选梁 AB 为研究对象。

（2）画受力图，在梁 AB 上受有重力 G_1、载荷 G_2 以及约束反力 F、F_{Ax}、F_{Ay}，其受力如图 1-28 所示。

（3）建立坐标系，列平衡方程并求解。

建立如图 1-27 所示的平面直角坐标系，列平衡方程：

$$\sum F_x = 0 \qquad F_{Ax} - F\cos 30° = 0$$

$$\sum F_y = 0 \qquad F_{Ay} + F\sin30° - G_1 - G_2 = 0$$

$$\sum M_A(F) = 0 \qquad F \times 6\sin30° - G_1 \times 3 - G_2 \times 4 = 0$$

解得
$$F = \frac{3G_1 + 4G_2}{3} = \frac{3 \times 4 + 4 \times 10}{3} = 17.33\ \text{kN}$$

$$F_{Ax} = 15.01\ \text{kN} \qquad F_{Ay} = 5.33\ \text{kN}$$

进一步可以求出 F_{Ax} 和 F_{Ay} 的合力 F_A 与 X 轴的夹角 α

$$F_A = \sqrt{F_{Ax}^2 + F_{Ay}^2} = \sqrt{15.01^2 + 5.33^2} = 15.95\ \text{kN}$$

$$\tan\alpha = \left|\frac{F_{Ay}}{F_{Ax}}\right| = \left|\frac{5.33}{15.01}\right| = 0.355 \qquad \alpha = 19.54°$$

F_{Ax} 和 F_{Ay} 均为正，所以在第一象限。

本题也可以列二矩式和三矩式（读者自行解答）。

思考与练习

1. 半径为 r 的圆盘，在力偶 M 作用下转动，如图 1－29 所示。若在圆盘边缘上加一个力 F，圆盘是否能平衡？这能否说明力偶可以用一个力来平衡？

2. 如图 1－30 所示，已知：$F = 100$ N，$l_a = 80$ mm，$l_b = 15$ mm。试求力 F 对点 A 的矩。

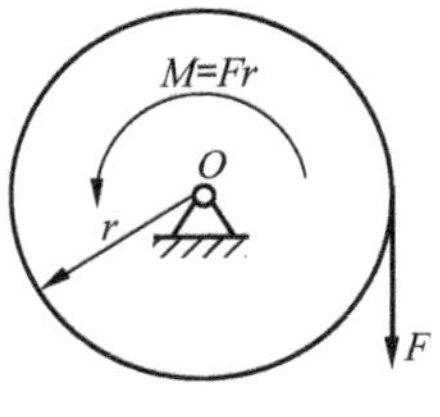

图 1－29　题 1

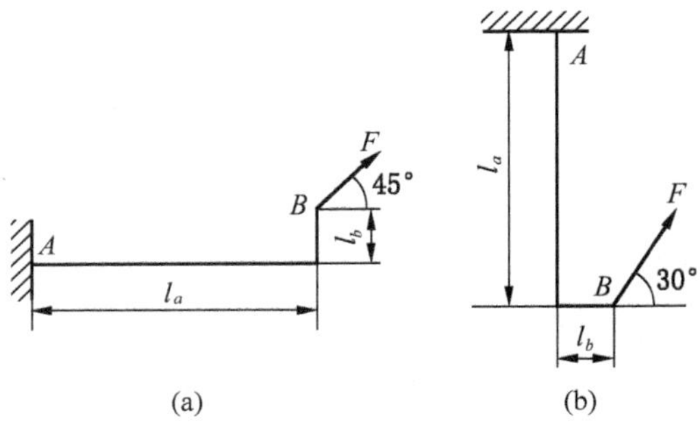

图 1－30　题 2

3. 如图 1－31 所示，梁 AB 上作用一力偶，力偶矩 $M = 12$ N · m，梁长 $l = 300$ mm。试求在图 1－31a、图 1－31b 所示两种情况下，支座 A 和 B 的约束反力。（图 1－31b 中 $\alpha = 30°$）

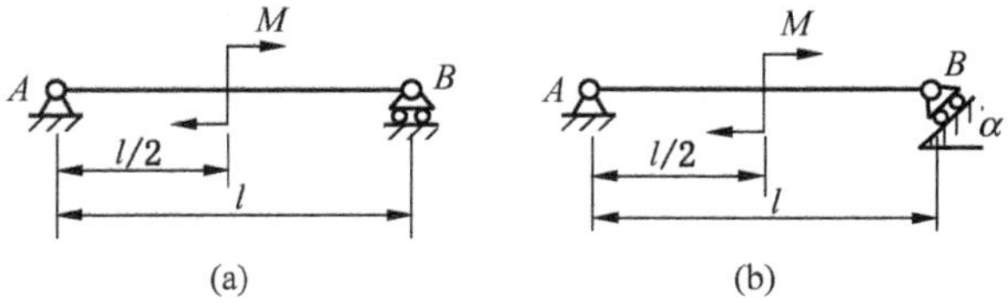

图 1－31　题 3

4. 在同一个平面内的三根绳连接在一个固定的圆环上，如图 1－32 所示。已知三根绳上拉力的大小分别为 $F_1 = 50$ N、$F_2 = 100$ N、$F_3 = 200$ N。求这三根绳作用在圆环上的合力。

5. 如图1－33所示，平面刚架在C点受一水平力F作用。设$F=20\ \mathrm{kN}$，不计刚架本身的重力，求固定铰链支座A和活动铰链支座B处的约束反力。

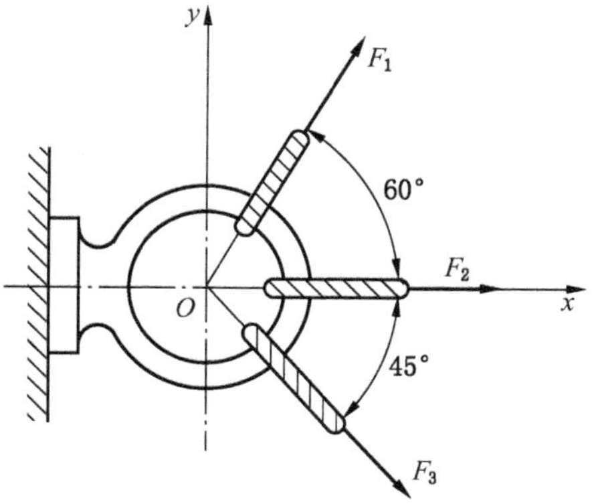

图1－32　题4

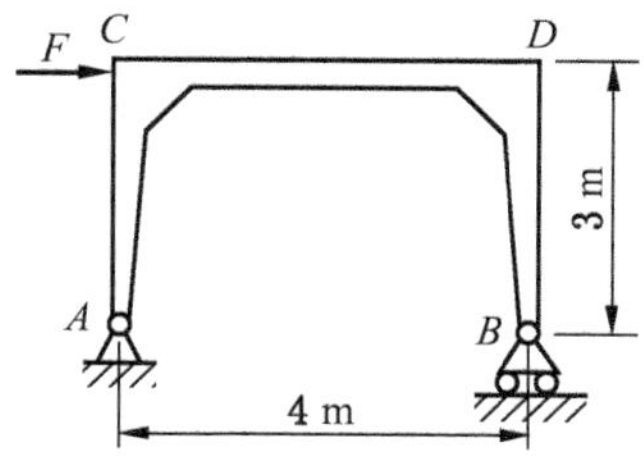

图1－33　题5

6. 支架由两杆AC和BC及销钉C组成，并在C处挂一重物，如图1－34所示。已知$G=10\ \mathrm{kN}$，$\alpha=30°$，$\beta=60°$，不计两杆自重，试求两杆所受的力。

7. 在图1－35中，已知：$F=1\ \mathrm{kN}$，$l=1\ \mathrm{m}$。求固定端A的约束反力。

8. 水平梁受载荷作用如图1－36所示。已知$q=15\ \mathrm{kN/m}$，试求A、B两铰链处的反力。

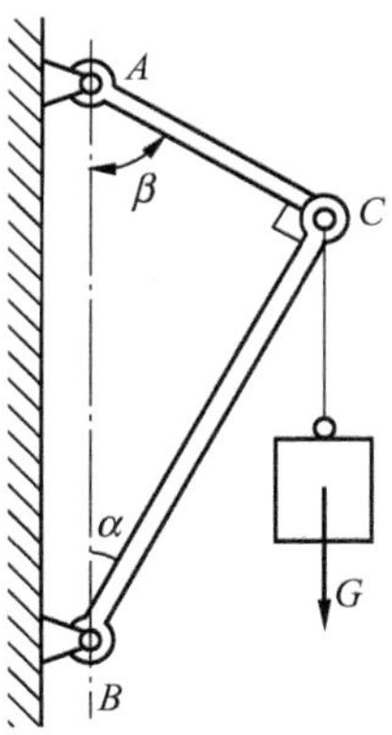

图1－34　题6

图1－35　题7

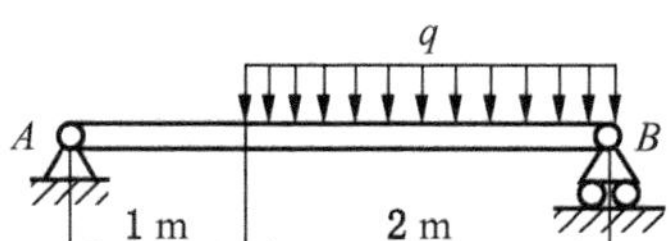

图1－36　题8

任务三　杆件轴向拉伸与压缩分析

一、工作任务

（一）任务概述

在工程实际和日常生活中，轴向拉伸或压缩变形是比较常见的一种变形。如图1－37

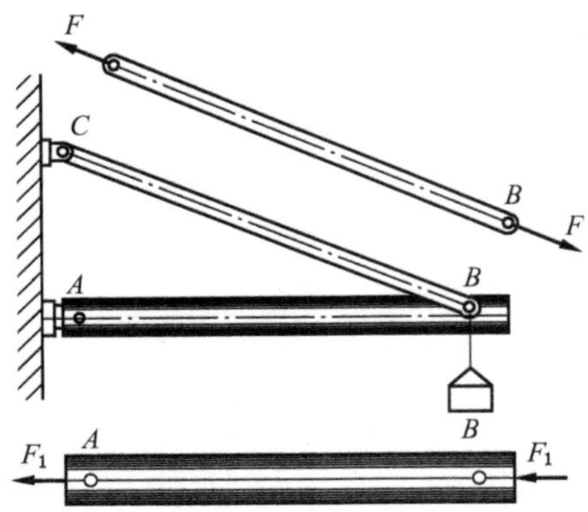

图 1－37　拉伸和压缩实例

所示的简易吊车，*AB* 杆产生压缩变形，*BC* 杆产生拉伸变形。为保证轴向拉伸或压缩的杆件在工作过程中既安全又经济，本学习任务主要是分析轴向拉伸与压缩受力与变形、受力与破坏之间的规律。

（二）任务要求

1. 知识要求

（1）理解杆件轴向拉伸、压缩时受力特点、内力及应力求法。

（2）掌握拉压强度和刚度的计算。

2. 能力要求

（1）会根据强度条件设计受轴向拉伸和压缩的杆件的截面尺寸。

（2）能够对受轴向拉伸和压缩的杆件进行强度校核。

3. 态度要求

（1）能主动学习，在完成任务过程中发现问题、分析问题和解决问题。

（2）能与小组成员协商、交流配合完成本学习任务。

（3）严格遵守安全规范。

二、相关知识

（一）承受载荷构件的基本要求

（1）承载能力是指构件在载荷作用下能够满足强度、刚度和稳定性要求的能力。

（2）强度。构件抵抗破坏的能力称为强度。足够的强度能保证构件在外力作用下不发生破坏。

（3）刚度。构件抵抗变形的能力称为刚度，足够的刚度能保证构件在外力作用下不产生过大的变形而影响正常工作。

（4）稳定性。构件维持原有直线平衡状态的能力称为稳定性。一些细长或薄壁构件在轴向压力达到一定程度时，会出现失去原有平衡形式而突然变弯的现象，这种现象称为构件丧失稳定性，简称为失稳。因此，对细长杆要求在规定的条件下不能发生失稳现象。

综上所述，足够的强度、刚度和稳定性是保证构件安全、可靠工作的基本要求。

（二）变形固体及基本假设

力学中所研究的在力的作用下会产生变形，即形状和尺寸会发生改变的固体称为变形固体。在对变形固体进行强度、刚度和稳定性计算时，作如下基本假设：

（1）连续均匀性假设：假设变形固体在整个体积内毫无间隙、均匀地充满物质。

（2）各向同性假设：假设材料沿各方向的力学性质是完全相同的。

（3）小变形假设：假设构件的变形与其本身原始几何尺寸相比是很小的。

综上所述，材料力学中所研究的物体是均匀、连续、各向同性的变形固体，且大多数场合下只限于研究微小的弹性变形情况。

（三）构件变形的基本形式

工程实际中构件的形状是多种多样的，如果构件的纵向尺寸（长度）比横向尺寸大很多，这样的构件称为杆件。杆件横截面形心的连线称为杆的轴线，轴线是直线的杆件称为直杆，若杆件轴线上的各横截面都相等，则称为等截面直杆。它是材料力学研究的最基本对象。

外力的作用方式不同，杆件的变形形式也就不同，但最基本的变形可归纳为四种形式：即轴向拉伸和压缩、剪切、扭转、弯曲。对于其他复杂的变形，可以分解成两种或两种以上基本变形的组合。

（四）外力、内力和应力

1. 外力

外力是指某一物体受到其他物体所作用的力，包括主动力和约束反力。

在工程实际中，构件受到的外力除按静力学部分的内容将其分为集中力、集中力偶和均匀分布力外，还可按载荷作用的性质，将外力分为静载荷和动载荷。静载荷是力的大小随时间的变化由零缓慢增加到某一数值后保持不变或变化很小的载荷。动载荷是指随时间有显著变化的载荷。

2. 内力

构件是由无数质点组成的，当构件受外力作用而产生变形时，各质点的相对位置发生了改变，同时质点间的内力也随着发生改变，它力图保持质点间原有的距离和联系，以抵抗外力使构件发生的变形和破坏。这种由外力引起的内力改变量（即附加内力），就是材料力学研究的内力。

必须指出，内力是由外力引起的，随外力的改变而改变，当外力增大时内力也增大，但它的增加是有一定限度的。对于某种材料，当内力达到某一极限时，就会引起构件的破坏，内力与构件的强度、刚度和稳定性密切相关。因此，内力是材料力学研究的重要内容。

3. 应力

应力是单位面积上的内力，即内力在某一点的集度，它表示某点受力的强弱程度。应力的引入便于解决杆件强度等问题，除能够知道构件可能沿哪个截面破坏外，还能知道沿哪个点开始破坏。

某一点的总应力或全应力用 p 表示，它常用两个分量来表示：一个是沿着截面法线方向的分量，称为正应力或法向应力，用 σ 表示；另一个是沿着截面切线方向的分量，称为切应力或剪应力，用 τ 表示，如图 1－38 所示。

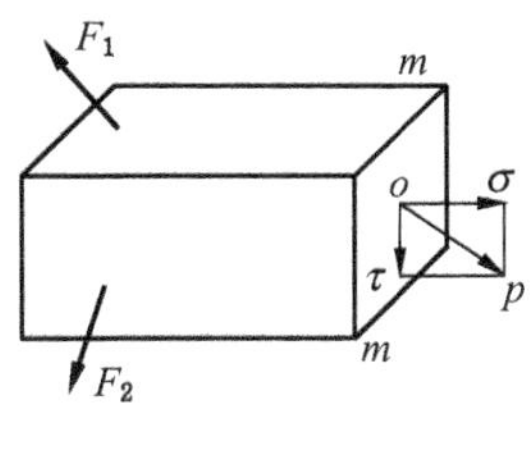

图 1－38　应力

在国际单位制中，应力的单位是帕（Pa）（$1\ Pa = 1\ N/m^2$），常用单位是兆帕（MPa）（$1\ MPa = 10^6\ Pa = 1\ N/mm^2$），吉帕（GPa）（$1\ GPa = 10^9\ Pa = 1\ kN/mm^2$）。

（五）截面法

通过截面使构件的内力显示出来，以便于计算其数值的方法称为截面法。截面法是求内力最基本的方法，其一般步骤如下：

（1）截。沿欲求内力的截面，假想用一截面把构件截开。

（2）取。取任一部分为研究对象。

（3）代。将另一部分对该部分的作用力用内力代替。

（4）平。列平衡方程式，求解该截面内力。

（六）轴力与轴力图

轴向拉伸和压缩是最简单、最常见的一种变形。如图 1－39 所示，轴向拉伸或压缩杆件的受力的特点是：作用于直杆上的所有外力（或合外力）作用线与杆件的轴线重合。变形特点是：杆件沿轴线方向伸长或缩短。构件受拉伸或压缩时，在保证构件既安全又经济的前提下，构件的承载能力、材料、截面形状和尺寸之间的关系，是设计受轴向拉伸或压缩构件的理论依据。

1. 轴力

轴力是指构件轴向拉（压）时横截面上的内力，在对拉（压）杆进行强度计算时，首先需要计算其内力。研究轴力的方法是截面法，如图 1－39a 所示为一受拉杆件：为了确定其横截面 $m-m$ 的内力，可以假想用截面 $m-m$ 把杆件分成左右两段，取其中任意一段（左段）作为研究对象，去掉的部分对留下的部分有力的作用，以截面上的内力来表示，如图 1－39b、图 1－39c 所示，由二力平衡条件，该内力必与外力 F 共线，且沿杆件的轴线方向，用符号 F_N 表示。因轴向拉伸和压缩时横截面上的内力沿杆件的轴线方向，所以此内力又称为轴力。由平衡方程可求出轴力的大小。即

$$\sum F_x = 0 \qquad F_N - F = 0 \qquad F_N = F$$

同理，右段上也有外力 F 和截面内力 F'_N，列平衡方程即可求得。因与 F'_N 是一对作用力与反作用力，故必等值、反向、共线。

为了保证任取一段（左或右）轴力有相同的正负号，规定：背离截面为正，反之为负；也就是拉力为正，压力为负。在计算时，轴力均假设为拉力，以保证所得结果的正、负号与规定轴力的正负号相统一。若求得结果为正，则杆件受拉；反之，杆件受压。

2. 轴力图

为了表示各截面上的轴力沿截面变化情况，用平行于杆件轴线的坐标为 x 轴，表示横截面的位置，一般以最左端的截面对应 x 轴上的点为坐标原点，建立平面直角坐标系。把轴力随截面位置的变化表示在此平面直角坐标系中，这样所画出的图形称为轴力图。画轴力图能够反映出轴力和截面位置变化关系，较直观地确定杆件最大轴力的值及其所在横截面位置，即确定危险截面的位置，为强度计算提供依据。

【例】如图 1－40a 所示的等截面直杆，受轴向作用力 $F_1=15\ \text{kN}$，$F_2=10\ \text{kN}$。试求 1－1 截面、2－2 截面的内力。

解　（1）求支座反力（悬臂构件可以省略）。杆件的受力如图 1－40b 所示，列平衡方程。

$$\sum F_x = 0 \qquad F_A - F_1 + F_2 = 0$$

解得

$$F_A = F_1 - F_2 = 5\ \text{kN}$$

（2）求指定截面的内力。用 1－1 截面假想将杆件截开，取左段为研究对象，右段对左段的作用力用截面上的轴力 F_{N1} 来代替，如图 1－40c 所示。并假定该轴力 F_{N1} 为正，列

平衡方程：

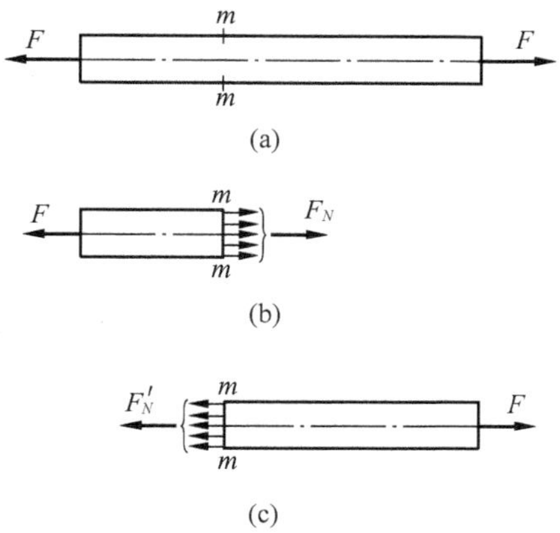

图 1－39　轴向拉伸和压缩杆件

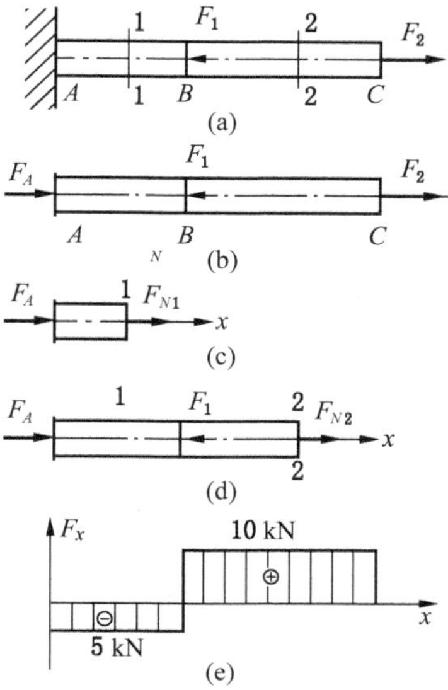

图 1－40　例

$$\sum F_x = 0 \qquad F_A + F_{N1} = 0$$

解得
$$F_{N1} = -F_A = -5\ \text{kN}$$

负号表示 F_{N1} 的方向和假定的方向相反，截面受压。

求 2－2 截面的轴力。假想用 2－2 截面将杆件截开，取左段为研究对象，右段对左段截面的作用力用 F_{N2} 来代替，如图 1－40d 所示。假定轴力 F_{N2} 为正，列平衡方程：

$$\sum F_x = 0 \qquad F_A - F_1 + F_{N2} = 0$$

解得
$$F_{N2} = F_1 - F_A = 10\ \text{kN}$$

由【例】可以总结出求截面轴力的结论：杆件任一截面的轴力 F_N 等于截面一侧左段（或右段）杆件上所有轴向外力的代数和。左段向左（或右段向右）的外力产生正值轴力，反之产生负值轴力。运用结论求轴力要比截面法简单。

（七）轴向拉（压）杆的强度

1. 拉（压）杆横截面上的应力

实验证明，当直杆轴向拉伸时纵向线伸长，横向线缩短；其横截面在变形前为平面，变形后仍为平面，如图 1－41 所示，$a'c'$、$a'b'$、$b'd'$、$c'd'$ 即为 ac、ab、bd、cd 在受轴向拉力后的变形，此即平面假设。由平面假设可知，横截面上轴力均匀分布，且只有正应力。由此得横截面上任一点的正应力为

$$\sigma = \frac{F_N}{A} \qquad (1-19)$$

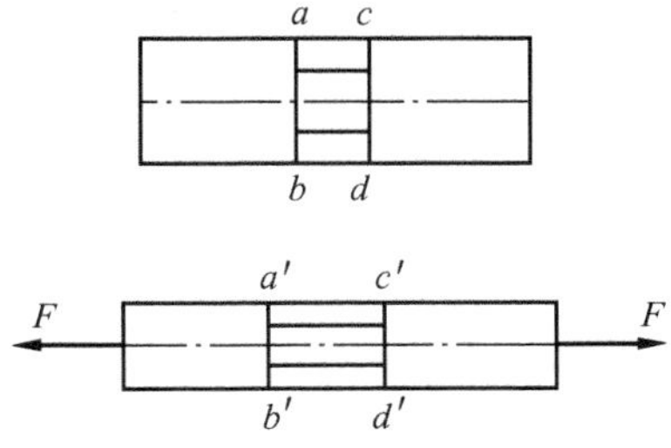

图 1－41　拉伸应力

式中　F_N——横截面上的轴力；

A——杆件横截面面积。

正应力 σ 的正负与轴力 F_N 的正负相对应，即拉应力为正，压应力为负。

2. 极限应力、工作应力、许用应力和安全系数

1）极限应力和工作应力

材料丧失正常工作能力时的最小应力称为极限应力或危险应力，用 σ_0 表示。对塑性材料，当构件的应力达到材料的屈服极限时，构件将因塑性变形而不能正常工作，故 $\sigma_0=\sigma_s$；对脆性材料，当构件的应力达到强度极限时，构件将因断裂而丧失正常工作能力，故 $\sigma_0=\sigma_b$。

构件工作时，由载荷引起的应力称为工作应力。要保证构件安全可靠的工作，必须把构件的最大工作应力限制在极限应力以下。

2）许用应力和安全系数

为了保证构件安全可靠地工作，仅仅使其工作应力不超过材料的极限应力是远远不够的，还必须使构件留有适当的强度储备，即把极限应力除以大于1的系数 n 后，作为构件工作时允许达到的最大应力值，这个应力值称为许用应力，用 $[\sigma]$ 表示，即

$$[\sigma]=\frac{\sigma_0}{n} \tag{1-20}$$

式中，n 称为安全系数。正确地选择安全系数是一个非常重要的问题，若安全系数过大，不仅浪费材料，而且使构件变得笨重；反之，若安全系数过小，则不能保证构件安全工作，甚至会造成事故。因此，合理地选取安全系数是解决构件安全与经济这一对矛盾的关键。安全系数的选择取决于载荷估计的准确程度、应力计算的精确程度、材料的均匀程度以及构件的重要性等因素。不同工作条件下构件的安全系数 n，可从有关工程手册中查到。对于塑性材料，一般来说，取 $n=1.5\sim2.0$；对脆性材料，取 $n=2.0\sim3.5$。

3. 强度条件

强度条件是为了保证拉（压）杆件在外力作用下能正常地工作，必须使杆内的最大工作应力 σ_{max} 不超过材料拉伸或压缩的许用应力 $[\sigma]$，即

$$\sigma_{max}=\frac{F_N}{A}\leqslant[\sigma] \tag{1-21}$$

式（1-21）称为拉（压）时的强度条件，式中 F_N 和 A 分别为危险截面上的轴力和横截面面积。所谓危险截面是指最大应力所在的截面。

（八）轴向拉（压）杆的变形及刚度

1. 变形和应变的概念

实验表明，拉（压）时直杆的纵向与横向尺寸都有所改变。如图1-42所示的正方形截面直杆，受轴向拉力 F 后，长度由 l 增加为 l_1，宽度由 b 收缩为 b_1，杆的变形有绝对变形和相对变形。

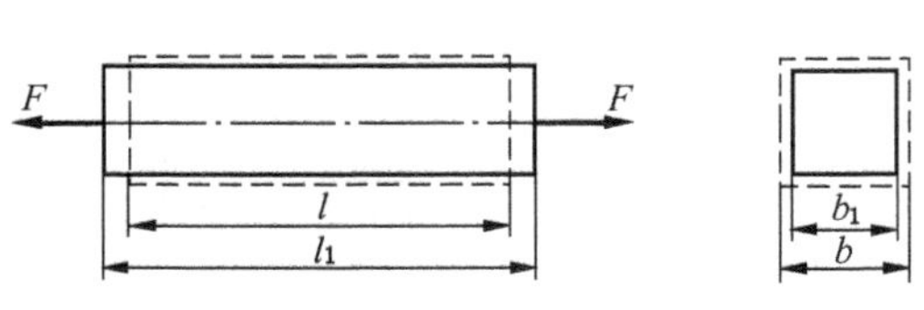

图1-42　拉伸变形

1）绝对变形

纵向绝对变形（简称变形）：　　$\Delta l=l_1-l$

横向绝对变形：　　　　　　　　$\Delta b = b_1 - b$

2）相对变形

为了消除杆件原尺寸对变形大小的影响，用单位长度的变形即相对变形来度量杆件的变形程度。

纵向相对变形（简称应变）：

$$\varepsilon = \frac{\Delta l}{l} \tag{1-22}$$

横向相对变形：

$$\varepsilon_1 = \frac{\Delta b}{b} \tag{1-23}$$

显然，拉伸时 ε 为正、ε_1 为负，压缩时则相反。相对变形是一个无量纲的量。

实验表明，当应力不超过某一限度（即材料的比例极限）时，材料的横向相对变形 ε_1 与纵向相对变形 ε 之间成正比关系，且符号相反，即

$$\varepsilon_1 = -\mu\varepsilon \tag{1-24}$$

式中，比例系数 μ 称为泊松比或泊松系数。

2. 胡克定律

实验表明，当杆的正应力 σ 不超过某一限度（即材料的比例极限）时，杆的绝对变形 Δl 与轴力 F_N 和杆长 l 成正比，而与截面面积 A 成反比，即

$$\Delta l \propto \frac{F_N l}{A}$$

引入比例常数 E，得

$$\Delta l = \frac{F_N l}{EA} \tag{1-25}$$

即为胡克定律，式中比例常数 E 称为材料的弹性模量。由式（1－25）可知，弹性模量越大，变形越小。所以 E 是表示材料抵抗变形能力的物理量，其值随材料不同而异，可由实验确定，单位与 σ 相同，常用单位为 GPa。

对于长度相同、受力情况相同的杆，其 EA 值越大，则杆的变形越小。因此，EA 表示了杆件抵抗拉伸（压缩）变形的能力，故 EA 称为杆件的抗拉（抗压）刚度。

当轴力 F_N、截面面积 A 发生变化，则应按式（1－25）分段计算轴向变形 Δl_i，再求其代数和，即

$$\Delta l = \sum \Delta l_i = \sum \frac{F_{Ni} l_i}{EA_i} \tag{1-26}$$

若将式 $\sigma = \dfrac{F_N}{A}$ 和 $\varepsilon = \dfrac{\Delta l}{l}$ 代入式（1－25），则可得胡克定律的另一种表示形式：

$$\sigma = E\varepsilon \tag{1-27}$$

于是，胡克定律还可表述为：当应力不超过材料的比例极限时，应力与应变成正比。

弹性模量 E 和泊松比 μ 一样，都是表征材料力学性能的常数，其值可由实验测定，几种常用材料的 E 和 μ 值见表 1－1。

表 1－1　几种常用材料的 E 和 μ 值

材料名称	E/GPa	μ
碳钢	696 ~ 266	0.25 ~ 0.33
合金钢	686 ~ 266	0.24 ~ 0.33
灰铸铁	663 ~ 657	0.23 ~ 0.27
铜及其合金	73 ~ 628	0.36 ~ 0.42
橡胶	0.00785	0.47

3. 刚度条件

受轴向拉伸或压缩的杆在满足了强度条

件后，为保证杆件能正常工作，还必须限制构件的变形，需满足变形条件，即刚度条件：

$$\Delta l=\frac{F_N l}{EA}\leqslant[\Delta L] \qquad (1-28)$$

三、任务实施

(一) 实施过程

1. 解决三类问题

根据受拉伸或压缩强度条件进行三类问题的解决，即强度校核、相关几何尺寸的计算、许可载荷的确定。计算时根据实际情况选用。

(1) 强度校核：$\sigma_{max}\leqslant[\sigma]$。

(2) 计算受拉伸或压缩截面面积：$A\geqslant\frac{F_N}{[\sigma]}$。

(3) 确定最大许可载荷：$F_N\leqslant[\sigma]A$。

实际计算时，对此三类问题中任一问题的解决，均可以通过强度校核公式换算得到。

2. 计算过程中应注意的问题

(1) 轴力 F_N 与截面积 A 必须是针对杆上同一段上的参数，当不同段有不同的轴力 F_N 和截面积 A 时必须分别计算，每一段都要满足相应的强度要求、截面积要求或最大载荷要求。

(2) 当对受拉伸或压缩杆有刚度要求时，代入相应公式进行拉伸量或压缩量计算。

3. 实施步骤

(1) 分析杆所受的力。

(2) 计算杆的轴力。

(3) 进行相关计算。

(二) 实例分析

【实例 1】如图 1－43a 所示的三角构架，在 B 点处受载荷 G 作用，杆 BC、AB 分别是钢杆和木杆，钢杆 BC 的横截面面积 $A_1=600\ mm^2$，许用应力 $[\sigma_1]=160$ MPa；木杆 AB 的横截面面积 $A_2=100\times10^2\ mm^2$，许用应力 $[\sigma_2]=7$ MPa，BC、AB 之间的夹角为 30°。求支架的许可载荷 $[G]$。

解 (1) 分析 AB、BC 杆所受的力。

取节点 B 为研究对象，AB、BC 两杆均为二力杆，且分别受拉和受压，所以节点 B 的受力分析如图 1－43b 所示。列平衡方程：

$$\sum F_x=0 \qquad F_1-F\cos30°=0$$

$$\sum F_y=0 \qquad F\sin30°-G=0$$

解得 $$F_1=\sqrt{3}G \qquad F=2G$$

根据作用力和反作用力的关系，BC 杆和 AB 杆所受的力大小分别为 $2G$ 和 $\sqrt{3}G$，BC 杆

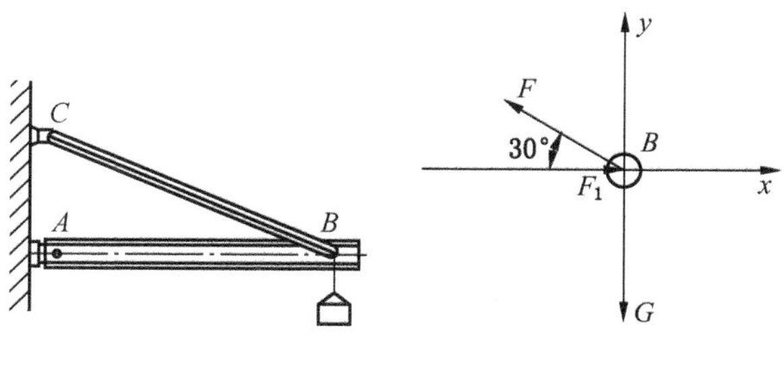

(a) 三角构架　　(b) 受力分析图

图 1-43　实例 1

产生拉伸变形，*AB* 杆产生压缩变形。

（2）求各杆的轴力。

由两杆所受的外力可知，钢杆 *BC* 的轴力 $F_{N1}=F=2G$；木杆 *AB* 的轴力 $F_{N2}=F_1=\sqrt{3}G$。

（3）确定许可载荷。

要使构架安全可靠地工作，钢杆 *BC* 和木杆 *AB* 必须分别满足其强度条件。因此得

$$\sigma_{1\max}=\sigma_1=\frac{F_{N1}}{A_1}=\frac{2G}{A_1}\leqslant[\sigma_1]$$

$$G\leqslant\frac{[\sigma_1]A_1}{2}=\frac{160\times600}{2}=48\times10^3\ \text{N}=48\ \text{kN}$$

$$\sigma_{2\max}=\sigma_2=\frac{F_{N2}}{A_2}=\frac{\sqrt{3}G}{A_2}\leqslant[\sigma_2]$$

$$G\leqslant\frac{[\sigma_2]A_2}{\sqrt{3}}=\frac{7\times100\times10^2}{\sqrt{3}}=40.4\times10^3\ \text{N}=40.4\ \text{kN}$$

当结构的载荷取 $G=40.4$ kN 时，*AB* 杆的应力恰等于许用应力，而 *BC* 杆的强度还有富余。故该构架的许可载荷 $[G]=40.4$ kN。

【实例 2】煤矿工作面上所用的金属支柱如图 1-44 所示，工作面是 圆环形截面，外径 $D=100$ mm，内径 $d=85$ mm，其材料为 35 号钢，若安全系数 $n=2$，工作中所承受煤层压力 $F=314$ kN，试校核支柱的强度。

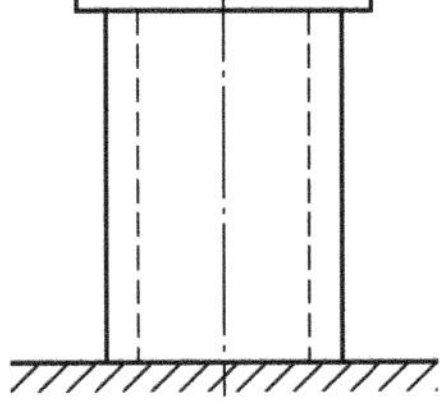

图 1-44　实例 2

解　（1）对金属支柱的力学分析。

由图 1-44 可知，金属支柱其受到外力 *F* 的作用后沿轴向压缩变形。

（2）金属支柱轴力。

横截面上的轴力　　　$F_N=F=314$ kN

（3）强度校核。

支柱横截面为圆环形，截面面积大小为

$$A=\frac{\pi}{4}(D^2-d^2)=\frac{\pi}{4}(100^2-85^2)=2178.4\ \text{mm}^2$$

工作应力为

$$\sigma_{\max}=\sigma=\frac{F_N}{A}=\frac{314\times10^3}{2178.4}=144.1\ \text{MPa}$$

查表1－1可知，35号钢的屈服极限$\sigma_s=314$ MPa。则

$$[\sigma]=\frac{\sigma_s}{n}=\frac{314}{2}=157\ \text{MPa}$$

因$\sigma_{\max}<[\sigma]$，故金属支柱的压缩强度足够。

思考与练习

1. 举例说明杆件变形的基本形式有哪些？

2. 两根材料不同的等截面直杆，承受相同的轴力，它们的横截面和长度都相同，试说明：①横截面上的应力是否相等？②绝对变形是否相等？

3. 如图1－45所示，现有碳钢和铸铁两种材料，斜杆*AB*和横杆*AC*应分别选用哪一种材料比较合理？为什么？

4. 如图1－46所示，阶梯轴受轴向力$F_1=40$ kN，$F_2=25$ kN，*AB*段横截面面积$A_1=400\ \text{mm}^2$，*BC*段横截面面积$A_2=250\ \text{mm}^2$。试求各段横截面上的正应力。

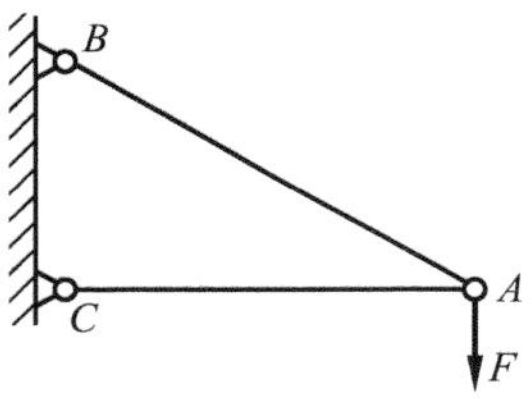

图1－45　题3

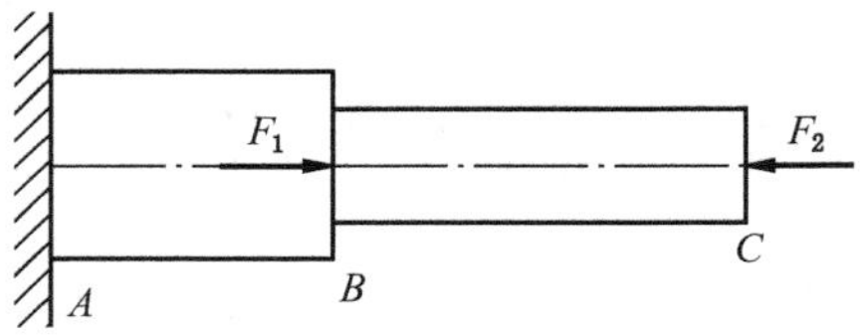

图1－46　题4

5. 试求图1－47a、图1－47b两图所示各杆1－1、2－2、3－3截面上的轴力，并画出轴力图。

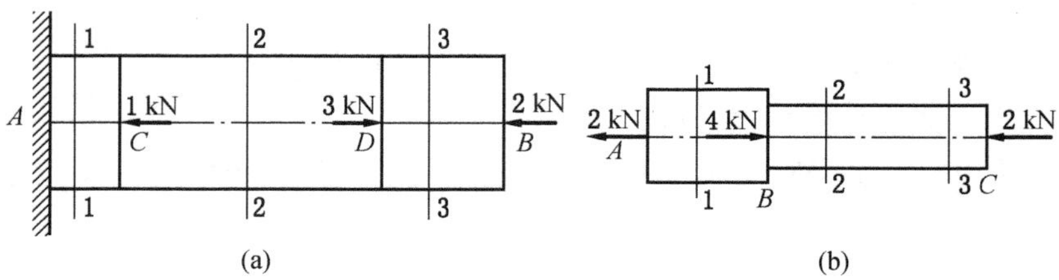

图1－47　题5

6. 如图 1－48a 所示的变截面钢杆，受轴向载荷 $F_1=30$ kN、$F_2=10$ kN，杆长 $l_1=l_2=l_3=100$ mm，各段截面面积分别为 $A_1=500\ \text{mm}^2$、$A_2=200\ \text{mm}^2$，弹性模量 $E=200$ GPa。试求钢杆各段横截面上的应力和总伸长量。

7. 某铣床工作台进给液压缸如图 1－49 所示，缸内工作液压 $p=2$ MPa，液压缸内径 $D=75$ mm，活塞杆直径 $d=18$ mm，活塞杆材料的许用应力 $[\sigma]=50$ MPa。试校核活塞杆的强度。

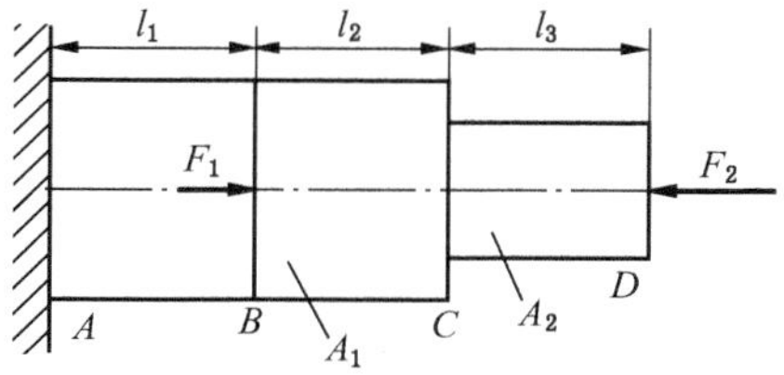

图 1－48　题 6

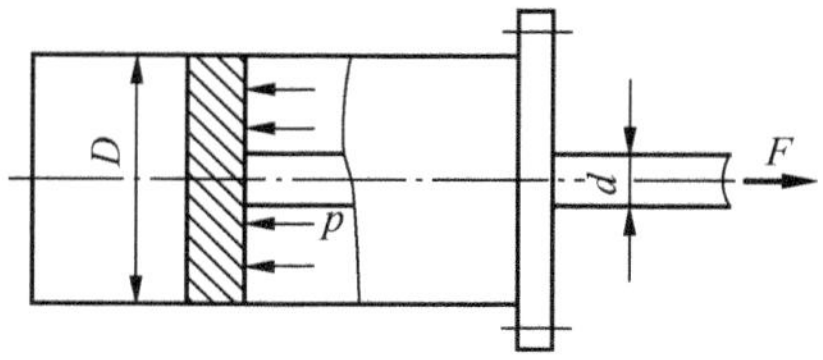

图 1－49　题 7

任务四　连接件剪切与挤压分析

一、工作任务

（一）任务概述

工程实际中，产生剪切与挤压的构件往往是机械或结构中的连接件，如平键、螺栓、铆钉、销钉等。如图 1－50 所示的螺栓连接和铆钉连接，当拉力 F 增加时，螺栓或铆钉沿两零件接触截面间发生相对错动，当拉力 F 足够大时，螺栓杆或铆钉甚至被剪断；另外，在被连接件与螺栓或铆钉的相互接触面上还会出现局部受挤压现象，同样当拉力 F 足够大时，其相互接触面上会产生塑性变形，甚至压溃。本学习任务主要是分析连接件受剪切和挤压时，为保证构件既安全又经济，其受力与变形、受力与破坏之间的规律。

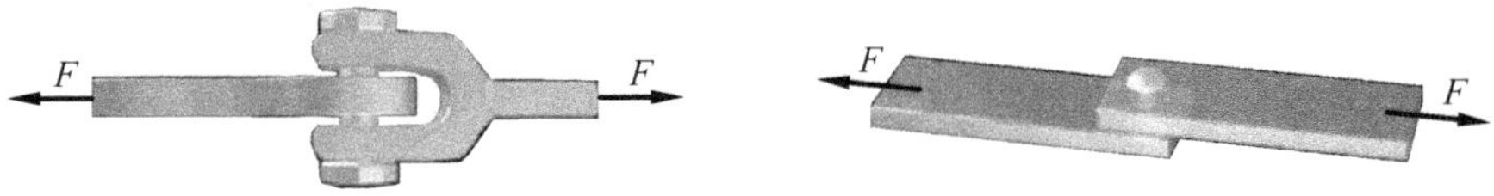

(a) 螺栓连接　　(b) 铆钉连接

图 1－50　受剪切和挤压实例

（二）任务要求

1. 知识要求

（1）理解工程实际中零件受剪切和挤压构件的受力特点。

（2）掌握受剪切面积和受挤压面积的计算方法。

（3）掌握剪切和挤压的实用计算方法。

2. 能力要求

（1）会对受剪切和挤压的零件进行受力分析。

（2）能对工程实际中受剪切和挤压的构件进行强度计算。

3. 态度要求

（1）能主动学习，在完成任务过程中发现问题、分析问题和解决问题。

（2）能与小组成员协商、交流配合完成本学习任务。

（3）严格遵守安全规范。

二、相关知识

（一）剪切变形的实用计算和剪切强度条件

如图1－51a和图1－51b所示的剪切受力分析图可看出，剪切的受力特点是作用在构件两侧面上的外力大小相等、方向相反、作用线相距很近。其变形特点是沿外力作用线之间的截面发生相对错动。这种截面间发生相对错动的变形称为剪切变形，产生相对错动的截面称为剪切面。剪切面平行于外力的作用线，且在两个反向外力的作用线之间。

如图1－51c所示，应用截面法假想沿剪切面将铆钉分成两段，任取一段为研究对象，由平衡条件可知，剪切面 m—m 上必有一个与该截面平行的内力存在，这个内力称为剪力，常用符号 F_Q 表示。

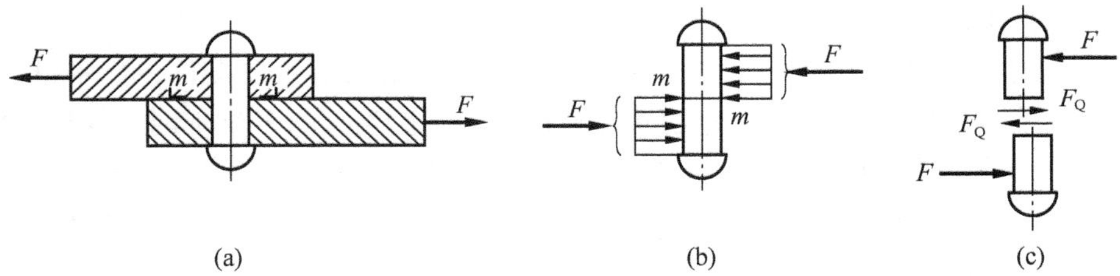

图1－51　剪切受力分析

剪切力 F_Q 在剪切面上的分布往往较复杂，在工程计算中，常用实用计算法。所谓实用计算法就是假设切应力均匀地分布在剪切面上，设剪切面的面积为 A，剪力为 F_Q。切应力的计算公式为

$$\tau=\frac{F_Q}{A} \tag{1-29}$$

要保证构件工作时不发生剪切破坏，则其产生的最大切应力不得超过材料的许用切应力，因此剪切的强度条件为

$$\tau=\frac{F_Q}{A}\leqslant[\tau] \tag{1-30}$$

式中　$[\tau]$——连接件的许用剪应力，可从有关手册中查取。

应用剪切强度条件可以解决三类问题：校核强度、设计截面尺寸、确定许可载荷。

（二）挤压的实用计算和挤压强度条件

如图1-51*b*所示，连接件和被连接件因相互接触而产生局部受压现象，称为挤压，连接件与被连接件的相互接触面称为挤压面。挤压面上传递的压力称为挤压力，用F_{jy}表示。挤压面上的应力称为挤压应力，用σ_{jy}表示，挤压应力与挤压面垂直。由于挤压应力的局部性质，且连接件与被连接件在连接处的应力和变形都很复杂，要进行精确的理论分析也相当困难，因而在工程上通常采用实用计算，即假设挤压应力在挤压面上均匀分布：

$$\sigma_{jy}=\frac{F_{jy}}{A_{jy}} \tag{1-31}$$

式中　A_{jy}——挤压面面积。

在挤压的实用计算中，有效挤压面面积按如下要求确定：若接触面为平面，则有效挤压面面积为实际接触面面积；若接触面为曲面，则有效挤压面面积为曲面在挤压方向上的正投影面面积，如图1-52b所示。这样计算得到的挤压应力与理论分析所得的最大挤压应力值相近，如图1-52c所示。

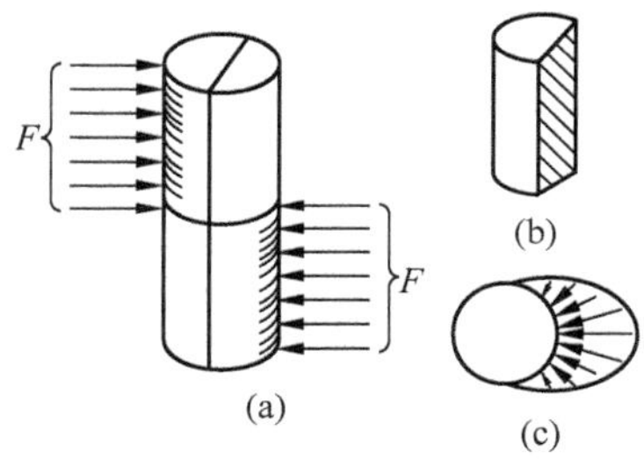

图1-52　挤压面积

为保证挤压构件正常工作，构件的挤压应力应小于或等于许用挤压应力。所以，挤压强度条件为

$$\sigma_{jy}=\frac{F_{jy}}{A_{jy}}\leqslant[\sigma_{jy}] \tag{1-32}$$

式中　$[\sigma_{jy}]$——材料的许用挤压应力。

三、任务实施

（一）实施过程

1. 解决三类问题

根据受剪切或受挤压强度条件进行三类问题的解决，即强度校核、相关几何尺寸的计算、许可载荷的确定。

（1）强度校核：　$\tau=\frac{F_Q}{A}\leqslant[\tau]$　　$\sigma_{jy}=\frac{F_{jy}}{A_{jy}}\leqslant[\sigma_{jy}]$

（2）几何尺寸计算：　$A\geqslant\frac{F_Q}{[\tau]}$　　$A\geqslant\frac{F_{jy}}{[\sigma_{jy}]}$

（3）许可载荷的确定：　$F_Q\leqslant A[\tau]$　　$F_{jy}\leqslant A[\sigma_{jy}]$

进一步可以进行相关几何尺寸的计算，如圆形截面的直径计算。

2. 计算过程中应注意的问题

（1）上面几个计算式中的面积*A*对受剪切面和受挤压面的面积必须分别对待。

（2）如果两个相互挤压构件的材料不同，则应对材料挤压强度较小的构件进行计算。

3. 实施步骤

（1）对构件进行受力分析。

（2）确定剪力、挤压力、受剪切面积和受挤压面积。

（3）进行相关计算。

（二）实例分析

【实例 1】图 1－53a 所示的拖车挂钩用插销连接，已知挂钩厚度 $\delta=10$ mm，$[\tau]=100$ MPa，$[\sigma_{jy}]=200$ MPa，拉力 $F=56$ kN，试设计插销直径 d。

解（1）对插销进行受力分析，确定作用于插销上的外力，如图 1－53b 所示。

（2）确定剪力、挤压力、受剪切面积、受挤压面积。假想沿剪切面将插销截开，则插销截面的剪力和作用在插销圆柱面上的挤压力分别为

$$F_Q=\frac{F}{2}=\frac{56}{2}=28\text{ kN}$$

$$F_{jy}=\frac{F}{2}=\frac{56}{2}=28\text{ kN}$$

插销上受剪切面面积：$$A_1=\frac{\pi d^2}{4}$$

插销上受挤压面面积：$$A_2=\delta d$$

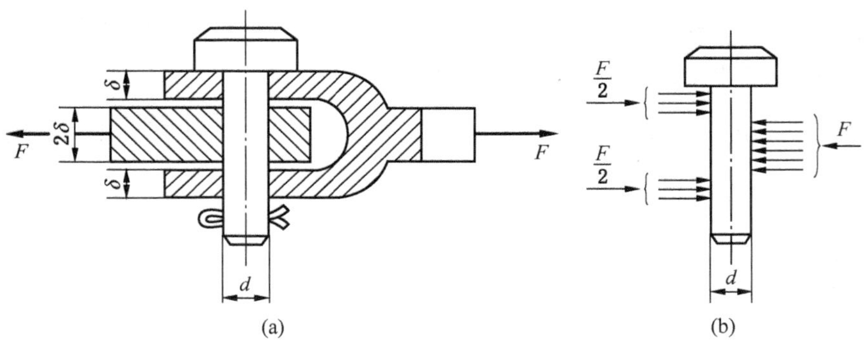

图 1－53 实例 1

（3）进行几何尺寸计算。

根据剪切强度条件

$$\tau=\frac{F_Q}{A_1}\leqslant[\tau]$$

得 $$A_1\geqslant\frac{F_Q}{[\tau]}$$

得 $$\frac{\pi d^2}{4}\geqslant\frac{F_Q}{[\tau]}\qquad d\geqslant\sqrt{\frac{28\times10^3}{100}\times\frac{4}{\pi}}=16.73\text{ mm}$$

根据挤压强度条件 $$\sigma_{jy}=\frac{F_{jy}}{A_2}\leqslant[\sigma_{jy}]$$

得 $$A_2 \geqslant \frac{F_{jy}}{[\sigma_{jy}]}$$

得 $$\delta d \geqslant \frac{F_{jy}}{[\sigma_{jy}]} \qquad d \geqslant \frac{F_{jy}}{[\sigma_{jy}]\delta} = \frac{28 \times 10^3}{200 \times 10}\ \text{mm} = 14\ \text{mm}$$

由于此插销既要满足剪切强度条件，又要满足挤压强度条件，所以最终插销直径为 $d \geqslant 16.73$ mm，取 $d = 17$ mm。

若取标准插销直径，则查相关手册，取 $d = 20$ mm。

【实例 2】齿轮与轴用平键连接，如图 1-54a 所示。已知轴的直径 $d = 70$ mm，键的尺寸为 $b \times h \times l = 20\ \text{mm} \times 12\ \text{mm} \times 100\ \text{mm}$，传递的转矩 $M = 2\ \text{kN} \cdot \text{m}$，键的许用切应力 $[\tau] = 40$ MPa，许用挤压应力 $[\sigma_{jy}] = 100$ MPa。试校核键的强度。

解 （1）对键进行受力分析，确定作用于键上的外力。取轴和键为研究对象，如图 1-54b 所示，受力分析，列平衡方程：

$$\sum M_O(F) = 0 \qquad -M + F \times \frac{d}{2} = 0$$

解得 $$F = \frac{2M}{d} = \frac{2 \times 2 \times 10^3}{70} = 57.14\ \text{kN}$$

（2）确定剪力大小，校核键的剪切强度。假想沿剪切面将键截开，取键的下半部为研究对象，如图 1-54c 所示，可得剪切面上的剪力为

$$F_Q = F = 57.14\ \text{kN}$$

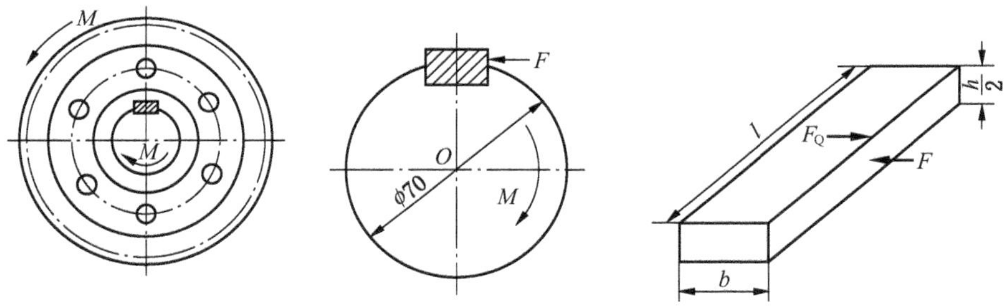

图 1-54 实例 2

剪切面面积为 $$A = bl = 20 \times 100 = 2000\ \text{mm}^2$$

根据剪切强度条件 $$\tau = \frac{F_Q}{A} \leqslant [\tau]$$

得 $$\tau = \frac{F_Q}{A} = \frac{57.14 \times 10^3}{2000} = 28.6\ \text{MPa} < [\tau] = 40\ \text{MPa}$$

故平键剪切强度足够。

（3）确定挤压力大小，校核键的挤压强度。键的下半部受挤压，如图 1-54c 所示，挤压力为

$$F_{jy} = F = 57.14\ \text{kN}$$

挤压面面积为 $A_{jy}=\dfrac{h}{2}\times l=\dfrac{12}{2}\times100=600\ \text{mm}^2$

根据挤压强度条件 $\sigma_{jy}=\dfrac{F_{jy}}{A_{jy}}\leqslant[\sigma_{jy}]$

得 $\sigma_{jy}=\dfrac{F_{jy}}{A_{jy}}=\dfrac{57.14\times10^3}{600}=95.2\ \text{MPa}<[\sigma_{jy}]=100\ \text{MPa}$

故平键挤压强度足够，所以该平键的强度足够。

思考与练习

1. 什么是剪切？什么是挤压？挤压与压缩有什么不同？

2. 如图 1－55 所示，两零件用铆接接头，板厚 $t=2$ mm，板宽 $b=15$ mm，铆钉直径 $d=4$ mm，拉力 $F=1.25$ kN，材料的许用切应力 $[\tau]=100$ MPa，许用挤压应力 $[\sigma_{jy}]=300$ MPa。试校核此接头的强度。

3. 如图 1－56 所示，用夹剪剪断直径为 3 mm 的铅丝，若铅丝的剪切极限应力为 100 MPa，试问需要多大的力 F？若销钉 B 的直径为 8 mm，试求销钉内的切应力。

4. 如图 1－57 所示，冲床的最大冲力 $F=400$ kN，冲头材料的许用压应力 $[\sigma_c]=440$ MPa，被冲剪钢板的剪切强度极限 $\tau_b=360$ MPa。求在最大冲力作用下所能冲剪的圆孔最小直径 d_{min} 和板的最大厚度 t_{max}。

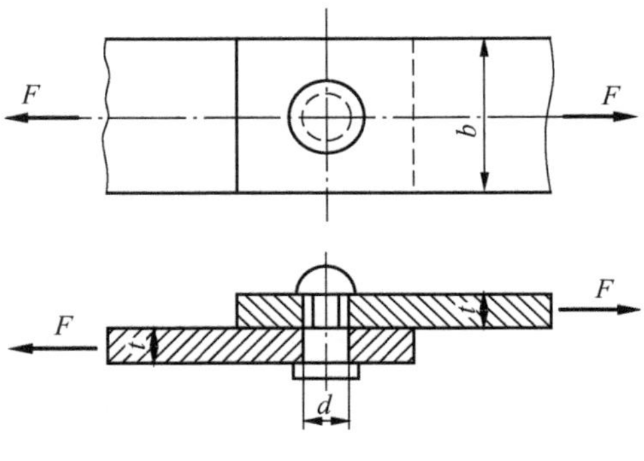

图 1－55 题 2

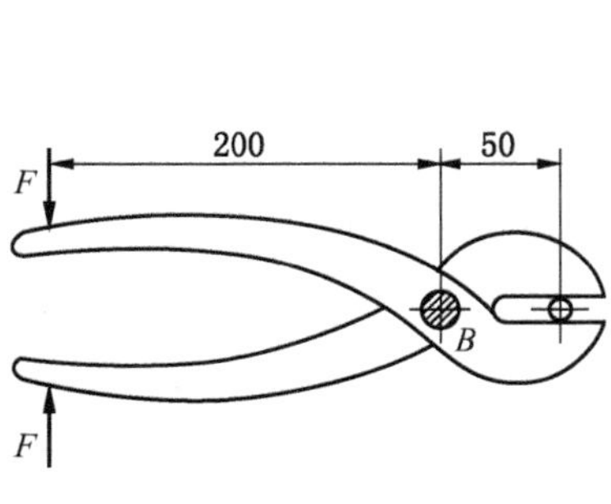

图 1－56 题 3

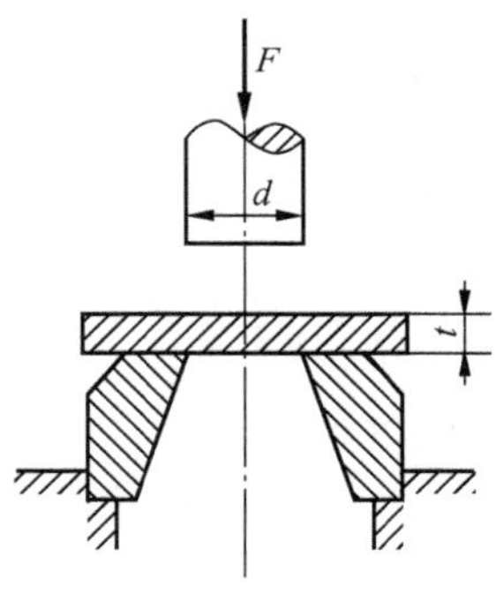

图 1－57 题 4

任务五　圆轴扭转分析

一、工作任务

（一）任务概述

在工程实际中，当圆轴类零件在传递转矩时，往往会发生扭转变形。如图 1－58 所示的传动轴、攻丝的丝锥等在工作时会发生扭转变形。为满足受扭转圆轴的承载能力，必须选用合适的材料、设计合理的截面尺寸。本学习任务旨在分析当圆轴扭转变形时，为保证构件既安全又经济，其受力与变形、受力与破坏之间的规律。

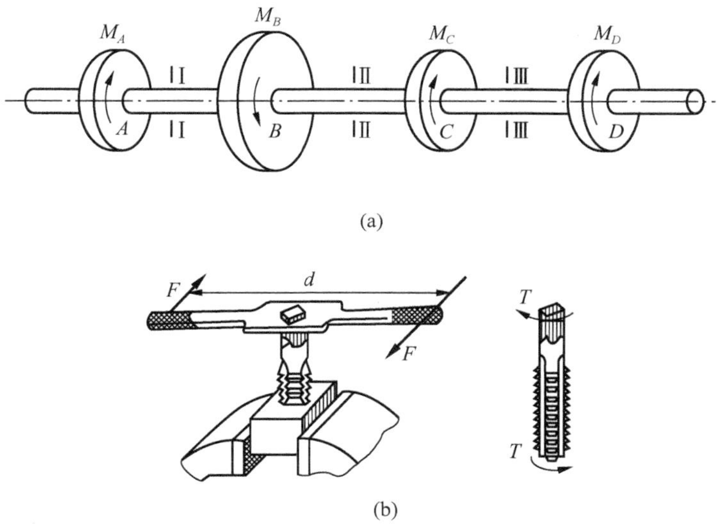

图 1－58　圆轴扭转实例

（二）任务要求

1. 知识要求

（1）理解轴扭转的受力特点。

（2）掌握力偶矩、扭矩的计算方法。

（3）掌握扭矩图的绘制方法。

（4）掌握轴扭转时的强度和刚度计算。

2. 能力要求

（1）能正确判断轴扭转时扭矩的方向。

（2）能运用轴扭转的强度和刚度条件解决工程实际问题。

3. 态度要求

（1）能主动学习，在完成任务过程中发现问题、分析问题和解决问题。

（2）能与小组成员协商、交流配合完成本学习任务。

（3）严格遵守安全规范。

二、相关知识

（一）扭矩和扭矩图

1. 圆轴的扭转变形

以图 1－59a 所示方向盘受扭转的圆轴 AB 为例。扭转变形为主的杆件称为轴，截面为圆形的轴称为圆轴。为了研究受扭转变形轴的强度和刚度，将扭转圆轴简化为如图 1－59b 所示的简化图。从简图中可以看出，杆件扭转变形实际上是受到了作用面与轴线垂直的外力偶矩 M_e 的作用，杆件的各横截面绕轴线发生相对转动，故这种变形称为扭转变形。

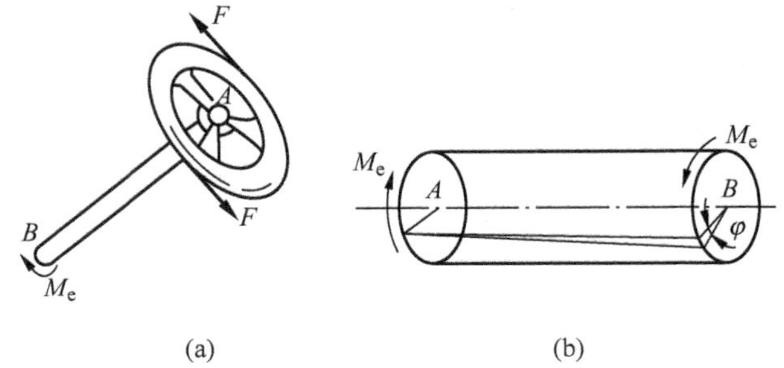

图 1－59　扭转轴的简化

2. 外力偶矩的计算

由图 1－59 所示可看出，圆轴的扭转程度和安全性显然与外力偶矩 M_e 的大小有直接关系。通常外力偶矩 M_e 不是直接给出，而是通过轴所传递的功率 P 和转速 n 计算得到的。已知轴所传递的功率 P 和轴的转速 n，则外力偶矩 M_e 为

$$M_e = 9550\frac{P}{n} \tag{1-33}$$

式中　P——功率，kW；

n——转速，r/min；

M_e——外力偶矩，N·m。

3. 扭矩 M_T 的计算

研究圆轴扭转时横截面上的内力仍用截面法。如图 1－60 所示，假想将圆轴沿 A－A 截面分成两部分，取其左段为研究对象，由于整个轴平衡，所以左段也处于平衡。A－A 截面上的内力必成为一力偶，其力偶矩 M_T 称为该截面上的扭矩。由 $\sum m_x = 0$，得

$$M_T - m = 0 \qquad M_T = m$$

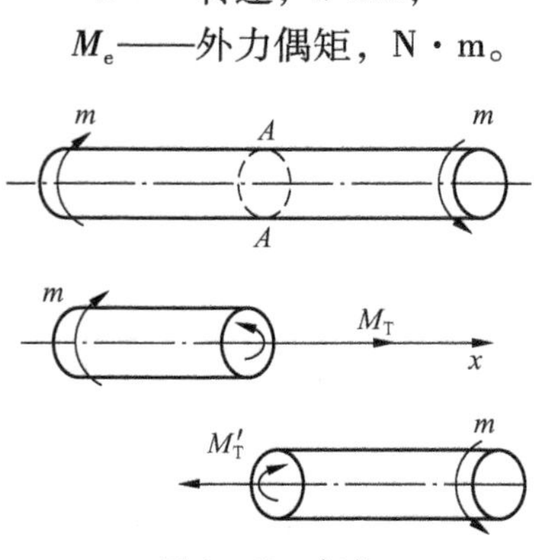

图 1－60　扭矩

若取轴的右段为研究对象，可得出 $M_T' = m$，由于同一横截面两边的力偶互为作用力和反作用力的关系，

所以 $M_T = M'_T$，而转向相反。为了使无论取左段还是右段求得同一截面上的扭矩不仅数值相等，而且符号相同，对扭矩正负号作如下规定，即右手螺旋法则：四个手指的转向与 M_T 转向相同，大拇指与截面外法线方向相同规定为正，反之为负，如图 1－61 所示。

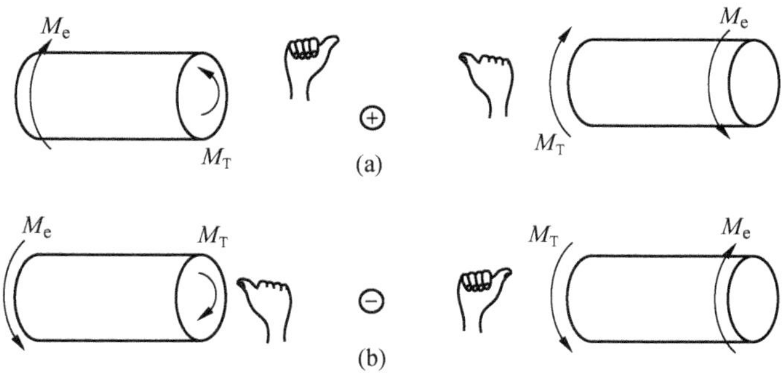

图 1－61　扭矩正负号的规定

4. 扭矩图

若作用于轴上的外力偶多于两个，此时圆轴各横截面上的扭矩是不同的，为了分析最大扭矩，通常把表示扭矩随截面位置变化规律的图形称为扭矩图。

【例】传动轴如图 1－62 所示，主动轮 A 输入功率 $P_A = 50$ kW，从动轮 B、C、D 输出功率分别为 $P_B = P_C = 15$ kW，$P_D = 20$ kW，轴的转速为 $n = 300$ r/min。试画出轴的扭矩图。

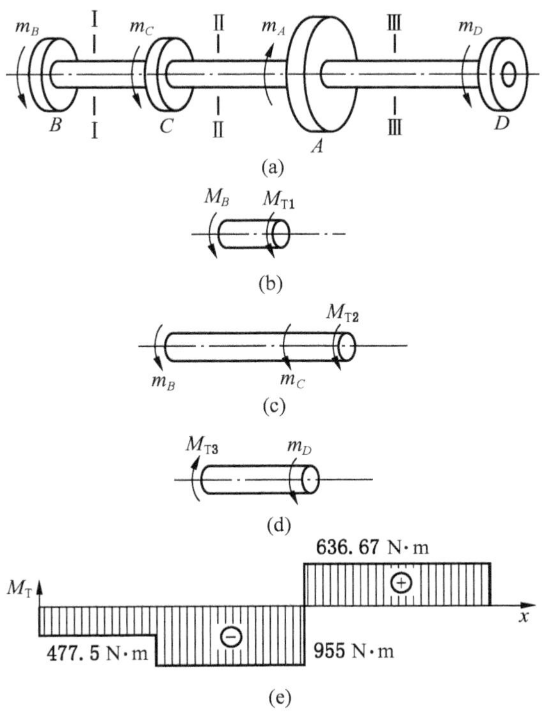

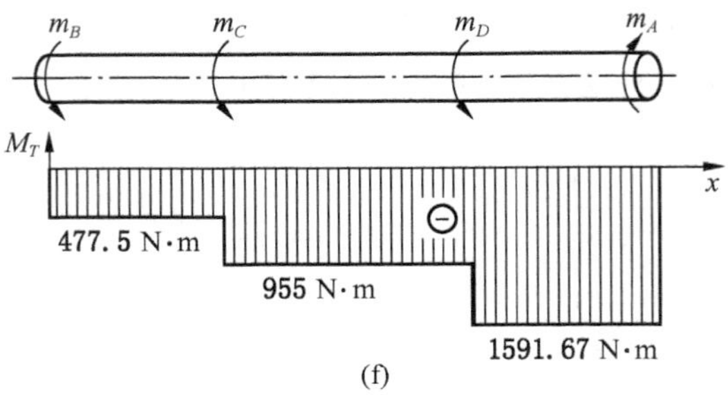

(f)

图 1-62 例

解 （1）求各轮上的外力偶矩。

$$m_A = 9550\frac{P_A}{n} = 9550\frac{50}{300} = 1591.67\ \text{N}\cdot\text{m}$$

$$m_B = m_C = 9550\frac{P_B}{n} = 9550\frac{15}{300} = 477.5\ \text{N}\cdot\text{m}$$

$$m_D = 9550\frac{P_D}{n} = 9550\frac{20}{300} = 636.67\ \text{N}\cdot\text{m}$$

（2）分段求扭矩。

从受力情况可看出，轴在 BC、CA、AD 三段内的扭矩各不相等，用截面法根据平衡方程计算各段内的扭矩。

在 BC 段内，用 M_{T1} 表示截面Ⅰ-Ⅰ上的扭矩，如图 1-62b 所示，由平衡方程

$$\sum m_x = 0, M_{\text{T1}} + m_B = 0$$

得
$$M_{\text{T1}} = -m_B = -477.5\ \text{N}\cdot\text{m}$$

负号说明，实际扭矩转向与假设相反。

同理，在 CA 段内，由图 1-62c 所示，得

$$M_{\text{T2}} + m_C + m_B = 0 \qquad M_{\text{T2}} = -m_C - m_B = -955\ \text{N}\cdot\text{m}$$

在 AD 段内，由图 1-62d 所示，得

$$M_{\text{T3}} - m_D = 0 \qquad M_{\text{T3}} = m_D = 636.67\ \text{N}\cdot\text{m}$$

（3）作扭矩图。

画出扭矩图，如图 1-62e 所示，其中最大扭矩产生在 CA 段内，且 $|M_{\text{T}}|_{\max} = 955\ \text{N}\cdot\text{m}$。

对上述传动轴，若把主动轮 A 安置于轴的一端（现为右端），则轴的扭矩图如图 1-62f 所示。这时，轴的最大扭矩 $|M_{\text{T}}|_{\max} = 1591.67\ \text{N}\cdot\text{m}$。显然只从受力角度考虑，图 1-62a 所示轮子布局比图 1-62f 合理。

（二）扭转圆轴的强度

1. 圆轴扭转时横截面上的应力

圆轴扭转试验如图 1-63 所示，由试验可得如下结论：圆轴扭转变形后各个横截面仍为平面，其大小、形状以及相邻两截面之间的距离保持不变，故横截面上没有正应力；由于相邻横截面发生相对转动，故横截面上必有垂直于半径方向呈线性分布的切应力存在，

且与扭矩的转向一致。最大切应力 τ_{max} 发生在圆轴横截面边缘上，而圆心处的切应力为零，实心和空心圆轴横截面上的切应力分布分别如图 1－64a 和图 1－64b 所示。

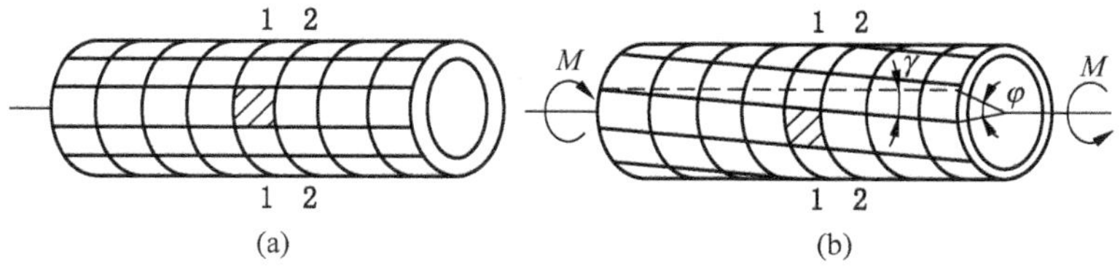

图 1－63　圆轴的扭转变形示意图

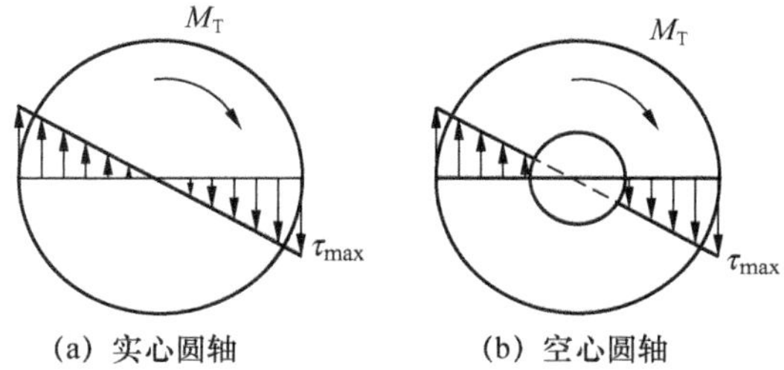

图 1－64　圆轴截面上切应力分布

2. 圆轴扭转时横截面上的切应力计算

根据上述实验现象，由变形规律、变形与应力间的物理关系、静力平衡关系，可推导出圆轴扭转时横截面上任一点切应力计算公式为

$$\tau_\rho = \frac{M_T}{I_p}\rho \qquad (1-34)$$

式中　τ_ρ——距离圆心为 ρ 处的切应力，MPa；

M_T——横截面上的扭矩，N · mm；

ρ——所求应力点到圆心的距离，mm；

I_p——截面对圆心的极惯性矩，mm^4。

显然，当 $\rho = \rho_{max} = \frac{D}{2}$ 时，切应力为最大值，即

$$\tau_{max} = \frac{M_T}{I_p}\frac{D}{2} \qquad (1-35)$$

令 $W_p = \frac{I_p}{D/2}$，则式（1－35）可改写成

$$\tau_{max} = \frac{M_T}{W_p} \qquad (1-36)$$

式中　W_p——抗扭截面模量，m^3 或 mm^3。

3. 圆形截面的极惯性矩和抗扭截面模量

圆形截面的极惯性矩是指与截面形状和尺寸有关的几何量，圆形截面的抗扭截面模量是圆轴抵抗扭转破坏能力的几何参数。

对于圆形截面，设直径为 D，其极惯性矩和抗扭截面模量分别为

$$I_p = \frac{\pi D^4}{32} \tag{1-37}$$

$$W_p = \frac{I_p}{\rho_{\max}} = \frac{\pi D^3}{16} \tag{1-38}$$

用类似的方法可以计算出内径为 d，外径为 D 的空心圆形截面的极惯性矩和抗扭截面模量分别为

$$I_p = \frac{\pi D^4}{32}(1-\alpha^4) \tag{1-39}$$

$$W_p = \frac{\pi D^3}{16}(1-\alpha^4) \tag{1-40}$$

式中　α——空心圆轴内外径之比，$\alpha = \frac{d}{D}$。

4. 圆轴扭转的强度条件

为了保证圆轴扭转时能安全可靠地工作，要求轴的最大工作切应力 $\tau_{\max}$不超过材料的许用切应力$[\tau]$，即强度条件为

$$\tau_{\max} \leqslant [\tau] \tag{1-41}$$

对等截面圆轴强度条件为

$$\tau_{\max} = \frac{M_{\mathrm{Tmax}}}{W_p}$$

式中　M_{Tmax}——最大扭矩值，N·mm。

对变截面轴，因抗扭截面模量 W_p 在各横截面上不同，所以 $\tau_{\max}$不一定发生在最大扭矩所在的横截面上，这就要综合考虑扭矩和抗扭截面模量两者的变化来确定 $\tau_{\max}$。

（三）圆轴扭转的刚度

1. 圆轴扭转角

圆轴扭转时两个横截面间绕轴线转过的相对转角称相对扭转角，简称扭转角 φ（图1-63b）。由理论分析可知：扭转角 φ 与扭矩、截面尺寸及材料性能有如下关系：

$$\varphi = \frac{M_{\mathrm{T}} l}{G I_p} \tag{1-42}$$

式中　M_{T}——横截面上的扭矩，N·mm；

　　l——两横截面间的距离，mm；

　　G——材料的切变模量，GPa；

　　I_p——截面对圆心的极惯性矩，mm^4。

式（1-42）表明，GI_p 越大，则 φ 越小，即 φ 与 GI_p 成反比，它反映截面抵抗扭转变形的能力，所以称 GI_p 为截面的抗扭刚度。

有时，轴上的扭矩 M_{T}、截面对形心的极惯性矩 I_p 会发生变化，则应按式（1-42）

分段计算每段的扭转角 φ，再求其代数和，即

$$\varphi = \sum \frac{M_{Ti}l_i}{GI_{pi}} \tag{1-43}$$

为了消除轴长度 l 对扭转角的影响，工程中常采用单位长度扭转角 θ 来度量扭转变形，即

$$\theta = \frac{M_{\mathrm{T}}}{GI_p}\frac{180°}{\pi} \tag{1-44}$$

2. 圆轴扭转的刚度条件

构件除应满足强度条件外，还需满足刚度要求。为了避免刚度不够而影响正常使用，工程上对受扭构件的最大单位长度扭转角进行限制，即刚度条件为

$$\theta_{\max} = \frac{M_{T\max}}{GI_p}\frac{180°}{\pi} \leqslant [\theta] \tag{1-45}$$

三、任务实施

（一）实施过程

1. 解决三类问题

根据受扭转轴的强度和刚度条件进行三类问题的解决，即强度校核、相关几何尺寸的计算、许可载荷的确定。

（1）强度校核：$\tau_{\max} = \dfrac{M_{\mathrm{T}}}{W_p} \leqslant [\tau]$。

（2）相关几何尺寸：$W_p \geqslant \dfrac{M_{\mathrm{T}}}{[\tau]}$。

（3）许可载荷的确定：$M_{\mathrm{T}} \leqslant W_p[\tau]$。

实际计算时，若有刚度要求，要利用刚度条件进行扭转角的计算，以满足刚度条件。

2. 计算过程中应当注意的问题

（1）不同轴段的参数必须一一对应。

（2）各段均需满足强度条件和刚度条件时，选最危险的轴段进行计算即可。

3. 实施步骤

（1）对轴进行相应的力学分析，确定圆轴各部分的扭矩。

（2）画出扭矩图，确定危险轴段。

（3）根据危险轴段进行相应计算。

（二）实例分析

【实例】如图 1－65 所示的减速器传动轴，转速 $n = 500$ r/min，主动轮的输入功率 $P_B = 30$ kW，从动轮的输出功率分别为 $P_A = 15$ kW，$P_C = 10$ kW，$P_D = 5$ kW。已知：材料的许用切应力 $[\tau] = 40$ MPa，许用单位扭转角 $[\theta] = 1°/\mathrm{m}$，切变模量 $G = 80$ GPa。试设计轴的直径。

解 （1）计算外力偶矩。

$$M_B = 9550\frac{P_B}{n} = 9550 \times \frac{30}{500} = 573\ \mathrm{N \cdot m}$$

$$M_A = 9550\frac{P_A}{n} = 9550 \times \frac{15}{500} = 286.5\ \text{N} \cdot \text{m}$$

$$M_C = 9550\frac{P_C}{n} = 9550 \times \frac{10}{500} = 191\ \text{N} \cdot \text{m}$$

$$M_D = 9550\frac{P_D}{n} = 9550 \times \frac{5}{500} = 95.5\ \text{N} \cdot \text{m}$$

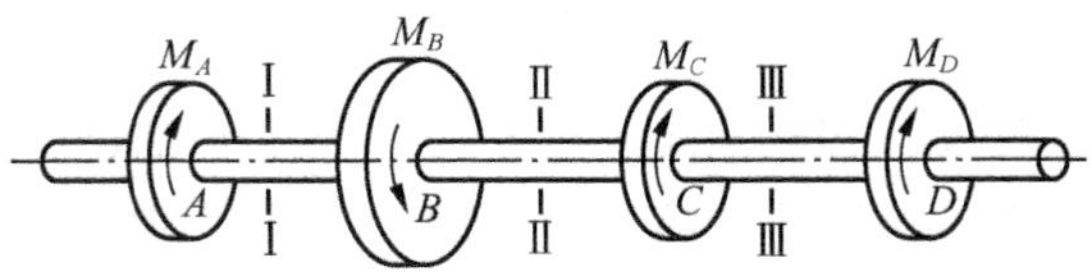

(a)

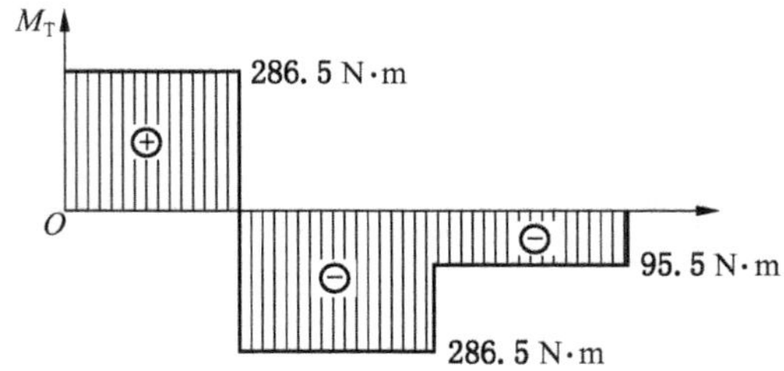

(b)

图 1－65　实例

（2）作扭矩 M_T 图，如图 1－65b 所示。由图可知 $M_{Tmax} = 286.5\ \text{N} \cdot \text{m}$，由于是等径轴，所以为最危险轴段。

（3）计算直径 d。

要使轴安全可靠工作，必满足其强度和刚度条件。

强度条件：
$$\tau_{max} = \frac{M_{Tmax}}{W_T} = \frac{16M_{Tmax}}{\pi d_1^3} \leqslant [\tau]$$

$$d \geqslant \sqrt[3]{\frac{16M_{Tmax}}{\pi[\tau]}} = \sqrt[3]{\frac{16 \times 286.5 \times 10^3}{\pi \times 40}} = 33.1\ \text{mm}$$

刚度条件：
$$\theta_{max} = \frac{M_{Tmax}}{G\frac{\pi d_1^4}{32}} \times \frac{180°}{\pi} \leqslant [\theta]$$

$$d \geqslant \sqrt[4]{\frac{32M_{Tmax} \times 180°}{G\pi^2[\theta]}} = \sqrt[4]{\frac{32 \times 286.5 \times 10^3 \times 180°}{80 \times \pi^2 \times 1°}} = 38\ \text{mm}$$

刚度足够，强度有富余，故取 $d = 38$ mm。

思考与练习

1. 已知功率和转速，如何计算外力偶矩？

2. 扭矩的正负号如何规定？

3. 实心圆轴受扭转时切应力的分布规律如何？切应力计算公式是什么？

4. 两根由不同材料制成长度与直径均相同的等直圆杆，在两端作用相同的扭转力偶矩，试问：

(1) 最大切应力是否相等？为什么？

(2) 相对扭转角是否相等？为什么？

5. 产生扭转变形的实心圆轴，若使直径增大一倍，而其他条件不变，则扭转角将变为原来的多少倍？

6. 横截面面积相等的实心轴与空心轴相比，若材料相同，则哪一种轴的抗扭剪能力要强些？

7. 如图 1－66 所示，某减速器传动主轴，转速 $n=960$ r/min，输入功率 $P_A=27.5$ kW，输出功率 $P_B=20$ kW，$P_C=7.5$ kW。试画出 ABC 轴的扭矩图。

8. 用于带式输送机的一级圆柱齿轮减速器如图 1－67 所示，若传动轴传递功率为 $P=5$ kW，转速 $n=320$ r/min，直径 $d=30$ mm，长 $l=90$ mm，圆轴材料为钢，许用切应力 $[\tau]=120$ MPa，材料的切变模量 $G=80$ GPa，许用单位长度扭转角 $[\theta]=1°/\text{m}$，试校核传动轴的强度与刚度。

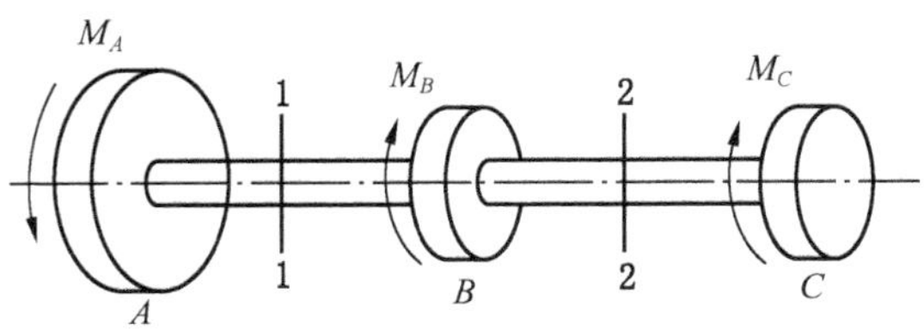

图 1－66　题 7

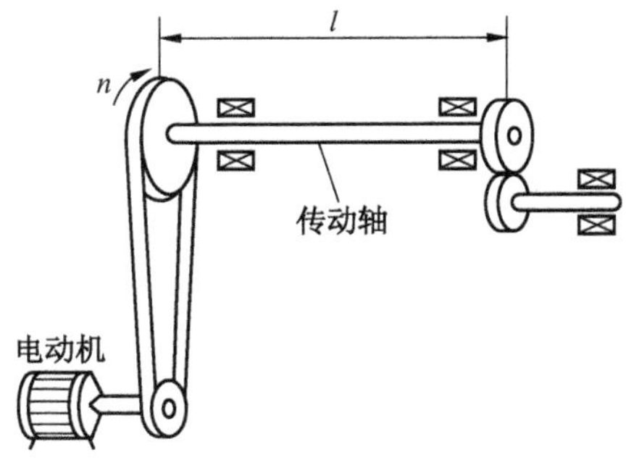

图 1－67　题 8

任务六　梁平面弯曲分析

一、工作任务

（一）任务概述

在工程实际中，经常会遇到弯曲变形的问题。如桥式吊车的横梁弯曲变形（图 1－68）。若将这些弯曲构件简化为一根直杆，则这些构件的受力有共同的特点：外力作用线都垂直于杆的轴线，或外力偶作用面垂直于横截面，以致杆件的轴线由原来的直线变成曲

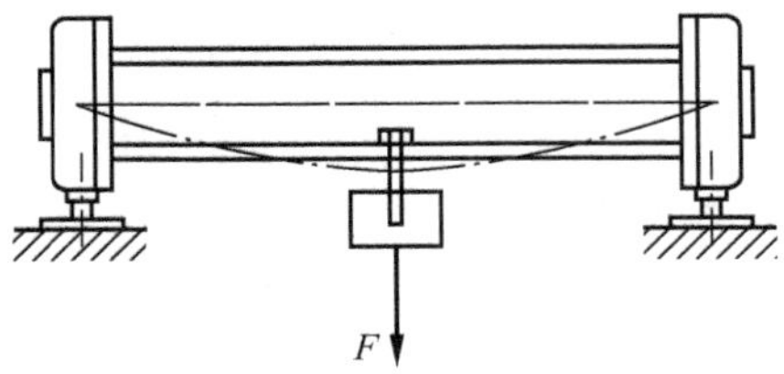

图 1-68　吊车横梁弯曲变形

线，发生了弯曲变形。本学习任务旨在分析梁发生平面弯曲时，为保证其既安全又经济，其受力与变形、受力与破坏之间的规律。

（二）任务要求

1. 知识要求

（1）理解梁纯弯曲时基本假设。

（2）掌握计算纯弯曲梁弯曲正应力的方法。

2. 能力要求

（1）能根据受力特点判断工程中受弯曲变形的梁。

（2）能应用弯曲变形强度理论解决工程实际问题。

3. 态度要求

（1）能主动学习，在完成任务过程中发现问题、分析问题和解决问题。

（2）能与小组成员协商、交流配合完成本学习任务。

（3）严格遵守安全规范。

二、相关知识

（一）弯曲变形梁的简化

工程中，常把以弯曲变形为主的杆件习惯上称为梁，如果梁的轴线是直线则称为直梁，大多数梁的横截面都具有对称轴，如图 1-69 所示。如果梁的轴线弯曲后所在平面与外力所在平面相重合，则称这种弯曲为平面弯曲，如图 1-70 所示。平面弯曲是弯曲变形中最简单、最基本的弯曲，也是最常见的。在此只讨论直梁的平面弯曲问题。

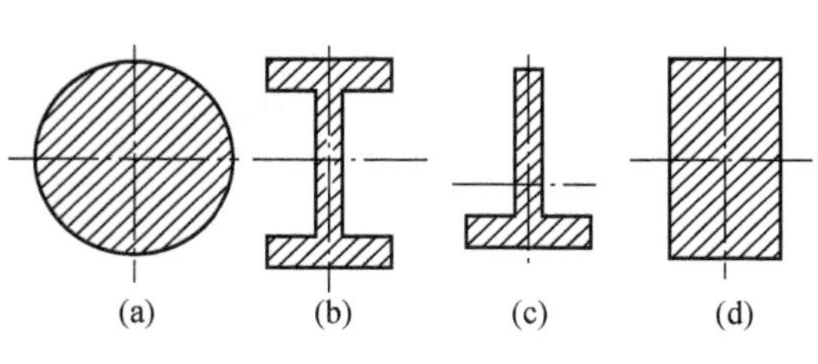

图 1-69　梁常见的对称截面形状

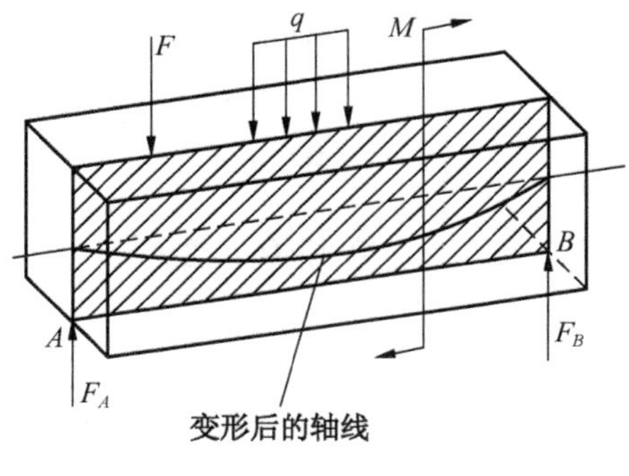

图 1-70　平面弯曲

1. 梁的简化

为了便于对梁进行分析和计算，不管梁的截面形状如何，都可以用其轴线代替梁。

2. 载荷的简化

梁所受的实际载荷按其作用形式有集中载荷、分布载荷、均布载荷及集中力偶。

3. 梁的种类

梁的结构形式很多，按支座情况可分为简支梁、外伸梁和悬臂梁三种基本形式。

简支梁。梁的一端为固定铰链支座，另一端为活动铰链支座，如图1－71a所示。

外伸梁。梁的一端或两端向外伸出的简支梁，如图1－71b所示。

悬臂梁。梁的一端为固定端，另一端为自由端，如图1－71c所示。

图1－71 梁的常见简化形式

(二) 剪力和弯矩

1. 剪力和弯矩计算

为了研究梁的强度和刚度问题，需首先确定其内力。分析确定梁内力的方法是截面法。

如图1－72a所示的简支梁，受集中力F的作用，其支座反力F_A、F_B由静力学平衡方程求出，然后采用截面法求1－1横截面上的内力。设该截面距梁的左端为x，假想沿1－1截面将梁截开，如图1－72b所示，取左段为研究对象，要使左段平衡，左段必受到右段作用于左段的作用力F_Q、力偶矩M。F_Q沿1－1截面，称为剪力；M称为内力偶矩，即弯矩。由于左段处于平衡状态，其大小由平衡方程确定。

取右段为研究对象，由于受到左段的反作用仍处于平衡状态，其分析方法和左段完全一样。

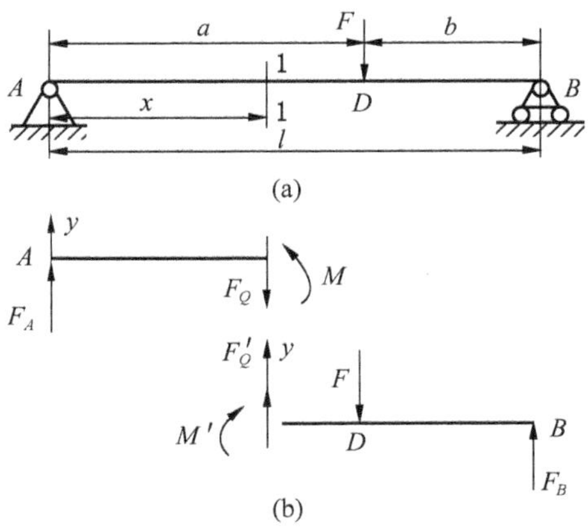

图1－72 梁的内力分析

在图1－72中，现选左段梁为研究对象，列平衡方程：

$$\sum F_y=0 \qquad F_A - F_Q=0$$

$$\sum M_C(F)=0 \qquad -F_Ax+M=0 \quad (C\text{为}1-1\text{横截面的形心})$$

解得
$$F_Q=F_A \qquad M=F_Ax$$

再选右段梁为研究对象，同样列平衡方程：

$$\sum F_y=0 \qquad F_Q' - F + F_B=0$$

$$\sum M_C(F)=0 \qquad -M' - F(a-x)+F_B(a+b-x)=0 \quad (C\text{为}1-1\text{横截面的形心})$$

解得 $F'_Q=F-F_B \qquad M'=-F(a-x)+F_B(a+b-x)$

注意：分别以左段或右段为研究对象求出的剪力 F_Q 和弯矩 M 数值相等，而方向和转向相反，因为它们是互为作用力和反作用力的关系。

根据以上分析可知计算剪力和弯矩的规律是：

梁内任一截面上的剪力等于截面一侧（左或右）梁上所有外力的代数和。

梁内任一截面上的弯矩等于截面一侧（左或右）梁上所有外力对截面形心之矩的代数和。

2. 剪力和弯矩正负号的规定

为使以左段或右段为研究对象所求得同一截面上的剪力和弯矩不但数值相同而且正负号一致，对剪力和弯矩的正负号作如下规定。

（1）剪力的符号规定。取截面的左段梁时，截面的剪力向下为正，取右段梁时，剪力向上为正；反之，剪力为负，如图 1－73a 所示。

（2）弯矩的符号规定。取截面的左段梁时，截面上逆时针转向的弯矩为正；取右段梁时，截面上顺时针转向的弯矩为正；反之，弯矩为负，如图 1－72b 所示。

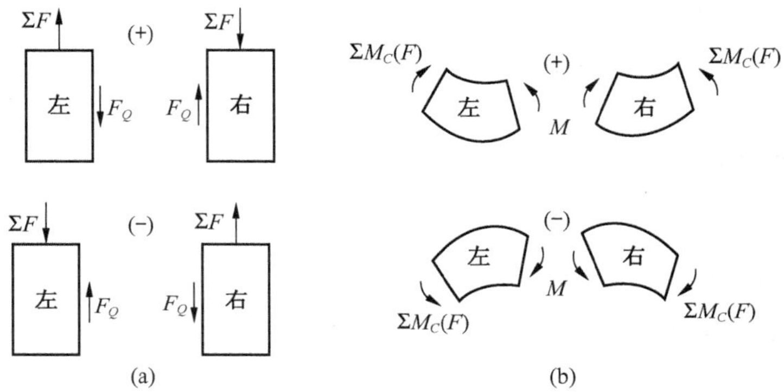

图 1－73 剪力和弯矩正负号的规定

根据上述规则可知，对于某一指定的截面来说，在它左侧向上的外力或在它右侧向下的外力将产生正值的剪力；反之，即产生负值的剪力。对于弯矩，则是左侧梁上外力对截面形心之矩顺时针转向取正值，逆时针转向取负值；右侧梁上外力对截面形心之矩逆时针转向取正值，顺时针转向取负值。利用上述规律和正负号规则来计算截面上的剪力和弯矩较之应用截面法要简便得多。所以在实际计算中可以直接根据截面左侧或右侧梁上的外力求出指定截面上的剪力和弯矩。在解题时，截面上的剪力和弯矩均按正方向假设，以便于绘制内力图。

3. 弯矩图

在梁的计算中，剪力对强度和刚度的影响很小，通常可略去，工程实际计算中一般只需考虑弯矩的影响即可。

1）弯矩方程

一般情况下，梁横截面上的弯矩随横截面位置的变化而变化。设横截面沿梁轴线的位

置用坐标 x 表示，则各个截面上的弯矩可以表示为坐标 x 的函数：

$$M=M(x)$$

上式称为弯矩方程。

2）弯矩图的绘制

根据弯矩方程画出的表示弯矩随横截面位置变化的图形称为弯矩图。利用弯矩图很容易确定梁的最大弯矩，以便确定危险截面的位置。

利用弯矩方程绘制弯矩图的一般步骤如下：

（1）求支座反力（对悬臂梁，若选自由端一侧为研究对象，可不必求支座反力）；

（2）分段列出弯矩方程（根据载荷情况分段）；

（3）绘制弯矩图，并标出各特征点的弯矩值；

（4）确定最大弯矩的数值及位置。

【例 1】如图 1－74a 所示的等截面矩形梁 AB，在 D 点处作用有集中力 F。列出弯矩方程 $M(x)$，并绘制弯矩图。

解 （1）求支座反力。受力分析如图 1－74b 所示，列平衡方程：

$$\sum F_y=0 \qquad F_A+F_B-F=0$$

$$\sum M_A(F)=0 \qquad F_Bl-Fa=0$$

解得

$$F_A=\frac{Fb}{l} \qquad F_B=\frac{Fa}{l}$$

（2）列弯矩方程。选取梁左端 A 为坐标原点，以坐标 x 表示任一截面位置。由于集中力 F 的作用，需要分段考虑。现分别取 F 左侧 x 处（图 1－74c）和 F 右侧 x 处（图 1－74d）的左段为研究对象，列平衡方程，即可得到相应的弯矩方程：

① 当 $0\leqslant x\leqslant a$ 时（图 1－74c）：

$$\sum M_C(F)=0 \qquad -F_Ax+M(x)=0 \quad (C\text{ 为 }1-1\text{ 横截面的形心})$$

解得

$$M(x)=\frac{Fb}{l}x$$

② 当 $a\leqslant x\leqslant l$ 时（图 1－74d）：

$$\sum M_C(F)=0 \qquad -F_Ax+F(x-a)+M(x)=0 \quad (C\text{ 为 }1-1\text{ 横截面的形心})$$

解得

$$M(x)=Fa-(F-F_A)x=Fa-\frac{Fa}{l}x$$

（3）绘制弯矩图。从以上弯矩方程可看出，弯矩方程实际上是分段函数，而且是一次函数，当 $x=a$ 时有最大弯矩 $M_{max}=\frac{Fab}{l}$，建立坐标系，如图 1－74e 所示，绘制弯矩图。由于在 x 上方，所以全部为正。

【例 2】如图 1－75a 所示的等截面矩形梁 AB，在 D 点处作用有集中力偶 M_1，$a>\frac{l}{2}$。列出弯矩方程，并绘制弯矩图。

解 （1）求支座反力。受力分析如图 1－75b 所示，由于两支座反力必形成一对力偶，所以很容易求得两支座反力为

$$F_B=\frac{M_1}{l}\qquad F_A=-\frac{M_1}{l}$$

（2）列弯矩方程。选取梁左端 A 为坐标原点，以坐标 x 表示任一截面位置，由于有集中力偶矩 M_1 的作用，同样需要分段考虑。现分别取 M_1 左侧 x 处（图 1－75c）和 M_1 右侧 x 处（图 1－75d）的左段为研究对象，列平衡方程得

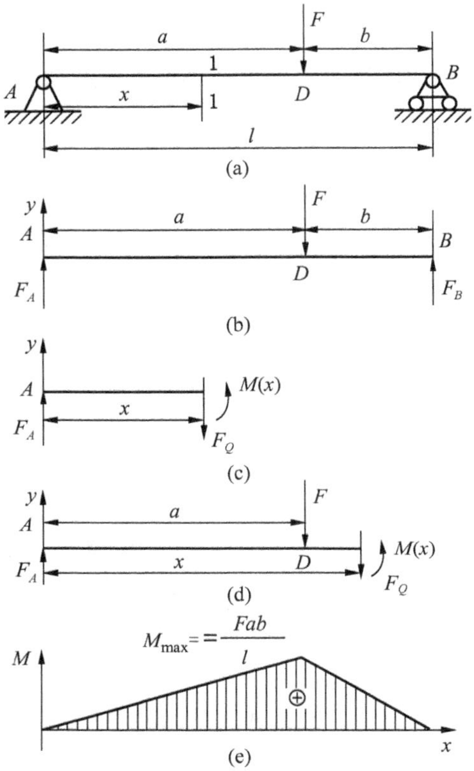

图 1－74　例 1

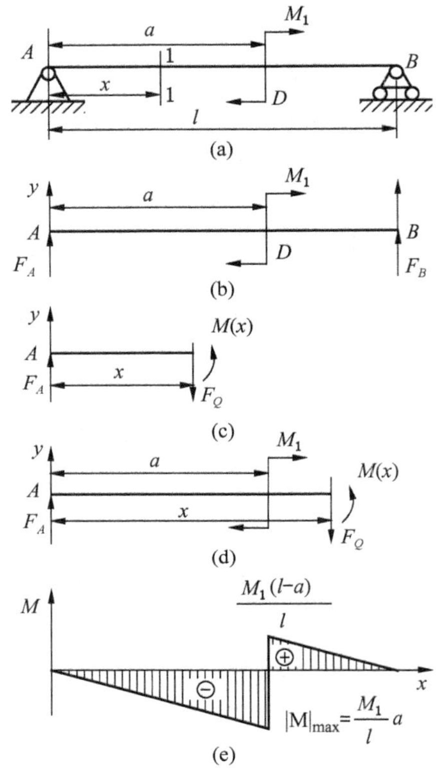

图 1－75　例 2

① 当 $0\leqslant x\leqslant a$ 时（图 1－75c）：

$$\sum M_C(F)=0\qquad -F_Ax+M(x)=0\quad（C 为 1-1 横截面的形心）$$

解得
$$M(x)=F_Ax=-\frac{M_1}{l}x$$

② 当 $a\leqslant x\leqslant l$ 时（图 1－75d）：

$$\sum M_C(F)=0\qquad -F_Ax-M_1+M(x)=0\quad（C 为 1-1 横截面的形心）$$

解得
$$M(x)=F_Ax+M_1=M_1-\frac{M_1}{l}x$$

（3）绘制弯矩图。从弯矩方程可看出，弯矩方程是分段函数，而且是一次函数，当 $x=a$ 时有最大弯矩 $|M|_{max}=\left|-\frac{M_1}{l}a\right|=\frac{M_1}{l}a$，建立坐标系，如图 1－75e 所示，绘制弯矩

图。由于力偶的作用，弯矩有正有负。

【例 3】悬臂梁受力如图 1－76a 所示。列弯矩方程，绘制其弯矩图。

解 （1）求支座反力（悬臂梁可以不求支座反力，直接从自由端开始列弯矩方程）。

（2）选取梁左端 A 为坐标原点，以坐标 x 表示任一截面位置，以截开的右段为研究对象，直接由右段梁上的外力列弯矩方程，即

$$M(x) = -F(l-x) \quad (0 \leqslant x \leqslant l)$$

（3）绘制弯矩图。$M(x)$ 为 x 的一次函数，故弯矩图为一斜直线。如图 1－76b 所示。由弯矩图知 $|M|_{max} = Fl$。

【例 4】如图 1－77a 所示的简支梁，长度尺寸如图所示，梁承受均布载荷 q(N/m) 的作用。列弯矩方程，绘制弯矩图。

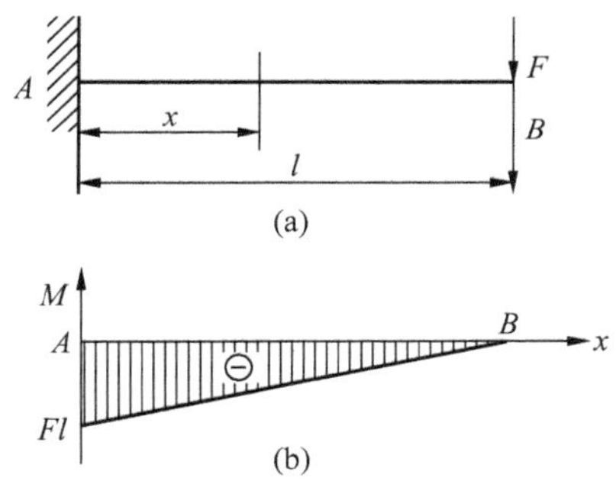

图 1－76 例 3

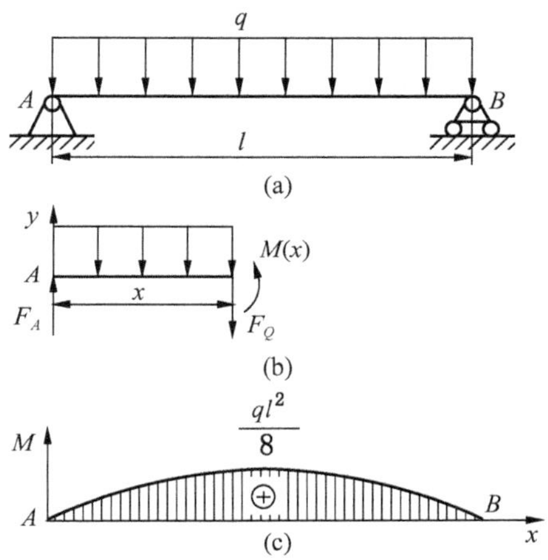

图 1－77 例 4

解 （1）此梁受分布载荷的作用，求解约束反力时以集中力对待（受力分析图略），很容易求出其 A、B 两处的约束反力为

$$F_A = \frac{ql}{2} \qquad F_B = \frac{ql}{2}$$

（2）列弯矩方程。如图 1－77b 所示，取距左端为 x 处，此时作用在梁左端分布力的合力为 qx。列弯矩方程时以集中力对待，则 qx 作用在梁的 $\frac{x}{2}$ 处，弯矩方程为

$$\sum M_C(F) = 0 \qquad -F_A x + \frac{1}{2}qx^2 + M(x) = 0 \quad (C \text{ 为 } 1-1 \text{ 横截面的形心})$$

解得

$$M(x) = F_A x - \frac{1}{2}qx^2 \qquad (0 \leqslant x \leqslant l)$$

（3）绘制弯矩图。此弯矩方程为二次函数，所以为抛物线，当 $x = \frac{l}{2}$ 时有最大弯矩 $M_{max} = \frac{ql^2}{8}$，建立坐标系如图 1－77c 所示，绘制弯矩图。由于在 x 上方，所以全部为正。

弯矩方程可以从梁的一端开始列，也可以从两端同时列，不影响结果。

（三）弯矩和载荷集度间的关系

由以上例题分析可知，梁上载荷与弯矩图之间有如下规律：

（1）有集中力作用的截面处，弯矩图会发生转折。

（2）梁上没有载荷作用的区段上，弯矩图为一斜直线。

（3）有集中力偶作用的截面处，弯矩图将发生突变，突变量的大小等于集中力偶矩的大小；突变的方向与集中力偶矩的转向有关，若外力偶矩为逆时针转向，则从上向下突变；反之，则从下向上突变。

（4）梁上有均布载荷作用的区段上，弯矩图为一抛物线，抛物线的开口方向与均布载荷的方向一致，即均布载荷向上，则抛物线开口向上；反之，则抛物线开口向下。

（5）梁上作用有几种不同载荷时，若在同一平面内，则其弯矩是各载荷所产生的弯矩代数和，即直接叠加即可。

利用这些规律，可不必列出弯矩方程，直接画出弯矩图。

（四）梁弯曲时横截面上的正应力

要进行梁的强度计算，必须研究梁横截面上的应力。为简便起见，首先讨论纯弯曲时梁横截面上的应力，然后再推广到一般情况。

1. 纯弯曲的概念

在一般情况下，梁横截面上既有剪力又有弯矩作用，这种弯曲称为剪切弯曲或横力弯曲。如果梁各横截面上的剪力都等于零，而只承受弯矩，这种没有剪力而只有弯矩作用的弯曲称为纯弯曲。

2. 梁纯弯曲时横截面上的正应力

1）试验观察到的现象及假设

取一矩形截面梁做纯弯曲变形试验。为便于观察，先在矩形截面梁的表面各画两条与轴线平行的纵向线 aa、bb 和与轴线垂直的横向线 mm、nn，如图 1－78 所示。然后在梁的两端各施加一个力偶矩为 M 的外力偶，使梁产生纯弯曲变形。这时将观察到如下的现象：

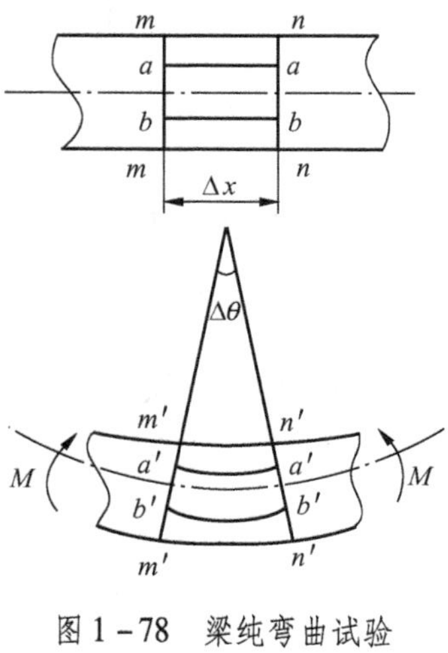

图 1－78　梁纯弯曲试验

（1）所有纵向线都变成曲线，靠近底面的纵向线伸长，变为凸侧；而靠近顶面的纵向线缩短，变为凹侧。

（2）所有横线仍保持为直线，只是相互倾斜了一个角度，但仍与弯成曲线的轴线垂直。

（3）矩形截面的上部变宽，下部变窄。

根据上面所观察到的现象，可作平面和单项受力假设。所谓平面假设就是变形前原为平面的横截面变形后仍为平面，且仍垂直于变形后梁的轴线。所谓单项受力假设是设想梁由平行于轴线的众多纤维组成，在纯弯曲过程中各纤维之间互不挤压，只受到轴向拉伸或压缩变形。

显然，矩形截面上部的纤维伸长，下部的纤维缩短。由平面假设可知，纤维由伸长到缩短的连续变化中，一定有一层纤维既不伸长，也不缩短，这一层纤维所在的平面称为中性层。中性层与横截面的交线称为中性轴。由于整体变形的对称性,中性轴一定通过截面形心,且与横截面的纵向对称轴垂直,如图 1－79 所示。

2）纯弯曲时横截面上的正应力分布规律

根据以上试验现象及假设可得如下结论：梁纯弯曲变形时，横截面上只存在正应力，不存在切应力。

通过分析得出梁在纯弯曲时横截面上的正应力分布规律：正应力大小与该点到中性轴的距离成正比，凸边产生拉应力，凹边产生压应力，中性层处正应力为零，上下边缘处的正应力最大，任意一条与中性轴平行的线上正应力都相等。当横截面相对中性轴上、下对称时，其对称点的应力大小相等。也就是说，在横截面内正应力沿截面宽度方向均匀分布，沿高度方向线性分布。

如图 1－80a 所示中性轴为 z 轴时的应力分布规律图。一般情况下，常用图 1－80b 来表示梁弯曲时的正应力分布图。

3）纯弯曲时横截面上的正应力计算公式

依梁纯弯曲时正应力的分布规律及应力分布图（图 1－80），由理论可推导出梁在纯弯曲时横截面上任一点的正应力计算公式为

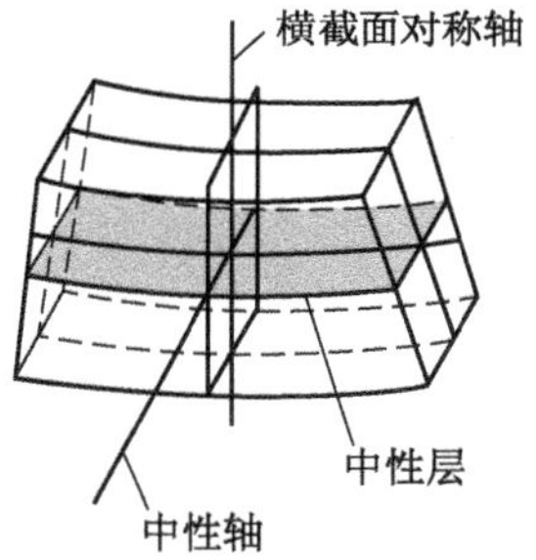

图 1－79　纯弯曲时中性轴

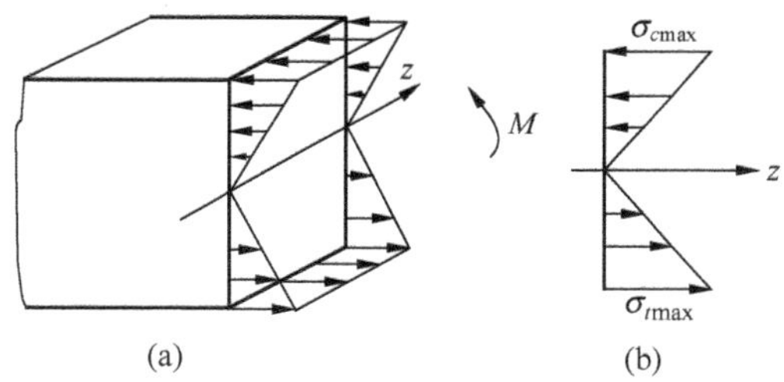

图 1－80　梁纯弯曲时正应力分布

$$\sigma = \frac{My}{I_z} \tag{1-46}$$

式中　σ——横截面上任一点的正应力，MPa；

M——横截面上的弯矩，N · mm；

y——欲求应力点到中性轴的距离，mm；

I_z——横截面对中性轴 z 的惯性矩，mm^4。

由式（1－46）可知，当 $y = y_{max}$ 时，该处的正应力最大。且最大应力值为

$$\sigma_{max} = \frac{My_{max}}{I_z} \tag{1-47}$$

令
$$W_z = \frac{I_z}{y_{max}}$$

则
$$\sigma_{max} = \frac{M}{W_z} \tag{1-48}$$

式中　W_z——抗弯截面模量（或抗弯截面系数），mm^3。

说明：(1) 导出公式时用了矩形截面，但未涉及任何矩形的几何特性，因此，公式具有普遍性。

(2) 只要梁有一对称面，且载荷作用于对称面内，公式都适用。

(3) 横截面上任一点处的正应力是拉应力还是压应力可由此截面上弯矩的转向直接判定，不需用 y 坐标的正负来判定。

4) 不同中性轴的截面惯性矩和抗弯截面模量

图 1－80 所示是以 z 轴为中性轴的纯弯曲正应力分布图，截面惯性矩和抗弯截面模量分别用 I_z 和 W_z 表示；将此梁沿 x 轴旋转 90°，不改变受力状态，则形成以 y 轴为中性轴的纯弯曲，其截面惯性矩和抗弯截面模量分别用 I_y 和 W_y 表示。

工程中常用截面的惯性矩和抗弯截面模量的计算公式见表 1－2。

表 1－2　常见截面惯性矩 I 和抗弯截面模量 W 计算公式

截面形状和形心轴位置	惯　性　矩　I	抗弯截面模量 W
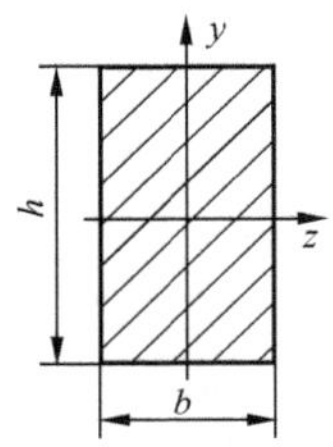	$I_z=\frac{bh^3}{12}$ $I_y=\frac{hb^3}{12}$	$W_z=\frac{bh^2}{6}$ $W_y=\frac{hb^2}{6}$
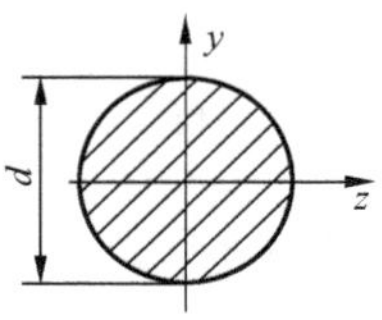	$I_z=I_y=\frac{\pi d^4}{64}$	$W_z=W_y=\frac{\pi d^3}{32}$
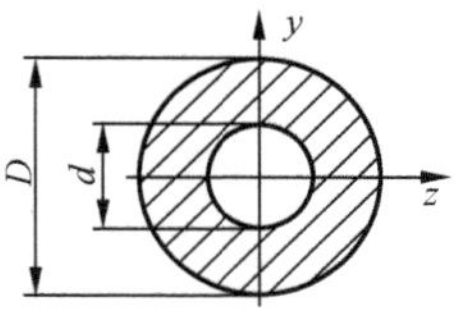	$I_z=I_y=\frac{\pi(D^4-d^4)}{64}$	$W_z=W_y=\frac{\pi(D^4-d^4)}{32D}$
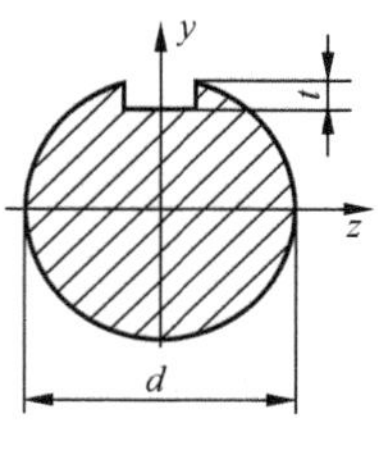	$I_z\approx\frac{\pi d^4}{64}-\frac{bt}{4}(d-t)^2$	$W_z\approx\frac{\pi d^3}{32}-\frac{bt}{2d}(d-t)^2$

在工程实际中，有些梁的截面是由若干个简单图形组合而成的组合截面（如T形、工字形）。对这种组合图形惯性矩的计算，通常使用平行移轴公式来计算。

3. 横力弯曲（剪切弯曲）时的正应力

式（1-46）是纯弯曲正应力计算公式，但对于剪切弯曲的直梁，当梁的跨度 l 与截面高度 h 之比 $\frac{l}{h}>5$ 时，切应力对正应力的影响很小（不超过1%），故可以忽略不计。一般工程中的梁 $\frac{l}{h}\gg5$，因此式（1-46）也适用于横力弯曲（剪切弯曲）时的正应力计算。

说明：（1）对等直梁而言，σ_{max} 发生在最大弯矩所在的截面，且距中性轴最远 y_{max} 处。

（2）对于变截面梁不应只注意最大弯矩 M_{max} 截面，而应综合考虑弯矩 M 和抗弯截面模量 W 两个因素。

（五）梁弯曲时的强度

为了保证梁能安全正常地工作，必须使梁具有足够的强度。要求危险点的工作应力不超过材料的许用应力 $[\sigma]$，其强度条件为

$$\sigma_{max}\leqslant[\sigma]$$

式中　σ_{max}——危险点的应力。

在进行梁的强度计算时，首先要确定梁的危险截面和危险点。一般情况下，对于等截面直梁，其危险点在弯矩最大截面的上下边缘处，即最大正应力所在处。而对于变截面梁，如机械中常见的阶梯轴，则应从弯矩 M 和抗弯截面模量 W_z 两个方面综合考虑，计算出整个梁的最大正应力。

（六）梁的变形及弯曲刚度

前面研究了梁的内力、应力和强度问题，工程实际中，有些梁除了要求具有足够的强度外，还需考虑其变形，即要求梁具有足够的刚度。

1. 梁变形的概念

梁在外力作用下将发生弯曲变形，如图1-81所示。为了确定梁的变形，选取梁的左端为坐标原点 O，以变形前梁的轴线为 x 轴，铅垂方向为 y 轴。

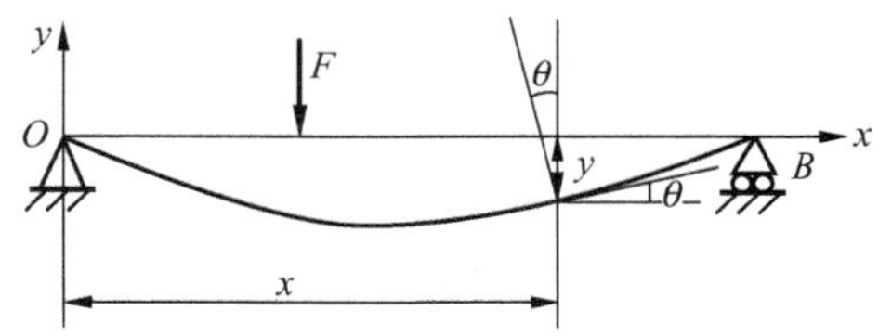

图1-81　梁的弯曲变形

1）挠曲线

在对称弯曲情况下，梁的轴线由原来的直线变成了一条连续而光滑的曲线，此曲线称为挠曲线。梁的挠曲线可表示为

$$y=f(x) \tag{1-49}$$

式（1-49）称为挠曲线方程。

2）挠度

梁弯曲时，横截面形心在垂直于梁轴线（x 轴）方向上的线位移称为梁在该截面处的挠度，用 y 表示。并规定：在 x 轴以上挠度为正，在 x 轴以下挠度为负。

3）转角

弯曲变形中，梁的横截面对其原来位置转过的角度，称为截面转角，用 θ 表示。根据平面假设，梁的横截面变形前，垂直于轴线，变形后垂直于挠曲线。故转角 θ 为挠曲线的法线与 y 轴的夹角或挠曲线的切线与 x 轴的夹角。并规定：逆时针转向的转角为正，顺时针转向的转角为负。

工程上常用查表法或叠加法计算梁的变形。

2. 梁的刚度条件

梁按强度条件计算以后，往往还需要校核刚度。梁弯曲时的刚度条件为

$$\begin{cases} y_{\max} \leqslant [y] \\ \theta_{\max} \leqslant [\theta] \end{cases} \tag{1-50}$$

式中 $[y]$——许用挠度，mm；

$[\theta]$——许用转角，rad。

许用挠度 $[y]$ 和许用转角 $[\theta]$ 的数值可查有关的手册。如果变形超过了规定的许用值时，应重新设计以满足刚度条件的要求。

三、任务实施

（一）实施过程

1. 解决三类问题

根据平面弯曲梁的强度和刚度条件进行三类问题的解决，即强度校核、相关几何尺寸的计算、许可载荷的确定。

（1）强度校核：$\sigma_{\max} = \dfrac{M}{W_z} \leqslant [\sigma]$。

（2）相关几何尺寸：$W_z \geqslant \dfrac{M}{[\sigma]}$。

（3）许可载荷的确定：$M \leqslant W_z[\sigma]$。

实际计算时，对三类问题中任意一种均可由强度校核公式进行换算得到。对于一般的要求，轴的刚度是满足要求的，不进行相应计算。

2. 计算过程中应注意的问题

（1）对不同轴段的参数必须一一对应。

（2）各段均需满足强度条件时，选最危险的轴段进行计算即可。有时候可能有几个危险面，所以应分别计算。

3. 实施步骤

（1）画出计算简图，进行力学分析，确定梁的弯矩。

（2）画弯矩图或者利用弯矩图与载荷集度间的关系直接画出弯矩图，确定危险面。

（3）根据危险面进行相关计算。

从前面【例 1】【例 2】【例 3】【例 4】中可知，从弯矩方程或弯矩图中很容易获得最大弯矩，这样就可以进行有关平面弯曲的三类问题计算。

（二）实例分析

【实例】单梁桥式吊车如图1-82a所示，跨度$l=10$ m，起重量（包括电动葫芦自重）为$G=30$ kN，梁由No.28a工字钢制成，材料的许用应力$[\sigma]=160$ MPa。试校核该梁正应力强度。

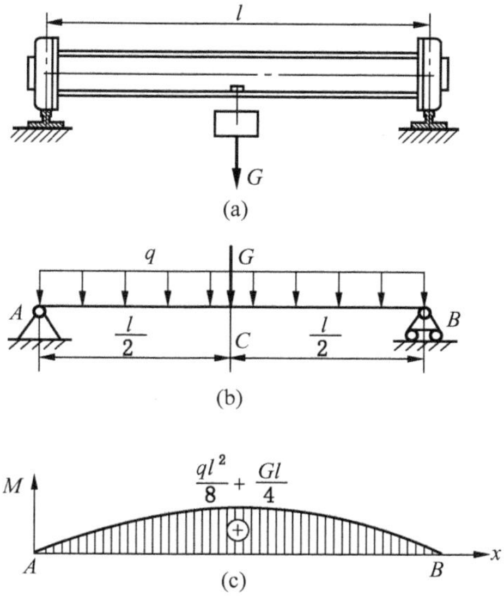

图1-82　实例

解　(1) 画计算简图，进行力学分析。将吊车横梁简化为简支梁，梁自重为均布载荷q，由型钢表查得No.28a工字钢的理论重量$q=43.4$ kg/m $=0.4253$ kN/m，吊车重G为集中力，如图1-82b所示。

(2) 画弯矩图。此梁受两种不同性质的载荷作用，则弯矩为两种载荷作用下的叠加，梁的自重和吊车重引起的弯矩如图1-82c所示，由图知中间截面处的弯矩最大，其值为

$$M_{\max}=\frac{ql^2}{8}+\frac{Gl}{4}=\frac{0.4253\times10^2}{8}+\frac{30\times10}{4}=80.32\ \text{kN}\cdot\text{m}$$

(3) 校核弯曲正应力强度。由型钢表查得No.28a工字钢$W_z=508.15\ \text{cm}^3$，于是可得

$$\sigma_{\max}=\frac{M_{\max}}{W_z}=\frac{80.32\times10^6}{508.15\times10^3}=158.1\ \text{MPa}<[\sigma]=160\ \text{MPa}$$

故此梁的强度足够。

思考与练习

1. 什么是平面弯曲？什么是纯弯曲？什么是剪切弯曲？
2. 挑东西的扁担常在中间折断，而游泳池的跳水板易在固定端折断，为什么？
3. 如图1-83所示，各梁的载荷和尺寸皆为已知，试作弯矩图，并标出$|M|_{\max}$。

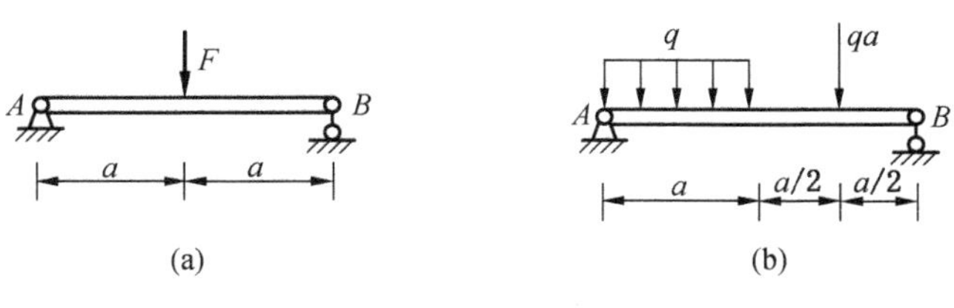

图1-83　题3

4. 如图1-84所示的矩形截面简支梁，已知：$F=16$ kN，$b=50$ mm，$h=150$ mm。试求：(1) 截面1-1上D、E、F、H各点的正应力；(2) 梁的最大正应力；(3) 若将截面转90°（图1-84c），则最大正应力为多少？并通过计算说明此梁横放和竖放哪一种更安全。

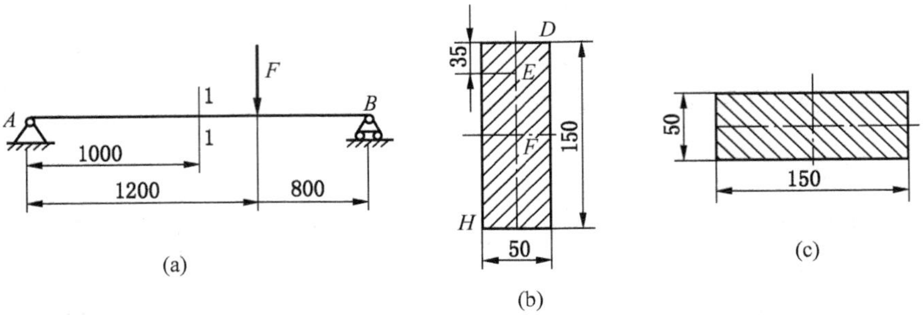

图 1-84　题 4

5. 如图 1-85 所示的矩形截面悬臂梁，已知：$F=20$ kN，$L=6$ m，$b\times h=100$ mm × 200 mm，材料的许用应力$[\sigma]=200$ MPa。试校核梁的强度。

6. 圆形截面外伸梁受力如图 1-86 所示，已知：$F=20$ kN，$m=5$ kN·m，$[\sigma]=160$ MPa，$a=500$ mm。试确定梁的直径。

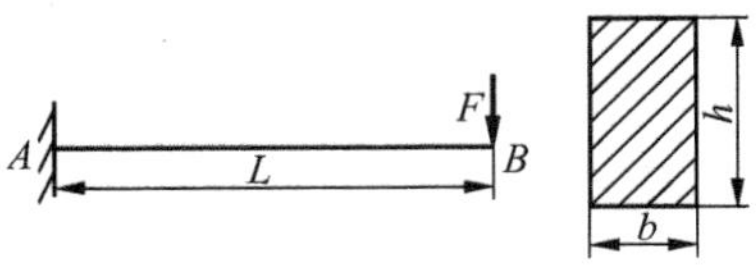

图 1-85　题 5

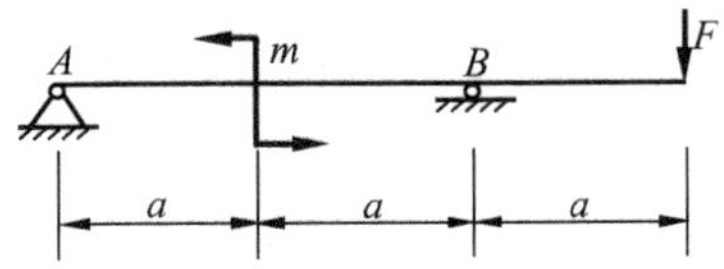

图 1-86　题 6

7. 在建筑工程中，常用截面尺寸为 80 mm × 300 mm，长为 6 m 的木板，其许用应力$[\sigma]=5$ MPa，现将它作为临时跳板，搁在相距 4 m 的两个建筑物上，若木板的矩形截面是平放的，一体重为 700 N 的工人从其上走过，问是否安全？

项目二　常用平面机构结构分析与设计

任务一　平面机构运动简图绘制与自由度计算

一、工作任务

（一）任务概述

在工程实际和生活中，有许多传递运动和动力的机构，其组成机构的各构件在同一平面或互相平行的平面内运动，称为平面机构。如图 2－1 所示的单缸内燃机，从活塞 1 到进排气阀推杆 7 的运动传递机构即为平面机构。这些机构能用反映其运动规律和尺寸关系的图形表达出来，以便分析其结构组成和运动规律，确定其是否有确定运动，为进一步分析设备传动原理和设计机构奠定基础。

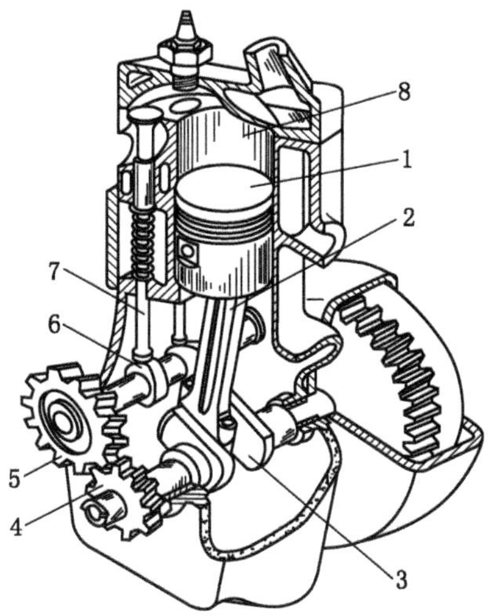

1—活塞；2—连杆；3—曲轴；4、5—齿轮；6—凸轮；7—进排气阀推杆；8—缸体

图 2－1　单缸内燃机

（二）任务要求

1. 知识要求

（1）了解机构的组成。

（2）掌握平面机构运动简图的绘制方法。

（3）掌握平面机构自由度的计算方法。

2. 能力要求

（1）会绘制简单机构的运动简图。

（2）能够判断机构是否具有确定运动。

3. 态度要求

（1）能主动学习，在完成任务过程中发现问题、分析问题和解决问题。

（2）能与小组成员协商、交流配合完成本学习任务。

（3）严格遵守安全规范。

二、相关知识

（一）平面机构的运动副及运动简图

1. 构件的自由度

构件的自由度是构件可能出现的独立运动。任何一个构件在空间自由运动时皆有6个自由度，即沿着3个坐标轴的移动和绕着3个坐标轴的转动。而对于一个作平面运动的构件，只有3个自由度。如图2－2所示，构件AB可以在xOy平面内任一点绕z轴转动，也可以沿x轴或y轴方向移动。

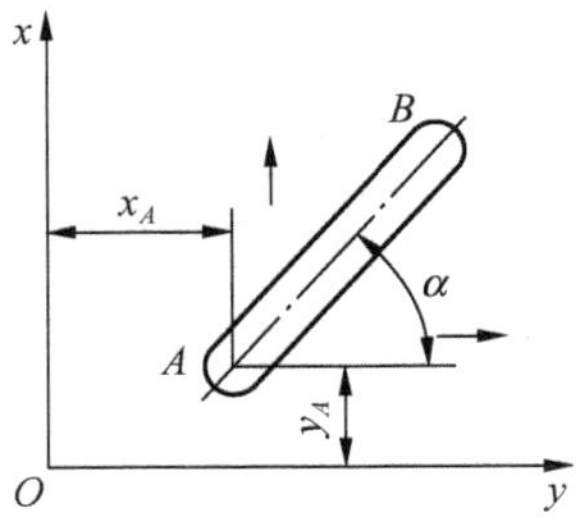

图2－2　构件的自由度

2. 约束与运动副

机构中各构件以一定的方式互相连接着，而且在连接处保持一定的相对运动，以便传递运动和动力。这种由两构件直接接触而又保持一定相对运动的连接称为运动副。组成运动副的两构件在相对运动中可能参加接触的点、线、面称为运动副元素。显然，运动副也是组成机构的要素。两构件之间运动副的存在使得构件之间的运动受到了限制，这种对运动的限制称为约束。正是由于约束的产生使得构件的自由度数目发生了变化，增加约束相当于减少自由度数，增加的约束数目便是自由度减少的数目。构件上约束的多少和约束的特点完全取决于运动副的接触特性。

3. 运动副分类

根据两构件之间形成运动副的接触特性，将运动副分为低副和高副。

1）低副

两构件以面接触的运动副称为低副。根据它们之间的相对运动是转动还是移动，低副又可分为移动副和转动副。

（1）移动副。如图2－3所示，构件1和构件2在平面内的独立运动数均为3个，现将两构件通过图示方式连接，两构件接触后为面接触，不难看出在xOy平面内，构件2相对构件1只能沿确定的方向即x轴方向作直线移动，这样相当于增加了两个约束，只保留了一个自由度，构件2的运动随之确定。而构件1相对构件2来说，道理是一样的。这种组成运动副的两构件只能作相对移动的运动副称为移动副，如活塞与气缸体所组成的运动副即为移动副。

（2）转动副。如图2－4所示，在构件1上配有销孔，构件2上配有销轴，将两构件以铰链方式连接后，接触面为圆柱面，两构件只能作相对转动，同样对任一构件相当于增加了两个约束，只保留了一个自由度。这种组成运动副的两构件之间只能绕某一轴线作相对转动的运动副称为转动副。通常转动副的具体形式是用铰链连接，若一个构件是固定的也称为固定铰支座。

综上可知，平面机构中的低副引入两个约束，仅保留一个自由度。

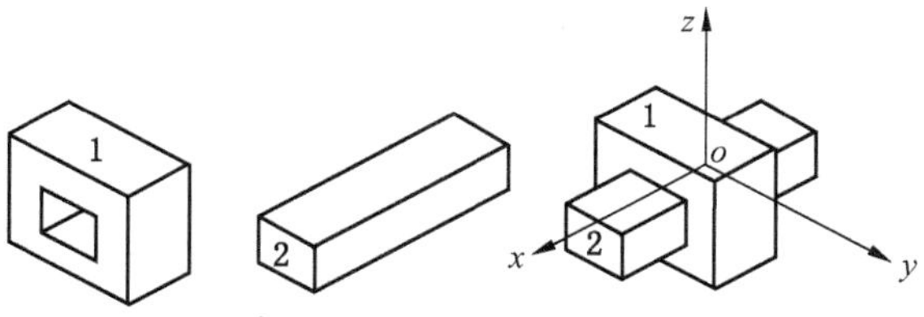

图 2－3　移动副

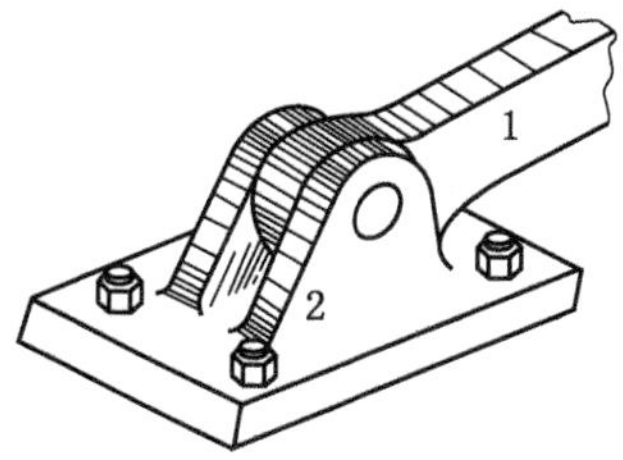

图 2－4　转动副

2）高副

两构件以点或线接触的运动副称为高副。如图 2－5a 所示，凸轮 1 与从动件 2 组成的高副中，由于从动件与凸轮保持接触，则从动件沿 *nn* 方向的运动受到限制，但从动件沿 *tt* 方向的运动未受限制，同时还可绕 *A* 点转动。如图 2－5b 所示，齿轮 1 与齿轮 2 在 *C* 点接触后，其运动情况和凸轮机构类似。

由此可知，平面机构中的高副引入一个约束，保留两个自由度。

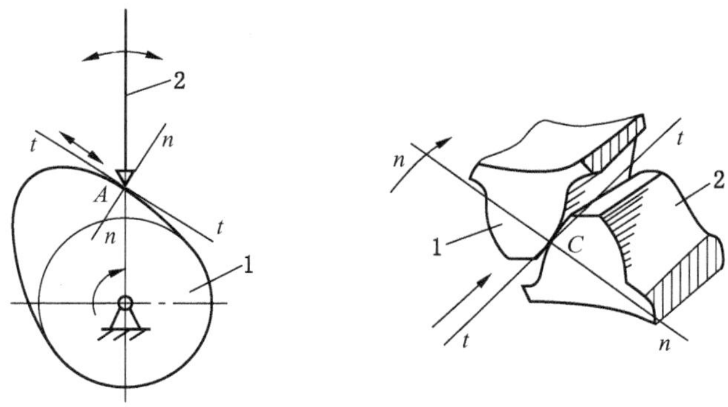

(a) 凸轮机构高副　　(b) 齿轮机构高副

图 2－5　高副

除平面运动副外，常用的还有一些空间运动副，如球面副、螺旋副等。

4. 平面机构的运动简图

1）构件的分类

根据机构中各构件的运动性质将构件分为固定构件、主动件、从动件三大类。

（1）固定构件（机架）。各构件形成机构时，将某一个构件加以固定，称为固定构件。

（2）主动件（原动件）。按照给定运动规律独立运动的构件称为主动件。主动件根据运动方向往往用带箭头的直线或圆弧表示出来。主动件是机构中输入运动或动力的构件。

（3）从动件。机构中除固定构件和主动件外其余作确定的相对运动的构件，称为从动件。

2）运动副符号

由前述运动副的接触特性可知，两构件间的相对运动与其直接接触部分的几何形状有关，而与构件本身的几何形状无关，为便于分析运动关系，常将构件和运动副用简单的符号表示。有关运动副的简图图形符号、构件及其组成部分连接的简图图形符号，各种机构的简图图形符号参见附录二中 GB/T 4460—2013 相关内容。

3）平面机构的运动简图绘制

如图 2－6a 所示曲柄滑块机构，构件 1 和 5 为机架，构件 2 为主动件，构件 3 和 4 为从动件。构件 1 和 2、构件 2 和 3、构件 3 和 4 之间均为转动副，构件 4 和 5 之间为移动副，将其用构件和运动副的符号按一定比例表示出来可得到图 2－6b。此图反映了曲柄滑块机构的运动特征，即为机构运动简图。根据机构中各构件的运动关系画机构运动简图时必须遵循以下四点：

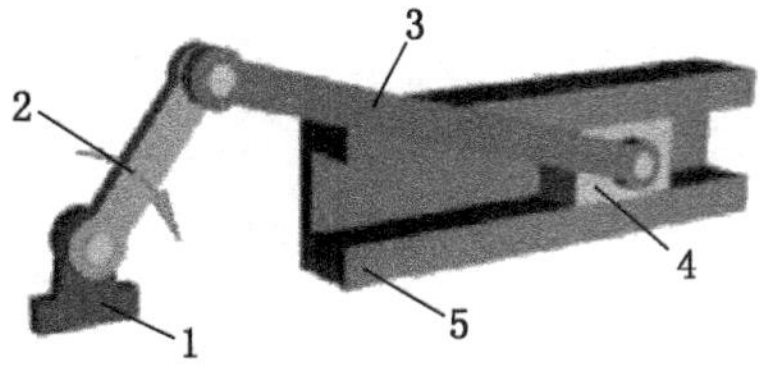

(a) 结构原理图

(b) 机构运动简图

图 2－6　曲柄滑块机构

（1）明确表示出机构中运动副的性质和运动副的数目。因高、低副提供的约束数不同，运动副数目不同，则机构中保留的自由度数目不同。

（2）明确表示出运动副的相对位置。运动副的相对位置指移动副的中心线、转动副的中心和高副的接触点的位置等，这点根据动力学知识很容易理解。

（3）明确表示出构件的数目。构件的数目不同，相对运动关系将发生变化。

（4）用特定的构件和运动副符号绘制图形。机构的运动与构件的外形、截面尺寸、组成构件的零件数目、运动副的具体构造无关。

另外，绘制图形时必须选择合适的视图方向，按一定比例绘制。满足了上述各点，绘制出来的图形称为机构运动简图。比例尺为

$$\mu_l = \frac{\text{实际尺寸(mm)}}{\text{图上尺寸(mm)}}$$

图 2－7 所示为缝纫机结构原理与机构运动简图。图 2－8 所示为雨伞结构原理与机构运动简图。

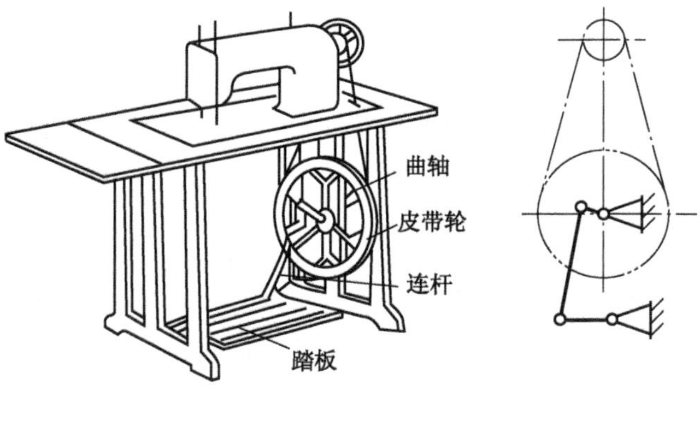

(a) 结构原理　　(b) 机构运动简图

图 2－7　缝纫机结构原理与机构运动简图

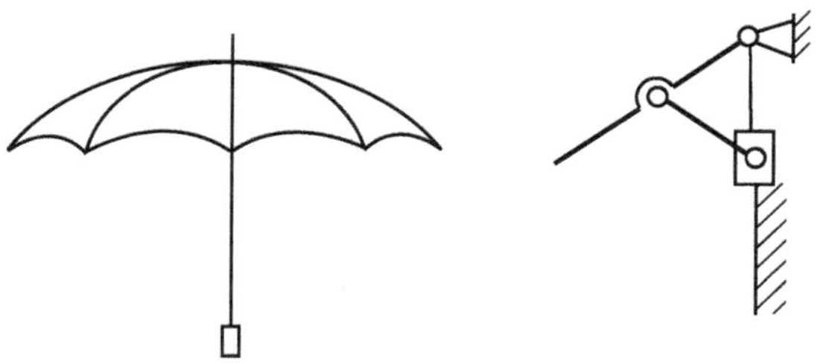

图 2-8　雨伞结构原理与机构运动简图

（二）平面机构的自由度

平面机构的自由度是指机构中各构件相对于机架所具有的独立运动的数目。由前所述，一个作平面运动的自由构件具有 3 个自由度，当它与另一个构件组成运动副后，它的相对运动受到约束，自由度随之减少。不同类型的运动副，引入的约束数目也不同。因此，平面机构的自由度与组成机构的构件数目、运动副的数目及运动副的性质有关。

机构是构件通过运动副相连接起来的物体系统，然而，构件任意拼凑起来是不一定具有确定运动的。图 2-9 所示为由 3 个构件用转动副连接的物体系统，3 个构件间无相对运动，无法进行运动和动力的传递，所以它不是机构；图 2-10 将 *BE* 构件用 *BD* 和 *DE* 两个构件代替，形成 4 个构件连接的物体系统，给定构件 *AB* 的运动规律时，*BD* 和 *DE* 的运动是确定的；而图 2-11 中继续增加构件数量，形成 5 个构件连接的物体系统，尽管构件间有相对运动，但当给定构件 *AB* 的运动规律时，其余构件的运动并不确定。为此必须先计算出机构的自由度，然后判断机构是否具有确定运动。

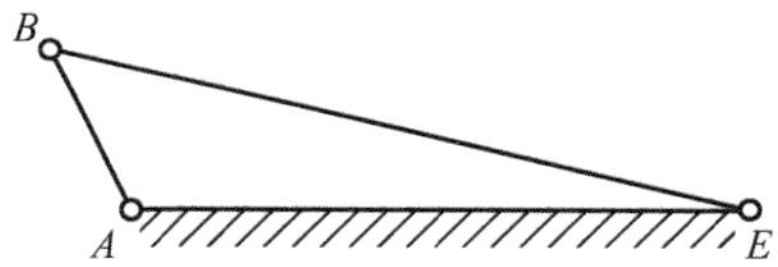

图 2-9　构件无相对运动

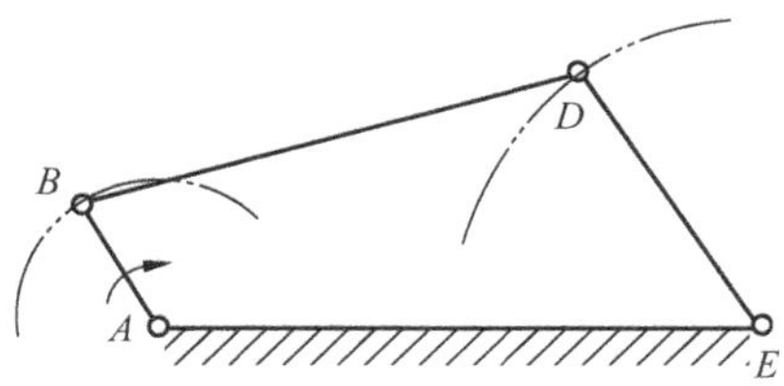

图 2-10　构件间有确定运动

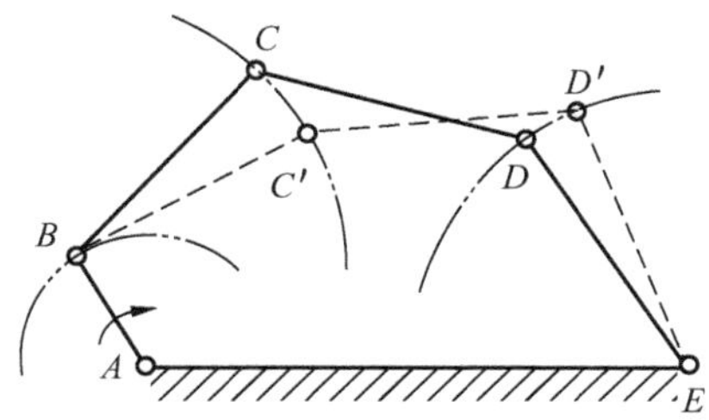

图 2-11　构件间无确定运动

1. 平面机构自由度的计算

如果一个平面机构中包含有 N 个构件，因机架的自由度为零，则可动构件数 $n=N-1$。显然这些可动构件在没有用运动副连接之前，它们的自由度总数为 $3n$。当各构件用运动副连接起来之后，运动副引入的约束使构件的自由度减少。若每个平面低副（转动副、移动副）引入两个约束，则构件失去两个自由度，保留一个自由度；而每个平面高副（齿轮副、凸轮副等）引入一个约束，使构件失去一个自由度，保留两个自由度。若机构

中有 P_L 个低副和 P_H 个高副，则所有运动副引入的约束数为 $2P_L+P_H$。这样，平面机构的自由度实际就是可动构件的总自由度数与全部运动副所引入的总约束数之差。若机构的自由度以 F 表示，平面机构的自由度表示为

$$F=3n-2P_L-P_H$$

2. 平面机构具有确定运动的条件

机构的自由度是机构中各构件相对机架所具有的独立运动个数。原动件是能够独立运动的，因此有几个自由度相应地必须有几个原动件，这样运动才是确定的。

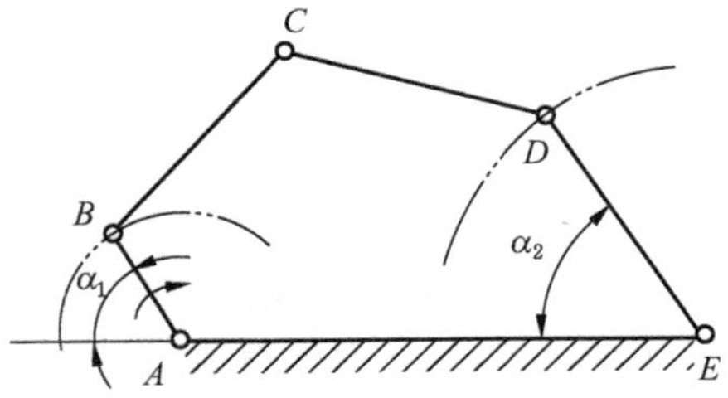

图 2－12　增加原动件形成机构

图 2－10 所示机构有一个原动件，且机构自由度为 1，有确定运动；图 2－12 所示机构的自由度为 2，若将构件 DE 的运动规律也给定，则当 AB 和 DE 经过时间 t 转过一定角度 α_1 和 α_2 时，C 点有唯一的位置，即形成有确定运动的机构有相对运动。

综上所述，机构具有确定运动的条件是：

(1) 机构的自由度 $F>0$。

(2) 原动件数等于自由度数。

3. 计算平面机构自由度的实用意义

(1) 判定运动方案是否合理。

(2) 改进不合理的运动设计方案，使之具有确定的相对运动。

机构具有确定运动的条件，除了判断机构是否具有确定运动，而且对不合理的方案还可以改进。如图 2－13 所示，若设计的简易冲床是图 2－13a 所示的结构，画出运动简图后如图 2－13b 所示，显然自由度等于零。若将方案改为图 2－13c 所示结构，则总自由度数便为 1，等于原动件数，简易冲床的运动即可实现。

三、任务实施

(一) 实施步骤

(1) 分析机构的运动特点。

(2) 分析机构组成，确定运动副的数目和类型。

(3) 绘制机构运动简图。

(4) 计算自由度，判断机构是否具有确定运动。

(二) 计算平面机构的自由度时应注意的事项

应用公式 $F=3n-2P_L-P_H$ 计算自由度时还应注意以下几点：

1. 复合铰链

两个以上构件组成两个或更多个共轴线的转动副，即为复合铰链。如图 2－14a 所示，构件 1 和 4 在 A 处构成的单一铰链，但在 B 点处构件 1 和 2、构件 1 和 3 分别构成铰链，2 和 3 之间无直接接触，此 3 个构件共组成了两个共轴线转动副，即为复合铰链。运动副符号如图 2－14b 所示。依次类推，当有 k 个构件在同一处构成复合铰链时，就构成 $k-1$ 个共轴线转动副。在计算机构自由度时，应仔细观察是否有复合铰链存在，以免算错运动副的数目。

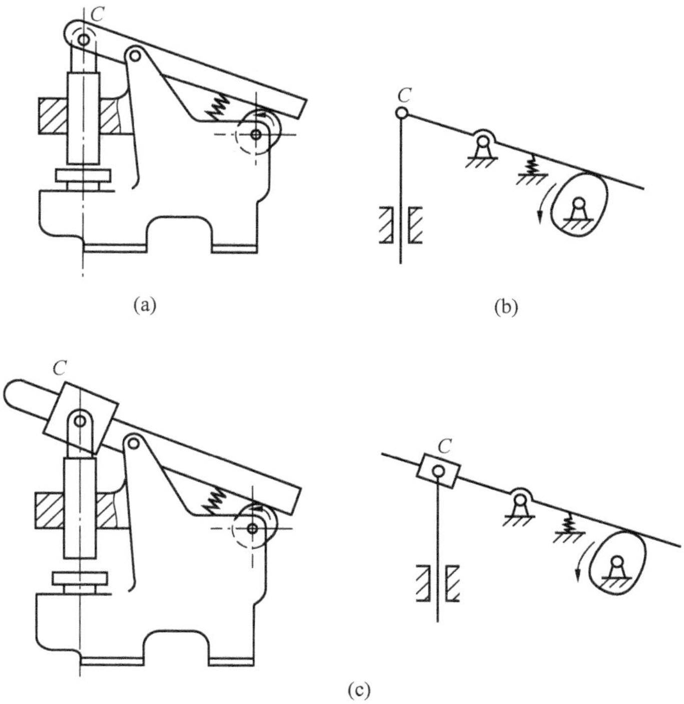

图 2－13　简易冲床

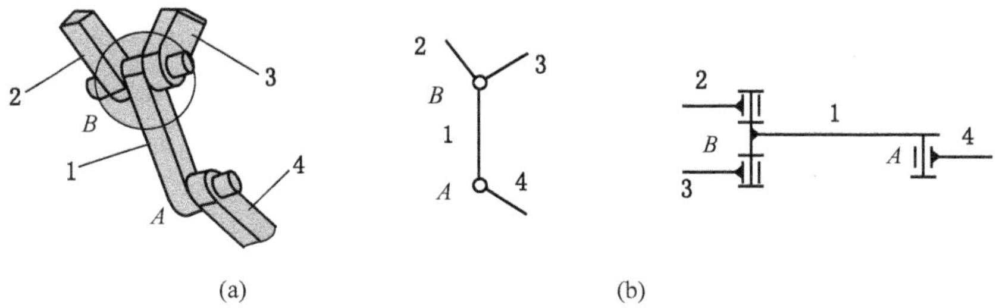

图 2－14　复合铰链

如图 2－15 所示，构件 1、2 与 7 之间，构件 3、6 与 8 之间，构件 2、3 与 5 之间，构件 4、6 与 7 之间均存在复合铰链。自由度为

$$F = 3n - 2P_L - P_H = 3 \times 7 - 2 \times 10 - 0 = 1$$

2. 局部自由度

机构中与运动的输入和输出无关的独立运动的自由度称为局部自由度。如图 2－16 所示的平面凸轮机构中，图 2－16a 中随着凸轮 1 的旋转，在接触点 A 处会产生滑动摩擦。为减少高副接触处的磨损，在从动件 2 上安装一个滚子 4，使其与凸轮 1 的轮廓线滚动接触。从动件上下移动时，滚子 4 会绕自身轴线旋转，如图 2－16b 所示。显然，滚子绕其自身轴线的转动与否并不影响凸轮与从动件间的相对运动，因此滚子绕其自

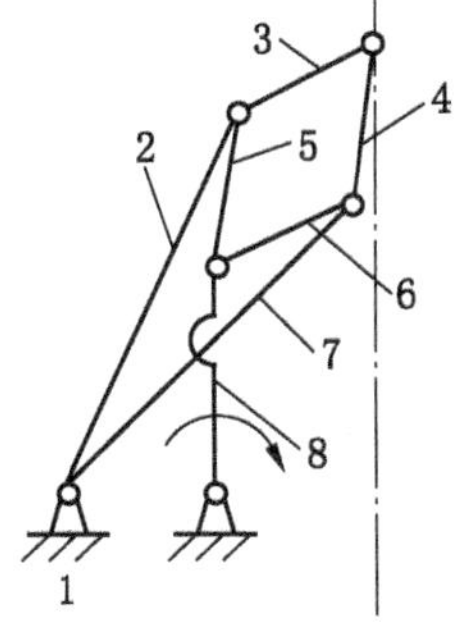

图 2－15　复合铰链实例

身轴线的转动为机构的局部自由度。在计算机构的自由度时可假想从动件 2 与滚子 4 是固连的，作为一个构件，转动副 B 也随之去除，如图 2－16c 所示。图 2－16d 为实物图。

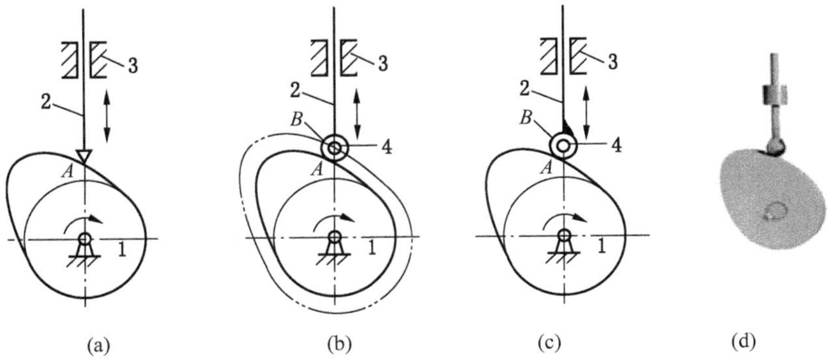

图 2－16　局部自由度

此时该机构中，$n=2$，$P_L=2$，$P_H=1$。其机构自由度为

$$F=3n-2P_L-P_H=3\times2-2\times2-1=1$$

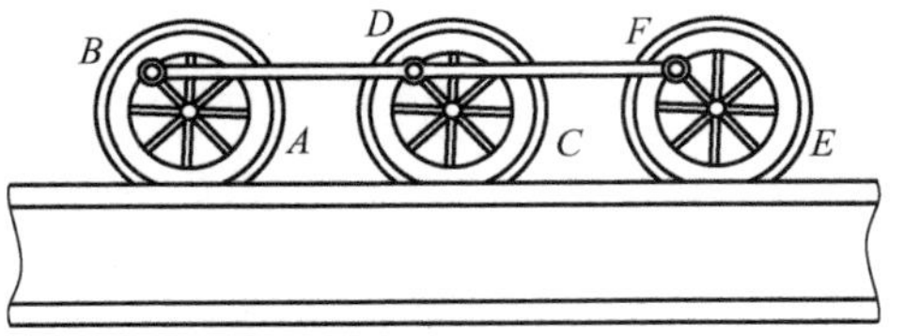

(a) 机构示意图

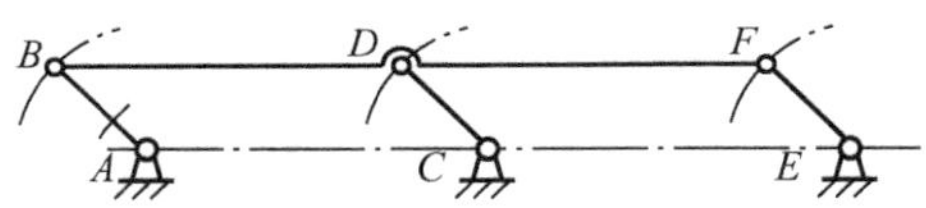

(b) 机构运动简图

图 2－17　机车车轮联动机构

3. 虚约束

在特殊的几何条件下，有些约束所起的限制作用是重复的，这种不起独立限制作用的约束称为虚约束。如图 2－17 所示的机车车轮联动机构中，构件 AB、CD、EF 在机车前进过程中始终保持互相平行且相等，当 AB 为主动件时，若直接计算则自由度为零，构件之间没有相对运动，这与实际不符。进一步分析发现，若去除 D 点或 F 点的约束，机构的运动情况并不改变，这说明这两点的约束是重复的，即为虚约束。在计算时应将含有虚约束的构件连同运动副一起去除。

平面机构的虚约束常出现于下列情况中：

（1）机构中的某两个构件用转动副相连接的连接点，在未组成转动副以前，其各自的轨迹已重合为一，这种连接必存在虚约束，有时需要经过几何上的证明才能判断。如图 2－18 所示，从图中几何关系可以证明 $\angle CAD$ 始终是直角，这样 C 点或 D 点在未与滑块组成转动副以前其轨迹已经确定，则存在虚约束，计算时将 C 点或 D 点含虚约束的构件和运动副一起去掉，才可得到正确的计算结果。

（2）两个构件组成两个或两个以上的移动副，其导路重合或互相平行时存在虚约束，计算自由度时只算一处即可。

（3）两个构件构成两个或两个以上的转动副，其转动轴线重合时，存在虚约束，计算自由度时只按一处计算，其余为虚约束。如图 2－19 所示。

（4）机构中对运动不起限制作用的对称部分存在虚约束。如图 2－20 所示。实际上有构件 2 就可以满足运动要求，构件 4 和它带入的 E、F 形成虚约束。

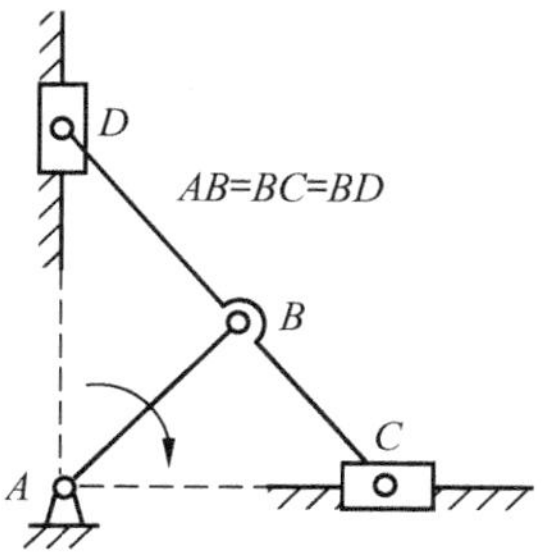

图 2－18　轨迹重合的虚约束

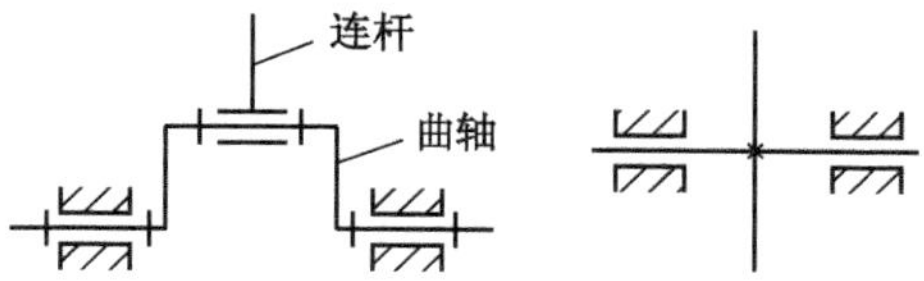

图 2－19　轴线重合的虚约束

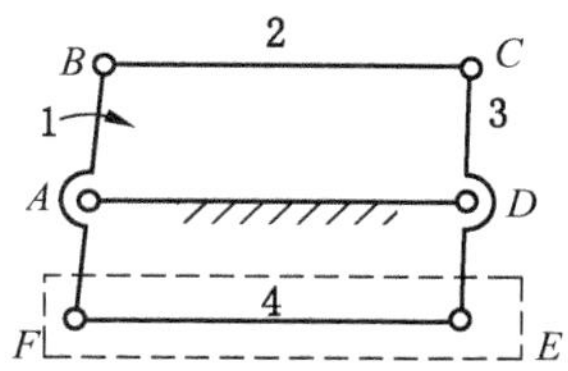

图 2－20　对称结构的虚约束

综上所述，计算机构自由度时虚约束必须去除，但从增加构件的刚度和改善机构受力条件来说是有益的。但应注意，机构中的虚约束是在一些特定几何条件下引入的，如果这些几何条件不能满足，则虚约束将变成有效约束，使机构的运动不能实现。

（三）实例分析

【实例】绘制图 2－1 所示单缸内燃机的机构运动简图，并计算自由度。

（1）分析该机构的实际构造和运动情况，分清机构中的固定构件、主动件和从动件。从主动件开始，顺着传动路线分析各构件间的相对运动情况，确定构件的类型和数目。

该机构实际上由曲柄滑块机构、齿轮机构和凸轮机构组成，3 个机构的运动平面互相平行。随着气缸内燃气的燃烧，将热能转换为活塞运动的机械能，所以活塞为主动件。从活塞开始，首先通过活塞的运动使连杆将运动和动力传递到曲轴；然后通过齿轮机构传递到推动进排气阀动作的凸轮机构。活塞为主动件，气缸体为固定构件，其余均为从动件。计算构件数时，没有相对运动、固连一起的部分只能算一个构件，因此此机构有 4 个从动件。

（2）分析机构组成，确定运动副的种类和数目。如图 2－1 所示，活塞与机架（缸体）、进排气阀推杆与机架之间为相对移动，构成 2 个移动副；活塞与连杆、连杆与曲轴（连同齿轮 4）、曲轴与机架、凸轮（连同齿轮 5）与机架之间为相对转动，构成 4 个转动副。齿轮 4 与齿轮 5、凸轮 6 与进排气阀推杆顶端之间为线和点接触，构成 2 个高副。

（3）绘制机构运动简图。选择合适的视图方向，清楚表达各构件的相互关系，按一定比例、特定的构件和运动副符号绘制机构运动简图。

从图 2－1 中可看出，选择左视的方向比较好，所以确定为画机构运动简图的方向。然后确定绘图基准、计算比例尺，从原动件开始绘制机构运动简图，如图 2－21 所示。

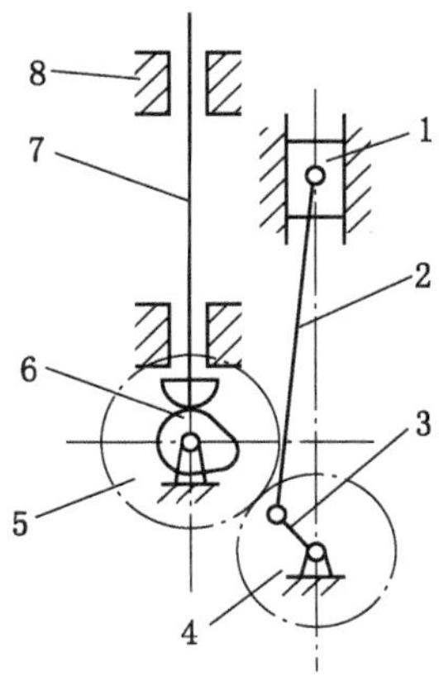

1—活塞；2—连杆；3—曲轴；4、5—齿轮；6—凸轮；7—进排气阀推杆；8—缸体

图 2－21　单缸内燃机机构运动简图

机构运动简图是分析已有机构或创新机构运动

关系的依据，所以必须正确绘制。

（4）计算自由度，分析机构是否具有确定运动。由前分析可知，此单缸内燃机机构有1个主动件，4个从动件，1个机架，这样共有5个可动件。运动副数目分别为6个低副（其中有2个移动副、4个转动副）和2个高副。则该机构的自由度为

$$F = 3n - 2P_L - P_H = 3 \times 5 - 2 \times 6 - 2 = 1$$

此机构自由度数等于原动件数，所以有确定运动。

思考与练习

1. 自由度和约束的关系是什么？
2. 低副引入几个约束？高副引入几个约束？
3. 平面机构运动简图应满足哪些要求？
4. 机构具有确定运动的条件是什么？
5. 计算图2－22所示各机构的自由度，并指出存在局部自由度、复合铰链和虚约束的地方。根据计算结果判定机构是否具有确定运动。
6. 画出图2－23所示颚式破碎机的机构运动简图，并计算机构自由度。

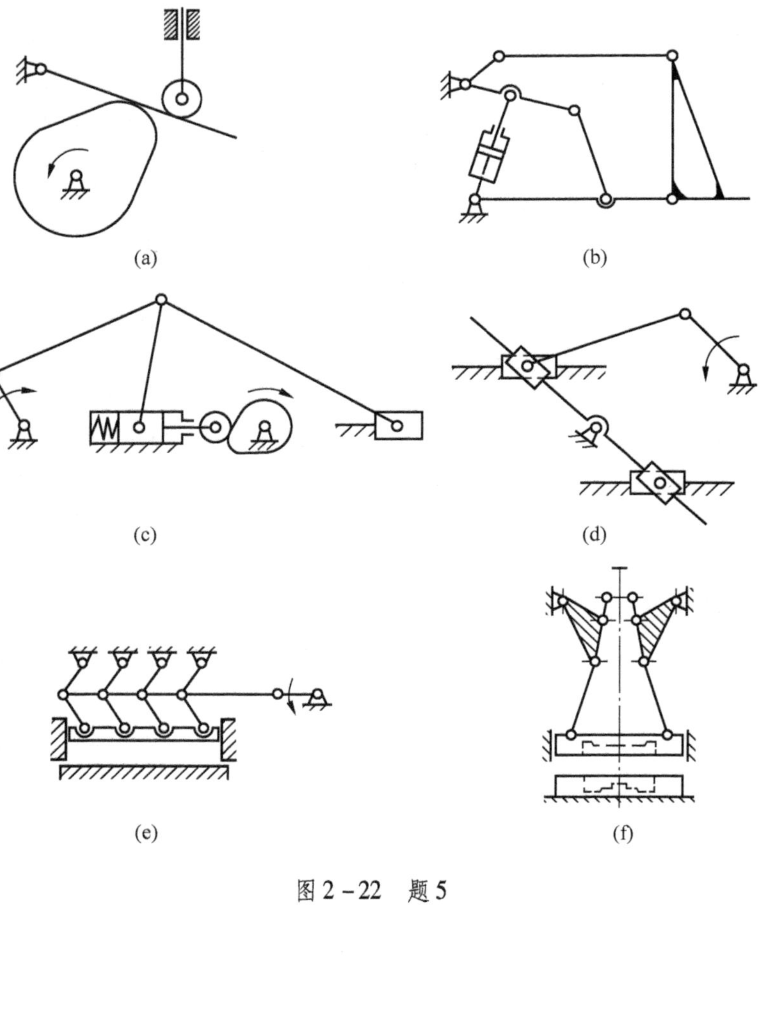

图2－22 题5

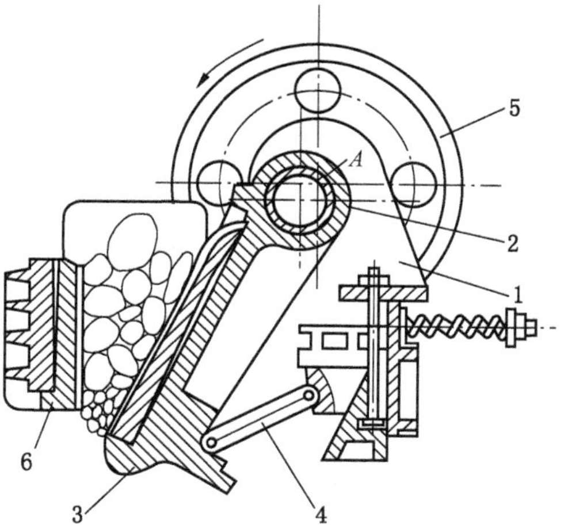

1—调整装置；2—偏心轴；3—动颚板；4—推力杆；5—皮带轮；6—定颚板

图 2－23　颚式破碎机主体结构(题 6)

任务二　平面连杆机构结构分析与设计

一、工作任务

(一) 任务概述

平面连杆机构将刚性构件通过低副连接，其常见形式是四杆机构，即 4 个构件通过低副连接而成的平面四杆机构，其中最基本的形式是全用转动副连接而成的铰链四杆机构。如图 2－24 所示，缝纫机脚踏动力传递机构、港口起重机构、内燃机曲柄滑块机构是均用低副连接的平面四杆机构。本任务在分析平面四杆机构结构特点与性能的基础上，学习平面四杆机构的基本设计方法。

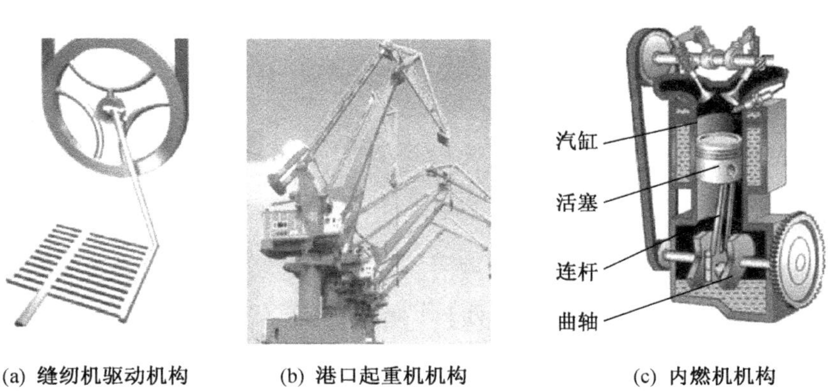

(a) 缝纫机驱动机构　(b) 港口起重机机构　(c) 内燃机机构

图 2－24　平面连杆机构实例

（二）任务要求

1. 知识要求

（1）了解平面连杆机构的组成、基本形式及其演化。

（2）掌握平面四杆机构存在曲柄的条件和基本特性。

（3）掌握平面四杆机构的设计方法。

2. 能力要求

（1）会区分各种类型的四杆机构，并能分析其运动特点。

（2）能根据一定条件设计四杆机构。

3. 态度要求

（1）能主动学习，在完成任务过程中发现问题、分析问题和解决问题。

（2）能与小组成员协商、交流配合完成本学习任务。

（3）严格遵守安全规范。

二、相关知识

（一）平面连杆机构的特点

平面连杆机构的类型多，构件的形状多呈杆状，用途广泛。平面连杆机构具有以下特点：

（1）组成运动副的两构件之间为面接触，因而承受的压强小、便于润滑、磨损较轻，可以承受较大的载荷。

（2）构件形状简单，加工方便，工作可靠。

（3）可以实现远距离控制。

（4）不同的杆长使得运动形式多样，满足多种运动规律的要求。

（5）运动规律复杂时，低副中存在间隙会引起运动误差，设计计算比较复杂，且往往难以实现。

（二）铰链四杆机构的基本形式

如图 2－25 所示，铰链四杆机构由四个构件组成，固定不动的杆 4 为机架，与机架相连的杆 1 与杆 3 称为连架杆，连接两连架杆的杆 2 称为连杆，作平面运动。连架杆 1 与 3 通常绕自身的回转中心 A 和 D 回转，能够作整周回转的连架杆称为曲柄；只能在一定范围内摇动的连架杆称为摇杆。

根据连架杆的运动形式，铰链四杆机构分为曲柄摇杆机构、双曲柄机构和双摇杆机构三种类型。

（1）曲柄摇杆机构。两连架杆中其中一杆作整周回转，另一杆在一定范围内摇动的铰链四杆机构。如图 2－24a 所示的缝纫机驱动机构和图 2－26 所示的雷达天线俯仰角调整机构都为曲柄摇杆机构。

（2）双曲柄机构。两连架杆均作整周回转的铰链四杆机构。如图 2－27 所示惯性筛即为双曲柄机构。曲柄 1 等速旋转，曲柄 3 作变角速度回转，连杆 2 驱使筛体产生变速直线运动，达到筛选的目的。

双曲柄机构的特殊形式是平行四边形机构和逆平行四边形机构。平行四边形机构如图 2－28、图 2－29 所示的天平秤机构，它能保证天平盘始终处于水平位置。图 2－30 所示

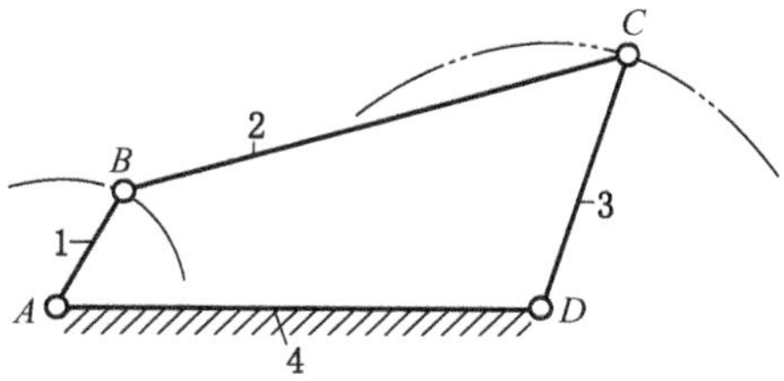

图 2－25 铰链四杆机构

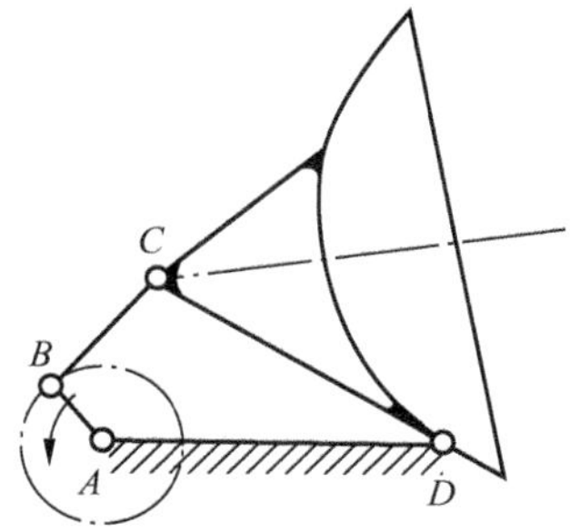

图 2－26 雷达天线俯仰角调整机构

为逆平行四边形机构在机车开关门中的应用，当主动曲柄转动时，通过连杆从动曲柄朝相反方向转动，从而保证两扇车门同时开启和关闭。

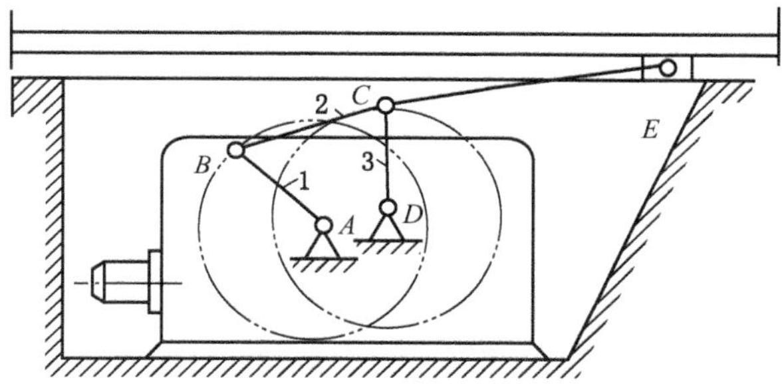

图 2－27 惯性筛

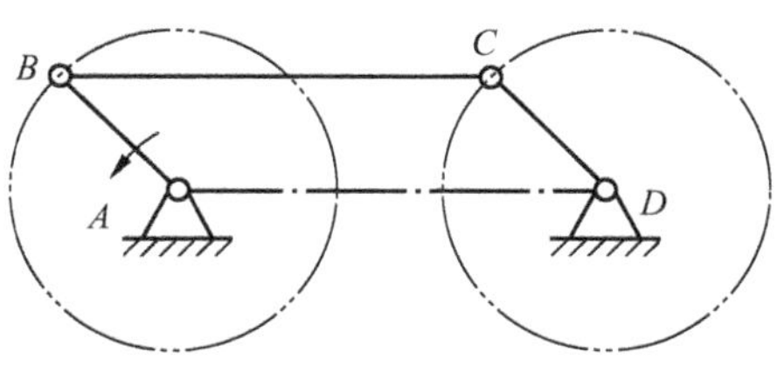

图 2－28 平行四边形机构

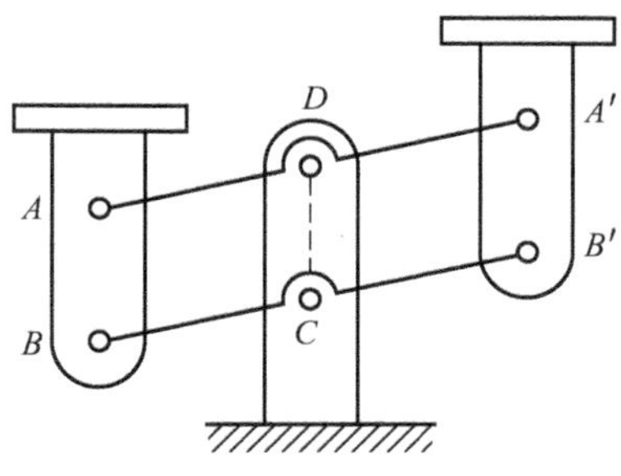

图 2－29 天平秤机构

（3）双摇杆机构。两连架杆均为摇杆的铰链四杆机构。在双摇杆中，若两摇杆长度相等，则称为等腰梯形机构。在汽车及拖拉机中，常用这种机构来操纵前轮转向。如图 2－31 所示，当车子向右转弯时，操纵方向盘，通过拉杆使双摇杆机构的摇杆摆动，当 C'、B'点到达 C、B 的位置，由于前轮轴与摇杆固连，所以达到转向的目的。在转动过程中两摇杆转过角度 $\beta<\alpha$，从而使两车轮的轴线交点 O 能尽量接近后轴的延长线，保证各轮相对地面近似纯滚动，以便减少轮胎的磨损。

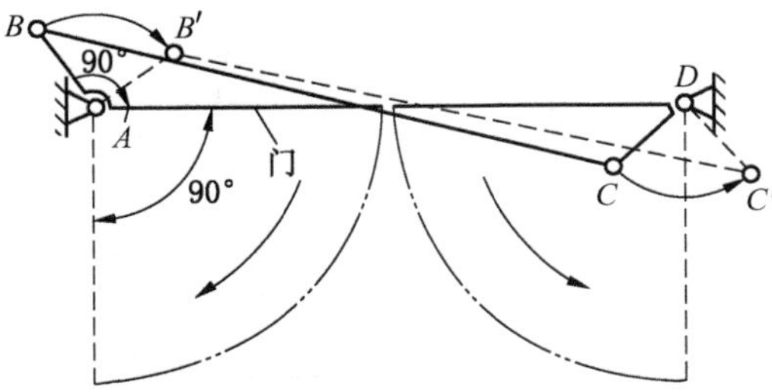

图 2－30　开关门机构

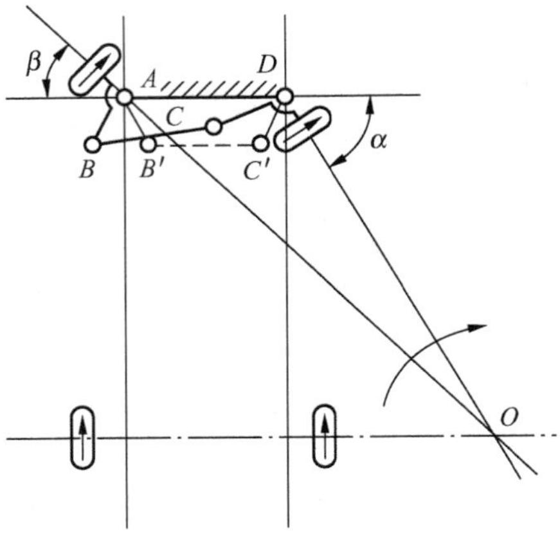

图 2－31　汽车前轮转向机构

（三）铰链四杆机构的演化及派生形式

实际机器中，由于各种工作需要，四杆机构的外形和构造是多种多样的，但它们往往是铰链四杆机构通过移动副取代转动副、变更机架、变更杆长等途径演化而来的。

1. 曲柄滑块机构的形成

如图 2－32 所示，因为摇杆上 C 点的运动轨迹是以 D 点为圆心、以摇杆的长为半径的圆弧，所以图 2－32a 所示曲柄摇杆机构可以做成图 2－32b 所示弧形槽的形式而等效代替。图 2－32b 所示机构转动副的形状不同，但运动特性完全相同。假设弧形槽半径无穷大，则弧形槽转化为直线形槽，滑块在槽内的运动即变成直线移动，转动副转化成了移动副，如图 2－32c 所示。e 为铰链中心 A 至铰链中心 C 的轨迹线的垂直距离，称为偏心距。$e \neq 0$ 时，称为偏置曲柄滑块机构；$e = 0$ 时，则称为对心曲柄滑块机构。曲柄滑块机构广泛应用于活塞式内燃机、空气压缩机、冲床等机械中。

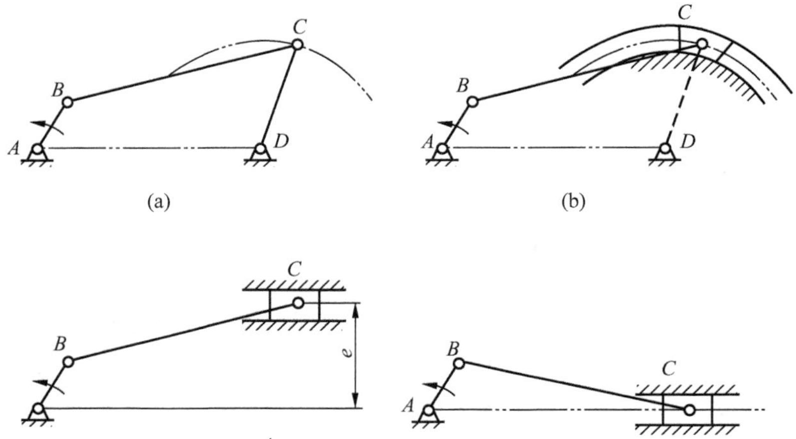

图 2－32　曲柄滑块机构形成

2. 曲柄移动导杆机构的形成

利用相似的过程，还可以将图 2－32d 的对心曲柄滑块机构 *B* 点的转动副也演化成移动副，形成曲柄移动导杆机构，如图 2－33a 所示。这种机构从动件的位移与原动件转角的正弦成正比，也称为正弦机构。图 2－33b 所示缝纫机的引线机构即为正弦机构。

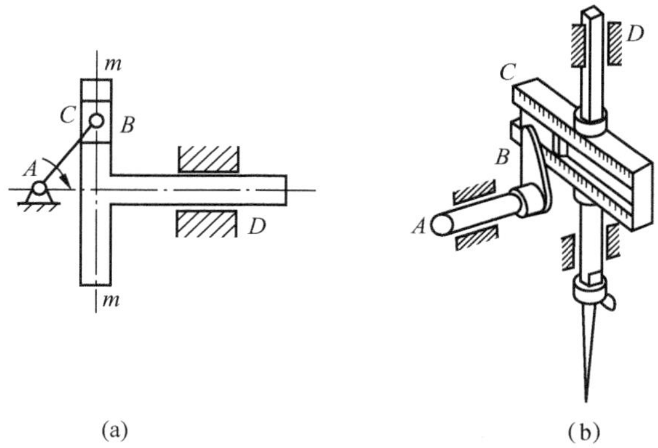

图 2－33　曲柄移动导杆机构

3. 取不同构件为机架的派生形式

上述曲柄摇杆机构和铰链四杆机构的演化形式中，当取不同构件为机架时还可以派生出其他形式的平面四杆机构。

（1）取不同构件为机架时，铰链四杆机构有 3 种不同形式的转化。图 2－34a 所示为曲柄摇杆机构，*AD* 为机架。将 *AB*、*BC*、*CD* 分别固定作为机架可派生其他 3 种形式，如图 2－34b、图 2－34c、图 2－34d 所示。这一点在学习完铰链四杆机构存在曲柄的条件后再加以论证。

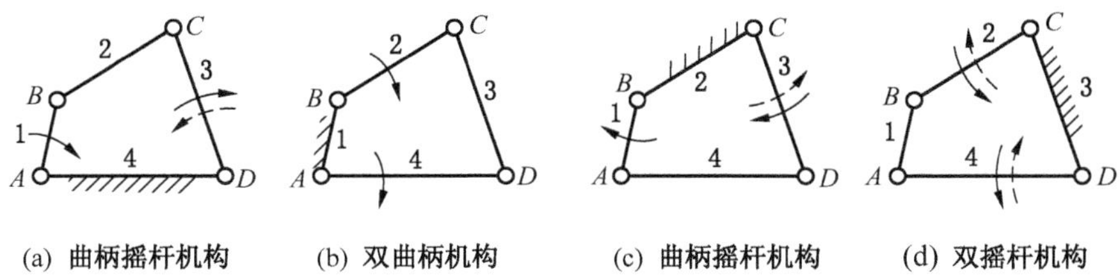

图 2－34　不同机构为机架时曲柄摇杆机构的派生形式

（2）取不同构件为机架时曲柄滑块机构的派生形式。如图 2－35a 所示的曲柄滑块机构，取不同构件为机架时可以派生出以下 4 种形式的机构，如图 2－35 所示。在图 2－35b 和图 2－35c 中，杆 4 称为导杆，一方面为滑块提供导路，即滑块始终沿杆 4 滑动；另一方面杆 4 本身绕回转中心 *A* 点转动。若能整周转称为转动导杆机构，若只能在一定范围内摆动称为摆动导杆机构。图 2－35d 和图 2－35e 中，块 3 为杆 4 提供导路，块 3 在原位置固定或在原位置摇动，分别称为定块机构和摇块机构。

这些机构的应用实例很多，如牛头刨床和小型刨床有曲柄摆动导杆机构和曲柄转动导

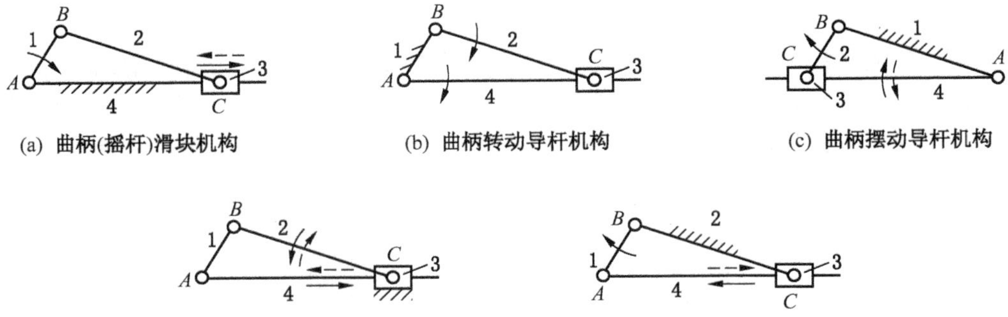

(a) 曲柄(摇杆)滑块机构　(b) 曲柄转动导杆机构　(c) 曲柄摆动导杆机构

(d) 定块机构(移动导杆机构)　(e) 曲柄摇块机构

图 2－35　不同机构为机架时曲柄滑块机构的派生形式

杆机构；图 2－36 所示是曲柄摇块机构在卡车自动卸料机构和摆动式液压泵中的应用；图 2－37 所示是定块机构在手摇唧筒中的应用。

（3）取不同构件为机架时曲柄移动导杆机构的派生形式。在含有两个移动副的曲柄移动导杆机构的派生形式中，图 2－38b 所示为双转块机构，双转块机构中两滑块均能相对于机架作整周转动，当其主动滑块 2 转动时，通过连杆 3 可使从动滑块 4 获得完全同步的转动。当其主动轴 2 和从动轴 4 的轴线不重合时，仍可保证两轴转速相同。图 2－38c 所示为双滑块机构，随着两滑块的移动，其连杆 *AB* 上的任一点轨迹为椭圆，常用作椭圆仪。图 2－38d 所示为摆动导杆滑块机构。

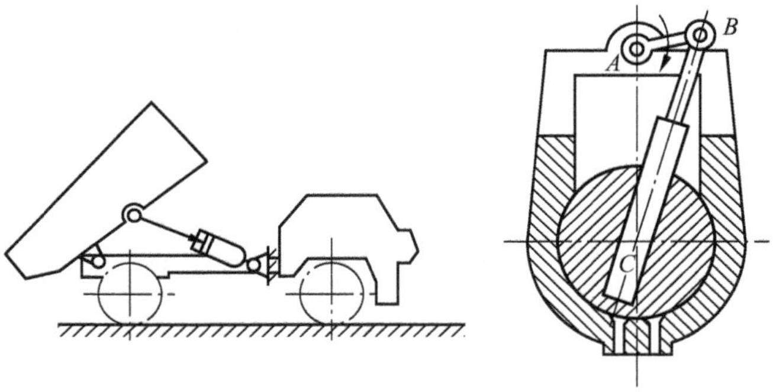

(a) 卡车自动卸料机构　(b) 摆缸式液压泵

图 2－36　曲柄摇块机构的应用

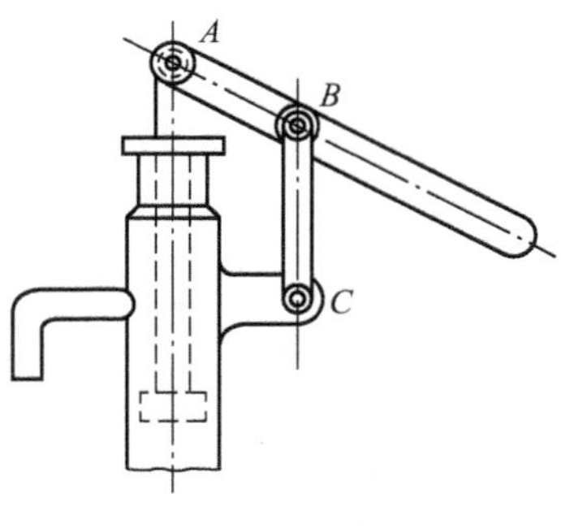

图 2－37　手摇唧筒

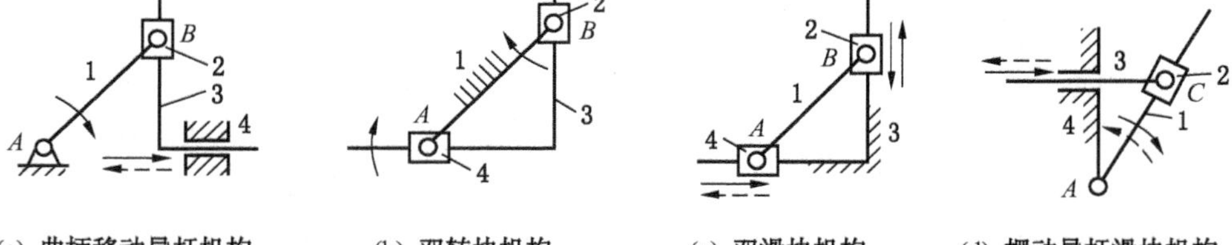

(a) 曲柄移动导杆机构　(b) 双转块机构　(c) 双滑块机构　(d) 摆动导杆滑块机构

图 2－38　不同机构为机架时曲柄移动导杆机构的派生

（四）平面四杆机构的基本特性

1. 铰链四杆机构存在曲柄条件

图 2－39 所示为铰链四杆机构的三种基本形式，三者的区别在于有无曲柄和有几个曲柄。而四个杆的相对长度对机构有无曲柄起着决定作用。

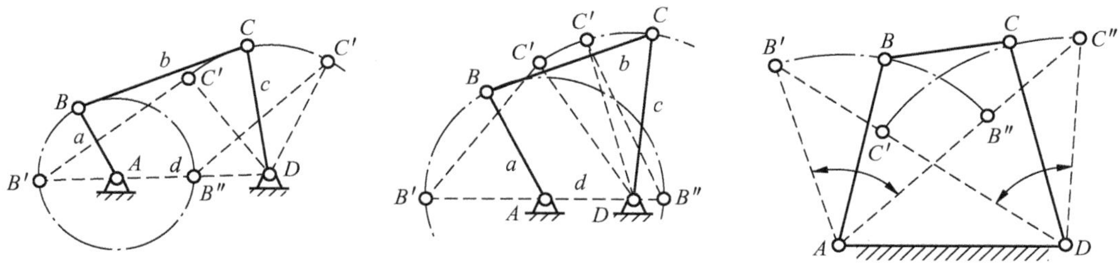

(a) 存在一个曲柄(曲柄摇杆)　(b) 存在两个曲柄(双曲柄)　(c) 不存在曲柄(双摇杆)

图 2－39　存在曲柄的条件

理论推导后可得出铰链四杆机构存在曲柄的条件为：

（1）连架杆或机架杆中有最短杆。

（2）最短杆与最长杆长度之和小于或等于其余两杆之和。

根据上述方法也可用以下步骤判断铰链四杆机构的类型，即：若最短杆与最长杆长度之和大于其余两杆之和，则只能得到双摇杆；反之，若最短杆与最长杆长度之和小于或等于其余两杆之和，则可能有曲柄存在，且有以下四种情况：①最短杆为机架时得到双曲柄机构；②最短杆为连架杆时得到曲柄摇杆机构；③最短杆的对面杆为机架时得到双摇杆机构；④平行四边形是双曲柄机构。

【例】如图 2－40 所示，四杆机构各构件的长度：$a=240$ mm，$b=600$ mm，$c=400$ mm，$d=500$，试问：

（1）当以杆 4 为机架时，有无曲柄存在？

（2）能否以选不同构件为机架的方法，获得双曲柄与双摇杆机构？如何获得？

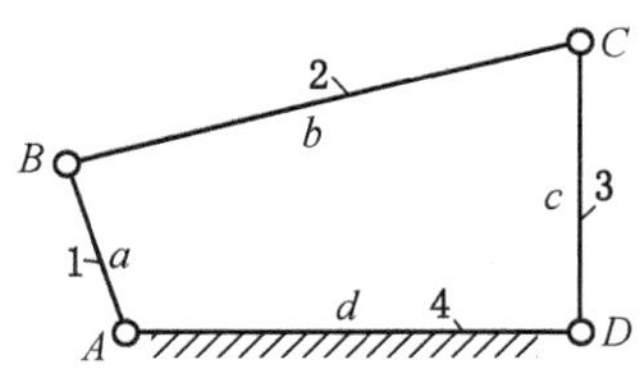

图 2－40　四杆机构

解　因为 $a+b=240+600<c+d=400+500$，因此可能有曲柄存在。

（1）由于 *AD* 为机架，*AB* 连架杆为最短杆，故 *AB* 为曲柄。

（2）能以不同构件为机架的方法，获得双曲柄与双摇杆机构。

根据上述判断方法，当以最短杆 *AB* 为机架时，则为双曲柄机构；当以杆 *CD* 为机架（以最短杆 *AB* 的对面杆为机架）时，则为双摇杆机构。

2. 急回特性

在图 2－41 所示曲柄摇杆机构中，曲柄 *AB* 为原动件，作等角速度转动。*CD* 为摇杆，作往复摆动，C_1D 为摇杆摆动的左极限位置，C_2D 为摇杆摆动的右极限位置，摇杆在两极限位置之间所夹角度称为摇杆的摆角，用 φ 表示。

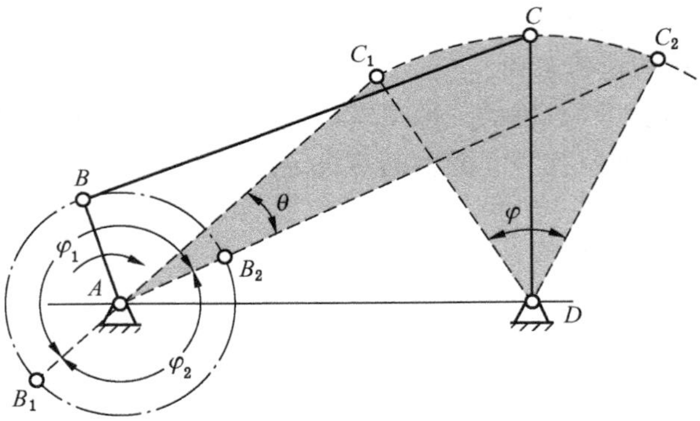

图 2-41　曲柄摇杆机构的急回特性

当曲柄 AB 以等角速度顺时针从 AB_1 转到 AB_2，转过的角度 $\varphi_1=180°+\theta$ 时，称为工作行程，此时摇杆 CD 由位置 C_1D 摆到 C_2D，设所需时间为 t_1，则摇杆平均速度为

$$v_1=\frac{C_1C_2}{t_1} \tag{2-1}$$

当曲柄 AB 以等角速度顺时针从 AB_2 转到 AB_1，转过的角度 $\varphi_2=180°-\theta$ 时，称为空回行程，此时摇杆 CD 由位置 C_2D 摆回到 C_1D，所需时间为 t_2，则摇杆平均速度为

$$v_2=\frac{C_2C_1}{t_2} \tag{2-2}$$

由于曲柄 AB 等角速度转动，$\varphi_1>\varphi_2$，所以 $t_1>t_2$，又因为摇杆摆动行程相等，因此，$v_2>v_1$。

由此可见，当主动件曲柄 AB 以等角速度转动时，从动件摇杆 CD 往复摆动的平均速度不相等。当原动件曲柄作等速转动时，作往复摆动的从动件摇杆在空回行程中的平均速度 V_2 大于工作行程的平均速度 V_1，这一特性称为连杆机构的急回特性。急回特性由于工作行程和空行程速度不等，而摇杆行程角不变，则摇杆往复摆动所用时间不等，所以急回特性有助于节省空回时间，提高工作效率。

空回行程平均速度与工作行程平均速度之比称为速度变化系数，用 K 表示，即

$$K=\frac{v_2}{v_1}=\frac{180°+\theta}{180°-\theta} \tag{2-3}$$

或

$$\theta=180°\frac{K-1}{K+1} \tag{2-4}$$

式中 θ 称为极位夹角，即摇杆在极限位置时，曲柄两位置之间所夹锐角。θ 表示了急回程度的大小，θ 越大急回程度越强，$\theta=0°$时，机构无急回特性，一般 $K=1\sim2$。对心曲柄滑块无急回特性，图 2-42 为曲柄滑块机构与曲柄摆动导杆机构极位夹角示意图。

3. 压力角和传动角

设计四杆机构时，不仅要求满足预定的运动规律，而且希望传力效果良好、效率高。图 2-43 所示为四杆机构，若不考虑构件的重力、惯性力和运动副中摩擦力的影响，则主动件上的驱动力通过连杆传给从动件的力 F 是沿 BC 方向作用的，此力的作用线与受力点 C 的线速度之间所夹的锐角 α 称为压力角。

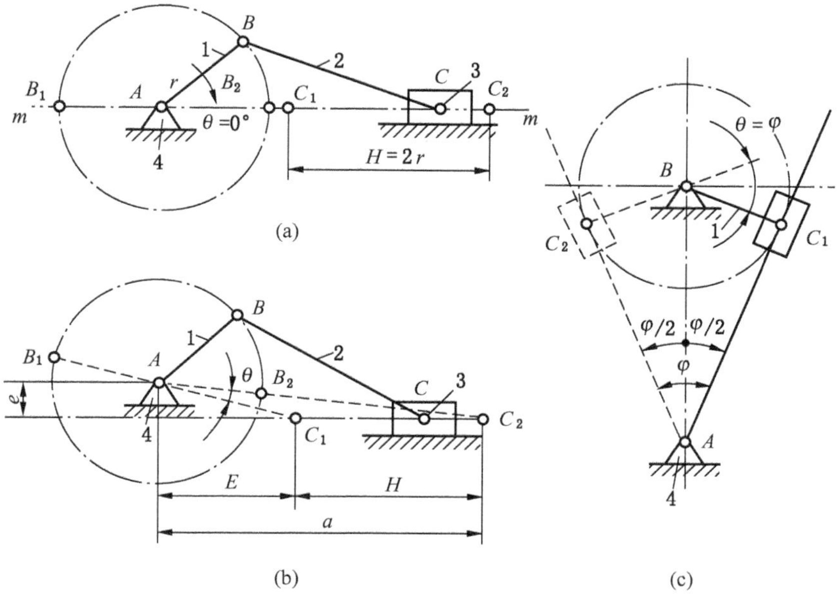

1—曲柄；2—连杆；3—滑块；4—机架

图 2－42　曲柄滑块机构和曲柄摆动导杆机构极位夹角示意图

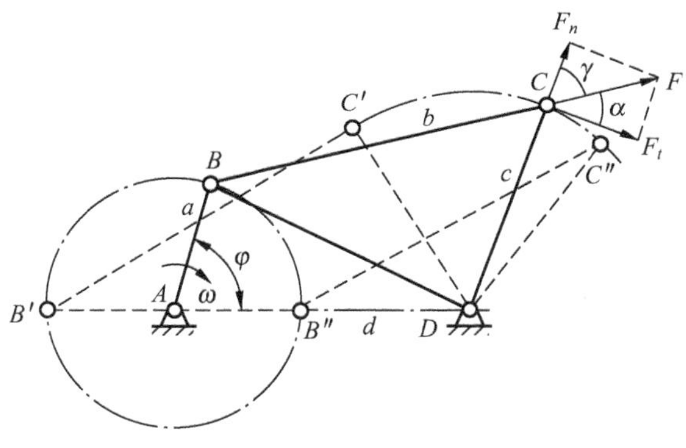

图 2－43　曲柄摇杆机构的压力角和传动角

由图 2－43 可得，力 F 在 C 点切线方向的有效分力 $F_t=F\cos\alpha$，说明压力角越小，有效分力越大。在连杆设计中，为了度量方便，习惯用压力角 α 的余角 γ（即连杆和从动摇杆之间所夹的锐角）来判断传力性能，γ 称为传动角。因 $\gamma=90°-\alpha$，所以 α 越小，γ 越大，机构传力性能越好；反之，α 越大，γ 越小，机构传力越费劲，传动效率越低。

在机构运动过程中，压力角和传动角的大小随机构的不同位置而变化。为了保证机构正常工作，必须规定最小传动角 γ_{min}。对于一般工程机械，通常取 $\gamma_{min}=40°\sim50°$；对于颚式破碎机、冲床等大功率机械，最小传动角应当取大一些，可取 $\gamma_{min}\geqslant50°$；对于小功率的控制机构和仪表，γ_{min}可略小于40°。

4. 死点位置

如图2－44所示，在曲柄摇杆机构中，当摇杆CD为主动件、曲柄AB为从动件时，在机构传动过程中，连杆BC与曲柄AB处于共线位置时，连杆BC与曲柄AB之间的传动角$\gamma=0°$，压力角$\alpha=90°$，这时无论连杆BC给从动件曲柄AB的驱动力多么大，曲柄AB转动力矩都为零，曲柄AB不动，机构所处的这种位置称为死点位置。而当曲柄为原动件时，摇杆与连杆无共线位置，不出现死点。

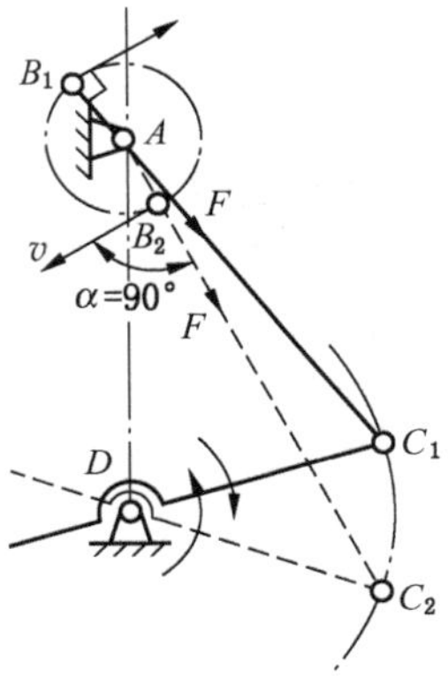

图2－44 机构的死点位置

对于传动机构而言，死点的存在是不利的，需要采取措施顺利通过死点。如图2－44所示的缝纫机踏板机构，若踏板为主动件，曲柄AB为从动件，则当曲柄与连杆处于两共线位置时，机构的传动角为0°，连杆传给从动曲柄的力F将通过曲柄回转中心A，不能产生对曲柄的有效回转力矩，也就无法驱使机构运动，故此两位置为机构的死点位置。通常在输出件上安装飞轮，利用其惯性顺利通过死点位置。

再如图2－45所示的多缸活塞式发动机，可采用错位排列，将死点位置相互错开，从而使曲轴始终获得有效的驱动力矩。

有时可利用死点位置实现某种功能。如图2－46的夹具，当工件被夹紧后，四杆机构的铰链中心B、C、D处于同一条直线上，工件经杆1给杆2传给杆3的力，通过回转中心D此力不能使杆3转动，因此当F去掉后仍能夹紧工件。

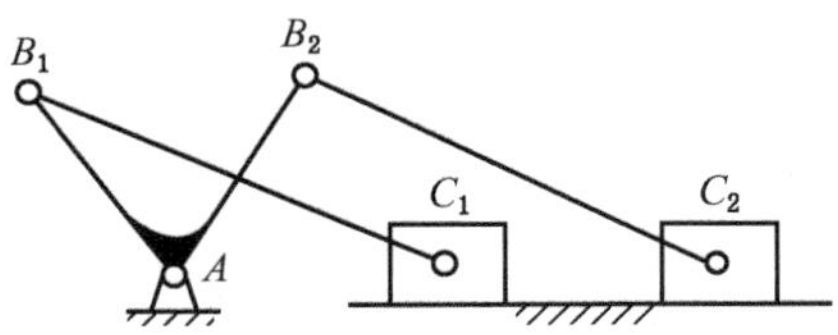

图2－45 错列机构

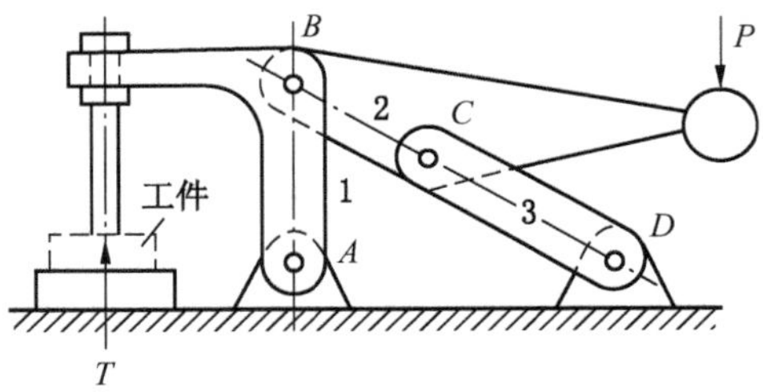

图2－46 钻床夹具

三、任务实施

（一）设计步骤

平面四杆机构的设计方法主要有解析法、几何作图法和实验法。通常按工程设备传动条件确定机构中各构件的参数。一般给定的条件分两类：一是给定位置或运动规律；二是给定运动轨迹。本任务重点学习利用作图法按给定位置或运动规律设计四杆机构的方法。

1. 按给定连杆位置设计四杆机构

图 2-47 所示为加热炉开关门机构，假设已给定炉门的开启位置 B_2C_2 和关闭位置 B_1C_1，设计四杆机构。设计步骤如下：

（1）选定长度比例尺 μ_l（实际长度/图中长度）画出连杆两位置。如图 2-48 所示，绘出连杆的两个位置 B_1C_1 和 B_2C_2。

（2）确定两连架杆的固定铰链中心。连接 B_1B_2、C_1C_2，分别作线段 B_1B_2 和 C_1C_2 的垂直平分线 mm 和 nn，分别在 mm 和 nn 上任意取 A、D 两点，A、D 两点即是两个连架杆的固定铰链中心。连接 AB_1、C_1D、B_1C_1、AD，AB_1C_1D 即为所求的四杆机构，如图 2-48 所示。

（3）测量两连架杆长度，并根据比例尺计算实际长度。测量 AB_1、C_1D、AD 计算 L_{AB}、L_{CD}、L_{AD} 的长度，$L_{AB}=\mu_l AB_1$，$L_{CD}=\mu_l C_1D$，$L_{AD}=\mu_l AD$。由于 A 点可任意选取，所以有无穷解。

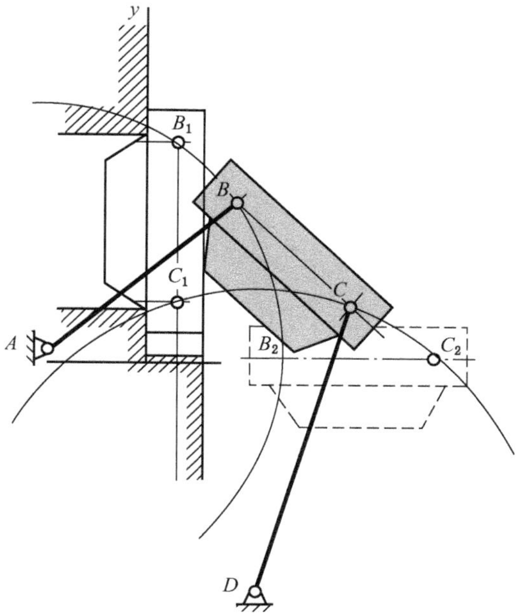

图 2-47　加热炉门

在实际设计中可根据其他辅助条件，如限制最小传动角或者 A 和 D 的安装位置来确定铰链 A、D 两点的位置。

2. 按给定行程速度变化系数 K 设计四杆机构

给定行程速度变化系数 $K>1$ 时，说明机构具有急回特性，这时对曲柄摇杆机构或偏置曲柄滑块机构需要构造出与极位夹角有关的三角形 AC_1C_2。在此三角形中，AC_1 为连杆和曲柄之差，AC_2 为连杆和曲柄之和，利用此关系求相关的杆长。

当给定行程速度变化系数及摇杆长和摇杆行程角的条件时，构造 $\triangle AC_1C_2$ 的思路为：如图 2-49 所示，由于 C_1C_2 为 $\triangle AC_1C_2$ 外接圆的弦，此时极位夹角 θ 即为弦 C_1C_2 的圆周角，2θ 为弦 C_1C_2 的圆心角，外接圆的圆心在弦 C_1C_2 的垂直平分线上，且 $\angle C_1OC_2$ 为圆心角 2θ，即可确定外接圆的圆心 O。在求出的外接圆上确定满足条件的固定铰链 A 的位置，即可作出 $\triangle AC_1C_2$。

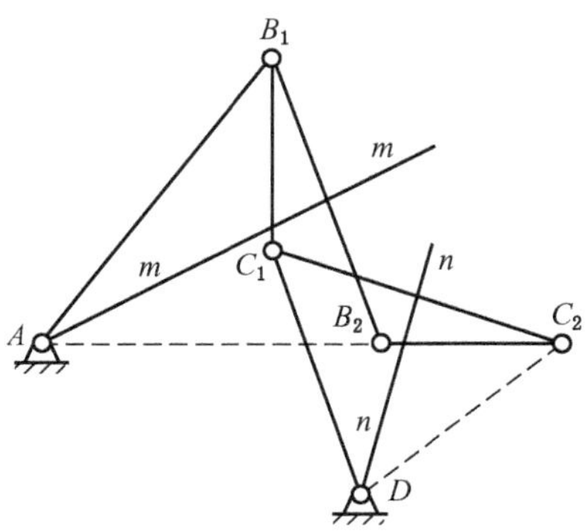

图 2-48　加热炉

具体设计步骤如下：

（1）根据给定尺寸大小确定作图比例尺 μ_l。

（2）由给定的行程速度变化系数 K 求出极位夹角 θ。

$$\theta=180^\circ\frac{K-1}{K+1}$$

（3）根据已知条件确定外接圆圆心 O。

（4）作 $\triangle C_1OC_2$ 的外接圆，确定 A 点。

（5）连接 AC_1 和 AC_2，根据极限位置时曲柄和连杆的杆长关系求两杆长度。

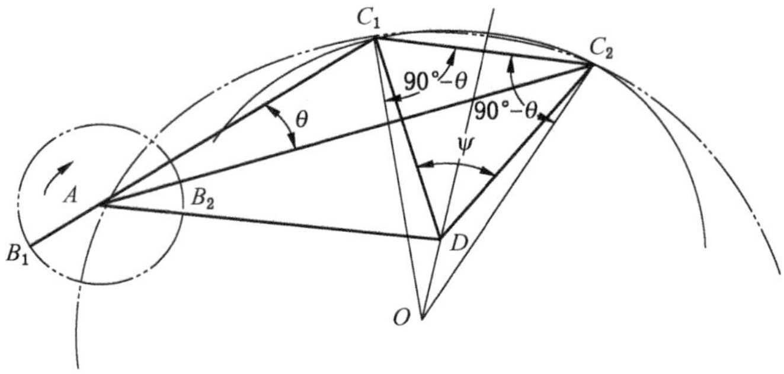

图 2-49 铰链四杆机构的设计

因 $AC_1 = BC - AB \qquad AC_2 = BC + AB$

得
$$AB = (AC_2 - AC_1)/2$$
$$BC = (AC_2 + AC_1)/2$$

机架长 AD 可直接测量，最后均乘以比例 μ_l 即得曲柄、连杆和机架的实际长度。

当 A 点是 $\triangle C_1AC_2$ 外接圆上任选点时，可得无穷多的解。A 点位置不同，机构传动角的大小也不同。欲获得良好的传动质量，可按照最小传动角最优或其他辅助条件来确定 A 点的位置。

若是偏置曲柄滑块机构，在给定行程速度变化系数和滑块行程时，此时行程 C_1C_2 即为 $\triangle AC_1C_2$ 的外接圆的弦，其余方法和上述完全相同。

（二）实例分析

【实例】如图 2-24c 所示的内燃机，若其为偏置曲柄滑块机构，活塞的行程速度变化系数 $K = 1.4$，活塞的行程长 $H = 50$ mm，偏距 $e = 10$ mm，求曲柄和连杆的长度。

作图步骤：

（1）取 $\mu_l = 1$（即按 1∶1 比例作图）。

（2）求此机构的极位夹角，即

$$\theta = 180°\frac{K-1}{K+1} = 180° \times \frac{1.4-1}{1.4+1} = 30°$$

（3）根据已知条件确定外接圆圆心 O。

（4）以 O 为圆心、OC_1（或 OC_2）长为半径作出外接圆（画出一部分圆弧即可）。在外接圆上与 C_1C_2 相距 10 mm 的位置上取点 A，点 A 即为此曲柄滑块机构曲柄所在的固定铰支座位置，如图 2-50 所示。

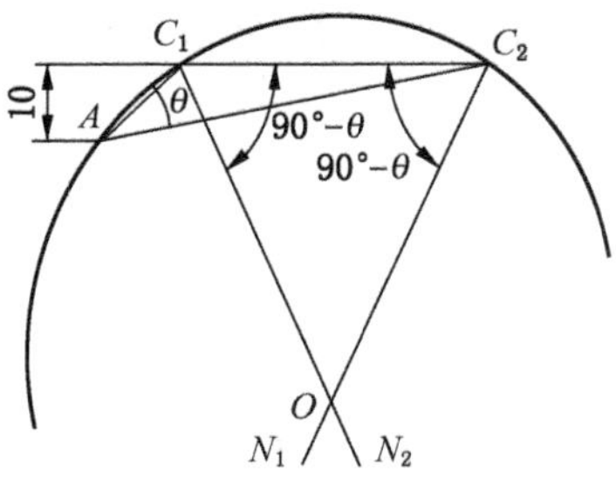

图 2-50 实例

（5）连接 AC_1 和 AC_2，求出曲柄和连杆的长。

量得 $AC_1 = 15.9$ mm $\qquad AC_2 = 63.1$ mm

而 $AC_1 = BC - AB = 15.9$ mm

$AC_2 = BC + AB = 63.1$ mm

得 $AB = 23.6$ mm $\qquad BC = 39.5$ mm

考虑比例 $\mu_l = 1$，得此内燃机的曲柄和连杆长分别为

$l_{AB} = \mu_l AB = 23.6$ mm $\qquad l_{BC} = \mu_l BC = 39.5$ mm

思考与练习

1. 何谓曲柄？铰链四杆机构具有曲柄的条件是什么？

2. 何谓行程速度变化系数？设计四杆机构时如何利用这个条件？

3. 画出对心曲柄滑块机构和偏置曲柄滑块机构运动简图，此两种机构是否均有急回特性？作图示意，并标出其极位夹角。

4. 在图 2－51 所示的铰链四杆机构 $ABCD$ 中，已知各杆长：$AB=30$ mm，$BC=50$ mm，$CD=40$ mm，$DA=45$ mm，试确定该机构分别以 AD、AB、CD 和 BC 各杆为机架时属于何种机构？

5. 一曲柄摇杆机构，已知曲柄 $L_{AB}=50$ mm，摇杆 $L_{CD}=80$ mm，机架 $L_{AD}=100$ mm，试求连杆 L_{BC} 的取值范围。

6. 画出曲柄摆动导杆机构的运动简图，标出其极位夹角，并分析其极位夹角和摆杆行程角的关系。

7. 画出图 2－52 所示机构中滑块 D 处于两极限位置时机构的位置，并在图上标出极位夹角 θ。

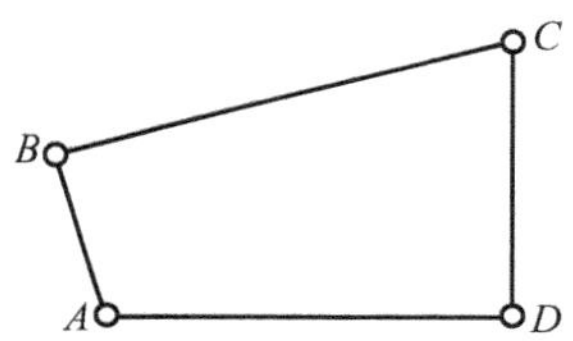

图 2－51 题 4

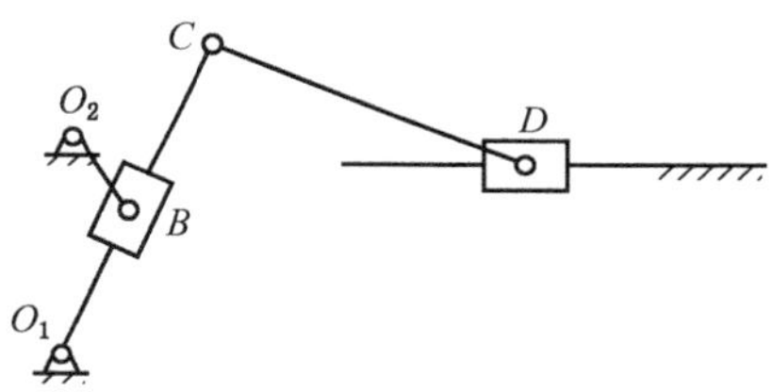

图 2－52 题 7

8. 设计一摆动导杆机构，已知摆动导杆机构的机架长度 $d=450$ mm，行程速度变化系数 $K=1.40$。

9. 在图示 2－53 牛头刨床机构中，已知行程速度变化系数 $K=1.67$，刨头的最大行程 $H=320$ mm，曲柄 $L_{AB}=80$ mm，试用图解法求机架长度 L_{AC}，导路至摆动中心 C 的距离 y。

10. 图 2－54 所示为开关的分合闸机构，已知 $l_{AB}=150$ mm，$l_{BC}=200$ mm，$l_{CD}=200$ mm，$l_{AD}=400$ mm，试回答：

（1）该机构属于何种类型的机构；

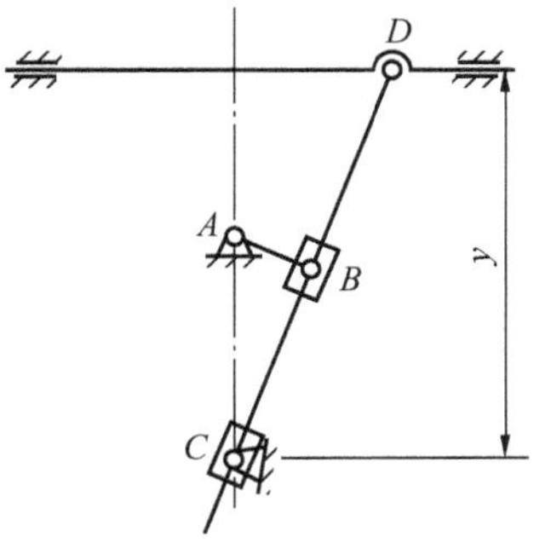

图 2－53 题 9

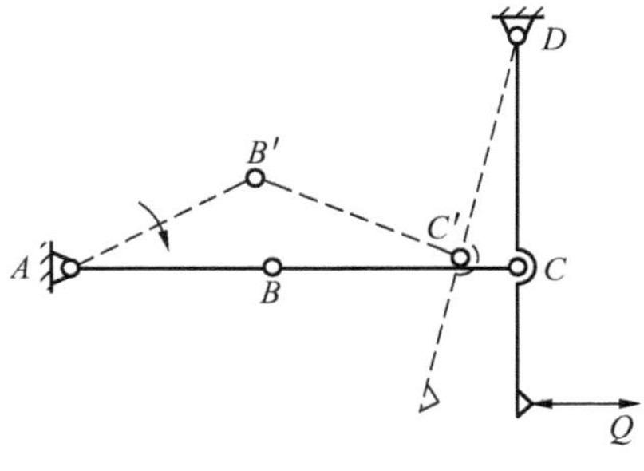

图 2－54 题 10

（2）AB 为主动件时，标出机构在虚线位置时的压力角 α 和传动角 γ；

（3）分析机构在实线位置（合闸）时，在触头接合力 Q 作用下机构会不会打开，为什么？

任务三　凸轮机构结构分析与设计

一、工作任务

（一）任务概述

凸轮机构是一种常用的机构，在自动机、半自动机以及各种生产自动线中有着广泛的用途。图 2－55 所示的内燃机配气凸轮机构，图 2－56 所示的自动机床上控制刀架运动的凸轮机构，即靠模车削机构，图 2－57 所示的自动送料机构等，都是通过凸轮机构来实现

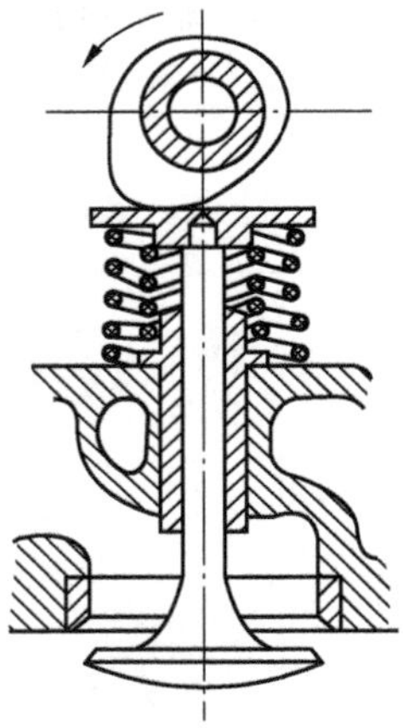

图 2－55　内燃机配气凸轮机构

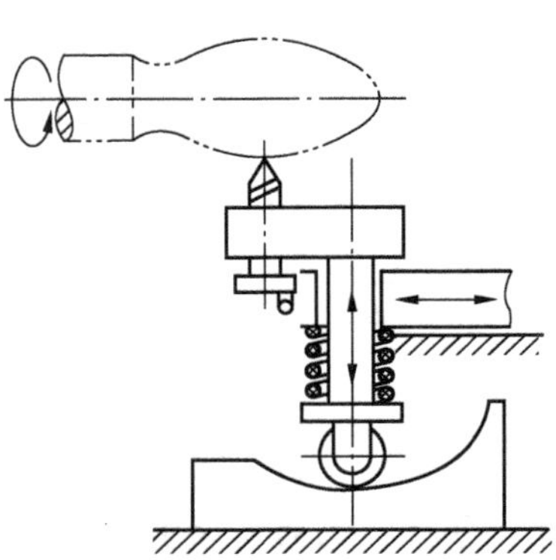

图 2－56　靠模车削机构

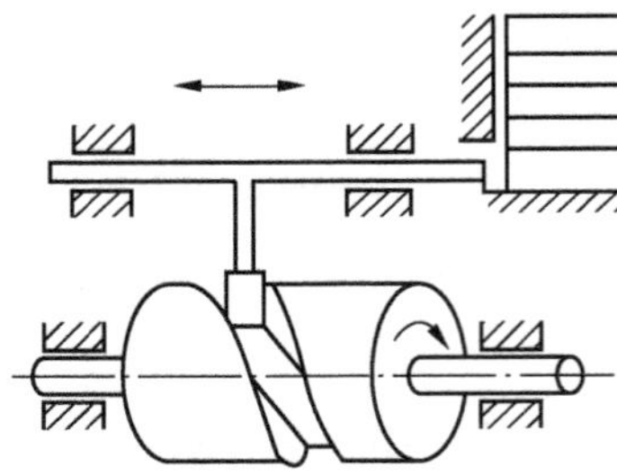

图 2－57　自动送料机构

预定的运动规律的。本任务通过分析凸轮机构的应用及结构组成，掌握根据从动件的运动规律设计盘状凸轮轮廓曲线的方法。

（二）任务要求

1. 知识要求

（1）了解凸轮机构的组成。

（2）掌握根据从动件运动规律设计盘状凸轮轮廓的图解法。

（3）了解凸轮机构的压力角与基圆半径的关系。

（4）了解凸轮机构滚子半径的确定方法。

2. 能力要求

（1）能分析有关凸轮机构的设备工作原理。

（2）能进行盘形凸轮机构轮廓曲线的绘制。

3. 态度要求

（1）能主动学习，在完成任务过程中发现问题、分析问题和解决问题。

（2）能与小组成员协商、交流配合完成本学习任务。

（3）严格遵守安全规范。

二、相关知识

（一）凸轮机构的组成与特点

凸轮机构是高副机构，一般由凸轮、从动件和机架三构件组成。凸轮是一个具有曲线轮廓或凹槽的构件，多为主动件，一般都作等速连续转动，也有作摆动或直线往复运动。而从动件的运动可以是连续或间歇的往复移动或摆动。图2－55所示的内燃机配气凸轮机构工作时，凸轮以等角速度回转，其曲线轮廓迫使从动件（阀杆）按预定的运动规律实现阀门的开启和关闭。图2－56所示的靠模车削机构工作时，靠模被固定在床身上，刀架在弹簧作用下与凸轮轮廓紧密接触，当拖板纵向移动时刀架在靠模板曲线轮廓的推动下作横向移动，工件作回转运动，从而切削出与靠模板曲线一致的工件。图2－57所示的自动送料机构带有凹槽的圆柱凸轮连续等速回转时，通过嵌于其槽中的滚子驱动从动件作往复移动，凸轮每转动一圈，从动件从喂料器中推出一块食品，并将其送至待包装位置。

凸轮机构的特点：凸轮机构很容易实现从动件所需的运动规律，并且结构简单紧凑、设计方便。但由于该机构的高副接触，工作时容易磨损，常用于传力不大的控制机构中。

（二）凸轮机构的分类

凸轮机构的类型很多，通常按凸轮和从动件的形状、封闭方式等分类。

1. 按凸轮的形状分

按凸轮的形状可分为盘形凸轮、移动凸轮、圆柱凸轮。

（1）盘形凸轮。盘形凸轮是凸轮的最基本形式。这种凸轮是一个绕固定轴转动并且具有变化半径的盘形零件，如图2－55所示。

（2）移动凸轮。当盘形凸轮的回转中心趋于无穷远时，凸轮相对机架作直线运动，这种凸轮称为移动凸轮，如图2－56所示。

（3）圆柱凸轮。圆柱凸轮是指轮廓曲线位于圆柱面上并绕其轴线旋转运动的凸轮，如图2－57所示。

2. 按从动件的形状分

按从动件的形状可分为尖顶从动件、滚子从动件、平底从动件。

（1）尖顶从动件。图2－58a所示为尖顶从动件。尖顶能与任意复杂的凸轮轮廓保持接触，因而能实现任意预期的运动规律。但因为尖顶磨损快，所以只宜用于受力不大的低速凸轮机构中。

（2）滚子从动件。图2－58b所示为滚子从动件。在从动件的尖顶处安装一个滚子的从动件，可以克服尖顶从动件易磨损的缺点。滚子从动件耐磨损，可以承受较大载荷，是最常用的一种从动件形式。

（3）平底从动件。图2－58c所示为平底从动件。这种从动件与凸轮轮廓表面接触的端面为一平面，所以它不能与凹陷的凸轮轮廓相接触。这种从动件的优点是：凸轮与从动件之间的作用力始终与从动件的平底相垂直，传动效率较高，且接触面易于形成油膜，利于润滑，故常用于高速凸轮机构。

图 2－58　从动件的形状

3. 按凸轮机构的封闭方式分

凸轮机构在运动过程中，必须保证凸轮与从动件始终接触，所以常采用两种封闭方式。一种是力封闭方式，即采用重力、弹簧力使从动件端部与凸轮始终相接触的封闭方式，如图 2－55 所示的内燃机阀门的启闭机构为力封闭方式；另一种是形封闭方式，即采用特殊几何形状实现从动件端部与凸轮相接触的方式，如图 2－59 所示的等径凸轮机构和等宽凸轮机构为形封闭方式。

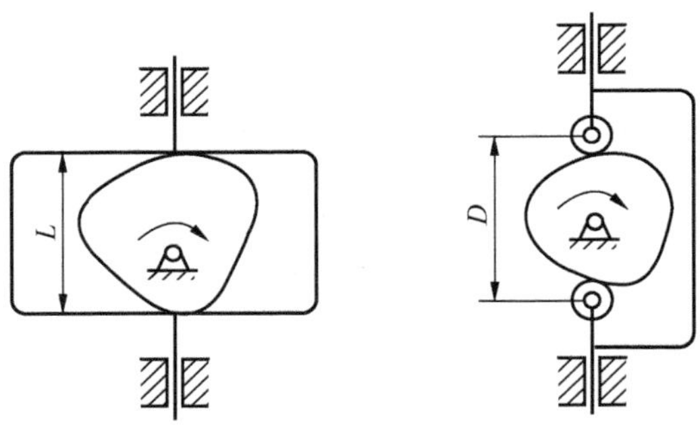

图 2－59　形封闭方式

（三）常用的从动件运动规律

凸轮机构设计的基本任务是根据工作条件要求选择合适的凸轮机构形式和从动件的运动规律，然后根据从动件的运动规律设计出凸轮轮廓曲线和有关的结构尺寸。因此必须研究常用的从动件的运动规律。

1. 凸轮机构的结构与运动参数

如图 2－60a 所示的凸轮机构，凸轮的轮廓曲线由 AB、BC、CD、DA 四段曲线组成。以凸轮的最小向径为半径所作的圆称为基圆，基圆半径用 r_b 表示。若从动件尖端与凸轮轮廓在 A 点接触，且凸轮绕顺时针方向转动，从动件便开始上升。当凸轮转过 δ_0 时，从动件以一定运动规律从最近位置到达最远位置，即经过了凸轮 AB 曲线段，这个过程称为推程。从动件在这个过程中经过的距离 h 称为升程，对应的凸轮转角 δ_0 称为推程运动角；当凸轮继续回转时，由于 BC 段没有向径的变化，所以从动件在最远位置停留不动，此时凸轮转过的角度 δ_s 称为远休止角；当凸轮继续回转，即经过 CD 曲线段时，从动件以一定运动规律从最远位置回到最近位置，这个过程称为回程，对应的凸轮转角 δ_h 称为回程运动角；当凸轮继续回转时，DA 曲线段同样没有向径的变化，所以从动件在最近位置停留不动，此时凸轮转过的角度为 δ_s'，称为近休止角。凸轮继续回转时，从动件又继续重复上述运动循环。

从动件的运动规律是指其位移 s、速度 v 和加速度 a 随时间而变化的规律。由于凸轮一般都以等角速度 ω_1 转动，凸轮转角 δ 与时间 t 成正比，这样从动件的位移 $s_2=s_2(t)$、$v_2=v_2(t)$ 和加速度 $a_2=a_2(t)$ 就可以相应地表示为：$s_2=s_2(\delta)$、$v_2=v_2(\delta)$ 和加速度 $a_2=a_2(\delta)$。图 2-60b 即为从动件的位移 s_2 与 δ 之间的对应关系，称为位移线图。

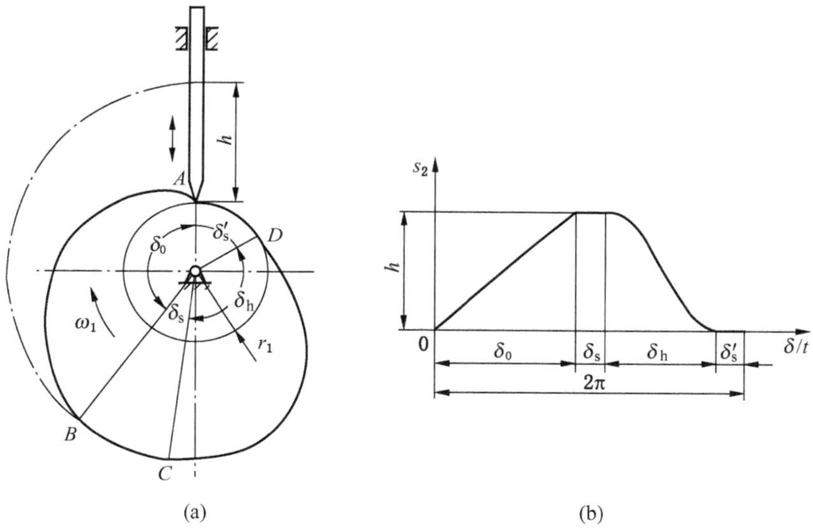

图 2-60　凸轮机构的运动过程

2. 从动件的常用运动规律

1）等速运动规律

凸轮角速度 ω_1 为常数时，从动件速度 v_2 不变，称为等速运动规律。其推程和回程时从动件的运动规律方程可用一定的关系式表示。

（1）推程时从动件的运动规律方程为

位移方程：
$$s_2=\frac{h}{\delta_0}\delta \tag{2-5}$$

速度方程：
$$v_2=\frac{h}{\delta_0}\omega_1 \tag{2-6}$$

加速度方程：
$$a_2=0 \tag{2-7}$$

（2）回程时从动件的运动规律方程为

位移方程：
$$s_2=h\left(1-\frac{\delta}{\delta_h}\right) \tag{2-8}$$

速度方程： $$v_2=-\frac{h}{\delta_h}\omega_1 \qquad (2-9)$$

加速度方程： $$a_2=0 \qquad (2-10)$$

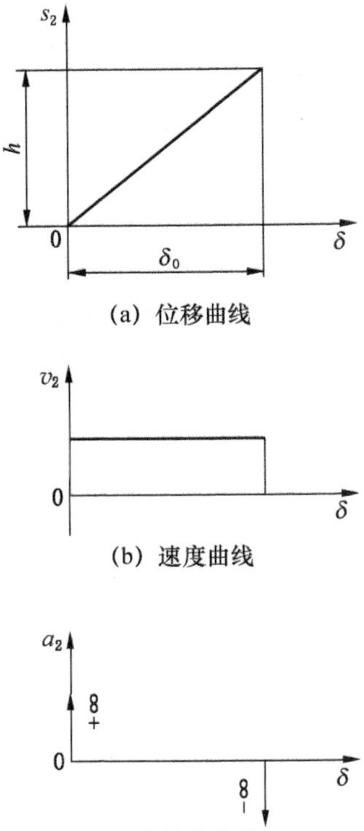

(a) 位移曲线

(b) 速度曲线

(c) 加速度曲线

图 2-61　等速运动规律的位移、速度、加速度曲线

图 2-61 所示为等速运动规律的位移、速度、加速度曲线图。

对于等速运动，起点和终点瞬时的加速度 a_2 为无穷大，因此产生刚性冲击，应用于中、小功率和低速场合。但为避免由此产生的刚性冲击，实际应用时常用圆弧或其他曲线修正位移线图的始、末两端，修正后的加速度 a_2 为有限值，此时引起的有限冲击称为柔性冲击。

2）等加速等减速运动规律

等加速等减速运动规律，是指从动件一行程的前半程用等加速运动，后半程用等减速运动的运动规律。通常两部分加速度绝对值相等，前半行程和后半行程所用的时间相等、位移量相等，各为 $\frac{h}{2}$。假设为升程阶段，则其运动方程为

前半升程运动方程：

位移方程： $$s_2=\frac{2h}{\delta_0^2}\delta^2 \qquad (2-11)$$

速度方程： $$v_2=\frac{4h\omega_1}{\delta_0^2}\delta \qquad (2-12)$$

加速度方程： $$a_2=\frac{4h\omega_1^2}{\delta_0^2} \qquad (2-13)$$

后半程运动方程：

位移方程： $$s_2=h-\frac{2h}{\delta_0^2}(\delta_0-\delta)^2 \qquad (2-14)$$

速度方程： $$v_2=\frac{4h\omega_1}{\delta_0^2}(\delta_0-\delta) \qquad (2-15)$$

加速度方程： $$a_2=-\frac{4h\omega_1^2}{\delta_0^2} \qquad (2-16)$$

图 2-62 所示为从动件作等加速等减速运动的位移、速度和加速度曲线图。

由位移方程可知，等加速等减速位移曲线是抛物线，此抛物线用描点的方法画出，如图 2-62a 所示。其作图过程如下：

（1）将推程角 δ_0 分成两等份，每等份为 $\delta_0/2$，再将 $\delta_0/2$ 分成若干等份（图中分成了 3 等份）；将行程 h 分成两等份。

（2）根据等分线段的方法将 $h/2$ 分成 9 等份（如图引辅助斜线）。第 1 等份对应的位移为 01″，第 4 等份对应的位移为 02″，第 9 等份对应的位移为 03″。

（3）过横坐标 1、2、3 等分点作横坐标的垂线 11′、22′、33′。则 11′ = 01″、22″ = 02″、33′ = 03″，同时得到 1′、2′、3′三点。

（4）光滑连接0、1′、2′、3′各点，即得前半升程的位移线图。

（5）后半升程与前半升程位移每等分点对称，画法类似。最后即得到整个升程位移曲线图。

若回程是等加速等减速运动规律，其画法和升程一样。

如图2－62c所示，等加速等减速运动规律在运动起点、中点、终点时加速度突变为

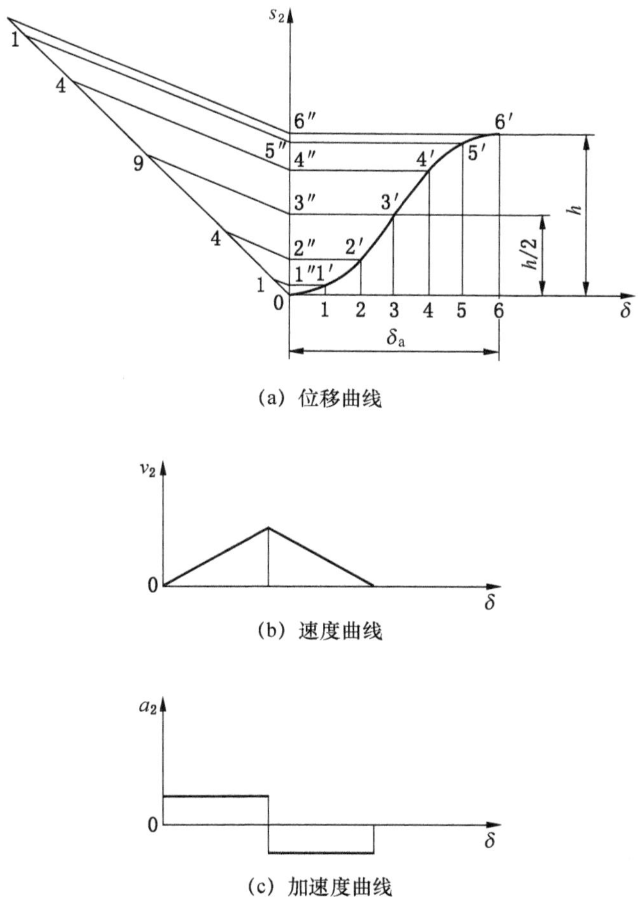

图2－62　从动件作等加速等减速运动的位移、速度和加速度曲线

有限值，产生柔性冲击。因此，这种运动规律适用于中速场合。

3）简谐（余弦加速度）运动规律

简谐运动规律是指动点在圆周上作匀速运动时，它在某一固定方位直径上的投影所形成的运动。其运动方程为

位移方程：
$$s_2 = \frac{h}{2}\left[1-\cos\left(\frac{\pi}{\delta_0}\delta\right)\right] \tag{2-17}$$

速度方程：
$$v_2 = \frac{\pi h\omega_1}{2\delta_0}\sin\left(\frac{\pi}{\delta_0}\delta\right) \tag{2-18}$$

加速度方程：　　$a_2=\dfrac{\pi h\omega_1^2}{2\delta_0^2}\cos\left(\dfrac{\pi}{\delta_0}\delta\right)$　　(2-19)

图2-63为简谐运动规律位移、速度和加速度曲线。

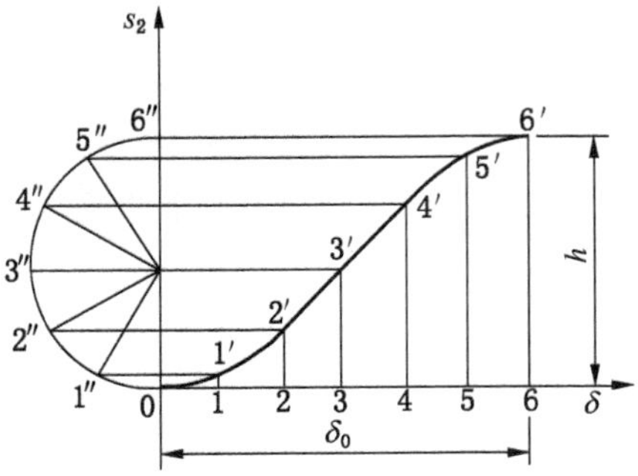

(a) 位移曲线

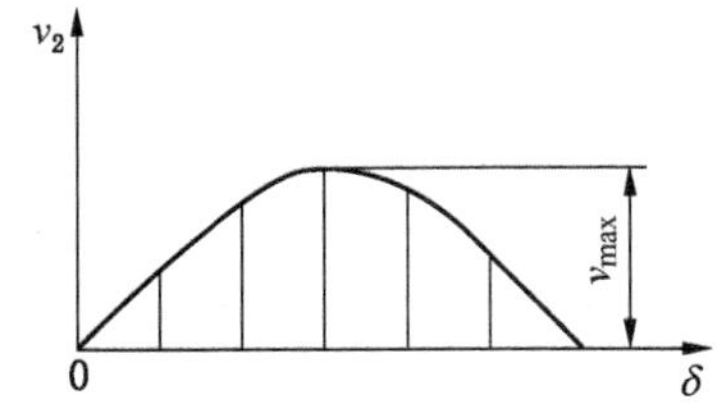

(b) 速度曲线

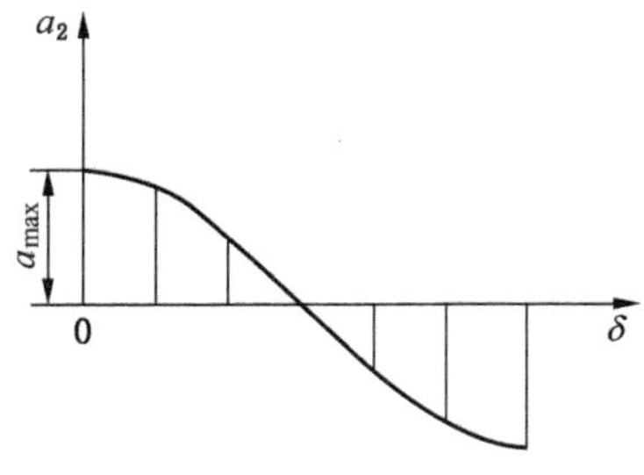

(c) 加速度曲线

图2-63　简谐运动规律位移、速度和加速度曲线

简谐运动规律曲线同样用描点法画出。图2-63a所示为推程的位移曲线，其作图过程如下：

(1) 将推程角 δ_0 分成若干等份，一般分为六等份，标记为1、2、3、4、5、6。

(2) 在纵坐标轴上作直径等于 h 的半圆，半圆的下象限为起始点 O。并将半圆也分为相应的六等份，标记为1″、2″、3″、4″、5″、6″。

(3) 过1、2、3、4、5、6作垂直于横轴的直线，过1″、2″、3″、4″、5″、6″作水平直线，按顺序相交于1′、2′、3′、4′、5′、6′。

(4) 光滑连接0、1′、2′、3′、4′、5′、6′各点，即得到整个升程的位移曲线。

简谐运动规律在运动起始和终止位置加速度曲线不连续，存在柔性冲击，适用于中速场合。但对于升→降→升型运动的凸轮机构，加速度曲线变成连续曲线，则无柔性冲击，可用于较高速场合。

三、任务实施

(一) 对心移动从动件盘形凸轮机构的设计

盘形凸轮轮廓曲线的设计一般有对心移动从动件盘形凸轮机构的设计和偏置移动从动件盘形凸轮轮廓的设计。根据现场设备凸轮机构从动件的运动规律、工作要求、结构所允许的空间、凸轮转向等要素设计凸轮轮廓曲线。设计方法通常有图解法和解析法。图解法简单、直观，但不够精确。解析法精度较高，但计算烦琐，适用于要求较高的场合。本节主要介绍用图解法求作盘形凸轮轮廓曲线的设计方法。

1. 对心移动尖顶从动件盘形凸轮轮廓曲线的绘制

当凸轮机构工作时，凸轮是运动的，而绘制凸轮轮廓时，却需凸轮与图纸相对静止。所以用图解法绘制凸轮轮廓曲线时要利用相对运动的原理。设计步骤如下：

(1) 确定作图比例尺，画出从动件位移曲线。

(2) 将位移曲线划分为若干等份。

(3) 绘制基圆，确定起始点。

(4) 将凸轮转角划分为相应等份，并作各自径向线。

(5) 确定凸轮各径向线上从动件尖顶的位置。

（6）用光滑曲线连接各位置点。

【实例】设计一对心移动尖顶从动件盘形凸轮机构。已知凸轮以等角速度顺时针方向转动，凸轮基圆半径 $r_b=15$ mm，从动件升程 $h=25$ mm，推程运动角 $\delta_0=150°$，远休止角 $\delta_s=30°$，回程运动角 $\delta_h=120°$，近休止角 $\delta'_s=60°$。从动件在推程作等加速等减速运动，在回程作余弦加速度运动。试用图解法绘出此盘形凸轮轮廓。

根据上述步骤，位移曲线如图 2－64a 所示，凸轮轮廓如图 2－64b 所示。

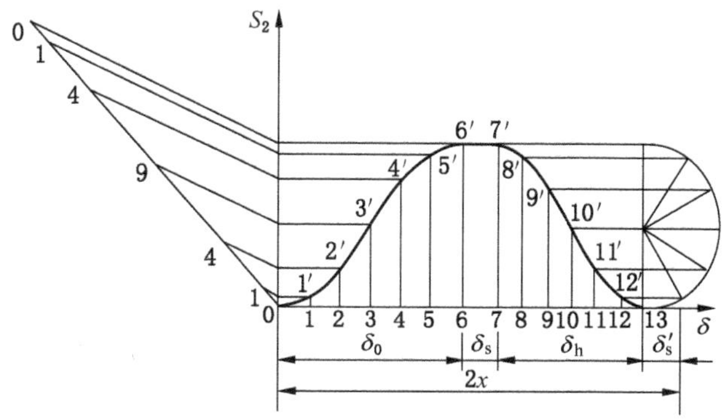
(a) 位移曲线

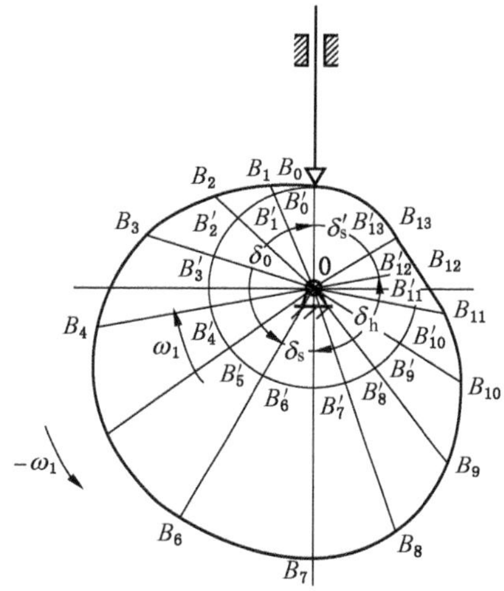
(b) 凸轮轮廓

图 2－64　实例

2. 对心移动滚子从动件盘形凸轮轮廓曲线的绘制

当从动件为滚子从动件时，先按照上述设计尖顶从动件的方法设计出的凸轮轮廓曲线（称为理论轮廓曲线），将此曲线看作滚子圆心的轨迹，然后以该轮廓曲线上的点为圆心、滚子半径 r_T 为半径画一系列圆，再画这些圆所包络的曲线，即为所设计的轮廓曲线（称为实际轮廓曲线），如图 2－65 所示。

3. 对心移动平底从动件盘形凸轮轮廓曲线的绘制

由前面所知，求尖顶从动件盘形凸轮轮廓曲线时，先根据位移曲线确定出了一系列点 B_0、B_1、B_2、B_3…然后光滑连接得轮廓曲线。而当从动件为平底时，以同样方法获得 B_0、B_1、B_2、B_3 等各点，然后把从动件导路中心线与从动件平底的交点当作尖顶从动件的顶点，如图 2－66 所示，在平底上选起始点 B_0，过理论轮廓上一系列点 B_1、B_2、B_3…画出与 OB_1、OB_2、OB_3…相垂直的代表从动件平底的直线，然后作这些平底线的包络线，便得到凸轮的实际轮廓曲线。为了保证平底始终与轮廓接触，平底左右两侧的长度必须始终大于平底与凸轮相切的最远切点距离。通过作图可以找出在左右两侧距导路最远的两个切点，图中位置 2、7 是平底分别与凸轮轮廓相切时平底的最左位置和最右位置，平底中心距左右两侧的长度应分别大于 m 和 L。

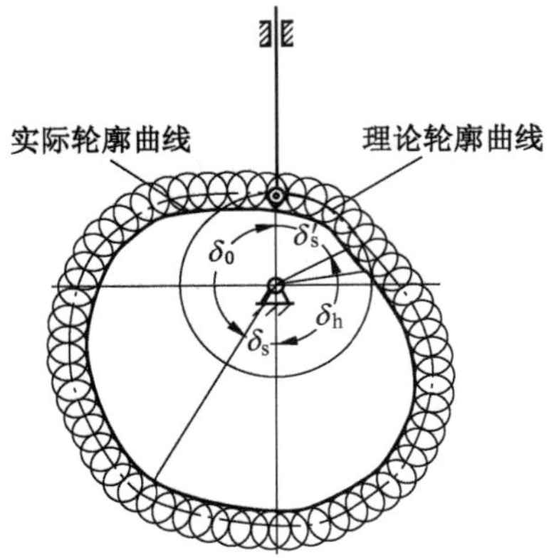

图 2－65　对心移动滚子从动件盘形凸轮

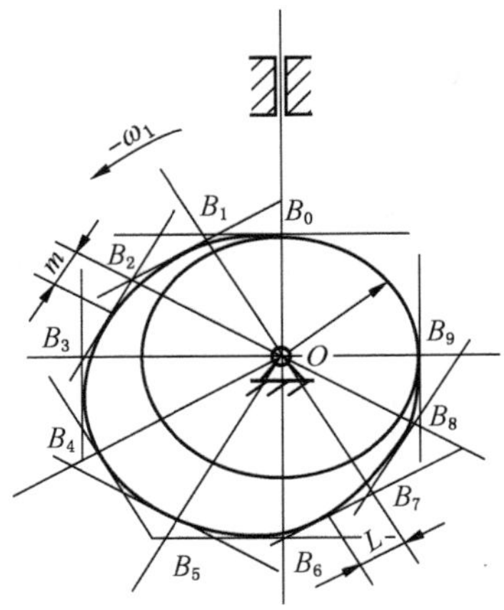

图 2－66　对心移动平底从动件盘形凸轮

（二）偏置移动尖顶从动件盘形凸轮轮廓的绘制

当偏置移动尖顶从动件盘形凸轮轮廓的设计时，由于从动件导路的轴线与凸轮的转动轴心 O 之间有偏心距 e，所以从动件在反转过程中，其导路轴线始终与以偏距 e 为半径所作的偏距圆相切，因此从动件的位移应从偏距圆的切线与基圆的交点处（图中黑点所示）开始量取，如图 2－67 所示。设计过程与尖顶从动件方法类似，但必须注意以下几点：

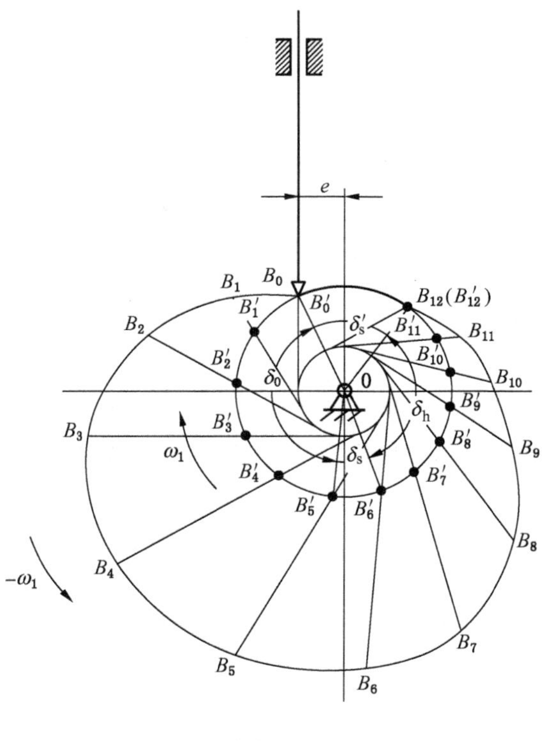

图 2－67　偏置移动尖顶从动件盘形凸轮

（1） 从动件起始点的选取。

（2） 各角度量取的起始点。

（3） 径向线和对应位移点的确定。

四、拓展知识

设计凸轮机构时，不仅要保证从动件实现预定的运动规律，还要求传动时受力良好、结构紧凑。例如，选择凸轮滚子半径时，应考虑其对凸轮轮廓的影响。基圆半径是凸轮轮廓的一个重要参数，它对凸轮机构尺寸、受力、磨损和效率有重要的影响。

（一） 滚子半径的选择

从受力和滚子强度的角度考虑，滚子半径大些比较好。但滚子半径过大，将对凸轮的实际轮廓曲线带来影响，甚至不能完成预定的运动规律。设滚子半径为 r_T、理论轮廓曲线最小曲率半径为 ρ_{min}、实际轮廓曲线半径为 ρ。根据理论轮廓的内凹和外凸，三者存在以下关系：

1. 理论轮廓曲线外凸时

（1） 如图 2－68a 所示，由于 $\rho_{min} > r_T$，所以 $\rho = \rho_{min} - r_T > 0$，实际轮廓可作出，且为光滑曲线。

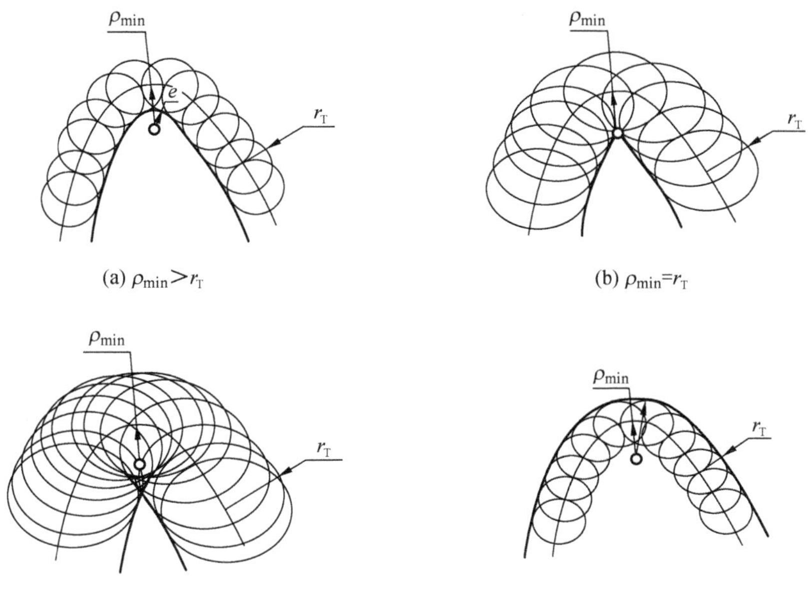

(a) $\rho_{min} > r_T$ (b) $\rho_{min} = r_T$

(c) $\rho_{min} < r_T$ (d) 理论轮廓曲线内凹

图 2－68 滚子半径的选择

（2） 如图 2－68b 所示，由于 $\rho_{min} = r_T$，所以 $\rho = \rho_{min} - r_T = 0$，实际轮廓出现尖点，易磨损，磨损后从动件失去预定的运动规律。

（3） 如图 2－68c 所示，由于 $\rho_{min} < r_T$，所以 $\rho = \rho_{min} - r_T < 0$，实际轮廓出现交叉，加工时，

交叉部分被切除，无法实现预定的运动规律，此时运动出现了失真，显然是不允许的。

综上所述，要想实现光滑的实际轮廓曲线，必须满足理论轮廓的最小曲率半径 $\rho_{min} > r_T$，即 $\rho_{min} - r_T > 0$。但滚子半径过小，除了影响受力外，还会造成安装困难。所以为了避免实际轮廓变尖或运动失真，一般要求 $r_T < 0.8\rho_{min}$，$\rho > 3 \sim 5$ mm。从结构上考虑，与基圆半径也有关系，一般取 $r_T = 0.4r_0$。

2. 理论轮廓曲线内凹时

如图 2-68d 所示，理论轮廓曲线是内凹的，此时由于包络始终在外围，所以无论滚子半径大小如何，实际轮廓曲线半径始终大于理论轮廓曲线半径，即 $\rho = \rho_{min} + r_T > 0$，不出现运动失真的现象。

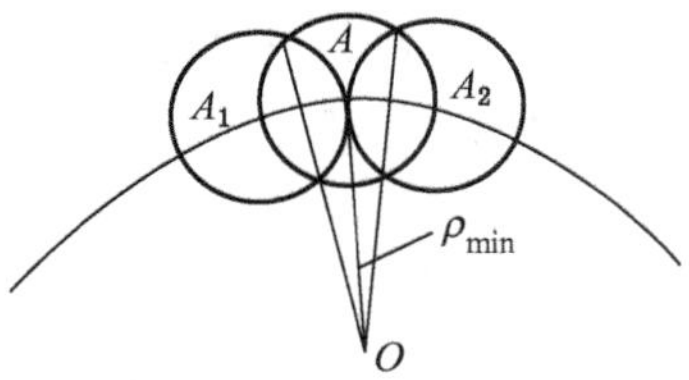

图 2-69　最小曲率半径的确定

理论轮廓最小曲率半径可通过作图法确定。如图 2-69 所示，在凸轮理论轮廓上估计曲率半径最小位置取一小段曲线 A_1A_2，将它等分得 A 点，分别以点 A_1、A_2、A 为圆心，适当长度为半径画 3 个小圆。连接每相邻两圆的交点，延长后得 O 点，OA 长即为该处曲率半径。

（二）凸轮机构的压力角与基圆半径的关系

机构传动时，压力角越小传力性能越好。而基圆半径越小，凸轮机构结构越紧凑。

如图 2-70 所示的凸轮机构压力角，若不考虑从动件与凸轮接触处的摩擦，当从动件上的载荷为 F_Q 时，凸轮对从动件的作用力 F 沿接触点 A 的法线 nn 方向。随着凸轮的旋转，压力角的大小是变化的，推力 F 可分解为沿从动件运动方向的有效分力 F_t 和对导路产生侧面压力的有害分力 F_n、F_t 和 F_n 分别为

$$F_t = F\cos\alpha \tag{2-20}$$

$$F_n = F\sin\alpha \tag{2-21}$$

可见，压力角越大，有效分力越小，有害分力越大。有害分力的加大，增大了从动件对导路侧面的压力，以致从动件运动时所受摩擦力增大，增大到一定程度时导致从动件无法运动，这时机构发生自锁。所以压力角越小越好。

但压力角的大小与基圆半径大小是有关系的。如图 2-70 所示，已知在 B 点时从动件的位移 s_2 和速度 v_2，根据运动学知识可得到基圆半径 r_b 与压力角 α 的关系式为

$$r_b = r - s_2 = \frac{v_2}{\omega_1 \tan\alpha} - s_2 \tag{2-22}$$

从式（2-22）可看出，基圆半径较大时，压力角较小，传力性能好些，但结构尺寸较大；基圆半径较小时，压力角较大，容易引起自锁，但凸轮的结构比较紧凑。在考虑结构的前提下，显然压力角不能太大，也不能太小。在一般工程设计中，推荐的许用压力角如下：

对直动从动件凸轮机构推程（工作行程）时，许用压力角 $[\alpha] = 30° \sim 38°$。

对摆动从动件凸轮机构推程（工作行程）时，许用压力角 $[\alpha] = 40° \sim 50°$。

回程时因受力小且无自锁问题，许用压力角可取大些，通常 $[\alpha] = 70° \sim 80°$。

压力角大小可简便地用量角器测取。如图 2-71 所示。最大压力角 α_{max} 一般出现在从

动件上升的起始位置、从动件具有最大速度 v_{max} 的位置或在凸轮轮廓上比较陡的地方。

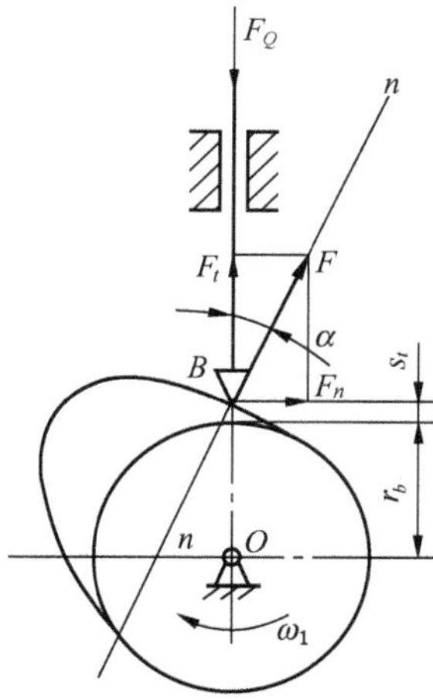

图 2-70　凸轮机构的压力角

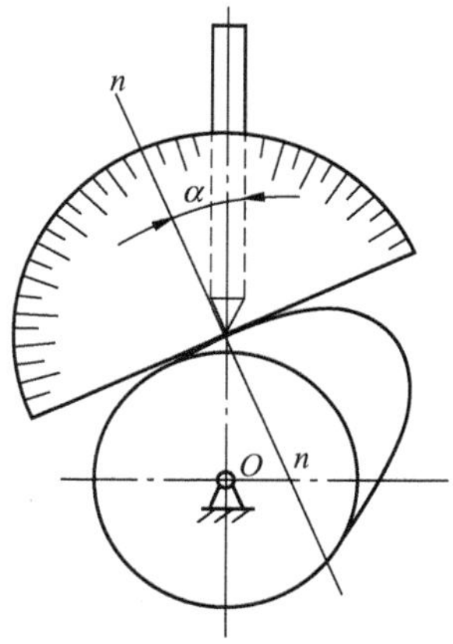

图 2-71　检验压力角

（三）基圆半径的确定

凸轮机构设计时既要考虑压力角的大小不超过许用值，又要求结构尽可能紧凑，计算相对烦琐。工程上使用压力角和基圆半径关系的诺模图来近似确定基圆半径的大小，也可以用来校核凸轮机构的最大压力角。图 2-72 所示为对心移动滚子从动件盘形凸轮机构诺模图，下面根据具体实例说明诺模图的用法。

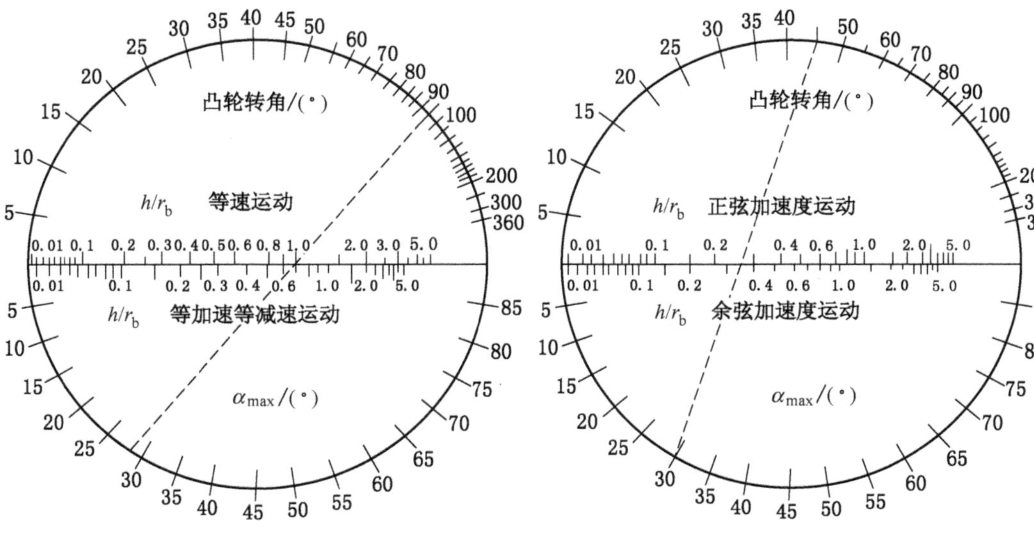

(a)　　(b)

图 2-72　例

根据诺模图确定基圆半径的方法是直接量取最大压力角 α_{max} 与凸轮转角 δ 的度数直线得出。

【例】设计一对心移动滚子从动件盘形凸轮机构，从动件推程作余弦加速度运动，推程运动角 $\delta_0=45°$，最大压力角 $\alpha_{max}=30°$，升程 $h=20$ mm。试确定基圆半径的大小。

根据图 2－72b 所示，下半圆周参数表示余弦加速运动的最大压力角，上半圆周数据表示凸轮转角，将下半圆周 $\alpha_{max}=30°$ 和上半圆周 $\delta_0=45°$ 的两点连接得到图中所示虚线。此虚线与标尺线下方的交点数值为 0.35，即得 $h/r_b=0.35$。将 $h=20$ mm 代入即得基圆半径 $r_b=57$ mm。

思考与练习

1. 试比较尖顶、滚子和平底从动件盘形凸轮机构的优缺点。
2. 什么是凸轮机构的刚性冲击和柔性冲击？各发生在什么运动规律中？

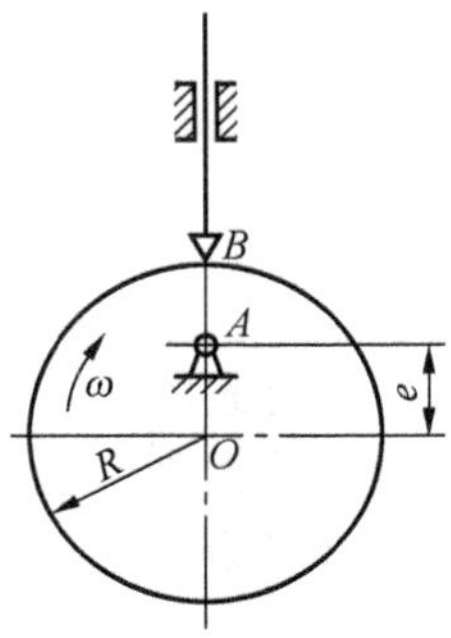

图 2－73　题 4

3. 发现凸轮机构中的滚子已损坏,可否任取一滚子代替？为什么？
4. 如图 2－73 所示的偏心圆盘凸轮机构，圆盘半径 $R=50$ mm，偏心距 $e=25$ mm，凸轮以 $\omega=2$ rad/s 顺时针转过 90°时，从动件的速度 $v=50$ mm/s，试问：

（1）在该位置时，凸轮机构的压力角为多大？

（2）在该位置时，从动件的位移为多大？该凸轮机构从动件的升程 h 等于多少？

5. 如图 2－55 所示的内燃机配气凸轮机构，若从动件的升程 $h=35$ mm，基圆半径 $r_b=20$ mm，运动规律及相应参数见表 2－1。

表 2－1　内燃机配气凸轮机构运动规律及相应参数

凸轮转角 δ/(°)	0～150	150～180	180～330	330～360
从动件位移 s_2/mm	等速上升 40 mm	静止不动	等加速等减速下降至原处	静止不动

试用作图法完成下列三种情况下的凸轮轮廓：

（1）当为对心移动尖顶从动件时凸轮轮廓时；

（2）当为对心移动滚子从动件时凸轮轮廓时，其中滚子半径 $r_T=10$ mm；

（3）当为偏置移动尖顶从动件时凸轮轮廓时，其中偏心距 $e=10$ mm，从动件距离轴心 O 左偏。

任务四　间歇运动机构结构分析

一、工作任务

（一）任务概述

在许多机械中，有时需要将原动件的等速连续转动变为从动件的周期性的时动时停的间歇运动，如图 2－74 所示的刀架转位机构、提升机制动系统等。这种输出运动具有停歇特性的机构称为间歇运动机构。

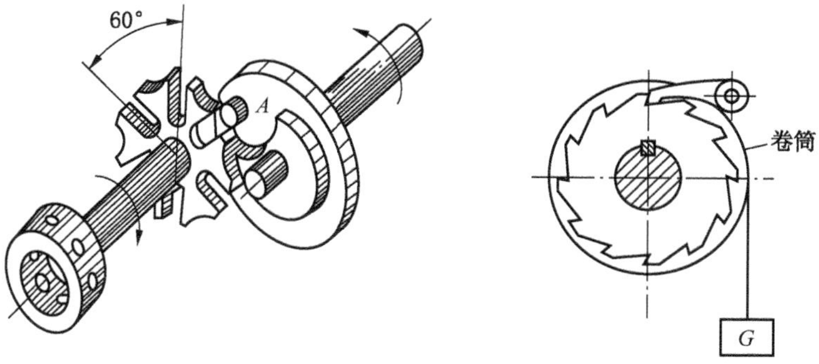

(a) 刀架转位机构　　(b) 提升机制动系统

图 2－74　间歇运动机构应用

(二) 任务要求

1. 知识要求

(1) 了解棘轮机构的结构组成、工作原理、类型和应用。

(2) 了解槽轮机构的结构组成、工作原理、类型和应用。

2. 能力要求

能根据现场设备分析间歇运动的原理。

3. 态度要求

(1) 能主动学习，在完成任务过程中发现问题、分析问题和解决问题。

(2) 能与小组成员协商、交流配合完成本学习任务。

(3) 严格遵守安全规范。

二、相关知识

实现间歇运动的机构类型很多，如槽轮机构、棘轮机构、不完全齿轮机构和凸轮机构等。

(一) 槽轮机构

1. 槽轮机构的类型及工作原理

槽轮机构有两种形式，一种是外啮合槽轮机构，另一种是内啮合槽轮机构。

1) 外啮合槽轮机构

外啮合槽轮机构如图 2－75 所示，它是由装有圆柱销的主动拨盘 1 和开有径向槽的从动槽轮 2 及机架 3 所组成的高副间歇机构。当拨盘作匀速转动时，驱动槽轮作时转时停的间歇运动。当拨盘上圆柱销 A 未进入槽轮径向槽时，由于槽轮的内凹锁止弧 β 被拨盘的外凸圆弧 α 锁住，故槽轮静止。图 2－75 所示位置是圆柱销 A 刚进入槽轮径向槽时的情况，这时锁止弧刚被松开，因此槽轮受圆柱销 A 的驱动开始沿顺时针方向转动；当圆柱 A

离开径向槽时，槽轮的下一个内锁弧又被拨盘的外凸圆弧卡住，致使槽轮静止，直到圆销 A 再进入槽轮另一径向槽时，两者又重复上述运动循环，其拨盘 1 与槽轮 2 转向始终相反。依据机构中圆销的数目，外啮合槽轮机构中，拨盘上的圆销可以是一个，也可以是多个。槽轮的转向与拨盘转向的关系：单圆销外槽轮机构工作时，拨盘转一周，槽轮反向转一次；双圆销外槽轮机构工作时，拨盘转动一周，槽轮反向转动两次。

2）内啮合槽轮机构

图 2－76 所示为内啮合槽轮机构，工作原理同外啮合槽轮机构，但其拨盘 1 与槽轮 2 转向相同。

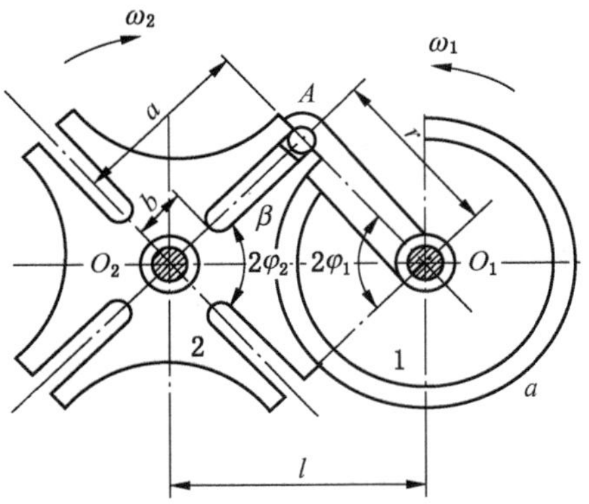

1—主动拨盘；2—从动槽轮；3—机架

图 2－75　外啮合槽轮机构

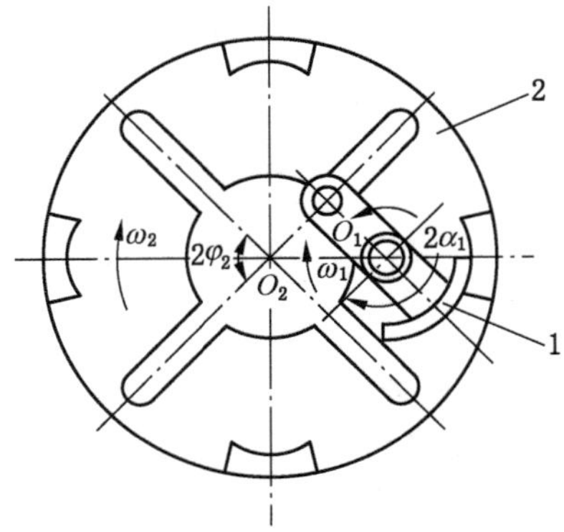

1—拨盘；2—槽轮

图 2－76　内啮合槽轮机构

2. 槽轮机构的特点及应用

槽轮机构结构简单，易加工，工作可靠，转角准确，机械效率高。但转角不能太小，槽轮在启、停时的加速度大，有冲击，并随着转速的增加或槽轮槽数的减少而加剧，故不宜用于高速。

槽轮机构一般应用在转速不高、要求间歇地转过一定角度的分度装置中。例如图 2－74a 中的刀架转位机构和图 2－77 电影放映机中用以间歇移动胶片的机构均为槽轮机构。

3. 槽轮机构的运动特性

槽轮机构的主要参数是槽数 z 和拨盘圆柱销数 k。在一个运动循环内，槽轮的运动时间 t_d 对拨盘的运动时间 t 之比值 τ 称为运动特性系数。设有一槽轮机构，槽轮上有 z 个槽，拨盘上均匀分布的圆柱销数为 k，则运动特性系数为

$$\tau=\frac{2\varphi_1}{2\pi}=\frac{z-2}{2z}=\frac{1}{2}-\frac{1}{z} \quad (2-23)$$

$$\tau=\frac{t_d}{t}=\frac{2\varphi_1}{2\pi} \quad (2-24)$$

由于

$$2\varphi_1=\pi-2\varphi_2=\pi-\frac{2\pi}{z}$$

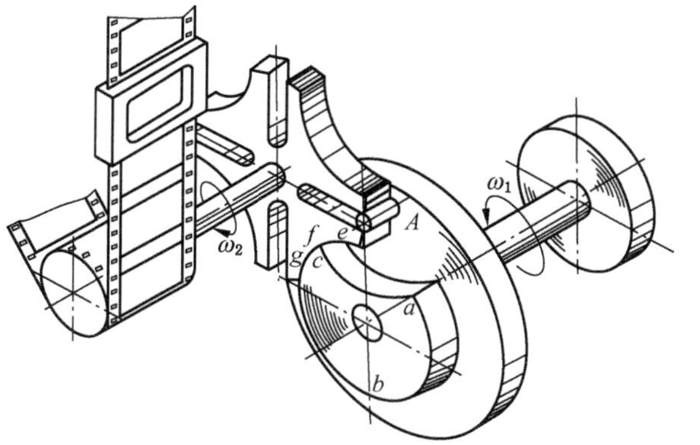

图 2-77　电影放映机卷片机构

由式（2-24）可知：

（1）因运动系数 τ 必须大于零（$\tau=0$，槽轮始终不动），故径向槽数 $z\geqslant3$。

（2）$\tau=\frac{1}{2}-\frac{1}{z}<\frac{1}{2}$，故槽轮的运动时间总小于静止时间。

（3）要使 $\tau>\frac{1}{2}$，需在拨盘上安装多个圆柱销。设 k 为均匀分布的圆柱销数，则在一个运动循环内，槽轮的运动时间为只有一个圆柱销时的 k 倍，因此有

$$\tau=\frac{k(z-2)}{2z} \tag{2-25}$$

由式（2-25）可知：当 $z=3$ 时，圆柱销的数目可为 1～5；当 $z=4$ 或 5 时，圆柱销的数目可为 1～3；而当 $z\geqslant6$ 时，圆柱销的数目可为 1～2。一般情况下 $z=4$～8。

（二）棘轮机构

1. 棘轮机构的类型及工作原理

按照结构特点，常用的棘轮机构有齿式棘轮机构和摩擦式棘轮机构两大类。

1）齿式棘轮机构

按照运动形式可分为单动式棘轮机构、双动式棘轮机构和可变向棘轮机构三类。

（1）单动式棘轮机构。

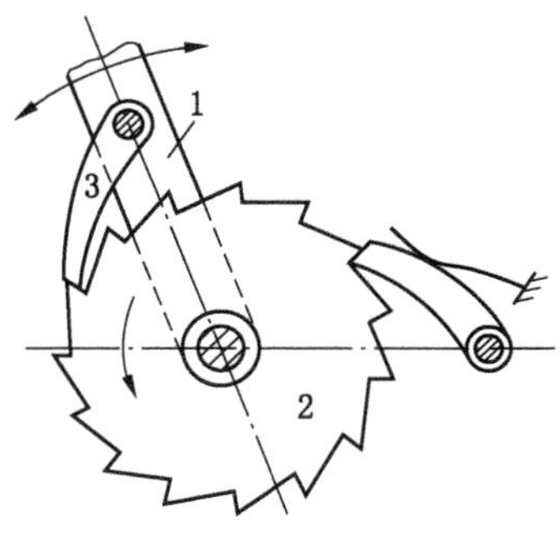

1—原动件；2—棘轮；3—棘爪

图 2-78　单动式棘轮机构

如图 2-78 所示，当原动件 1 沿逆时针方向摆动时，原动件 1 上的棘爪 3 插入齿槽内，使棘轮 2 随原动件 1 转过一定的角度；当原动件 1 沿顺时针方向摆动时，棘爪 3 则在棘轮齿背上滑过。为了阻止棘轮回转，机构中加入制动棘爪，当棘轮欲顺时针回转时，由于制动棘爪的存在，棘轮静止不动。当原动件连续往复摆动时，棘轮只作单向的间歇运动。

(2) 双动式棘轮机构。

图 2－79 所示为双动式棘轮机构。原动件往复摆动都能使棘轮沿同一方向间歇转动。驱动棘爪可制成直的或带钩的形式。

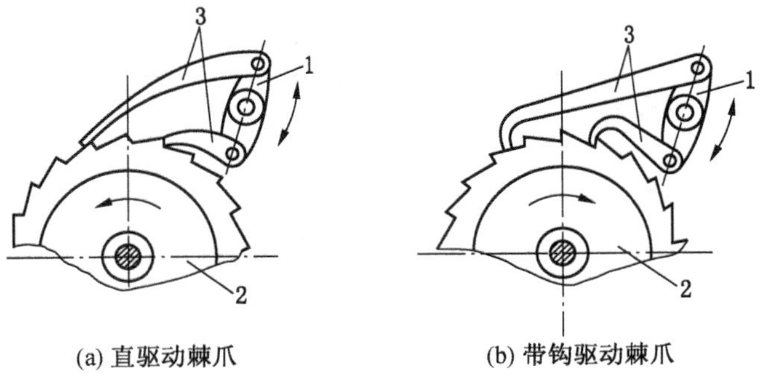

1—原动件；2—棘轮；3—棘爪

图 2－79　双动式棘轮机构

(3) 可变向棘轮机构。

图 2－80 所示为两种可变向棘轮机构。对于图 2－80a 所示的棘轮机构，当棘爪 3 在右边位置时，棘轮 2 将沿顺时针方向作间歇运动；当棘爪 3 翻到左边时，棘轮将沿逆时针方向作间歇运动。对于图 2－80b 所示的棘轮机构，当棘爪直面在左侧、斜面在右侧时，棘轮沿逆时针方向作间歇运动；若提起棘爪翻转 90°后再插入，则直面在右侧，斜面在左侧，棘轮沿顺时针方向作间歇运动。这种棘轮机构常用于牛头刨床工作台的进给装置中。

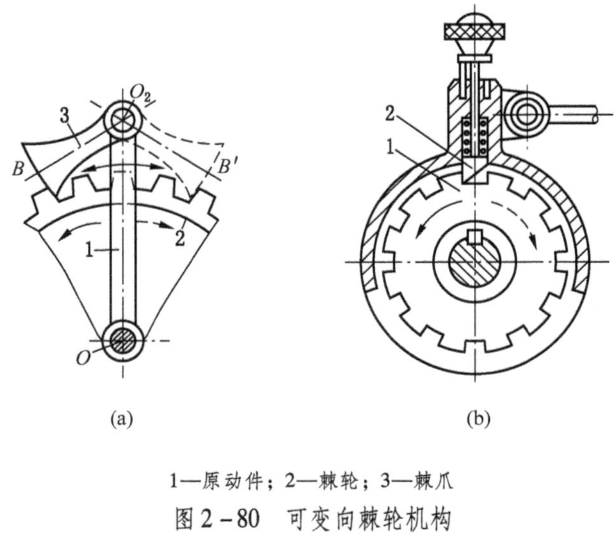

1—原动件；2—棘轮；3—棘爪

图 2－80　可变向棘轮机构

2) 摩擦式棘轮机构

齿式棘轮机构转动时，棘轮的转角都是相邻两齿所夹中心角的整数倍。为了实现棘轮转角的任意性，可采用无棘齿的棘轮机构。这种机构在摇杆 1 的驱动下，通过楔块（棘爪）2 与摩擦轮（棘轮）3 之间的摩擦力来实现传动，故也称为摩擦式棘轮机构。图2－81a 为外接触摩擦式棘轮机构，图 2－81b 为内接触摩擦式棘轮机构。这种机构工作时噪声较小，但其接触面间容易发生滑动。为了增加摩擦力，可以将棘轮做成槽形。

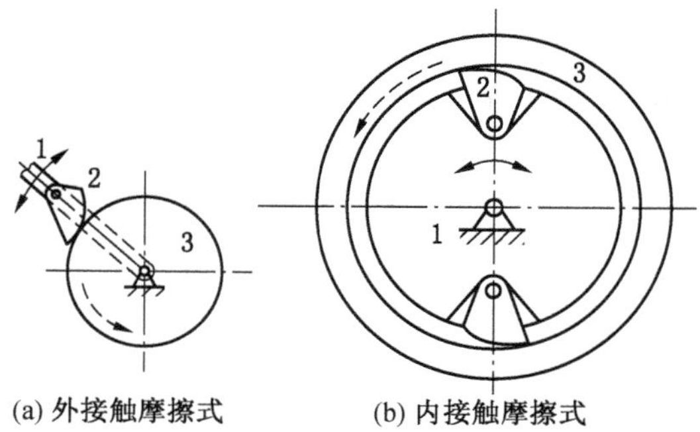

1—摇杆；2—棘爪；3—棘轮

图 2－81　摩擦式棘轮机构

2. 棘轮机构的特点及应用

棘轮机构的特点是结构简单，改变转角大小较方便（改变摇杆的摆角），还可以实现超越运动，但它传递动力不大，且传动平稳性差，因此只适用于转速不高，转角不大的低速传动，常用来实现机械的间歇送进、分度、制动和超越等运动。

（三）其他间歇机构

图 2－82 所示为不完全齿轮机构。不完全齿轮机构有外啮合不完全齿轮机构（图 2－82a 和图 2－82c）和内啮合不完全齿轮机构（图 2－82b）。不完全齿轮机构的主动轮一般为只有一个或几个齿的不完全齿轮，从动轮可以是普通的完整齿轮，也可以是一个不完全齿轮。这样当主动轮的有齿部分作用时，从动轮随主动轮转动，当主动轮无齿部分作用时，从动轮停止不动，因而当主动轮作连续回转运动时，从动轮可以作间歇运动。为了防止从动轮在停止期间的运动，一般在齿轮上装有锁止弧。

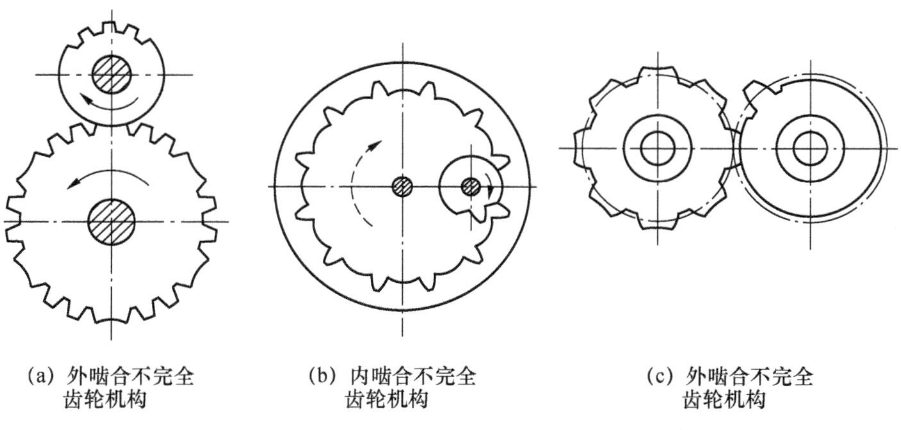

图 2－82　不完全齿轮机构

不完全齿轮机构与其他机构相比，结构简单，制造方便，从动轮的运动时间和静止时间的比例可不受机构结构的限制。但由于齿轮传动为定传动比运动，所以从动轮从静止到转动或从转动到静止速度有突变，冲击较大，所以一般只用于低速或轻载场合。如果用于高速运动，可以采用一些附加装置（如具有瞬心线附加杆的不完全齿轮机构等）来降低因从动轮速度突变而产生的冲击。

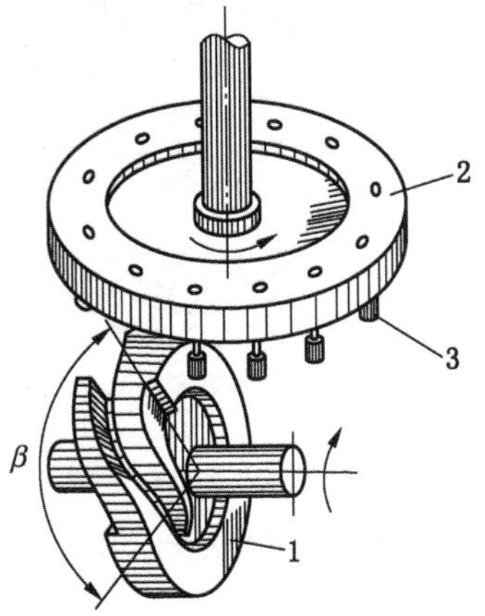

1—主动轮；2—从动圆盘；3—柱销

图 2－83　圆柱凸轮式间歇机构

图 2－83 所示为圆柱凸轮式间歇运动机构，其主动轮 1 为具有曲线沟槽的圆柱凸轮，从动件则为均布有柱销 3 的圆盘。当主动轮 1 转动时，拨动柱销 3，使从动圆盘 2 作间歇运动。从动圆盘的运动规律取决于凸轮轮廓曲线，适当的凸轮轮廓曲线可满足机构高速运转的要求。不过，凸轮加工较复杂，加工精度要求较高，装配调整的要求也较严格。这种机构常用在轻载情况下的间歇运动。

圆柱凸轮式间歇运动机构的优点是：运转可靠，传动平稳，承载能力较大；转盘可以实现任何运动规律，以适应高速运动要求；转盘停歇时一般依靠凸轮棱边进行定位，不需要附加任何定位装置。缺点是凸轮加工精度要求较高。因此，凸轮式间歇运动机构常用于各种高速机械的分度、转位和步进机构中。

三、任务实施

（一）间歇运动机构分析过程

（1）分析间歇运动机构的类型。

（2）分析间歇运动机构的工作原理与功能。

（二）实例分析

如图 2－84 为自行车后轴棘轮机构，观察实物，分析其工作原理。

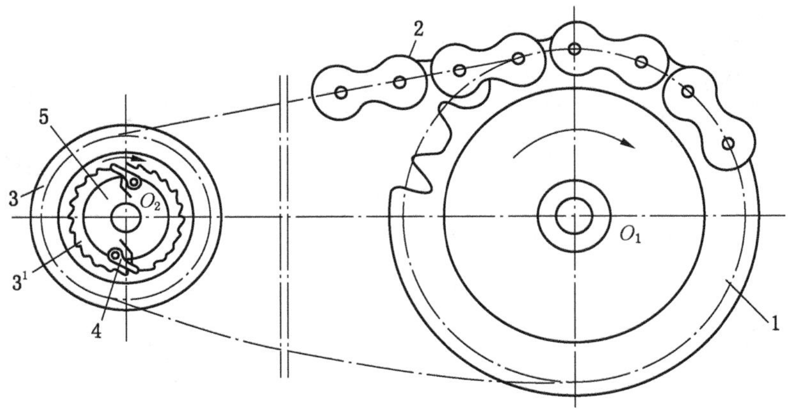

图 2－84　自行车棘轮机构

（1）自行车后轴间歇运动机构为内啮合棘轮机构；

（2）当人蹬踏板（图中未画出）时，通过链轮 1 和链条 2 带动链轮 3 和内棘轮 3^1（它和链轮 3 为同一刚体）顺时针转动，再经过棘爪 4 的作用使后轮轴 5 顺时针转时，从而驱动自行车前进。但人经常需要歇脚休息或下坡时时不需蹬踏板，而自行车必须照常行驶，此时，后轮轴5即超越链轮3而转动，棘爪4则不起作用并受迫在棘轮齿背上不断滑过，所以自行车照常行驶，实现了超越运动。

思考与练习

1. 槽轮机构、棘轮机构、不完全齿轮机构、圆柱凸轮式机构各有何特点？
2. 分析图2－74所示的起重设备制动机构传动原理。
3. 分析图2－85所示的牛头刨床工作进给机构传动原理。
4. 拆卸自行车后轮，分析飞轮的工作原理。

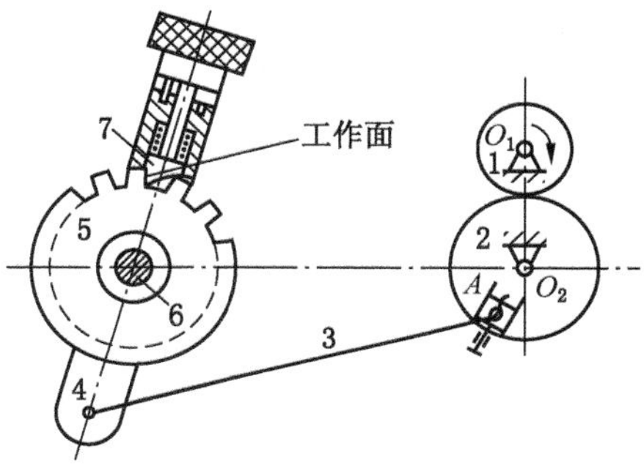

1—主动齿轮；2—从动齿轮；3—连杆；4—摇杆；5—棘轮；6—丝杆；7—棘爪

图2－85　牛头刨床工作进给机构（题3）

项目三　常用机械传动结构分析与设计

任务一　带传动结构分析与设计

一、工作任务

（一）任务概述

带传动是一种常用的、成本较低的动力传动装置。在许多机械设备如机床、破碎机、拖拉机等工程设备中均利用带传动来传递运动和力。如图3-1所示，带传动装置简单，零件数量较少，可降低机器的成本；带传动有一定的弹性，故具有减振和吸振的作用，可以减缓机器的冲击载荷。本任务通过对带传动的结构分析，了解带传动的基本维护方法，从而进行带传动的初步设计。

图3-1　带传动

（二）任务要求

1. 知识要求

（1）了解带传动的类型、特点及结构特点。

（2）掌握带传动的受力分析和应力分布特点。

（3）掌握普通V带传动的设计准则、设计方法和参数选择原则。

2. 能力要求

（1）能分析各种类型带传动的特点。

（2）能根据现场参数要求设计V带传动。

（3）具备一定带传动使用与维护能力。

3. 态度要求

（1）能主动学习，在完成任务过程中发现问题、分析问题和解决问题。

（2）能与小组成员协商、交流配合完成本学习任务。

（3）严格遵守安全规范。

二、相关知识

（一）带传动的类型和特点

1. 带传动的主要类型

带传动利用中间挠性件（带）传递运动和动力，常用于中心距较大的传动中。带传动由主动轮 1、从动轮 2 和张紧在两轮上的传动带 3 组成，如图 3－2 所示。工作时依靠带与带轮之间的摩擦或啮合来传递运动和动力。

1）按传动原理分

按传动原理分为摩擦带传动和啮合带传动。

（1）摩擦带传动。依靠传动带与带轮之间的摩擦力实现传动，如 V 带传动、平带传动等。

（2）啮合带传动。依靠带内侧凸齿与带轮外缘上的齿槽相啮合实现传动，如同步带传动。

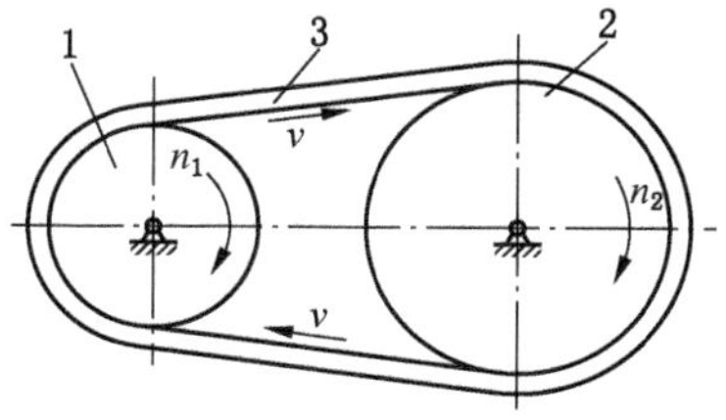

1—主动轮；2—从动轮；3—传动带

图 3－2　带传动组成

2）按传动用途分

按传动用途分为传动带和输送带。

（1）传动带。传递运动和动力。

（2）输送带。输送物品。

3）按传动带的截面形状分

按传动带的截面形状分为平带传动、V 带传动、圆带传动、多楔带传动、齿形带传动，如图 3－3 所示。

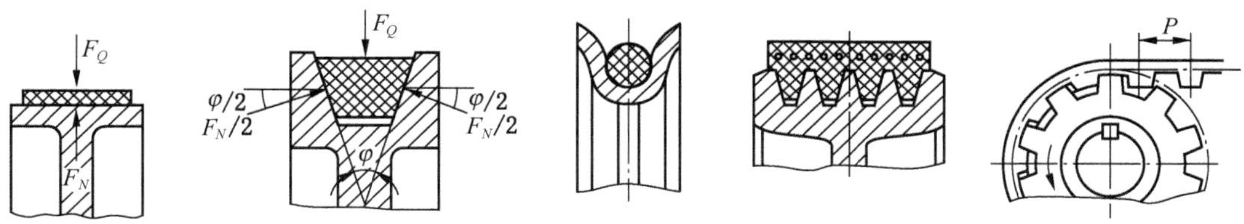

(a) 平带传动　(b) V带传动　(c) 圆带传动　(d) 多楔带传动　(e) 齿形带传动

图 3－3　带传动类型

表 3－1　平带传动的形式

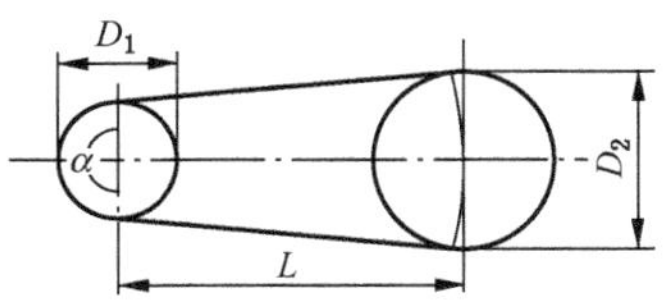	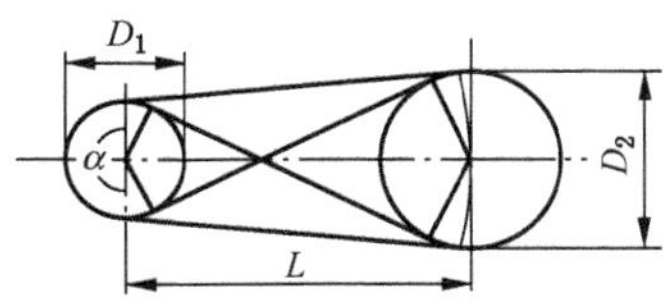
开口式传动	交叉式传动
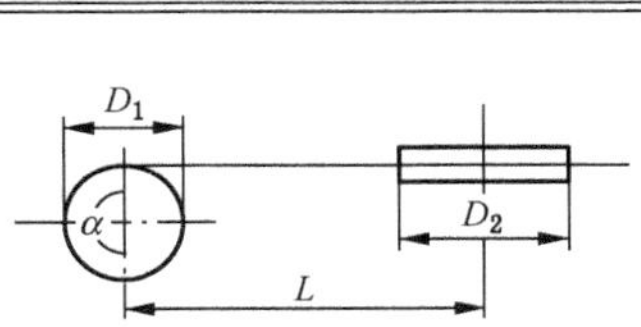	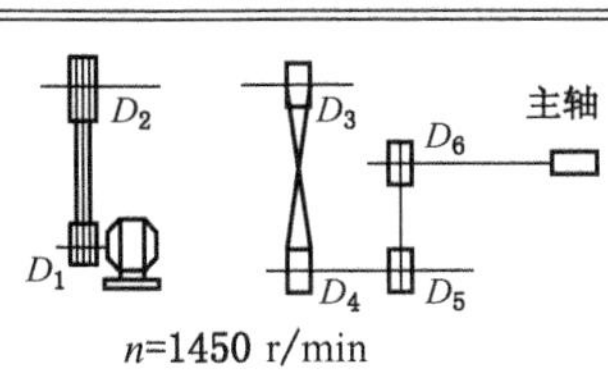
半交叉式传动	复式传动

（1）平带。如图3－3a所示，平带传动结构简单，效率较高，一般用于中心距较大的场合，普通平带带长可根据需要剪接后用金属接头或粘接剂接成封闭环型，而高速平带无接头，带截面形状为矩形，内表面为工作表面。平带传动形式有开口式传动、交叉式传动、半交叉式传动和复式传动，见表3－1，其中以开口式传动最为常见。常用的平带有胶带、编织带和强力棉纶带。

（2）V带。如图3－3b所示，截面形状为梯形，两侧面为工作表面，传动时V带与轮槽两侧面接触。与平带传动比较，V带的极限摩擦力为

$$2F_N f = \frac{F_Q}{\sin\left(\frac{\varphi}{2}\right)} f$$

令$f_V = \dfrac{f}{\sin\frac{\varphi}{2}}$(称为当量摩擦系数)，得

$$2F_N f = \frac{F_Q}{\sin\left(\frac{\varphi}{2}\right)} f = F_Q f_V$$

其中 $$f_V > f$$

所以，V带传动的摩擦力比平带大，传递的功率也较大，结构紧凑。

（3）多楔带。又称多联V带，如图3－3c所示，它是在平带的基础上由多根V带组成的传动带，多楔带结构紧凑，可以传递很大的摩擦力。

（4）圆形带。如图3－3d所示，圆形带横截面为圆形，只用于小功率传动。如家用缝纫机上的带。

（5）齿形带。又称为同步带，如图3－3e所示，它综合了带传动与链传动的优点，带与带轮之间无相对滑动，能保持恒定的传动比；带薄而轻，柔性好，传动结构紧凑，能获得较大的传动比；传动效率高达0.98～0.99，纵截面为齿形；与其他传动带及带轮相比较，齿形带与带轮的制造工艺和安装精度要求较高。

2. 带传动的特点

（1）由于传动带具有良好的弹性，所以能缓和冲击、吸收振动、传动平稳及无噪声。但因带传动存在滑动现象，故不能保证恒定的传动比（除齿形带）。

（2）由于传动带与带轮是通过摩擦力传递运动和动力的，因此过载时，传动带在轮缘上会打滑，从而避免了其他零件的损坏，起到了安全保护作用。但传动效率较低，带的寿命较短；常需要张紧装置，轴与轴承受到的压力较大。

（3）带传动适宜用在两轴中心距较大的场合，故外廓尺寸较大。

（4）带传动结构简单，制造、安装、维护方便，成本低。但不适宜于高温、有易燃易爆物质的场合。

（5）一般情况下，带传动多用于两轴中心距较大，传动比要求不严格的机械传动，一般要求传动功率$P \leqslant 100$ kW，带速$v = 5 \sim 25$ m/s，传动比$i \leqslant 7$。

（二）V带和V带轮的结构

V带分为普通V带、窄V带、宽V带、齿形V带、大楔角V带、汽车V带等多种形式，其中普通V带和窄V带应用较广。本任务主要讨论普通V带传动。

1. V 带的结构和尺寸标准规格

1）V 带的结构

V 带已经标准化，标准普通 V 带为无接头的环形带，其结构如图 3－4 所示，主要由包布层、伸张层、强力层和压缩层组成。包布层由胶帆布制成；强力层由几层胶帘布或一排胶线绳制成，前者称为帘布结构 V 带，后者称为绳芯结构 V 带。帘布结构 V 带抗拉强度大，承载能力强；绳芯结构 V 带柔韧性好，但承载能力较差。为了提高 V 带抗拉强度，近年来已开始使用合成纤维绳芯作为强力层。

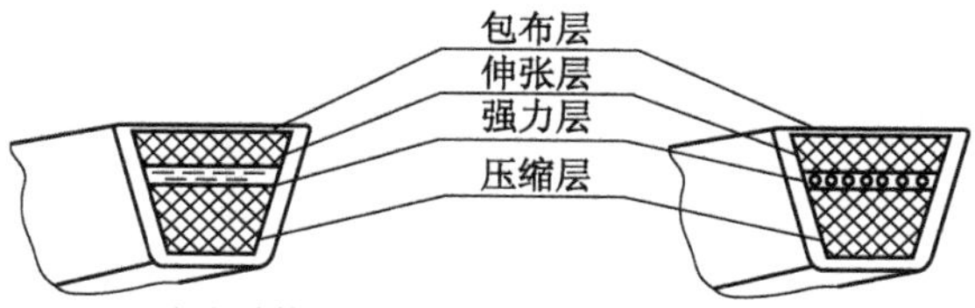

(a) 帘布结构　　(b) 线绳结构

图 3－4　V 带的结构

2）V 带横截面形状及尺寸

V 带横截面呈梯形，按截面尺寸由小到大的顺序分别为 Y、Z、A、B、C、D、E，共 7 种型号，见表 3－2。在同样条件下，截面尺寸大则传递的功率就大。

表 3－2　V 带截面基本尺寸（摘自 GB/T 13575.1—2008）

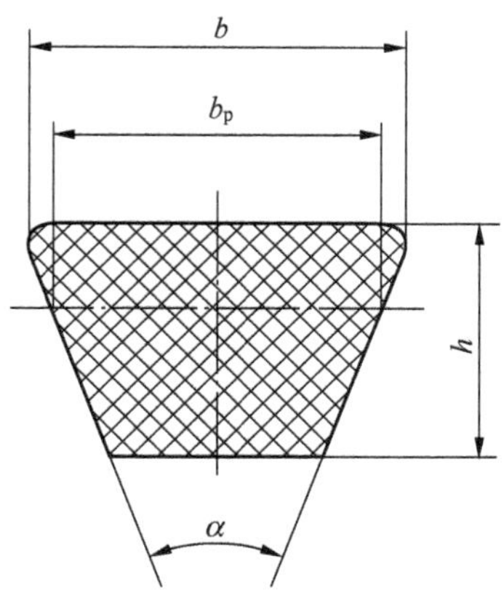

带　　型	节宽 b_p/mm	顶宽 b/mm	高度 h/mm	楔角 θ/(°)
Y	5.3	6.0	4.0	40
Z	8.5	10.0	6.0	
A	11	13.0	8.0	
B	14	17.0	11.0	
C	19	22.0	14.0	
D	27	32.0	19.0	
E	32	38.0	23.0	
SPZ	8.5	10.0	8.0	40
SPA	11	13.0	10.0	
SPB	14	17.0	14.0	
SPC	19	22.0	18.0	

根据 V 带高与节宽之比的不同，分为普通 V 带和窄 V 带两种。前者的相对高度约为 0.7，后者的相对高度约为 0.9。国家标准规定窄 V 带截面尺寸分为 SPZ、SPA、SPB、SPC 4 个型号。

3）V 带的基准长度和基准直径

V 带工作时绕在带轮上产生弯曲，外层受拉伸变长，内层受压缩变短，两层之间存在一长度不变的中性层，中性层面称为节面，节面的宽度称为节宽 b_p。V 带装在带轮上，在规定张紧力下，与节宽相对应的带轮直径称为基准直径 d_d，中性层的长度称为基准长度 L_d，也称公称长度，即 V 带位于带轮基准直径上的周长长度。普通 V 带的基准长度见表 3－3，V 带轮的基准直径系列见表 3－4。

表 3－3 普通 V 带的基准长度　mm

型号						
Y	Z	A	B	C	D	E
200	405	630	930	1565	2740	4660
224	475	700	1000	1760	3100	5040
250	530	790	1100	1950	3330	5420
280	625	890	1210	2195	3730	6100
315	700	990	1370	2420	4080	6850
355	780	1100	1560	2715	4620	7650
400	920	1250	1760	2880	5400	9150
450	1080	1430	1950	3080	6100	12230
500	1330	1550	2180	3520	6840	13750
	1420	1640	2300	4060	7620	15280
	1540	1750	2500	4600	9140	16800
		1940	2700	5380	10700	
		2050	2870	6100	12200	
		2200	3200	6815	13700	
		2300	3600	7600	15200	
		2480	4060	9100		
		2700	4430	10700		
			4820			
			5370			
			6070			

表 3－4 V 带轮（基准宽度制）的基准直径系列（部分）（GB/T 13575.1—2008）　mm

d_d	槽型						
	Y	Z SPZ	A SPA	B SPB	C SPC	D	E
20	+						
22.4	+						
25	+						
28	+						
31.5	+						
35.5	+						
40	+						
45	+						

表3-4（续）

mm

d_d	槽型						
	Y	Z SPZ	A SPA	B SPB	C SPC	D	E
50	+	+					
56	+	+					
63		*					
71		*					
75		*	+				
80	+	*	+				
85			+				
90	+	*	*				
95			*				
100	+	*	*				
106			*				
112	+	*	*				
118			*				
125	+	*	*	+			
132		*	*	+			
140		*	*	*			
150		*	*	*			
160		*	*	*			
170				*			
180		*	*	*			
200		*	*	*	+		
212					+		
224		*	*	*	*		
236					*		
250		*	*	*	*		
265					*		
280		*	*	*	*		
300					*		
315		*	*	*	*		
335					*		
355		*	*	*	*	+	
375						+	
400		*	*	*	*	+	
425						+	
450			*	*	*	+	
475						+	

注：1. 表中带“+”符号的尺寸只适用于普通V带。

2. 表中带“*”符号的尺寸同时适用于普通V带和窄V带。

3. 不推荐使用表中未注符号的尺寸。

4）V 带的标记方法

V 带的标记通常压印在 V 带的外表面上，V 带的标记由带型、基准长度和标准号组成。例如：带型为 A 型，基准长度 $L_d = 1400$ mm 的普通 V 带，标记为 A—1400 GB 11544—1997。

又如：SPA 型窄 V 带，基准长度 $L_d = 1250$ mm，标记为 SPA—1250 GB 12730—2008。

2. V 带轮的材料和结构

1）V 带轮的材料

带轮材料常采用灰铸铁、钢、铝合金或工程塑料等。灰铸铁应用最广，当带速 $v \leqslant 30$ m/s时，用 HT200，当带速 $v \geqslant 30 \sim 45$ m/s 时，宜采用球墨铸铁或铸钢，也可以用钢板冲压后焊接带轮，小功率传动可用铸铝或工程塑料材料制造。

2）V 带轮的结构和尺寸

V 带轮一般由轮缘（安装 V 带的部分，制有相应的轮槽）、轮毂（安装带轮轴的部分）和轮辐（连接轮缘和轮辐的部分）3 部分组成。

（1）轮缘的结构尺寸。

V 带轮轮缘（轮槽）截面及其尺寸见表 3－5。

表 3－5　轮槽截面及其尺寸　　mm

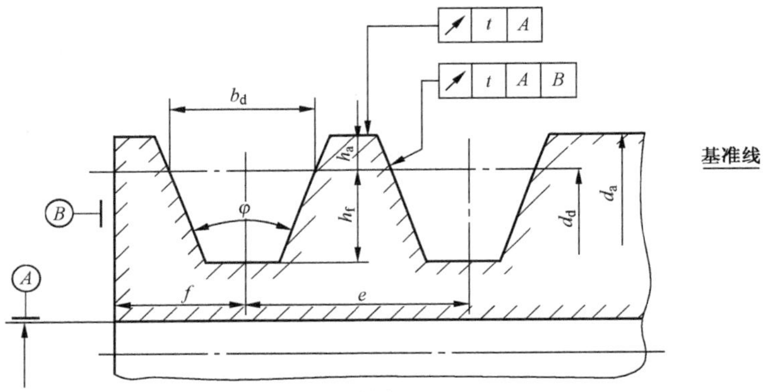

轮槽截面

轮槽截面尺寸											
槽型		b_d	h_{amin}	h_{fmin}	e	e 值累计极限偏差	f_{min}	d_d 与 φ 相对应的 d_d			
普通V带	窄V带							$\varphi=32°$	$\varphi=34°$	$\varphi=36°$	$\varphi=38°$
								φ 的极限偏差：±0.5°			
Y		5.3	1.6	4.7	8 ±0.3	±0.6	6	≤60	—	>60	—
Z	SPZ	8.5	2	7 9	12 ±0.3	±0.6	7	—	≤80	—	>80
A	SPA	11	2.75	8.7 11	15 ±0.3	±0.6	9	—	≤118	—	>118
B	SPB	14	3.5	10.8 14	19 ±0.4	±0.8	11.5	—	≤190	—	>190
C	SPC	19	4.8	14.3 19	25.5 ±0.5	±1.0	16	—	≤315	—	>315
D		27	8.1	19.9	37 ±0.6	±1.2	23	—	—	≤475	>475
E		32	9.6	23.4	44.5 ±0.7	±1.4	28	—	—	≤600	>600

（2）轮毂和轮辐的结构尺寸。

根据带轮直径的大小，普通 V 带轮有实心式、腹板式、孔板式、轮辐式 4 种典型结构，如图 3－5 所示。

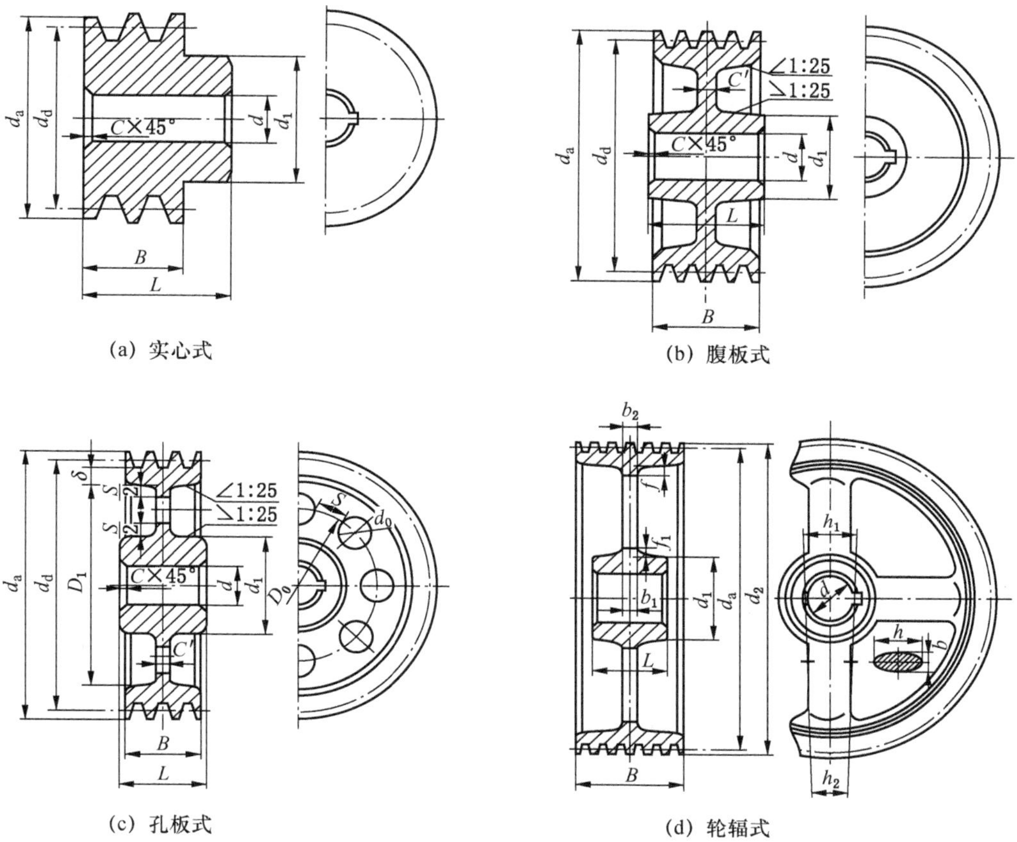

(a) 实心式　(b) 腹板式　(c) 孔板式　(d) 轮辐式

图 3－5　V 带轮典型结构

当带轮基准直径 $d_d \leqslant (2.5 \sim 3)\ d$（$d$ 为轴的直径）时，可采用实心式结构；当 $d_d \leqslant$ 300 mm，且 $d_d - d_1 < 100$ mm 时，可采用腹板式结构；$d_d - d_1 \geqslant 100$ mm 时，采用孔板式结构；当 $d_d > 300$ mm 时，采用轮辐式结构。

带轮的标记由名称、带轮槽型、轮槽数 × 基准直径、带轮结构形式代号、标准编号组成。

（三）带传动的工作情况分析

1. 带传动的受力分析

带传动一般由主动轮、从动轮及传动带组成，安装时，传动带需以一定的张紧力套在带轮上。当传动带处于静止状态时，带两边承受相等的拉力，此拉力称为初拉力 F_0，如图 3－6a 所示。当传动带工作时，由于带与带轮接触面之间摩擦力的作用，使得主动轮作用在带上的摩擦力方向与主动轮的圆周方向一致，带作用在从动轮上的摩擦力的方向与带运动方向一致，此时，若主动轮以 n_1 开始转动，则从动轮以 n_2 转动，同时带两边的拉力也发生变化，进入主动轮的一边被拉紧，拉力由 F_0 增加到 F_1，称为紧边，另一边被放松，拉力由 F_0 减小到 F_2，称为松边，如图 3-6b 所示。

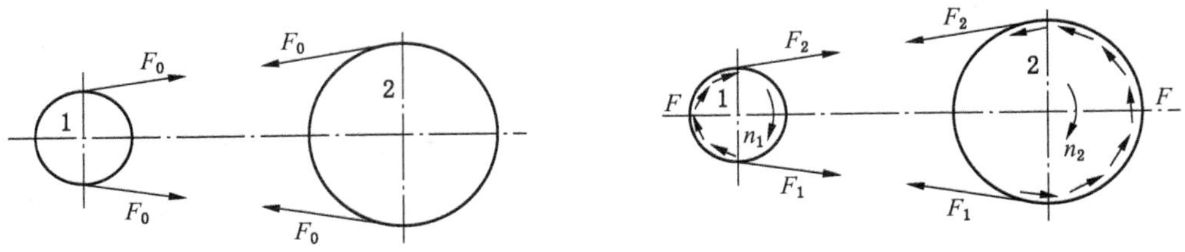

(a) 不工作时　　(b) 工作时

图 3-6　带传动的工作原理图

带的紧边拉力 F_1 和松边拉力 F_2 之差称为有效拉力，即

$$F = F_1 - F_2 \tag{3-1}$$

实际上 F 是带与带轮之间摩擦力的总和，同时也是带传动所传递的圆周力，它决定了带传动所能传递的功率大小，即

$$P = \frac{Fv}{1000} \tag{3-2}$$

式中　P——传递功率，kW；

F——有效圆周力，N；

v——带速，m/s。

带轮工作时，靠带与带轮间的摩擦力传递运动与动力，在一定条件下，摩擦力总和有一极限值，如果工作阻力超过了摩擦力总和的极限值时，带在带轮面上发生明显的相对滑动，这种现象称为打滑。打滑将使带剧烈磨损与发热，从动轮转速急剧下降直至停止，传动因此而失效。打滑一般发生在小带轮上。

当传动带与带轮表面间即将打滑时，摩擦力达到最大值，即有效圆周力达到最大值。此时，忽略离心力的影响，结合带传动的变形，可得带传动有效拉力为

$$F = 2F_0 \frac{e^{f\alpha} - 1}{e^{f\alpha} + 1} \tag{3-3}$$

式中　F_0——初拉力；

α——带在带轮上的包角（带与带轮接触弧所对的中心角），rad；

f——带与带轮接触面间的摩擦系数。

V 带用当量摩擦系数 f_V 代替 f，则

$$f_V = \frac{f}{\sin\varphi/2} \quad (\varphi \text{ 为带轮轮槽角}) \tag{3-4}$$

通过分析上述公式可以得出以下结论：

（1）如果初拉力 F_0 增大，则摩擦力增大，有效拉力增大。但过大的初拉力也会增大带的应力，影响到带的寿命。

（2）包角 α 越小，所传递的有效拉力越小。由于小轮包角 α_1 总小于大轮包角 α_2，所以小轮包角直接影响带传动的承载能力，一般要求 $\alpha_1 \geqslant 120°$。

（3）若带总长度不变，可以得到带传动不打滑条件下所能传递的最大圆周力 F_{max} 为

$$F_{max}=F_1\left(1-\frac{1}{e^{f\alpha_1}}\right) \tag{3-5}$$

（4）在相同条件下，由于 $\varphi=40°$，可得 V 带的传动能量是平带的 3 倍以上，所以 V 带传动结构紧凑，应用更广泛。

2. 带传动的应力分析

带传动时，带中的应力由拉应力、离心应力、弯曲应力 3 部分组成。

1）拉应力

紧边拉应力：
$$\sigma_1=\frac{F_1}{A} \tag{3-6}$$

松边拉应力：
$$\sigma_2=\frac{F_2}{A} \tag{3-7}$$

式中 A——带的横截面面积，mm^2。

2）离心应力

当带沿带轮轮缘作圆周运动时，带上每一质点都受离心力作用，离心力所引起的带的拉力总和为 F_C，此力作用于整个传动带，因此，它产生的离心拉应力 σ_C 在带的所有横截面上都是相等的。

离心力引起的拉力：
$$F_C=qv^2 \tag{3-8}$$

离心拉应力：
$$\sigma_C=\frac{F_C}{A}=\frac{qv^2}{A} \tag{3-9}$$

式中 q——传动带单位长度的质量，kg/m；

v——带速，m/s。

3）弯曲应力

带绕在带轮上时，由于弯曲而产生弯曲应力 σ_b，根据材料力学公式有：

$$\sigma_b=\frac{2Ey}{d_d} \tag{3-10}$$

式中 E——带的弹性模量，MPa；

d_d——带轮的基准直径，mm；

y——带的中性层到最外层的距离，mm。

显然，带的弯曲应力因带轮的直径不同而不同，带轮的直径越小，带的弯曲应力越大。为防止过大的弯曲应力，对每种型号的 V 带都规定了相应的最小带轮基准直径 d_{dmin}，见表 3－6。

表 3－6 V 带（基准宽度制）带轮最小基准直径

带型	Y	Z	A	B	C	D	E	SPZ	SPA	SPB	SPC
d_{dmin}/mm	20	50	75	125	200	355	500	63	90	140	224

带的工作应力分布情况如图 3－7 所示，当带的紧边进入小带轮时应力达到最大值，带中的最大应力为

$$\sigma_{max}=\sigma_S1+\sigma_C+\sigma_{b1} \tag{3-11}$$

为保证带具有足够的疲劳寿命，应满足：

$$\sigma_{max}=\sigma_1+\sigma_C+\sigma_{b1}\leqslant[\sigma] \tag{3-12}$$

式（3－12）中$[\sigma]$为带的许用应力，是在$\alpha_1=\alpha_2=180°$、规定的带长和应力循环次数、载荷平稳等条件下通过实验确定的。

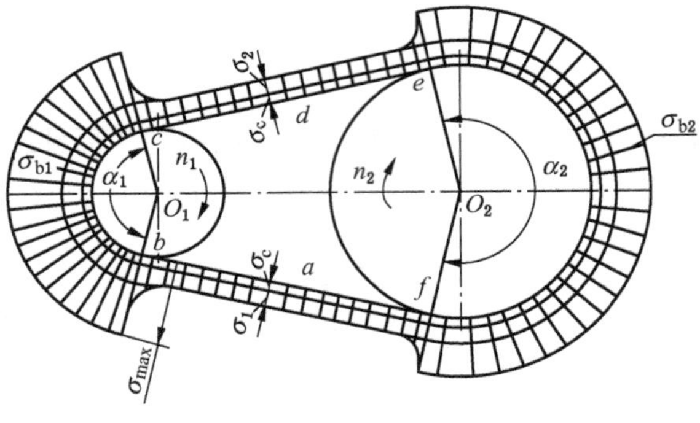

图3－7　带的工作应力分布

3. 带传动的弹性滑动与传动比

传动带是弹性体，受到拉力后会产生弹性伸长，伸长量随拉力大小的变化而改变。带由紧边绕过主动轮进入松边时，带的拉力由F_1减小为F_2，其弹性伸缩量也由δ_1减小为δ_2。说明带在绕过带轮的过程中，相对于轮面向后收缩了（$\delta_1-\delta_2$），带与带轮轮面间出现局部相对滑动，导致带的速度逐步小于主动轮的圆周速度。同样，当带由松边绕过从动轮进入紧边时，拉力增加，带逐渐被拉长，沿轮面产生向前的弹性滑动，使带的速度逐渐大于从动轮的圆周速度。这种由于带的弹性变形而产生的带与带轮间的滑动称为弹性滑动，它是带传动过程中固有的特性，是不可避免的。弹性滑动造成功率损失，增加带的磨损，也是带传动不能保证准确传动比的根本原因。

弹性滑动导致从动轮的圆周速度v_2低于主动轮的圆周速度v_1，其降低量用滑动率ε表示：

$$\varepsilon=\frac{v_1-v_2}{v_1}=\frac{\pi d_1n_1-\pi d_2n_2}{\pi d_1n_1} \tag{3-13}$$

式中　n_1、n_2——主、从动轮的转速，r/min；

d_1、d_2——主、从动轮的直径，对V带传动则为带轮的基准直径，mm。

带的传动比为

$$i=\frac{n_1}{n_2}=\frac{d_2}{d_1(1-\varepsilon)} \tag{3-14}$$

因V带传动的滑动率$\varepsilon=0.01\sim0.02$，其值很小，所以在一般计算中可不予考虑。

（四）普通V带传动的设计

1. 普通V带传动的主要失效和破坏形式

（1）带在带轮上打滑，不能传递动力。

（2）带由于疲劳产生脱层、撕裂和拉断。

（3）带的工作面磨损。

2. V带传动的设计准则

根据V带传动的主要失效和破坏形式，确定V带传动的设计准则为：在保证普通V带传动不打滑的前提下，要求普通V带具有一定的疲劳强度和使用寿命。

3. 普通V带传动设计内容

普通V带传动的设计内容是根据设备的传递功率、转速的要求、传动的用途、工作情况及外廓尺寸要求等确定普通V带的型号、基准长度、根数、传动中心距、带轮基准直径；进行带轮的结构设计；绘制带轮零件工作图；计算对轴的压力等。

三、任务实施

（一）工作准备

（1）课前预习相关知识部分，观察带传动的应用情况，分析带的传动过程、各参数之间的关系。

（2）填写任务工单的资讯、决策、计划部分。

（二）操作步骤

1. 根据计算功率 P_C 选择V带截型

1）确定计算功率

按给定的V带传递的额定功率 P 及载荷性质来确定计算功率，即

$$P_C = K_A P \tag{3-15}$$

式中 K_A——工作情况系数，见表3-7；

P——V带传递的额定功率，kW。

表3-7 工作情况系数 K_A

工况		K_A					
		空、轻载启动			重载启动		
		每天工作小时数/h					
		<10	10~16	>16	<10	10~16	>16
载荷变动微小	液体搅拌机、通风机和鼓风机（≤7.5 kW）、离心式水泵和压缩机、轻载荷输送机	1.0	1.1	1.2	1.1	1.2	1.3
载荷变动小	带式输送机（不均匀载荷）、通风机（>7.5 kW）、旋转式水泵和压缩机（非离心式）、发电机、金属切削机床、印刷机、旋转筛、锯木机和木工机械	1.1	1.2	1.3	1.2	1.3	1.4
载荷变动较大	制砖机、斗式提升机、往复式水泵和压缩机、起重机、磨粉机、冲剪机床、橡胶机械、振动筛、纺织机械、重载输送机	1.2	1.3	1.4	1.4	1.5	1.6
载荷变动大	破碎机（旋转式、颚式）、磨碎机（球磨、棒磨、管磨）	1.3	1.4	1.5	1.5	1.6	1.8

2）选择V带的截型

根据计算功率和小带轮的转速 n_1 按图3-8选取。

2. 确定带轮的基准直径 d_d 并验算带速 v

1）确定带轮的基准直径

小带轮的基准直径 d_{d1} 选取的较小时，大带轮的基准直径 d_{d2} 也小，结构紧凑，但弯曲应力大，带的使用寿命缩短，单根 V 带所能传递的基本额定功率也较小，使带的根数增多，因此一般取 $d_{d1} \geqslant d_{dmin}$，并取标准值。$d_{dmin}$ 可查表 3－6。

当对传动的精确程度没有要求时，大带轮的基准直径 d_{d2} 为

$$d_{d2} = i d_{d1} \tag{3-16}$$

式中　d_{d1}——小带轮的基准直径，mm；

d_{d2}——大带轮的基准直径，mm；

i——传动比。

计算出的大带轮基准直径 d_{d2} 必须按表 3－4 进行圆整。

当对传动的精确程度有要求时，大带轮的基准直径 d_{d2} 为

$$d_{d2} = (1-\varepsilon) i d_{d1} \tag{3-17}$$

计算出的大带轮基准直径 d_{d2} 同样要圆整。

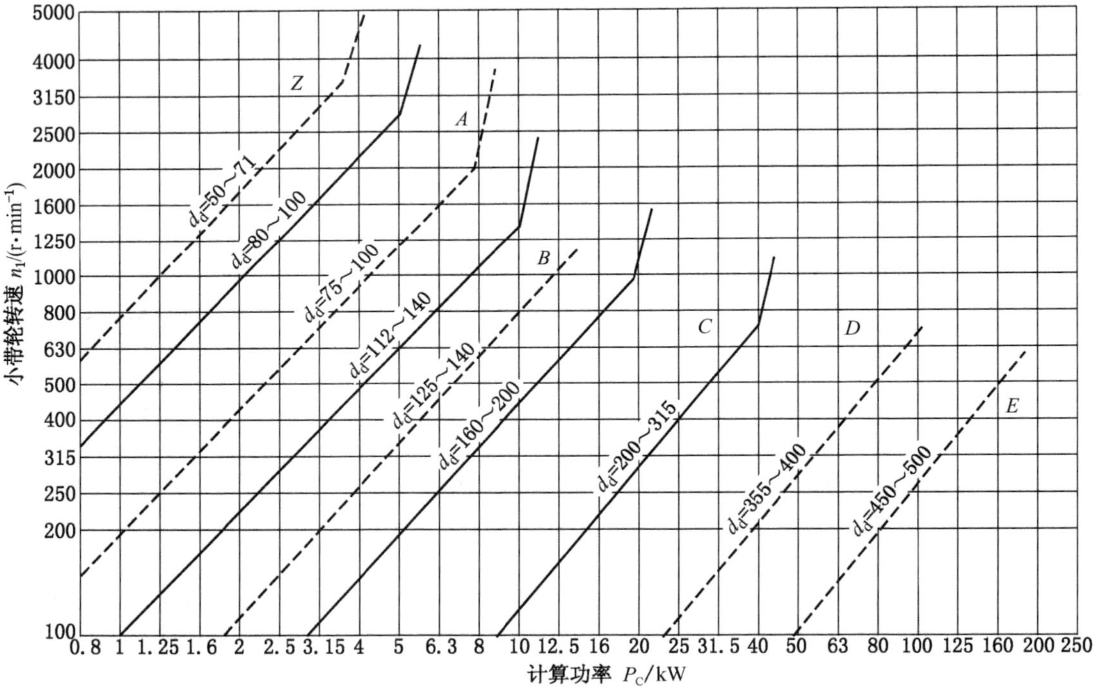

图 3－8　普通 V 带选型图

2）验算带速 v

当传递的功率一定时，带速过低，则需要很大的圆周力，带的根数要增多，也容易打滑；而带速过高则使离心力增大，减小了带与带轮间的正压力，也容易打滑。所以带传动需要验算带速，带速应控制在 5～25 m/s，否则需重新选取小带轮的直径 d_{d1}。为了充分发挥 V 带的传动能力，取带速 $v \approx 20$ m/s 时最佳。带速 v 的计算公式为

$$v = \frac{\pi d_{d1} n_1}{60 \times 1000} \tag{3-18}$$

式中　v——带速，m/s；

d_{d1}——小带轮的基准直径，mm；

n_1——小带轮的转速，r/min。

3. 确定中心距 a 和基准长度 L_d

中心距较大时，小带轮包角增大，但中心距过大会使带传动结构不够紧凑，带太长，在载荷变化或高速运转时将引起带的抖动，从而降低了带传动的工作能力；若中心距过小，则带太短，应力循环次数增多，带容易发生疲劳破坏，同时还使小带轮包角减小，降低了带传动的工作能力。

若对中心距有要求时，按设计题目给出的中心距进行确定。

若对中心距无要求时，初定中心距 a_0 按下式确定：

$$0.7(d_{d1}+d_{d2})\leqslant a_0\leqslant 2(d_{d1}+d_{d2}) \tag{3-19}$$

普通 V 带的基准长度按下式计算：

$$L_{d0}=2a_0+\frac{\pi(d_{d1}+d_{d2})}{2}+\frac{(d_{d2}-d_{d1})^2}{4a_0} \tag{3-20}$$

计算出 L_{d0} 以后，结合所选 V 带的型号查表 3-3，选取相应的基准长度 L_{d0}。

根据选定的基准长度计算实际中心距：

$$a\approx a_0+(L_d-L_{d0})/2 \tag{3-21}$$

考虑到安装、调整或补偿等因素，中心距 a 要有一定的调整范围，一般为

$$a_{max}=a+0.03L_d$$

$$a_{min}=a-0.015L_d$$

4. 验算小带轮包角

小带轮包角计算：

$$\alpha_1=180°-\frac{d_{d2}-d_{d1}}{a}\times 57.3° \tag{3-22}$$

要求 $\alpha_1\geqslant 120°$。若 $\alpha_1<120°$，则可以采用增大中心距、增加张紧轮或减小传动比等措施解决。

5. 确定带的根数

带的根数 Z 按下式计算：

$$Z=\frac{P_C}{(P_1+\Delta P_1)K_\alpha K_L} \tag{3-23}$$

式中　P_C——计算功率，kW；

K_α——包角修正系数，查表 3-8；

P_1——单根 V 带传递的基本额定功率，kW，查表 3-9 或表 3-10；

ΔP_1——传动比 $i\neq 1$ 时传递功率的增量，kW，查表 3-9 或表 3-10；

K_L——带长修正系数，查表 3-11。

表 3-8　包角修正系数 K_α（摘自 GB/T 13575.1—2008）

小带轮包角 α_1/(°)	180	175	170	165	160	155	150	145	140	135	130	120	110	100	95	90
K_α	1	0.99	0.98	0.96	0.95	0.93	0.92	0.91	0.89	0.88	0.86	0.82	0.78	0.74	0.72	0.69

表3-9 A型V带单根基准额定功率 P_1 和功率增量 ΔP_1

n_1/(r·min^{-1})	d_{d1}/mm						i 或 $1/i$										v/(m·s^{-1}) ≈
	50	56	63	71	80	90	1.00~1.01	1.02~1.04	1.05~1.08	1.09~1.12	1.13~1.18	1.19~1.24	1.25~1.34	1.35~1.50	1.51~1.99	≥2.00	
	P_1/kW						ΔP_1/kW										
200	0.04	0.04	0.05	0.06	0.10	0.10											
400	0.06	0.06	0.08	0.09	0.14	0.14											
700	0.09	0.11	0.13	0.17	0.20	0.22			0.00								
800	0.10	0.12	0.15	0.20	0.22	0.24					0.01						
960	0.12	0.14	0.18	0.23	0.26	0.28											5
1200	0.14	0.17	0.22	0.27	0.30	0.33							0.02				
1450	0.16	0.19	0.25	0.30	0.35	0.36											
1600	0.17	0.20	0.27	0.33	0.39	0.40											10
2000	0.20	0.25	0.32	0.39	0.44	0.48											
2400	0.22	0.30	0.37	0.46	0.50	0.54											
2800	0.26	0.33	0.41	0.50	0.56	0.60						0.03					15
3200	0.28	0.35	0.45	0.54	0.61	0.64											
3600	0.30	0.37	0.47	0.58	0.64	0.68											
4000	0.32	0.39	0.49	0.61	0.67	0.72											20
4500	0.33	0.40	0.50	0.62	0.67	0.73								0.05	0.06		
5000	0.34	0.41	0.50	0.62	0.66	0.73		0.02									
5500	0.33	0.41	0.49	0.61	0.64	0.65											
6000	0.31	0.40	0.48	0.56	0.61	0.56											

表3-10　B型V带单根基准额定功率 P_1 和功率增量 ΔP_1

n_1/(r·min^{-1})	d_{d1}/mm								i 或 1/i										v/(m·s^{-1}) ≈
	75	90	100	112	125	140	160	180	1.00~1.01	1.02~1.04	1.05~1.08	1.09~1.12	1.13~1.18	1.19~1.24	1.25~1.34	1.35~1.50	1.52~1.99	≥2.00	
	P_1/kW								ΔP_1/kW										
200	0.15	0.22	0.26	0.31	0.37	0.43	0.51	0.59	0.00	0.00	0.01	0.01	0.01	0.01	0.02	0.02	0.02	0.03	
400	0.26	0.39	0.47	0.56	0.67	0.78	0.94	1.09	0.00	0.01	0.01	0.02	0.02	0.03	0.03	0.04	0.04	0.05	5
700	0.40	0.61	0.74	0.90	1.07	1.26	1.51	1.76	0.00	0.01	0.02	0.03	0.04	0.05	0.06	0.07	0.08	0.09	
800	0.45	0.68	0.83	1.00	1.19	1.41	1.69	1.97	0.00	0.01	0.02	0.03	0.04	0.05	0.06	0.08	0.09	0.10	
950	0.51	0.77	0.95	1.15	1.37	1.62	1.95	2.27	0.00	0.01	0.03	0.04	0.05	0.06	0.07	0.08	0.10	0.11	10
1200	0.6	0.93	1.14	1.39	1.66	1.96	2.36	2.74	0.00	0.02	0.03	0.05	0.07	0.08	0.10	0.11	0.13	0.15	
1450	0.68	1.07	1.32	1.61	1.92	2.28	2.73	3.16	0.00	0.02	0.04	0.06	0.08	0.09	0.11	0.13	0.15	0.17	15
1600	0.73	1.15	1.42	1.74	2.07	2.45	2.94	3.40	0.00	0.02	0.04	0.06	0.09	0.11	0.13	0.15	0.17	0.19	
2000	0.84	1.34	1.66	2.04	2.44	2.87	3.42	3.93	0.00	0.03	0.06	0.08	0.11	0.13	0.16	0.19	0.22	0.24	20
2400	0.92	1.50	1.87	2.30	2.74	3.22	3.80	4.32	0.00	0.03	0.07	0.10	0.13	0.16	0.19	0.23	0.26	0.29	25
2800	1.00	1.64	2.05	2.51	2.98	3.48	4.06	4.54	0.00	0.04	0.08	0.11	0.15	0.19	0.23	0.26	0.30	0.34	30
3200	1.04	1.75	2.19	2.68	3.16	3.65	4.19	4.58	0.00	0.04	0.09	0.13	0.17	0.22	0.26	0.30	0.34	0.39	
3600	1.08	1.83	2.28	2.78	3.26	3.72	4.17	4.40	0.00	0.05	0.10	0.15	0.19	0.24	0.29	0.34	0.39	0.44	35
4000	1.09	1.87	2.34	2.83	3.28	3.67	3.98	4.00	0.00	0.05	0.11	0.16	0.22	0.27	0.32	0.38	0.43	0.48	40
4500	1.07	1.83	2.33	2.79	3.17	3.44	3.48	3.13	0.00	0.06	0.12	0.18	0.24	0.30	0.36	0.42	0.48	0.54	
5000	1.02	1.82	2.25	2.64	2.91	2.99	2.67	1.81	0.00	0.07	0.11	0.20	0.27	0.34	0.40	0.47	0.54	0.60	
5500	0.96	1.70	2.07	2.37	2.48	2.31	1.51	—	0.00	0.08	0.15	0.23	0.30	0.38	0.46	0.53	0.60	0.68	
6000	0.80	1.50	1.80	1.96	1.87	1.37	—	—	0.00	0.08	0.11	0.24	0.32	0.40	0.49	0.57	0.65	0.73	

表3-11　带长修正系数 K_L（摘自 GB/T 1357.1—2008）

普通V带长 L_d/mm	K_L										
	普通V带							窄V带			
	Y	Z	A	B	C	D	E	SPZ	SPA	SPB	SPC
200	0.81										
224	0.82										
250	0.84										
280	0.87										
315	0.89										
355	0.92										
400	0.96	0.87									
450	1.00	0.89									
500	1.02	0.91									
560		0.94									
630		0.96	0.81					0.82			
710		0.99	0.82					0.84			
800		1.00	0.85					0.86	0.81		
900		1.03	0.87	0.81				0.88	0.83		
1000		1.06	0.89	0.84				0.90	0.85		
1120		1.08	0.91	0.86				0.93	0.87		
1250		1.11	0.93	0.88				0.94	0.89	0.82	
1400		1.14	0.96	0.90				0.96	0.91	0.84	
1600		1.16	0.99	0.93	0.84			1.00	0.93	0.86	
1800		1.18	1.01	0.95	0.85			1.01	0.95	0.88	
2000			1.03	0.98	0.88			1.02	0.96	0.90	0.81
2240			1.06	1.00	0.91			1.05	0.98	0.92	0.83
2500			1.09	1.03	0.93			1.07	1.00	0.94	0.86
2800			1.11	1.05	0.95	0.83		1.09	1.02	0.96	0.88
3150			1.13	1.07	0.97	0.86		1.11	1.04	0.98	0.90
3550			1.17	1.10	0.98	0.89		1.13	1.06	1.00	0.92
4000			1.19	1.13	1.02	0.91			1.08	1.02	0.94
4500				1.15	1.04	0.93	0.90		1.09	1.04	0.96
5000				1.18	1.07	0.96	0.92			1.06	0.98
5600					1.09	0.98	0.95			1.08	1.00
6300					1.12	1.00	0.97			1.10	1.02
7100					1.15	1.03	1.00			1.12	1.04
8000					1.18	1.06	1.02			1.14	1.06
9000					1.21	1.08	1.05				1.08
10000					1.23	1.11	1.07				1.10

带的根数 Z 不宜过多，否则会使各根带受力不均匀，因此 Z 不应超过最多使用根数 Z_{max}，各种型号 V 带推荐最多使用根数 Z_{max} 见表 3－12。

表 3－12　各种型号 V 带推荐最多使用根数 Z_{max}

型号	Y	Z	A	B	C	D	E
Z_{max}	1	2	5	6	8	8	9

6. 确定单根 V 带的初始拉力

初始拉力按下式计算：

$$F_0 = \frac{500P_C}{Zv}\left(\frac{2.5}{K_\alpha} - 1\right) + qv^2 \tag{3-24}$$

式中，q 为 V 带单位长度的质量，单位为 kg/m；普通 V 带中 A 型带 $q = 0.1$ kg/m，B 型带 $q = 0.19$ kg/m，其余数值可查相关手册。式中其他符号意义同前。

7. 计算对轴的作用力 F_r

如图 3－9 所示，带传动对轴的作用力 F_r 按下式计算：

$$F_r = 2ZF_0\sin\left(\frac{\alpha_1}{2}\right) \tag{3-25}$$

式中符号意义同前。

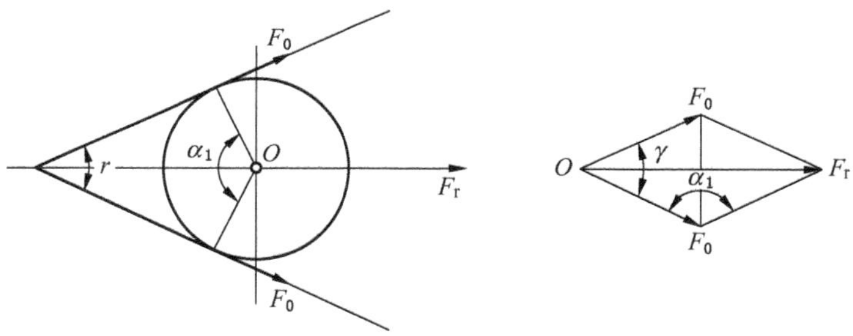

图 3－9　带传动对轴的作用力

8. 绘制皮带轮零件图

略。

（三）设计实例

设计一运输机中电动机与减速机之间的 V 带传动。已知电动机功率为 7.5 kW，满载转速 $n_1 = 1460$ r/min，中心距约为 500 mm。要求从动轴（减速机输出轴）转速 $n_2 = 650$ r/min，两班制。

设计方案与步骤如下：

1. 根据计算功率 P_C 选择 V 带截型

1）求计算功率 P_C

由表 3－7 查得 $K_A = 1.2$，则

$$P_C = K_AP = 1.2 \times 7.5 = 9 \text{ kW}$$

2）确定V带的截型

由 $n_1=1460$ r/min，$P_C=9$ kW，查图3－8选取A型。

2. 确定带轮的基准直径 d_d 并验算带速 v

由表3－4、表3－6及图3－8选取 $d_{d1}=140$ mm，则

$$d_{d2}=\frac{n_1}{n_2}d_{d1}=\frac{1460}{650}\times 140=314.46\ \text{mm}$$

根据表3－4，取 $d_{d2}=315$ mm，且 d_{d1}、d_{d2}均符合表3－4基准直径系列。

$$v=\frac{\pi d_{d1}n_1}{60\times 1000}=\frac{\pi\times 140\times 1460}{60\times 1000}=10.7\ \text{m/s}$$

5 m/s＜v≤25 m/s，符合要求。

3. 确定中心距 a 和基准长度 L_d

根据式（3－19）初选中心距 a_0。

$$0.7(d_{d1}+d_{d2})\leqslant a_0\leqslant 2(d_{d1}+d_{d2})$$
$$0.7\times(140+315)\leqslant a_0\leqslant 2\times(140+315)$$
$$318.5\leqslant a_0\leqslant 910$$

取 $$a_0=500\ \text{mm}$$

按式（3－20）初步计算所需基准长度 L_{d0}：

$$L_{d0}=2a_0+\frac{\pi(d_{d1}+d_{d2})}{2}+\frac{(d_{d2}-d_{d1})^2}{4a_0}$$
$$=2\times 500+\frac{\pi(140+315)}{2}+\frac{(315-140)^2}{4\times 500}=1730\ \text{mm}$$

由表3－3确定基准长度 $L_d=1750$ mm。

根据式（3－21）求实际中心距 a：

$$a\approx a_0+\frac{L_d-L_{d0}}{2}=500+\frac{1750-1730}{2}=510\ \text{mm}$$

4. 核算包角

$$\alpha_1=180°-\frac{d_{d2}-d_{d1}}{a}\times 57.3°=180°-\frac{315-140}{510}\times 57.3°=160.34°$$

$\alpha_1\geqslant 120°$满足要求。

5. 确定带的根数

查表3－8得 $K_\alpha=0.951$，查表3－9得 $P_1=2.291$ kW，$\Delta P_1=0.171$ kW，查表3－11得 $K_L=1.01$。将上述数据代入式（3－23）得

$$Z=\frac{P_C}{(P_1+\Delta P_1)K_\alpha K_L}=\frac{9}{(2.291+0.171)\times 0.951\times 1.01}\approx 3.8$$

故取4根A型V带。

6. 确定初拉力 F_0

$$F_0=\frac{500P_C}{Zv}\left(\frac{2.5}{K_\alpha}-1\right)+qv^2$$

A型V带 $q=0.1$ kg/m。将数据代入式（3－24）得：

$$F_0=\frac{500P_C}{Zv}\left(\frac{2.5}{K\alpha}-1\right)+qv^2=\frac{500\times9}{4\times10.7}\times\left(\frac{2.5}{0.951}-1\right)+0.1\times10.7^2=182.7\ \text{N}$$

7. 计算对轴的作用力 F_r

将已知数据代入式（3－25）中得

$$F_r=2ZF_0\sin\left(\frac{\alpha_1}{2}\right)=2\times4\times182.7\times\sin\left(\frac{160.34°}{2}\right)=1440.1\ \text{N}$$

8. 绘制皮带轮零件图

略。

（四）带传动的张紧与维护

1. 带传动的张紧

带传动工作一段时间后，会产生塑性变形而松弛，使得初拉力减小，从而传动能力下降，为了恢复原有的传动能力，必须定期检查和重新张紧，常见的张紧方法见表3－13。

表3－13 带传动的张紧方法

张紧方法		简图	特点和应用
调节轴间距	定期张紧	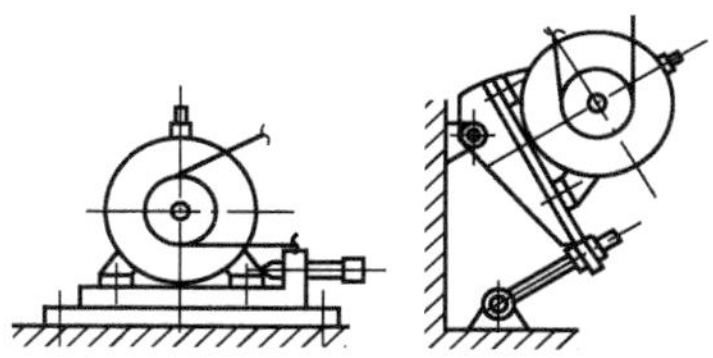 (a) (b)	图a所示多用于水平或接近水平的传动 图b所示多用于垂直或接近垂直传动，是最简单的通用方法
	自动张紧	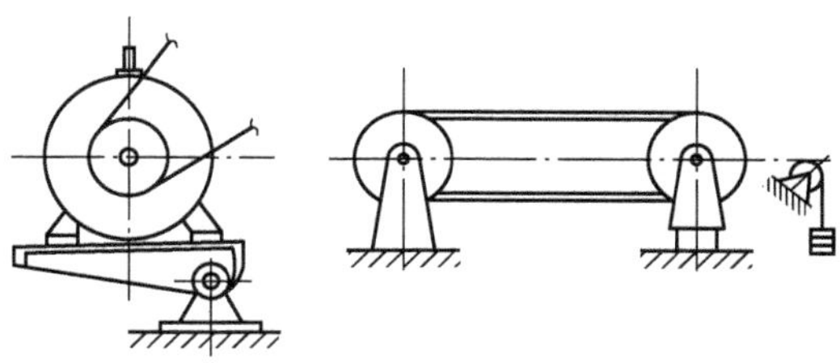 (a) (b)	图a是靠电动机的自重或定子的反力矩张紧，多用于小功率传动。应使电动机和带轮的转向有利于减轻配重或减小偏心距 图b常用于带传动的实验装置
张紧轮	定期张紧	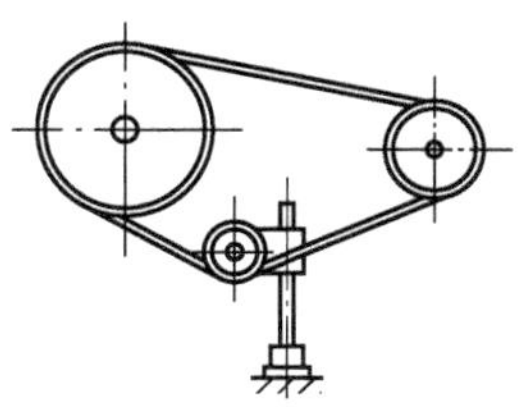	可任意调节预紧力的大小，容易装卸，但影响带的寿命，不能逆转。张紧轮应安装在带的松边 张紧轮直径为 $d\geqslant(0.8\sim1)d_1$

2. 带传动的安装与维护

1）带传动的安装

(1) 带轮的安装。

平行轴传动时，两轮中心线必须保持平行，且两带轮轮槽的对称平面必须在同一平面内，否则将加剧 V 带的磨损，甚至使带从带轮上脱落。

(2) 传动带的安装。

安装 V 带时，应先缩小中心距后套装，然后再调整中心距并予以张紧。对于中等中心距的带传动，带的张紧程度以大拇指能将带按下 10 ~ 15 mm 为宜。新带使用前，最好预先拉紧一段时间后再使用。

2) 带传动的维护

(1) 带传动装置必须安装安全防护罩。这样既起到人身防护作用，又可以防止灰尘、油及其他杂物飞溅到带上影响传动。

(2) 使用中应保持带的清洁，不可与油接触，污垢多时，可用温水或 1.5% 的稀碱溶液洗涤。

(3) 避免日光直接暴晒，工作温度应低于 60 ℃。

(4) 定期检查带，若发现其中有的带过度松弛或损坏时，应全部更换新带，不能新带与旧带、普通 V 带与窄 V 带、不同规格的 V 带混合使用。

(5) 如果传动带需要闲置一段时间后再用，应该将传动带放松。

四、拓展知识

(一) 链传动的组成

链传动属于带有中间挠性件的啮合传动，如图 3－10 所示，它是由两轴线平行的主动链轮和从动链轮、链条组成。链轮上制有特殊齿形的齿，依靠链轮轮齿与链条上的链节的啮合来传递运动和动力。

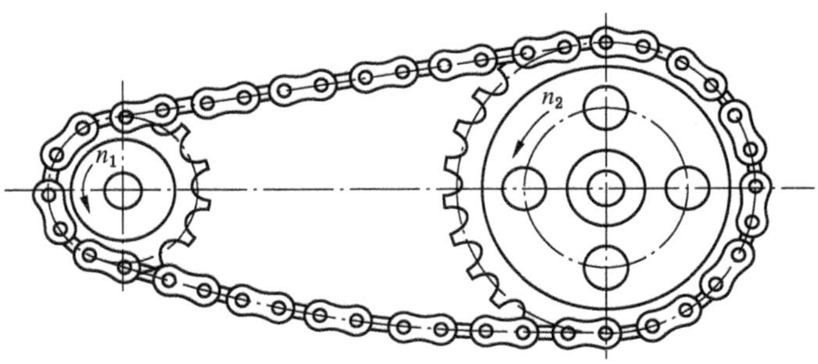

图 3－10 链传动的组成

(二) 链传动的类型

按用途的不同，链传动可以分为传动链、起重链和运输链。传动链用于一般机械，起重链和运输链主要用于起重机械和运输机械，其中传动链最常用。

传动链的种类很多，主要有滚子链（图 3－11）和齿形链（图 3－12）两种。因为滚子链结构具有简单、质量轻、价格低、供应方便等优点，故应用较广泛。齿形链传动平稳，噪声较小，故又称为无声链，多用于较高速度或运动精度要求较高的场合，质量大、价格高。

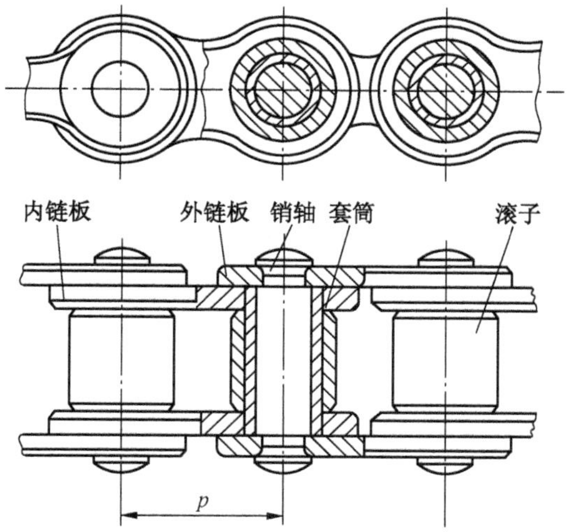

图 3-11　滚子链

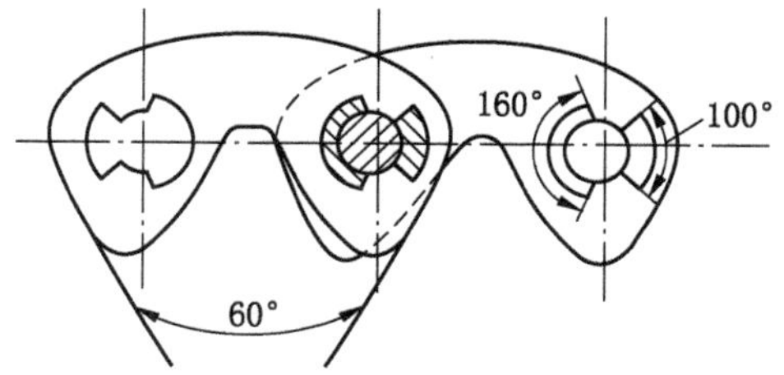

图 3-12　齿形链

（三）链传动的特点和应用

1. 特点

链传动是属于具有中间挠性件的啮合传动，它兼有齿轮传动和带传动的一些特点。

（1）与带传动相比，没有弹性滑动和打滑现象，能保持准确的平均传动比，传动可靠，传动效率较高，链条不需要大的张紧力，轴与轴承所受载荷较小。

（2）与齿轮传动相比，链传动的制造和安装精度要求较低，可以有较大的中心距，有一定的缓冲和减振性能，同时链条的磨损伸长比较缓慢，张紧调节工作量小，能在较恶劣环境下（高温、低温、多尘、潮湿、泥沙）工作。

（3）链传动的缺点是，不能保持瞬时传动比恒定，磨损后会发生跳齿，不适用于受空间限制要求、中心距较小及传动方向急速或频繁改变的场合。

2. 应用

链传动主要用于要求工作可靠，两轴中心距较大，不适宜与齿轮传动和带传动的场合。能在恶劣环境下工作，故广泛应用于矿山、冶金、起重运输、建筑、石油、农业、轻工等行业，以及汽车、摩托车、自行车等机械传动中。

链传动功率一般在 100 kW 以下，中心距在 $a \leq 5 \sim 6$ m，链速不超过 15 m/s，但也有链速最高达到 40 m/s 的情况，传动比 $i \leq 8$，传动效率为 0.95 ~ 0.98。

（四）滚子链和链轮

1. 滚子链的结构和标准

1）滚子链的结构

滚子链有单排、双排和多排之分，链条由若干内链节和外链节依次铰接而成。图 3-11 所示为单排滚子链结构，内链节由内链板、套筒和滚子组成，其中内链板与套筒以过盈配合连接，套筒与滚子以间隙配合相接，构成活动铰链，滚子可绕套筒自由转动；外链节由外链板和销轴组成，二者之间以过盈配合连接在一起；内链节和外链节之间用套筒和销轴以间隙配合相连。当链条屈伸时，套筒能够绕销轴自由转动，起着铰链的作用。当链条工作时，滚子与链轮轮齿相啮合，由于滚子是活套在套筒上的，故滚子与轮齿为滚动摩擦，减轻了二者之间的磨损。

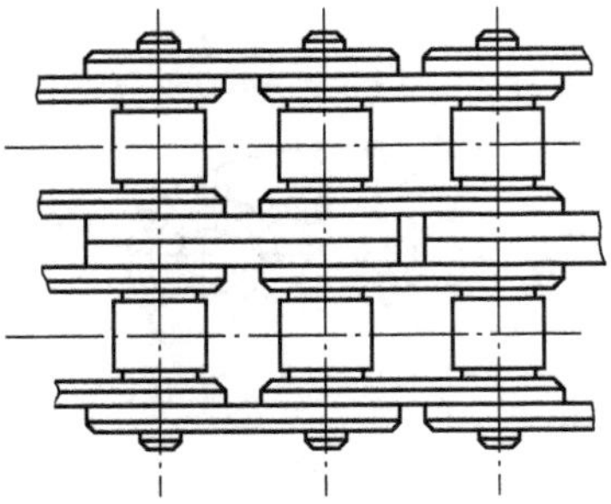

图 3－13　多排链

链条上相邻两销轴中心的距离 p 称为节距，它是链传动的基本特性参数。节距越大，链传动的功率越大，相应的链的各元件的尺寸也越大，且当链轮齿数确定后，节距大会使链轮直径增大。因此，当传递的功率较大时，可采用多排链，如图 3－13 所示。多排链的排数较多时，各排受载不均匀，因此实际应用中排数一般不超过 4 排。

2）滚子链的标准

我国目前使用的滚子链的标准为 GB/1243—2006，分为 A、B 两个系列，常用的是 A 系列。国际上链节距均采用英制单位，我国标准采用米制单位（从英制折算成米制）。对应于链节距有不同的链号，用链号乘以 25.4/16 mm 所得的数值即为链节距 p（mm）。

滚子链的长度以链节数来表示。接头形式如图 3－14 所示。当链节数为偶数时，内链板和外链板首尾相接，可用开口销（多用于大节距链）或弹簧卡（多用于小节距链）将销轴锁紧；当链节数为奇数时，采用过渡链板连接，但过渡链节的弯链板在工作时易产生附加弯曲应力，故应尽量避免采用，因此链节总数最好为偶数。

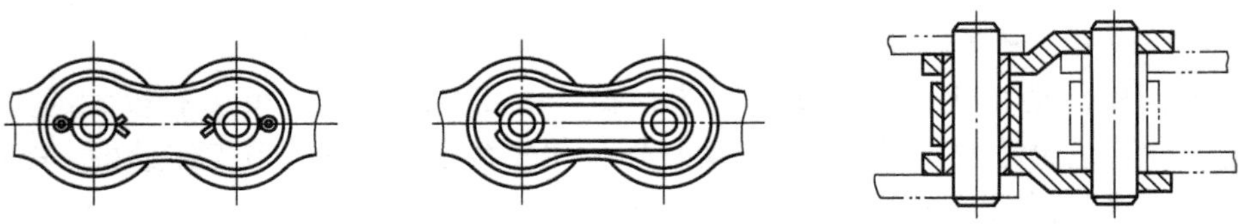

(a) 开口销　　(b) 弹簧夹　　(c) 过渡链节

图 3－14　滚子链的接头形式

滚子链的标记由链号、排数×链节数、标准号组成。例如：A 系列，节距 31.75 mm，60 节的滚子链标记为 20A—2×60　GB/T 1243—2006。

2. 链轮的结构和材料

1）链轮的结构

图 3－15 所示为几种不同形式的链轮结构。一般情况下小直径链轮采用实心式，中等尺寸链轮采用孔板式或辐板式，大直径链轮可采用装配式结构，以便更换齿圈。装配方式可以是焊接，也可以是螺栓连接。

2）链轮的材料

链轮材料的选择依据是：应能保证轮齿具有足够的强度和耐磨性。常用材料见表 3－14。

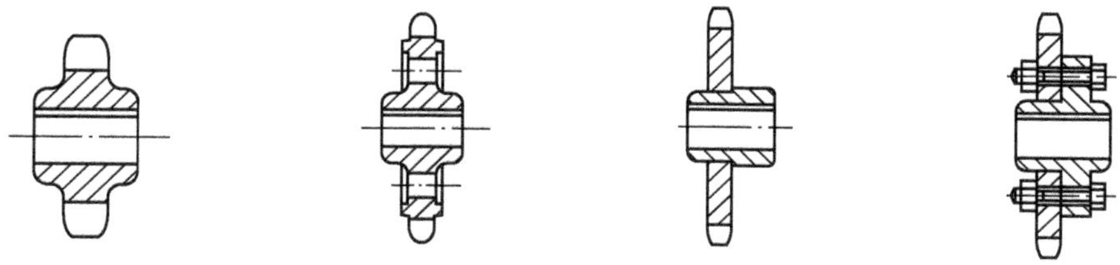

(a) 实心式链轮　　(b) 孔板式链轮　　(c) 焊接式链轮　　(d) 螺栓连接式链轮

图 3-15　链轮结构

表 3-14　链轮常用材料及应用范围

链轮材料	齿面硬度	应用范围
15、20	50～60HRC	$Z\leqslant25$ 有冲击载荷的主、从动链轮
35	160～200HBS	$Z\geqslant25$ 的主动链轮
45、50、ZG310～570	40～45HRC	无激烈冲击、振动；易磨损条件下工作的主、从动链轮
15Cr、20Cr	50～60HRC	$Z<25$ 的大功率传动
35SiMn、40Cr、35CrMo	40～50HRC	重要的、使用 A 级链条传动的主、从动链轮
Q235、Q275	≈170HBS	中速、中等功率，较大的链轮
不低于 HT200 的灰铸铁	260～280HBS	$Z>25$ 的从动链轮

（五）链传动的布置、张紧、润滑及维护

1）链传动的布置

为了使链传动能正常工作，应注意其合理布置（表 3-15），链传动的合理布置原则简要说明如下：

（1）两链轮的回转平面必须布置在同一垂直平面内，不能布置在水平或倾斜平面内。

（2）两链轮中心连线最好是水平的，也可以与水平面呈 45°以下的倾斜角，尽量避免垂直传动，以避免链的垂直度增大时链与链轮啮合不良或脱离啮合。

（3）一般应是链的紧边在上、松边在下；否则，当 i_{12} 较大、中心距 a 较小时，链条有可能无法从小链轮啮入，反而被卷入。

2）链传动的张紧

链条张紧的目的主要是为了避免垂直度过大时啮合不良和链条的振动；同时也是为了增加链条与链轮的包角。当两轮轴心连线倾斜角大于 60°时，通常设有张紧装置，如图 3-16 所示。

链条张紧的方法很多，常用的方法如下：

（1）当链传动中心距可以调整时，通过改变中心距来控制链条张紧程度。

（2）当中心距不能调整时，则应安装张紧轮来张紧链条。

（3）当链条磨损变长后从中去掉一两个链节，以恢复原有的长度。

张紧装置一般是紧压在松边靠近小链轮处。张紧轮可以是链轮，也可以是无齿的滚轮。

表3-15　链传动的布置

传动参数	正确布置	不正确布置	说　明
$i>2$ $a=(30\sim50)p$ i 与 a 较佳场合	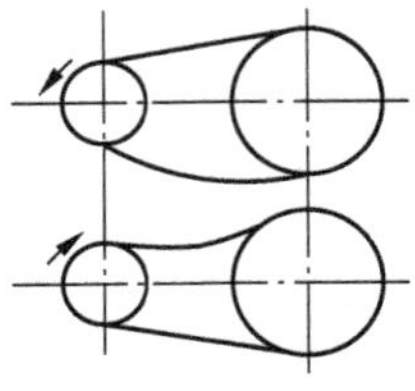	—	两轮轴线在同一水平面，紧边在上、在下均不影响工作
$i>2$ $a<30p$ i 大 a 小场合	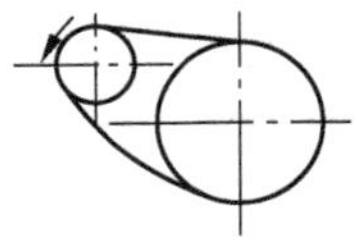	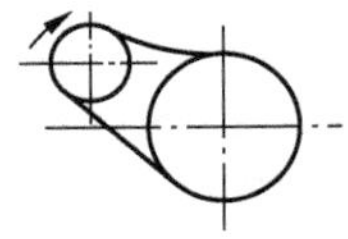	两轮轴线不在同一水平面，松边应在下面，否则松边下垂量增大后链条易与链轮卡死
$i<1.5$ $a>60p$ i 小 a 大场合	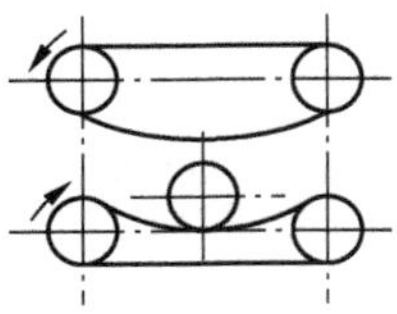		两轮轴线在同一水平面，松边应在下面，否则下垂量增大后，松边会与紧边相碰，需经常调整中心距
i 与 a 为任意值	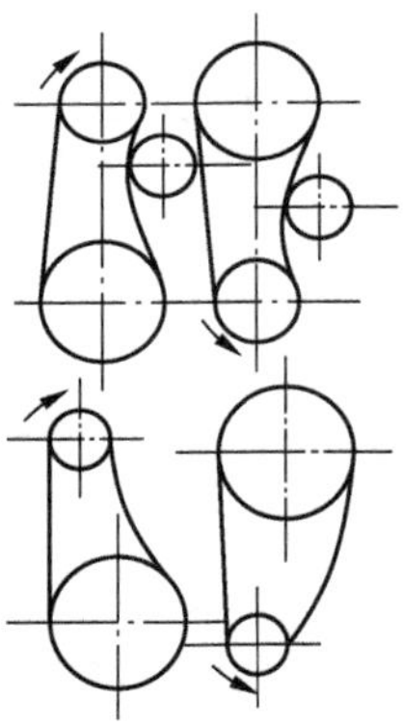	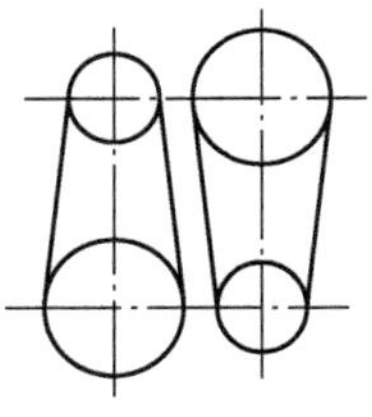	两轮轴线在同一铅垂面内，下垂量增大会减少下链轮有效啮合齿数，降低传动能力。为此应采用以下措施：中心距可调；设张紧装置；上下两轮错开，使两轮轴线不在同一铅垂面内

张紧轮的直径应与小链轮的直径相近。张紧轮有自动张紧及定期调整两种，前者多用弹簧、吊重等自动张紧，后者可用螺旋、偏心等调整装置，另外还可用压板和托板张紧。

3）链传动的润滑及维护

链传动润滑的目的是为了缓和冲击，减少磨损，提高工作能力和传动效率，延长使用寿命。链传动采用的润滑剂一般为全损耗系统用油，润滑油可选用 L-AN32、L-AN46、L-AN68 等。工作环境温度高或载荷大时宜选高黏度润滑油；反之则取低黏度润滑油。对开式链传动或低速重载链传动，可在油中加入 MOS_2、WS_2 等添加剂。对于低速又无法供油处可用润滑脂润滑。使用中应定期清洗链条，并注意检查链条的磨损情况。

常用的润滑方式有人工定期润滑、滴油润滑、油浴润滑、飞溅润滑和压力润滑。

人工定期润滑适用于低速（$v\leq4$ m/s）、不重要的链传动。

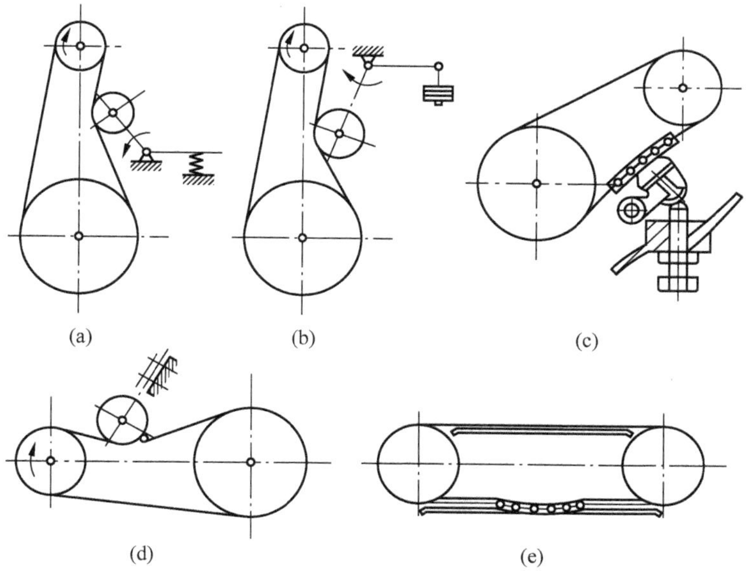

图 3－16　链传动的张紧装置

滴油润滑是用油杯通过油管滴入松边内、外链板间隙处，适于 $v \leqslant 10$ m/s 的传动。

油浴润滑是将松边的链条浸入油池中，浸油深度为 6～12 mm。

飞溅润滑是在密封容器中用甩油器将油甩起，经壳体上的集油装置将油导流到链条上。

压力润滑适用于 $v \geqslant 8$ m/s 的大功率重要设备，使用油泵将油喷射至链条与链轮啮合处。

思考与练习

1. 带传动工作时，截面上产生哪些应力？应力沿带全长是如何分布的？最大应力在何处？

2. 带传动张紧的目的是什么？张紧轮怎样布置较为合理？

3. 试比较链传动和带传动在适用范围、传动比、失效形式等方面有何不同？

4. 带传动的弹性滑动和打滑是如何产生的？对带传动有何影响？

5. 套筒滚子链中，滚子的作用是什么？

6. 链传动张紧的目的是什么？

7. 链传动中链的节数易采用奇数还是偶数？为什么？

8. 有一 A 型 V 带传动，主动轮转速 $n_1 = 1450$ r/min，从动轮转速 $n_2 = 400$ r/min，主动轮基准直径 $d_{d1} = 180$ mm，中心距 $a = 1600$ mm，V 带根数 $Z = 2$，载荷有振动，两班制。求允许传递的功率。

9. 试设计一 V 带传动。已知主动轮由电机驱动，电机功率 $P = 7.5$ kW，$n_1 = 1440$ r/min，传动比 $i = 4$，中心距 $a = 700$ mm，允许转速误差为 ±5%，两班制，载荷有轻微冲击。

任务二　齿轮传动结构分析与设计

一、工作任务

（一）任务概述

齿轮传动是机械传动中最重要、应用最广泛的一种传动形式。齿轮传动是通过齿轮间的啮合来传递运动和动力的，如图3－17所示。齿轮传动可实现变速和换向，如机床主轴、汽车后桥转弯机构调速等许多工程机械中的调速换向机构均使用了齿轮传动。本任务通过对齿轮结构的学习，了解齿轮的加工方法，掌握齿轮传动的一般设计方法。

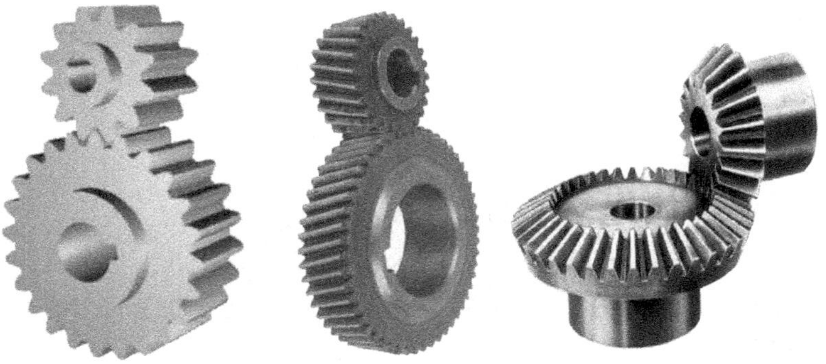

(a) 直齿圆柱齿轮　(b) 斜齿圆柱齿轮　(c) 直齿圆锥齿轮

图3－17　齿轮传动

（二）任务要求

1. 知识要求

（1）了解齿轮传动的类型和应用。

（2）掌握渐开线齿廓的形成及特性。

（3）掌握渐开线标准直齿圆柱齿轮各部分名称及基本参数的计算。

（4）掌握标准直齿圆柱齿轮的设计方法。

（5）了解斜齿、锥齿轮的传动特点及应用。

2. 能力要求

（1）明确各种类型齿轮传动的特点。

（2）能根据一定的条件设计标准直齿圆柱齿轮。

3. 态度要求

（1）能主动学习，在完成任务过程中发现问题、分析问题和解决问题。

（2）能与小组成员协商、交流配合完成本学习任务。

（3）严格遵守安全规范。

二、相关知识

（一）齿轮传动的类型与工作要求

和其他传动形式相比较，齿轮传动具有效率高、工作可靠、寿命长、传动比准确、结构紧凑等优点。但齿轮传动的制造、安装精度要求高，需用专用机床和刀具加工，制造成本高；精度低时，振动和噪声大，不适于轴间距离较大的传动。

1. 齿轮传动的类型

按照一对齿轮传动的传动比是否恒定，可以将齿轮传动分为非圆齿轮传动（传动比变化）及圆形齿轮传动（传动比恒定）两大类。本单元只分析圆形齿轮传动。圆形齿轮分类如下。

1）按工作条件分

（1）开式齿轮传动。没有防尘罩或机壳，齿轮完全外露，易落入灰砂和杂物，不能保证良好的润滑，轮齿易磨损，多用于低速、不重要的场合，在农业机械、建筑机械及一些简易的机械设备中常见。

（2）半开式齿轮传动。装有简单的防护罩，甚至在某些场合将大齿轮部分浸入油池中，润滑条件比开式齿轮传动好，但仍不能严密防止灰砂和杂物的侵入。

（3）闭式齿轮传动。齿轮和轴承完全封闭在箱体内，能保证良好的润滑和较高的啮合精度，广泛应用于汽车、机床及航空发动机等的齿轮传动中。

2）按轮齿齿廓曲线的形状分

（1）渐开线齿轮传动。最常见的一种齿轮传动方式。

（2）摆线齿轮传动。主要应用于计时、仪表仪器中。

（3）圆弧齿轮传动。主要应用于承载能力较强的传动场合。

3）按传动轴相对位置分

（1）平行轴齿轮传动。圆柱齿轮传动——直齿圆柱齿轮传动（图3－18a）、齿轮齿条传动（图3－18b）、斜齿圆柱齿轮传动（图3－18c）、人字齿圆柱齿轮传动（图3－18d）等。

（2）相交轴齿轮传动。锥齿轮传动——直齿锥齿轮传动（图3－18e）、斜齿锥齿轮传动（图3－18f）。

（3）交错轴齿轮传动。交错轴斜齿轮（螺旋齿轮）传动（图3－18g）、蜗杆传动（图3－18h）、曲齿锥齿轮传动（图3－18i）等。

4）按齿廓表面的硬度分

（1）软齿面齿轮传动。齿面硬度≤350HBS。

（2）硬齿面齿轮传动。齿面硬度＞350HBS。

2. 齿轮传动的基本要求

齿轮传动在工作过程中应满足两项基本要求：

（1）传动平稳，即要求齿轮传动的瞬时传动比恒定，以尽量减小冲击、振动和噪声。

（2）承载能力高，即要求齿轮具有足够的强度和刚度，能传递较大的动力，并有较长的使用寿命和较小的尺寸。

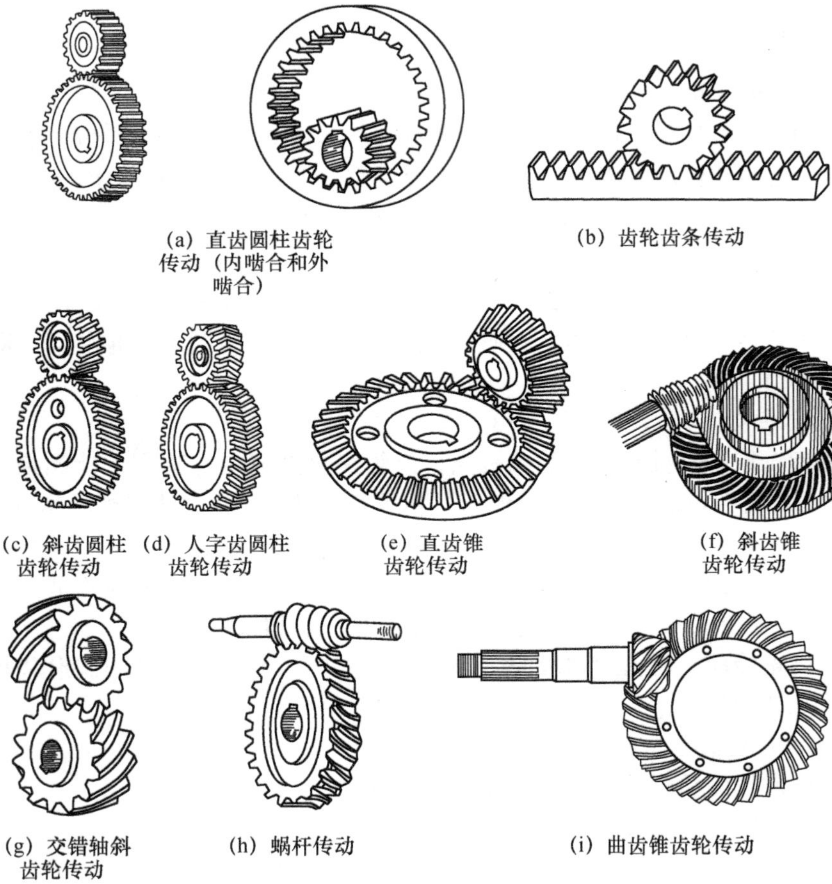

(a) 直齿圆柱齿轮传动（内啮合和外啮合） (b) 齿轮齿条传动

(c) 斜齿圆柱齿轮传动 (d) 人字齿圆柱齿轮传动 (e) 直齿锥齿轮传动 (f) 斜齿锥齿轮传动

(g) 交错轴斜齿轮传动 (h) 蜗杆传动 (i) 曲齿锥齿轮传动

图 3-18 齿轮传动的类型

对齿轮传动在设计、生产领域的一切研究，都是围绕上述两个基本要求而进行的。

（二）渐开线直齿圆柱齿轮齿廓形成及参数

实际应用中对齿轮传动的基本要求之一是保证传动中的瞬时传动比不变，从而获得连续、平稳的传动，能够满足这一要求的齿廓曲线很多，但考虑到制造、安装、强度等多方面的因素，目前机械传动中普遍采用的是渐开线齿廓、摆线齿廓和圆弧齿廓，其中以渐开线齿廓应用最广。

直齿圆柱齿轮是一种最基本的渐开线齿轮，它以性质相同、展开方向相反的两段渐开线作为齿轮的两侧齿廓，如图 3-19 所示。

1. 渐开线的形成及其性质

如图 3-20 所示，一条直线 NK（称为发生线）沿着半径为 r_b 的圆周（称为基圆）作纯滚动时，直线上任意点 K 的轨迹称为该圆的渐开线，渐开线所对应的中心角 θ_K 称为渐开线 AK 段的展角。

根据渐开线的形成过程，可知渐开线具有线—弧等性、法向特性、压力角特性、曲率特性等性质。

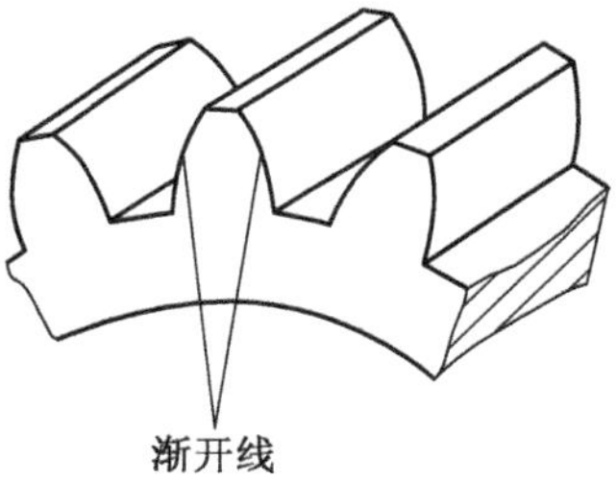

图 3-19　轮齿的齿廓

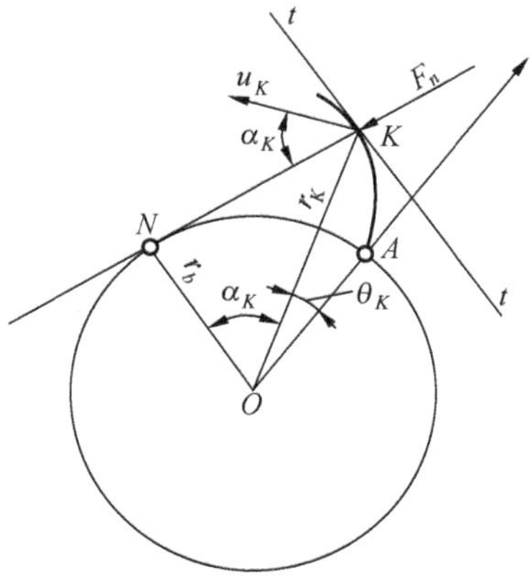

图 3-20　渐开线的形成及压力角

1）线—弧等性

相应的发生线在基圆上滚过的长度和基圆上被滚过的弧长相等，即

$$\widehat{NA} = NK$$

2）法向特性

渐开线上任意一点的法线必切于基圆。因为发生线在基圆上作纯滚动，所以它与基圆的切点 N 就是渐开线上 K 点的瞬时速度中心，发生线 NK 就是渐开线在 K 点的法线，同时也是基圆在 N 点的切线。

3）压力角特性

渐开线上各点压力角不等，离圆心越远处的压力角越大，基圆上压力角为零。渐开线上的任一点 K 的位置可用向径 r_K 和展角 θ_K 来表示，若以此渐开线作为齿轮的齿廓，当两齿轮在 K 点啮合时，其正压力方向沿着 K 点的法线即 NK 方向，而齿廓上 K 点的速度垂直于 OK 线。K 点的受力方向与速度方向之间所夹的锐角称为压力角 α_K，得到下式：

$$\alpha_K = \arccos \frac{r_b}{r_K} \tag{3-26}$$

式中　r_b——基圆半径；

r_K——K 点向径。

4）曲率特性

基圆半径越小，则渐开线的曲率半径就越小，曲线形状就越弯曲，反之亦然。当基圆半径无穷大时，渐开线将演变成直线，这就是齿条齿廓。

另外，由于发生线 NK 始终与基圆保持纯滚动关系，因此，渐开线的起点在基圆上，基圆内无渐开线。

2. 渐开线直齿圆柱齿轮的各部分名称、基本参数和几何尺寸

1）渐开线直齿圆柱齿轮各部分名称及代号

（1）齿顶圆。

连接各轮齿齿顶的圆称为齿顶圆，其半径和直径分别用 r_a、d_a 表示，如图 3-21 所示。

（2）齿根圆。

连接各轮齿齿根的圆称为齿根圆，其半径和直径分别用 r_f、d_f 表示。

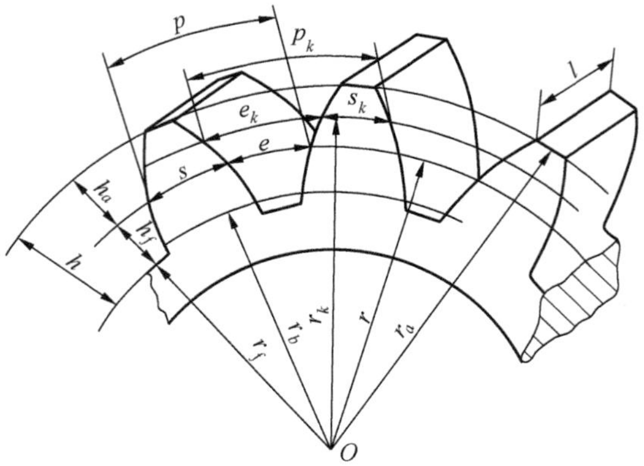

图 3-21　齿轮各部分名称

(3) 齿厚、齿槽宽和齿距。

一个齿的两侧端面齿廓之间的任意圆弧长度称为齿厚，用 s_k 表示。

一个齿槽的两侧端面齿廓之间的任意圆弧长度称为分度圆上的齿槽宽，用 e_k 表示。

相邻两齿同侧的端面齿廓之间的任意圆弧长度称为齿距，用 P_k 表示，$P_k = s_k + e_k$。

(4) 分度圆。

在齿顶圆和齿根圆之间取一个圆，作为计算、制造和测量齿轮尺寸的基准，该圆称为分度圆，其直径用 d 表示。为了简便，分度圆上的尺寸符号都不加角标。对于标准齿轮，分度圆上的齿厚与齿槽宽相等。

(5) 齿顶高、齿根高和齿高。

齿顶圆与分度圆之间的径向距离称为齿顶高，用 h_a 表示。

齿根圆与分度圆之间的径向距离称为齿根高，用 h_f 表示。

齿顶圆与齿根圆之间的径向距离称为齿高，用 h 表示，$h = h_a + h_f$。

2) 渐开线直齿圆柱齿轮的基本参数

(1) 齿数。

在齿轮整个圆周上轮齿的数目称为齿数，用 z 表示。模数、压力角一定时，齿数越多，齿轮几何尺寸越大，同时渐开线齿廓曲线越平缓。

(2) 模数。

分度圆直径 d 与齿距 p 及齿数 z 之间的关系为

$$\pi d = pz$$

或

$$d = \frac{p}{\pi} z$$

在工程上规定，将 $\frac{p}{\pi}$ 称为齿轮的模数，以 m 表示，单位为 mm，即

$$m = \frac{d}{\pi} \quad \text{或} \quad p = m\pi \tag{3-27}$$

所以

$$d = mz \tag{3-28}$$

模数是齿轮的一个重要参数，是齿轮所有几何尺寸计算的基础。显然 m 越大，p 越

大，轮齿的尺寸也越大，其轮齿的抗弯能力也越高。我国已规定了齿轮模数的标准系列，见表3－16。在设计齿轮时，m 必须取标准值。

表3－16 渐开线圆柱齿轮模数（GB 1357—2008） mm

第一系列	1	1.25	1.5	2	2.5	3	4	5	6	8	10	12	16	20	25	32	40	50
第二系列	1.125	1.375	1.75	2.25	2.75	3.5	4.5	5.5	(6.5)7	9	11	14	18	22	28	35	45	

注：1. 本标准适用于渐开线圆柱齿轮，对于斜齿轮是指法面模数。

2. 选取时，优先选用第一系列，括号内的模数尽可能不用。

（3）压力角。

由渐开线的性质可知，渐开线上各点的压力角是变化的。国家规定分度圆上的压力角为标准值 $\alpha=20°$。此外，在汽车、航空工业或国外的标准中，有时还有采用22.5°或25°等压力角。

（4）齿顶高系数和顶隙系数。

为了以模数 m 作为基本参数进行计算，可取

$$\begin{cases}h_a=h_a^* m\\h_f=(h_a^*+c^*)m\end{cases}\tag{3-29}$$

式中 h_a^*——齿顶高系数，我国标准规定，正常齿制 $h_a^*=1$，短齿制 $h_a^*=0.8$；

c^*——顶隙系数，我国标准规定，正常齿制 $c^*=0.25$，短齿制 $c^*=0.3$。

短齿制齿轮主要用于汽车、坦克、拖拉机、电力机车等。

一对齿轮互相啮合时，为避免一个齿轮的齿顶与另一个齿轮的齿槽底相抵触，同时还能储存润滑油，所以必须在一个齿轮的齿根圆柱面与配对齿轮的齿顶圆柱面之间留出间隙，该间隙称为顶隙，用 c 表示，其值为

$$c=c^* m\tag{3-30}$$

综上所述，z、m、α、h_a^*、c^* 是渐开线齿轮几何尺寸计算的5个基本参数。m、α、h_a^*、c^* 为标准值，且 $s=e$ 的齿轮，称为标准齿轮。

3）标准直齿圆柱齿轮几何尺寸计算

渐开线直齿圆柱齿轮分为外齿轮、内齿轮和齿条3种标准直齿圆柱齿轮，其几何尺寸计算公式见表3－17。

表3－17 渐开线标准直齿圆柱齿轮几何尺寸计算公式

名称	符号	公式		
		外齿轮	内齿轮	齿条
齿顶高	h_a	$h_a=h_a^* m$		
齿根高	h_f	$h_f=(h_a^*+c^*)m$		
齿高	h	$h=(2h_a^*+c^*)m$		
齿距	p	$p=m\pi$		
齿厚	s	$s=\frac{\pi m}{2}$		
齿槽宽	e	$e=\pi m/2$		
顶隙	c	$c=c^* m$		

表 3-17（续）

名 称	符 号	公 式		
		外齿轮	内齿轮	齿 条
分度圆直径	d	$d=mz$		
齿顶圆直径	d_a	$d_a=(z+2h_a^*)m$	$d_a=(z-2h_a^*)m$	
齿根圆直径	d_f	$d_f=(z-2h_a^*-2c^*)m$	$d_f=(z+2h_a^*+2c^*)m$	
基圆直径	d_b	$d_b=mz\cos\alpha$		
标准中心距	a	$a=m(z_1+z_2)/2$		

（三）渐开线标准直齿圆柱齿轮的啮合传动

齿轮传动是靠主动齿轮的轮齿齿廓依次推动从动轮齿廓来实现的。两轮的瞬时角速度之比称为传动比。即

$$i_{12}=\frac{\omega_1}{\omega_2}=\frac{n_1}{n_2}$$

通常主动轮用“1”表示，从动轮用“2”表示。ω_1、n_1 是主动轮的角速度，ω_2、n_2 是从动轮的角速度。式中 i_{12} 只表示传动比的大小，不考虑两齿轮的转动方向。

1. 齿廓啮合基本定律

两相互啮合的齿廓 E_1 和 E_2 在 K 点接触，如图 3-22 所示，过 K 点作两齿廓的公法线 nn，它与连心线 O_1O_2 的交点 C 称为节点。以 O_1、O_2 为圆点，以 r'_1、r'_2 为半径所作的圆称为节圆，因两齿轮的节圆在 C 点处作相对纯滚动，故可推得

$$i=\frac{\omega_1}{\omega_2}=\frac{O_2C}{O_1C}=\frac{r_2'}{r_1'} \tag{3-31}$$

由此得出：一对传动齿轮的瞬时角速度与其连心线被齿廓接触点的公法线所分割的两线段长度成反比，这个定律称为齿廓啮合基本定律。由此推论，欲使两齿轮瞬时传动比恒定不变，齿廓的形状必须能保证不论齿廓在任何位置接触，过接触点所作的两齿廓的公法线必须与连心线交于一定点 C。

凡能满足齿廓啮合基本定律而相互啮合的一对齿廓称为共轭齿廓。从理论上讲共轭齿廓曲线形状很多，然而在选择齿廓曲线时，除应满足齿廓啮合基本定律外，还必须满足制造、安装和强度等方面的要求。因此，机械中常采用渐开线、摆线或圆弧等几种曲线作为齿轮的齿廓曲线。

2. 渐开线直齿圆柱齿轮传动的啮合特性

1）瞬时传动比恒定性

如图 3-23 所示，根据齿廓啮合定律，渐开线齿廓 E_1、E_2 在任意点 K 接触，过 K 点作两齿廓的公法线 nn 与两轮的连心线 O_1O_2 交于点 C。根据渐开线特性，此公法线 nn 必同时与两基圆相切，其切点为 N_1 和 N_2，即 nn 必为两基圆的内公切线。在齿轮传动过程中，两基圆的大小及位置不变，即两基圆为定圆。而两定圆在同一方向的内公切线只有一条，它与连心线交点的位置不变。故两齿廓无论在何处接触，过接触点所作两齿廓的公法线必与两轮连心线 O_1O_2 交于定点 C，即节点为一定点，即

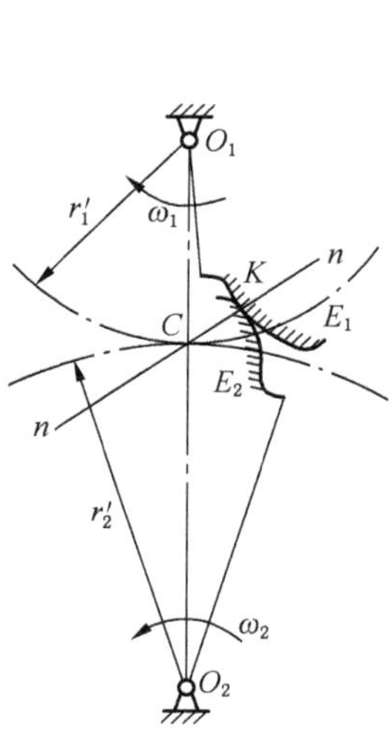

图 3－22　齿廓啮合基本定律

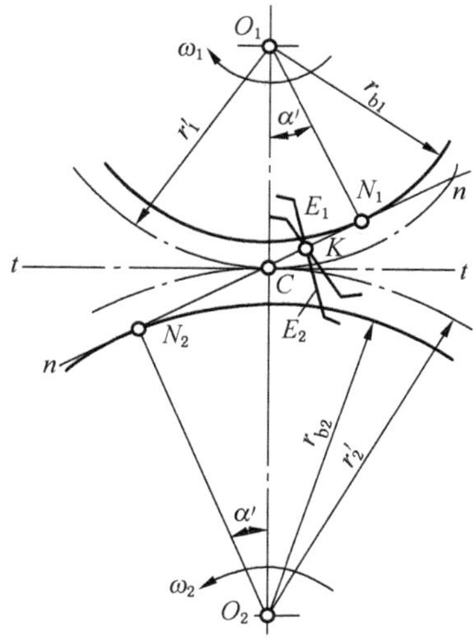

图 3－23　渐开线齿廓的啮合特性

$$i=\frac{\omega_1}{\omega_2}=\frac{O_2C}{O_1C}=\text{常数}$$

所以，瞬时传动比恒定。

2）中心距具有可分性

由图 3－23 可知，三角形 O_1N_1C 与三角形 O_2N_2C 为相似三角形，可推得

$$\frac{O_2C}{O_1C}=\frac{O_2N_2}{O_1N_1}=\frac{r_{b2}}{r_{b1}}$$

代入式（3－32）中，得

$$i=\frac{\omega_1}{\omega_2}=\frac{O_2C}{O_1C}=\frac{r_{b2}}{r_{b1}} \tag{3-32}$$

式（3－32）表明，渐开线齿轮的传动比又等于两基圆半径的反比。当渐开线齿轮加工完成后，两轮的基圆大小就已完全确定，所以传动比 i_{12} 是一个定值。这一特点对渐开线齿轮的加工和装配十分有利。由于加工和装配的误差，会使两齿轮的实际中心距与设计中心距略有偏差，这一偏差的存在对两轮基圆半径的大小毫无影响，故不改变定传动比的要求。渐开线齿廓啮合的这一特性，称为中心距的可分性。

3）传力方向不变

通过上述分析可以得知，一对渐开线齿廓在啮合过程中，无论在哪点啮合，过啮合点的两齿廓公法线都是两基圆的内公切线 N_1N_2，一对渐开线齿廓在啮合过程中的所有啮合点都应在 N_1N_2 线上。因此，N_1N_2 线也是一对齿廓啮合点的轨迹，称为啮合线。啮合线 N_1N_2 与两节圆的内公切线 tt 之间所夹的锐角 α'，称为啮合角。显然啮合角在数值上等于渐开线在节圆上的压力角。在传动过程中，由于啮合线位置固定，因此啮合角为常数。

不计摩擦时，两齿廓间的作用力方向必为过接触点的公法线方向，即啮合线方向。由于啮合线位置固定不变，所以，两渐开线齿廓无论在任何位置啮合，其齿廓间的作用力方向（即传力方向）也始终不变，这对齿轮的平稳传动以及齿轮、轴、轴承等零部件的强度和寿命是有利的。

4）齿廓间具有相对滑动

当一对渐开线齿郭的齿轮啮合传动时，接触点 K 的速度分别为 v_{K1} 和 v_{K2}，v_{K1} 和 v_{K2} 在公法线 nn 上的分速度必须相等，但是 v_{K1} 和 v_{K2} 不相等，所以在齿郭间必将产生相对滑动，且相对滑动速度的大小是随啮合点的位置不同而改变的，从而引起摩擦，并导致齿表面磨损。

3. 齿轮传动的正确啮合条件、重合度

1）齿轮传动的正确啮合条件

如图 3－24 所示，一对渐开线齿轮要正确啮合，必须使处于啮合线上的各对齿轮都能正确进入啮合状态，也就是说，两轮的相邻轮齿同侧齿廓沿法线的距离（称向齿距 p_n）必须相等，即 $p_{n1}=p_{n2}$。否则，如图 3－25 所示，前对齿在 a_1 点啮合时，后对齿不是相互嵌入就是分离，均不能正确啮合。

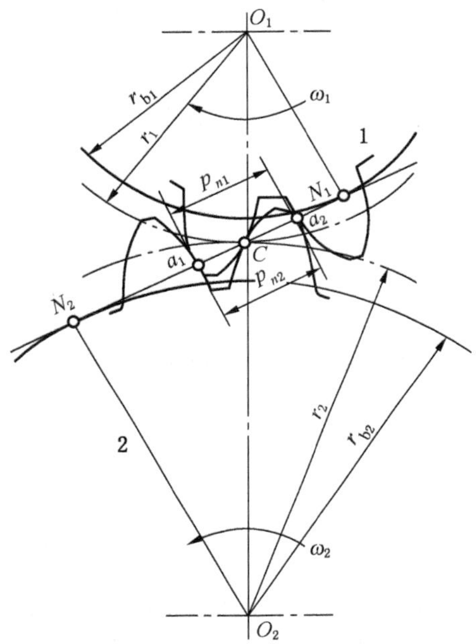

图 3－24　正确啮合条件

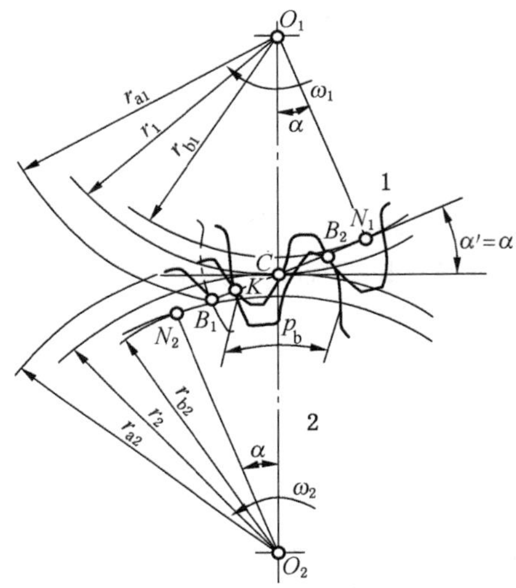

图 3－25　连续传动条件

由渐开线性质可知：齿轮法向齿距等于基圆上的齿距（以 p_b 表示），$p_{n1}=p_{n2}$ 也可以写成 $p_{b1}=p_{b2}$，由此可得

$$\pi m_1\cos\alpha_1=\pi m_2\cos\alpha_2$$

即

$$m_1\cos\alpha_1=m_2\cos\alpha_2$$

由于模数和压力角都是标准值，所以满足上式的条件必须是两轮的模数和压力角分别相等，即

$$\begin{cases}m_1=m_2=m\\ \alpha_1=\alpha_2=\alpha\end{cases}\tag{3-33}$$

由此得出渐开线标准直齿圆柱齿轮的正确啮合条件是：两轮的模数和压力角必须分别相等。

由相互啮合齿轮模数相等的条件，可推出一对齿轮的传动比为

$$i_{12}=\frac{\omega_1}{\omega_2}=\frac{d_2'}{d_1'}=\frac{d_{b2}}{d_{b1}}=\frac{d_2}{d_1}=\frac{mz_1}{mz_2}=\frac{z_2}{z_1} \tag{3-34}$$

2）齿轮传动的重合度及连续传动条件

如图 3-25 所示，设轮 1 为主动轮（顺时针转动），轮 2 为从动轮（逆时针转动）。轮 1、轮 2 的一对齿廓开始啮合时，是主动轮的齿根推动从动轮的齿顶，因两齿廓只能在啮合线上啮合，所以啮合始点是从动轮的齿顶圆与啮合线 N_1N_2 的交点 B_2。同理，主动轮的齿顶圆与啮合线 N_1N_2 的交点 B_1，必为两轮齿廓的啮合终点。线段 B_1B_2 为啮合点的实际轨迹，称为实际啮合线段。显然，两轮齿顶圆越大，点越接近 N_2、N_1 点，但因基圆内无渐开线，故实际啮合线段的 B_1、B_2 点不可能超过极限点 N_2 和 N_1。线段 N_1N_2 为理论上可能的最长啮合线段，称为理论啮合线段。

为了使一对齿轮的正确啮合传动不至于中断，必须保证在前一对轮齿啮合还没有脱离，后一对轮齿就已进入啮合，这种传动称为连续传动。此时，要求实际啮合线段 B_1B_2 的长度大于齿轮的法向齿距 p_b，因此，保证连续传动的条件是

$$B_1B_2 \geqslant B_2K$$

由渐开线性质可知，$B_2K=p_b$，经整理，齿轮连续传动的条件可写作：

$$\varepsilon=\frac{B_1B_2}{p_b}\geqslant 1 \tag{3-35}$$

式（3-35）中的 ε 为重合度，表示实际啮合线 B_1B_2 与基圆齿距 p_b 的比值。重合度 ε 越大，表示同时参加啮合的轮齿对数越多，传动越平稳。上述重合度 $\varepsilon \geqslant 1$ 是理论上的连续传动条件，当考虑制造误差影响时，应使重合度 $\varepsilon > 1$。对于标准直齿圆柱齿轮传动，其重合度一般大于 1 就可保证连续传动。在一般机械制造中 $\varepsilon=1.1\sim1.4$。

（四）渐开线齿轮的加工和检测

1. 渐开线齿轮的加工

齿轮的齿廓加工方法有铸造、热轧、冲压、粉末冶金和切削加工方法等。根据切齿原理的不同，最常用的是切削加工方法，切削加工方法又可分为仿形法和范成法两种。

1）仿形法

在普通铣床上用与被切齿轮轮齿齿槽形状完全相同的仿形铣刀直接切出齿形的方法称为仿形法。仿形法主要用于单件小批量生产中，加工精度要求不高的齿轮。成形铣刀分为盘形铣刀和指形铣刀两种，如图 3-26 所示，这两种铣刀的轴向剖面均作成渐开线齿轮齿槽的形状。加工时齿轮毛坯固定在铣床上，每切完一个齿槽工件退出，分度头使齿坯转过 $360°/z$（z 为齿数）再进刀，依次切出各齿槽。

渐开线轮齿的形状是由模数、齿数、压力角 3 个参数决定的，加工模数和压力角相同、齿数不同的齿轮时，应采用不同的刀具，而这在实际生产中是不可能的。为了减少标准刀具种类，在允许的齿形误差范围内，生产中常用同一把铣刀加工模数和压力角相同、齿数不同的齿轮。

仿形法铣齿不需要专用机床，但齿形误差及分齿误差都较大，一般只能加工 9 级以下精度的齿轮。

2）范成法

利用一对齿轮（或齿轮齿条）啮合时两齿轮齿廓互为包络线原理切齿的方法称为范

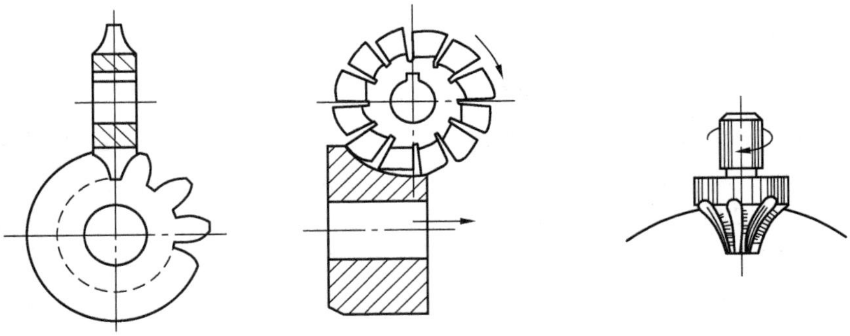

(a) 盘形铣刀　　(b) 指形铣刀

图 3－26　仿形法铣齿

成法。加工时，刀具与齿坯的运动就像一对互相啮合的齿轮，在相对运动中，刀具将齿坯切出渐开线轮廓。目前生产中大量应用的插齿、滚齿、剃齿、磨齿等都采用范成法原理。

（1）插齿。

插齿是利用一对齿轮啮合的原理进行展成加工的方法，如图 3－27 所示。插齿刀实质上是一个淬硬的齿轮，但齿部开出切削角度，具有刀刃，其模数和压力角与被加工齿轮相同。插齿时，插齿刀沿齿坯轴线作上下往复切削运动，同时强制性地使插齿刀的转速与齿坯的转速保持一对渐开线齿轮啮合的运动关系，即展成运动。为了防止插刀退刀时擦伤已加工的齿廓表面，在退刀时还需作小距离的让刀运动。另外，为了切出轮齿的整个高度，插刀还需要向轮坯中心移动，作径向进给运动。通过 4 个运动的工作过程，就能加工出与插齿刀相同模数、压力角以及具有给定齿数的渐开线齿轮。

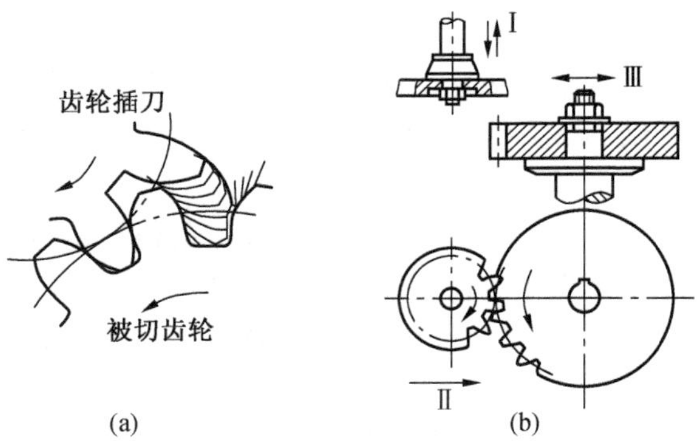

(a)　　(b)

图 3－27　插齿加工

（2）滚齿。

滚齿是利用展成原理，采用齿轮滚刀在齿坯上加工出齿形的方法，如图 3－28 所示。

滚齿加工中，滚刀形状为一有切削刃的螺旋，它的轴向剖面为一齿条。滚刀转动时，相当于齿条作轴向运动，滚刀每转一圈，齿条移动一个导程的距离，此时齿坯被强制性地转过相应个齿。控制对滚关系，滚刀印在齿坯上包络切出渐开线齿形。滚刀除旋转外，还沿轮坯的轴向缓慢移动以切出全齿宽。滚齿连续加工，生产效率高，可加工直齿圆柱齿轮和斜齿圆柱齿轮。

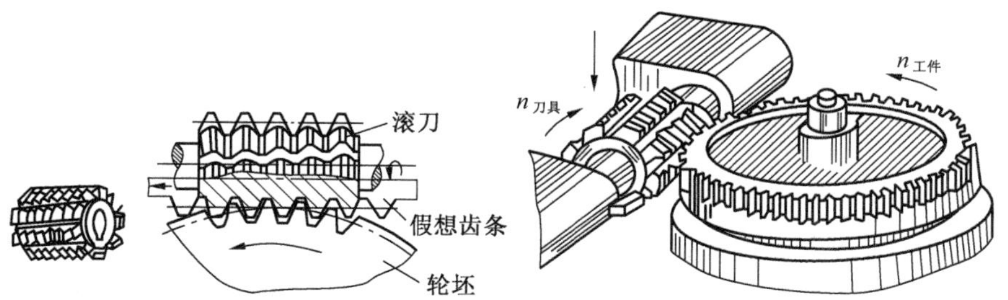

(a)　　　　　　　　(b)

图 3－28　滚齿加工

范成法利用一对轮齿啮合的原理加工，一把刀具可加工同模数、同压力角的各种齿数的齿轮，而齿轮的齿数是靠齿轮机床中的传动链严格保证刀具与工件间的相对运动关系来控制的。滚齿和插齿可加工 7 ~ 8 级精度的齿轮，是目前齿轮加工的主要方法。

2. 渐开线齿轮的根切现象和最少齿数

用范成法加工齿轮时，若刀具的齿顶线与啮合线的交点 M 超过理论啮合线的极限点 N_1 时，被加工齿轮齿根附近的渐开线齿廓被切去一部分的现象，称为根切现象，如图 3－29 所示，根切不仅使齿轮根部削弱，弯曲强度降低，而且使重合度减小，因此，应设法避免。

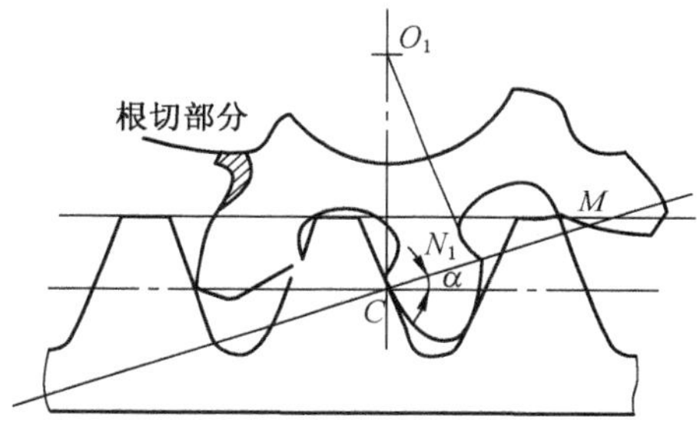

图 3－29　根切的产生

用范成法加工齿轮时，齿轮齿数越少，就越易发生根切现象。当齿数 $z \geqslant 2h_a^* / \sin^2\alpha$ 时，就能避免根切，所以用齿条插刀或滚刀切制标准直齿圆柱齿轮时，不发生根切的最少齿数计算公式为

$$z_{\min} = \frac{2h_a^*}{\sin^2\alpha} \tag{3-36}$$

由此可以得出，标准齿轮不发生根切的最小齿数为：正常齿制（$h_a^* = 1$，$\alpha = 20°$），$z_{\min} = 17$；短齿制（$h_a^* = 0.8$，$\alpha = 20°$），$z_{\min} = 14$。若允许略有根切，则正常齿标准直齿圆柱齿轮的实际最少齿数可取 14。

3. 渐开线齿轮检测

1）选择齿轮精度的基本要求

（1）传递运动准确性要求。齿轮在传动过程中，当主动轮转过一定角度时，从动轮应按照传动比精确地转过相应的角度。但由于制造误差，致使从动轮实际转过的角度存在一定误差。所以，要求齿轮每转一周时，转角误差的最大值不得超过规定的范围。

（2）工作平稳性要求。齿轮在传动过程中，由于齿形及齿距的制造误差，致使瞬时传动比不能保持常数，即齿轮在每转一周的过程中多次重复出现速度波动，特别是在高速传动中将会引起振动、冲击和噪声。为此，要求这种速度波动不得超过规定的范围。

（3）载荷分布均匀性要求。在齿轮传动中，为了避免沿齿长线方向载荷分布不均匀而出现载荷集中，希望齿面接触区大而均匀并符合规定要求。

（4）齿侧间隙要求。在齿轮传动中，为了防止由于齿轮的制造误差和热变形而使轮齿卡住，且齿廓间能存留润滑油，要求有一定的齿侧间隙。对于在高速、高温、重载条件下工作的闭式或开式齿轮传动，应选取较大的齿侧间隙；对于在一般条件下工作的闭式齿轮传动，可选取中等齿侧间隙；对于经常反转而转速不高的齿轮传动，应选取较小的齿侧间隙。

2）渐开线圆柱齿轮精度

在 GB/T 10095. 1—2008 中对渐开线圆柱齿轮规定了 13 个精度等级，其中 0 级精度最高，12 级精度最低，常用 6 ~ 9 级。齿轮精度等级主要根据传动的使用条件、传递的功率、圆周速度以及经济等要求决定。

齿轮每个精度等级的公差根据对运动准确性、传动平稳性和载荷分布均匀性三方面要求，划分成 3 个公差组，即第Ⅰ公差组、第Ⅱ公差组、第Ⅲ公差组。在一般情况下，可选 3 个公差组为同一精度等级，但也允许根据使用要求的侧重点不同选择不同精度等级的公差组组合。例如，用于常规动力传动的齿轮，对传动平稳性的要求相对严格，因此第Ⅱ公差组的精度等级应为最高，也是首先确定等级的公差组。精度等级 6 ~ 9 级的选择可参阅表 3 - 18。第Ⅲ公差组一般不得低于第Ⅱ公差组的精度等级。第Ⅰ公差组和第Ⅲ公差组的精度等级可参阅有关手册加以确定。

表 3 - 18　齿轮传动精度等级及应用

精度等级	圆周速度 $v/(m \cdot s^{-1})$			应用举例
	直齿圆柱齿轮	斜齿圆柱齿轮	直齿锥齿轮	
6	≤15	≤30	≤9	高速重载的齿轮传动，如机床、汽车和飞机中的重要齿轮，分度机构的齿轮，高速减速器的齿轮等
7	≤10	≤20	≤6	高速中载或中速重载的齿轮传动，如标准系列减速器的齿轮，机床和汽车变速箱中的齿轮等
8	≤5	≤9	≤3	一般机械中的齿轮传动，如机床、汽车和拖拉机中一般的齿轮，起重机械中的齿轮，农业机械中的重要齿轮等
9	≤3	≤6	≤2. 5	低速重载的齿轮，低精度机械中的齿轮等

3）渐开线圆柱齿轮的检测项目

机械工程上，由于无法准确测量弧齿厚，因此，公法线长度和分度圆弦齿厚是齿轮检验中常用的齿厚测量项目。

（1）公法线长度测量计算。

如图 3 - 30 所示，用卡尺的两个卡角跨越 K 个轮齿切于渐开线齿廓的 A、B 两点，该两点间的距离 AB 称为被测齿轮跨 K 个齿的公法线长度，用 W 表示。

$$W = (K - 1)p_b + S_b \tag{3-37}$$

式中　p_b——基圆齿距；

S_b——基圆齿厚。

将标准齿轮的 p_b 和 S_b 计算公式代入式（3 - 37）整理后可得到标准齿轮的公法线长度计算公式：

$$W = m\cos[(K-0.5)\pi + \tan\alpha - \alpha] \tag{3-38}$$

若 $\alpha = 20°$，则

$$W = m[2.9521(K-0.5) + 0.014z] \tag{3-39}$$

测量公法线长度时，应使卡尺的量脚平面与齿廓在分度圆附近相切，这样测得的才是准确的公法线。根据这一要求，跨齿数 K 应满足：

$$K = \frac{\alpha}{180°}z + 0.5$$

若 $\alpha = 20°$，则

$$K = 0.111z + 0.5 \tag{3-40}$$

计算出的 K 值应取为整数。

为了计算方便，通常公法线长度可用下式计算：

$$W = mW'$$

式中　W'——模数 m 为 1 mm 的标准齿轮的公法线长度。

（2）分度圆弦齿厚的测量。

当齿轮的模数或外廓尺寸较大时，测量公法线长度将受量具的限制，很不方便，这时通常测量轮齿的分度圆弦齿厚，如图 3－31 所示。轮齿两侧齿廓与分度圆的两个交点 A、B 间的距离，称为分度圆弦齿厚，以 $\bar{s}$ 表示。齿顶到分度圆弦 AB 间的径向距离，称为分度圆弦齿高，以 $\bar{h}$ 表示。

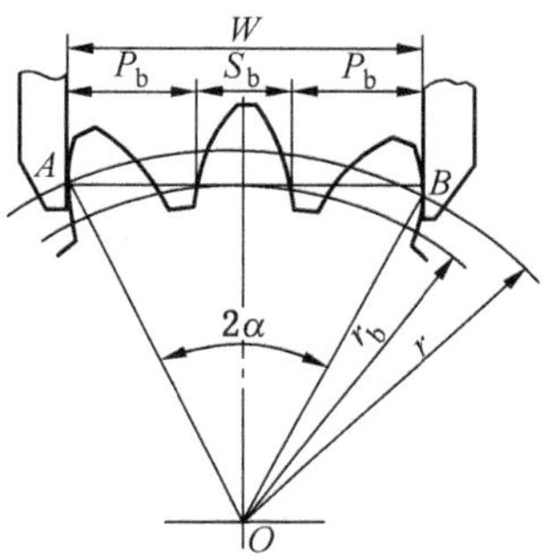

图 3－30　齿廓公法线测量

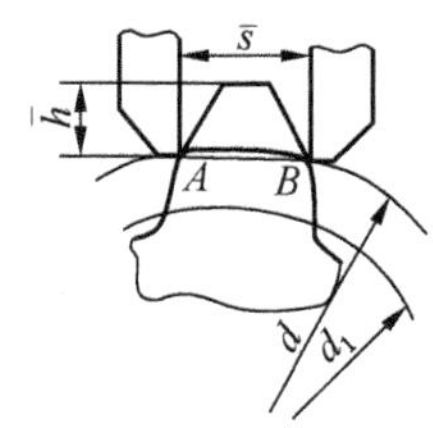

图 3－31　分度圆弦齿厚测量

标准直齿圆柱齿轮的分度圆弦齿厚和分度圆弦齿高的计算公式为

$$\bar{s} = mz\sin\frac{90°}{z} \tag{3-41}$$

$$\bar{h} = r\left[1 - \cos\left(\frac{90°}{z}\right)\right] + ha \tag{3-42}$$

$\bar{s}$ 的测量是以齿顶圆为基准的，因此齿坯外圆的加工精度对测量结果有影响，在测量数据处理上要加以考虑。

（五）齿轮的失效和齿轮的材料

齿轮传动是靠轮齿的啮合来传递运动和动力的，轮齿失效是齿轮的主要失效形式。在实际应用过程中，由于齿轮的材料、热处理方式、工作条件不同，轮齿的失效形式也不同，分析轮齿的失效形式有助于建立齿轮设计准则，提出防止和减轻失效的措施。

1. 齿轮常见的失效形式

1）轮齿折断

因为齿根是应力集中部位，一般轮齿折断发生在齿根部位。它又分为疲劳折断和过载折断两种类型。

（1）疲劳折断。

轮齿受力后齿根部受弯曲应力的反复作用，当齿根过渡圆角处的交变应力超过了材料的疲劳极限时，其拉伸侧将产生疲劳裂纹，裂纹不断扩展，最终造成轮齿的弯曲疲劳折断，如图 3 – 32 所示。

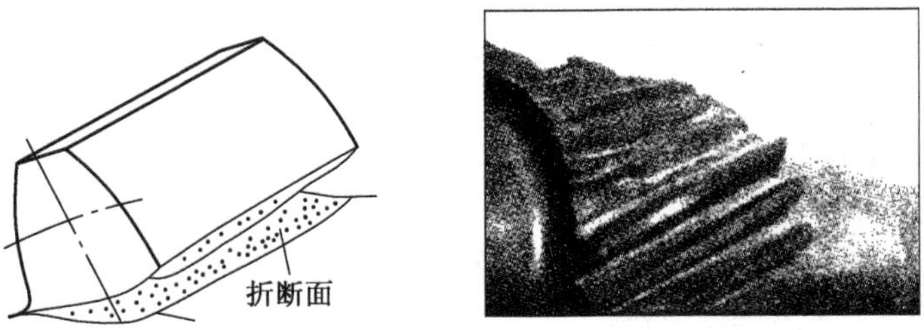

(a) 折断示意图　　(b) 折断实物

图 3 – 32　轮齿折断

（2）过载折断。

齿轮严重过载或受冲击载荷作用，或经严重磨损后齿厚过分减薄时，导致齿根危险截面上的应力超过极限值而发生的突然折断，称为过载折断。

从折断现象来看，折断有全齿折断和局部折断。前者一般发生在齿宽较小的直齿圆柱齿轮上；后者齿根裂纹沿倾斜方向扩展，往往发生在齿宽较大的直齿圆柱齿轮、斜齿圆柱齿轮及人字齿轮上。

选用合适的材料和热处理方法，使齿根芯部有足够的韧性；采用正变位齿轮，增大齿根圆角半径，对齿根进行喷丸、碾压等强化处理工艺，均可提高轮齿的抗折断能力。

2）齿面点蚀

轮齿工作时，齿面受到循环变化的接触应力，当齿面接触应力超过材料的接触疲劳极限时，在载荷多次重复作用下，首先在靠近节线的齿根表面产生微小的疲劳裂纹，随着裂纹的扩展，最后导致齿面金属微粒剥落下来，如图 3 – 33 所示，形成一些齿面麻点状凹坑，称为齿面疲劳点蚀，简称点蚀，分为早期点蚀和破坏性点蚀。

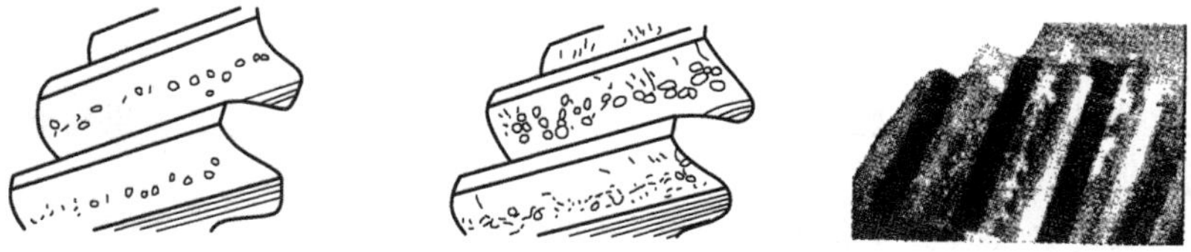

(a) 早期点触　　(b) 破坏性点触　　(c) 点触实物

图 3 – 33　齿面疲劳点蚀

（1）早期点蚀。

对于软齿面齿轮，齿轮工作初期，相啮合的齿面接触不良造成局部应力过高会出现麻点。经过一段时间啮合后，接触应力趋于均匀，麻点不再扩展，甚至消失，这种点蚀称为早期点蚀。

（2）破坏性点蚀。

如果点蚀面积不断扩大，麻点数量不断增多，点蚀坑大而深，就会发展成破坏性点蚀。这种点蚀一旦发生，会产生强烈的振动和噪声，导致齿轮失效。

在软齿面（HBS≤350）的闭式传动中，齿面疲劳点蚀是轮齿的主要失效形式。在开式传动中，由于齿面磨损较快，微小裂纹来不及蔓延即被磨掉，所以一般看不到点蚀现象。硬齿面齿轮（HBS＞350），其齿面接触疲劳强度高，一般不易出现点蚀，但由于齿面硬、脆，一旦出现点蚀，它会不断扩大，形成破坏性点蚀。

提高齿面硬度和润滑油的黏度，采用正交变位传动等，可减缓或防止点蚀产生。

3）齿面磨损

齿轮在啮合过程中，由于齿面间有相对滑动，故在载荷作用下，必然会产生磨损，特别是有外界硬的微粒落入齿轮副时，齿面将产生磨粒磨损，严重的磨损将使齿面失去渐开线形状，如图 3－34 所示，齿侧间隙增大，从而产生冲击和噪声，当轮齿磨损到一定程度后，甚至造成轮齿折断。齿面磨损是开式齿轮传动的主要失效形式。

改善密封和润滑条件、在润滑油中加入减磨添加剂、保持油的清洁、提高齿面硬度等，均能提高抗磨料的磨损能力。

4）齿面胶合

互相啮合的轮齿齿面，在一定的温度和压力作用下，发生粘着，随着齿面的相对运动，使金属从齿面上撕落而引起严重的粘着磨损现象称为胶合，如图 3－35 所示。胶合有热胶合和冷胶合之分。

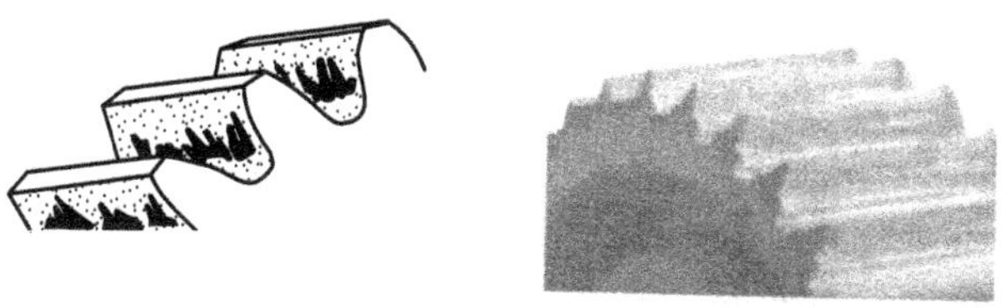

（a）磨损示意图　　（b）磨损实物

图 3－34　齿面磨损

（1）热胶合。

在重载高速齿轮传动中，由于啮合处产生很大的摩擦热，导致局部温度过高，使齿面油膜破裂，产生两接触齿面金属熔焊而粘着，这种胶合称为热胶合。热胶合是高速重载齿轮传动的主要失效形式。

（2）冷胶合。

在重载低速齿轮传动中，由于局部齿面啮合处压力很高，且速度低，不易形成油膜，使接触表面膜被刺破而粘着，这种胶合称为冷胶合。

减小模数，降低齿高，采用角度变位齿轮以减小滑动系数，提高齿面硬度，采用抗胶合能力强的润滑油等，均可减缓或防止齿面胶合。

5）塑性变形

对于齿面较软的轮齿，当工作载荷较大且润滑不良时，轮齿表面材料将沿摩擦力方向发生塑性变形，导致主动轮齿面节线处出现凹沟，从动轮齿面节线处出现凸起，如图3－36所示，从而使轮齿失去正确的齿形而失效。塑性变形一般多发生在低速重载、频繁启动和过载传动中。

图3－35　齿面胶合

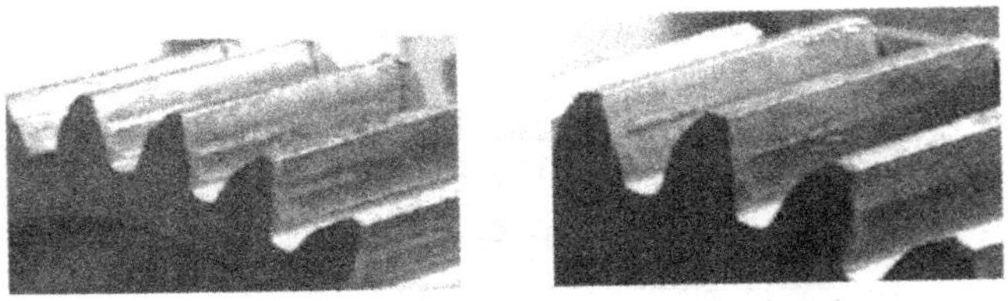

图3－36　塑性变形

提高齿面硬度，采用黏度较高、油性较好或带减磨添加剂的润滑油润滑，有助于减轻或防止齿面塑性变形。

2. 齿轮常用的材料及热处理

1）对齿轮材料的基本要求

（1）齿面应有足够的硬度，以抵抗齿面磨损、点蚀、胶合以及塑性变形。

（2）齿芯应有足够的强度和较好的韧性，以抵抗齿根折断和冲击载荷。

（3）应有良好的加工工艺性能和热处理性能，使之便于加工且便于提高其力学性能。

2）齿轮常用材料

（1）锻钢。

锻钢因具有强度高、韧性好、便于制造、便于热处理等优点，大多数齿轮都用锻钢制造。锻钢制造的齿轮分为软齿面齿轮和硬齿面齿轮两种。

软齿面齿轮齿面硬度小于或等于350HBS，常用中碳钢和中碳合金钢，如45钢、40Cr、35SiMn等材料进行调制或正火处理。这种齿轮适用于强度、精度要求不高的场合，轮坯经过热处理后进行插齿或滚齿加工，生产便利，成本较低。

硬齿面齿轮齿面硬度大于350HBS，常用中碳钢和中碳合金钢经表面淬火处理，硬度可达40～55HRC。若采用低碳钢或低碳合金钢，如20钢、20Cr、20CrMnTi等，要进行渗碳淬火，硬度可达56～62HRC。热处理后要进行磨齿加工，或进行渗氮处理。

（2）铸钢。

当齿轮的尺寸较大（大于400～600 mm）而不便于锻造时，可先用铸造方法制成铸钢齿坯，然后再进行正火处理以细化晶粒。

（3）铸铁。

低速、轻载荷场合的齿轮可以制成铸铁齿坯。当尺寸大于500 mm时可制成大齿圈，或制成轮辐式齿轮。铸铁齿轮的加工性能、抗点蚀能力、抗胶合性能较好，但强度低、抗冲击性能差。为避免局部折断，其齿宽应取得小些。

在润滑不良的情况下，灰铸铁本身所含石墨能起润滑作用，所以开式齿轮传动常采用铸铁齿轮。

球墨铸铁的力学性能和抗冲击能力比灰铸铁高，在闭式齿轮传动中可代替铸钢铸造大直径齿轮。

（4）非金属材料。

尼龙或塑料齿轮能减小高速齿轮传动的噪声，适用于高速、小功率及精度要求不高的齿轮传动。

3）齿轮的热处理

钢制齿轮的热处理方法主要有表面淬火、渗碳淬火、渗氮、调质、正火 5 种。

（1）表面淬火。常用于中碳钢和中碳合金钢，如 45、40Cr 钢等。表面淬火后，齿面硬度一般为 40～55HRC。特点是抗疲劳点蚀、抗胶合能力高，耐磨性好；由于齿芯部未淬硬，齿轮仍有足够的韧性，能承受不大的冲击载荷。

（2）渗碳淬火。常用于低碳钢和低碳合金钢，如 20、20Cr 钢等。渗碳淬火后齿面硬度可达 56～62HRC，而齿芯部仍保持较高的韧性，轮齿的抗弯强度和齿面接触强度高，耐磨性较好，常用于受冲击载荷的重要齿轮传动。齿轮经渗碳淬火后，轮齿变形较大，应进行磨齿。

（3）渗氮。渗氮是一种表面化学热处理。渗氮后不需要进行其他的热处理，齿面硬度可以高达 72HRC。由于渗氮处理后的齿轮硬度高，工艺温度低，变形小，故适用于内齿轮和难以磨削的齿轮，常用于含铬、钼、铝等合金元素的渗氮钢，如 38CrMoAlA 等。

（4）调质。一般用于中碳钢和中碳合金钢，如 45、40Cr、35SiMn 钢等。调质处理后齿面硬度一般为 220～280HBS，因硬度不高，故轮齿精加工可在热处理后进行。

（5）正火。正火能消除内应力，细化晶粒，改善力学性能和切削性能。机械强度要求不高的齿轮可采用中碳钢正火处理，大直径的齿轮可采用铸钢正火处理。表 3－19 为齿轮的常用材料及其机械性能。

表 3－19　齿轮的常用材料及其机械性能

材　料	牌　号	热处理	硬　度	强度极限 σ_B/MPa	屈服极限 σ_s/MPa	应用范围
优质碳素钢	45	正火 调质 表面淬火	169～217 HBS 217～255 HBS 40～50 HRC	580 650 750	290 360 450	低速轻载 低速中载 高速中载 或低速重载 冲击很小
	50	正火	180～220 HBS	620	320	低速轻载
合金钢	40Cr	调质 表面淬火	240～260 HBS 48～55 HRC	700 900	550 650	中速中载 高速中载 无剧烈冲击
	42SiMn	调质 表面淬火	217～269 HBS 45～55 HRC	750	470	高速中载 无剧烈冲击
	20Cr	渗碳淬火	56～62 HRC	650	400	高速中载 承受冲击
	20CrMnT$_i$	渗碳淬火	56～62 HRC	1100	850	

表 3-19（续）

材料	牌号	热处理	硬度	强度极限 σ_B/MPa	屈服极限 σ_s/MPa	应用范围
铸钢	ZG310～570	正火 表面淬火	160～210 HBS 40～50 HRC	570	320	中速 中载 大直径
	ZG340～640	正火 调质	170～230 HBS 240～270 HBS	650 700	350 380	
球墨铸铁	QT600-2 QT500-5	正火	220～280 HBS 147～241 HBS	600 500		低中速轻载 有小的冲击
灰铸铁	HT200 HT300	人工时效 （低温退火）	170～230 HBS 187～235 HBS	200 300		低速轻载 冲击很小

（六）轮齿的受力分析和计算载荷

1. 轮齿的受力分析

为计算齿轮强度、设计轴及轴承等轴系零件，需要分析轮齿上的作用力。图 3-37 所示为直齿圆柱齿轮受力情况，转矩 T_1 由主动齿轮传给从动齿轮，若忽略齿面间的摩擦力，轮齿间法向力 F_n 的方向始终沿啮合线，法向力 F_n 在节点处可分解为两个相互垂直的分力，即切于分度圆的圆周力 F_t 和沿半径方向的径向力 F_r。各力的大小为

$$\begin{cases} F_t = \dfrac{2T_1}{d_1} \\ F_r = F_t \tan\alpha \\ F_n = \dfrac{F_t}{\cos\alpha} \\ T_1 = 9.55 \times 10^6 \dfrac{P}{n_1} \end{cases} \tag{3-43}$$

式中 T_1——主动齿轮传递的名义转矩，N·mm；

d_1——主动齿轮分度圆直径，mm；

α——节圆上的压力角，(°)，标准齿轮 $\alpha = 20°$；

P——主动齿轮传递的功率，kW；

n_1——主动齿轮的转速，r/min。

作用于主、从动轮上的各对力的方向如图 3-38 所示，大小相等、方向相反，即

$$F_{t1} = -F_{t2} \qquad F_{r1} = -F_{r2} \qquad F_{n1} = -F_{n2}$$

从动轮所受的圆周力是驱动力，其方向与从动轮转向相同；主动轮所受的圆周力是阻力，其方向与从动轮转向相反。径向力分别指向各轮的中心（外啮合）。

2. 轮齿的计算载荷

上述求得法向力 F_n 为理想状态下的名义载荷。实际上齿轮在传动过程中，由于原动机及工作机的性能、齿轮制造及安装误差、齿轮及其支承件变形等因素的影响，使实际载荷增加，因此，在计算齿轮传动的强度时，用载荷系数 K 对名义载荷进行修正，得出计算载荷 F_{nc}，即

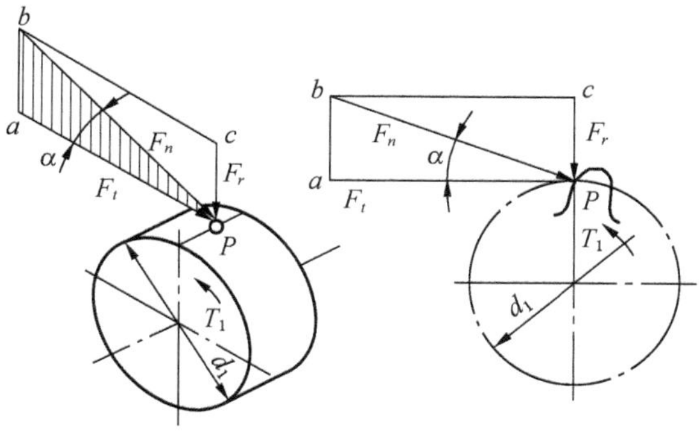

图3－37　轮齿的受力

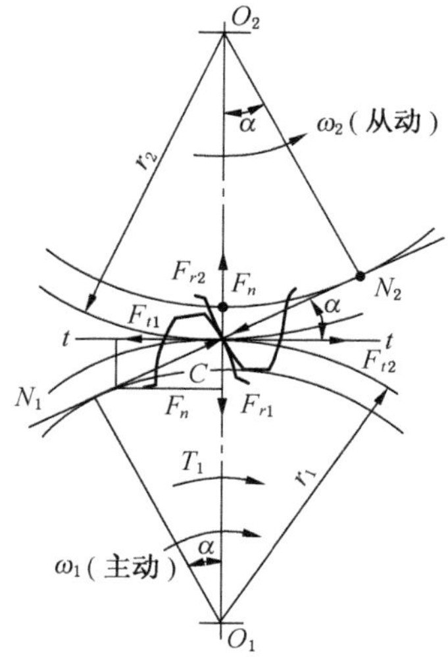

图3－38　齿轮啮合的受力分析

$$F_{nc}=KF_n \tag{3-44}$$

式中　K——载荷系数，其值可查表3－20。

表3－20　载荷系数 K

工作机举例	载荷特性	原动机		
		电动机	多缸内燃机	单缸内燃机
均匀加料的输送机和加料机、轻型卷扬机、发电机、机床辅助传动	均匀、轻微冲击	1～1.2	1.2～1.6	1.6～1.8
不均匀加料的输送机和加料机、重型卷扬机、球磨机、机床主传动	中等冲击	1.2～1.6	1.6～1.8	1.8～2.0
冲床、钻床、轧机、破碎机、挖掘机	大的冲击	1.6～1.8	1.9～2.1	2.2～2.4

注：斜齿、圆周速度低、传动精度高、齿宽系数小时，取小值；直齿、圆周速度高、传动精度低时取大值。增速传动时，K值增大1.1倍。齿轮在轴间不对称布置时，取大值。

（七）渐开线直齿圆柱齿轮传动强度理论

1. 齿面接触疲劳强度计算

为了计算方便，通常以节点处的接触应力作为计算依据。其最大接触应力 σ_H 是根据弹性力学中的赫兹公式推导出来的，由此得到齿面接触疲劳强度的校核公式为

$$\sigma_H=Z_EZ_H\sqrt{\frac{2KT_1}{\psi_d d_1^3}\frac{u\pm1}{u}}\leqslant[\sigma_H] \tag{3-45}$$

式中　Z_E——配对齿轮的材料系数，其值查表3－21；

Z_H——节点啮合系数，反映节点处齿廓形状对接触应力的影响，一般情况下：

$$Z_H=\sqrt{\frac{2}{\sin\alpha\cos\alpha}}=\sqrt{\frac{4}{\sin2\alpha}}=2.49$$

K——载荷系数，其值查表 3－20；

T_1——主动齿轮传递的名义转矩，N · mm；

ψ_d——齿宽系数，$\psi_d=\dfrac{b}{d_1}$，其值查表 3－22；

d_1——主动齿轮分度圆直径，mm；

u——齿数比，$u=\dfrac{d_2}{d_1}$；

$[\sigma_H]$——齿轮的许用接触应力。

按齿面接触疲劳强度设计齿轮时，需要确定小齿轮分度圆直径 d_1，将式（3－45）变换后可得设计公式：

$$d_1 \geqslant \sqrt[3]{\frac{2KT_1}{\psi_d}\left(\frac{Z_E Z_H}{[\sigma_H]}\right)^2 \frac{u \pm 1}{u}} \tag{3-46}$$

若两齿轮材料都选钢时，$Z_E=189.8\ \sqrt{\mathrm{MPa}}$，将其代入式（3－46），得到一对齿轮的设计公式：

$$d_1 \geqslant \sqrt[3]{\left(\frac{668}{[\sigma_H]}\right)^2 \frac{KT_1}{\psi_d} \frac{u \pm 1}{u}} \tag{3-47}$$

校核公式为
$$\sigma_H = 668\sqrt{\frac{KT_1}{\psi_d d_1^3}\frac{u \pm 1}{u}} \leqslant [\sigma_H]$$

表 3－21　配对齿轮的材料系数 Z_E($\sqrt{\mathrm{MPa}}$)

齿轮1材料 \ 齿轮2材料	锻　钢	铸　钢	球墨铸铁	灰 铸 铁
弹性模量 E/MPa	20.6×10^4	20.2×10^4	17.3×10^4	11.8×10^4
泊松比 μ	0.3	0.3	0.3	0.3
锻钢	189.8	188.9	181.4	162.0
铸钢	—	188.0	188.5	161.4
球墨铸铁		—	173.9	156.6
灰铸铁			—	143.7

应用以上公式时应注意：

（1）一对相啮合的齿轮，其接触应力 σ_{H1} 与 σ_{H2} 是相等的。

（2）两齿轮的许用接触应力 $[\sigma_{H1}]$ 与 $[\sigma_{H2}]$ 一般不等，进行强度计算时取小值代入。

（3）影响齿轮接触强度的因素主要是齿轮直径或中心距，而与模数大小无关。当一对齿轮的材料、齿宽系数、齿数比一定时，由齿面接触强度所决定的承载能力仅与齿轮直径或中心距有关。

查齿宽系数 ψ_d 时需注意：

（1）软齿面指两齿轮皆为软齿面，软硬齿面指仅大齿轮为硬齿面，硬齿面指两齿轮皆为硬齿面。

表 3-22 齿宽系数 ψ_d

两轴承相对齿轮的布置情况	载荷情况	软齿面或软硬齿面		硬齿面	
		推荐值	最大值	推荐值	最大值
对称布置	变动小	0.8~1.4	1.8	0.4~0.9	1.1
	变动大		1.4		0.9
非对称布置	变动小	0.6~1.2	1.4	0.3~0.6	0.9
	变动大		1.15		0.7
小齿轮悬臂	变动小	0.3~0.4	0.8	0.2~0.25	0.55
	变动大		0.6		0.44

(2) 直齿圆柱齿轮取小值，斜齿轮取大值，人字齿轮可取更大值。

(3) 载荷平稳、轴刚度大时取大值，反之取小值。

(4) 对于金属切削机床，若传递功率不大时，ψ_d 可小到 0.2。

(5) 对于非金属齿轮，可取 $\psi_d=0.5\sim1.2$。

(6) 对于开式传动，可取 $\psi_d=0.3\sim0.5$。

2. 齿根弯曲疲劳强度计算

轮齿的疲劳折断主要和齿根弯曲应力的大小有关。轮齿受弯时其力学模型如悬臂梁，受力后齿根产生最大弯曲力，而圆角部分又有应力集中，故齿根是弯曲强度的薄弱环节。齿根受拉应力边裂纹易扩展，是弯曲疲劳的危险区。为简化计算，假设：

(1) 全部载荷由一对齿轮承受。

(2) 载荷作用于齿顶，齿根部分产生的弯曲应力最大。

(3) 轮齿看作悬臂梁，危险截面用 30°切线法确定，即作与轮齿对称中心线呈 30°角并与齿根过渡线相切的两条直线，连接两切点的截面为危险截面，如图 3-39 所示。

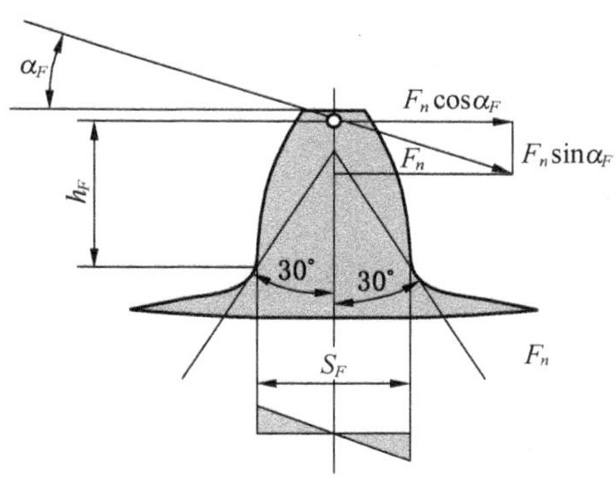

图 3-39 轮齿的弯曲强度

(4) 用重合度系数考虑齿顶啮合时非单齿对啮合影响。

沿啮合线作用在齿顶的法向力 F_n 分解成互相垂直的切向分力 $F_n\cos\alpha_F$ 和径向分力 $F_n\sin\alpha_F$，切向分力使齿根产生弯曲应力和剪切应力，径向分力产生压应力，由于压应力仅为弯曲应力的 1/100，可以略去不计，故推导出轮齿的弯曲疲劳强度校核公式：

$$\sigma_F=\frac{2KT_1}{bm^2z_1}Y_FY_S\leqslant[\sigma_F] \tag{3-48}$$

式中 T_1——主动齿轮传递的名义转矩，N·mm；

b——轮齿的接触宽度，mm；

m——模数；

z_1——主动轮的齿数；

Y_F——齿形系数，查表 3－23；

Y_S——应力修正系数，查表 3－24；

$[\sigma_F]$——齿轮的许用弯曲应力。

若引入齿宽系数 ψ_d，$\psi_d=\dfrac{b}{d_1}$，代入式（3－48）中，可得出齿根弯曲疲劳强度的设计公式为

$$m \geqslant 1.26\sqrt[3]{\frac{KT_1Y_FY_S}{\psi_d z_1^2[\sigma_F]}} \tag{3-49}$$

表 3－23　标准外齿轮的齿形系数 Y_F

z	17	18	19	20	21	22	23	24	25	26	27	28	29
Y_F	2.97	2.91	2.85	2.80	2.76	2.72	2.69	2.65	2.62	2.60	2.57	2.55	2.53
z	30	35	40	45	50	60	70	80	90	100	150	200	>200
Y_F	2.52	2.45	2.40	2.35	2.32	2.28	2.24	2.22	2.20	2.18	2.14	2.12	2.06

表 3－24　标准外齿轮的应力修正系数 Y_S

z	17	18	19	20	21	22	23	24	25	26	27	28	29
Y_S	1.52	1.53	1.54	1.55	1.56	1.57	1.575	1.58	1.59	1.595	1.60	1.61	1.62
z	30	35	40	45	50	60	70	80	90	100	150	200	>200
Y_S	1.625	1.65	1.67	1.68	1.70	1.73	1.75	1.77	1.78	1.79	1.83	1.865	1.97

应用上述公式时，应注意：

（1）一对相啮合的齿轮，其齿根弯曲应力是不相等的，即 $\sigma_{F1}\neq\sigma_{F2}$（因为 $z_1\neq z_2$，所以 $Y_{F1}\neq Y_{F2}$，$Y_{S1}\neq Y_{S2}$）。

（2）一对相啮合的齿轮，其许用弯曲应力 $[\sigma_F]$ 也是不相等的，所以必须分别校核两齿轮的齿根弯曲强度。

（3）两齿轮的 $\dfrac{Y_FY_S}{[\sigma_F]}$ 不一样，计算时应将 $\dfrac{Y_{F1}Y_{S1}}{[\sigma_{F1}]}$ 和 $\dfrac{Y_{F2}Y_{S2}}{[\sigma_{F2}]}$ 中的大值代入式（3－26）。

（4）影响弯曲强度的几何参数主要有齿数 z、模数 m、齿宽 b 和变位系数 x，其中影响最大的是模数 m。

3. 许用应力的确定

齿轮的许用应力 $[\sigma_H]$、$[\sigma_F]$ 是以实验齿轮在特定的条件下经疲劳试验测得的实验齿轮的疲劳极限应力 $\sigma_{H\lim}$、$\sigma_{F\lim}$ 并对其进行适当的修正得出的。修正时主要考虑应力循环次数的影响和可靠度。

齿面接触疲劳许用应力为

$$[\sigma_H]=\frac{z_{NT}\sigma_{H\lim}}{S_H} \tag{3-50}$$

齿根弯曲疲劳许用应力为

$$[\sigma_F]=\frac{Y_{NT}\sigma_{F\lim}}{S_F} \qquad (3-51)$$

式中带 lim 下标的应力是实验齿轮在持久寿命期内失效概率为 1% 的疲劳极限应力，对材料成分、性能、热处理和质量的要求等级一般有 ML(低)、MQ(中)、ME(高)三条等级线，设计时取中间值，即按图 3－40 和图 3－41 中 MQ 线选择。按齿轮材料和齿面硬度分别查图即可得到接触疲劳强度 $\sigma_{H\lim}$和弯曲疲劳强度 $\sigma_{F\lim}$。但同时要注意：

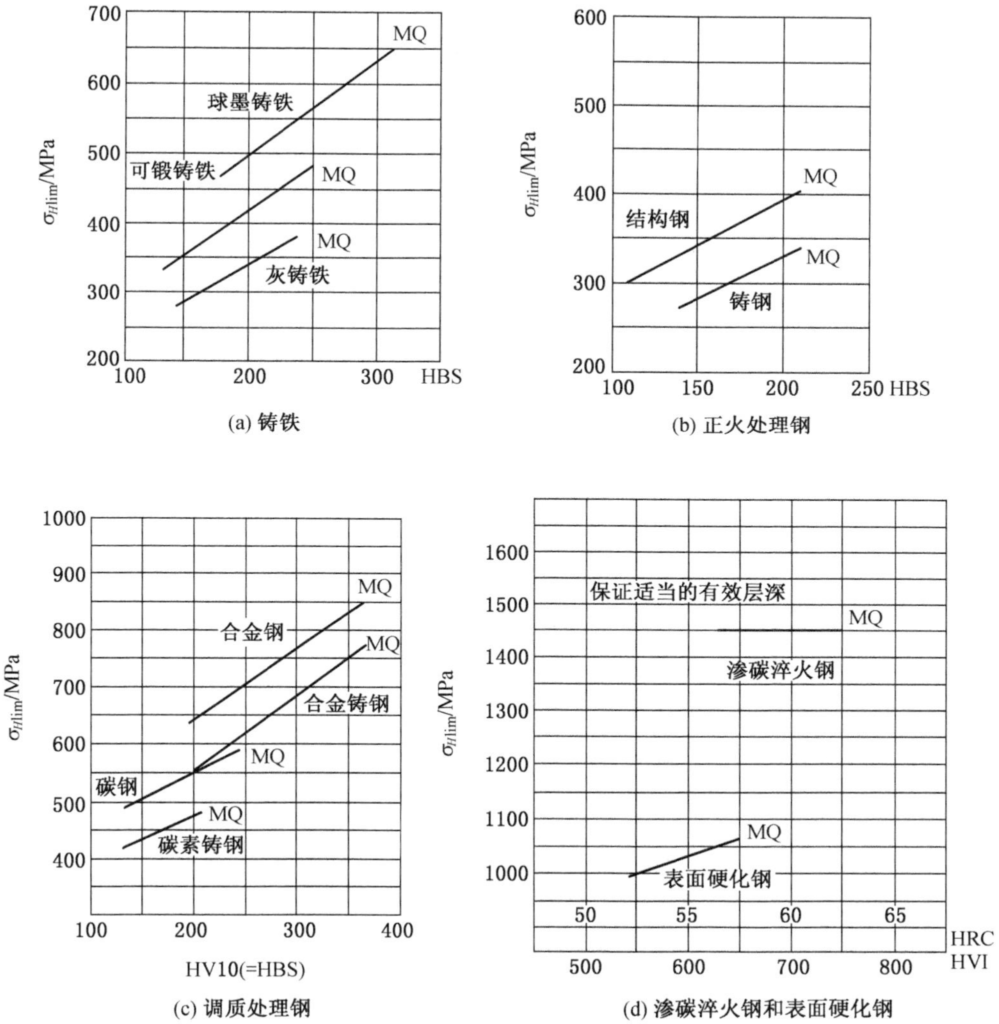

图 3－40　实验齿轮接触疲劳极限

（1）若硬度超出区域范围，可将图作适当延伸，近似的按外插法查取 $\sigma_{\lim}$。

（2）若轮齿受对称循环变应力的作用，需要将图中的 $\sigma_{F\lim}$值乘以 0.7。

（3）z_{NT}、Y_{NT}为接触疲劳寿命系数和弯曲疲劳寿命系数，查图 3－42 和图 3－43 可得。图中 N 为应力循环次数，$N=60njL_h$，其中 n 为齿轮转速，单位是 r/min，j 为齿轮转一周时同侧齿面的啮合次数，L_h 为齿轮工作寿命，单位是小时。

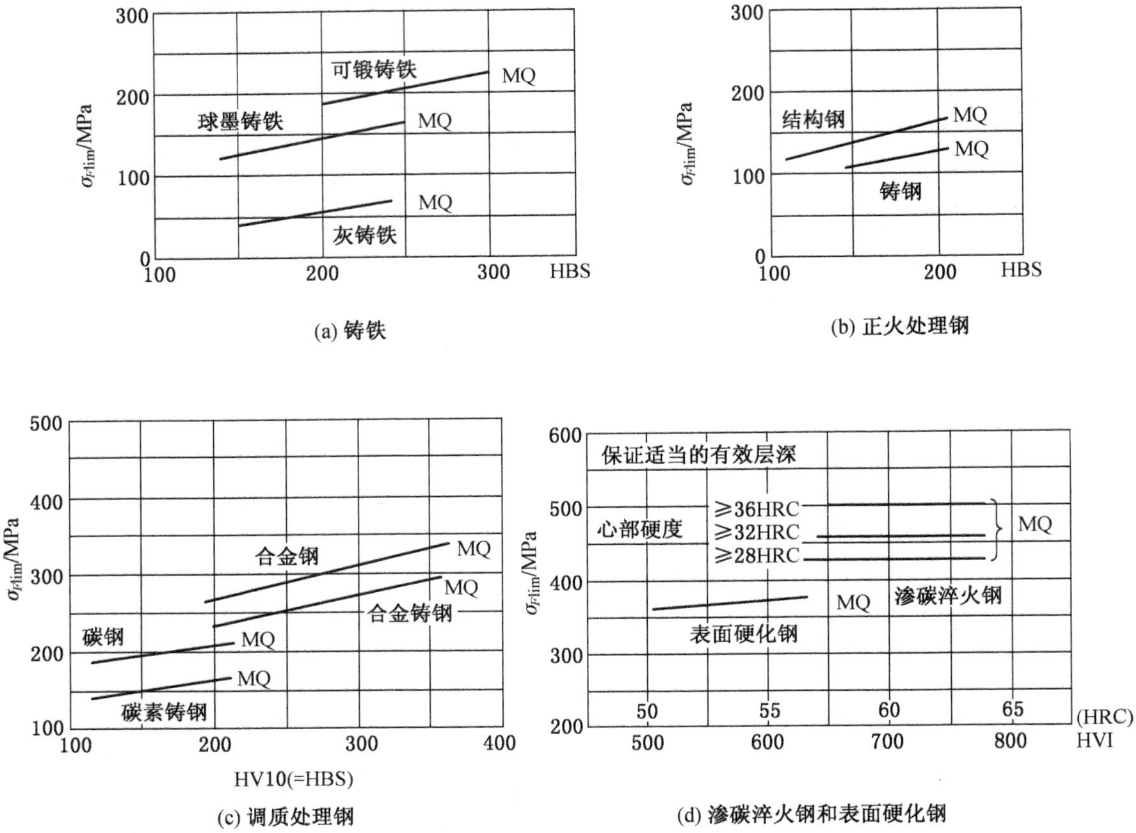

图 3-41　实验齿轮的轮齿弯曲疲劳极限

（4）S_H、S_F 分别为齿面接触疲劳强度安全系数和齿根弯曲疲劳强度安全系数，查表 3-25 可得。

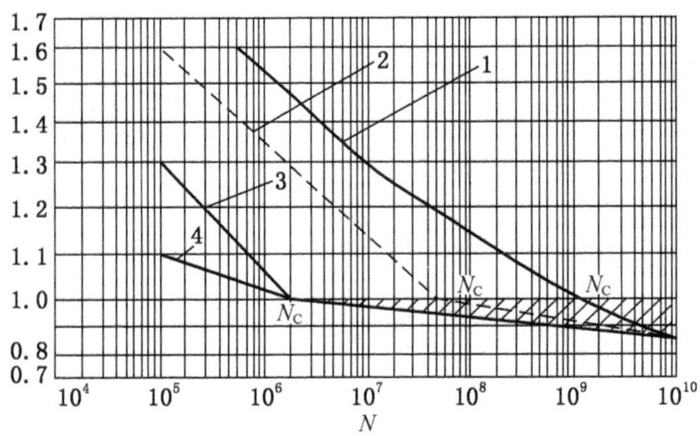

1—允许一定点蚀时的结构钢、调质钢、球墨铸铁（珠光体、贝氏体）、珠光体可锻铸铁、渗碳淬火钢的渗碳钢；2—材料同 1，不允许出现点蚀、火焰或感应淬火的钢；3—灰铸铁、球墨铸铁（铁素体）、渗氮的渗氮钢、调质钢、渗碳钢；4—碳氮共渗的调质钢、渗碳钢

图 3-42　接触疲劳寿命系数

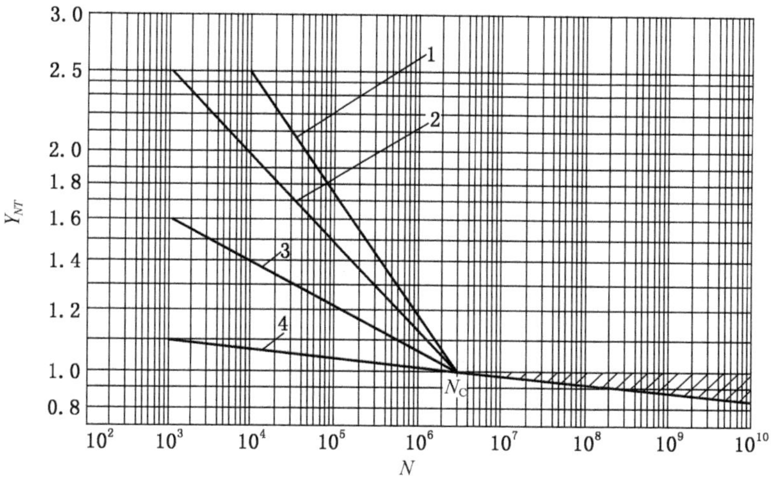

1—调质钢、球墨铸铁（珠光体、贝氏体）、珠光体可锻铸铁；2—渗碳淬火的渗碳钢、火焰或感应表面淬火的钢、球墨铸铁；3—渗氮的渗氮钢、球墨铸铁（铁素体）、结构钢、灰铸铁；4—碳氮共渗的调质钢、渗碳钢

图3-43　弯曲疲劳寿命系数

表3-25　安全系数S_H、S_F

安全系数	软齿面（≤350HBS）	硬齿面（>350HBS）	重要传动、渗碳淬火齿轮或铸造齿轮
S_H	1.0~1.1	1.1~1.2	1.3
S_F	1.3~1.4	1.4~1.6	1.6~2.2

（八）齿轮传动有关参数的选择

齿轮传动机构的设计，已知条件一般为齿轮传递的功率P、转速n、传动比i、工作机和原动机的工作特性、外廓尺寸、中心距限制，另外对寿命、可靠性、环境条件等也会有相应的要求。

设计条件一般为确定齿轮传动的主要参数、几何尺寸、齿轮结构和精度等级，最后绘出零件图。

1. 齿数z

当中心距确定以后，齿数增多，重合度增大，能提高传动的平稳性，并降低摩擦损耗，提高传动效率。因此，对于软齿面的闭式传动，在满足弯曲疲劳强度的条件下，宜采用较多齿数，一般取$z_1=20\sim40$。

硬齿面的闭式传动或开式传动，齿根抗弯曲疲劳强度的能力较低，宜取较少齿数，以便增大模数，提高轮齿弯曲疲劳强度，但要避免发生根切，通常取$z_1=17\sim20$。

2. 模数m

模数影响轮齿的抗弯强度，一般在满足轮齿弯曲疲劳强度的条件下，易取较小模数，以利增大齿数，减小切齿量。对于传递动力的齿轮，可按$m=(0.007\sim0.02)a$初选，但

应保证 $m \geqslant 2$ mm。

3. 齿宽系数 ψ_d 和齿宽 b

增大齿宽系数，可减小齿轮传动装置的径向尺寸，降低齿轮的圆周速度，但齿宽系数过大，则需提高结构刚度，否则会出现齿向载荷分布严重不均现象。对于一般机械，可按表 3－24 选取。

直齿圆柱齿轮的计算宽度 $b = \psi_d d_1$，并取为整数。为了确保强度要求，同时利于省材、装配和调整，常将小齿轮齿宽加大 5～10 mm。

4. 传动比的选择

对于一般齿轮传动，常取单级传动比 $i \leqslant 7$；当 $i > 7$ 时，易采用多级传动，以免传动装置外廓尺寸过大。对于开式或手动的齿轮传动，传动比可以取更大些，$i_{max} = 8 \sim 12$。

一般齿轮传动，若对传动比不作严格要求时，则实际传动比 i 允许有 ±2.5%（$i \leqslant 4.5$ 时）或 ±4%（$i > 4.5$ 时）的变化。

三、任务实施

（一）设计步骤

1. 确定齿轮传动的基本参数

齿轮传动的设计，就是根据传递动力要求，应用齿轮传动强度理论确定齿数和模数，再进行结构设计。具体步骤如下：

1）选择齿轮材料及热处理方式

齿轮的材料及热处理方法可参照表 3－19，另外需结合取材的方便、经济性的原则统筹考虑。

2）确定齿轮传动的精度等级

齿轮传动精度等级的选择可参阅表 3－18，在满足使用要求的前提下选择尽可能低的精度等级，以减少加工难度，降低制造成本。

3）设计计算

根据所选材料的硬度确定计算准则，对于软齿面的闭式齿轮传动，齿面点蚀将是主要失效形式，在设计计算时，通常按齿面接触疲劳强度设计，再按齿根弯曲疲劳强度校核。

对于硬齿面的闭式齿轮传动，齿根疲劳折断是主要失效形式，在设计计算时，通常按齿根弯曲疲劳强度设计，再作齿面接触疲劳强度校核。

对于开式齿轮传动，一般因齿根折断和齿面磨损而失效，故仅以齿根弯曲疲劳强度设计计算几何尺寸或验算其承载能力，并在设计计算时用适当加大模数（10%～20%）的办法来考虑磨损因素的影响。

计算齿轮的参数 d_1 和 m 时，对于软齿面的闭式传动，先按齿面接触疲劳强度确定 d_1，然后确定模数；对于硬齿面的闭式传动，则按齿根弯曲疲劳强度确定模数 m。

2. 计算齿轮的几何尺寸，确定齿轮的结构形式

根据表 3－17 渐开线标准直齿圆柱齿轮几何尺寸计算公式计算齿轮的几何尺寸，确定齿轮的结构尺寸（轴的结构确定需要在已知轴径的前提下进行）。

齿轮结构设计主要是确定轮辐、轮毂的形式和尺寸。齿轮在进行结构设计时要考虑齿轮直径大小、毛坯类型、材料、加工方法、使用要求、装配及经济性等因素，通过对轮辐、轮毂的形状、尺寸进行确定，设计出符合要求的齿轮结构。齿轮直径大小是影响轮辐、轮毂形状尺寸的主要因素，通常先根据齿轮直径确定合适的结构形式，然后再考虑其他因素对结构进行完善，有关结构的具体尺寸数值，可参阅相关手册。

1）齿轮常用的结构形式

（1）齿轮轴。

当齿顶圆直径不大或与相配轴直径相差很小，则应将齿轮与轴制成一体，称为齿轮轴，采用同一种材料制造。通常，对于钢制圆柱齿轮，其齿根圆至键槽底部的距离 $x \leqslant 2.5m_n$（m_n 为法向模数）时，而对于锥齿轮，其小端齿根圆至键槽底部的距离 $x \leqslant 1.6m$（m 为大端模数）时，为了保证轮毂键槽足够的强度，考虑采用齿轮轴，常用型材或锻造毛坯，如图 3－44 所示。

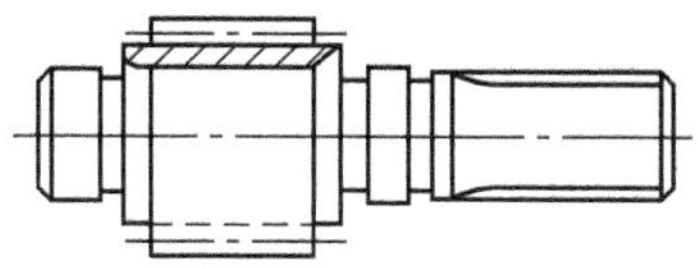

(a) 圆柱齿轮轴

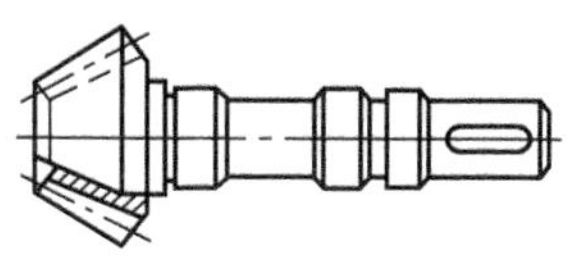

(b) 圆锥齿轮轴

图 3－44　齿轮轴

（2）实心式齿轮。

当齿顶圆直径 $d_a \leqslant 200$ mm 或高速传动要求低噪声时，可采用图 3－45 所示的实心式结构。实心式齿轮可以用型材或锻造毛坯。

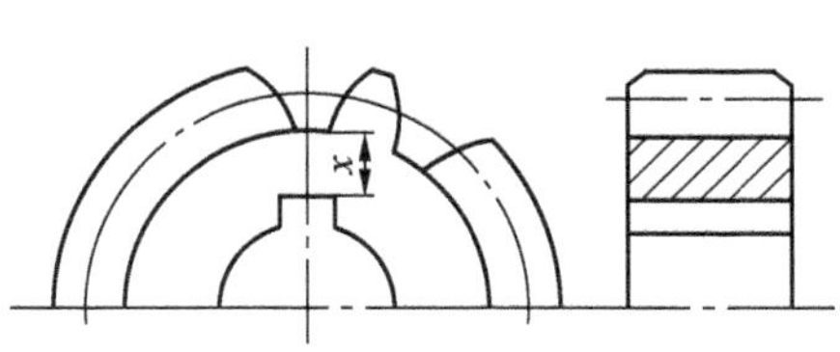

(a) 实心式圆柱齿轮

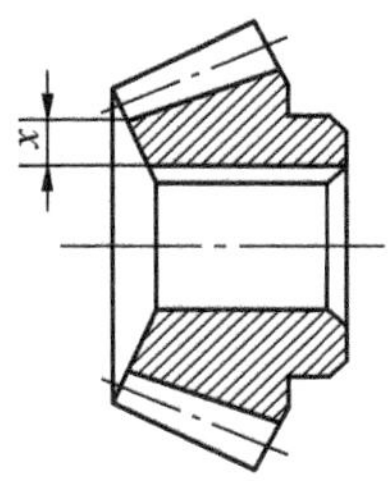

(b) 实心式圆锥齿轮

图 3－45　实心式齿轮

（3）腹板式齿轮。

齿顶圆直径 $d_a = 200 \sim 500$ mm 时，为了减轻重量、节约材料，可采用腹板式齿轮结构，如图 3－46 所示，通常多选用锻造毛坯，也可选用铸造毛坯及焊接结构。有时为了节省材料或解决工艺问题等，而采用组合装配式结构，如过盈组合和螺栓连接组合。

（4）轮辐式齿轮。

当齿轮齿顶圆直径 $d_a > 500$ mm 时，可采用轮辐式结构，此时齿轮毛坯因受锻造设备的限制，往往改用铸造毛坯，如图 3－47 所示。轮辐剖面形式可以采用椭圆形（轻型）、十字形（中载）及工字形（重载）等。

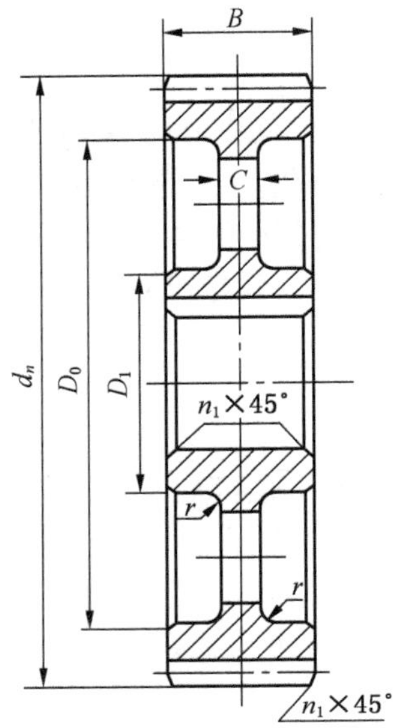

图 3－46　腹板式齿轮

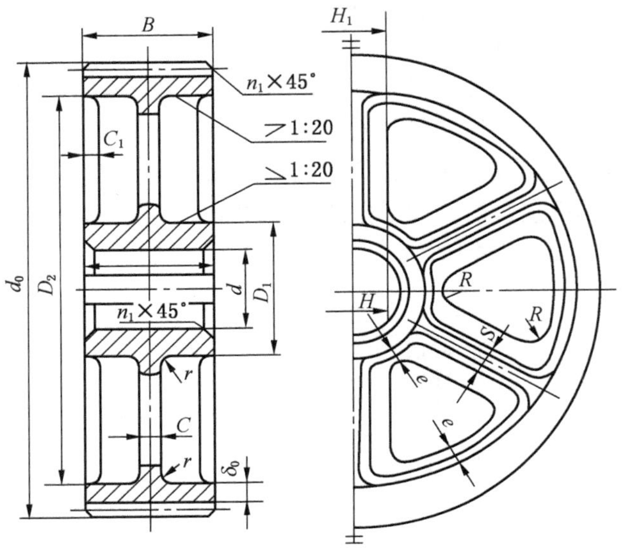

图 3－47　轮辐式齿轮

2）腹板式圆柱齿轮结构尺寸的确定

当齿轮的结构不为齿轮轴或实心式时，必须对齿轮的结构进行详细设计。通常是按照与齿轮所配合的轴的直径等尺寸进行齿轮的结构设计，如图 3－48 所示。各尺寸计算公式如下：

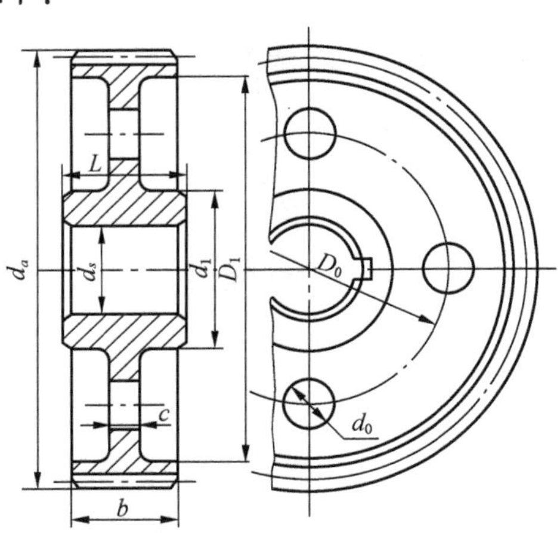

图 3－48　腹板式齿轮结构尺寸

$$d_1 = 1.6d_s \quad (d_s\text{ 为轴径})$$

$$D_0 = \frac{1}{2}(D_1 + d_1)$$

$$D_1 = d_a - (10 \sim 12)m_n$$

$$d_0 = 0.25(D_1 - d_1)$$

$$c = 0.3b$$

$$L = (1.2 \sim 1.3)d_s \geqslant b$$

$$n = 0.5m \quad (m\text{ 为模数}, n\text{ 为倒角})$$

3. 绘制齿轮的零件工作图

齿轮工作图可按机械制图标准中规定的简化画法表达。按 GB 6443—86 的规定，工作图上应标注分度圆直径 d、齿顶圆直径 d_a、齿宽

b、其他结构尺寸及公差；定位基准及表面粗糙度。并且，在图样的右上角要用表格的形式列出模数 m、齿数 z、压力角 α、齿顶高系数、变位系数、齿厚（或共法线平均长度）公称值及其上、下偏差，精度等级，齿轮中心距及其偏差，配对齿轮，公差组的检测项目及其公差值等。有关公益与配合的知识在项目五中学习。

（二）确定齿轮传动的润滑和效率

1. 齿轮传动的润滑

润滑对于齿轮传动非常重要。润滑不仅可以减小摩擦，减轻磨损，还可以起到冷却、防锈、降低噪声、改善齿轮工作条件、延缓轮齿失效和延长齿轮的使用寿命等作用。

1）润滑方式

闭式齿轮传动的润滑方式有浸油润滑和喷油润滑两种，一般根据齿轮圆周速度 v 的大小而定。

浸油润滑：当 $v \leqslant 12$ m/s 时多采用油池润滑，大齿轮浸入油池一定的深度，齿轮运转时就把润滑油带到啮合区，同时也甩到箱壁上，借以散热。当 v 较大时，浸入深度约为一个齿高；当 v 较小（0.5～0.8 m/s）时，可达到齿轮半径的1/6。在多级齿轮传动中，当几个大齿轮直径不相等时，可以用惰轮采用蘸油润滑。

喷油润滑：当 $v > 12$ m/s 时，不宜采用油池润滑，最好采用喷油润滑，用油泵将润滑油直接喷到啮合区。这是因为：①圆周速度过高，齿轮上的油大多被甩出去而达不到啮合区；②搅油过于激烈，使油的温度升高，并降低其润滑性能；③会搅起箱底沉淀的杂质，加速齿轮的磨损。

开式齿轮传动通常采用人工定期加润滑油或润滑脂进行润滑。

2）润滑剂的选择

选择润滑油时，先根据齿轮的工作条件以及圆周速度由表 3－26 选取润滑油的黏度，再由机械设计手册查出所需润滑油的牌号。

表 3－26　齿轮传动润滑油黏度荐用值

齿轮材料	强度极限 σ_H/MPa	圆周速度 v/(m·s^{-1})						
		<0.5	0.5～1	1～2.5	2.5～5	5～12.5	12.5～25	>25
		运动黏度 $v_{50℃}$($v_{100℃}$)/(mm^2·s^{-1})						
塑料、青铜、铸铁	—	180（23）	120（1.5）	85	60	45	34	—
钢	450～1000	270（34）	180（23）	120（15）	85	60	45	34
	1000～1250	270（34）	270（34）	180（23）	120（15）	85	60	45
渗碳或表面淬火钢	1250～1580	450（53）	270（34）	270（34）	180（23）	120（15）	85	60

注：1. 多级齿轮传动按各级所选用润滑油黏度的平均值确定润滑油。

2. 对于 $\sigma_H > 800$ MPa 的镍铬钢制齿轮（不渗碳），润滑油黏度取高一档值。

2. 齿轮传动的效率

齿轮传动的功率损失主要包括啮合中的摩擦损失、轴承中的摩擦损失和搅动润滑油的功率损失。进行有关的齿轮计算时，通常使用的是齿轮传动的平均效率。

当齿轮轴上装有滚动轴承，并在满载状态下运转时，传动的平均总效率见表3－27。

表3－27　装有滚动轴承的齿轮传动平均总效率

传动形式	圆柱齿轮传动	锥齿轮传动
6级或7级精度的闭式传动	0.98	0.97
8级精度的闭式传动	0.97	0.96
开式传动	0.95	0.94

（三）设计实例

试设计一普通机床使用的单级直齿圆柱齿轮减速器。已知传递功率 $P=7\ \text{kW}$，电动机驱动，小齿轮转速 $n_1=800\ \text{r/min}$，小齿轮相对轴承为对称布置。传动比 $i=3.5$，单向运转，负载平稳。单班制，每年工作260天，使用寿命8年。

1. 确定齿轮传动的基本参数

1）选择齿轮材料及热处理方式

所设计的齿轮传动属于闭式传动，通常采用软齿面的钢制齿轮，查表3－19，选用价格便宜便于制造的材料：小齿轮材料为45钢，调制处理，硬度为217～255HBS，取为240HBS；大齿轮材料为45钢，正火处理，硬度为169～217HBS，取为200HBS，硬度差40HBS较合适。

2）选择精度等级

普通机床，速度不高，选8级精度即可。

3）设计计算

（1）计算或查阅相关参数。

本传动为闭式传动，软齿面，因此主要失效形式为疲劳点蚀，应根据齿面接触疲劳强度设计，根据式（3－4）有：

$$d_1 \geqslant \sqrt[3]{\left(\frac{668}{[\sigma_H]}\right)^2 \frac{KT_1}{\psi_d} \frac{u \pm 1}{u}}$$

① 载荷系数 K：因圆周速度不大，精度不高，齿轮关于轴承对称分布，按表3－20取 $K=1.2$。

② 转矩 T_1：

$$T_1 = 9.55 \times 10^6 \times \frac{P}{n_1} = 9.55 \times 10^6 \times \frac{7}{800}\ \text{N} \cdot \text{mm} = 83562.5\ \text{N} \cdot \text{mm}$$

③ 齿数 z_1 和齿宽系数 ψ_d。小齿轮的齿数 z_1 取30，则大齿轮齿数 $z_2=iz_1=3.5\times30=105$，所以 $u=\frac{z_2}{z_1}=\frac{105}{30}=3.5$。因单级齿轮传动为对称布置，齿轮齿面为软齿面，由表3－22查得 $\psi_d=1$。

④ 许用接触应力 $[\sigma_H]$：

$$[\sigma_H] = \frac{z_{NT}\sigma_{H\lim}}{S_H}$$

由图 3－40 查得 $\sigma_{H\lim1}=580$ MPa，$\sigma_{H\lim2}=380$ MPa；由表 3－25 查得 $S_H=1$。

$$N_1=60njL_h=60\times800\times8\times260\times8=7.99\times10^8$$

$$N_2=\frac{N_1}{i}=\frac{7.99\times10^8}{3.5}=2.28\times10^8$$

查图 3－42 中曲线 1，得接触疲劳寿命系数 $Z_{NT1}=1.02$，$Z_{NT2}=1.1$。

则可得

$$[\sigma_{H1}]=\frac{\sigma_{H\lim1}Z_{NT1}}{S_H}=\frac{580\times1.02}{1}=591.6\ \text{MPa}$$

$$[\sigma_{H2}]=\frac{\sigma_{H\lim2}Z_{NT2}}{S_H}=\frac{380\times1.1}{1}=418\ \text{MPa}$$

（2）计算小齿轮分度圆直径 d_1。

$$d_1\geqslant\sqrt[3]{\left(\frac{668}{[\sigma_H]}\right)^2\frac{KT_1}{\psi_d}\frac{u\pm1}{u}}=\sqrt[3]{\left(\frac{668}{418}\right)^2\times\frac{1.2\times83562.5}{1}\times\frac{3.5+1}{3.5}}=69.05\ \text{mm}$$

$m=\dfrac{d_1}{z_1}=\dfrac{69.05}{30}=2.30$ mm，查表 3－16 取标准模数 $m=2.5$ mm。

（3）校核弯曲疲劳强度。

① 主要尺寸计算。

分度圆直径：

$$d_1=mz_1=2.5\times30=75\ \text{mm}$$

$$d_2=mz_2=2.5\times105=262.5\ \text{mm}$$

中心距 a：

$$a=\frac{1}{2}(d_1+d_2)=\frac{1}{2}\times(75+262.5)=168.75\ \text{mm}$$

齿宽 b：

$$b=\psi_d d_1=1\times75=75\ \text{mm}$$

取 $b=75$ mm，则 $b_1=b+5=80$ mm。

② 由式（3－48）得：

$$\sigma_F=\frac{2KT_1}{bm^2z_1}Y_FY_S\leqslant[\sigma_F]$$

齿形系数 Y_F：查表 3－23 得 $Y_{F1}=2.52$，$Y_{F2}=2.176$。

应力修正系数 Y_S：查表 3－24 得 $Y_{S1}=1.625$，$Y_{S2}=1.794$。

许用弯曲应力$[\sigma_F]$：

$$[\sigma_F]=\frac{Y_{NT}\sigma_{F\lim}}{S_F}$$

由图 3－41 查得 $\sigma_{F\lim1}=228$ MPa，$\sigma_{F\lim2}=168$ MPa；由表 3－25 查得 $S_F=1.3$。

由图 3－43 查得弯曲疲劳寿命系数 Y_{NT}: $Y_{NT1}=0.88$，$Y_{NT2}=0.89$。

计算得弯曲疲劳许用应力为

$$[\sigma_{F1}]=\frac{Y_{NT1}\sigma_{F\lim}}{S_F}=\frac{228}{1.3}\times0.88=154.3\ \text{MPa}$$

$$[\sigma_{F2}]=\frac{Y_{NT2}\sigma_{F\lim}}{S_F}=\frac{168}{1.3}\times0.89=115\ \text{MPa}$$

③ 弯曲疲劳强度计算。

$$\sigma_{F1}=\frac{2KT_1}{bm^2z_1}Y_{F1}Y_{S1}=\frac{2\times1.2\times83562.5}{75\times2.5^2\times30}\times2.52\times1.625=58.4\ \text{MPa}<[\sigma_{F1}]$$

$$\sigma_{F2}=\frac{2KT_1}{bm^2z_1}Y_{F2}Y_{S2}=\frac{2\times1.2\times83562.5}{75\times2.5^2\times30}\times2.176\times1.794=55.67\ \text{MPa}<[\sigma_{F2}]$$

故弯曲强度足够。

（4）计算圆周速度 v。

$$v=\frac{\pi n_1 d_1}{60\times1000}=\frac{3.14\times800\times75}{60\times1000}\ \text{m/s}=3.14\ \text{m/s}$$

因 $v\leqslant5$ m/s，故取 8 级精度合适。

2. 计算齿轮的几何尺寸，确定齿轮的结构尺寸

根据设计所得的齿数和模数，计算出齿轮的几何尺寸，并在已知轴的直径的前提下，即可进行齿轮结构尺寸的确定。有关轴径的确定将在后续项目四中学习。

3. 绘制齿轮的零件工作图

齿轮的结构尺寸确定后，即可绘制其零件工作图。

四、拓展知识

（一）渐开线变位齿轮简介

1. 标准齿轮传动的缺点

（1）标准齿轮受到最少齿数 z_{min} 的限制。当齿数 $z<z_{min}$ 时，用展成法加工标准齿轮必然会产生根切。

（2）一对标准齿轮传动中，小齿轮容易磨损，且齿根弯曲强度较弱，特别是两齿轮的齿数相差很多时，这种现象更为突出。

（3）标准齿轮传动受到中心距 $a=m(z_1+z_2)/2$ 的限制。当实际中心距 $a'>a$ 时，采用标准齿轮传动虽然能够保持传动比等于常数，但会出现较大的齿侧间隙，引起冲击和噪声，重合度也会减少。当 $a'<a$ 时，采用标准齿轮将无法安装。

2. 变位齿轮

由齿轮加工原理可知，当齿条插刀的中线与被切齿轮的分度圆相切时，则加工出标准齿轮。若齿条刀具的中线与被切齿轮的分度圆不相切时，则加工出的齿轮称为变位齿轮。刀具中线相对于加工标准齿轮时移动的距离，称为变位量，用 xm 表示。其中，m 为齿轮的模数，x 称为变位系数。当刀具移离被切齿轮中心时，x 取正值，称为正变位，其轮齿为正变位齿轮；当刀具移近被切齿轮中心时，x 取负值，称为负变位，其齿轮为负变位齿轮。

变位齿轮的齿形与标准齿轮的齿形都是在同一基圆上展出的一条渐开线，只是应用的线段不同。二者相比较，有两个基本特点：

（1）齿轮的主要参数并不改变，即变位齿轮的模数、压力角和齿数与标准齿轮完全相同。

（2）变位齿轮的一些几何尺寸发生了改变。正变位齿轮的齿顶圆、齿根圆、齿根高、分度圆齿厚和齿根厚度均增大，而齿根高和齿顶厚度则减小；负变位齿轮的齿顶圆、齿根圆、齿根高、分度圆齿厚和齿根厚度均减小，而齿根高和齿顶厚度则增大。

3. 变位齿轮传动的类型

变位齿轮传动可分为零传动、正传动、负传动 3 种基本类型。

1）零传动

零传动的一对齿轮传动的变位系数之和为零，又可分为两种情况：

（1）两轮的变位系数都等于零，这种齿轮传动就是标准齿轮传动。为了避免根切，两轮齿数均需大于 z_{min}。

（2）两轮的变位系数绝对值相等，但符号相反，且不等于零。这种齿轮传动称为等移距变位齿轮传动。为了防止小齿轮的根切和增大小齿轮的齿厚，小齿轮采用正变位，大齿轮采用负变位。因大、小两齿轮都需保证无根切，所以两齿轮齿数之和必须大于或等于最少齿数的 2 倍，即 $z_1+z_2 \geqslant 2z_{min}$。等移距变位齿轮的齿根圆半径发生了改变，为了使齿轮的全齿高不变，其齿顶圆半径也要做相应的改变，其齿顶高和齿根高已不同于标准齿轮，所以等移距变位齿轮又称为高度变位齿轮传动。

等移距变位传动可以避免小齿轮根切，可使大小齿轮的承载能力、使用寿命趋于相等。但在不改变中心距的前提下，需成对代替标准齿轮传动，小齿轮齿顶容易变尖，重合度略有下降。

2）正传动

若一对齿轮传动的变位系数之和大于零，则称为正传动。两齿轮齿数和可以小于最少齿数的 2 倍，即 $z_1+z_2<2z_{min}$。

正传动可减小齿轮的结构尺寸，改善传动质量，提高承载能力。但正变位齿轮的齿顶容易变尖，重合度降低较多。

3）负传动

若一对齿轮传动的变位系数之和小于零，则称为负传动。为了避免根切，其两齿轮齿数之和应大于最少齿数的 2 倍，即 $z_1+z_2>2z_{min}$。由于负传动时，对齿轮进行的是负变位加工，所以轮齿强度有所削弱，故一般情况下不予采用。

最后需要指出：变位齿轮传动必须成对设计、制造和使用。

4. 变位齿轮的几何尺寸

变位齿轮的齿数、模数和压力角与标准齿轮相等，所以，分度圆直径、基圆直径和齿距都相等，但变位齿轮的齿厚、齿顶圆、齿根圆都发生了变化，具体计算公式见表 3-28。

表 3-28　外啮合变位直齿圆柱齿轮基本尺寸的计算公式

名　称	符　号	计　算　公　式
分度圆直径	d	$d=mz$
齿厚	s	$s=m\left(\frac{\pi}{2}+2x\tan\alpha\right)$
啮合角	α'	$\cos\alpha'=\frac{a}{a'}\cos\alpha$
节圆直径	d'	$d'=d\frac{\cos\alpha}{\cos\alpha'}$

表 3-28（续）

名　称	符　号	计　算　公　式
中心距变动系数	y	$y=\dfrac{a'-a}{m}=\dfrac{z_1+z_2}{2}\left(\dfrac{\cos\alpha}{\cos\alpha'}-1\right)$
齿高变动系数	σ	$\sigma=x_1+x_2-y$
齿顶高	h_a	$h_a=(h_a^*+x-\sigma)m$
齿根高	h_f	$h_f=(h_a^*+c^*-\sigma)m$
齿全高	h	$h=(2h_a^*+c^*-\sigma)m$
齿顶圆直径	d_a	$d_a=d+2h_a$
齿根圆直径	d_f	$d_f=d-2h_f$
中心距	a'	$a'=(d_1'+d_2')/2$
公法线长度	W_k	$W_k=m\cos\alpha[(k-0.5)\pi+z\sin\alpha]+2x\sin\alpha$

（二）其他齿轮传动简介

1. 平行轴斜齿圆柱齿轮传动简介

1）斜齿轮齿廓的形成及啮合特点

因渐开线直齿圆柱齿轮沿其轴向有一定宽度，故渐开线齿廓沿齿轮轴向形成一曲面。该曲面的形成原理如图 3-49a 所示，平面 S 沿基圆柱作纯滚动时，它上面的一条与基圆柱母线 NN 平行的直线 KK 在空间走过的轨迹即为渐开线曲面，平面 S 称为发生面，形成的曲面即为直齿轮的齿廓曲面。

斜齿轮的齿面形成原理如图 3-49b 所示，发生面 S 沿基圆柱作纯滚动时，它上面的一条与基圆柱母线 NN 成夹角 β_b 的斜直线 KK 在空间走过的轨迹即为渐开线螺旋面，该螺旋面即为斜齿轮的齿廓曲面，β_b 称为基圆柱螺旋角。

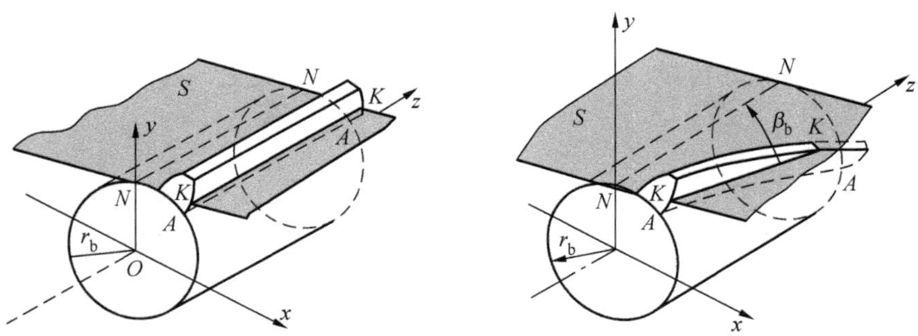

(a) 直齿轮　　(b) 斜齿轮

图 3-49　渐开线曲面的形成

二者相比较，平行轴斜齿轮传动中齿廓接触线是斜直线，轮齿是逐渐进入和逐渐脱离啮合的，故工作平稳，冲击和噪声小，重合度大，传递功率大，适用于高速旋转。

2）斜齿圆柱齿轮的基本参数和几何尺寸计算

由于斜齿轮的齿面为渐开线螺旋面，故其端面（垂直于齿轮轴线的截面）齿形与法面（垂直于齿廓螺旋面的截面）齿形是不相同的。因此，端面和法面的参数也不相同。斜齿轮切齿刀具的选择及轮齿的切制以法面为准，其法面参数取标准值。而斜齿轮的端面是标准的渐开线，几何尺寸计算按端面参数进行，为此必须建立端面参数与法面参数之间的换算关系。

（1）分度圆柱螺旋角 β 和基圆柱螺旋角 β_b。

如图 3－50 所示，斜齿轮分度圆柱螺旋线的切线与其轴线所夹的锐角称为分度圆柱螺旋角，简称分度圆螺旋角或螺旋角，用 β 表示，用它表示斜齿轮轮齿倾斜的程度。

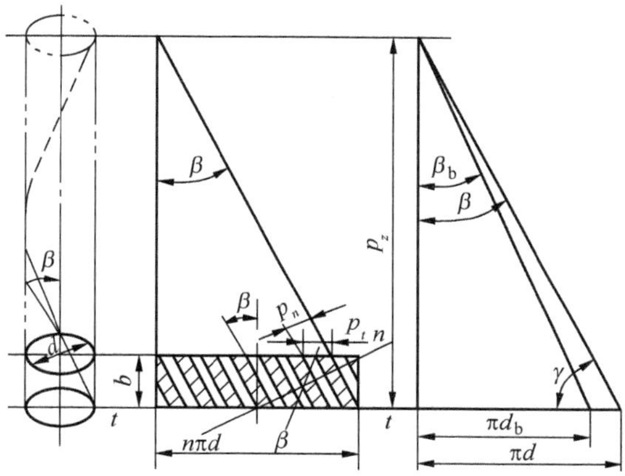

图 3－50 斜齿轮的螺旋角

斜齿轮按齿廓的螺旋面旋向，分为右旋和左旋两种，如图 3－51 所示。

（2）模数。

如图 3－50 所示，斜齿条的法面齿距 p_n 与端面齿距 p_t 存在以下关系：

$$p_n = p_t\cos\beta$$

由于

$$p = \pi m$$

所以

$$\pi m_n = \pi m_t\cos\beta$$

即法面模数 m_n 与端面模数 m_t 的关系式为

$$m_n = m_t\cos\beta \tag{3-52}$$

（3）压力角。

为了便于分析说明，用斜齿条说明法面压力角 α_n 与端面压力角 α_t 之间的关系。在图 3－52 中，$\triangle abc$ 在端面上，$\triangle a'b'c'$在法面上，在直角三角形$\triangle abc$ 和$\triangle a'b'c'$中可得

$$\tan\alpha_n = \tan\alpha_t\cos\beta \tag{3-53}$$

（4）齿顶高系数和顶隙系数。

对于斜齿轮，其法面齿顶高与端面齿顶高是相等的，因此有：

$$\begin{cases} h_{at}^* = h_{an}^*\cos\beta \\ c_t^* = c_n^*\cos\beta \end{cases} \tag{3-54}$$

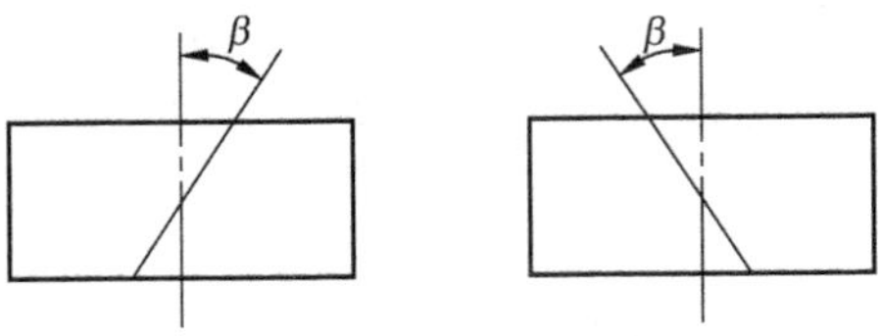

图 3－51 斜齿轮的轮齿旋向

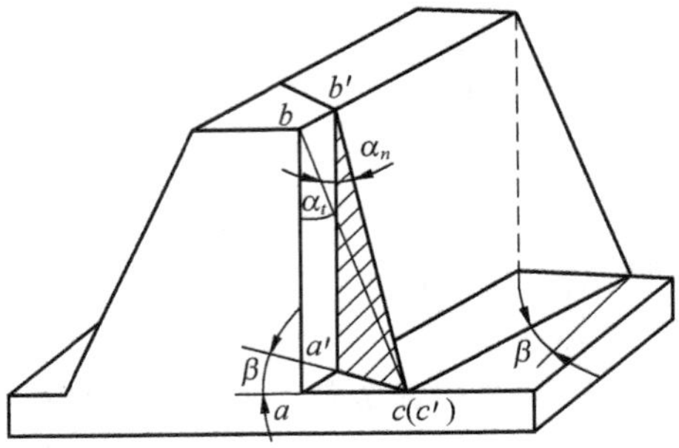

图 3－52 斜齿条的压力角

（5）斜齿轮几何尺寸计算。

斜齿轮啮合在端面上相当于直齿轮啮合，因此将斜齿轮的端面参数代入直齿轮的计算公式，可得到斜齿轮的相应尺寸，见表 3－29。

表 3－29 标准斜齿轮尺寸计算公式

名 称	符 号	计 算 公 式
齿顶高	h_a	$h_a = h_{an}^* m_n$
齿根高	h_f	$h_f = (h_{an}^* + c_n^*) m_n$
全齿高	h	$h = (2h_{an}^* + c_n^*) m_n$
分度圆直径	d	$d = m_t z = (m_n/\cos\beta) z$
齿顶圆直径	d_a	$d_a = d + 2h_a = m_n(z/\cos\beta + 2h_{an}^*)$
齿根圆直径	d_f	$d_f = d - 2h_f = m_n(z/\cos\beta - 2h_{an}^* - 2c_n^*)$
基圆直径	d_b	$d_b = d\cos\alpha_t$
中心距	a	$a = m_n(z_1 + z_2)/2\cos\beta$

从表 3－29 中可知，斜齿轮传动的中心距与螺旋角 β 有关，当一对齿轮的模数、齿数一定时，可以通过改变螺旋角 β 的方法来配凑中心距。

斜齿轮最少齿数 $z_{\min}$ 为

$$z_{\min} = \frac{2h_{at}^*}{\sin^2\alpha_t}$$

由于 $\cos\beta < 1$，$\alpha_t > \alpha_n$，所以斜齿轮最少齿数小于直齿轮最少齿数，因而斜齿轮机构更加紧凑。

3）平行轴斜齿轮传动的正确啮合条件

平行轴斜齿轮传动在端面上相当于一对直齿圆柱齿轮传动，因此端面上两齿轮的模数和压力角应相等，因此，一对齿轮的法向模数和压力角也应分别相等。考虑到平行轴斜齿轮传动螺旋角的关系，正确啮合条件应为

（1）模数相等，$m_{n1} = m_{n2} = m_n$。

（2）压力角相等，$\alpha_{n1} = \alpha_{n2} = \alpha_n$。

（3）螺旋角大小相等，方向相反，$\beta_1 = \beta_2$。

4）斜齿轮的当量齿数

在进行强度计算和用仿形法加工斜齿轮选择铣刀时，必须知道斜齿轮的法向齿形。如图 3－53 所示。用法向截面 nn 过斜齿轮分度圆柱上齿廓的任一点 C，截斜齿轮得一椭圆，按椭圆短半轴顶点 C 处的曲率半径 ρ 为分度圆半径，以斜齿轮的法面模数 m_n 为模数，以压力角 α_n 为标准压力角作一直齿圆柱齿轮，则齿形近似于斜齿轮的法面齿形。该直齿轮称为斜齿圆柱齿轮的当量齿轮，其齿数称为斜齿圆柱齿轮的当量齿数，用 z_v 表示，计算式为

$$z_v = \frac{z}{\cos^3\beta} \tag{3-55}$$

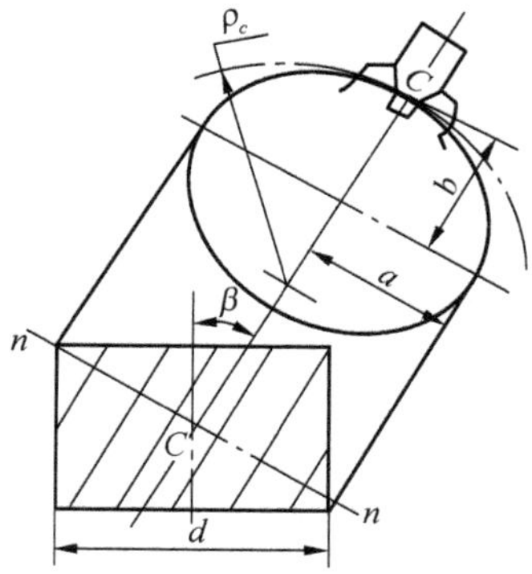

图 3－53　斜齿轮的当量齿数

标准斜齿轮不发生根切的最少齿数可按下式求得

$$z_{\min} = z_{v\min}\cos^3\beta = 17\cos^3\beta \tag{3-56}$$

5）渐开线斜齿圆柱齿轮的强度计算

（1）受力分析。

斜齿圆柱齿轮受力情况如图 3－54 所示，轮齿所受法向力 F_n 可分解为圆周力 F_t、径向力 F_r 和轴向力 F_a，其值分别为

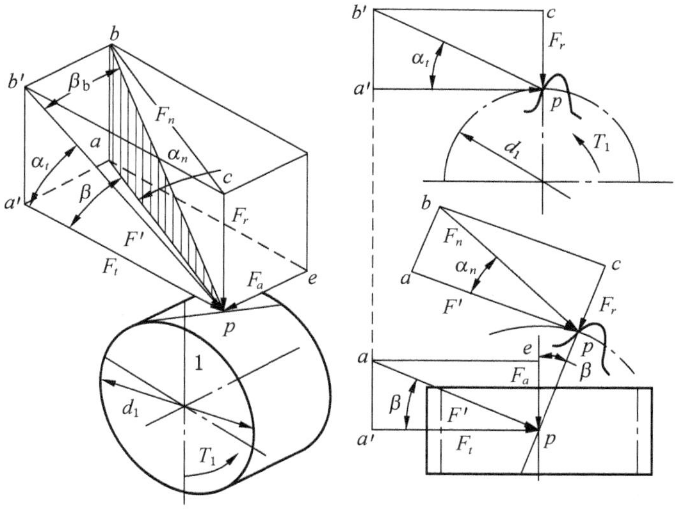

图 3－54　渐开线斜齿圆柱齿轮受力分析

$$\begin{cases} F_t = \dfrac{2T_1}{d_1} \\ F_r = \dfrac{F_t\tan\alpha_n}{\cos\beta} \\ F_a = F_t\tan\beta \\ F_n = \dfrac{F_t}{\cos\beta\cos\alpha_n} \end{cases} \tag{3-57}$$

式中　T_1——主动轮传递的转矩，N · mm；

d_1——主动轮的分度圆直径，mm。

圆周力的方向，在主动轮上与转动方向相反，在从动轮上与转向相同。径向力的方向均指向各自的轮心。轴向力的方向取决于齿轮的回转方向和轮齿的螺旋方向，可按“主动轮左、右手螺旋定则”来判断，其判别方法为：根据主动轮的旋向伸出相应的左手或右手（伸手同旋向），四指表示主动轮的转向（四指表转向），抓住主动轮后拇指的指向即为主动轮轴向力的方向（抓住主动轮，拇指指向即主动轮轴向力方向）。

（2）渐开线斜齿圆柱齿轮强度计算。

斜齿轮的啮合力作用于齿的法向平面，法向齿形和齿厚反映其强度，可利用法向平面上的当量齿轮进行强度分析和计算。

① 齿面接触疲劳强度计算。

校核公式为

$$\sigma_H = 3.17 Z_E \sqrt{\frac{KT_1(u \pm 1)}{bd_1^2 u}} \leqslant [\sigma_H] \tag{3-58}$$

设计公式为

$$d_1 \geqslant \sqrt[3]{\frac{KT_1(u \pm 1)}{\varphi_d u}\left(\frac{3.17 Z_E}{[\sigma_H]}\right)^2} \tag{3-59}$$

式中参数的意义同直齿圆柱齿轮。

校核公式中根号前的系数比直齿轮计算公式中的系数小，所以在同样受力的条件下，求得的接触应力小，这说明斜齿轮传动的接触疲劳强度比直齿轮传动的高。

② 齿根弯曲疲劳强度计算。

校核公式为

$$\sigma_F = \frac{1.6KT_1\cos\beta}{bm_n^2 z_1} Y_F Y_S \leqslant [\sigma_F] \tag{3-60}$$

设计公式为

$$m_n \geqslant 1.17 \sqrt[3]{\frac{KT_1\cos^2\beta Y_F Y_S}{\varphi_d z_1^2 [\sigma_F]}} \tag{3-61}$$

设计时应将 $Y_{F1}Y_{S1}/[\sigma_F]_1$ 和 $Y_{F2}Y_{S2}/[\sigma_F]_2$ 两比值中较大的代入，并将计算所得的法面模数 m_n 按标准模数圆整。Y_F、Y_S 应按斜齿轮的当量齿数 z_v 查取。

2. 直齿圆锥齿轮传动简介

1）圆锥齿轮传动概述

圆锥齿轮简称为锥齿轮，用来实现两相交轴之间的运动和动力的传递。两轴的交角 $\sum(\delta_1+\delta_2)$ 由传动要求确定，可为任意值，其中 $\sum(\delta_1+\delta_2)=90°$ 的圆锥齿轮传动应用最为广泛，如图 3－55a 所示。

由于圆锥齿轮的轮齿分布在圆锥面上，所以齿形从大端到小端逐渐缩小。一对圆锥齿轮传动时，两个节圆锥作纯滚动，与圆柱齿轮相似，圆锥齿轮也有基圆锥、分度圆锥、齿顶圆锥、齿根圆锥。正确安装的标准圆锥齿轮传动，其节圆锥与分度圆锥重合。

圆锥齿轮的轮齿有直齿、斜齿和曲齿等类型，直齿圆锥齿轮因加工相对简单，应用较多，适用于低速、轻载的场合；曲齿圆锥齿轮设计制造较复杂，但因传动平稳，承载能力强，常用于高速、重载的场合；斜齿圆锥齿轮目前已很少使用。本节只讨论直齿圆锥齿轮传动。

图 3－55 所示为一对正确安装的标准锥齿轮，其分度圆锥与节圆锥重合，两齿轮的分度圆锥角分别为 δ_1、δ_2，大端分度圆锥半径分别为 r_1、r_2，齿数分别为 z_1、z_2。两齿轮的传动比为

$$i=\frac{\omega_1}{\omega_2}=\frac{n_1}{n_2}=\frac{z_2}{z_1}=\frac{r_2}{r_1}=\frac{OP\sin\delta_2}{OP\sin\delta_1} \tag{3-62}$$

当 $\delta_1+\delta_2=90°$时，两齿轮的传动比为

$$i=\frac{\omega_1}{\omega_2}=\frac{n_1}{n_2}=\frac{z_2}{z_1}=\frac{r_2}{r_1}=\cot\delta_1=\tan\delta_2 \tag{3-63}$$

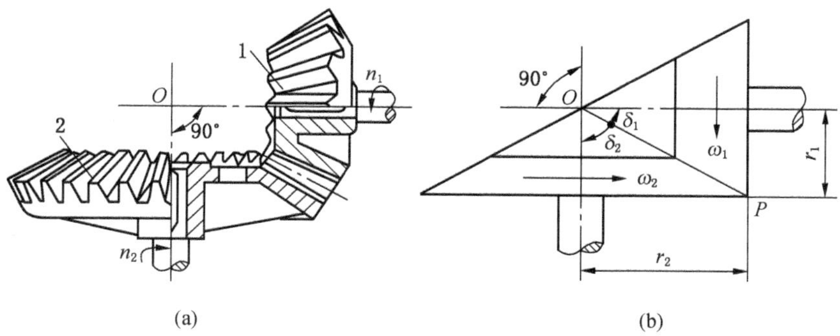

图 3－55　直齿圆锥齿轮传动

2）锥齿轮的当量齿数

$$\begin{cases} z_{v1}=\dfrac{z_1}{\cos\delta_1} \\ z_{v2}=\dfrac{z_2}{\cos\delta_2} \end{cases} \tag{3-64}$$

式中　z_1、z_2——两直齿圆锥齿轮的实际齿数；

δ_1、δ_2——两齿轮的分锥角。

3）直齿圆锥齿轮传动的几何尺寸计算

为了便于计算和测量，圆锥齿轮的参数和几何尺寸均以大端为准，取大端模数 m 为标准值，大端压力角 $\alpha=20°$，齿顶高系数 $h_a^*=1$，顶隙系数 $c^*=0.2$。齿宽 b 的取值范围为（0.25～0.3）R，R 为锥距。标准直齿圆锥齿轮各部分名称如图 3－56 所示，圆锥齿轮模数系列见表 3－30。锥齿轮几何尺寸计算公式见表 3－31。

直齿圆锥齿轮的正确啮合条件由当量圆柱齿轮的正确啮合条件得到，即两齿轮的大端模数和压力角分别相等，$m_1=m_2=m$，$\alpha_1=\alpha_2=\alpha$。

4）直齿圆锥齿轮的受力分析

图 3－57 所示为圆锥齿轮传动中的主动轮受力情况。作用在直齿圆锥齿轮齿面上的法向力 F_{n1}可视为集中作用在齿宽中点分度圆直径上，即作用在齿宽中点的法向截面 $N—N$ 内。法向力沿圆周方向、径向和轴向分解为 3 个互成直角的分力，即圆周力 F_{t1}、径向力 F_{r1}和轴向力 F_{a1}。

表 3-30 圆锥齿轮模数系列（GB 12368—1990）

0.1	0.35	0.9	1.75	3.25	5.5	10	20	36
0.12	0.4	1	2	3.5	6	11	22	40
0.15	0.5	1.125	2.25	3.75	6.5	12	25	45
0.2	0.6	1.25	2.5	4	7	14	28	50
0.25	0.7	1.375	2.75	4.5	8	16	30	—
0.3	0.8	1.5	3	5	9	18	32	—

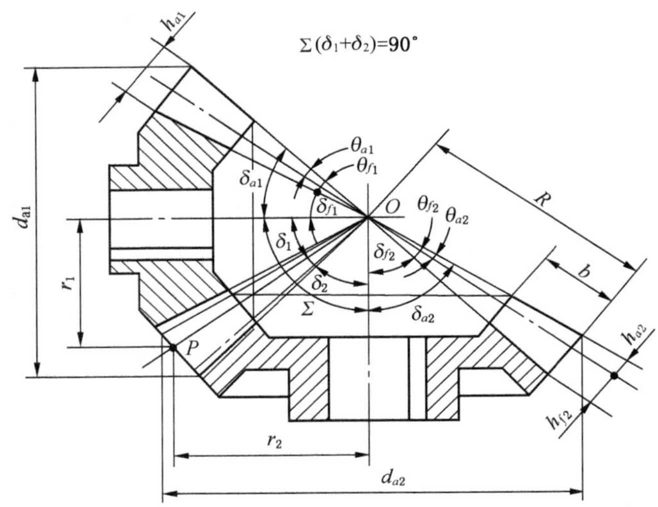

图 3-56 锥齿轮的几何尺寸

表 3-31 标准直齿锥齿轮几何尺寸计算公式 $[\sum(\delta_1+\delta_2)=90°]$

名　称	符　号	计　算　公　式
分度圆锥角	δ	$\delta_2=\arctan(z_2/z_1)$，$\delta_1=90°-\delta_2$
分度圆直径	d	$d=mz$
锥距	R	$R=\dfrac{mz}{2\sin\delta}=\dfrac{m}{2}\sqrt{z_1^2+z_2^2}$
齿宽	b	$b\leqslant R/3$
齿顶圆直径	d_a	$d_a=d+2h_a\cos\delta=m(z+2h_a^*\cos\delta)$
齿根圆直径	d_f	$d_f=d-2h_f\cos\delta=m[z-(2h_a^*+c^*)\cos\delta]$
顶圆锥角	δ_a	$\delta_a=\delta+\theta_a=\delta+\arctan(h_a^*m/R)$
根圆锥角	δ_f	$\delta_f=\delta-\theta_f=\delta-\arctan[(h_a^*+c^*)m/R]$

各力计算公式如下：

$$\begin{cases}F_{t1}=\dfrac{2T_1}{d_{m1}}\\F_{a1}=F_1'\sin\delta_1=F_{t1}\tan\alpha\sin\delta_1\\F_{r1}=F_1'\cos\delta_1=F_{t1}\tan\alpha\cos\delta_1\end{cases}\tag{3-65}$$

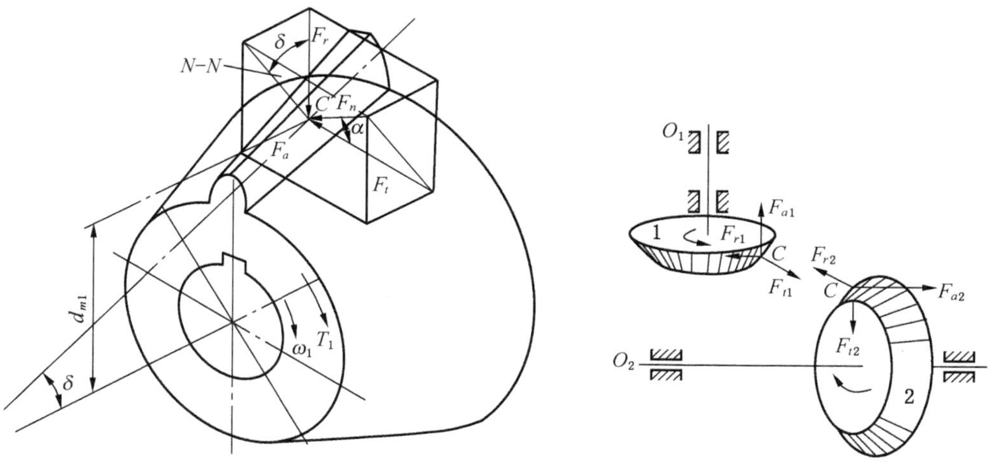

图 3－57　直齿圆锥齿轮的受力分析

式中　T_1——主动轮传递的扭矩，N · mm；

d_{m1}——主动轮平均分度圆直径，mm，$d_{m1}=\left(1-0.5\dfrac{b}{R}\right)d_1$。

圆周力的方向，在主动轮上对其轴之矩与转动方向相反；在从动轮上对其轴之矩与转动方向相同；径向力的方向，对两轮都指向各自的轮心；轴向力的方向，分别沿各自的轴线方向指向轮齿的大端。两轮的受力可根据作用力与反作用力原理确定：$F_{r1}=-F_{r2}$，$F_{t1}=-F_{t2}$，$F_{a1}=-F_{a2}$，负号表示二力的方向相反。

思考与练习

1. 齿轮传动的基本要求是什么？渐开线有哪些性质？渐开线齿廓为什么能满足齿廓啮合基本定律？

2. 符合什么条件的齿轮为标准齿轮？

3. 齿轮的失效形式有哪些？

4. 齿轮的切削加工方法有哪些？仿形法加工如何确定刀号？

5. 齿轮啮合的条件是什么？

6. 齿轮传动的节圆和分度圆的关系如何？

7. 如何提高齿面抗点蚀能力？

8. 在进行齿轮强度计算时，为什么要引入载荷系数？

9. 齿轮强度设计准则是如何确定的？

10. 为什么要使小齿轮比配对的大齿轮轮宽 5 ~ 10 mm？

11. 齿轮传动中，螺旋角的取值为什么要在一定范围内？

12. 什么是斜齿轮的当量齿轮？为什么要提出当量齿轮的概念？

13. 斜齿轮传动具有哪些优缺点？

14. 设有一渐开线标准齿轮，$z=26$，$m=3$ mm，$h_a^*=1$，$\alpha=20°$，求其齿廓曲线在分度圆及齿顶圆上的曲率半径及齿顶圆压力角。

15. 试问当渐开线标准齿轮的齿根圆与基圆重合时，其齿数应为多少？当齿数大于以上求得的齿数时，试问基圆与齿根圆哪个大？

16. 一对圆柱齿轮传动，小齿轮和大齿轮在啮合处的接触应力是否相等？如大、小齿轮的材料、热处理情况均相等，则弯曲疲劳许用应力是否相等？如其弯曲疲劳许用应力相等，则大、小齿轮的弯曲疲劳强度是否相等？

17. 两个标准直齿圆柱，已测得齿数 $z_1=22$，$z_2=98$，小齿轮齿顶圆直径 $d_{a1}=240$ mm，大齿轮全齿高为 22.5 mm，试判断这两个齿轮能否正确啮合传动？

18. 某标准直齿圆柱齿轮，已知齿距 $p=12.566$ mm，$z=25$，正常齿制。求该齿轮的分度圆直径、齿顶圆直径、齿根圆直径、基圆直径、齿高及齿厚。

19. 已知一正常齿制的渐开线标准外啮合直齿轮传动，模数 $m=5$ mm、压力角 $\alpha=20°$、中心距 $a=350$ mm、$i_{12}=1.8$。求两齿轮的齿数、分度圆直径、齿顶圆直径、齿根圆直径、基圆直径分别为多少？

20. 有一标准斜齿圆柱齿轮机构，已知 $m_n=5$ mm，$\alpha_n=20°$，$h_{an}^*=1$，$c_n^*=0.25$，$z_1=20$，$z_2=45$，$\beta=15°$，$b=50$ mm。试求这对齿轮的分度圆直径 d；齿顶圆直径 d_a；齿根圆直径 d_f；法面齿距 p_n；端面齿距 p_t；当量齿数 z_v；端面啮合角 α_t；中心距 a。

21. 设计用于螺旋输送机的减速器中的一对直齿圆柱齿轮。已知传递的功率 $P=10$ kW，小齿轮由电动机驱动，其转速 $n_1=960$ r/min，$n_2=240$ r/min。单向传动，载荷比较平稳。

22. 单级直齿圆柱齿轮减速器中，两齿轮的齿数 $z_1=23$，$z_2=76$，模数 $m=3$ mm，压力角 $\alpha=20°$，齿宽 $b_1=100$ mm，$b_2=95$ mm，转速 $n_1=720$ r/min，单向传动，载荷中等冲击。减速器由电动机驱动。两齿轮均用 45 钢，小齿轮调质处理，齿面硬度为 220 ~ 250HBS，大齿轮正火处理，齿面硬度为 180 ~ 200HBS。试确定这对齿轮允许传递的功率。

任务三　蜗杆传动结构分析与设计

一、工作任务

（一）任务概述

蜗杆传动是空间交错的两轴间传递运动和动力的一种传动，两轴线间的夹角可为任意值，常用的为 90°。蜗杆传动主要是由蜗杆和蜗轮组成。如图 3 - 58 所示，蜗杆类似于螺杆，蜗轮类似于一个具有凹形轮缘的斜齿轮。一般蜗杆为主动件，蜗轮为从动件。蜗杆传动广泛用于各种机器和仪表中的减速装置。本任务通过分析蜗杆传动的结构，了解其传动特点及设计方法。

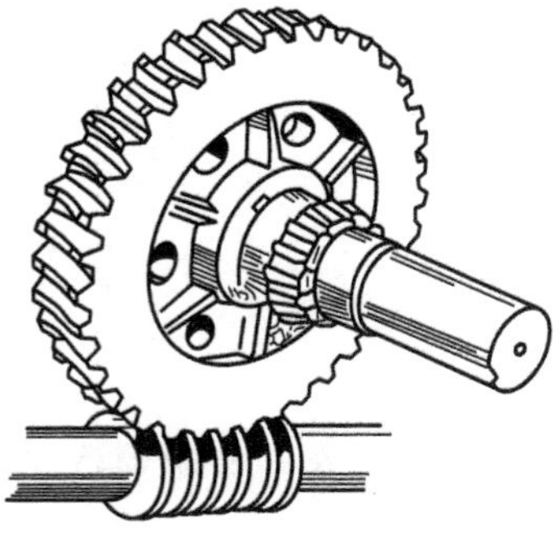

图 3 - 58　蜗杆传动

（二）任务要求

1. 知识要求

（1）了解蜗杆传动的应用。

（2）掌握蜗杆传动的基本参数计算。

（3）了解蜗杆传动的热平衡计算方法。

（4）了解蜗杆传动的材料及失效形式。

2. 能力要求

（1）能分析蜗杆传动的啮合特性及结构特点。

（2）能进行初步的设计计算。

3. 态度要求

（1）能主动学习，在完成任务过程中发现问题、分析问题和解决问题。

（2）能与小组成员协商、交流配合完成本学习任务。

（3）严格遵守安全规范。

二、相关知识

（一）蜗杆传动的类型

蜗杆按形状的不同分为圆柱蜗杆传动（图 3－59a）、环面蜗杆传动（图 3－59b）、锥面蜗杆传动（图 3－59c）等。其中圆柱蜗杆传动应用最广泛。

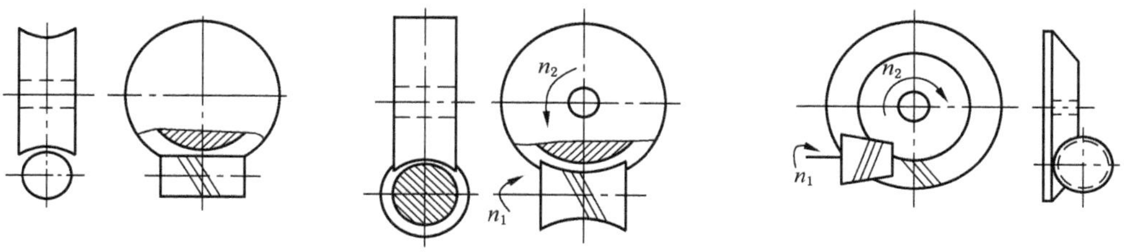

(a) 圆柱蜗杆传动　(b) 环面蜗杆传动　(c) 锥面蜗杆传动

图 3－59　蜗杆传动的类型

圆柱蜗杆传动分为普通圆柱蜗杆传动和圆弧圆柱蜗杆传动。

普通圆柱蜗杆按其齿廓曲线不同，可分为阿基米德（ZA）蜗杆、渐开线（ZI）蜗杆、法向直齿（ZN）蜗杆和锥面包络（ZK）蜗杆 4 种。其中 ZA 蜗杆由于加工与测量方便，在机械中应用最为广泛。

按螺旋齿旋向的不同，蜗杆传动分为右旋和左旋，常用的是右旋。

（二）蜗杆传动的特点

蜗杆传动与齿轮传动相比，具有以下特点：

1. 传动比大

在动力传动中，单级蜗杆传动比 $i=5\sim80$；在传递运动时，如机床的分度机构，其传动比可达 1000。由于传动比大，因而结构很紧凑。

2. 传动平稳

由于蜗杆的齿是一条连续的螺旋齿，所以传动平稳，噪声小。

3. 可制成具有自锁性的蜗杆

所谓“自锁性”，即蜗杆为主动件时能驱动蜗轮，反过来，蜗轮不能驱动蜗杆。自锁性的蜗杆常用于需要反向自锁的起重设备，以保证安全生产。

4. 传动效率低

蜗杆传动的摩擦损失大，所以其传动效率低，一般为 0.7～0.9；对具有自锁性的蜗杆传动，效率低于0.5。

5. 制造成本较高

为了减摩耐磨，通常蜗轮齿圈需要用贵重的青铜等材料制造，蜗杆则多采用淬硬后磨削工艺，因而制造成本较高。

6. 不能实现互换

由于蜗轮是用与其匹配的蜗杆滚刀加工的，因此，仅模数和压力角相同的蜗杆与蜗轮是不能任意互换的。

蜗杆传动适用于传动比大、传递效率不大且不作长期运转的场合。由于普通圆柱蜗杆容易制造且在各种机械中得到广泛应用，故本单元仅讨论轴交角$\sum 90°$（即空间交错垂直）的圆柱蜗杆传动中的普通蜗杆（阿基米德蜗杆）传动。

（三）蜗杆传动的主要参数和几何尺寸计算

在蜗轮蜗杆传动中，蜗杆轴线与蜗轮轴线的公垂线称为连心线，将通过蜗杆轴线并与蜗轮轴线垂直的平面定义为中间平面，如图3－60所示。在此平面内，蜗杆传动相当于渐开线齿轮与齿条传动。因此设计蜗杆传动时，参数和尺寸均在中间平面内确定，并沿用渐开线圆柱齿轮传动的计算公式。

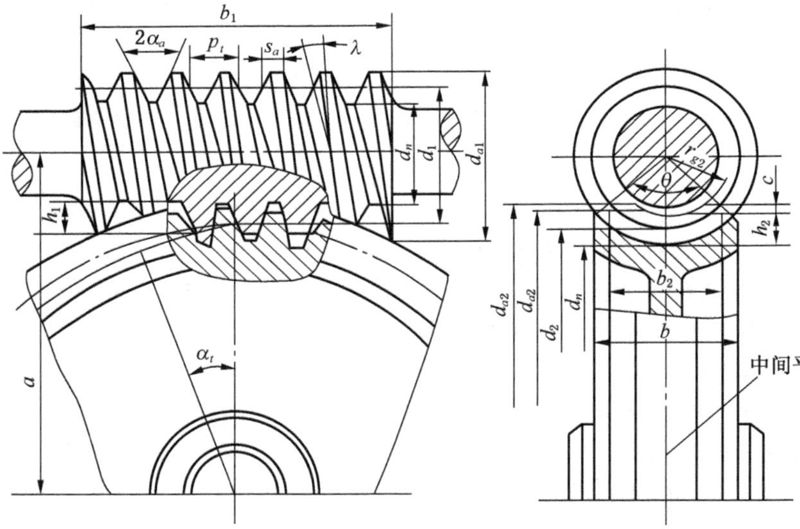

图3－60 蜗杆传动的主要参数和几何尺寸

1. 蜗杆传动的主要参数

1）蜗杆头数z_1和蜗轮齿数z_2

蜗杆头数z_1即为蜗杆螺旋线的数目，一般取1、2、4。头数z_1增大，可以提高传动效率，但加工制造难度增大。当传动比大于40或要求蜗杆自锁时，取$z_1=1$；当传递功率较大时，为了提高传动效率，减少能量损失，常取z_1为2、4。

蜗轮齿数一般取$z_2=28\sim80$。若$z_2<28$，传动的平稳性会下降，且易产生根切；若z_2过大，蜗轮的直径d_2增大，与之相应的蜗杆长度增加、刚度降低，从而影响啮合的精度。

2）传动比 i

通常蜗杆为主动件，蜗杆传动的传动比 i 等于蜗杆与蜗轮的转速之比。

$$i=\frac{n_1}{n_2}=\frac{z_2}{z_1} \tag{3-66}$$

z_1、z_2 可根据传动比按表 3－32 选取。

表 3－32　各种传动比时推荐的 z_1、z_2 值

传动比 i	7～13	14～27	28～40	>40
蜗杆头数 z_1	4	2	2，1	1
蜗轮齿数 z_2	28～52	28～54	28～80	>40

3）模数 m 和压力角 α

如图 3－60 所示，由于蜗杆传动在中间平面内相当于渐开线齿轮与齿条传动，所以蜗杆传动的正确啮合条件是：蜗杆的轴向模数 $m_{\alpha 1}$ 和压力角 $\alpha_{\alpha 1}$ 应分别与蜗轮的法面模数 m_{t2} 和压力角 α_{t2} 相等。若规定中间平面内的模数和压力角为标准值，则

$$\begin{cases} m_{\alpha 1}=m_{t2}=m \\ \alpha_{\alpha 1}=\alpha_{t2}=20° \end{cases} \tag{3-67}$$

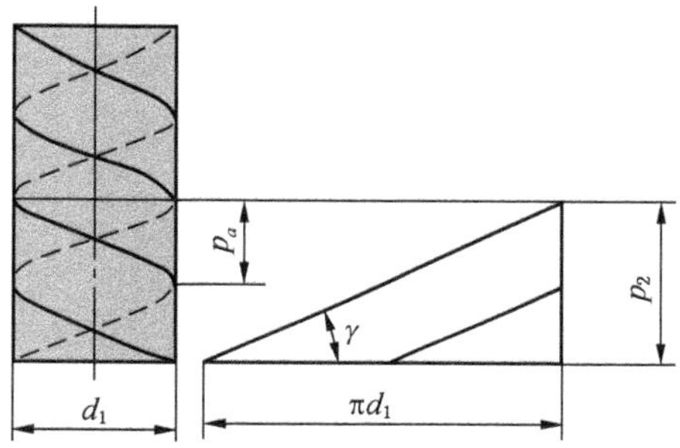

图 3－61　蜗杆分度圆柱展开图

4）蜗杆的螺旋升角 γ 与蜗轮螺旋角 β

如图 3－61 所示，将蜗杆分度圆柱展开。其螺旋线与端面的夹角即为蜗杆分度圆柱上的螺旋线升角。由图 3－61 可知螺旋线的导程 L 为

$$L=z_1p_{a1}=z_1\pi m$$

式中　p_{a1}——蜗杆的轴向齿距。

同时可得蜗杆分度圆柱上的螺旋升角与导程的关系式为

$$\tan\gamma=\frac{L}{\pi d_1}=\frac{z_1\pi m}{\pi d_1}=\frac{z_1 m}{d_1} \tag{3-68}$$

令
$$q=\frac{z_1}{\tan\gamma}$$

得
$$d_1=mq \tag{3-69}$$

q 称为直径系数。通常蜗杆分度圆柱上的导程角 $\gamma=3.5°\sim33°$。导程角在 3.5°～4.5°范围内的蜗杆可实现自锁，升角大时传动效率高，但蜗杆加工难度大。

一对蜗杆蜗轮啮合时，蜗轮螺旋角 β 与蜗杆螺旋升角 γ 大小相等，且旋向相同才能进行正确啮合，即 $\gamma=\beta$。此条件同样为蜗轮蜗杆的正确啮合条件，如图 3－62 所示。

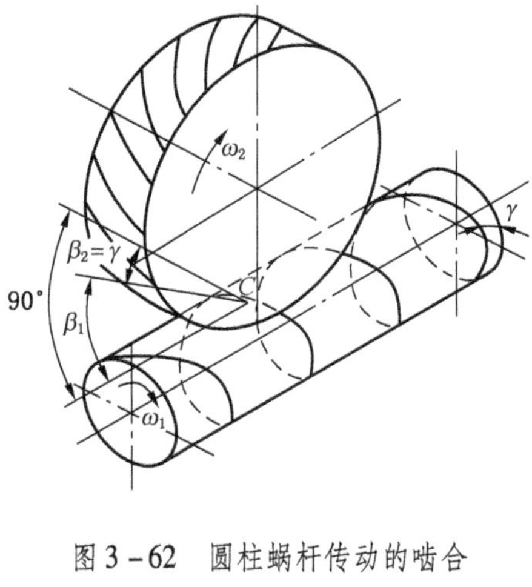

图 3－62　圆柱蜗杆传动的啮合

5）蜗杆分度圆直径 d_1

为保证蜗杆传动的正确啮合，切制蜗轮的滚刀除外径稍大些外，其他尺寸和齿形参数必须与相啮合的蜗杆尺寸相同。由式（3－68）可知，滚刀分度圆直径 d_1 不仅与模数 m 有关，而且与头数 z_1 和导程角 γ 有关。因此即使模数 m 相同，也可有很多直径不同的蜗杆，故需备有很多相应的滚刀，这给刀具的制造带来很大的麻烦，也不经济。为了减少蜗轮滚刀的数量，规定蜗杆分度圆直径 d_1 为标准值，见表3－33。

表3－33　蜗杆基本参数（$\sum=90°$）（摘自 GB 10085—1988）

模数 m/mm	分度圆直径 d_1/mm	蜗杆头数 z_1	直径系数 q	m^2d_1/mm^3
1	18	1	18.000	18
1.25	20	1	16.000	31.25
	22.4	1	17.920	35
1.6	20	1，2，4	12.500	51.2
	28	1	17.500	71.68
2	(18)	1，2，4	9.000	72
	22.4	1，2，4，6	11.200	89.6
	(28)	1，2，4	14.000	112
	35.5	1	17.750	142
2.5	(22.4)	1，2，4	8.960	140
	28	1，2，4，6	11.200	175
	(35.5)	1，2，4	14.200	221.9
	45	1	18.000	281
3.15	(28)	1，2，4	8.889	278
	35.5	1，2，4，6	11.27	352
	45	1，2，4	14.286	447.5
	56	1	17.778	556
4	(31.5)	1，2，4	7.875	504
	40	1，2，4，6	10.000	640
	(50)	1，2，4	12.500	800
	71	1	17.750	1136
5	(40)	1，2，4	8.000	1000
	50	1，2，4，6	10.000	1250
	(63)	1，2，4	12.600	1575
	90	1	18.000	2250
6.3	(50)	1，2，4	7.936	1985
	63	1，2，4，6	10.000	2500
6.3	(80)	1，2，4	12.698	3175
	112	1	17.778	4445
8	(63)	1，2，4	7.875	4032
	80	1，2，4，6	10.000	5376
	(100)	1，2，4	12.500	6400
	140	1	17.500	8960
10	(71)	1，2，4	7.100	7100
	90	1，2，4，6	9.000	9000
	(112)	1，2，4	11.200	11200
	160	1	16.000	16000
12.5	(90)	1，2，4	7.200	14062
	112	1，2，4	8.960	17500
	(140)	1，2，4	11.200	21875
	200	1	16.000	31250
16	(112)	1，2，4	7.000	28672
	140	1，2，4	8.750	35840
	(180)	1，2，4	11.250	46080
	250	1	15.625	64000
20	(140)	1，2，4	7.000	56000
	160	1，2，4	8.000	64000
	(224)	1，2，4	11.200	89600
	315	1	15.750	126000
25	(180)	1，2，4	7.200	112500
	200	1，2，4	8.000	125000
	(280)	1，2，4	11.200	175000
	400	1	16.000	250000

注：1. 表中模数均系第一系列，$m<1$ mm 的未列入，$m>2.5$ mm 的还有 31.5、40 mm 两种。属于第二系列的模数有 1.5、3、3.5、4.5、5.5、6、7、12、14 mm。

2. 表中蜗杆分度圆直径 d_1 均属第一系列，$d_1<18$ mm 的未列入，此外还有 355 mm。属于第二系列的有：30、38、48、53、60、67、75、85、95、106、118、132、144、170、190、300 mm。

3. 模数和分度圆直径均应优先选用第一系列，括号中的数字尽可能不采用。

导程角 γ 大，虽然传动效率高，但会使蜗杆的强度、刚度降低。因此，在蜗杆轴刚度允许的情况下，设计蜗杆传动时，若要求传动效率高，则 d_1 可选小值；若要求强度和刚度大时，则 d_1 可选大值。

6）中心距 a

蜗杆传动的中心距为

$$a=\frac{d_1+d_2}{2}=\frac{1}{2}m(q+z_2) \tag{3-70}$$

2. 蜗杆传动的基本尺寸计算

标准圆柱蜗杆传动的几何尺寸计算公式见表 3－34。

表 3－34 标准圆柱蜗杆传动几何尺寸计算公式

名称	计算公式	
	蜗杆	蜗轮
齿顶高	$h_a=m$	$h_a=m$
齿根高	$h_f=1.2m$	$h_f=1.2m$
分度圆直径	$d_1=mz_1/\tan\gamma$	$d_2=mz_2$
齿顶圆直径	$d_{a1}=d_1+2h_{a1}=d_1+2m$	$d_{a2}=m(z_2+2)$
齿根圆直径	$d_{f1}=d_1-2(h_1-h_{a1})=d_1-2.4m$	$d_{f2}=m(z_2-2.4)$
顶隙	$c=0.2\,m$	
蜗杆轴向齿距 蜗轮端面齿距	$p=m\pi$	
蜗杆分度圆柱的导程角	$\tan\gamma=mz_1/d_1$	
蜗轮分度圆上轮齿的螺旋角		$\beta=\lambda$
中心距	$a=(d_1+d_2)/2$	
蜗杆螺纹部分长度	$z_1=1、2, b_1\geqslant(11+0.06z_2)m$ $z_1=4, b_1\geqslant(12.5+0.09z_2)m$	
蜗轮咽喉母圆半径		$r_{g2}=a-d_{a2}/2$
蜗轮最大外圆直径		$z_1=1、d_{e2}\leqslant d_{a2}+2m$ $z_1=2、d_{e2}\leqslant d_{a2}+1.5m$ $z_1=4、d_{e2}\leqslant d_{a2}+m$
蜗轮轮缘宽度		$z_1=1、2, b_2\leqslant 0.75d_{a1}$ $z_1=4、b_2\leqslant 0.67d_{a1}$
蜗轮轮齿包角		$\theta=2\arcsin(b_2/d_1)$ 一般动力传动 $\theta=70°\sim90°$ 高速动力传动 $\theta=90°\sim130°$ 分度传动 $\theta=45°\sim60°$

（四）蜗杆传动的失效形式和材料

1. 轮齿的失效形式

在蜗杆传动中，因为材料及结构的原因，蜗杆轮齿的机械强度通常要高于蜗轮轮齿的强度，所以失效多发生在蜗轮的轮齿上。蜗杆蜗轮齿面间的相对滑动速度大，摩擦发热大，使润滑油黏度因温度升高而下降，润滑条件变坏，因此传动的主要失效形式是胶合、磨损和齿面点蚀。闭式蜗杆传动的主要失效形式是蜗轮轮齿齿面的点蚀、磨损和胶合；开式蜗杆传动的主要失效形式是蜗轮轮齿的齿面磨损和弯曲折断。

2. 蜗杆传动的材料

根据蜗轮蜗杆传动的失效形式，要求蜗杆蜗轮的材料组合不仅要有足够的强度，还要具有良好的减摩耐磨性和抗胶合能力。

1）蜗杆材料

蜗杆一般采用碳素钢或合金钢制造。

对于高速重载的传动，蜗杆常用低碳合金钢，如 20Cr、20CrMnTi 等，经渗碳淬火，表面硬度达 56～62HRC，并采用磨削工艺。

对于中速中载的传动，蜗杆材料可用优质碳素钢或合金结构钢，如 45、40Cr 等，经表面淬火，表面硬度达 45～55HRC，也采用磨削工艺。

对于低速或不重要的传动可用 45 钢经调制处理，表面硬度小于 270HBW。

2）蜗轮材料

常用的蜗轮材料为铸锡青铜，如 ZCuSn10Pb1、ZCuSnPb5Zn5，其抗胶合、减摩耐磨性能较好，但价格较贵，因此用于滑动速度较高（$v_s \geqslant 3$ m/s）的重要传动。铸铝青铜，如 ZCuAl10Fe3、ZCuAl10Fe3Mn2，抗胶合及耐磨性能不如铸锡青铜，但有足够的强度、耐冲击性，价格便宜，一般用于滑动速度较低（$v_s \leqslant 6$ m/s）的传动。灰铸铁如 HT200、HT150 用于低速轻载传动中，且滑动速度（$v_s \leqslant 2$ m/s）的场合。

常用的蜗杆传动的配对材料见表 3－35。

表 3－35　蜗杆传动配对材料

相对滑动速度 v_s/(m·s^{-1})	蜗轮材料	蜗杆材料
≤25	ZCuSn10Pb1	20CrMnTi 渗碳淬火，56～62 HRC 20Cr
≤12	ZCuSnPb5Zn5	45 表面淬火，40～50HRC 40Cr　50～55HRC
≤10	ZCuAl9Fe4Ni4Mn2、ZCuAl9Mn2	45 表面淬火，40～50HRC 40Cr　50～55HRC
≤2	HT200、HT150	45 调质，210～230HBS

（五）蜗杆传动的受力分析

1. 轮齿上的作用力

蜗杆传动的受力分析与斜齿圆柱齿轮相似，如图 3－63 所示，蜗杆为主动件，旋向为右旋，按图示方向旋转。假定：①蜗轮轮齿和蜗杆螺旋面之间的相互作用力集中于节点，并按单齿对啮合考虑；②暂不考虑啮合面间的摩擦力。根据受力分析图可得蜗杆传动中蜗杆和蜗轮的径向力、圆周力、轴向力分别具有以下关系式：

$$
\begin{aligned}
F_{t1} &= -F_{a2} = \frac{2T_1}{d_1} \\
F_{t2} &= -F_{a1} = \frac{2T_2}{d_2} \\
F_{r2} &= -F_{r1} = F_{t2}\tan\alpha \\
T_2 &= T_1 i\eta = 9.55 \times 106\frac{P_1}{n_1}i\eta
\end{aligned}
\tag{3-71}
$$

式中　F_{r1}、F_{r2}——蜗杆和蜗轮的径向力；

F_{a1}、F_{a2}——蜗杆和蜗轮的轴向力；

F_{t1}、F_{t2}——蜗杆和蜗轮的圆周力；

η——蜗杆传动的效率。

蜗杆蜗轮受力方向的判别方法为：当蜗杆为主动件时，圆周力与转向相反；径向力的方向由啮合点指向蜗杆中心；轴向力的方向取决于螺旋线的旋向和蜗杆的转向，按“主动轮左右手法则”来确定。作用于蜗轮上的力可根据作用与反作用定律来确定。

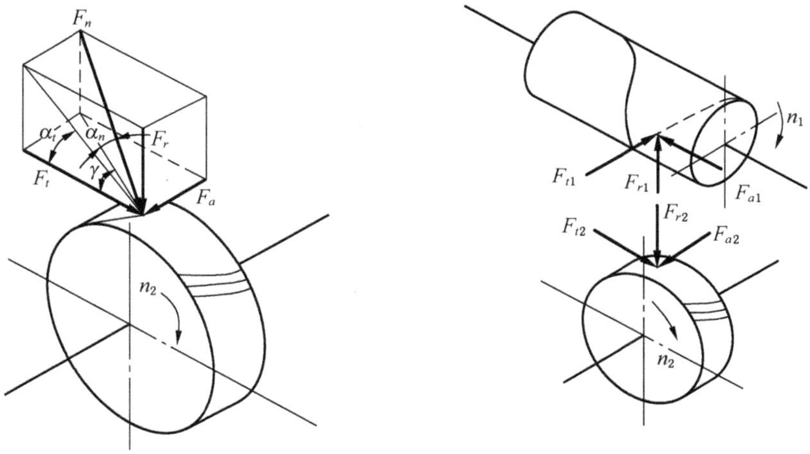

(a)　　　　(b)

图 3-63　蜗杆传动的受力分析

2. 蜗杆或蜗轮转向的判断

根据蜗杆和蜗轮的受力方向，若已知蜗杆的转向则可以判断出蜗轮的转向。一般可用简便方法判断，判断方法为：若已知蜗杆的转向，则根据蜗杆的旋向伸出相应的左手或右手（伸手同旋向），四个手指表示蜗杆的转向（四指表转向），抓住蜗杆后（抓住主动轮），拇指的反向即为蜗轮在啮合点的线速度的方向（拇指反向即蜗轮转向）。反之，若已知蜗轮的转向，可用同样的方法判断蜗杆的转向，需要注意的是蜗轮和蜗杆的旋向始终一致。方向判断示意图如图 3-64 所示。

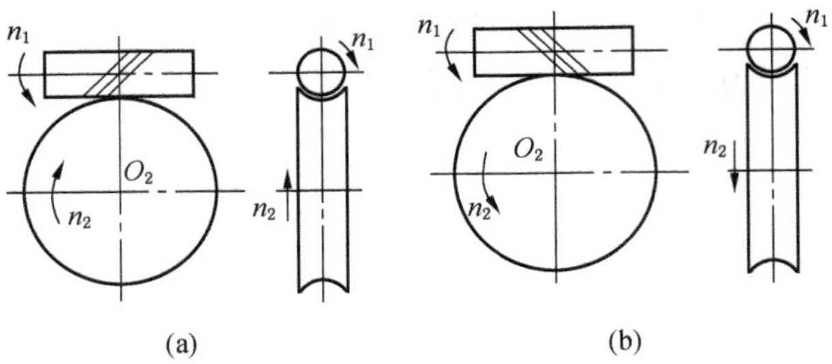

图 3-64　蜗杆传动转向的判断

（六）蜗杆传动的设计理论

蜗轮齿面接触疲劳强度计算，由赫兹公式按主平面内斜齿轮与齿条啮合进行强度计算。

校核公式为

$$\sigma_H = 500\sqrt{\frac{KT_2}{d_1 d_2^{\ 2}}} \leqslant [\sigma_H] \tag{3-72}$$

设计公式为

$$m^2 d_1 = KT_2\left(\frac{500}{Z_2[\sigma_H]}\right)^2 \tag{3-73}$$

（七）蜗杆和蜗轮的结构

1. 蜗杆的结构

蜗杆一般与轴作成一体，称为蜗杆轴，其结构如图 3-65 所示。按照蜗杆的加工方式分为车削蜗杆（图 3-65a）与铣削蜗杆（图 3-65b）。车削加工时因工艺需要往往加工退刀槽，故刚性较差。

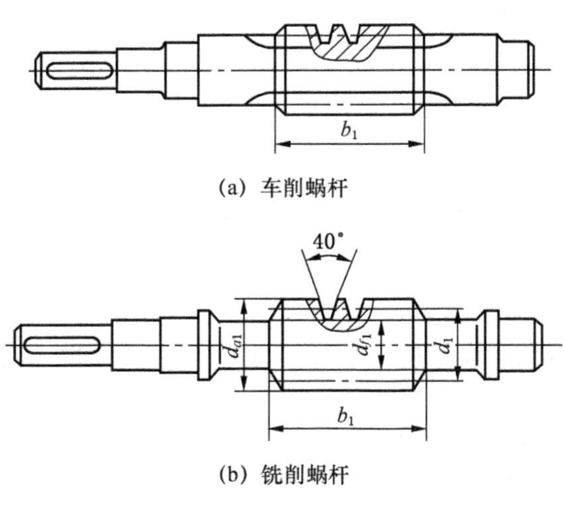

图 3-65　蜗杆的结构

2. 蜗轮的结构

按材料和尺寸不同，蜗轮的结构分为齿圈式蜗轮、螺栓连接式蜗轮、整体式蜗轮和拼铸式蜗轮，如图3－66所示。

（1）齿圈式蜗轮（图3－66a）。为了节省贵重金属，直径较大的蜗轮一般采用组合式结构，齿圈用青铜等贵重金属，轮芯用铸铁或钢。二者采用H7/r6配合，并用螺钉紧固，这种结构多用于尺寸较大或温度变化较小的地方。

（2）螺栓连接式蜗轮（图3－66b）。这种结构的齿圈和轮芯用螺栓连接，装拆方便，多用于尺寸较大或磨损后需更新蜗轮齿圈的场合。

（3）整体式蜗轮（图3－66c）。主要用于铸铁蜗轮或直径尺寸较小的青铜蜗轮。

（4）拼铸式蜗轮（图3－66d）。将青铜齿圈浇注在铸铁轮芯上，在轮芯上制出榫槽，以防轴向滑动。常用于成批生产的蜗轮。

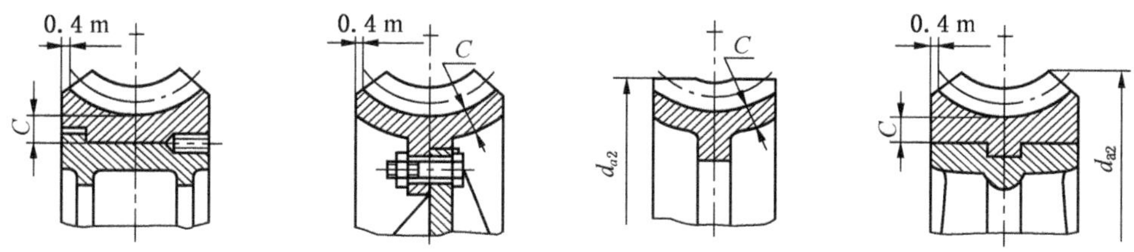

(a) 齿圈式蜗轮　(b) 螺栓连接式蜗轮　(c) 整体式蜗轮　(d) 拼铸式蜗轮

图3－66　蜗轮的结构形式

（八）蜗杆传动的效率、润滑和热平衡计算

1. 蜗杆传动的效率

在闭式蜗杆传动中，功率损失一般包括三个部分：轮齿啮合的摩擦损失、轴承摩擦损失和箱体内油被搅动的油阻功率损失，其中主要是啮合摩擦损失。因此总效率 η 为啮合效率 η_1、轴承效率 η_2、搅油效率 η_3 的乘积，所以蜗杆传动的总效率为

$$\eta = \eta_1 \eta_2 \eta_3 \tag{3-74}$$

1）啮合效率 η_1

当蜗杆为主动件时，啮合效率为

$$\eta_1 = \frac{\tan\gamma}{\tan(\gamma + \rho_v)} \tag{3-75}$$

$$\rho_v = \arctan f_v$$

式中　ρ_v——当量摩擦角，可按蜗杆传动的材料及滑动速度查表3－36得出；

γ——蜗杆分度圆柱上的导程角。

由式（3－75）可知，在 γ 值的一定范围内，η 随 γ 增大而增大，即增大 γ 角可提高传动效率。多头蜗杆的 γ 角较大，故一般多采用多头蜗杆。但 γ 角过大，蜗杆的加工较困难，且当 $\gamma > 27°$ 时效率增加的幅度很小，因此一般取 $\gamma \leq 27°$。当 $\gamma \leq \rho_v$ 时，蜗杆传动具有自锁性，但此时蜗杆传动的效率低于50%。

2）轴承效率 η_2

采用滚动轴承时，$\eta_2=0.99$；采用滑动轴承时，$\eta_2=0.98\sim0.99$。

3）搅油效率 η_3

可近似的取 $\eta_3=0.95\sim0.99$。

在传动尺寸未确定之前蜗杆传动的总效率 η 一般可根据蜗杆头数 z_1 近似地按表 3－36 选取。

表 3－36　蜗杆传动效率的估算值

传动方式	闭式传动			开式传动
z_1	1	2	4	1、2
η	0.7～0.75	0.75～0.82	0.82～0.92	0.60～0.70

2. 蜗杆传动的润滑

由于蜗杆传动有较大的滑动，发热量大、效率低，因此润滑对蜗杆传动非常重要。当润滑不良时，蜗杆传动的效率将显著降低，并会导致剧烈磨损和胶合。为了防止传动中金属直接接触，通常采用黏度较大的润滑油，这样有利于形成动压油膜，从而减小磨损，缓和冲击，使传动平稳，以利于提高传动效率和蜗轮蜗杆的寿命。

闭式蜗杆传动的润滑油黏度及给油方法，一般根据蜗轮蜗杆的相对滑动速度及载荷类型参考表 3－37 进行选择。

表 3－37　蜗杆传动的润滑油黏度及给油方法

<table>
<tr><td>滑动速度 v_c/(m·s^{-1})</td><td><1</td><td><2.5</td><td><5</td><td>>5～10</td><td>>10～15</td><td>>15～25</td><td>>25</td></tr>
<tr><td>工作条件</td><td>重载</td><td>重载</td><td>中载</td><td>—</td><td>—</td><td>—</td><td>—</td></tr>
<tr><td>黏度 $v_{40℃}$/(mm^2·s^{-1})</td><td>900</td><td>500</td><td>350</td><td>220</td><td>150</td><td>100</td><td>80</td></tr>
<tr><td rowspan="2">给油方法</td><td rowspan="2" colspan="3">油池润滑</td><td rowspan="2">油池润滑或喷油润滑</td><td colspan="3">压力喷油润滑及其压力/MPa</td></tr>
<tr><td>0.07</td><td>0.2</td><td>0.3</td></tr>
</table>

对于开式传动，则采用黏度较高的齿轮油或润滑脂。如果采用喷油润滑，喷油嘴要对准蜗杆啮入端；蜗杆正反转时，两边都要装有喷油嘴，而且控制一定的油压。

对闭式蜗杆传动采用油池润滑时，在搅油损耗不致过大的情况下，应使油池保持适当的油量。这样不仅有利于动压油膜的形成，而且有助于散热。对于蜗杆下置式或蜗杆侧置式的传动，浸油深度应为蜗杆的一个齿高；当蜗杆为上置式时，浸油深度约为蜗轮外径的 1/3。

3. 蜗杆传动的热平衡计算

由于蜗杆传动的效率较低，在工作时常产生大量热量，对于闭式传动的蜗杆来说，如果不及时散热，会使工作温度过高，润滑油黏度降低，造成润滑失效，加剧轮齿磨损，甚至出现胶合而导致传动失效。因此对于连续工作的闭式蜗杆传动，需要进行热平衡计算。

设蜗杆传动的输入功率为 P_1，传动效率为 η，在单位时间内产生的热量为 Q_1，则

$$Q_1 = P_1(1-\eta)\times 1000$$

自然冷却时经箱体外壁在单位时间内散发到空气中的热量 Q_2 为

$$Q_2 = K_s(t_1 - t_0)A$$

式中 P_1——蜗杆传动的输入功率，kW；

η——蜗杆传动总效率；

K_s——散热系数，W/(m^2 · ℃)，一般取 $K_s = 10 \sim 17$，通风良好时取大值；

A——箱体的散热面积，箱体上有散热片时，散热片的面积按 50% 计算；

t_1——油温，℃，通常取允许油温 $[t_1] = 70 \sim 90$ ℃；

t_0——箱体周围的空气温度，℃，通常取 $t_0 = 20$ ℃。

若蜗杆传动在单位时间内损耗的功率全部转变为热量，并由箱体表面散发出去而达到平衡，则蜗杆传动的热平衡条件为

$$Q_1 = Q_2$$

则可求出热平衡时箱体内润滑油的工作温度 t_1 为

$$t_1 = \frac{1000(1-\eta)P_1}{K_s A} + t_0 \leqslant [t_1] \quad (3-76)$$

如果实际散热面积小于最小散热面积 A_{min}，或润滑油的工作温度超过 $[t_1] = 70 \sim 90$ ℃，则需要采取强制散热措施，如图 3－67 所示。具体如下：

（1）在箱体外壁加散热片以增大散热面积。

（2）在蜗杆轴上装置风扇，如图 3－67a 所示。

（3）采取上述方法后，散热能力还不够，可在箱体油池内铺设冷却水管，用循环水冷却。如图 3－67b 所示。

（4）采用压力喷油循环润滑。油泵将高温的润滑油抽到箱体外，经过滤器、冷却器冷却后，喷射到传动的啮合部位，如图 3－67c 所示。

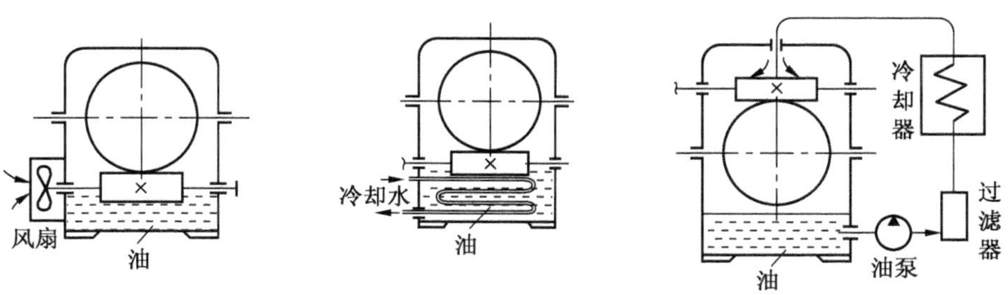

(a) 风扇冷却　(b) 冷却水管冷却　(c) 压力喷油循环润滑

图 3－67　蜗杆传动的散热方法

蜗杆传动的几何尺寸确定过程和齿轮传动类似，此任务建议学生参考相关资料课外完成。

思考与练习

1. 蜗杆传动的主要失效形式有哪些？选择蜗杆和蜗轮材料组合时，较理想的蜗杆副材料是什么？

2. 蜗杆传动有哪些特点？

3. 普通蜗杆传动的哪一个平面称为中间平面？

4. 蜗杆传动有哪些应用？

5. 蜗杆传动中下面的关系存在吗？其中 d_2、d_1 为蜗轮、蜗杆的分度圆直径。

$$i=\frac{z_2}{z_1}=\frac{d_2}{d_1}$$

6. 蜗杆传动为什么要考虑散热问题？有哪些散热方法？

7. 手动铰车采用蜗杆传动，请在图 3－68 中标出重物上升和下降时手柄和蜗轮的转向。

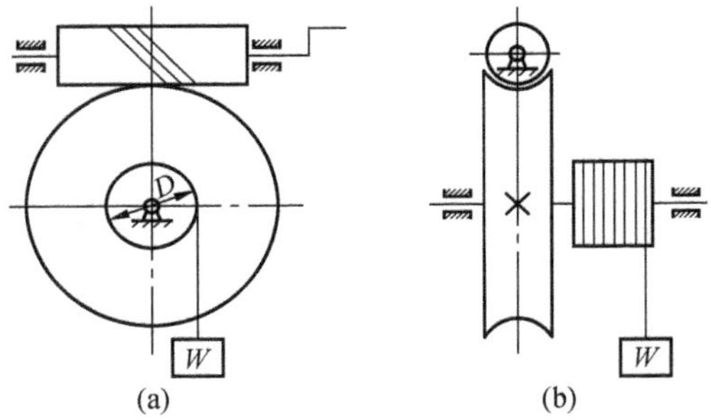

图 3－68　题 7

8. 试设计带式输送机的蜗杆传动。已知驱动蜗杆的电动机功率 $P_1=7.5$ kW，转速 $n_1=970$ r/min，传动比 $i=24$，工作载荷平稳，单向连续运转。

任务四　螺纹连接和螺旋传动结构分析与设计

一、工作任务

（一）任务概述

各种机械产品都是由许多零件采用一定的方式组装而成的，其中一部分零件起到连接的作用，也有一部分零件起到传动的作用，而螺纹零件既可以实现连接又可以实现传动，一般把利用螺纹零件将两个或两个以上的零件相对固定起来的连接，称为螺纹连接，如图 3－69a 所示，压力容器的箱盖与箱体之间使用了螺纹连接。利用螺纹零件将回转运动变为直线运动，从而传递运动或动力的装置，称为螺旋传动，如图 3－69b 所示的螺旋千斤顶即为螺旋传动。螺纹连接和螺旋传动在设备中应用时，由于其类型不同、承受载荷的性质不同，所以需要按照实际情况进行分析，以便合理设计。

(a) 压力容器

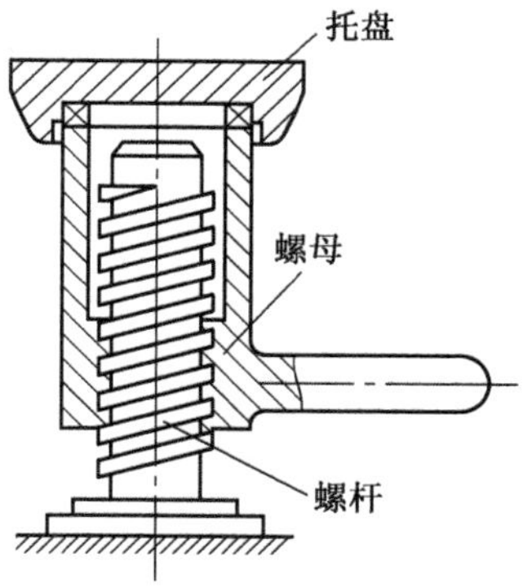

(b) 螺旋千斤顶

图 3-69　螺纹连接和螺旋传动

（二）任务要求

1. 知识要求

（1）了解螺纹连接的基本类型及其预紧和防松。

（2）掌握螺纹连接的工作情况。

（3）理解螺纹副的效率和自锁。

（4）掌握螺纹连接的设计方法。

（5）了解螺旋传动的特点。

2. 能力要求

（1）能识别各种螺纹类型和理解其使用特点。

（2）能进行螺纹连接的设计。

3. 态度要求

（1）能主动学习，在完成任务过程中发现问题、分析问题和解决问题。

（2）能与小组成员协商、交流配合完成本学习任务。

（3）严格遵守安全规范。

二、相关知识

（一）螺纹的形成及类型

1. 螺纹的形成

螺纹连接是一种可拆连接，具有结构简单、装拆方便及连接可靠等优点，应用非常广泛。大多数螺纹和螺纹零件均已标准化，并有专门工厂生产。螺纹的基本几何形状是螺旋线，如图 3-70 所示，将一底边长等于 πd_2 的直角三角形绕在直径为 d_2 的圆柱体上，三角形斜边在圆柱体表面上形成的空间曲线称为螺旋线。

2. 螺纹的类型

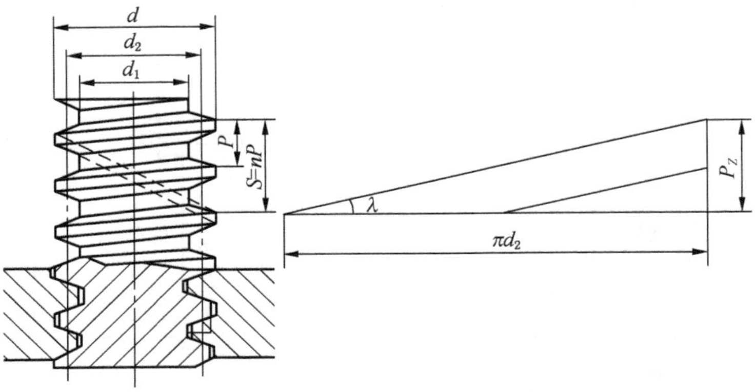

图 3－70　螺旋线的形成

1）外螺纹和内螺纹

在外圆柱（或圆锥）表面上加工的螺纹称为有外螺纹，如螺杆；在内孔表面加工的螺纹称为内螺纹，如螺母。内螺纹和外螺纹共同组成螺旋副用于连接和传动。同时不论外螺纹还是内螺纹，就其制式来说有米制、英制、模数制和径节制 4 种标准螺纹。

2）螺纹的牙型

螺纹轴向剖面的形状称为螺纹的牙型，根据牙型的不同有三角形、矩形、梯形和锯齿形螺纹，见表 3－38。

表 3－38　螺　纹　的　牙　型

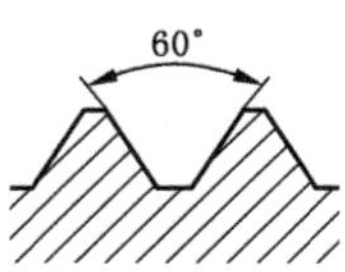	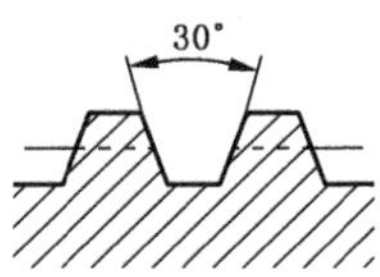	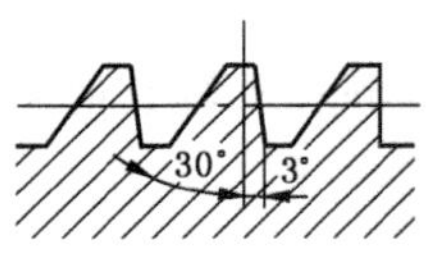	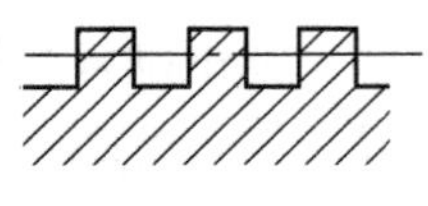
三角形螺纹	梯形螺纹	锯齿形螺纹	矩形螺纹

3）螺纹的旋向

根据螺旋线的旋向不同，螺纹分为左旋螺纹和右旋螺纹，一般情况下常用右旋螺纹，有特殊要求时可采用左旋螺纹。

4）螺纹的线数

根据螺旋线的数目不同，螺纹有单头螺纹和多头螺纹。

（二）螺纹的主要参数

如图 3－69 所示，以圆柱普通螺纹为例，螺纹的主要参数如下：

1. 大径 d 或 D

大径是指螺纹的最大直径，标准中规定为螺纹的公称直径。外螺纹是指螺纹牙顶所在的圆柱面直径；内螺纹是指螺纹牙底所在的圆柱面直径。外螺纹大径用 d 表示，内螺纹大

径用 D 表示。

2. 小径 d_1 或 D_1

小径是指螺纹的最小直径，螺杆强度计算时的危险截面直径。外螺纹是指螺纹牙底所在的圆柱面直径；内螺纹是指螺纹牙顶所在的圆柱面直径。外螺纹小径用 d_1 表示，内螺纹小径用 D_1 表示。

3. 中径 d_2 或 D_2

中径是介于大小径圆柱体之间，螺纹的牙厚和牙间宽相等的假象圆柱体的直径，是确定螺纹几何参数和配合性质的直径。外螺纹中径用 d_2 表示，内螺纹中径用 D_2 表示。

4. 螺距 P

螺距是指相邻两牙在中径线上对应点之间的轴向距离。

5. 导程 L 和螺纹头数 n

导程是指同一螺旋线上的相邻两牙在中径线上对应点之间的轴向距离。导程与螺距之间的关系为

$$L = nP$$

6. 螺旋升角 λ

螺旋升角是指在中径圆柱面上，螺旋线的切线与垂直于螺纹轴线的平面的夹角，用来表示螺旋线的倾斜程度，其计算公式为

$$\lambda = \arctan \frac{L}{\pi d_2} = \arctan \frac{nP}{\pi d_2} \qquad (3-77)$$

7. 牙型角 α

牙型角是指在轴向剖面内螺纹牙型两侧边的夹角，见表 3－38。

（三）常用螺纹的特点及应用

常用的螺纹有两大类，分别是连接螺纹和传动螺纹。连接螺纹有普通螺纹、非螺纹密封的管螺纹、用螺纹密封的管螺纹和米制锥螺纹等；传动螺纹有矩形螺纹、梯形螺纹、锯齿形螺纹等。

1. 普通螺纹

普通螺纹主要用于紧固连接，牙型角 $\alpha = 60°$（表 3－38），内外螺纹旋合后留有径向间隙。外螺纹牙根允许有较大的圆角，以减少应力集中。同一公称直径按螺距大小分为粗牙和细牙。

普通螺纹当量摩擦系数较大，自锁性好，常用于紧固连接。细牙螺纹的自锁性要好于粗牙螺纹，但螺纹牙强度低、耐磨性差、易于滑扣。一般的连接多用粗牙螺纹，细牙螺纹常用于细小零件，薄壁管件或受冲击、振动和变载荷的连接，也可作为微调机构的调整螺纹。

2. 非螺纹密封的管螺纹

非螺纹密封的管螺纹牙型角 $\alpha = 55°$，内外螺纹均为圆柱形的管螺纹。旋合后不具有密封性，在管路系统中只起机械连接作用，可用于电线保护等场合，但可借助密封圈在螺纹副之外的端面进行密封，多用于静载下的低压管路系统。

3. 用螺纹密封的管螺纹

用螺纹密封的管螺纹牙型角 $\alpha = 55°$，锥螺纹的锥度为 1∶16。旋紧后螺纹副本身具有

密封性，它有圆柱内螺纹/圆锥外螺纹、圆锥内螺纹/圆锥外螺纹两种配合形式。前者密封概率高，用于水、煤气管路输送的低压静载场合；后者密封概率低，但不易被破坏，可用于高压、承受冲击载荷的场合。

4. 米制锥螺纹

米制锥螺纹基本牙型及尺寸系列均符合普通螺纹规定的管螺纹，其性能与用螺纹密封的管螺纹相类似，其优点是能与普通螺纹组成配合，加工与测量都比较方便。

5. 矩形螺纹

矩形螺纹牙型角 $\alpha=0°$，其传动效率最高，但精度加工较困难，牙根强度低，且螺旋副磨损后的间隙难以补偿，使传动精度降低，常用于传力或传导螺旋。矩形螺纹未标准化，已经逐步被梯形螺纹所代替。

6. 梯形螺纹

梯形螺纹为牙型角 $\alpha=30°$ 的等腰梯形。其传动效率略低于矩形螺纹，但工艺性好，牙根强度高，螺旋副对中性好，可以调整间隙。广泛用于传力或传导螺旋。

7. 锯齿形螺纹

锯齿形螺纹工作面的牙型角 $\alpha=3°$，非工作面的牙型角为 30°，它综合了矩形螺纹效率高和梯形螺纹牙根强度高的特点，但仅能用于单向受力的传力螺旋。

（四）螺纹连接的主要类型和标准连接件

1. 螺纹连接的主要类型

螺纹连接的主要类型有：普通螺栓连接、双头螺柱连接、螺钉连接、紧定螺钉连接，此外螺纹连接还有地脚螺栓连接、吊环螺栓连接。常见的螺纹连接类型见表 3－39，螺栓、双头螺柱、螺钉的连接结构及特性见表 3－40。

表 3－39 螺纹连接类型

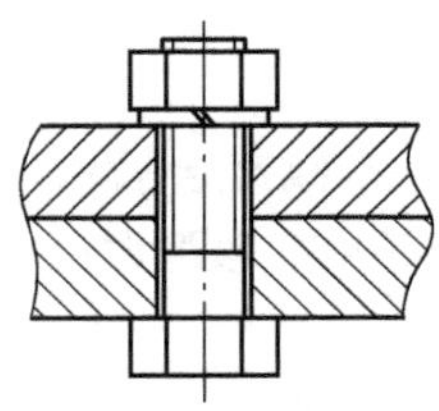	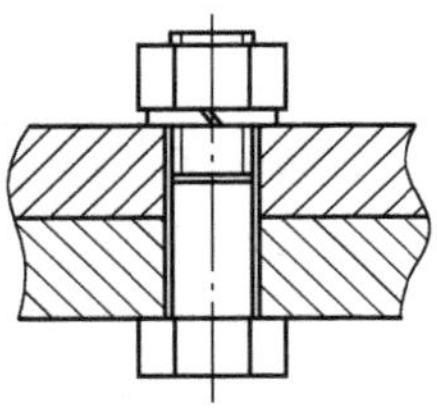	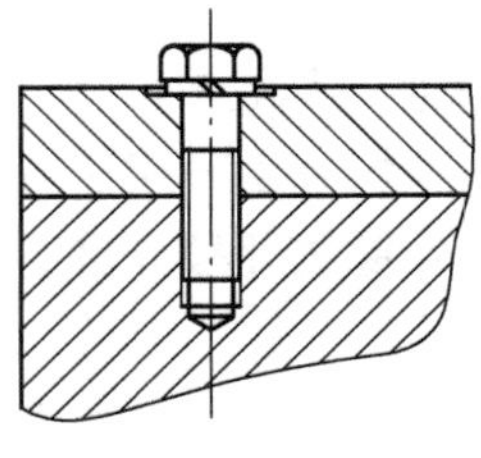
普通螺栓连接	铰制孔螺栓连接	螺钉连接
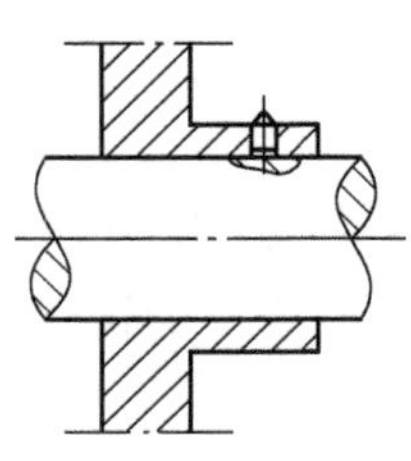	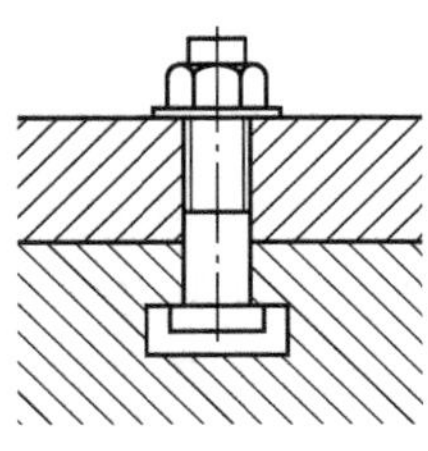	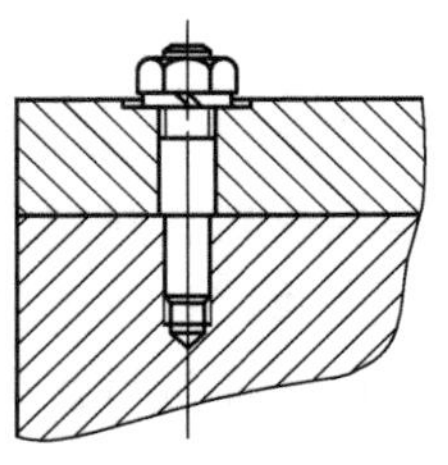
紧定螺钉连接	T 形槽螺栓连接	双头螺柱连接

表 3-40 螺栓、螺柱、螺钉的连接结构及特性

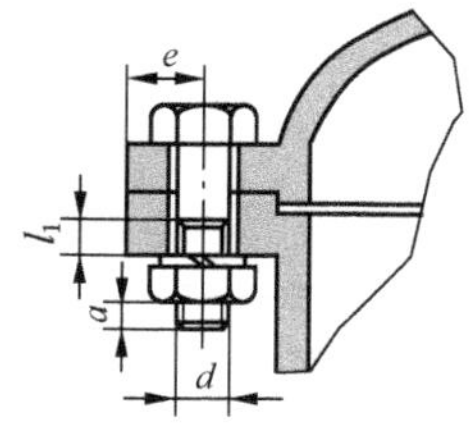 普通螺栓连接	螺纹余留长度：静载荷 $l_1 \geq (0.3 \sim 0.5)d$；变载荷 $l_1 \geq 0.75d$；冲击载荷或弯曲载荷 $l_1 \geq d$ 螺纹伸出长度：$a=(0.2 \sim 0.3)d$ 螺栓轴线到边缘的距离：$e=d+(3 \sim 6)$ mm
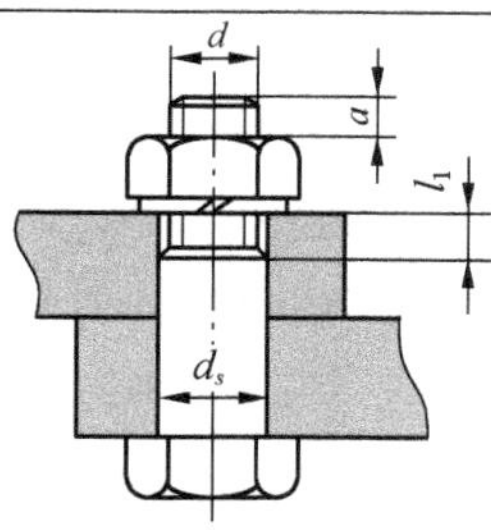 铰制孔螺栓连接	螺纹余留长度：$l_1 \approx 0$ 螺纹伸出长度：$a=(0.2 \sim 0.3)d$ 螺栓轴线到边缘的距离：$e=d+(3 \sim 6)$ mm
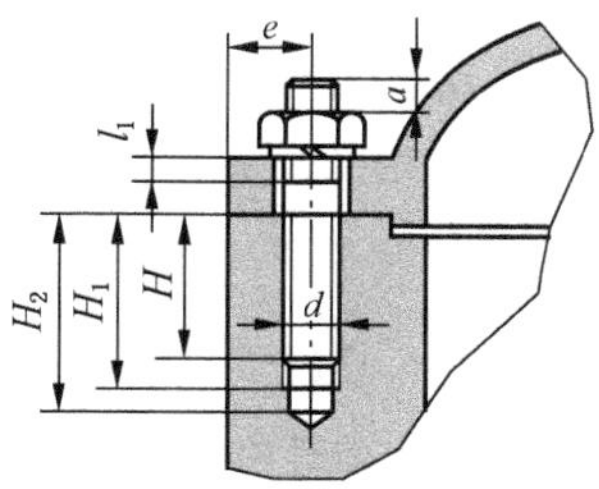 双头螺柱连接	螺纹旋入深度：螺孔材料为钢或青铜 $H \approx d$；为铸铁 $H=(1.25 \sim 1.5)d$；为铝合金 $H=(1.5 \sim 2.5)d$ 螺纹孔深度：$H_1=H+(2 \sim 2.5)d$ 钻孔深度：$H_2=H_1+(0.5 \sim 1)d$ 螺纹余留长度：静载荷 $l_1 \geq (0.3 \sim 0.5)d$；变载荷 $l_1 \geq 0.75d$；冲击载荷或弯曲载荷 $l_1 \geq 0.75d$ 螺纹伸出长度：$a=(0.2 \sim 0.3)d$ 螺栓轴线到边缘的距离：$e=d+(3 \sim 6)$ mm
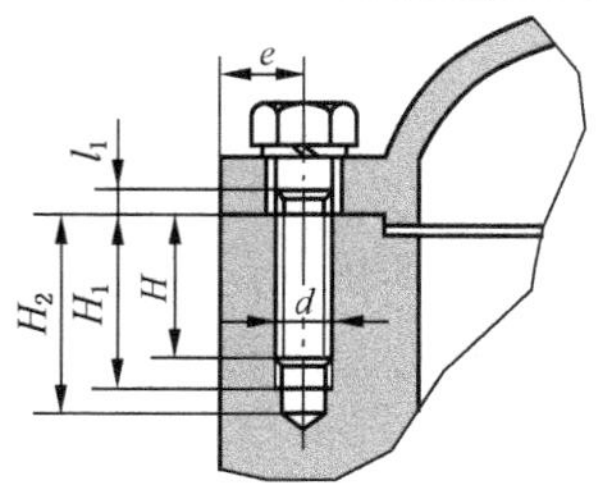 螺钉连接	螺纹旋入深度：螺孔材料为钢或青铜 $H \approx d$；为铸铁 $H=(1.25 \sim 1.5)d$；为铝合金 $H=(1.5 \sim 2.5)d$ 螺纹孔深度：$H_1=H+(2 \sim 2.5)d$ 钻孔深度：$H_2=H_1+(0.5 \sim 1)d$ 螺纹余留长度：静载荷 $l_1 \geq (0.3 \sim 0.5)d$；变载荷 $l_1 \geq 0.75d$；冲击载荷或弯曲载荷 $l_1 \geq 0.75d$ 螺纹伸出长度：$a=(0.2 \sim 0.3)d$ 螺栓轴线到边缘的距离：$e=d+(3 \sim 6)$ mm

2. 标准螺纹连接件

螺纹连接的类型很多，其结构、类型和尺寸都已标准化，设计时可根据有关标准选用，见表 3-41。

表 3-41 螺纹连接常见件的规定标记

名称及标准编号	图例及标记示例	名称及标准编号	图例及标记示例
六角头螺栓 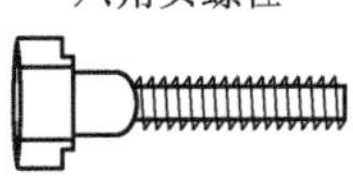 GB/T 5782—2000	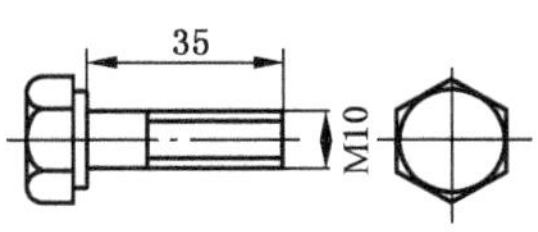 螺栓 GB/T 5782 M10×35	开槽沉头螺钉 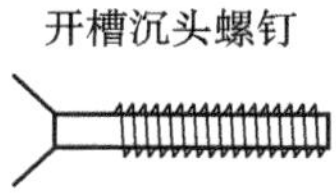 GB/T 68—2000	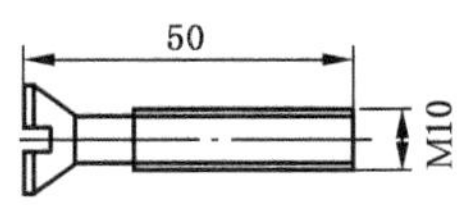 螺钉 GB/T 68 M10×50

表 3-41（续）

名称及标准编号	图例及标记示例	名称及标准编号	图例及标记示例
螺柱 A 型  B 型 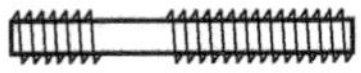 GB/T 897—1988（$b_m=1d$） GB/T 898—1988（$b_m=1.25d$） GB/T 899—1988（$b_m=1.5d$） GB/T 900—1988（$b_m=2d$）	A 型 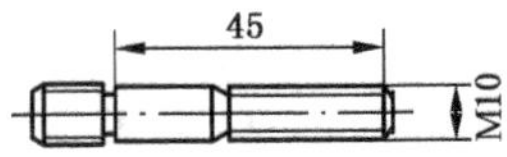 螺栓 GB/T 897 M12×45 B 型 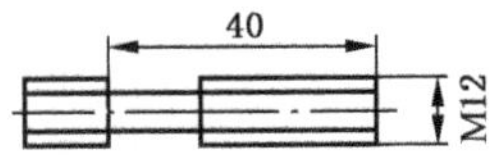 螺栓 GB/T 898 M12×40	开槽锥端紧定螺钉 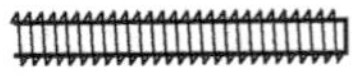 GB/T 71—1985	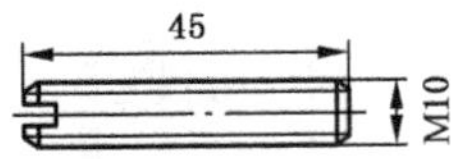 螺钉 GB/T 71 M10×45
		 Ⅰ型六角螺母 GB/T 6170—2000	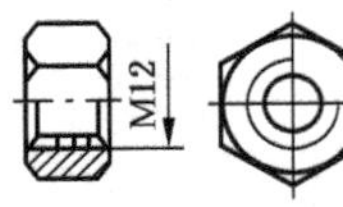 螺母 GB/T 6170 M12
 内六角圆柱头螺钉 GB/T 70—2000	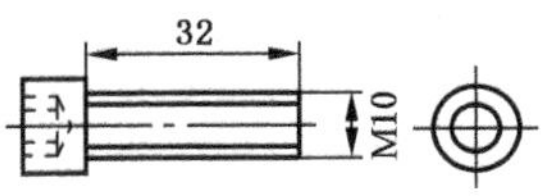 螺钉 GB/T 70 M10×32	 平垫圈 GB/T 97.1—2000	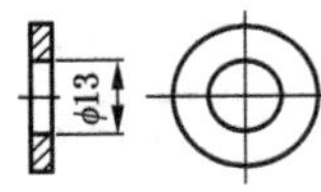 垫圈 GB/T 97.1 12—140HV
 开槽圆柱头螺钉 GB/T 65—2000	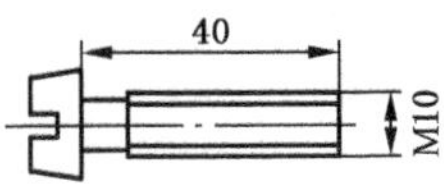 螺钉 GB/T 65 M10×40	 弹簧垫圈 GB/T 93—1987	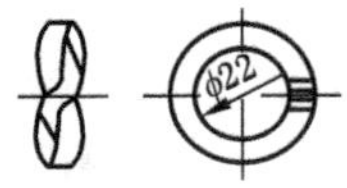 垫圈 GB/T 93 16

（五）螺纹连接的预紧和防松

1. 螺纹连接的预紧

生产实际中，绝大多数螺纹连接在装配时都必须拧紧螺母，使连接在承受工作载荷之前预先受到预紧力的作用。预紧的目的在于增强连接的可靠性和紧密性，以防止受到载荷后被连接件之间出现缝隙或发生相对滑移。一般螺纹连接的预紧力为

合金钢螺纹：　　$F' \leqslant (0.5 \sim 0.6)\sigma_s A_1$

碳素钢螺纹：　　$F' \leqslant (0.6 \sim 0.7)\sigma_s A_1$

式中　σ_s——螺纹材料的屈服点，MPa；

A_1——螺杆最小横截面面积，mm^2。

对于一般螺纹连接，凭经验控制扳手力矩；对于重要螺纹连接，通常借助测力矩扳手或定力矩扳手来控制拧紧力矩。对于 M10 ~ M68 mm 的粗牙普通螺纹，拧紧力矩的经验公式为

$$T \approx 0.2F'd \tag{3-78}$$

式中　F'——预紧力，N；

d——螺纹公称直径，mm。

2. 螺纹连接的防松

螺纹连接在静载荷和温度不变的情况下，因螺纹升角小于当量摩擦角，故能满足自锁条件，同时螺母和螺栓头部等承压面处的摩擦也有防松作用，螺纹连接不会自动松脱。但在冲击、振动或温度变化很大时，螺纹副间的摩擦阻力就会出现瞬时消失或减小的现象，这种现象多次出现，连接就会松开，甚至松脱，可能导致发生严重事故。所以在设计时，必须考虑防松问题。

防松的根本问题在于防止螺旋副相对转动。按工作原理的不同，防松方法分为摩擦防松、机械防松等。此外还有一些特殊的防松方法，例如，铆冲防松、在旋合螺纹间涂胶防松等，见表3-42。

表3-42 常见的防松方法

<table>
<tr><th colspan="3">利用摩擦防松</th></tr>
<tr>
<td>靠弹簧垫圈压平后的反弹力使螺纹副间保持压紧力和摩擦力
结构简单，但不十分可靠。多用于不重要的场合
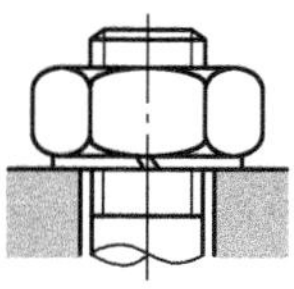</td>
<td>靠两螺母拧紧后的对顶作用使螺栓始终受到附加的拉力和附加的摩擦力
结构简单，但重量大，不经济，拧紧不便。用于低速重载或较平稳的连接
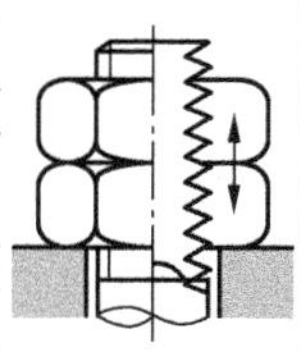</td>
<td>在螺纹旋合处嵌入尼龙圈，拧紧后由于尼龙圈的内圈的胀大使该处摩擦力增大
防松效果较好。用于工作温度小于100 ℃的连接
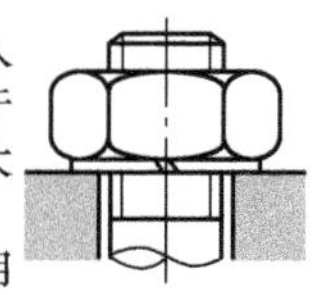</td>
</tr>
<tr><th colspan="3">利用专门防松元件防松</th></tr>
<tr>
<td>槽形螺母拧紧后，用开口销穿过螺栓尾部的小孔和螺母的槽
防松可靠，但装拆不便。用于变载、振动的场合
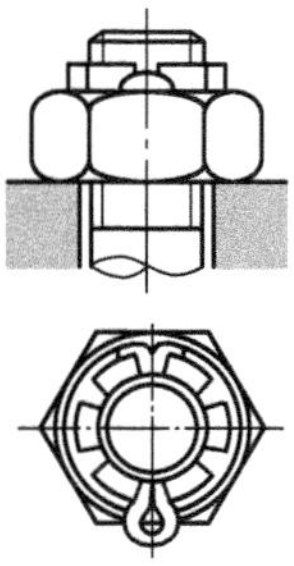</td>
<td>止动垫片约束螺母而自己又被约束在被连接件上
防松很可靠，不能多次装拆
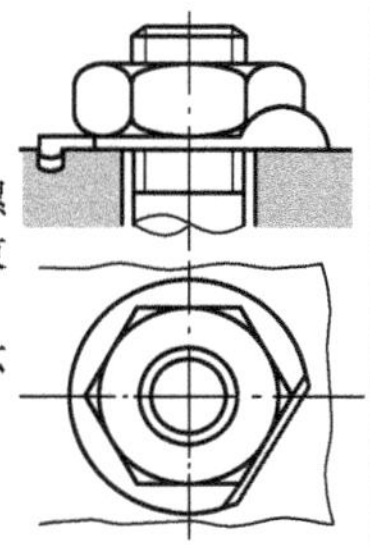</td>
<td>钢丝穿入一组螺栓头部的专用孔，使其相互制约
防松可靠。但钢丝的缠绕方向必须正确（图中为右旋螺纹的绕向）
</td>
</tr>
<tr><th colspan="3">通过破坏螺纹副防松</th></tr>
<tr>
<td>焊接：利用材料的结合力防止螺纹副的相对转动
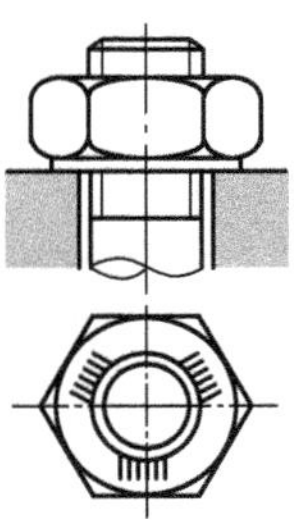</td>
<td>冲点：利用塑性变形破坏螺纹副。除冲点外，敲坏端也可，螺纹伸出端也可
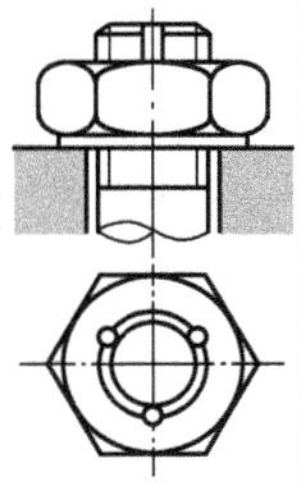</td>
<td>胶结：在旋合螺纹的表面涂上黏合剂，拧紧后黏合剂自行固化，防松效果良好
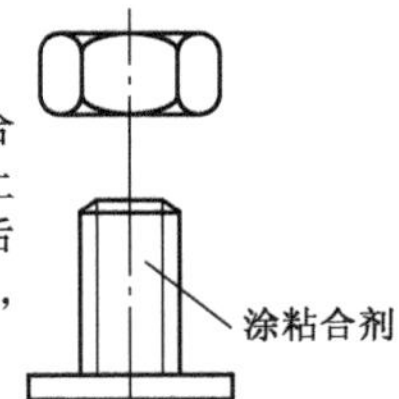</td>
</tr>
</table>

（六）螺纹连接的工作分析

由于螺纹连接是标准件，其工作能力分析主要是螺栓的受力及强度计算。强度计算主要是根据连接的类型、连接的装配情况和受载状态等条件，确定或验算最危险截面的尺寸（一般是螺纹的小径），然后按标准选用螺栓及其对应的螺母、垫圈等连接件。

在设计时，螺栓或螺钉多数是成组使用的，计算时应根据连接所受的载荷和结构的布置情况进行受力分析，找出螺栓组中受力最大的螺栓，把螺栓组的强度计算问题简化为受力最大的单个螺栓的强度计算。

1. 工作情况分析

对于重要的场合，可根据螺栓连接的工作情况进行设计。按照承受载荷情况，一般有表3－43所列的4种情况。设计时按表3－43中的相应条件选用相应强度公式计算。

表3－43　螺纹连接的工作情况分析及强度计算

序号	承受载荷图例	预紧及特点	连接受载方向	螺栓受载情况	强度计算公式
1	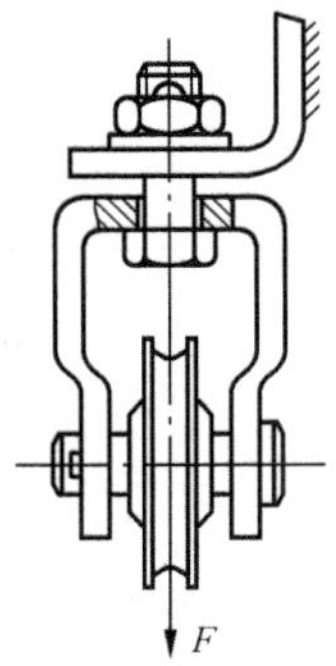	松连接：螺栓和孔间有间隙。应用较少，不预紧	轴向	不受预紧力：工作时受轴向静载荷 F，螺栓杆受拉	校核公式 $\sigma=\frac{4F}{\pi d_1^2}\leqslant[\sigma]$ 设计公式 $d_1\geqslant\sqrt{\frac{4F}{\pi[\sigma]}}$ F—轴向作用力； d_1—螺纹小径，mm； $[\sigma]$—许用拉应力，MPa，$[\sigma]=\sigma_s/(1.2\sim1.7)$； σ_s—螺栓屈服点，MPa，查表3－44
2	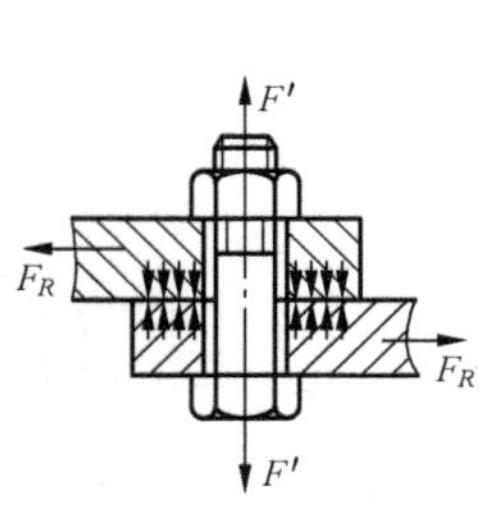	紧连接：螺栓和孔间有间隙。应用较多，要预紧	横向	受预紧力：工作时螺栓杆受拉，轴向拉力为 F'。由连接件结合面的摩擦力传递横向载荷 F_R	（由摩擦力平衡横向载荷） $F'\geqslant CF_R/(zn\mu)$ z—螺栓数目； F_R—横向载荷； μ—接合面摩擦因数； n—接合面数； F'—预紧力，N； C—可靠性因数，一般为1.1～1.3 校核公式 $\sigma=\frac{5.2F'}{\pi d_1^2}\leqslant[\sigma]$ 设计公式 $d_1\geqslant\sqrt{\frac{5.2F'}{\pi[\sigma]}}$ 许用应力 $[\sigma]=\sigma_s/S$ σ_s—螺栓屈服点，MPa，查表3－44； S—安全系数，查表3－45

表 3-43（续）

序号	承受载荷图例	预紧及特点	连接受载方向	螺栓受载情况	强度计算公式
3	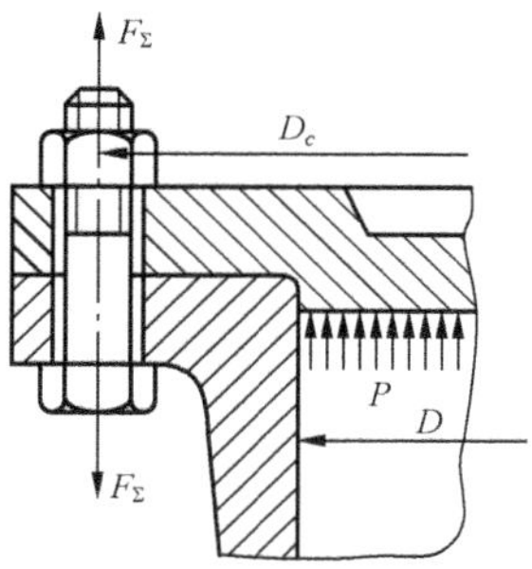	紧连接：螺栓和孔间有间隙。应用较多，要预紧	轴向	同时受预紧力和气体压力所产生的工作载荷 F，螺栓杆受拉，其轴向总载荷用 F_Σ 表示	$F_\Sigma=KF$ F—轴向作用力，N； K—被连接件的紧固因数，当 $K=2.5\sim2.8$，要求紧固；当 $K=1.6\sim2$，要求紧固，动载荷；当 $K=1.2\sim1.6$，要求紧固，静载荷 校核公式 $\sigma=\dfrac{5.2F_\Sigma}{\pi d_1^2}\leqslant[\sigma]$ 设计公式 $d_1\geqslant\sqrt{\dfrac{5.2F_\Sigma}{\pi[\sigma]}}$ 许用应力 $[\sigma]=\sigma_s/S$ F_Σ—轴向总载荷； σ_s—螺栓屈服点，MPa，查表 3-44； S—安全系数，查表 3-45
4	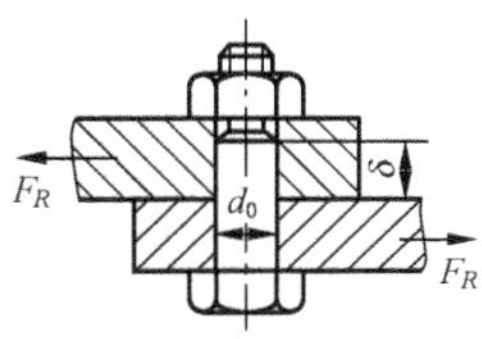	配合螺栓：连接采用基孔制过度配合，理论上是松连接，实际上要拧紧	横向	工作时受横向载荷 F_R，螺栓杆受剪切和挤压	校核公式 $\tau=\dfrac{4F_R}{n\pi d_0^2}\leqslant[\tau]$ 设计公式 $d_0\geqslant\sqrt{\dfrac{4F_R}{n\pi[\tau]}}$ $[\tau]$—许用剪应力，MPa； n—受剪切面数； d_0—螺栓受剪处直径，mm 校核公式 $\sigma_p=\dfrac{F_R}{d_0\delta}\leqslant[\sigma_p]$ 设计公式 $d_0\geqslant\sqrt{\dfrac{F_R}{\delta[\sigma_p]}}$ $[\sigma_p]$—许用挤压应力，MPa，查表 3-46； δ—挤压面积最小的厚度，mm 说明：d_0 既满足受剪切条件，也满足受挤压条件

2. 螺纹连接件常用材料及许用应力

一般螺纹连接件常用材料为 Q215、Q235、35 和 45 钢；对于重要的或有特殊要求的连接件，可采用 15Cr、40Cr、15MnVB、30CrMnSi 等力学性能高的合金钢。连接件常用材料力学性能见表 3-44。

表 3-44　螺纹连接件常用材料力学性能

材　　料	抗拉强度 σ_b/MPa	屈服点 σ_s/MPa	疲劳极限/MPa	
			弯曲 σ_{-1}	抗拉 $\sigma_{-1}\tau$
Q215	340 ~ 420	220		
Q235	410 ~ 470	240	170 ~ 220	120 ~ 160
35	540	320	220 ~ 300	170 ~ 220
45	610	360	250 ~ 340	190 ~ 250
40Cr	750 ~ 1000	650 ~ 900	320 ~ 440	240 ~ 340

螺纹连接许用应力与连接是否拧紧、是否控制预紧力、受力性质和材料等有关。紧螺栓连接的许用应力：

$$[\sigma]=\sigma_s/S \tag{3-79}$$

式中 S 值见表 3-45。

配合螺栓连接的许用应力由被连接件的材料决定，其值见表 3-46。

表 3-45　受拉紧螺栓连接的安全因数 S

控制预紧力	1.2 ~ 1.5					
不控制预紧力	材料	静　载　荷			动　载　荷	
		M6 ~ M16	M16 ~ M30	M30 ~ M60	M6 ~ M16	M16 ~ M30
	碳钢	4 ~ 3	3 ~ 2	2 ~ 1.3	10 ~ 6.5	6.5
	合金钢	5 ~ 4	4 ~ 2.5	2.5	7.5 ~ 5	5

表 3-46　配合螺栓的许用应力

载荷	被连接件材料	剪　切		挤　　压	
		许用应力	S	许用应力	S
静载荷	钢	$[\tau]=\sigma_s/S$	2.5	$[\sigma_p]=\sigma_b/S$	1.25
	铸铁				2 ~ 2.5
动载荷	钢、铸铁	$[\tau]=\sigma_s/S$	3.5 ~ 5	$[\sigma_p]=\sigma_b/S$	$[\sigma_p]$按静载荷取值的 70% ~ 80% 计

（七）螺旋传动简介

螺旋传动按其螺旋副摩擦性质的不同，又可分为滑动螺旋、滚动螺旋和静压螺旋。

1. 滑动螺旋传动简介

螺旋传动是利用螺杆和螺母组成的螺旋副来实现传动要求的。它主要用于将回转运动转变为直线运动，同时传递运动和动力的场合。

滑动螺旋传动按其用途不同，分为传力螺旋、传导螺旋和调整螺旋。

1）传力螺旋

传力螺旋是以传递动力为主，要求以较小的转矩产生较大的轴向推力，用以克服工件阻力，如各种起重或加压装置的螺旋。这种传力螺旋主要是承受很大的轴向力，一般为间歇性工作，每次的工作时间较短，工作速度也不高，通常具有自锁能力。图3-71所示为千斤顶和压力机传力机构示意图。

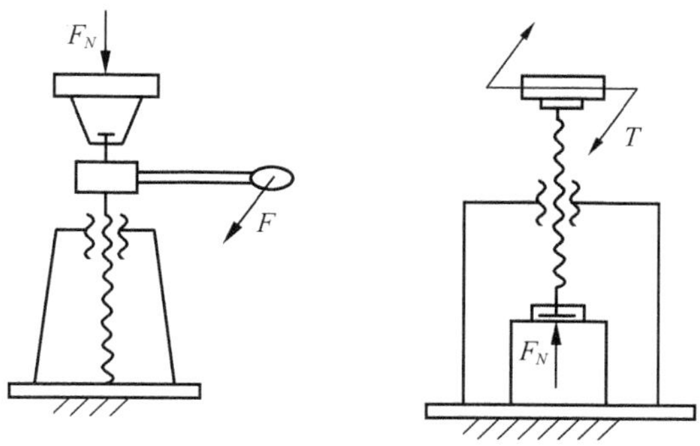

(a) 千斤顶　　(b) 压力机

图3-71　千斤顶和压力机示意图

2）传导螺旋

传导螺旋以传递运动为主，有时也承受较大的轴向力，如机床进给机构的螺旋传动，如图3-72所示。传导螺旋常需在较长的时间内连续工作，工作速度较高，要求具有较高的传动精度。

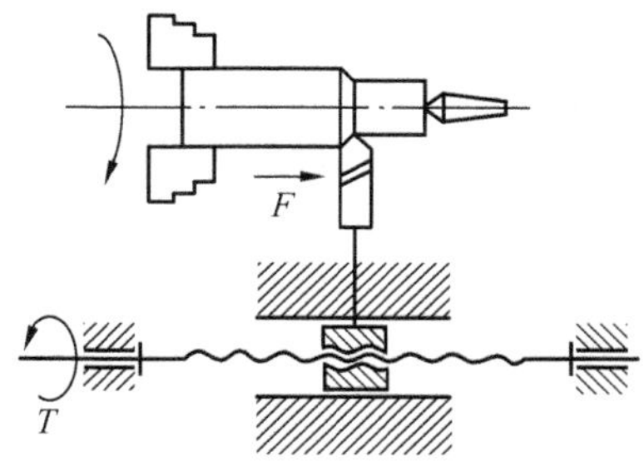

图3-72　进给机构示意图

3）调整螺旋

调整螺旋用以调整、固定零件的相对位置，如机床、仪器及测试装置中的微调螺旋机构。调整螺旋不经常转动，一般在空载下调整。

螺旋传动按其螺旋副摩擦性质的不同，又可分为滑动螺旋、滚动螺旋和静压螺旋。

2. 滚动螺旋传动简介

用滚动体在螺纹工作面间实现滚动摩擦的螺旋传动，称为滚珠丝杠传动。滚动体通常为滚珠，也有用滚子的。滚动螺旋传动的摩擦系数、效率、磨损、寿命、抗爬行性能、传动精度和轴向刚度等虽比静压螺旋传动稍差，但远比滑动螺旋传动好。滚动螺旋传动的效率一般在90%以上。它不自锁，具有传动的可逆性；但结构复杂，制造精度要求高，抗冲击性能差。它已广泛地应用于机床、飞机、船舶和汽车等要求高精度或高效率的场合。

滚动螺旋传动的结构型式，按滚珠循环方式分外循环和内循环，如图3-73和图3-74所示。外循环的导路为一导管，将螺母中几圈滚珠联成一个封闭循环。内循环用反向器，一个螺母上通常有2~4个反向器，将螺母中滚珠分别联成2~4个封闭循环，每圈滚珠只在本圈内运动。外循环的螺母加工方便，但径向尺寸较大。为提高传动精度和轴向刚度，除采用滚珠与螺纹选配外，常用各种调整方法以实现预紧。

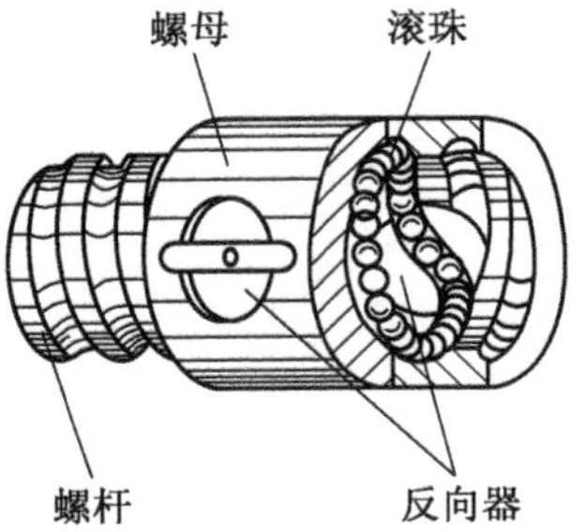

图 3－73　内循环滚珠丝杠

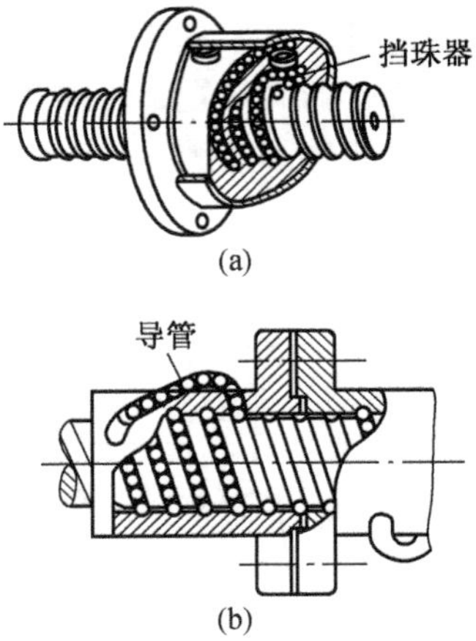

图 3－74　外循环滚珠丝杠

3. 静压螺旋传动简介

螺纹工作面间形成液体静压油膜润滑的螺旋传动，如图 3－75 所示。静压螺旋传动摩擦系数小，传动效率可达 99%，无磨损和爬行现象，无反向空程，轴向刚度很高，不自锁，具有传动的可逆性，但螺母结构复杂，而且需要有一套压力稳定、温度恒定和过滤要求高的供油系统。静压螺旋常被用作精密机床进给和分度机构的传导螺旋。这种螺旋采用牙较高的梯形螺纹。在螺母每圈螺纹中径处开有 3～6 个间隔均匀的油腔。同一母线上同一侧的油腔连通，用一个节流阀控制。油泵将精滤后的高压油注入油腔，油经过摩擦面间缝隙后再由牙根处回油孔流回油箱。当螺杆未受载荷时，牙两侧的间隙和油压相同；当螺杆受向左的轴向力作用时，螺杆略向左移；当螺杆受径向力作用时，螺杆略向下移；当螺杆受弯矩作用时，螺杆略偏转。由于节流阀的作用，在微量移动后各油腔中油压发生变化，螺杆平衡于某一位置，保持某一油膜厚度。

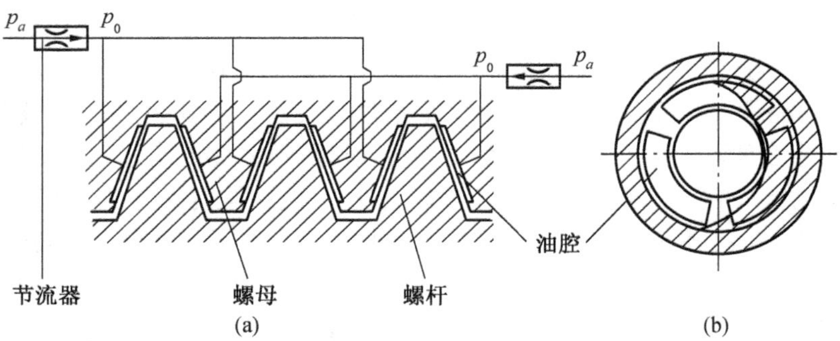

图 3－75　静压螺旋传动

三、任务实施

（一）设计步骤

（1）分析螺纹连接承受载荷特点，确定计算公式。

（2）根据螺纹连接的预紧和受载情况，确定单个螺栓的工作载荷和总工作载荷。

（3）利用强度理论公式进行相关计算。

（4）查表确定螺纹公称直径。

（二）设计实例

【实例 1】图 3－76 所示为压力容器工作示意图，试设计压力容器盖的螺栓直径。已知气缸直径 $D=280$ mm，气缸压力 $p=0\sim1.0$ MPa，螺栓数 $z=12$，缸盖厚度为 20 mm，装配时不控制预紧力。

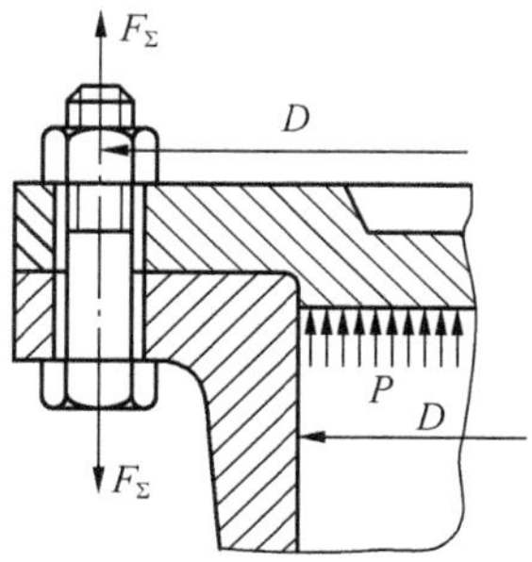

图 3－76　压力容器工作示意图

解　（1）根据工作情况，螺栓杆受预紧力和气体压力所产生的工作载荷 F，螺栓杆受拉，其轴向总载荷用 F_Σ 表示，属于紧连接。设计公式为

$$d_1 \geqslant \sqrt{\frac{5.2F_\Sigma}{\pi[\sigma]}}$$

（2）单个螺栓承受的总工作载荷 F_Σ。

单个螺栓承受的工作载荷 F 为

$$F=\frac{\pi D^2}{4z}p=\frac{\pi\times0.28^2}{4\times12}\times1.0\times10^6\ \text{N}=5131\ \text{N}$$

由于压力容器有紧密性要求，由表 3－43 中选取 $K=2.5$，故总单个螺栓承受的总工作载荷为

$$F_\Sigma=KF=2.5\times5131\ \text{N}=12828\ \text{N}$$

（3）选择螺栓材料，确定螺栓直径 d。选取螺栓材料为 45 钢，由表 3－44 查得 $\sigma_s=360$ MPa；初选螺栓直径 $d=16$ mm，由表 3－45 取安全系数 $S=3$；许用拉应力为 $[\sigma]=\sigma_s/S=360/3\ \text{MPa}=120\ \text{MPa}$。

所以得

$$d_1 \geqslant \sqrt{\frac{5.2\times F_\Sigma}{\pi\times120}}=\sqrt{\frac{5.2\times12828}{\pi\times120}}\ \text{mm}=13.30\ \text{mm}$$

查螺纹标准选取螺纹直径 $d=16$ mm。

（三）螺栓连接的结构设计

大多数机器的螺纹连接件都是成组使用的，其中以螺栓组连接最具有典型性。现以螺栓组连接为例，讨论它的设计和计算问题。

螺栓组连接设计的大致步骤为：首先确定螺栓数目及布置形式，再确定螺栓连接的结构尺寸。在确定螺栓尺寸时，对不重要的连接，可采用类比法确定，不再进行强度校核；但对于重要的连接，则需要进行受力分析，找出受力最大的螺栓进行强度校核。

螺栓组连接结构设计的主要目的在于合理地确定连接接合面的几何形状和螺栓的布置

形式，力求各螺栓和连接接合面受力均匀，便于加工和装配，为此螺栓布置结构设计要注意以下几点：

（1）连接接合面的几何形状通常设计成轴对称的简单几何形状，这样便于对称布置螺栓，使螺栓组的对称中心和连接接合面的形心重合，保证接合面的受力比较均匀，同时便于加工制造，如图 3－77 所示。

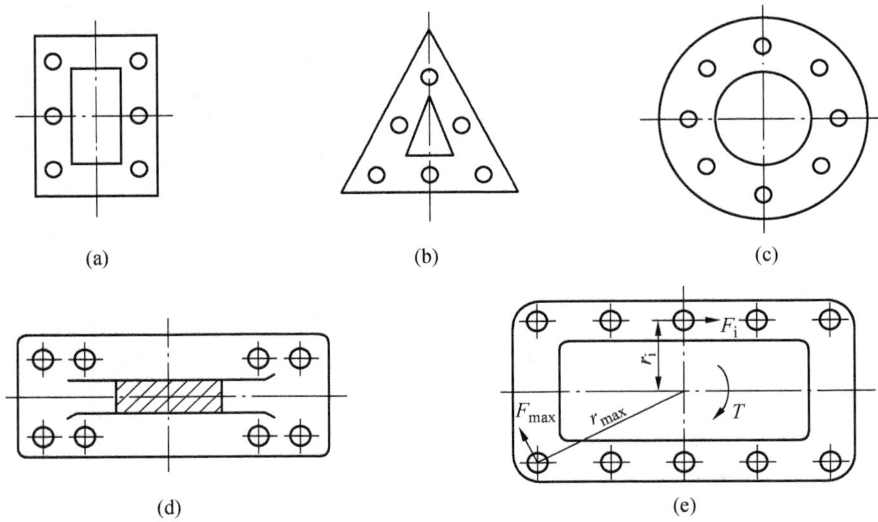

图 3－77　螺栓组连接接合面的形状

（2）螺栓的布置应使各螺栓的受力合理。对于铰制孔用螺栓连接，不要在平行于工作载荷的方向上成排地布置 8 个以上的螺栓，以免载荷分布过于不均匀，如图 3－78 所示。

(a) 合理　　(b) 不合理

图 3－78　接合面受弯矩或转矩时螺栓的布置

当同时承受轴向载荷和较大的横向载荷时，采用抗剪零件（销、套筒、键等）来承受横向载荷，如图 3－79 所示。

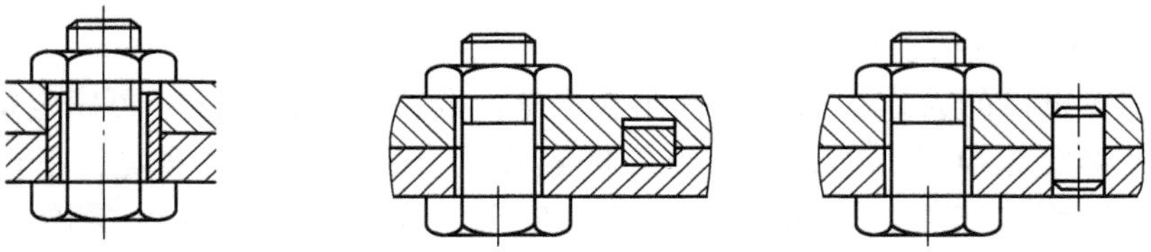

(a)　(b)　(c)

图 3－79　承受横向载荷的减载装置

（3）螺栓的排列应有合理的间距、边距。布置螺栓时，各螺栓轴线之间以及螺栓轴线与机体壁间的最小距离应根据扳手所需活动空间的大小来决定，如图 3－80 所示。

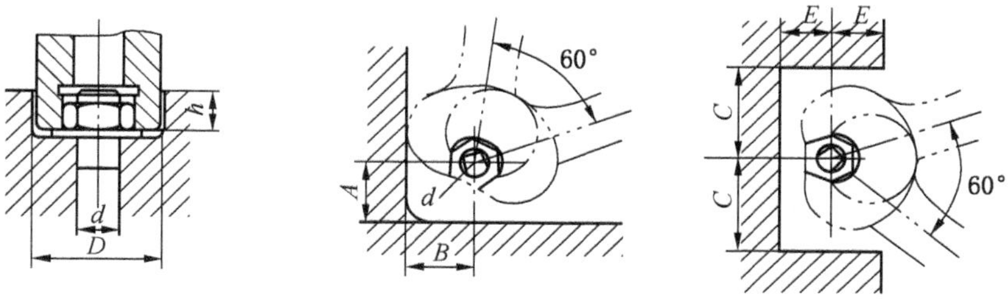

(a) (b) (c)

图 3－80 装拆螺栓的扳手空间

（4）分布在同一圆周上的螺栓数，应取成偶数，便于加工制造。

（5）同一螺栓组中螺栓的材料、直径和长度均应相同。

（6）避免承受附加弯曲应力。

引起附加弯曲应力的因素很多，除因制造、安装上的误差及被连接件的变形等因素外，螺栓、螺母支承面不平或倾斜，都可能引起附加弯曲应力。为了保证被连接件、螺母和螺栓头支承面平整，并与螺栓轴线相互垂直，在铸、锻件的粗糙表面上安装螺栓时，应制成凸台或沉头座。当支承面为倾斜表面时，应采取斜面垫圈。如图 3－81 所示。

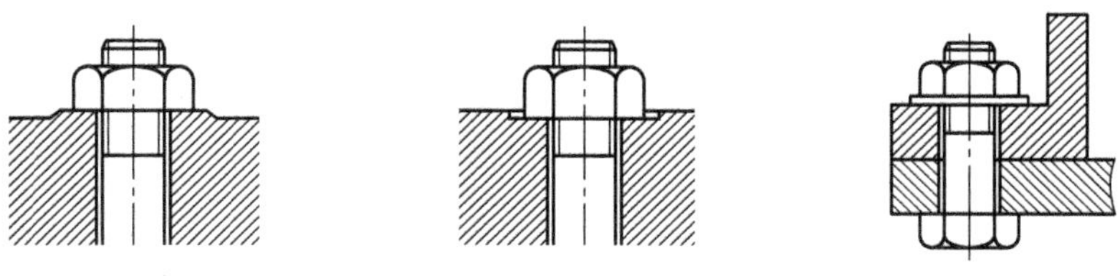
(a) 凸台 (b) 沉头座 (c) 斜面垫圈

图 3－81 凸台、沉头座与斜面垫圈的应用

四、拓展知识

（一）螺旋机构的传动效率

螺旋传动的传动效率 η 为螺母转动一圈时有效功与输入功之比：

$$\eta = \frac{\tan\lambda}{\tan(\lambda + \rho_v)} \tag{3-80}$$

式中 λ——螺旋升角；

ρ_v——当量摩擦角；

$$\rho_v = \arctan f_v \qquad f_v = \cos\beta$$

f_v——当量摩擦因数，各种螺纹的当量摩擦因数 f_v 见表 3－47。

表 3-47　各种螺纹的当量摩擦因数 f_v

矩形螺纹（$\alpha=0°$）	锯齿形螺纹（$\alpha=33°$）	梯形螺纹（$\alpha=30°$）	普通螺纹（$\alpha=60°$）
$f_v=f$	$f_v=1.001f$	$f_v=1.035f$	$f_v=1.155f$

注：f 为螺旋副材料的摩擦因数，如钢对钢时，$f=0.11\sim0.17$；钢对铜时，$f=0.08\sim0.1$；钢对铸铁时，$f=0.12\sim0.15$。

由式（3-80）可知，λ 越大，η 越高；ρ_v 越大，η 越低。因此，在传力螺旋机构中，螺纹牙型角的选择直接影响其传动效率，一般常用矩形螺纹和梯形螺纹。

（二）螺旋机构的自锁条件

螺旋副被拧紧后，若不加反向外力矩，则不论有多大的轴向载荷，也不会自动松开，这种现象称为螺旋副的自锁性能。其自锁条件为

$$\lambda\leqslant\rho_v \tag{3-81}$$

对于传力螺旋机构和连接螺纹，都要求螺纹具有自锁性。由于普通螺纹的当量摩擦角 ρ_v 最大，故自锁性最好。一般情况下，$\lambda\leqslant\rho_v$ 时，$\eta<50\%$。

思考与练习

1. 螺纹的主要参数有哪些？螺距与导程有何不同？螺纹的升角与哪些参数有关？

2. 为什么三角形螺纹多用于连接，而矩形螺纹、梯形螺纹和锯齿形螺纹多用于传动？为什么多头螺纹主要用于传动？

3. 当两个被连接件不太厚时宜采用什么连接？当两个被连接件之一太厚，不宜做通孔，且需要经常拆装时，往往采用什么连接？

4. 简述紧连接受拉螺栓承受什么载荷？其强度计算公式中系数 1.3 是什么含义？

5. 绞制孔用螺栓连接有何特点？承受何种载荷？

6. 螺纹连接为什么要预紧？预紧力如何控制？

7. 螺纹连接为什么要防松？常见的防松方法有哪些？

8. 试计算 M24、M24×1.5 螺纹的升角，并指出哪种螺纹的自锁性好。

9. 螺旋传动按其螺旋副摩擦性质的不同分为哪三种类型？各有何特点？请分别举出一个设备中使用实例。

10. 如图 3-82 所示，起重机吊钩最大起重量 $F=50$ kN，吊钩材料为 35 钢，试确定吊钩尾部螺纹直径。

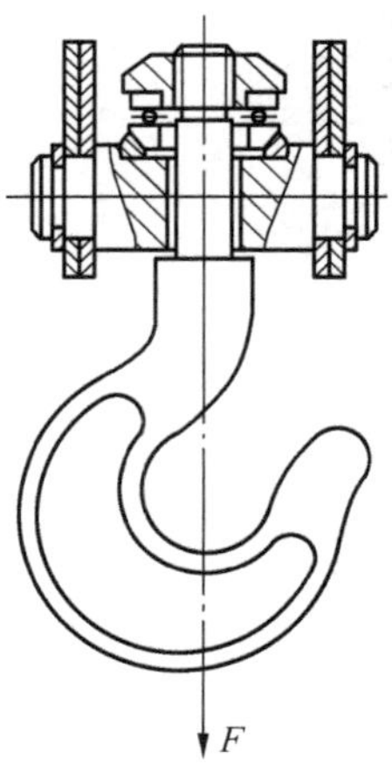

图 3-82　题 10

11. 如图 3-83 所示，普通螺栓连接中采用两个 M16 的螺栓，已知螺栓小径 $d_1=13.84$ mm。螺栓材料为 35 钢，$[\sigma]=105$ MPa，被连接件接合面间摩擦系数 $f=0.15$，可靠性系数 $K=1.2$，试计算该连接允许传递的最大横向载荷 F_R。

12. 如图 3-84 所示，一刚性凸缘联轴器，材料为 Q215 钢，传递的最大转矩为 1400 N·m（静载荷）。连轴器用 4 个 M16 的铰制孔用螺栓连接，螺栓分布在 $D=250$ mm

的圆周上，螺栓材料为 Q235 钢，螺栓杆与孔接触表面受挤压的最小直径 $l_{min}=9$ mm。试校核该连接的强度。

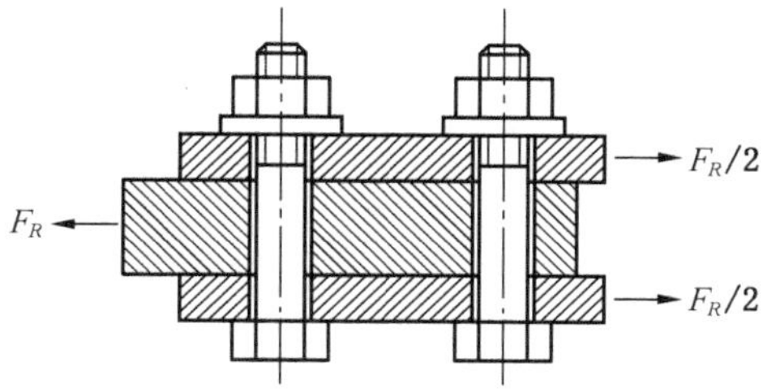

图 3-83　题 11

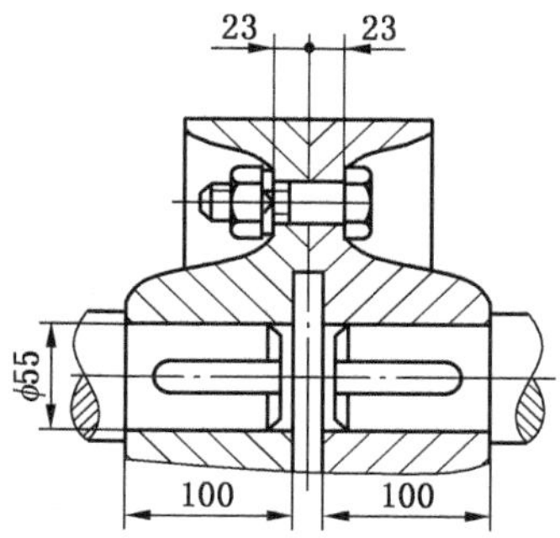

图 3-84　题 12

任务五　齿轮系组成分析与传动比计算

一、工作任务

（一）任务概述

在现代机械中，为了满足不同的工作要求只用一对齿轮传动往往是不够的，通常用一系列齿轮共同传动，如图 3-85 所示。这种由一系列齿轮组成的传动系统称为齿轮系。齿轮系的应用非常广泛，可以实现多种功能，如机床主轴的调速系统、各种齿轮减速器的减速系统、汽车后桥差速器等都使用了齿轮系。本任务通过分析齿轮系组成，计算传动比和确定转动方向。

(a) 定轴二级齿轮传动

(b) 行星齿轮传动

图 3-85　齿轮系

（二）任务要求

1. 知识要求

（1）了解齿轮系的类型和齿轮系的功用。

(2) 掌握定轴齿轮系和行星齿轮系传动比的计算。

(3) 掌握复合齿轮系传动比的计算。

2. 能力要求

(1) 能分析多对齿轮传动时的啮合关系和传动路线。

(2) 能进行齿轮系传动比的计算和确定传动方向。

3. 态度要求

(1) 能主动学习，在完成任务过程中发现问题、分析问题和解决问题。

(2) 能与小组成员协商、交流配合完成本学习任务。

(3) 严格遵守安全规范。

二、相关知识

(一) 齿轮系的分类

根据齿轮系运动时各齿轮的几何轴线位置是否固定，齿轮系可分为定轴齿轮系、行星齿轮系和复合齿轮系 3 种基本类型。

1. 定轴齿轮系

当齿轮系运转时，如果所有齿轮的几何轴线位置都是固定的，这种齿轮系称为定轴齿轮系。如图 3－86 所示。

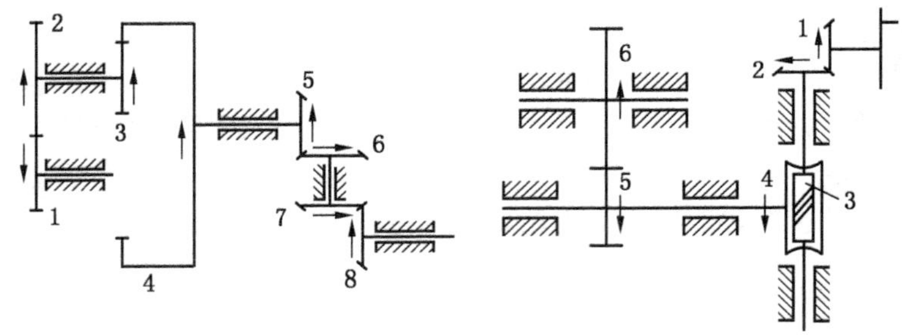

(a) (b)

图 3－86 定轴齿轮系

2. 行星齿轮系

如果齿轮系中有一个或几个齿轮的几何轴线位置并不固定，而是绕着其他定轴齿轮的轴线回转，这种齿轮系称为行星齿轮系。如图 3－87a 所示齿轮系中，外齿轮 1 和内齿轮 3 都是绕着固定的轴线 OO 回转的，这种齿轮称为中心齿轮，其中齿轮 1 又称为太阳齿轮。齿轮 2 的轴承是装在构件 H 上，而构件 H 是绕固定轴线 OO 回转的。当齿轮系运转时，齿轮 2 除了绕着自己的轴线 O_1O_1 回转，同时又随着构件 H 一起绕着固定轴线 OO 回转，就像行星的运动一样，既有公转又有自传，故齿轮 2 称为行星齿轮，带动行星轮 2 作公转的构件 H 称为行星架。

由于中心轮 1、3 和行星架 H 的回转轴线的位置均固定且重合，一般以它们作为运动的输入或输出构件，故称其为行星齿轮系的基本构件。

根据行星齿轮系所具有的自由度数目的不同，行星齿轮系可分为简单行星齿轮系、差动齿轮系两类。

1）简单行星齿轮系

在图3－87c中所示的行星齿轮系机构运动简图中，若将中心轮3（或1）固定，即有一个中心轮的转速为零，该行星齿轮系称为简单行星齿轮系。简单行星齿轮系的自由度为1，该齿轮系只需要一个构件有独立的运动规律就可确定行星齿轮系的运动。

2）差动齿轮系

在图3－87b中，中心轮1和3均不固定，即两个中心轮的转速都不为零，则整个齿轮系的自由度为2，这种自由度为2的行星齿轮系称为差动齿轮系。为了使其具有确定的运动，需要有两个构件具有独立的运动规律。

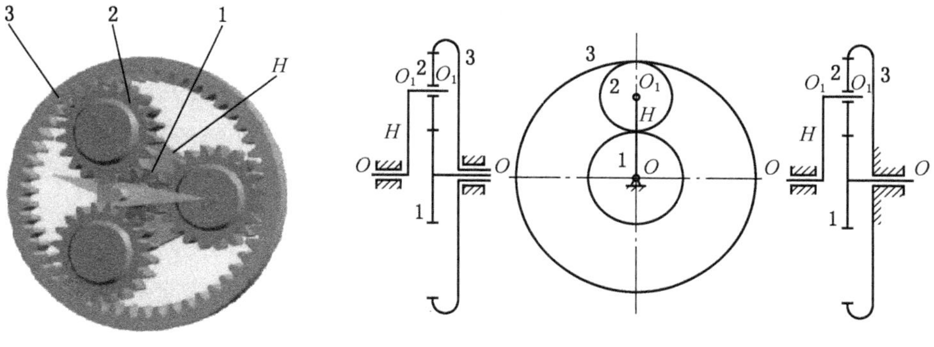

(a)　　(b)　　(c)

1、3—中心轮；2—行星轮；*H*—行星架

图3－87　行星齿轮系

3. 复合齿轮系

如果在齿轮系中兼有定轴齿轮系部分和行星齿轮系部分，或者由一个以上单一行星齿轮系组成的齿轮系，这种齿轮系称为复合齿轮系。如图3－88所示，锥齿轮1和2的传动是定轴传动，而3—4—5—*H*组成了行星齿轮系。

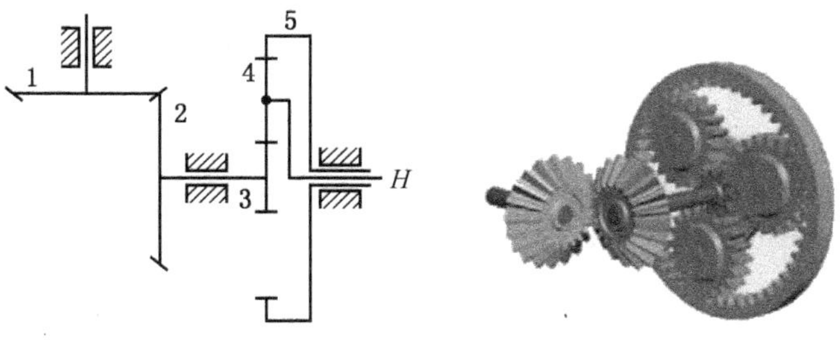

图3－88　复合齿轮系

（二）齿轮系的应用

齿轮系广泛应用于各种机械中，但主要用于以下几个方面：

1. 传递较远距离的运动或距离

当主动轴和从动轴之间的中心距较大，而又必须采用齿轮传动时，如果只用一对齿轮来传动，齿轮尺寸很大，既增大了机器的结构尺寸，又浪费材料，而且给制造、安装等方面带来不便。若改用齿轮系传动，将单级传动变为多级传动，即可避免上述缺陷。

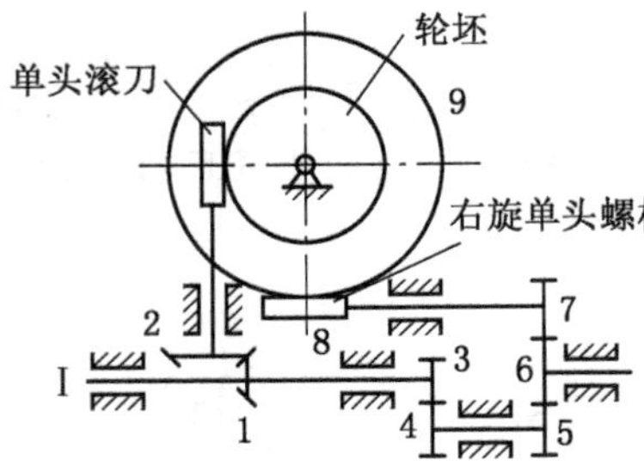

图 3－89　滚齿机上的齿轮系

2. 实现分路传动

利用齿轮系可使一个主动轴同时带动若干从动轴转动，将运动从不同的传动路线传递给执行机构，以实现机构的分路传动。

图 3－89 所示为滚齿机上滚刀与轮坯之间作展成运动的传动简图。滚齿加工要求滚刀的转速 $n_{刀}$ 与轮坯的转速 $n_{坯}$ 必须满足 $i_{刀坯}=\frac{n_{刀}}{n_{坯}}=\frac{z_{坯}}{z_{刀}}$ 的传动比关系。主动轴 I 通过锥齿轮 1 和 2 将运动传递给滚刀；同时主动轴又通过直齿轮 3 经齿轮 4—5、6、7—8 传至蜗轮 9，带动被加工的轮坯转动，以满足滚刀与轮坯的转动要求。

3. 获得大的传动比

当两轴之间需要较大的传动比时，如果仅用一对齿轮传动，必然使两轮的尺寸相差很大，这样不仅使传动机构的外廓尺寸庞大，而且小齿轮也比较容易损坏。如果采用多对齿轮组成齿轮系，则可以很容易地获得较大的传动比。

利用行星齿轮系传动与定轴齿轮系传动都可以获得较大的传动比，但是行星传动与定轴齿轮系传动相比，具有体积小、质量小、传动比范围大、效率高和工作平稳等优点。所以行星齿轮系传动的应用日益广泛。但缺点是结构较复杂，制造精度要求较高，安装较困难。

4. 实现变速传动

在主动轴的转速不变的条件下，利用齿轮系可以使从动轴得到若干种工作转速，以适应不同的需求，这种传动称为变速传动。

例如，在图 3－90 所示的齿轮系中，轴 I 和 II 分别为主动轴和从动轴，齿轮 1′和 2′固定在轴 I 上，齿轮 1 和 2 为双连齿轮，与轴 II 用导向键相连，可在轴 II 上滑动。当操纵控

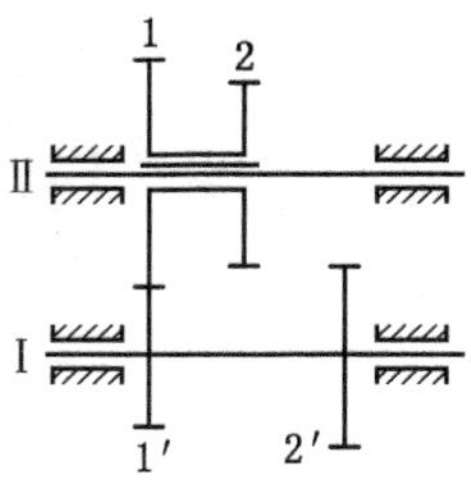

(a)

(b)

图 3－90　齿轮系变速传动

制手柄使双连滑移齿轮1′与1或2′与2啮合时，可得到两种不同的传动比。

5. 实现换向传动

在输入轴转向不变的情况下，利用惰轮可以改变输出轴的转向，如汽车的倒车、机床丝杠的反向传动等。

三、任务实施

（一）定轴齿轮系传动比的计算

在定轴齿轮系中，若各齿轮轴线相互平行，则为平面定轴齿轮系（图3－91a）；若至少有一对齿轮轴线不平行，则为空间定轴齿轮系（图3－91b）。

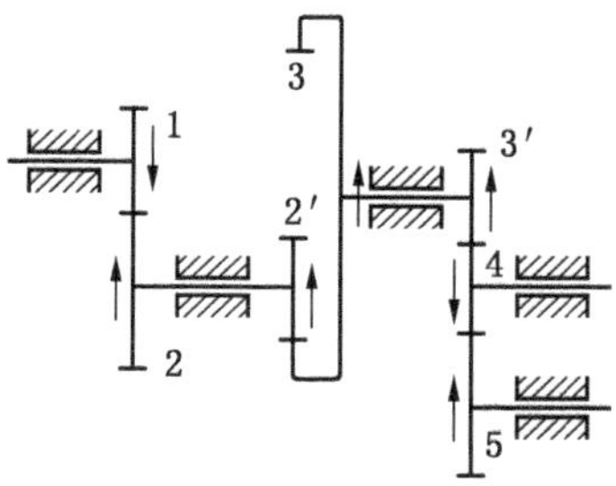

(a) 平面定轴齿轮系

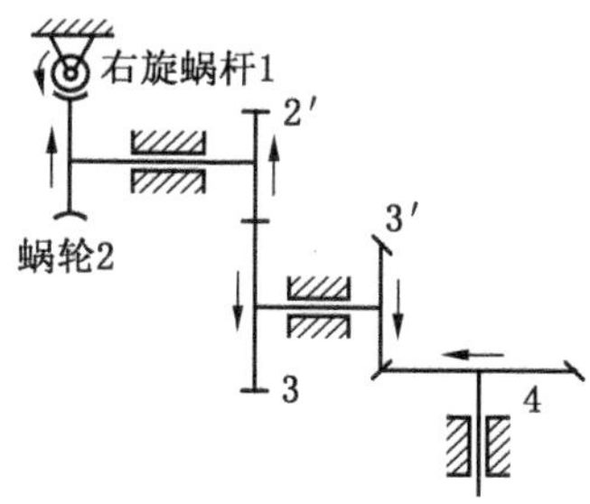

(b) 空间定轴齿轮系

图3－91 定轴齿轮系

齿轮系的传动比，是指齿轮系中输入轴的角速度（或转速）与输出轴的角速度（或转速）之比。要确定一个齿轮系的传动比，包括计算传动比的大小和确定其输入轴和输出轴之间的转向关系。

1. 平面定轴齿轮系传动比的计算

在图3－91a所示的平面定轴齿轮系中，设齿轮1为首齿轮，齿轮5为末齿轮，z_1、z_2、z_2'、z_3、z_3'、z_4及z_5分别为各齿轮的齿数，ω_1、ω_2、ω_2'、ω_3、ω_3'、ω_4及ω_5分别为各齿轮的角速度。该齿轮系的传动比i_{15}可由各对齿轮的传动比求出。

一对齿轮的传动比大小为其齿数的反比。若考虑转向关系，则各对齿轮的传动比为

$$i_{12}=\frac{\omega_1}{\omega_2}=\frac{n_1}{n_2}=-\frac{z_2}{z_1} \qquad i_{2'3}=\frac{\omega_2'}{\omega_3}=\frac{n_2'}{n_3}=\frac{z_3}{z_2'}$$

$$i_{3'4}=\frac{\omega_3'}{\omega_4}=\frac{n_3'}{n_4}=-\frac{z_4}{z_3'} \qquad i_{45}=\frac{\omega_4}{\omega_5}=\frac{n_4}{n_5}=-\frac{z_5}{z_4}$$

因$\omega_2=\omega_2'$，$\omega_3=\omega_3'$，将以上各式两边连乘可得

$$i_{12}i_{2'3}i_{3'4}i_{45}=\frac{\omega_1\omega_2'\omega_3'\omega_4}{\omega_2\omega_3\omega_4\omega_5}=(-1)^3\frac{z_2z_3z_4z_5}{z_1z_2'z_3'z_4}$$

所以

$$i_{15}=\frac{\omega_1}{\omega_5}=i_{12}i_{2'3}i_{3'4}i_{45}=(-1)^3\frac{z_2z_3z_5}{z_1z_2'z_3'}$$

其中，“$-$”表示一对外啮合圆柱齿轮，两轮转向相反；“$+$”表示一对内啮合圆柱齿轮，两轮转向相同。

上式表明，平面定轴齿轮系的传动比等于组成齿轮系的各对齿轮传动比的连乘积，也等于从动轮齿数的连乘积与主动轮齿数的连乘积之比。首末两齿轮转向相同还是相反，取决于齿轮系中外啮合齿轮的对数。

此外，在该齿轮系中齿轮 4 同时与齿轮 3′和末齿轮 5 啮合，其齿数可在计算中消去，也就是说齿轮 4 不影响齿轮系传动比的大小，只起到改变转向的作用，这种齿轮称为惰轮。

将上述计算式推广，若以 m 表示圆柱齿轮外啮合的对数，则平面定轴齿轮传动比的计算式为

$$i_{主从}=\frac{\omega_{主}}{\omega_{从}}=(-1)^{m}\frac{各对齿轮从动轮齿数的连乘积}{各对齿轮主动轮齿数的连乘积} \tag{3-82}$$

首末两齿轮转向可用 $(-1)^{m}$ 来判断，$i_{主从}$为负号时，说明首末齿轮转向相反；$i_{主从}$为正号时，则转向相同。

2. 空间定轴齿轮系传动比的计算

一对空间齿轮传动比的大小也等于两齿轮齿数的反比，故也可用式（3－82）来计算空间齿轮传动比的大小。但由于各齿轮轴线不都互相平行，所以不能用 $(-1)^{m}$ 的正负来确定首末齿轮的转向，而是要采用在图上画箭头的方法来判定，如图 3－91b 所示。

【实例 1】在图 3－91b 所示的定轴齿轮系中，$z_1=2$（右旋），$z_2=80$，$z_2'=20$，$z_3=40$，$z_3'=16$，$z_4=32$，若 $n_1=400$ r/min，其转向如图。求传动比 i_{14}、n_4 的大小及转向。

解 由图 3－91b 可知：$n_2=n_2'$，$n_3=n_3'$，由式（3－82）得

$$i_{14}=\frac{n_1}{n_4}=\frac{z_2z_3z_4}{z_1z_2'z_3'}=\frac{80\times40\times32}{2\times20\times16}=160$$

所以

$$n_4=\frac{n_1}{i_{14}}=\frac{400}{160}\text{ r/min}=2.5\text{ r/min}$$

齿轮 4 的转向由齿轮 1 开始，按前述标箭头的方法顺着啮合路线依次标箭头，得齿轮 4 的转向如图 3－91b 所示（箭头向左）。

（二）行星齿轮系传动比的计算

1. 单级行星齿轮系传动比的计算

行星齿轮系分为平面行星齿轮系和空间行星齿轮系两类。图 3－92 所示为一平面行星轮系，齿轮 1、3 和构件 H 均绕固定的互相重合的几何轴线转动，齿轮 2 空套在构件 H 上，与齿轮 1、3 相啮合，齿轮 2 一方面绕其自身轴线 O_1O_1 转动（自转），同时又随构件 H 绕轴线 OO 转动（公转）。齿轮 2 称为行星轮，H 称为行星架或系杆，齿轮 1、3 称为太阳轮。

由于行星齿轮系中有转动着的行星架，从而使得行星轮既有自转又有公转，由于这个差别，所以行星齿轮系的传动比计算不能直接用定轴齿轮系传动比的求法来计算。如果在保持行星齿轮系中各构件之间相互运动关系不变的条件下，使行星架固定不动，那么行星

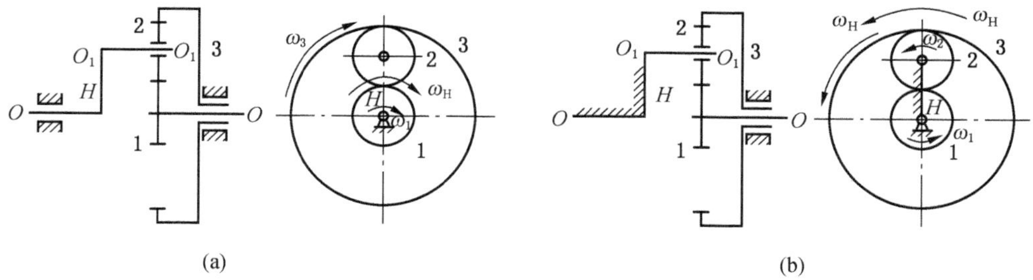

图 3-92　平面行星轮系

齿轮系就可以转化成一个定轴齿轮系。为此，假想给整个齿轮系加上一个公共的角速度 $-\omega_H$，使它绕行星架的固定轴线回转。这时，各构件之间的相对运动仍将保持不变，但行星架的角速度却变成了 $\omega_H-\omega_H=0$，即行星轮架可视为静止不动，而齿轮 1、2、3 则称为绕定轴转动的齿轮，于是原行星齿轮系转换成了假想的定轴齿轮系。该假想的定轴齿轮系称为原行星齿轮系的转化机构，如图 3-92b 所示。转化机构各构件的转速见表 3-48。

表 3-48　转化机构各构件的转速

构　件	原有转速	转化后的转速
齿轮 1	ω_1	$\omega_1^H=\omega_1-\omega_H$
齿轮 2	ω_2	$\omega_2^H=\omega_2-\omega_H$
齿轮 3	ω_3	$\omega_3^H=\omega_3-\omega_H$
系杆 H	ω_H	$\omega_H^H=\omega_H-\omega_H=0$

所以

$$i_{13}^H=\frac{\omega_1^H}{\omega_3^H}=\frac{\omega_1-\omega_H}{\omega_3-\omega_H}=-\frac{z_3}{z_1}$$

i_{13}^H表示转化后定轴齿轮系的传动比，即齿轮 1 和齿轮 3 相对于行星架 H 的传动比。齿数比前的“-”号表示在转化机构中齿轮 1 与齿轮 3 的转向相反。

根据上述分析，可求出行星齿轮系的一般计算公式，设行星齿轮系中的两个齿轮分别为 m、n，行星架为 H，则其转化齿轮系的传动比 i_{mn}^H 可表示为

$$i_{mn}^H=\frac{\omega_m^H}{\omega_n^H}=\frac{\omega_m-\omega_H}{\omega_n-\omega_H}=\frac{n_m^H}{n_n^H}=\frac{n_m-n_H}{n_n-n_H}=\pm\frac{\text{由 } m \text{ 至 } n \text{ 所有从动轮齿数的乘积}}{\text{由 } m \text{ 至 } n \text{ 所有主动轮齿数的乘积}} \tag{3-83}$$

由式（3-83）可知，若已知各齿轮齿数，给定行星齿轮系中任意两个构件的转速，可求出第三个构建的转速；若给定任何一个构件的转速，则可求得另外两个构件之间的传动比。

应用式（3-83）时必须注意：

（1）公式只适用于轮 m、轮 n 和转臂 H 的转动轴线相互平行或重合的情况。

（2）将 n_m、n_n、n_H 的已知值代入公式时必须带“+”号或“-”号。当假定其中某种转向的角速度为正值时，则与之相反的为负值。

（3）因 i_{mn}^H 为转化机构中轮 m、轮 n 的转速之比（n_m^H/n_n^H），其大小应按定轴齿轮系传动比的方法确定，式中的“±”要标箭头确定，但 $i_{mn}^H \neq i_{mn}$。

【实例2】在图3-92a所示的齿轮系中，设 $z_1 = z_2 = 30$，$z_3 = 90$。求当太阳轮1和内齿圈3的转数分别为 $n_1 = 1$ 及 $n_3 = -1$（设逆时针为正）时，n_H 及 i_{1H} 的值。

解 由式（3-83）可求得此齿轮系的转化齿轮系的传动比为

$$i_{13}^H = \frac{n_1 - n_H}{n_3 - n_H} = -\frac{z_2 z_3}{z_1 z_2} = -\frac{z_3}{z_1}$$

将已知数据代入后为

$$\frac{1 - n_H}{-1 - n_H} = -\frac{90}{30} = -3$$

得

$$n_H = -\frac{1}{2}$$

而

$$i_{1H} = \frac{n_1}{n_H} = \frac{1}{-\frac{1}{2}} = -2$$

即当齿轮1逆时针转一圈，齿轮3顺时针转一圈时，行星架 H 将顺时针转1/2圈，齿轮1和行星架之间的传动比为“-2”，表明两者的转向相反。

【实例3】图3-93所示是由圆锥齿轮组成的行星齿轮系。已知 $z_1 = z_3 = 40$，$z_2 = 20$，$n_H = 50$ r/min（从轴左端观察为顺时针转向）。

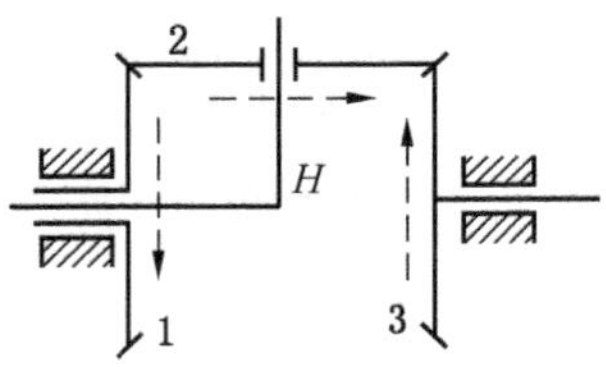

图3-93 实例3

求：（1）当 $n_1 = 0$ 时，n_3 为多少？

（2）当 $n_1 = 200$ r/min（顺时针转向）时，n_3 为多少？

解 （1）由式（3-83）可求得

$$\frac{n_1 - n_H}{n_3 - n_H} = -\frac{z_3}{z_1} = -1$$

上式右边符号是由标箭头（图中虚线所示）得出，齿轮1、3箭头相反。

将已知数据代入，得

$$\frac{0 - 50}{n_3 - 50} = -1$$

所以 $n_3 = 100$ r/min，转向与 n_H 转向相同。

（2）设 n_1 转向为正，则由上式可得

$$\frac{200 - 50}{n_3 - 50} = -1$$

$$n_3 = -100 \text{ r/min}$$

式中负号表示齿轮3和齿轮1转向相反。

注意：由于本题齿轮的轴线与太阳轮1、3和转臂 H 的轴线不平行，所以不能用式（3-83）求 n_2。

2. 多级行星齿轮系的传动比计算

多级行星齿轮系传动比的计算是建立在各单级行星齿轮系传动比的计算基础上的。其

具体步骤是：首先把整个齿轮系划分成若干个单级行星齿轮系，分别列出各单级行星齿轮系转化机构传动比的计算式，最后再根据相应关系联立求解。

划分各单级行星齿轮系的方法如下：

（1）首先找出行星轮（即几何轴线运动的齿轮）。

（2）找出支承行星轮运动的构件，即行星架。应当注意行星架不一定是简单的杆状。

（3）找出与此行星轮相啮合的中心轮。则由行星轮、行星架、中心轮和机架组成的齿轮系就是一个简单的行星齿轮系。

在多级行星齿轮系中，划分出一个单级行星齿轮系后，对剩下的部分可按上述方法继续划分出相应的单级行星齿轮系，直至其所有齿轮皆被正确划分为止。

【实例4】某直升机主减速器的行星齿轮系如图3－94所示，发动机直接带动中心轮1，已知各齿轮齿数 $z_1=z_5=39$，$z_2=27$，$z_3=93$，$z_3'=81$，$z_4=21$，求主动轴Ⅰ与螺旋桨Ⅲ之间的传动比 $i_{\text{Ⅰ}\text{Ⅲ}}$。

解 图3－94所示行星齿轮系为多级行星齿轮系。根据划分原则，可划分成 $1-2-3-H_1$，及 $5-4-z'_3-H_2$ 两个单级行星齿轮系，且由它们串联而成。

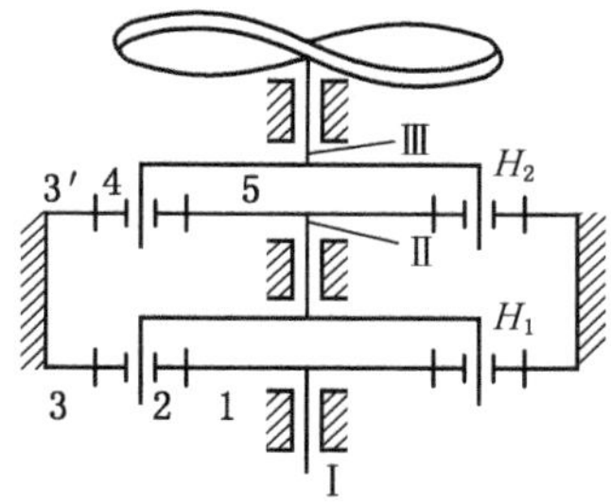

图3－94 实例4

因为 $i_{\text{Ⅰ}\text{Ⅲ}}=i_{\text{Ⅰ}H_2}=i_{1H_1}i_{5H_2}$

在齿轮系 $1-2-3-H_1$ 中

$$i_{1H_1}=1-i_{13}^{H_1}=1+\frac{z_3}{z_1}=1+\frac{93}{39}=\frac{132}{39}$$

在齿轮系 $5-4-3'-H_2$ 中

$$i_{5H_2}=1-i_{53'}^{H_2}=1+\frac{z_3'}{z_5}=1+\frac{81}{39}=\frac{120}{39}$$

所以

$$i_{\text{Ⅰ}\text{Ⅲ}}=i_{1H_2}=\frac{132}{39}\times\frac{120}{39}=10.41$$

正号表明轴Ⅰ和轴Ⅲ转向相同。

（三）复合齿轮系传动比的计算

计算复合齿轮系的传动比时，不能将整个齿轮系单纯地按求定轴齿轮系或行星齿轮系传动比的方法来计算，而应将整个齿轮系中的定轴齿轮系和行星齿轮系区别开来，分别列出它们的传动比计算公式，然后连立求解。

复合齿轮系划分定轴齿轮系和行星齿轮系的方法：

（1）找出行星齿轮系。其方法是先找出行星轮与行星架，再找出与行星轮相啮合的太阳轮。行星轮、太阳轮、行星架构成一个行星齿轮系。

（2）找出定轴齿轮系。

【实例5】图3－95所示为电动卷扬机的减速器。已知各齿轮数为 $z_1=24$，$z_2=48$，$z_2'=30$，$z_3=90$，$z_3'=20$，$z_4=30$，$z_5=80$，试求传动比 i_{1H}。

解 该复合齿轮系由两个基本齿轮系组成，齿轮1、2、2′、3、杆系 H 组成行星齿轮系；齿轮3′、4、5组成定轴齿轮系，其中 $\omega_H=\omega_5$，$\omega_3=\omega_3'$。

对于定轴齿轮系
$$i_{3'5}=\frac{\omega_3'}{\omega_5}=-\frac{z_5}{z_3'}=-\frac{80}{20}=-4 \tag{a}$$

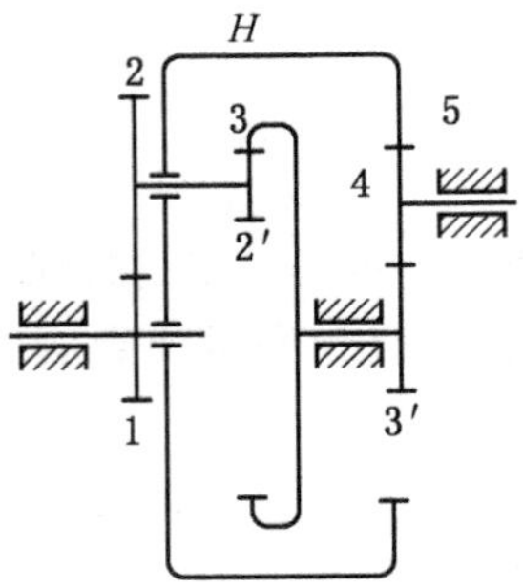

图 3－95　实例 5

对于行星齿轮系，根据式（3－83）得

$$i_{13}^{H}=\frac{\omega_1-\omega_H}{\omega_3-\omega_H}=(-1)^1\frac{z_2z_3}{z_1z_2'}=-\frac{48\times90}{24\times30}=-6 \tag{b}$$

即　$$\omega_3'=-4\omega_5$$

因为　$$\omega_3=\omega_3' \qquad \omega_H=\omega_5$$

所以　$$\omega_3'=\omega_3=-4\omega_5=-4\omega_H \tag{c}$$

将式（c）代入式（a）得　$\dfrac{\omega_1-\omega_H}{-4\omega_H-\omega_H}=-6$

整理后可得

$$i_{1H}=\frac{\omega_1}{\omega_H}=31$$

i_{1H}为正值，说明齿轮 1 与构件 H 转向相同。

四、拓展知识

在行星齿轮系中，当给定两个基本构件的运动后，第三个构件的运动是确定的。换而言之，第三个构件的运动是这两个基本构件运动的合成。

同理，当给定一个基本构件的运动后，可根据附加条件按所需比例将该运动分解成另外两个基本构件的运动。

图 3－96 所示的汽车后桥差速器即为分解运动的齿轮系。在汽车转弯时它可将发动机传到齿轮 5 的运动以不同的速度分别传递给左右两个车轮，以维持车轮与地面间的纯滚动，避免车轮与地面间的滑动摩擦导致车轮过度磨损。

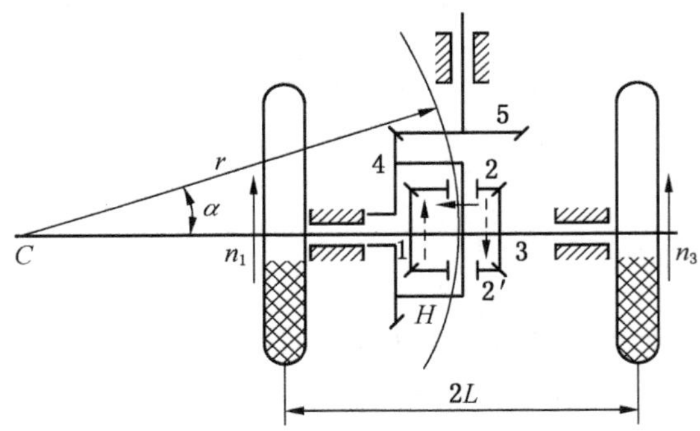

图 3－96　汽车后桥差速器

若输入转速为 n_5，两车轮外径相等，轮距为 $2L$，两轮转速分别为 n_1 和 n_3，r 为汽车行驶半径。当汽车绕图示 C 点向左转弯时，两轮行驶的距离不相等，其转速比为

$$\frac{n_1}{n_3}=\frac{r-L}{r+L} \tag{3-84}$$

差动器中齿轮 4、5 组成定轴齿轮系，行星架 H 与齿轮 4 固连在一起，1－2－3－H 组成行星齿轮系。对于齿轮系 1－2－3－H，因 $z_1=z_2=z_3$，则

$$i_{13}^{H}=\frac{n_1-n_H}{n_3-n_H}=-\frac{z_3}{z_1}=-1$$

$$n_H=\frac{n_1+n_3}{2}$$

即　$$n_4=n_H=\frac{n_1+n_3}{2} \tag{3-85}$$

联立解两式，可求得此时车辆两后轮的转速分别为

$$\begin{cases} n_1 = \dfrac{r-L}{r} n_4 \\ n_3 = \dfrac{r+L}{r} n_4 \end{cases} \tag{3-86}$$

此时行星轮除随 H 一起公转外，还绕其自身轴线自转。公转转速 n_H 通过差动轮系分解成 n_1 和 n_3 两个不同的转速，转速的大小随弯道半径的不同而改变。

思考与练习

1. 试比较定轴齿轮系和行星齿轮系转化机构传动比的计算公式有什么联系和区别。

2. 如何根据定轴齿轮系或行星齿轮系转化机构中首轮的转向判定末轮的转向？

3. 图 3-97 所示为某外圆磨床的进给机构，已知各轮的齿数：$z_1=28$，$z_2=56$，$z_3=38$，$z_4=57$，手轮与齿轮 1 固连，横向丝杠与齿轮 4 相固连，其丝杠螺距为 3 mm，试求当手轮转动 0.01 转时，砂轮架的横向进给量 s。

4. 图 3-98 所示为机械钟表的转动机构，已知各轮齿数：$z_1=72$，$z_2=12$，$z_2'=64$，$z''_2=z_3=z_4=8$，$z_3'=60$，$z_5'=z_6=24$，$z_5=6$，试分别计算分针 m 和秒针 s 之间的传动比 i_{ms}、时针 h 和分针 m 之间的传动比 i_{hm}。

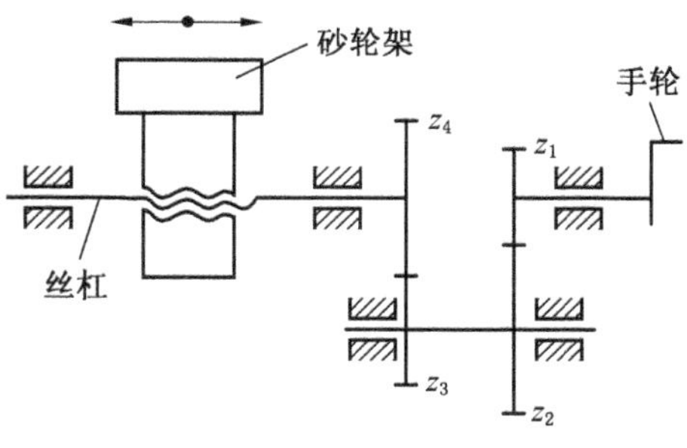

图 3-97 题 3

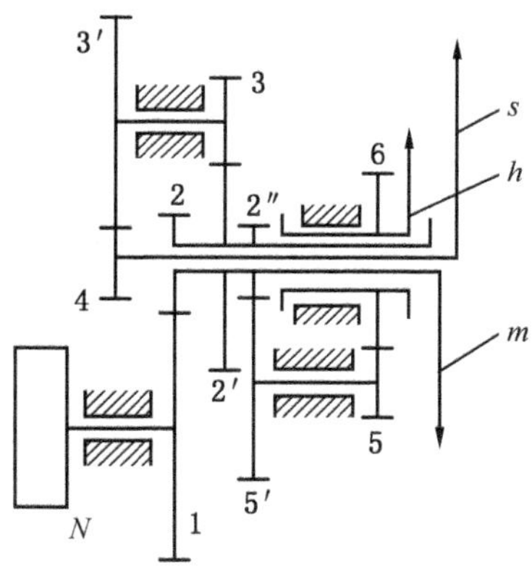

图 3-98 题 4

5. 在如图 3-99 所示的齿轮系中，已知各齿轮的齿数：$z_1=20$，$z_2=40$，$z_2'=15$，$z_3'=60$，$z_3'=18$，$z_4=18$，$z_7=20$，齿轮 7 的模数 $m=3$ mm，蜗杆头数为 1（左旋），蜗轮齿数 $z_6=40$。齿轮 1 为主动轮，转向如图所示，转速 $n_1=100$ r/min，试求齿条 8 的速度和移动方向。

6. 在如图 3-100 所示的齿轮系中，$z_1=z_3$，$n_H=50$ r/min（从左端观察为顺时针），试求下列两种情况时 n_3 分别为多少？

（1）当 $n_1=0$ 时；

（2）当 $n_1=200$ r/min（逆时针）时。

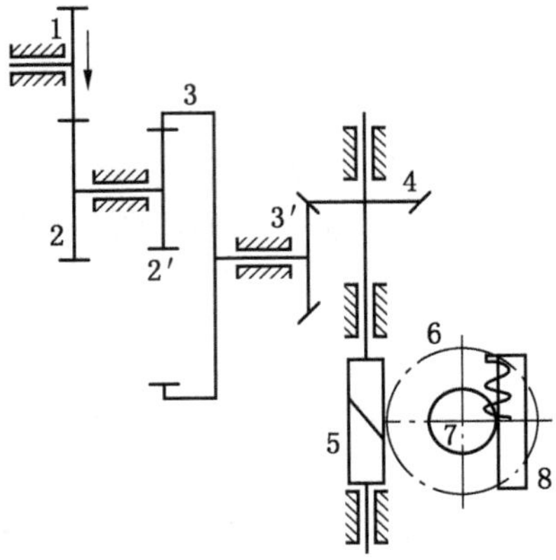

图 3－99　题 5

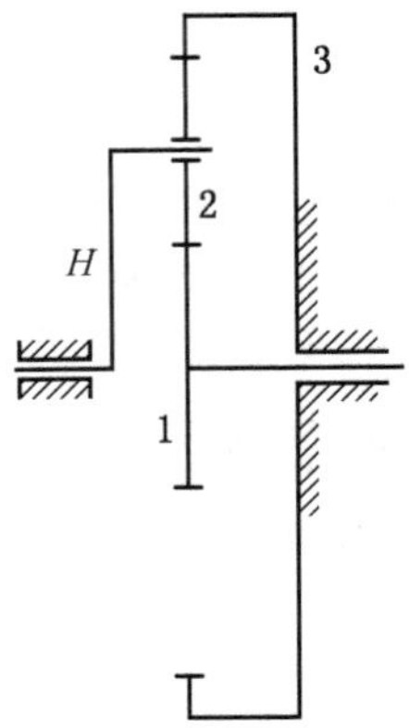

图 3－100　题 6

7. 在如图 3－101 所示的双螺旋桨飞机减速器中，已知各齿轮齿数：$z_1=26$，$z_2=20$，$z_3=z_6=66$，$z_4=30$，$z_5=18$，齿轮 1 的转速 $n_1=1500$ r/min 时，转向如图所示。试求 n_P 和 n_Q 的大小和方向。

8. 在如图 3－102 所示的组合行星齿轮系中，已知各齿轮的齿数：$z_1=40$，$z_2=20$，$z_3=20$，$z_4=40$，$z_4'=z_6=z_6'=30$，$z_5=25$，$z_7=15$，齿轮 1 的转速为 40 r/min 时，转向如图所示。求齿轮 7 的转速大小和方向。

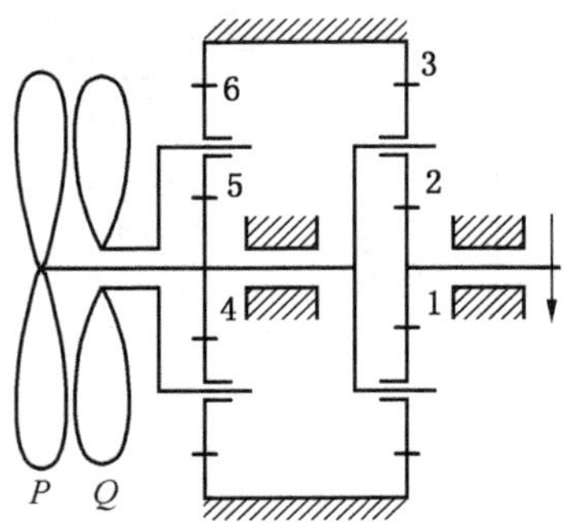

图 3－101　题 7

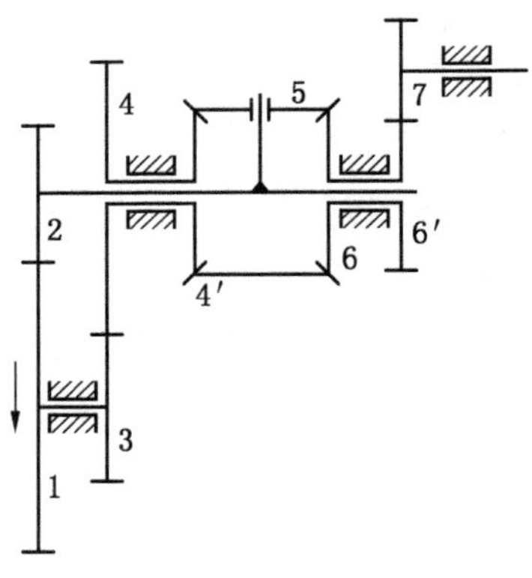

图 3－102　题 8

项目四　减速器轴系零部件结构分析与设计

任务一　减速器轴系零部件结构分析

一、工作任务

（一）任务概述

轴一方面用来支承机械中作回转运动的零件并传递运动和力；另一方面保证轴上所有零件有确定的相对工作位置。在机械传动中，除齿轮、皮带轮、链轮等外，轴承、键、联轴器和离合器等都是作回转运动的零部件。图 4－1 所示为减速器轴及其零（部）件，这些零（部）件都和轴有关系，而且它们的性能又互有影响，所以可统称为轴系零（部）件。工程设备中减速器应用非常广泛，本任务以减速器轴为例，分析轴系零部件的结构，了解其类型和应用。

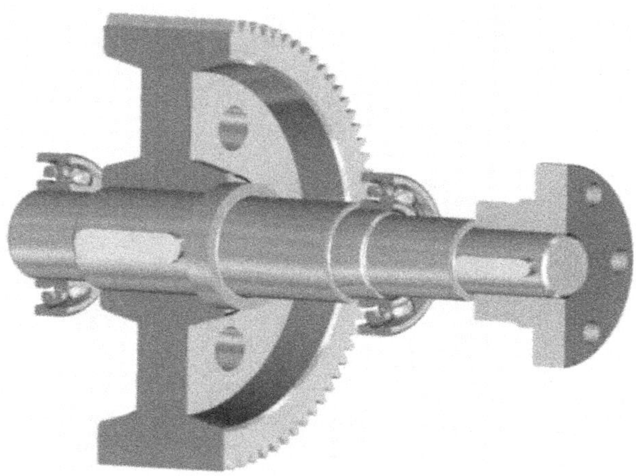

图 4－1　减速器轴系零（部）件

（二）任务要求

1. 知识要求

（1）掌握轴的功用、类型和结构特点。

（2）掌握键、轴承、联轴器、离合器的结构、类型及其应用。

2. 能力要求

（1）能根据轴的受载情况判断轴的类型。

（2）能分析轴的结构特点。

（3）能分析各种类型轴承、键、联轴器的特点。

3. 态度要求

（1）能主动学习，在完成任务过程中发现问题、分析问题和解决问题。

（2）能与小组成员协商、交流配合完成本学习任务。

（3）严格遵守安全规范。

二、相关知识

（一）轴的结构

轴的结构即轴各部分的形状及尺寸。通常把轴和旋转零件相配合的部分称为轴头；轴和轴承相配合的部分称为轴颈；连接轴颈和轴头的部分称为轴身。

1. 轴的类型

轴的类型很多，按轴线形状不同可分为直轴和曲轴。图 4－2 所示为直轴和曲轴，直轴按承受的载荷和功用可分为传动轴、心轴和转轴。传动轴是只承受扭矩不承受弯矩或承受很小的弯矩的轴，主要用于传递转矩，如图 4－3 所示的汽车传动轴；心轴是只承受弯矩不承受扭矩的轴，主要用于支承回转零件，如图 4－4 所示的自行车前轴；转轴是同时承受弯矩和扭矩的轴，既支承零件又传递转矩，减速器一般为转轴。

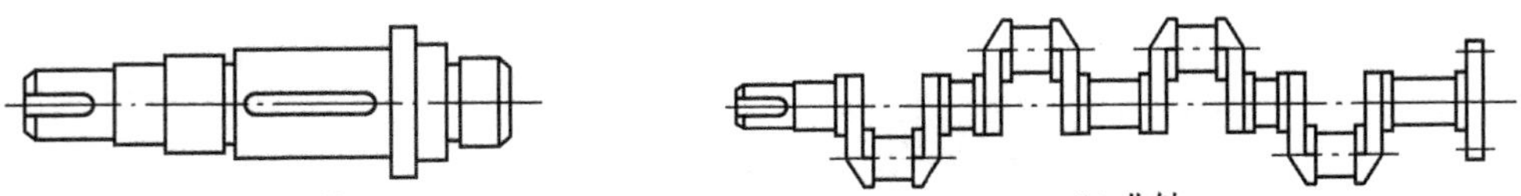

(a) 直轴　　(b) 曲轴

图 4－2　直轴和曲轴

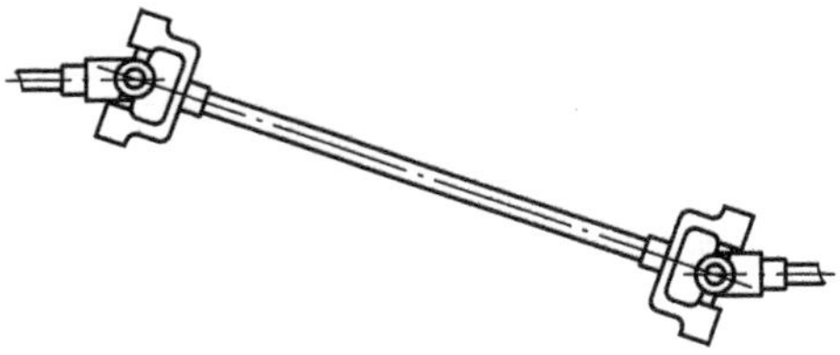

图 4－3　汽车传动轴

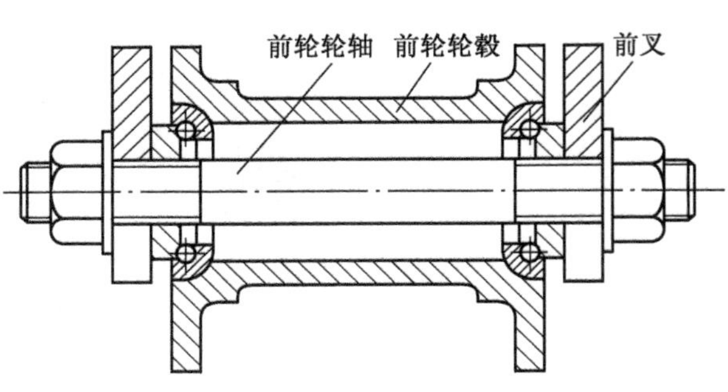

图 4－4　自行车前轴

2. 轴上零件的布置

装在轴上的零件，如果布置合理，可改善轴的受力情况，以提高轴的强度。如图 4－5 和图 4－6 所示，输入转矩均为 $T_1 + T_2$，但输入轮的安装位置不同，轴承受的最大转矩值也不同，故所需的轴径及结构也不同。

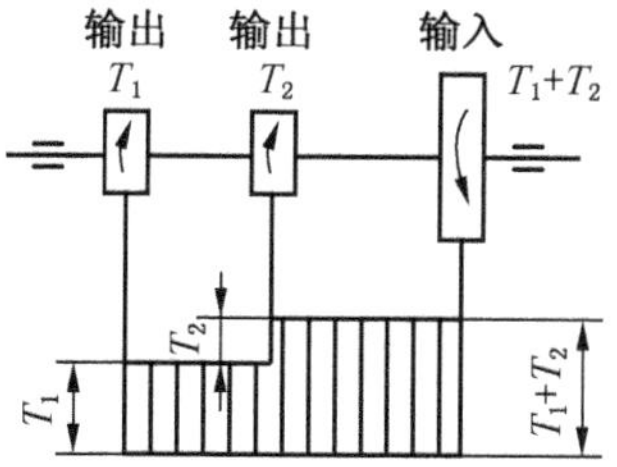

图 4－5　输入轮在旁边的轴

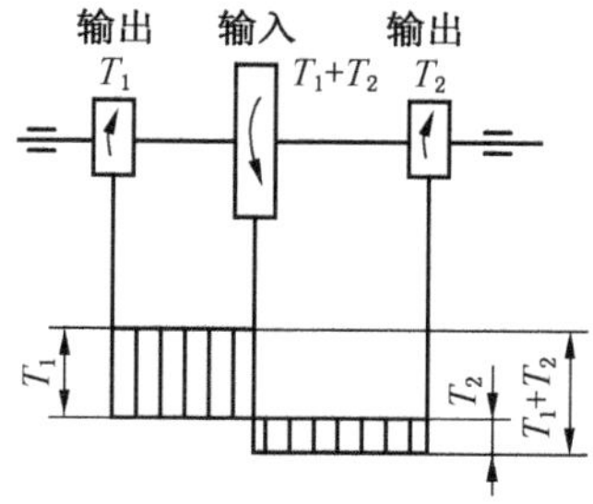

图 4－6　输入轮在中部的轴

3. 轴上零件的定位和固定

轴上的每个零件均应有确定的工作位置，既要定位准确，又要固定牢靠，还应保证每个零部件便于安装和拆卸。轴上零件的轴向定位方法主要有：轴肩定位、套筒定位、圆螺母定位、轴端挡圈定位和轴承端盖定位，如图 4－7 所示。

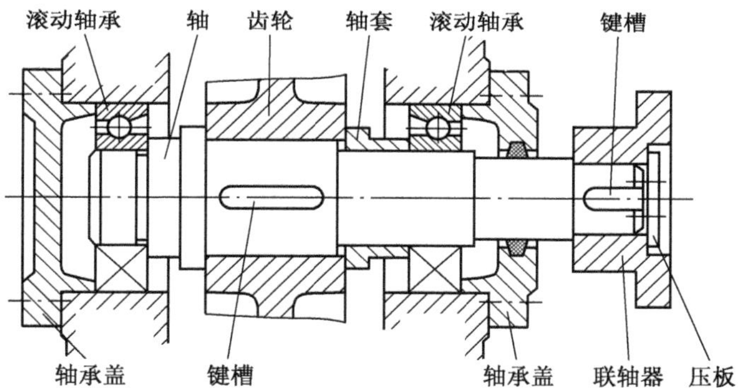

图 4－7　轴上零件的固定和定位

1）轴向定位和固定

（1）轴肩或轴环。

轴肩是指轴的直径变化所形成的阶梯处。轴肩有定位轴肩和非定位轴肩。轴肩定位是最方便可靠的定位方法，但采用轴肩定位会使轴的直径加大，而且轴肩处由于轴径的突变而产生应力集中。因此，多用于轴向力较大的场合。轴肩和轴环的尺寸确定原则如下：

① 为使零件端面与轴肩（或轴环）有一定的平面接触，轴上的过渡圆角半径 r 应小于轴上零件的倒角 C_1 或圆角半径 r，如图 4－8a 和图 4－8b 所示是合理的，而图 4－8c 所示是不合理的。

② 轴肩高度 $h \approx (0.07d + 3\ \text{mm})-(0.1d + 5\ \text{mm})$，或取 $h = (2 \sim 3)C_1$，显然图 4－8d 是不合理的。

③ 轴环宽度 $b \approx 1.4h$。

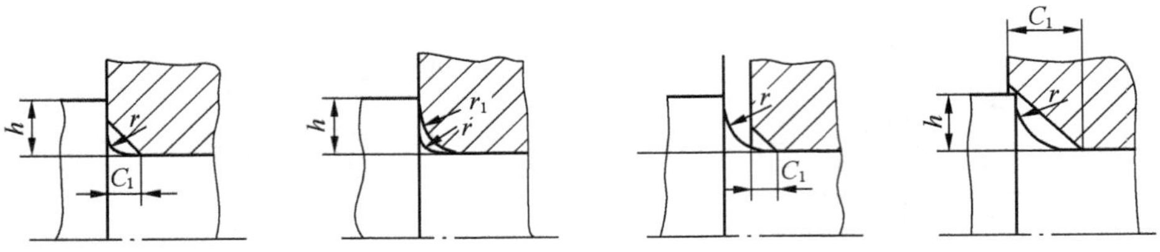

(a) $r<C_1$　　(b) $r<r_1$　　(c) $r>C_1$　　(d) $h<C_1$

图 4－8　轴肩和轴环的尺寸确定

④ 装滚动轴承处的轴肩尺寸由轴承标准规定的安装尺寸确定。

⑤ 非定位轴肩的设置便于零件装配，其高度和该处的圆角半径不受此限，一般可取轴肩高度 $h=1.5\sim2$ mm，圆角半径 $r\leqslant(D-d)/2$。

（2）轴套。

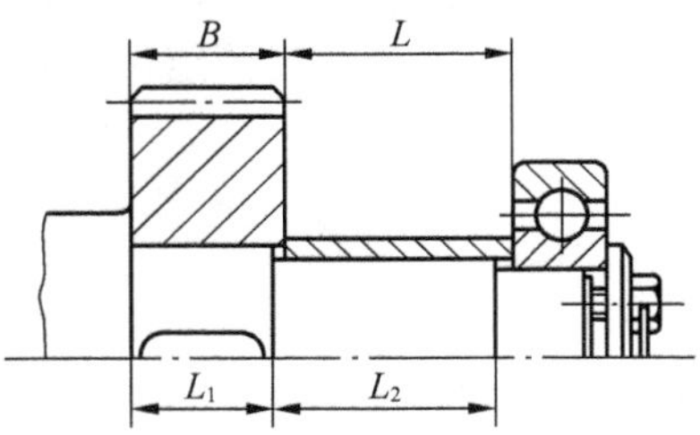

图 4－9　轴套

利用轴套可同时固定两个间隔距离不大的零件，也可实现轴向定位，如图 4－9 所示。为使定位准确和固定可靠，装齿轮的轴段长度 L_1 应略小于齿轮的轮毂宽度 B，一般取 $L_1=B-(2\sim3)$ mm。由于轴套配合较松，所以轴套不宜用于高转速的轴上。

此外，还有几种常用的固定方法，如弹性挡圈（图 4－10a）、圆螺母（图 4－10b）、紧定螺钉（图 4－10c）、圆锥形轴端（图 4－10d）、轴端挡圈（图 4－10e），以及螺钉锁紧挡圈（图 4－10f）等方法来实现轴向定位或固定。

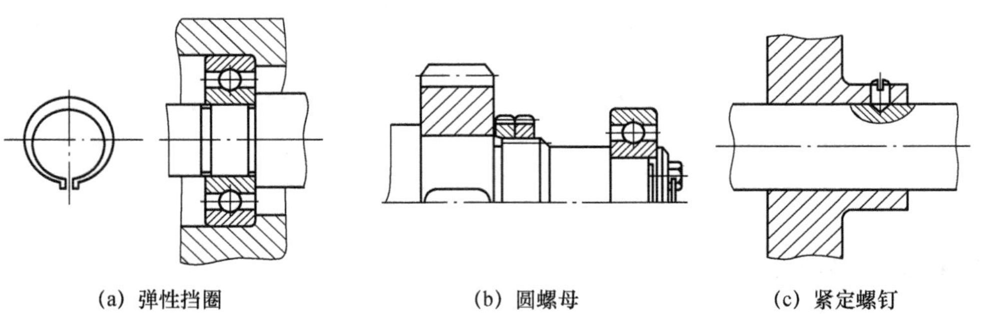

(a) 弹性挡圈　　(b) 圆螺母　　(c) 紧定螺钉

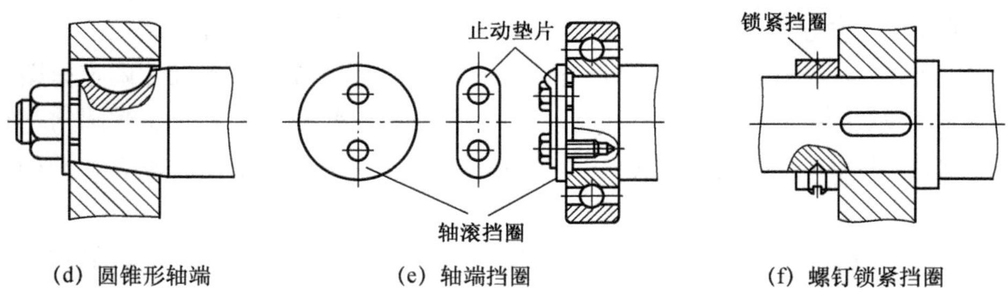

(d) 圆锥形轴端　　(e) 轴端挡圈　　(f) 螺钉锁紧挡圈

图 4－10　几种常用的固定方法

2）周向定位和固定

轴上零件的周向固定是为了防止零件与轴发生相对转动。常用的固定方式有键连接、过盈配合连接、圆锥销连接、成型连接等，如图4－11所示。过盈配合连接是利用轴和零件轮毂孔之间的配合过盈量来连接，能同时实现周向和轴向固定，结构简单，对中性好，对轴削弱小，装拆不便。成型连接是利用非圆柱面与相同的轮毂孔配合，对中性好，工作可靠，制造困难，应用少。

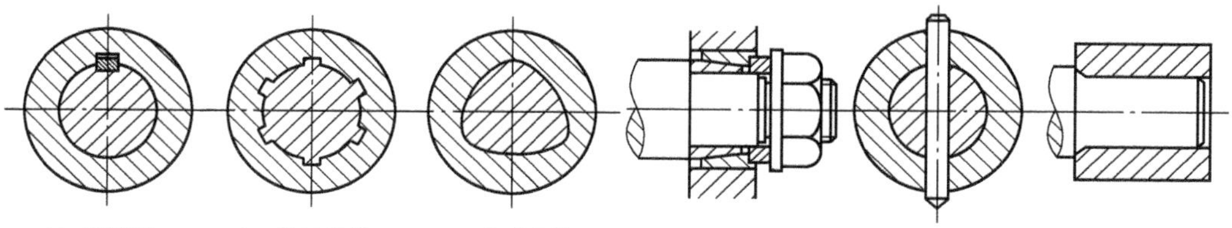

(a) 键连接　(b) 花键连接　(c) 成型连接　(d) 弹性环连接　(e) 销连接　(f) 过盈连接

图4－11　周向固定方法

4. 轴的制造、装配及结构工艺性

轴的结构外形主要取决于轴在箱体上的安装位置及形式、轴上零件的布置和固定方式、受力情况和加工工艺等。为了便于轴上零件的装拆，将轴制成阶梯轴，中间直径最大，向两端直径逐渐减小，近似为等强度轴。轴在制造、设计和装配时有以下工艺要求：

（1）轴上磨削和车螺纹的轴段应分别设有砂轮越程槽和螺纹退刀槽。

（2）轴上沿长度方向开有几个键槽时，应将键槽安排在轴的同一母线上。同一根轴上所有圆角半径和倒角的大小应尽可能一致，以减少刀具规格和换刀次数。为使轴上零件容易装拆，轴端和各轴段端部都应有45°的倒角。

（3）为便于加工定位，轴的两端面上应做出中心孔。

（4）减小应力集中，提高轴的强度和刚度。轴的结构对其强度和刚度有很大影响。轴大多在变应力下工作，结构设计时应减少应力集中，以提高轴的疲劳强度。为减小轴在截面突变处的应力集中，应适当增大其过渡圆角半径；由于轴肩定位面要与零件接触，若加大圆角半径受到限制时，可采用退刀槽（图4－12a）、肩环（图4－12b）或凹切圆角（图4－12c）等结构以减小应力集中。当轴上零件与轴为过盈配合时，可采用图4－12所示各种结构，以减小轴在零件配合边缘处的应力集中。

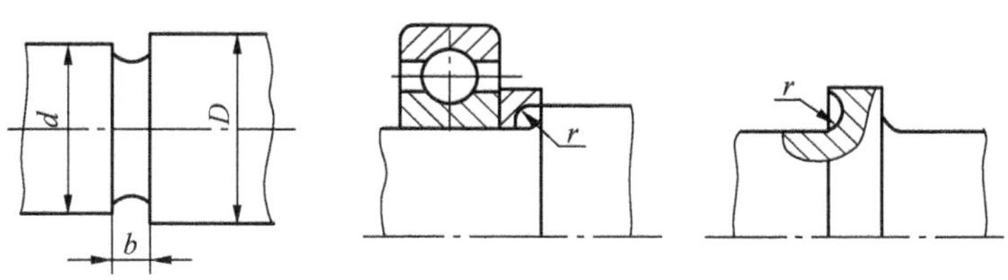

(a) 退刀槽　(b) 肩环　(c) 凹切圆角

图4－12　轴肩过渡结构

（5）尽量不在轴面上切制螺纹和凹槽以免引起应力集中；尽量使用圆盘铣刀。

此外，提高轴的表面质量、降低表面粗糙度、采用表面碾压、喷丸和渗碳淬火等表面强化方法，均可提高轴的疲劳强度。

（二）键连接的类型及特点

轴与轴上零件的周向固定，称为轴毂连接。轴毂连接的主要形式为键连接，如图4－13所示。

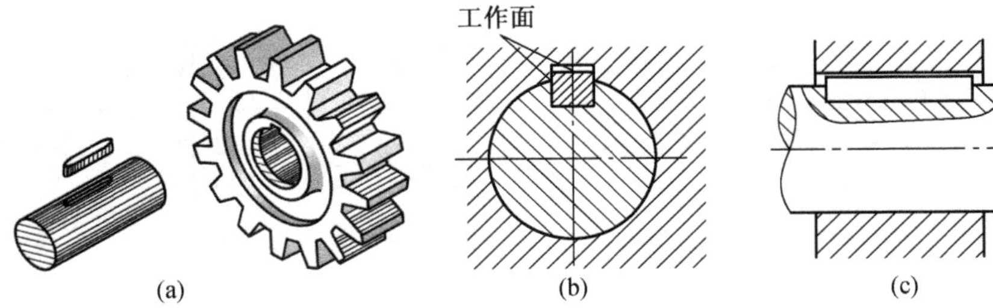

图4－13　键连接

键连接的主要类型有平键连接、半圆键连接、楔键连接、切向键连接、花键连接。

键连接主要用于轴和轴上零件的周向固定并传递转矩；有的兼作轴上零件的轴向固定或轴向滑动。

1. 平键连接

平键的上表面与轮毂键槽顶面留有间隙，依靠键与键槽间的两侧面挤压力传递转矩 T。所以两侧面为工作面，如图4－14所示。平键制造容易、装拆方便、定心良好，用于传动精度要求较高的场合。根据用途可将其分为普通平键连接、导向平键连接、滑键连接。

1）普通平键连接

平键的端部形状有圆头（A型，图4－14a）、平头（B型，图4－14b）和单圆头（C型，图4－14c）3种。C型键用于轴端。A型、C型键的轴上键槽用立铣刀加工，对轴应力集中较大，如图4－15a所示。B型键的轴上键槽用盘铣刀加工，轴上应力集中较小，如图4－15b所示。

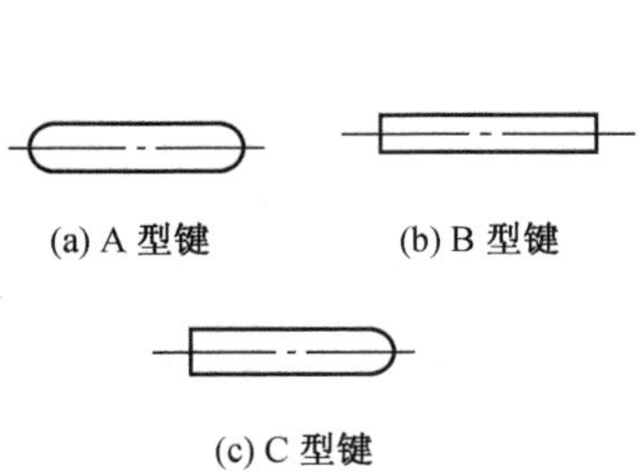

图4－14　平键的端部形状

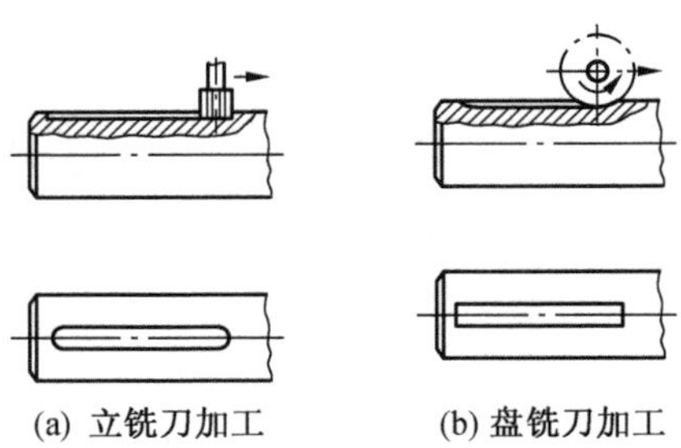

图4－15　平键槽的加工

2）导向平键连接

当零件需要作轴向移动时，可采用导向平键连接。导向平键较普通平键长，为防止键体在轴中松动，用两个螺钉将其固定在轴上，其中部有起键螺钉，如图4－16所示。

3）滑键连接

当键移动距离较大时可用滑键，滑键与轴上的零件固定为一体，工作时二者一起沿轴槽滑动，适应于轴上零件移动距离较大的场合，如图4－17所示。

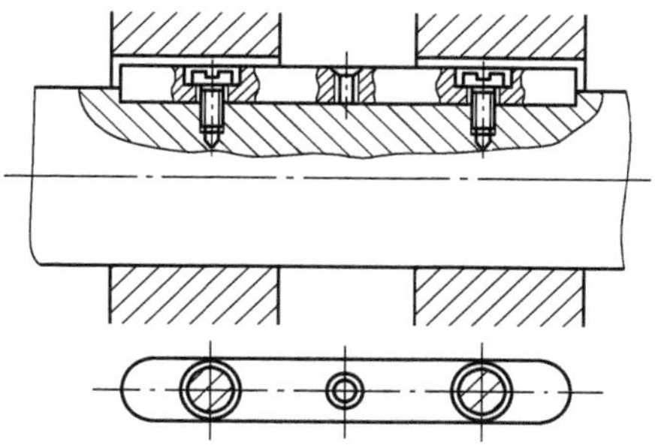

图4－16　导向平键连接

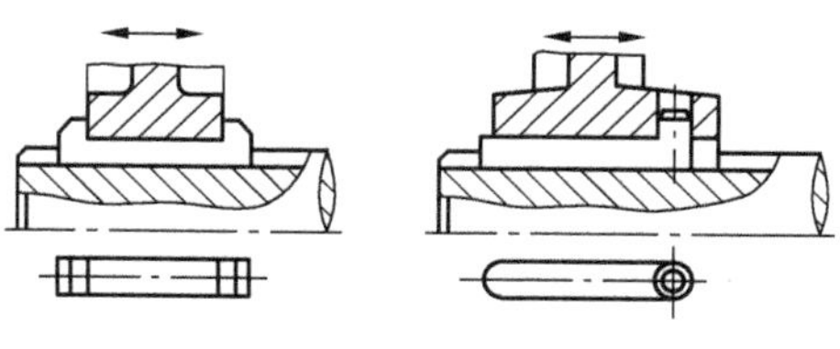

(a)双钩头滑链　(b)单圆头滑链

图4－17　滑键连接

2. 半圆键连接

半圆键的两个侧面为半圆形，工作时靠两侧面受挤压传递转矩，键在轴槽内绕其几何中心摆动，以适应轮毂槽底部的斜度，装拆方便，但对轴的强度削弱较大，主要用于轻载场合，如图4－18所示。

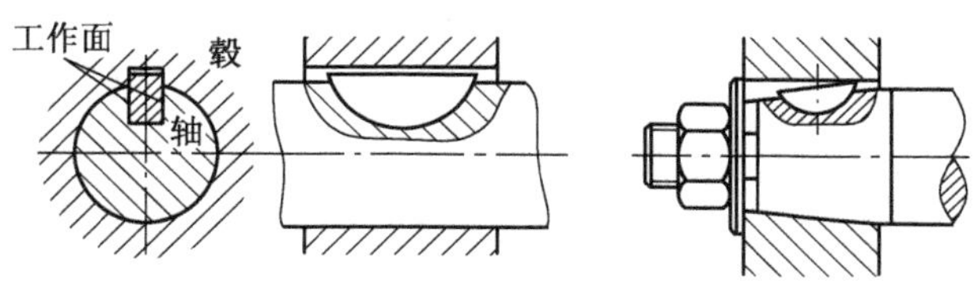

图4－18　半圆键连接

3. 楔键连接

键的上表面和轮毂槽底面均制成1∶100的斜度，装配时将键用力打入槽内，使轴与轮毂之间的接触面产生很大的径向压紧力，转动时靠接触面的摩擦力来传递转矩及单向轴向力，分普通楔键和钩头楔键两种形式。钩头楔键与轮毂端面之间应留有余地，以便于拆卸。楔键的定心性差，在冲击、振动或变载荷下，连接容易松动。适用于不要求准确定心、低速运转的场合，如图4－19所示。

4. 切向键连接

传递较大转矩时，可采用由一对普通楔键组成的切向键连接。键的上、下面互相平行，需两边打入。切向键连接的定心性差，适用于不要求准确定心、低速运转的场合，如图4－20所示。

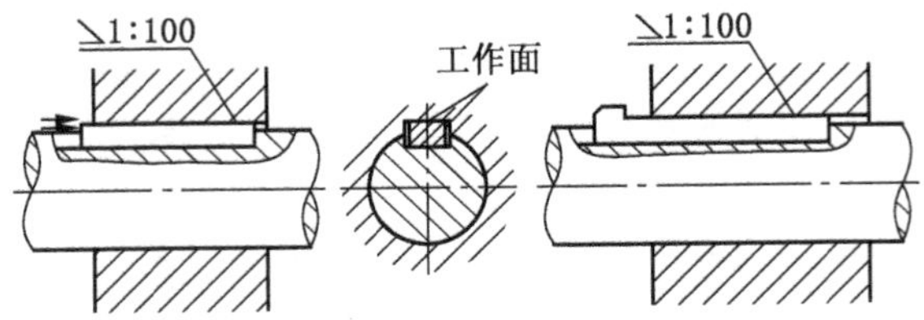

图 4－19　楔键连接

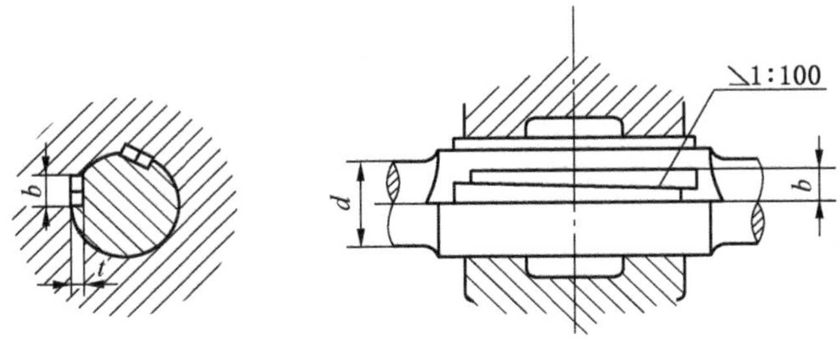

图 4－20　切向键连接

5. 花键连接

在轴毂连接时，除了采用上述几种类型的键连接外，当要求轴毂定心精度要求高和载荷较大时也采用花键连接。

花键连接由轴上加工出多个键齿的花键轴和轮毂孔上加工出同样的键齿槽组成。工作时靠键齿的侧面互相挤压传递转矩。其优点是比平键连接承载能力强，轴与零件的定心性好，导向性好，对轴的强度削弱小；缺点是成本较高。花键已标准化，按齿廓的不同，可分矩形花键和渐开线花键。图 4－21 所示为矩形花键。

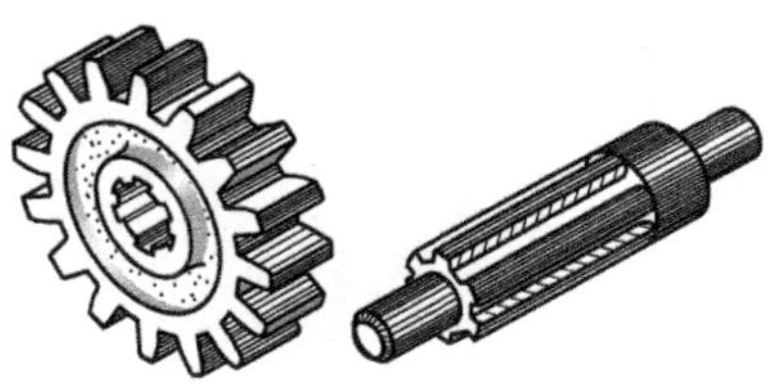

图 4－21　矩形花键

（三）销连接

销和键一样属于标准件，常用于连接和定位。图 4－22 所示为销的应用。销按结构可分为圆柱销和圆锥销等，用途可分为定位销、连接销和安全销。被连接件上的销孔一般要进行配作，并进行铰削，销与孔多为过渡配合。圆柱销配合精度高但不宜经常装拆，否则会降低定位精度或紧固性。圆锥销有 1∶50 的锥度，定位精确，装拆方便，具有自锁性，可多次装拆。销的材料常用 35 钢和 45 钢，并进行淬火处理。

（四）滚动轴承

1. 滚动轴承的构造和类型

滚动轴承一般由内圈、外圈、滚动体和保持架组成，如图 4－23 所示。内圈装在轴径上，与轴一起转动。外圈装在机座的轴承孔内，一般不转动。内外圈上设置有滚道，当内外圈之间相对旋转时，滚动体沿着滚道滚动。保持架使滚动体均匀分布在滚道上，减少滚动体之间的碰撞和磨损。

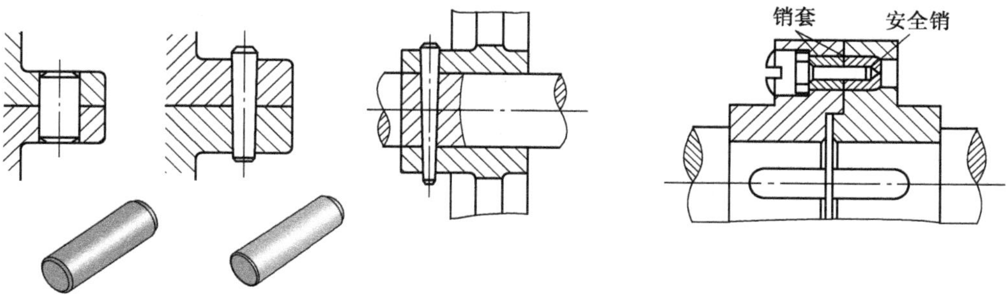

(a) 定位销　(b) 连接销　(c) 安全销

图 4-22　销的应用

滚动轴承具有摩擦阻力小、启动灵敏、效率高、旋转精度高和润滑简便等特点，广泛应用于各种机器中。滚动轴承为标准零件，由轴承厂批量生产，使用者可以根据需要直接选用。

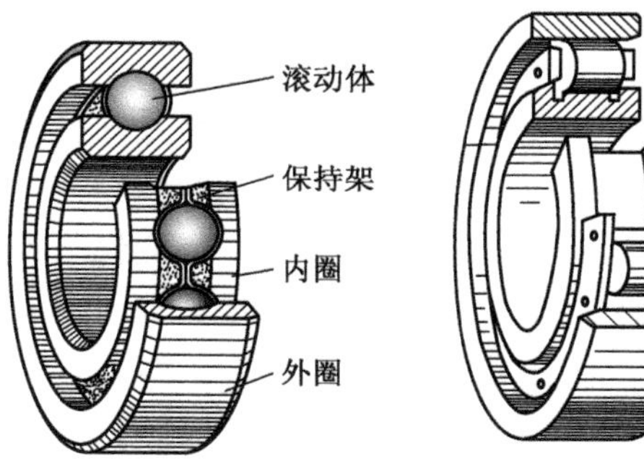

图 4-23　轴承结构

滚动轴承中滚动体与外圈接触处的法线与垂直于轴承轴心线的径向平面之间的夹角 α 称为滚动轴承的公称接触角。

按所能承受载荷的方向或公称接触角 α 分为向心轴承和推力轴承。向心轴承又分为径向接触轴承和向心角接触轴承。①径向接触轴承：公称接触角 $\alpha=0°$，主要承受径向载荷，可承受较小的轴向载荷；②向心角接触轴承：公称接触角 $0°<\alpha<45°$，同时承受径向载荷和轴向载荷。

推力轴承又分为轴向接触轴承和推力角接触轴承。①轴向接触轴承：公称接触角 $\alpha=90°$，只能承受轴向载荷；②推力角接触轴承：公称接触角 $45°<\alpha<90°$，主要承受轴向载荷，可承受较小的径向载荷。

按滚动体的形状分为球轴承和滚子轴承。其滚动体的形状有球体（图 4-24a）、圆柱滚子（图 4-24b）、圆锥滚子（图 4-24c）、腰鼓形（图 4-24d）、滚针（图 4-24e）等。此外还有调心轴承和非调心轴承；单列轴承和双列轴承等。

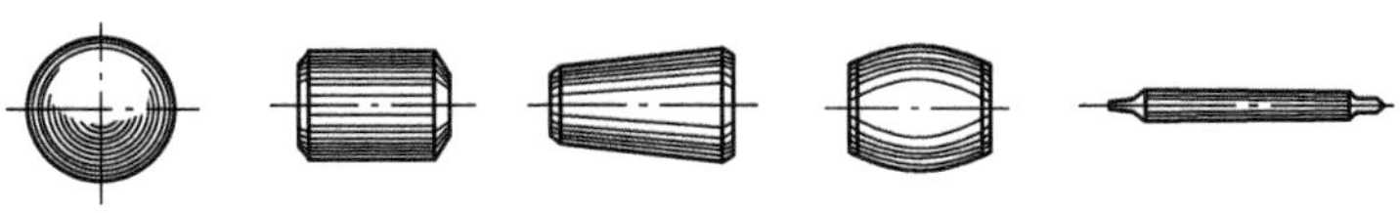

(a) 球体　(b) 圆柱滚子　(c) 圆锥滚子　(d) 腰鼓形　(e) 滚针

图 4-24　滚动体形状

2. 滚动轴承的代号

滚动轴承的类型很多，而各类轴承又有不同的结构、尺寸、精度和技术要求，为了便于选用和组织生产，将滚动轴承用规定的代号表示出来。GB/T 272—1993 规定，滚动轴承代号由前置代号、基本代号和后置代号组成，见表 4－1。其代号含义如下：

表 4－1 滚动轴承代号构成

<table>
<tr><td>前置代号</td><td colspan="5">基 本 代 号</td><td colspan="8">后 置 代 号</td></tr>
<tr><td rowspan="3">轴承分部件代号</td><td>一</td><td>二</td><td>三</td><td>四</td><td>五</td><td rowspan="3">内部结构代号</td><td rowspan="3">密封与防尘结构代号</td><td rowspan="3">保持架及其材料代号</td><td rowspan="3">特殊轴承材料代号</td><td rowspan="3">公差等级代号</td><td rowspan="3">游隙代号</td><td rowspan="3">多轴承配置代号</td><td rowspan="3">其他代号</td></tr>
<tr><td rowspan="2">类型代号</td><td colspan="2">尺寸系列代号</td><td colspan="2" rowspan="2">内径代号</td></tr>
<tr><td>宽度系列代号</td><td>直径系列代号</td></tr>
</table>

1）基本代号

基本代号由类型代号、尺寸系列代号和内径代号组成，是轴承代号的基础。

（1）类型代号。表示轴承类型的代号。

（2）尺寸系列代号。表示轴承在结构、内径相同的条件下具有不同的外径和宽度。包括宽度系列代号和直径系列代号；宽度系列表示轴承的内径、外径相同，在宽度方向的变化系列，常用代号有 0（窄）、1（正常）、2（宽）、3、4、5、6（特宽）等。大多数轴承，当宽度系列为 0 时可省略，如图 4－25 所示为省略宽度系列 0 的深沟球轴承简图。

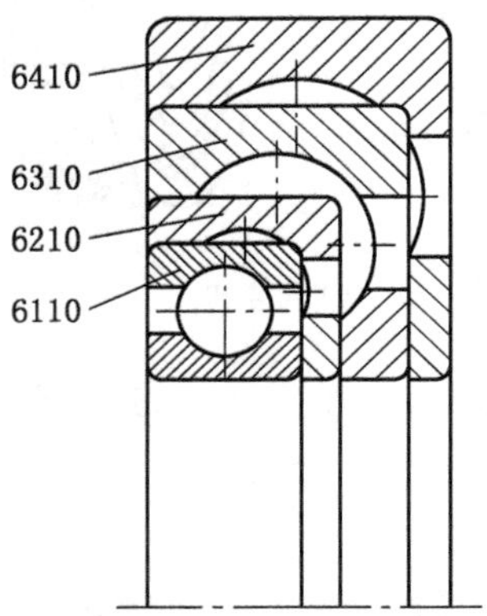

图 4－25 深沟球轴承简图

直径系列表示相同内径的同类型轴承在外径和宽度方面的变化系列。常用代号有 0（特轻）、2（轻）、3（中）、4（重）等。

（3）内径代号见表 4－1，滚动轴承的内径代号用两位数字表示，当 20 mm $\leqslant d \leqslant$ 480 mm 时，其两位数字为轴承内径除以 5 的商。例如，当 $d = 25$ mm 时，表示为 05；当 $d = 100$ mm 时，表示为 20。但 00、01、02、03 分别表示内径 d 为 10 mm、12 mm、15 mm、17 mm 时的内径代号。对于内径 $d \geqslant 500$ mm 和分别为22 mm、28 mm、32 mm 的特殊值时，则在内径代号的相应位置加“/”后直接写上内径值。

2）前置代号和后置代号

前置代号用于表示成套轴承的分部件，如 L 表示可分离轴承的内圈或外圈。例如，圆柱滚子轴承 LN207 表示轴承的可分离内圈。

后置代号反映轴承的结构、公差、游隙及材料的特殊要求等，共 8 组代号。内部结构表示同一类型轴承的不同内部结构。例如，角接触轴承用不同字母表示不同的公称接触角，如表 4－2 所示为角接触轴承内部结构代号；用代号/P0、/P2、/P4、/P5、/P6、/P6X表示轴承的公差等级，P0 级为普通级，省略不标。用代号/C1、/C2、/C3、/C4、/C5 表示轴承径向游隙组别，0 级游隙组无须标注。

当同时标注公差等级代号和游隙组别代号时，可组合表示，如/P52 表示轴承公差等级 P5 级，径向游隙 2 组。

例如，代号为 6310 的轴承代号意义为：6 代表深沟球轴承，3 表示宽度系列为 0、直径系列为 3，10 表示轴承内径 $d=50$ mm，公差等级为 0 级，游隙组别为 0 组。

表 4－2　角接触轴承内部结构代号

代　　号	含　　义
AC	角接触轴承，公称接触角 $\alpha=25°$
B	角接触轴承，公称接触角 $\alpha=40°$；圆锥滚子轴承，公称接触角加大
C	角接触轴承，公称接触角 $\alpha=15°$；调心滚子轴承，C 型

3）轴承代号意义举例

轴承代号 6207/P63 表示的意义：内径 $d=35$ mm，直径系列为 2 系列，宽度系列为 0 系列（0 省略），深沟球轴承，公差等级为 6 级，径向游隙为 3 组。

常用滚动轴承主要类型、尺寸系列代号及性能特点见表 4－3。

表 4－3　常用滚动轴承主要类型、尺寸系列代号及性能特点

类型代号	简图及承载方向	类型名称 结构代号	尺寸系列代号	组合代号	极限转速比[①]	性 能 特 点
1 或 (1)[②] [1][③]	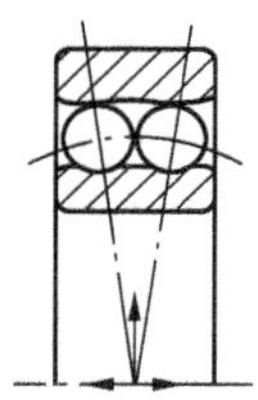	调心球轴承 10000 [1000]	(0)[②]2 22 (0) 3 23	12 22 13 23	中	能自动调心，内外圈轴线允许偏斜 2° ~ 3°。可承受不大的双向轴向载荷，但不宜承受纯轴向载荷，适用于轴承轴心线难以对中的支承，常成对使用
2 [3]	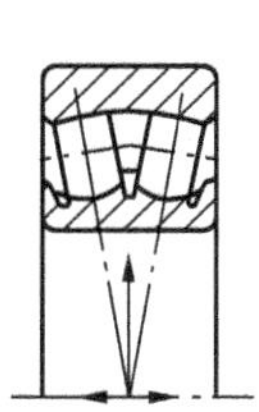	调心滚子轴承 20000 [3000]	13 22 30 31 32 40 41	213 222 230 231 232 240 241	低	性能及特点与调心球轴承类似。但径向承载能力较大，内外圈轴线允许偏斜 1.5° ~ 2.5°，适用于多支点轴、弯曲刚度较小的轴及难于精确对中的支承
3 [7]	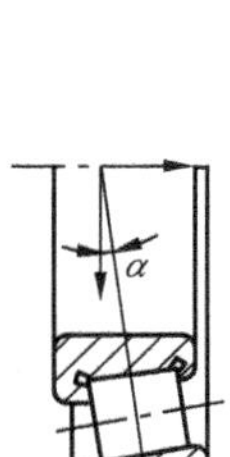	圆锥滚子轴承 30000 [7000]	02 03 13 20 22 23 29 30 31 32	302 303 313 320 322 323 329 330 331 332	中	能承受以径向载荷为主的径向、轴向联合载荷，当接触角 α 大时，亦可承受纯单向轴向载荷。外圈可分离，可调整径向、轴向游隙，承载能力较大，一般需成对使用，对称安装。要求轴的刚性大，轴与支承座孔的中心线对中性好。适用于转速不太高，轴的刚度较好的场合

表4-3（续）

类型代号	简图及承载方向	类型名称 结构代号	尺寸系列代号	组合代号	极限转速比①	性能特点
5 [8]	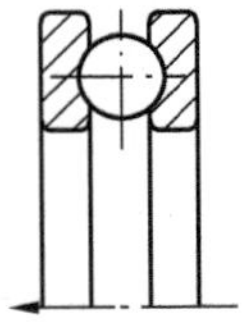	推力球轴承 51000 [8000]	11 12 13 14	511 512 513 514	低	承受单向轴向载荷，滚动体与套圈多半可分离。紧圈与轴相配合。为防止钢球与滚道之间的滑动，工作时需加一定的轴向载荷。极限转速低，适用于轴向载荷大、转速不高处
5 [8]	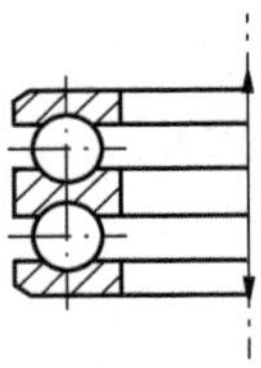	双向推力球轴承 52000 [38000]	22 23 24	522 523 524	低	能承受双向轴向载荷，中间圈为紧圈，其他性能特点与推力球轴承相同
6 [0]	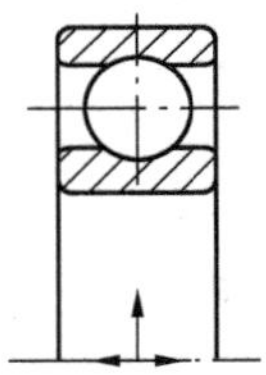	深沟球轴承 60000 [0000]	17 37 18 19 （0）0 （1）0 （0）2 （0）3 （0）4	617 637 618 619 160 60 62 63 64	高	主要承受径向载荷，亦能承受一定的双向轴向载荷。高转速时，可用来承受纯轴向载荷。价格便宜
7 [6]	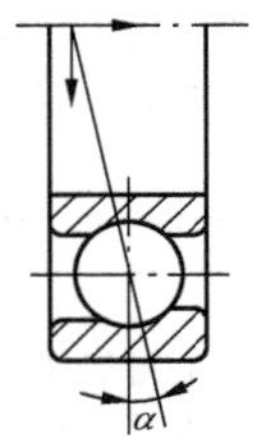	角接触球轴承 70000C $\alpha=15°$ [36000] 70000AC $\alpha=25°$ [46000] 70000B $\alpha=40°$ [66000]	19 （1）0 （0）2 （0）3 （0）4	719 70 72 73 74	高	可以同时承受径向及轴向载荷，亦可单独承受轴向载荷。α 越大，轴向承载能力也越大。通常需成对使用，对称安装，极限转速较高
8 [9]	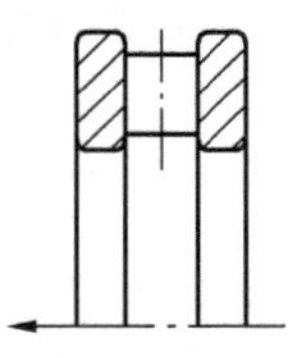	推力圆柱滚子轴承 80000 [9000]	11 12	811 812	低	只能承受单向轴向载荷，承载能力很大，极限转速低
N [2]	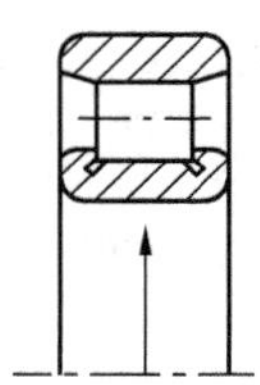	圆柱滚子轴承 N 0000 [2000]	10 （0）2 22 （0）3 23 （0）4	N10 N2 N22 N3 N23 N4	高	只能承受径向载荷，承载能力大，抗冲击能力强。内外圈可分离，对轴的偏斜敏感，极限转速较高。适用于刚性较大、与支撑座孔能很好对中的轴的支撑

表 4－3（续）

类型代号	简图及承载方向	类型名称 结构代号	尺寸系列代号	组合代号	极限转速比①	性 能 特 点
NA [4]	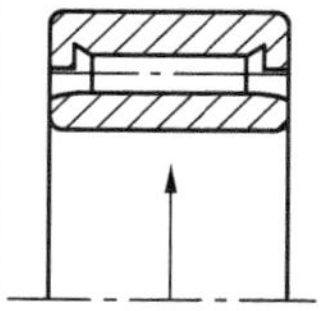	滚针轴承 NA 0000 [544000]	48 49 69	NA 48 NA 49 NA 69	低	径向尺寸小，只能承受径向载荷，其极限转速低。一般不带保持架，摩擦系数大

注：① 指各种轴承极限转速与深沟球轴承极限转速之比：高—相当于 100% ~90%；中—相当于 90% ~60%；低—相当于 60% 以下。

②“( )”内的数字在组合代号中可以省略。

③“[ ]”括号内为与新代号相对应的旧代号。

3. 滚动轴承的组合设计

正确选用轴承类型和型号之后，为了保证轴与轴上旋转零件正常运行，还应解决轴承组合的结构问题。其中包括，轴承组合的轴向固定，轴承与相关零件的配合，间隙调整、装拆、润滑等一系列问题。

1） 轴向定位

正常的滚动轴承支承应使轴能正常传递载荷而不发生轴向窜动，以及轴受热膨胀后卡死等现象。常用的滚动轴承支承结构型式有三种：

（1） 两端单向固定。

轴的两个轴承分别限制一个方向的轴向移动，这种固定方式称为两端单向固定，如图 4－26 所示。考虑到轴受热伸长，对于深沟球轴承可在轴承盖与外圈端面之间留出热补偿间隙，$c=0.2\sim0.3$ mm。间隙量的大小可用一组垫片来调整。这种支承结构简单，安装调整方便，适用于工作温度变化不大的短轴。

（2） 一端双向固定，一端游动。

一端支承的轴承，内、外圈双向固定，另一端支承的轴承可以轴向游动，如图 4－27 所示。双向固定端的轴承可承受双向轴向载荷，游动端的轴承端面与轴承盖之间留有较大的间隙，以适应轴的伸缩量，这种支承结构适用于轴的温度变化大和跨距较大的场合。

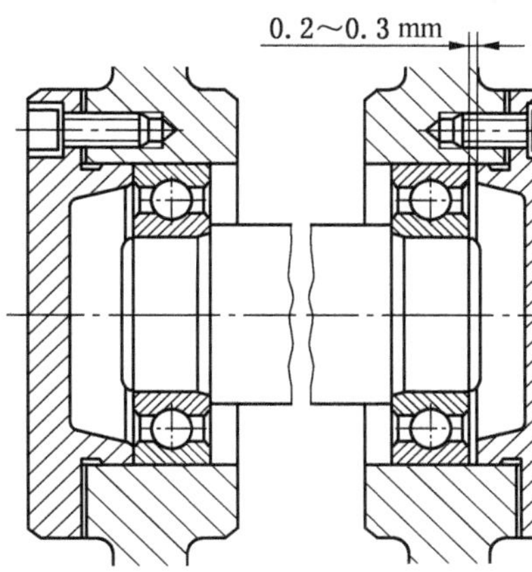

图 4－26 两端单向固定

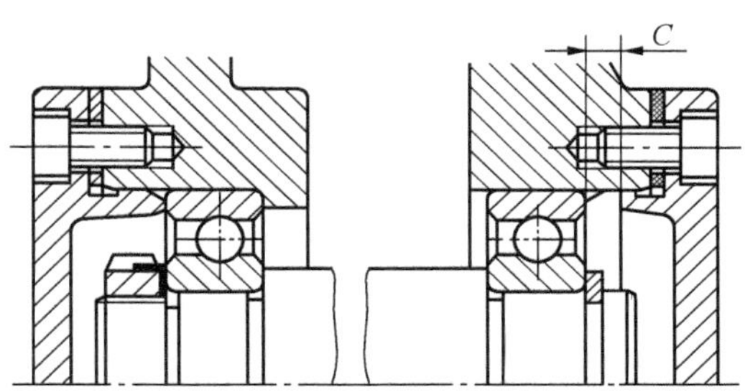

图 4－27 一端双向固定，一端游动

(3) 两端游动。

两端游动支撑结构的轴承，指不对轴作精确的轴向定位，两轴承的内、外圈双向固定，以保证轴能作双向游动。两端采用圆柱滚子轴承支撑，适用于人字齿轮主动轴，如图4－28所示。

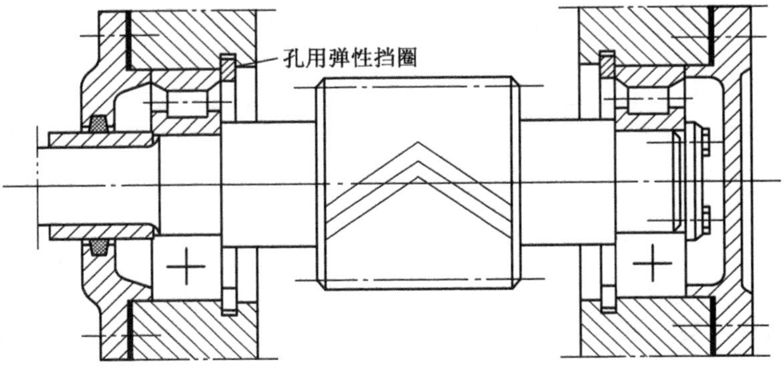

图4－28 两端游动式支承

2) 轴向位置的调整

为了保证机器正常工作，轴上某些零件通过调整位置以达到工作所要求的准确位置。例如，蜗杆传动中要求能调整蜗轮轴的轴向位置，来保证正确啮合。在圆锥齿轮传动中要求两齿轮的节锥顶重合于一点，两齿轮都能进行轴向调整，其调整是利用轴承盖与套杯之间的垫片组，调整轴承的轴向游隙。利用套杯与箱孔端面之间的垫片组，调整轴的轴向位置，如图4－29所示。

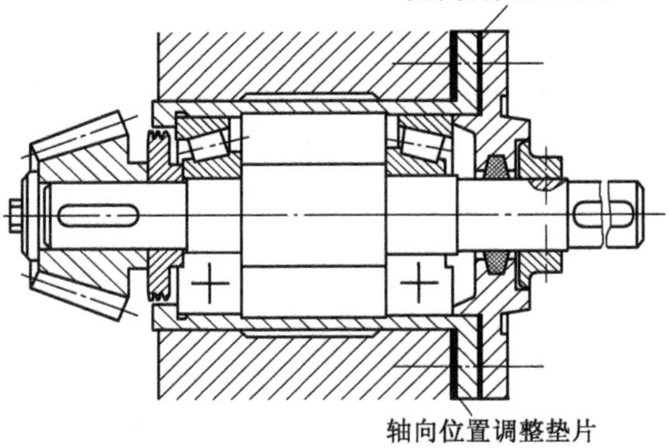

图4－29 圆锥齿轮轴承组合与轴向位置的调整

3) 提高轴承系统的刚度和同轴度

轴承不仅要求具有一定的刚性，而且也要求轴承孔座具有足够的刚性，这是因为轴或轴承孔座的变形都会使滚动体滚动受阻，降低轴承使用寿命。因此，轴承座孔应具有足够的厚度，或采用加强肋来增强其刚性。

4）滚动轴承的装拆

轴承的内圈与轴颈配合较紧，对于小尺寸的轴承，一般可用压力直接将轴承的内圈压入轴颈。对于尺寸较大的轴承，可先将轴承放在温度为80～100 ℃的热油中加热，使内孔胀大，然后用压力机装在轴颈上。拆卸轴承时应使用专用工具，为便于拆卸，设计时轴肩高度不能大于内圈高度，如图4－30所示。

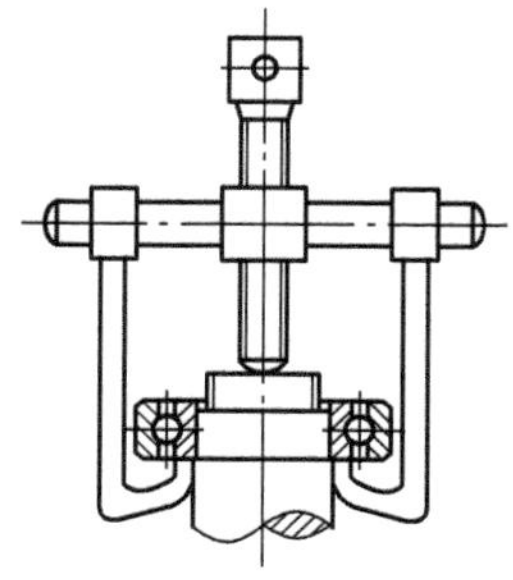

图4－30 轴承的装拆

（五）联轴器

联轴器通常用来连接两轴并在其间传递运动和转矩。有时也可以作为一种安全装置用来防止被连接件承受过大的载荷，起到过载保护的作用。用联轴器连接轴时只有在机器停止运转，经过拆卸后才能使两轴分离。

联轴器所连接的两轴，由于制造及安装误差、承载后的变形以及温度变化的影响，往往存在着某种程度的相对位移与偏斜。因此，设计联轴器时要从结构上采取各种不同的措施，使联轴器具有补偿各种偏移量的性能。联轴器、离合器和制动器都是常用构件，大多已经标准化。

联轴器一般由两个半联轴器及连接件组成。半联轴器与主动轴、从动轴常采用键、花键等连接。联轴器连接的两轴一般属于两个不同的机器或部件，由于制造、安装的误差，运转时零件的受载变形，以及其他外部环境或机器自身的多种因素，都可使被连接的两轴相对位置发生变化，出现如图4－31所示的相对位移和偏差。由此可见，联轴器除了能传递所需的转矩外，还应具有补偿两轴线的相对位移或偏差、减振与缓冲和保护机器等性能。

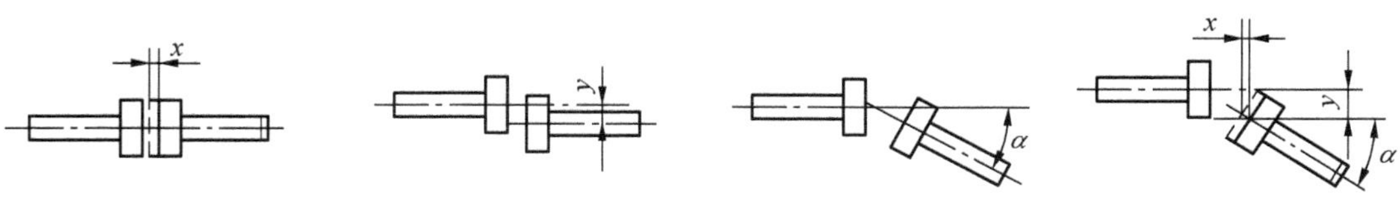

(a) 轴向位移 x　(b) 径向位移 y　(c) 偏角位移 α　(d) 综合位移 x、y、α

图4－31 联轴器所连两轴的偏移形式

联轴器的种类很多，按被连接两轴的相对位置是否有补偿能力，联轴器可分为固定式和可移式两种。

1. 固定式联轴器

1）凸缘联轴器

如图4－32a所示，两半联轴器采用普通螺栓连接，螺栓与螺栓孔间有间隙，凸肩和凹槽对中，依靠预紧普通螺栓在凸缘接触表面产生的摩擦力传递力矩；图4－32b所示为铰制孔用螺栓连接，其依靠螺栓杆承受挤压与剪切传递力矩，传递力矩大，但铰制孔加工复杂。

总之，凸缘联轴器结构简单，使用方便，可传递较大转矩。但要求两轴必须严格对中。

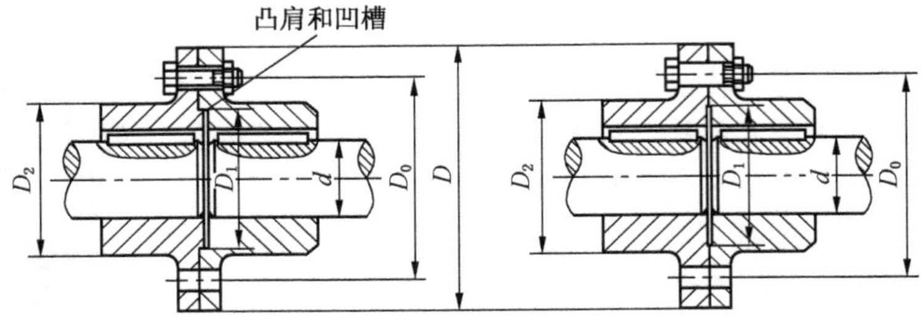

(a) 普通螺栓连接　　(b) 铰制孔用螺栓连接

图 4－32　凸缘联轴器

2）夹壳式联轴器

夹壳式联轴器是由纵向剖分的两个半圆筒形的夹壳及连接它们的螺栓所组成，如图4－33所示。夹壳联轴器依靠夹壳与轴之间的摩擦力或键来传递转矩。主要用于低速、工作平稳的场合，装拆方便。为了改善受载平衡状况，螺栓应正、倒相间装配。

2. 可移式联轴器

这种联轴器有位移补偿能力，但由于在联轴器中无弹性元件，故在工作中也同时传递了冲击和振动。

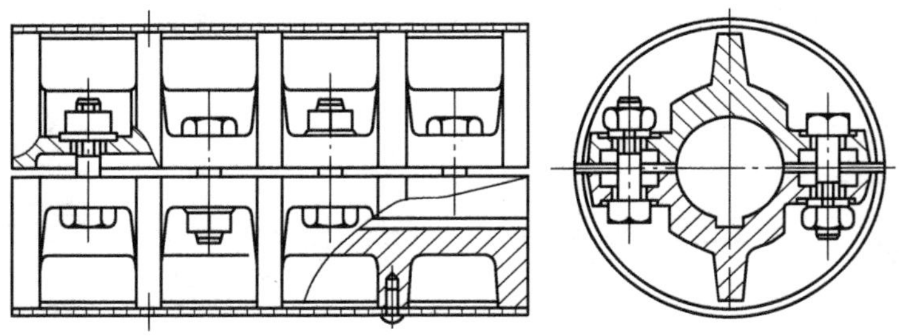

图 4－33　夹壳联轴器

1）十字滑块联轴器

如图4－34所示，十字滑块联轴器由两个端面带凹槽的半联轴器1、3和一个两端面具有十字交叉凸榫的中间圆盘2所组成。安装时中间圆盘的凸榫分别嵌入左、右两半联轴器的凹槽中，两半联轴器分别与两轴固连在一起。联轴器工作时，十字滑块随两轴转动，同时又相对于两轴移动以补偿两轴的径向位移。这种联轴器径向补偿能力较大（d 为轴的直径），同时也有少量的角度和轴向补偿能力。由于十字滑块偏心回转会产生离心力，滑块滑动为往复运动，所以不宜用于高速场合。

2）弹性套柱销联轴器

如图4－35所示，这种联轴器可补偿两轴线的 X、Y 和综合误差的影响。在结构上与凸缘联轴器相似，只是用套有橡胶弹性套的柱销代替了连接螺栓。因通过弹性套传递转矩，故具有缓冲和减振能力。为提高耐磨性，其材料常用耐油橡胶制作，也有用皮革衬套的，以提高寿命。弹性套柱销联轴器制造容易，装拆方便，成本较低，但弹性套易磨损，寿命较短，适用于载荷平稳、正反转或启动频繁、转速高的中小功率的两轴连接。

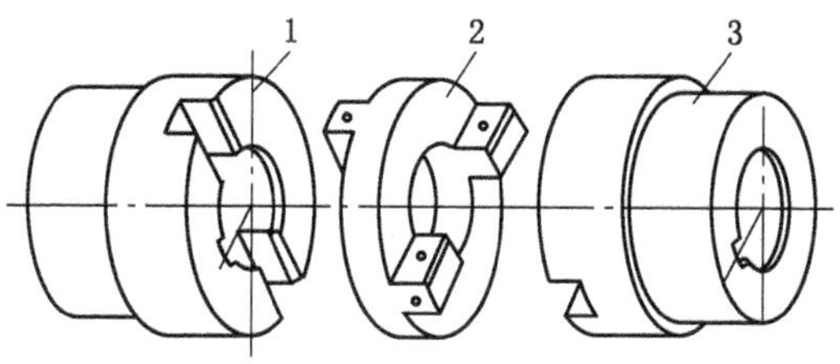

1、3—半联轴器；2—中间圆盘

图 4-34 十字滑块联轴器

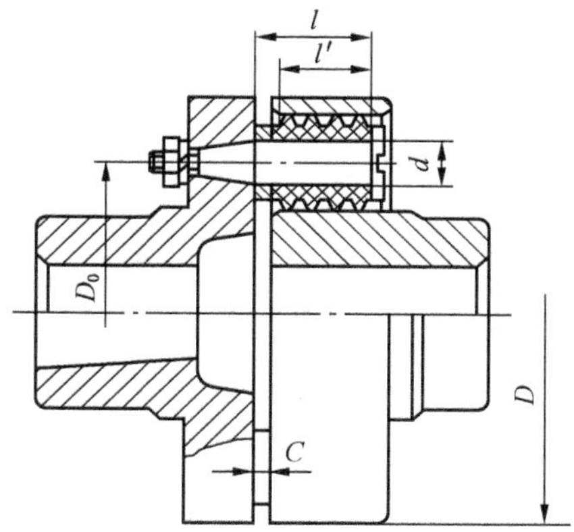

图 4-35 弹性套柱销联轴器

3）弹性柱销联轴器

如图 4-36 所示，用弹性柱销将两个半联轴器连接起来，为防止柱销脱落，两侧装有挡板。这种联轴器与弹性套柱销联轴器相比，结构简单，制造安装方便，寿命长，适用于轴向窜动较大，正反转或启动频繁，转速较高的场合。由于尼龙柱销对温度较敏感，故工作温度限制在 -20 ~ 70 ℃的范围内。

4）轮胎联轴器

如图 4-37 所示，轮胎联轴器是由橡胶或橡胶织物制成轮胎形的弹性元件，通过压板与螺栓和两半联轴器相连，两半联轴器分别用键与两轴相连，通过轮胎传递转矩。轮胎联轴器具有弹性，能缓冲、减振，允许两轴间有较大的综合位移，适用于潮湿多尘、冲击大、启动频繁及经常正反转的场合，故多用于起重机械。

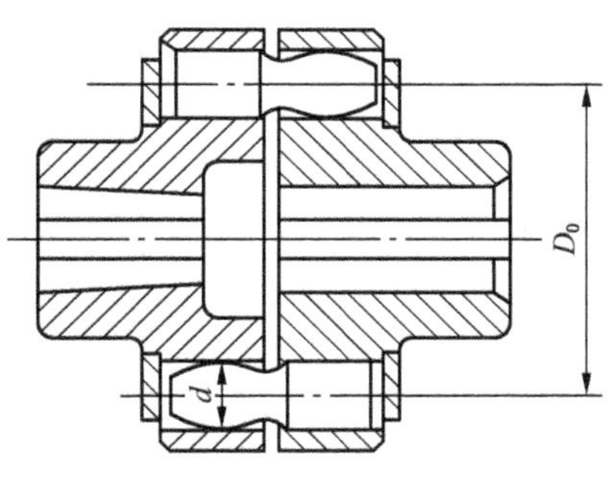

图 4-36 弹性柱销联轴器

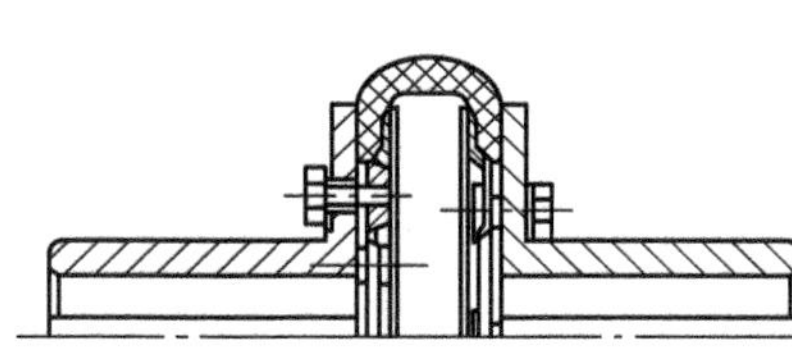

图 4-37 轮胎联轴器

（六）离合器

离合器通常用来连接两轴并在其间传递运动和转矩。有时也可以作为一种安全装置用来防止被连接件承受过大的载荷，起到过载保护的作用。离合器连接的两轴可在机器工作中方便地实现分离与接合。

离合器和联轴器一样，大多已经标准化。

离合器一般由主动部分、从动部分、接合部分、操纵部分等组成。主动部分与主动轴固定连接，主动部分还常用于安装接合元件（或一部分）。从动部分有的与从动轴固定连接，有的可以相对于从动轴作轴向移动并与操纵部分相连，从动部分上安装有接合元件（或一部分）。操纵部分控制接合元件的接合与分离，以实现两轴间转动和转矩的传递或中断。

离合器主要分为嵌入式和摩擦式两类。另外，还有电磁离合器和自动离合器。电磁离合器在自动化机械中作为控制转动的元件而被广泛应用。自动离合器能够在特定的工作条件下（如一定的转矩、一定的转速或一定的回转方向）自动接合与分离。离合器应使机器不论在停车或运转中都能随时接合或分离，而且迅速可靠。离合器按其工作原理可分为牙嵌式、摩擦式和电磁式。

对于已标准化的离合器，其选择步骤和计算方法与联轴器相同。

1. 牙嵌式离合器

牙嵌式离合器主要由两个半离合器组成。半离合器1（主动部分）用平键与主动轴连接，半离合器3（从动部分）用导向平键或花键与从动轴连接，并可用滑环4操纵使其轴向移动以实现离合器的接合与分离，如图4－38所示。啮合与传递转矩是靠两相互啮合的牙来实现的。牙齿可布置在周向，也可布置在轴向。结合时有较大的冲击，影响齿轮寿命。

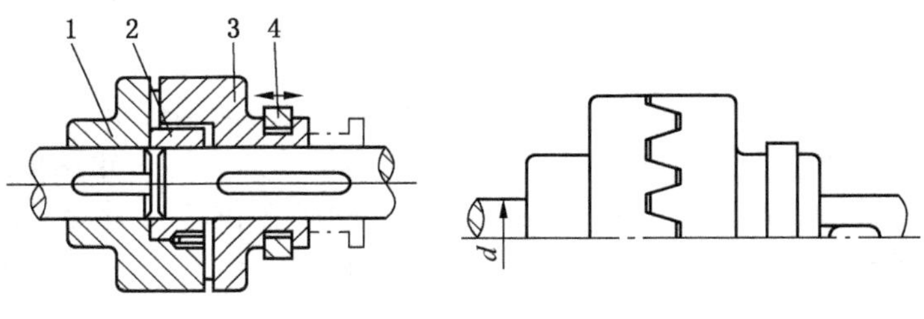

1—主动端；2—对中环；3—从动端；4—滑环

图4－38　牙嵌式离合器

牙嵌式离合器常用的牙形有矩形、梯形和锯齿形等。

（1）矩形齿：齿的强度低，磨损后无法补偿，难于接合，只能用于静止状态下手动离合的场合。

（2）梯形齿：牙的强度高，承载能力大，能自行补偿磨损产生的间隙，并且接合与分离方便，但啮合齿间的轴向力有使其自行分离的可能。这种牙形的离合器应用广泛。

（3）锯齿形：牙的强度高，承载能力最大，但仅能单向工作，反向工作时齿面间会产生很大的轴向力使离合器自行分离而不能正常工作。

牙嵌式离合器的特点是结构简单、尺寸紧凑、工作可靠、承载能力大、传动准确，但在运转时接合有冲击，容易打坏牙，所以一般离合操作只在低速或静止状况下进行。

2. 摩擦式离合器

摩擦式离合器是靠接合元件间产生的摩擦力来传递转矩的。接合元件所受的正压力 F 调整确定后，接合元件之间的最大摩擦力随之确定，离合器的承载能力转矩 T_{max} 也随之确定。离合器正常工作时所传递的转矩 T 应小于或等于 T_{max}。当过载时，接合元件间产生打滑，保护传动系统中的零件不致损坏；当打滑时，接合元件磨损严重，摩擦消耗的功转变为热量使离合器温度升高，较高的温升和较大的磨损将影响到离合器的正常工作。

摩擦式离合器种类很多，应用较广的有单盘摩擦离合器和多盘摩擦离合器两种。

1）单盘摩擦离合器

图 4－39 所示为单盘摩擦离合器，圆盘 1 紧固在主动轴上，圆盘 2 可以沿导向平键在从动轴上移动，移动滑环 3 可使两圆盘接合或分离。在轴向压力作用下，两圆盘工作表面产生摩擦力，从而传递转矩。单盘摩擦离合器多用于传递转矩较小的轻型机械。

2）多盘摩擦离合器

为了提高摩擦离合器传递扭矩的能力，通常采用多盘摩擦离合器，如图 4－40 所示。它有两组交错排列的摩擦片，外摩擦片 2 通过外圆周上的花键与鼓轮 1 相连（鼓轮与轴固连），内摩擦片 3 利用内圆周上的花键与套筒 5 相连（套筒与另一轴固连），移动滑环 6 可使压块 4 压紧（或放松）摩擦片，从而使离合器处于接合（或分离）状态。

多盘摩擦离合器传递转矩的大小，随接合面数量的增加而增大，但接合面数量太多时，会影响离合器的灵活性。

多盘摩擦离合器的优点是两轴能在任何转速下接合，接合与分离过程平稳，过载时会发生打滑，适用载荷范围大。其缺点是结构复杂，成本较高，产生滑动时两轴不能同步转动。

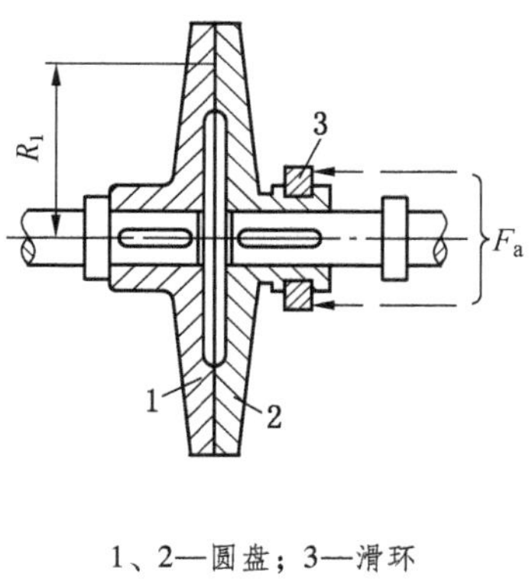

1、2—圆盘；3—滑环

图 4－39 单盘摩擦离合器

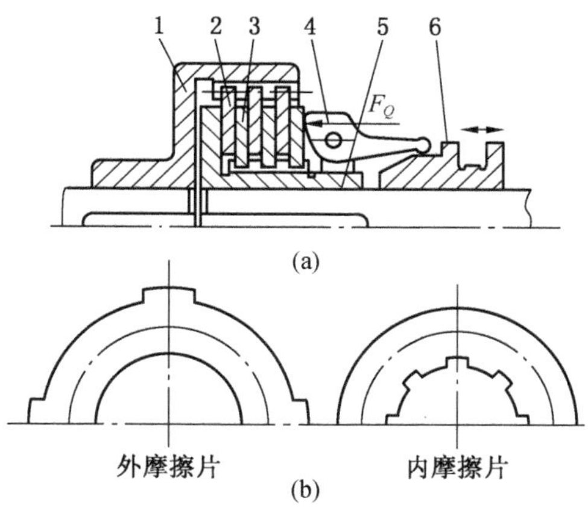

1—鼓轮；2—外摩擦片；3—内摩擦片；4—压块；5—套筒；6—滑环

图 4－40 多盘摩擦离合器

3. 磁粉离合器

磁粉离合器的工作原理如图 4－41 所示，主动轴与铁心相固连，在铁心的槽内绕有环形绕组，绕组的线端则与电源相通的接触环相连，外鼓轮与从动齿轮相连接。外鼓轮与铁心间有 0.5～2 mm 的间隙，在间隙中填充导磁率高的铁粉和油的混合物。当线圈通电时，形成一个经轮心、间隙、外鼓轮又回到轮心的闭合磁通，使铁粉磁化呈凝胶状态。这时从动外鼓轮即和主动铁心一同回转，依靠磁粉的结合力和磁粉与工作面间摩擦力来传递转矩。当断电时，铁粉又恢复自由，离合器即分离。

磁粉离合器的主要特点如下：

（1）励磁电流 I 与转矩 T 间呈线性关系，所以转矩控制方便、精度高、调节范围宽。

（2）可远距离控制，但外廓尺寸大。

（3）过载时磁粉层打滑，可以起到过载保护作用。

（4）可用作制动器。

4. 安全离合器

如图 4－42 和图 4－43 所示，采用弹簧自动压紧，当离合器接合面上产生的作用力的轴向分量超过压紧力时，离合器产生分离，起到安全保护作用。

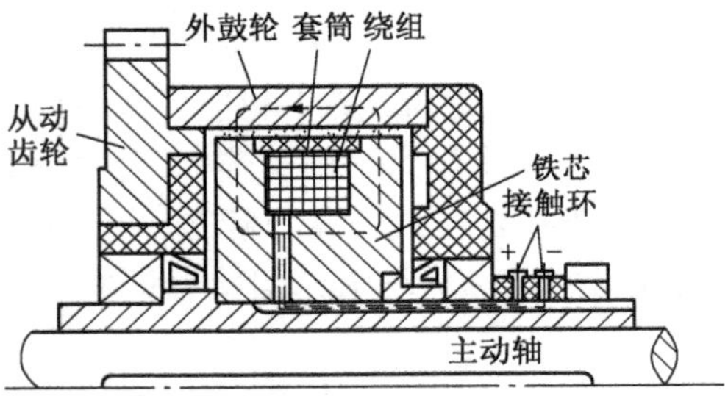

图 4－41　磁粉离合器

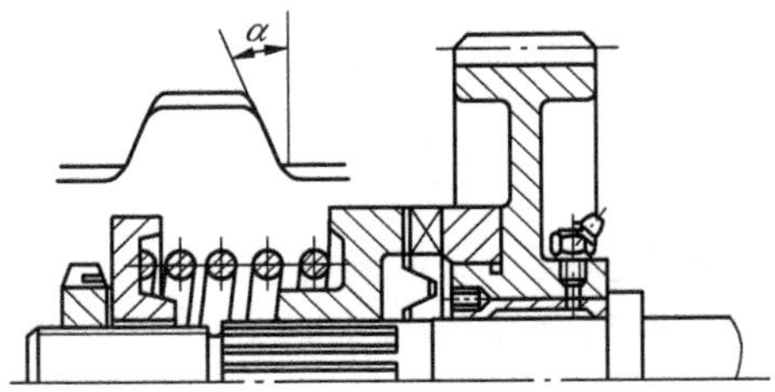

图 4－42　牙嵌式安全离合器

5. 定向离合器

定向离合器只能传递单向转矩，反向时能自动分离。锯齿形牙嵌式离合器就是一种定向离合器，它只能单方向传递转矩，反向时会自动分离。图 4－44 所示为滚柱式定向离合

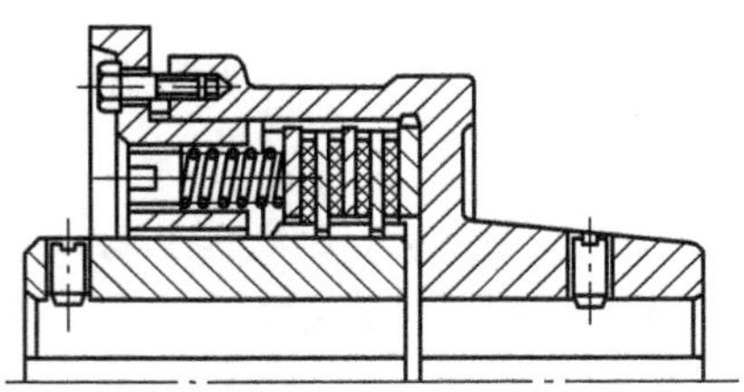

图 4－43　摩擦式安全离合器

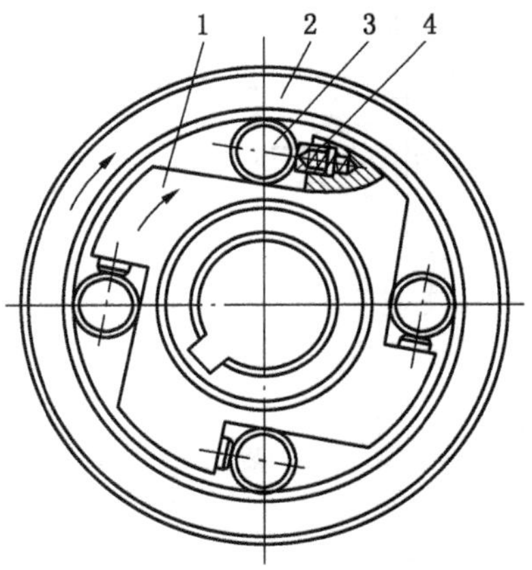

1—星轮；2—外圈；3—滚柱；4—弹簧顶杆

图 4－44　滚柱式安全离合器

器，主要由星轮 1、外圈 2、弹簧顶杆 4 和滚柱 3 组成。弹簧的作用是将滚柱压向星轮的楔形槽内，使滚柱与星轮、外圈相接触。设离合器以图示转向转动，这时滚柱受摩擦力作用将被楔紧在槽内，因而外圈将随星轮一起回转，离合器即处于接合状态。但当星轮反方向旋转时，滚柱受摩擦力的作用，被推到槽中较宽的部分，不再楔紧在槽内，这时离合器处于分离状态。

（七）制动器

制动器是用来降低机械的运转速度或迫使机械停止运转的部件。

制动器是利用摩擦力矩来消耗机器运动部件的动能，从而实现制动的。制动器应满足的基本要求是：能产生足够大的制动力矩，制动平稳、可靠，操纵灵活、方便，散热好，体积小，有较高的耐磨性，结构简单，维修方便。

常用的制动器有带式制动器、块式制动器和盘式制动器。

1. 带式制动器

图 4－45 所示为带式制动器。当杠杆上作用外力 F_Q 后，收紧钢闸带而抱住制动轮，靠带和轮间的摩擦力达到制动的目的。带式制动器结构简单，径向尺寸小，但制动力矩不大。为了增加摩擦作用，钢带上常衬有石棉、橡胶、帆布等。

2. 块式制动器

块式制动器的结构如图 4－46 所示，靠制动瓦块和制动轮间的摩擦力来制动。当用作起重机提升机构的制动器时，为了安全起见，设计成常闭式。通电时，由电磁线圈 1 的吸力吸住衔铁 2，再通过一套制动瓦块 5 松开，机器便能自由运转。当需要制动时，则切断电流，电磁线圈释放衔铁 2，依靠弹簧力并通过杠杆使制动瓦块 5 抱紧制动轮 6。其特点是构造简单、使用可靠、制造和安装方便、双瓦块无轴向力、维护方便、价格便宜。但制动时有冲击和振动。适用于各种起重运输机械、工程机械、建筑机械等。

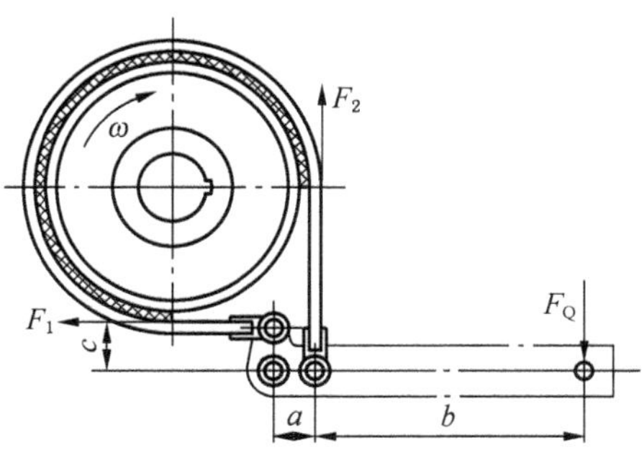

图 4－45　带式制动器

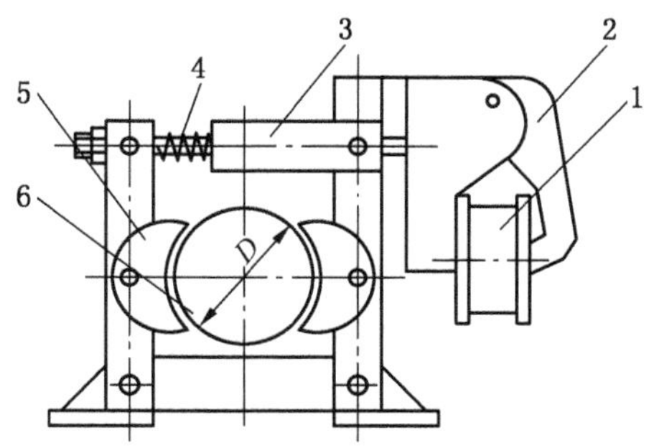

1—电磁线圈；2—衔铁；3—杠杆；
4—弹簧；5—制动瓦块；6—制动轮

图 4－46　块式制动器

本任务实施要求根据实训室相对零部件分析轴系零部件的结构、作用并完成相关实训实践项目。

思考与练习

1. 轴按照受载情况分为几大类？并举例说明。

2. 轴上的定位轴肩和非定位轴肩尺寸确定原则是什么？

3. 轴上零件的轴向和周向固定方式通常有哪些方式？举例说明。

4. 轴的制造和装配工艺应注意哪些事项？

5. 键的类型有哪些？

6. 深沟球轴承、圆柱滚子轴承、角接触球轴承、圆锥滚子轴承和推力球轴承在结构上有何不同？它们分别能承受何种载荷？

7. 试说明代号为6310、N211、7208AC、30312的轴承的代号意义。

8. 试通过查表说明6008、6208、6308、6408等轴承的内径 d、外径 D、宽度 B。

9. 联轴器的作用是什么？有哪些类型？

10. 离合器的作用是什么？有哪些类型？

11. 制动器的作用是什么？有哪些类型？

12. 如图4-47所示的减速器输出轴，指出其结构的错误之处，并加以改正。

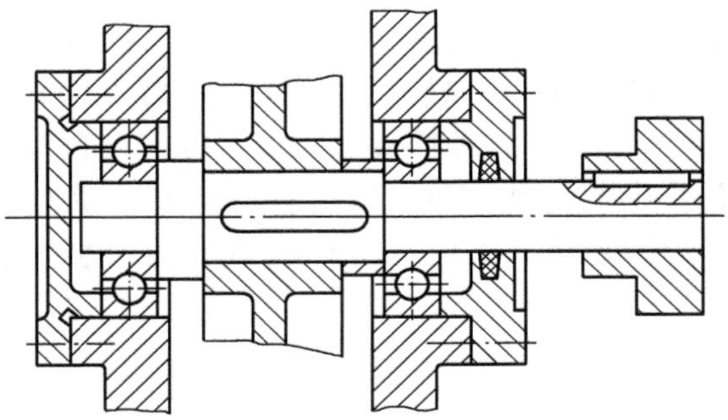

图4-47　题12

任务二　减速器轴系零部件设计与选用

一、工作任务

（一）任务概述

本任务以齿轮减速器轴的设计为例，进行一级圆柱齿轮减速器输出轴的设计，并进行轴上轴承、键、联轴器、套筒等零部件的设计与选用，为进行完整减速器的设计奠定基础。

（二）任务要求

1. 知识要求

（1）掌握减速器轴的尺寸及结构确定方法。

（2）掌握减速器轴的校核方法。

（3）掌握键、轴承、联轴器、离合器等标准件的选用原则。

2. 能力要求

（1）能根据减速器的工作条件进行减速器轴的设计及其相关零部件的选用。

（2）能分析减速器的结构及传动原理。

3. 态度要求

（1）能主动学习，在完成任务过程中发现问题、分析问题和解决问题。

（2）能与小组成员协商、交流配合完成本学习任务。

（3）严格遵守安全规范。

二、相关知识

（一）减速器轴的结构设计

减速器轴的结构在设计过程中应当满足轴和轴上零件有准确的工作位置、轴上各零件应有可靠的相对固定、良好的制造和安装工艺性、形状尺寸应有利于减少应力集中等基本要求。结构设计完毕，应根据所传递的运动和动力进行安全性校核。

1. 确定轴的材料

减速器轴主要承受弯矩和扭矩。轴除了结构合理外还应具有足够的强度、刚度、韧性和耐磨性。

1）碳素钢

优质碳素钢具有较好的机械性能，对应力集中敏感性较低，价格便宜，应用广泛，如35、45、50等优质碳素钢。一般轴采用45钢，经过调质或正火处理；有耐磨性要求的轴段，应进行表面淬火及低温回火处理。轻载或不重要的轴，使用普通碳素钢Q235、Q275等。

2）合金钢

合金钢具有较高的机械性能，对应力集中比较敏感，淬火性较好，热处理变形小，价格较贵，适用于要求重量轻和轴颈耐磨性的轴。例如：汽轮发电机轴，在高速、高温重载下工作，采用27Cr2Mo1V、38CrMoAlA等；滑动轴承的高速轴，采用20Cr、20CrMnTi等。

3）球墨铸铁

球墨铸铁吸振性和耐磨性好，对应力集中敏感低，价格低廉，使用铸造制成外形复杂的轴。例如：内燃机中的曲轴。轴的常用材料及其主要机械性能见表4-4。

2. 按扭转强度理论初步计算轴的直径

减速器轴在设计时，轴的跨距往往是未知的，设计时先按扭转强度条件初步计算轴的直径。如果还受不大的弯矩时，则采用降低许用扭转切应力的办法予以考虑，同时需考虑轴结构的具体情况。

轴的扭转强度条件为

$$\tau = \frac{T}{W_p} = \frac{9.55 \times 10^6 \dfrac{P}{n}}{0.2d^3} \leqslant [\tau] \tag{4-1}$$

式中 τ——轴的扭转应力，N/mm^2；

T——轴传递的转矩；

W_p——轴的抗扭截面系数；

P——轴传递的功率；

n——轴传递的转速；

$[\tau]$——轴材料的许用扭转应力，N/mm^2。

表 4-4 轴的常用材料及其主要机械性能

材料	热处理	毛坯直径/mm	硬度 HBS	机械性能			应用说明
				抗拉强度极限 σ_b/MPa	屈服强度极限 σ_s/MPa	弯曲疲劳极限 σ_{-1}/MPa	
Q235A				440	240	200	用于不重要或载荷不大的轴
Q275A				580	280	230	
35	正火	≤100	143～187	520	270	250	用于一般的轴
45	正火	≤100	170～217	600	300	275	用于较重要的轴，应用最广泛
	调质	≤200	217～255	650	360	300	
35SiMn	调质	≤100	229～286	750	550	350	用于比较重要的轴
40Cr	调质	≤100	241～286	750	550	350	用于载荷较大，无很大冲击的重要轴
40MnB	调质	25		1000	800	485	性能接近40Cr，用于重要的轴
		≤200	241～286	750	500	335	
20Cr	渗碳淬火，回火	15	表面 56～62HRC	850	550	375	用于要求强度、韧性及耐磨性均较高的轴
		≤60		650	400	280	
QT600-3			197～269	600	370	215	用于铸造外形复杂的轴

该式写成设计公式为

$$d \geqslant \sqrt[3]{\frac{5 \times 9.55 \times 10^6 P}{[\tau] n}} = C\sqrt[3]{\frac{P}{n}} \tag{4-2}$$

轴上有键槽时需要适当增大轴的直径，若为一个键槽则增大3%～5%；若为两键则增大7%～10%，并且取标准值。

C 为由轴的材料和承载情况确定的常数，见表 4-5。

表 4-5 常用材料的 $[\tau]$ 值和 C 值

轴的材料	Q235，20	35	45	40Cr，35SiMn
$[\tau]$/MPa	12～20	20～30	30～40	40～52
C	160～135	135～118	118～107	107～98

当弯矩相对转矩较小，或只受转矩时，C 取较小值，否则取大值。

这种计算方法简单，不需先确定轴的跨距和结构，所以常用作轴端直径的初步计算，以此轴端直径进行轴的其余各段结构的设计。

3. 确定减速器轴各段的直径和长度

确定出轴端直径后，其余各段的直径和长度是根据所安装零部件及其定位要求来逐段确定。在轴端一般安装有带轮、齿轮、联轴器或轴承等，若是联轴器或轴承等标准部件，则轴端直径和长度应进一步根据标准部件的型号（查《机械设计手册》）来确定；若安装带轮或齿轮，则所取长度应保证齿轮或带轮的安装和定位，此时轴端直径也是齿轮或带轮的孔直径。

在确定轴承的代号和联轴器的型号时，必须遵循轴承、联轴器、制动器、离合器等相关选用原则，并考虑轴的结构工艺性。

1）轴承型号和类型的选用原则

（1）载荷大小。载荷较大使用滚子轴承，载荷中等以下使用球轴承。例如：深沟球轴承既可承受径向载荷又可承受一定轴向载荷，极限转速较高。圆柱滚子轴承可承受较大的冲击载荷，极限转速不高，不能承受轴向载荷。

（2）载荷方向。若主要承受径向载荷，则使用深沟球轴承、圆柱滚子轴承和滚针轴承；若受纯轴向载荷，则使用推力轴承；若同时承受径向和轴向载荷，则使用角接触轴承或圆锥滚子轴承；若轴向载荷比径向载荷大很多，则使用推力轴承和深沟球轴承的组合结构。

（3）载荷性质。若承受冲击载荷，则使用滚子轴承。因为滚子轴承是线接触，承载能力大，抗冲击和振动。

（4）轴承的转速。若转速较高、旋转精度较高，则使用球轴承；否则使用滚子轴承。

（5）调心性能的要求。若跨距较大或难以保证两轴承孔的同轴度的轴及多支点轴，则使用调心轴承。但调心轴承需成对使用，否则将失去调心作用。轴承外圈滚道做成球面。所以内、外圈可以绕几何转动。偏转后内、外圈轴心线间的夹角 θ，称为倾斜角。倾斜角的大小标志轴承自动调整轴承倾斜的能力，是轴承的性能参数，故称为调心轴承。

（6）装调性能。圆锥滚子轴承和圆柱滚子轴承的内外圈可分离，便于装拆。

（7）经济性。在满足使用要求的情况下优先使用球轴承、精度低和结构简易的轴承，其价格低廉。

（8）安装尺寸的限制。不同型号的滚动轴承，其结构尺寸也不同，所以有时候也需要考虑安装空间的大小，依此确定轴承型号。

2）联轴器型号和类型的选用原则

对于联轴器而言，主要是确定联轴器类型和型号。选择时应全面了解常用联轴器的性能、应用范围及使用场合。另外也可以参考同类机械或相似机械上的应用进行选择。通常的选用原则是：

（1）低速、刚性大的轴，可选用固定式联轴器。

（2）低速、刚性小的轴或长轴，可选用可移式刚性联轴器。

（3）大功率重载传动，应选用齿轮联轴器；对于高速且有冲击或振动的轴，应选用弹性联轴器。

（4）轴线相交的两轴，应选用万向联轴器。

（5）有严重冲击或要求减震的传动，应选用轮胎式联轴器。

3）离合器类型的选用原则

离合器应满足的基本要求是：接合可靠、分离彻底、动作迅速、操纵灵活、平稳无冲击；结构简单、制造容易、成本低、工作安全、传动效率高、使用寿命长；质量轻、惯性小、外形尺寸小、散热能力强、调整维修方便等。实际上任何一个离合器不可能同时满足全部的基本要求，一般应根据使用要求和工作条件进行选择，确保主要条件、兼顾其他条件。由于大多数离合器已标准化或规格化，所以设计时只需参考有关手册和设计资料进行类比设计或选择即可。

4）制动器类型的选用原则

制动器的选择与联轴器的选择所考虑的条件和选择内容大致相同。双瓦块式制动器已标准化，根据所需的最大制动转矩 T_{max} 进行选择。用在提升机构上的制动器，为了工作可靠，要把所需的制动力矩加大，按计算转矩 T_c 进行选择：

$$T_c = ST_{max}$$

式中 T_{max}——制动轮所传递的最大转矩，N · mm；

S——制动安全系数，按表 4－6 选取。

表4－6 制动安全系数

工作类型 JC/%	15	25	40
S	1.75	2	2.5

注：$JC = \frac{一个循环内机器的实际工作时间}{一个循环的总时间} \times 100\%$。

（二）减速器轴系零部件的校核

1. 轴的强度和刚度校核

1）按弯扭合成强度理论校核轴的强度

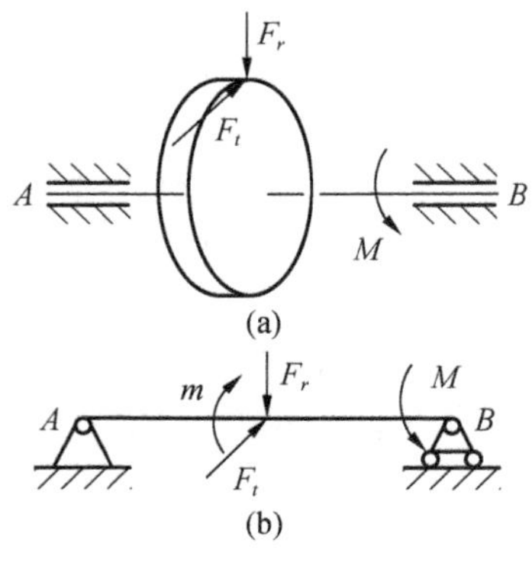

图 4－48 轴的组合变形

减速器轴承受载荷以后，往往同时产生两种或两种以上的基本变形，这种变形称为组合变形。如图 4－48a 中的齿轮轴分析简化后的受力图 4－48b 可知，此轴将产生弯曲与扭转的组合变形，简称为弯扭组合变形。

在材料力学中，当需要计算组合变形应力时，利用力作用的叠加原理进行计算，即认为材料在变形很小的前提下，构件上任何一种基本变形都不会改变另一种基本变形所引起的应力，即每一种基本变形都是各自独立，互不影响的。于是可以分别计算基本变形的应力，然后求出这些应力的总和，即得到杆件在原载荷作用下的应力，这就是力作用的叠加原理。实际计算时，考虑不同的因素，组合变形的应力计算应根据组合强度理论计算。针对减速器轴弯扭组合变形，通常按第三强度理论进行校核。

轴的结构设计完毕后，轴的主要结构尺寸、轴上零件的位置以及外载荷和约束反力的作用位置均已确定，这样就可以计算出轴的扭矩和弯矩。对于钢制实心轴，其强度条件为

$$\sigma_e = \frac{M_e}{W} = \frac{\sqrt{M^2 + (\alpha T)^2}}{\frac{1}{32}\pi d^3} \approx \frac{\sqrt{M^2 + (\alpha T)^2}}{0.1d^3} \leqslant [\sigma_{-1}]_b \qquad (4-3)$$

式中 σ_e——当量应力，MPa；

d——轴的直径，mm；

M_e——当量弯矩；

M——危险截面的合成弯矩，若在互相垂直的两个平面内均存在弯曲变形时，必须将弯矩进行合成，即

$$M = \sqrt{M_H^2 + M_V^2}$$

式中 M_H——水平面上的弯矩；

M_V——垂直面上的弯矩；

W——轴危险截面抗弯截面系数；

α——将扭矩折算为等效弯矩的折算系数；

$[\sigma_{-1}]_b$——对称循环许用弯曲应力。

若已知轴的跨距，通过轴的载荷计算，也可以直接设计轴的直径，设计公式为

$$d \geqslant \sqrt[3]{\frac{M_e}{0.1[\sigma_{-1}]_b}} \qquad (4-4)$$

因为弯矩引起的弯曲应力为对称循环的变应力，而扭矩所产生的扭转剪应力往往为非对称循环变应力，所以 α 与扭矩变化情况有关。有下列三种情况：

(1) 对不变化的转矩，扭转剪应力为静应力，取 $\alpha = [\sigma_{-1}]_b / [\sigma_{+1}]_b \approx 0.3$；

(2) 对脉动变化的转矩，扭转剪应力脉动变化，取 $\alpha = [\sigma_{-1}]_b / [\sigma_0]_b \approx 0.6$；

(3) 对频繁正反转变化的转矩，扭转剪应力为对称循环变应力，取 $\alpha = 1$。

$[\sigma_{-1}]_b$、$[\sigma_0]_b$、$[\sigma_{+1}]_b$ 分别为对称循环、脉动循环及静应力状态下的许用弯曲应力，见表4－7。

表4－7 轴的许用弯曲应力

材　料	σ_B	$[\sigma_{+1}]_b$	$[\sigma_0]_b$	$[\sigma_{-1}]_b$
碳钢	400	130	70	40
	500	170	75	45
	600	200	95	55
	700	230	110	65

表 4-7（续）

材　料	σ_B	$[\sigma_{+1}]_b$	$[\sigma_0]_b$	$[\sigma_{-1}]_b$
合金钢	800	270	130	75
	900	300	140	80
	1000	330	150	90
	1200	400	180	110
铸钢	400	100	50	30
	500	120	70	40

若转矩的变化规律未知时，一般可按脉动循环变化处理。

由于同一轴上各个剖面的计算弯矩值不同，轴径 d 的值也不同，所以要确定几个较危险的剖面进行强度校核。一般校核弯矩最大的剖面、轴径最小的剖面或弯矩较大而直径相对较小的剖面。

2）按刚度理论校核轴的刚度

轴受力后会产生弯曲及扭转变形。若变形量超过允许的限度，就会影响轴的工作性能或工作能力。对这些刚度要求较高的轴，要进行弯曲刚度和扭转刚度的计算。

2. 滚动轴承的寿命计算和静强度校核

1）滚动轴承的失效形式及设计准则

（1）疲劳点蚀。滚动轴承工作时，滚动体与内、外圈接触处将承受周期性变化的接触应力。经过一定的运转期后，会出现疲劳裂纹，裂纹扩展，形成麻点状剥落，即发生疲劳点蚀。疲劳点蚀会使轴承旋转精度降低，引起振动和噪声，温升过高，使机器丧失正常的工作能力。疲劳点蚀是滚动轴承最主要的失效形式。针对疲劳点蚀，对轴承进行寿命计算。

（2）塑性变形。当滚动轴承转速很低或只作间歇摆动时，若承受很大的静载荷或冲击载荷，工作应力超过材料的屈服极限，工作表面会产生塑性变形，同样会使轴承运转精度降低，甚至失效。针对塑性变形，对轴承进行静强度计算。

此外，由于使用维护和保养不当或密封、润滑不良等因素，也能导致轴承早期磨损、胶合、内外圈和保持架破损等不正常失效。

2）基本额定寿命和基本额定动载荷

（1）轴承的寿命。

单个轴承，其中一个套圈或滚动体材料首次出现疲劳扩展之前，一个套圈相对于另一套圈的转动的圈数称为轴承的寿命。

事实上，由于制造精度、材料的均质程度等的差异，即使是同样的材料、同样的尺寸以及同一批生产出来的轴承，在完全相同的条件下工作，它们的寿命也会极不相同。

（2）轴承的基本额定寿命。

一套或一组在同一条件下运转的近于相同的滚动轴承，将 90% 的轴承不发生点蚀破坏前的转数（以 10^6 为单位）或工作小时数作为轴承的寿命，并把这个寿命叫作基本额定寿命，以 L_{10} 表示。滚动轴承基本额定寿命 L_{10} 随着轴承所承受载荷 P 的增大而降低。

（3）滚动轴承的基本额定动载荷。

轴承的寿命与所受载荷的大小有关，工作载荷越大，引起的接触应力也就越大，轴承的寿命越短。所谓轴承的基本额定动载荷，就是使轴承的基本额定寿命恰好为 10^6 转时轴承所能承受的载荷值，用字母 C 表示。

向心轴承主要承受径向载荷，如代号为 3 的圆锥滚子轴承、代号为 6 的深沟球轴承和代号为 7 的角接触球轴承等，指的都是纯径向载荷，并称为径向基本额定动载荷，常用 C_r 表示；对于推力轴承，主要承受轴向载荷，如代号为 5 的推力球轴承、代号为 8 的推力圆柱滚子轴承等，指的都是纯轴向载荷，并称为轴向基本额定动载荷，常用 C_a 表示。

3）当量动载荷

（1）当量动载荷的计算。

滚动轴承的基本额定动载荷是在一定条件下确定的。在实际应用的情况下，滚动轴承往往既承受径向载荷，又承受轴向载荷。这样，在进行轴承寿命计算时，必须把实际载荷转换为与确定基本额定动载荷的载荷条件相一致的当量动载荷，用字母 P 表示。若向心轴承为一假定的径向载荷，推力轴承为一假定的轴向载荷，则当量动载荷 P 的计算公式为

$$P = f_P(XF_R + YF_A) \tag{4-5}$$

式中　X——径向系数；

Y——轴向系数，其值查表 4－8；

F_R——径向载荷；

F_A——轴向载荷；

f_P——考虑振动、冲击等工作引入的载荷系数，查表 4－9。

表 4－8　向心轴承当量动载荷的 X、Y 值

轴承类型	F_A/C_{0r}	e	$F_A/F_R > e$		$F_A/F_R \leq e$	
			X	Y	X	Y
深沟球轴承（60000）	0.014	0.19	0.56	2.30	1	0
	0.028	0.22		1.99		
	0.056	0.26		1.71		
	0.084	0.28		1.55		
	0.11	0.30		1.45		
	0.17	0.34		1.31		
	0.28	0.38		1.15		
	0.42	0.42		1.04		
	0.56	0.44		1.00		

表4－8（续）

<table>
<tr><th colspan="2" rowspan="2">轴 承 类 型</th><th rowspan="2">F_A/C_{0r}</th><th rowspan="2">e</th><th colspan="2">$F_A/F_R>e$</th><th colspan="2">$F_A/F_R\leq e$</th></tr>
<tr><th>X</th><th>Y</th><th>X</th><th>Y</th></tr>
<tr><td rowspan="11">角接触球轴承</td><td rowspan="9">70000C
（$\alpha=15°$）</td><td>0.015</td><td>0.38</td><td rowspan="9">0.44</td><td>1.47</td><td rowspan="9">1</td><td rowspan="9">0</td></tr>
<tr><td>0.029</td><td>0.40</td><td>1.40</td></tr>
<tr><td>0.058</td><td>0.43</td><td>1.30</td></tr>
<tr><td>0.087</td><td>0.46</td><td>1.23</td></tr>
<tr><td>0.12</td><td>0.47</td><td>1.19</td></tr>
<tr><td>0.17</td><td>0.50</td><td>1.12</td></tr>
<tr><td>0.29</td><td>0.55</td><td>1.02</td></tr>
<tr><td>0.44</td><td>0.56</td><td>1.00</td></tr>
<tr><td>0.58</td><td>0.56</td><td>1.00</td></tr>
<tr><td>70000AC（$\alpha=25°$）</td><td>—</td><td>0.68</td><td>0.41</td><td>0.87</td><td>1</td><td>0</td></tr>
<tr><td>70000B（$\alpha=40°$）</td><td>—</td><td>1.14</td><td>0.35</td><td>0.57</td><td>1</td><td>0</td></tr>
<tr><td colspan="2">圆锥滚子轴承（单列）（30000）</td><td>—</td><td>$1.5\tan\alpha$</td><td>0.4</td><td>$0.4\cot\alpha$</td><td>1</td><td>0</td></tr>
</table>

注：表中 e 为轴向载荷影响系数。$F_A/F_R\leq e$，$X=1$，$Y=0$；说明 F_A 的影响可不计，$F_A/F_R>e$，轴向力较大，计算当量动载荷 P 时必须考虑 F_A 的影响。

1. C_{0r}是轴承的径向基本额定静载荷。
2. 对于未列出的 Y、e 值，其 X、Y 和 e 值可由线性内插法求得。

表4－9　考虑振动、冲击等工作引入的载荷系数

载荷性质	机器举例	f_p
无冲击或轻微冲击	电动机、汽轮机、水泵、通风机	1.0～1.2
中等冲击振动	车辆、机床、传动装置、起重机、冶金设备、内燃机、减速器	1.2～1.8
强大冲击振动	破碎机、轧钢机、石油钻机	1.8～3.0

（2）角接触轴承的轴向载荷 F_A 的计算。

角接触球轴承和圆锥滚子轴承由于结构上存在接触角，承受径向载荷时，将产生派生轴向力 F_S，如图4－49所示。在计算这两类轴承的当量动载荷 P 时，必须根据整个轴上的外加轴向载荷 F_A 和各轴承的派生轴向力 F_S 之间的平衡关系先求出轴向载荷 F_A。派生轴向力 F_S 也称为内部轴向力，按表4－10中公式确定。

表4－10　派生轴向力的计算

轴承类型	角接触球轴承			圆锥滚子轴承
F_S	70000C	70000AC	70000B	30000
	eF_R	$0.63F_R$	$1.14F_R$	$F_R/(2Y)$

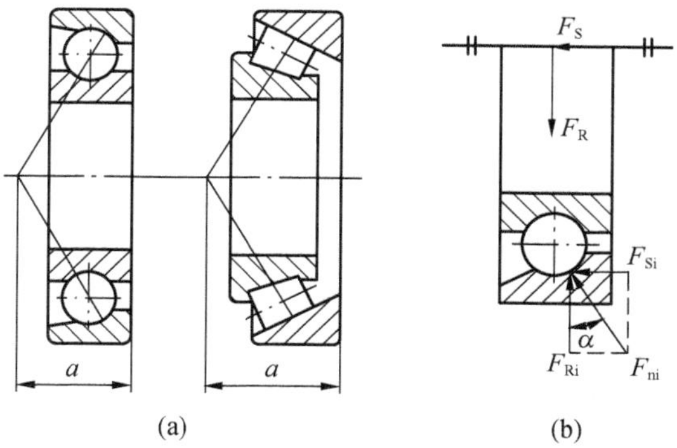

图 4-49　角接触轴承的载荷作用中心和派生轴向力

如图 4-50a 所示，分析角接触轴承的轴向载荷 F_A，既要考虑轴承内部轴向力 F_S，也要考虑轴上传动零件作用于轴上的轴向力（如斜齿轮的轴向力 F_a）。F_{R1} 和 F_{R2} 为轴承支座反力。F_{R1} 和 F_{R2} 的位置由轴承手册查得。由 F_{R1} 和 F_{R2} 产生的相应轴向力为 F_{S1} 和 F_{S2}。

将轴承内圈和轴视为一体，有下列两种情况：

① 当 $F_{S1}+F_a>F_{S2}$ 时，如图 4-50c 所示，此时轴有向右移动的趋势，使轴承 2 被"压紧"，轴承 1 被"放松"，压紧的轴承 2 外圈通过滚动体将对内圈和轴产生一个阻止其左移的平衡力 F_{S2}。

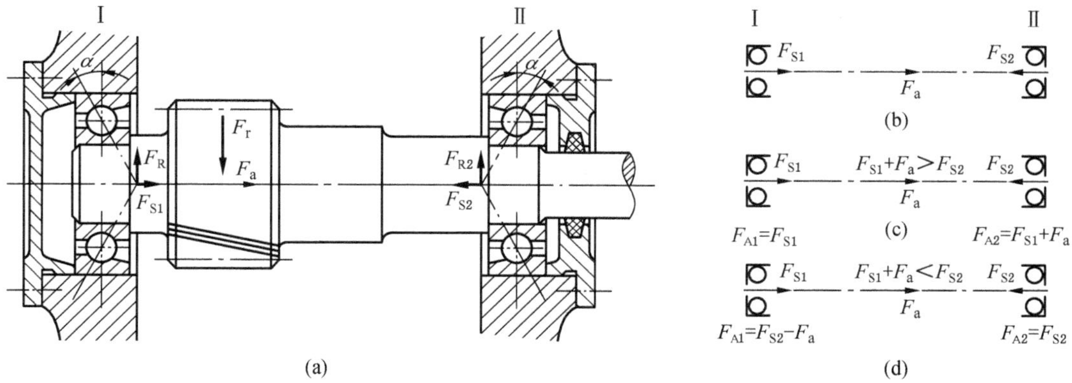

图 4-50　轴向载荷计算

根据轴的受力平衡关系可得轴承 2 的轴向载荷 F_{A2} 为

$$F_{A2}=F_{S1}+F_a$$

轴承 1 的轴向载荷 F_{A1} 为

$$F_{A1}=F_{S1}$$

② 当 $F_{S1}+F_a<F_{S2}$ 时，如图 4-50d 所示，此时轴有向左移动的趋势，使轴承 1 被"压紧"，轴承 2 被"放松"，压紧的轴承 1 外圈通过滚动体将对内圈和轴产生一个阻止其左移的平衡力 F_{S1}。

同理可得轴承 2 的轴向载荷 F_{A2} 为

$$F_{A2}=F_{S2}$$

轴承 1 的轴向载荷 F_{A1} 为

$$F_{A1}=F_{S2}-F_a$$

可得以下结论：分析轴上内部轴向力 F_S 和外加轴向载荷 F_a，判定被"压紧"和"放松"的轴承；"压紧"端轴承的轴向力 F_A 等于除本身内部轴向力外，轴上其他所有轴向力代数和；"放松"端轴承的轴向力 F_A 等于本身的内部轴向力。

4）滚动轴承的寿命计算

试验证明，滚动轴承的当量动载荷与寿命的关系曲线如图 4－51 所示，且当量动载荷与寿命的关系曲线方程为

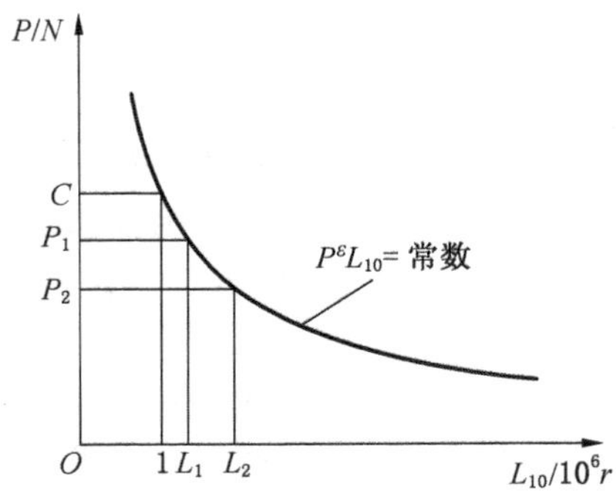

图 4－51　滚动轴承的 $P-L_{10}$ 曲线

$$P^{\varepsilon}L_{10}=\text{常数} \tag{4-6}$$

而当 $L_{10}=1(10^6r)$ 时，$P=C$，代入得

$$L_{10}=\left(\frac{C}{P}\right)^{\varepsilon}10^6r \tag{4-7}$$

式中　ε——寿命指数，$\varepsilon=3$ 为球轴承，$\varepsilon=10/3$ 为滚子轴承。

一般用给定转速 n(r/min) 下的工作小时数 L_h 来表示轴承的基本额定寿命，即

$$L_h=\frac{16670}{n}\left(\frac{C}{P}\right)^{\varepsilon} \tag{4-8}$$

将计算出的寿命与预期寿命进行对比，若大于预期寿命则满足要求。轴承预期寿命供参荐用值见表 4－11。当轴承温度高于 120°时 C 将降低，因此引入 f_t（表 4－12）温度系数加以修正，则有：

$$L_h=\frac{10^6}{60n}\left(\frac{f_tC}{P}\right)^{\varepsilon} \tag{4-9}$$

表 4－11　轴承预期寿命荐用值

机器种类		预期寿命/h
不经常使用的仪器及设备		500
航空发动机		500～2000
间断使用的机器	中断使用不致引起严重后果的手动机械、农业机械等	4000～8000
	中断使用会引起严重后果，如升降机、输送机、起重机等	8000～12000
每天工作 8 h 的机器	利用率不高的齿轮传动、电动机等	12000～20000
	利用率较高的通风设备、机床等	20000～30000
每天工作 24 h 的机器	一般可靠性的空气压缩机、电动机、水泵等	50000～60000
	高可靠性的电站设备、给排水装置等	大于 100000

表4-12 温 度 系 数 f_t

轴承工作温度/℃	≤120	125	150	175	200	225	250	300
f_t	1	0.95	0.90	0.85	0.80	0.75	0.70	0.60

5）滚动轴承的静强度计算

对于不转动、低速旋转或缓慢摆动的轴承，由于主要失效形式为塑性变形，所以应按静载荷对轴承进行计算。

滚动轴承的基本额定静载荷：在承受载荷最大的滚动体与滚道接触中心处引起的接触应力达到一定值时所引起接触应力称为静载荷，滚动轴承的基本额定静载荷用 C_0 表示。向心轴承径向基本额定静载荷为 C_{0r}，推力轴承轴向基本额定静载荷为 C_{0a}。其值可查机械手册。

轴承静强度的计算公式为

$$C_0 \geqslant S_0 P_0$$

式中 P_0——当量静载荷；

S_0——静强度安全系数，其值查表4-13。

表4-13 静 强 度 安 全 系 数

旋转条件	载荷条件	S_0	使用条件	S_0
连续旋转轴承	普通载荷	1~2	高精度旋转场合	1.5~2.5
	冲击载荷	2~3	振动冲击场合	1.2~2.5
不常旋转及作摆动的轴承	普通载荷	0.5	普通旋转精度场合	1.0~1.2
	冲击及不均匀载荷	1~1.5	允许有变形量	0.3~1.0

当量静载荷 P_0 计算：

对于 $\alpha = 0°$ 的向心滚子轴承

$$P_0 = F_R$$

对于角接触轴承：

$$\begin{cases} P_{0r} = X_0 F_R + Y_0 F_A \\ P_{0r} = F_R \end{cases} \tag{4-10}$$

X_0、Y_0 为径向和轴向静载荷系数，查表4-14。

取式（4-10）中的 P_{0r} 较大值。

表4-14 单列向心轴承 X_0、Y_0 值

轴承名称	类型代号	X_0	Y_0
深沟球轴承	60000	0.6	0.5
角接触球轴承	70000C	0.5	0.46
	70000AC		0.38
	70000B		0.26
圆锥滚子轴承	30000	0.5	0.22cotα

3. 键的选型及强度校核

1）键的选型

键是标准件，通常用强度极限不低于600 MPa的碳素钢制造，常用45钢。键的主要尺寸为截面尺寸和长度尺寸。选择键的型号的步骤如下：

（1）根据键连接的工作要求和使用特点，选择平键的类型。

（2）按照轴的公称直径 d，从国家标准中选择平键的尺寸 $b\times h$，见表4－15。

表4－15 普通平键和键槽的尺寸（摘自GB 1095—2003，GB 1098—2003） mm

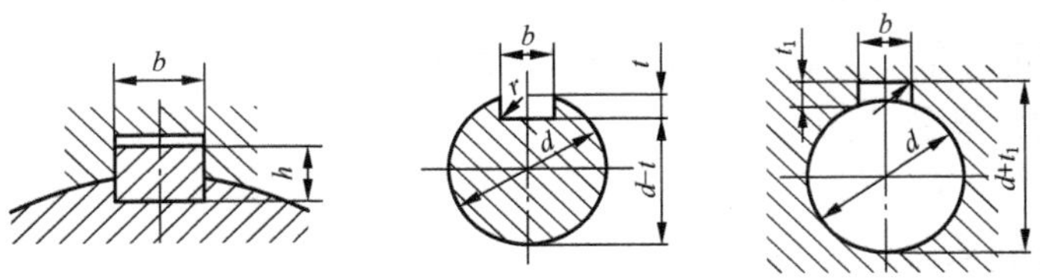

轴的直径 d	键		键槽		
	b	h	t	t_1	半径 r
自6～8	2	2	1.2	1	0.08～0.16
＞8～10	3	3	1.8	1.4	
＞10～12	4	4	2.5	1.8	
＞12～17	5	5	3.0	2.3	0.16～0.25
＞17～22	6	6	3.5	2.8	
＞22～30	8	7	4.0	3.3	
＞30～38	10	8	5.0	3.3	0.25～0.4
＞38～44	12	8	5.0	3.3	
＞44～50	14	9	5.5	3.8	
＞50～58	16	10	6.0	4.3	
＞58～65	18	11	7.0	4.4	
＞65～75	20	12	7.5	4.9	0.4～0.6
＞75～85	22	14	9.0	5.4	

注：1. 在工作图中，轴槽深用 $d-t$ 标注，毂槽深用 $d+t_1$ 标注。

2. L 系列为6，8，10，12，14，16，18，20，22，25，28，32，36，40，45，50，56，63，70，80，90，100，110，125，140，160，180，200，220，250…

（3）根据轮毂长度选择键长 L，键的长度应略小于轮毂的长度，一般键长 L＝毂长－（5～10）mm，且应符合标准长度系列。

（4）键的类型和尺寸确定后，键的型号表示为：键型 $b\times L$ 标准编号。如 A10 × 50 GB 1098—2003，表示 A 型、键宽 10 mm、键长 50 mm 的普通平键。

2）键的强度校核

普通平键工作时，其主要形式为键、轴、轮毂接合面上的压溃，一般情况下，不会出现剪断的现象。因此，只需对其挤压强度进行计算。而对导向平键和滑键，主要失效形式是磨损，因而需对其工作面上的应力进行耐磨性计算。平键连接的受力分析如图 4－52 所示。

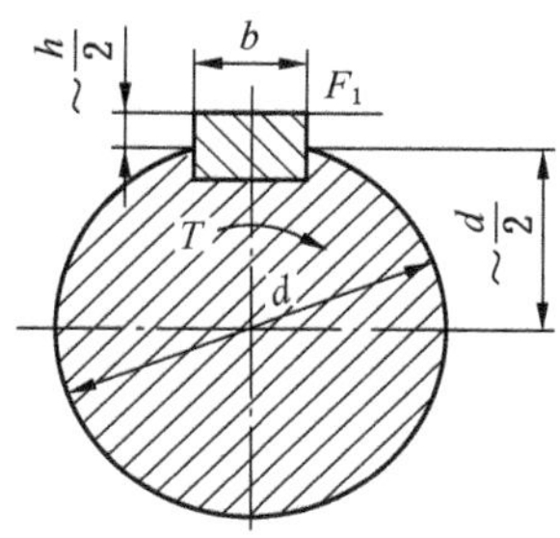

图 4－52　平键连接的受力分析

普通平键的挤压强度计算：

$$\sigma_P=\frac{F}{A}=\frac{2T/d}{hl/2}=\frac{4T}{hld}\leqslant[\sigma]_P \qquad (4-11)$$

导向平键和滑键的耐磨性计算：

$$p=\frac{4T}{dhl}\leqslant[p] \qquad (4-12)$$

$[\sigma]_P$、$[p]$ 为键连接的许用挤压应力和许用压强，见表 4－16。l 为键工作时的有效长度，如 A 型键需要去除两端圆弧部分的尺寸。

表 4－16　键连接的许用挤压应力和许用压强

许用值	零件材料	载荷性质		
		静载荷	轻微冲击	冲击
$[\sigma]_P$	钢	120～150	100～120	60～90
	铸铁	70～80	50～60	30～45
$[p]$	钢	50	40	30

注：经校核若强度不够，在结构尺寸可能的情况下，可适当增加键的工作长度；也可采用两个键 180°布置，但考虑载荷分布的不均匀性，以 1.5 个键校核连接强度。

4. 联轴器的选型校核

当联轴器的类型确定后，应根据轴端直径 d，转矩 T，转速 n 和空间尺寸等要求在标准中选择适当的联轴器型号。所选的联轴器应满足：

（1）计算名义转矩 T：

$$T=9550P/n$$

式中　P——所选联轴器传动的最大功率；

n——轴的转速。

（2）计算转矩 T_c：

$$T_c=KT$$

式中　T_c——计算转矩；

T——联轴器所传递的名义转矩，N · m；

K——联轴器工作情况系数，可根据原动机和工作机的类型从表 4－17 中选取。

表4-17 工作情况系数K

原动机	工作机	K
电动机	带式输送机、鼓风机、连续运动的金属切削机床	1.25~1.5
	链式输送机、刮板输送机、螺旋输送机、离心式泵、木工机床	1.5~2.0
	往复运动的金属切削机床	1.5~2.5
	往复式泵、往复式压缩机、球磨机、破碎机、冲剪机、锤	2.0~3.0
	起重机、升降机、轧钢机、压延机	3.0~4.0
涡轮机	发电机、离心泵、鼓风机	1.2~1.5
往复式发动机	发电机	1.5~2.0
	离心泵	3~4
	往复式工作机，如压缩机、泵	4~5

注：1. 固定式、刚性可移式联轴器选用较大K值；弹性联轴器选用较小K值。

2. 嵌合式离合器$K=2\sim3$；摩擦式离合器$K=1.2\sim1.5$；安全联轴器取$K=1.25$。

3. 被带动的转动惯量小，载荷平稳K取较小值。

（3）根据轴端直径、转速n、计算转矩T_c等参数查手册，选择必须满足：

$$T_c \leqslant [T] \qquad n \leqslant [n]$$

式中 $[T]$——联轴器的许用最大转矩，N·mm；

$[n]$——联轴器的许用最高转速，r/min。

三、任务实施

（一）设计步骤

1. 设计轴的结构

（1）确定轴的材料。根据轴的工作要求，加工工艺性、经济性，选择合适的材料和热处理工艺。

（2）确定轴的结构及尺寸。根据轴上零件的结构特点，预定出主要传动零件的装配方向、顺序和相互关系，按照对轴结构的要求，详细确定减速器轴每段的直径和长度，并初步确定标准零部件的类型。拟定装配方案，应先考虑几个方案，进行分析比较后确定合理的结构。

2. 轴系零部件的校核

轴系零部件的校核包括对轴、键、轴承、联轴器等零部件的强度或寿命的校核。

轴的强度和刚度均满足条件后，对轴上所装的轴承、键和联轴器等也必须校核，若不合理必须重新选择，这将影响轴的结构尺寸，所以对轴的结构尺寸要重新确定。

减速器轴往往是两根或两根以上的轴，通常按扭转强度理论确定一根轴后，其他轴要参考第一根轴的跨距进行设计，以便保证各轴跨距的协调性，最后进行相应零部件的校核。

（二）设计实例

如图 4-53 所示的带式输送机减速器，已知直齿圆柱齿轮输出轴的转速 $n_2=313\ r/min$，传递功率 $P=5\ kW$，从动级大齿轮的分度圆直径 $d=207\ mm$，齿宽 $b=55\ mm$。试设计该减速器的输出轴，并校核所选轴承、键及联轴器。

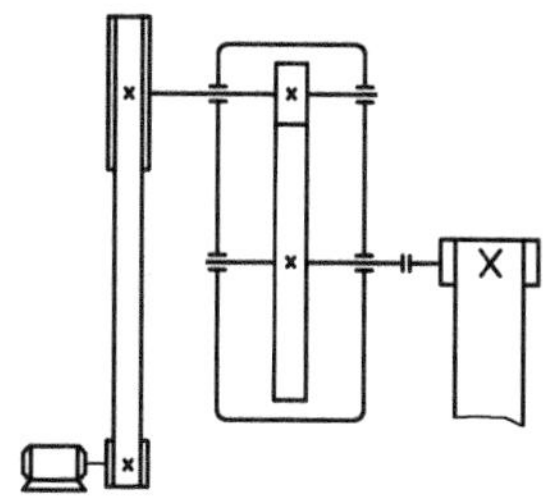

图 4-53　带运输送机减速器

1. 设计轴的结构

1）确定轴的材料

选用 45 钢正火处理，由表 4-4 查得强度极限 $\sigma_B=600\ MPa$，由表 4-7 查得其许用弯曲应力 $[\sigma_{-1}]_b=55\ MPa$。

2）确定轴的结构及尺寸

（1）计算输出端直径。

按扭转强度估算轴输出端直径，由表 4-5 查取 $C=110$，则

$$d=C\sqrt[3]{\frac{P}{n_2}}=110\sqrt[3]{\frac{5}{313}}\ mm=27.7\ mm$$

考虑有键槽，将直径增大 5%，则

$$d=27.7\times(1+5\%)\ mm=27.84\ mm$$

因此段轴装有联轴器，故其直径必须和联轴器直径相符，查《机械设计手册》选弹性套柱销联轴器 LT5。由于输出轴转矩为

$$T=9550\frac{P}{n_2}=9550\times\frac{5}{313}=153\ N\cdot m$$

而且要考虑其工作情况系数，查表知 LT5 不满足要求，所以选取 LT6 弹性套柱销联轴器。其轴孔直径为 $d=32\ mm$，和轴配合部分长度为 60 mm。

（2）轴上零件的定位、固定和装配。

由于此减速器为单级齿轮传动，故齿轮相对两轴承对称布置，齿轮左面由轴肩定位，右面用套筒轴向定位，周向固定靠键和过渡配合。两轴承分别以轴肩和套筒定位，周向则采用过渡配合或过盈配合固定。联轴器以轴肩轴向定位，右面用轴端挡圈轴向固定，平键连接作周向固定。轴做成阶梯形，左轴承从左端面装入，齿轮、套筒、右轴承和联轴器依次从右端面装到轴上。

（3）轴各段直径和长度。

Ⅰ段即外伸端直径 $d_1=32\ mm$，其长度应比联轴器轴孔的长度稍短一些，取 $L_1=56\ mm$。

Ⅱ段直径 $d_2=40\ mm$，由机械设计手册查得轮毂孔倒角 $C_1=2\ mm$，取轴肩高度 $h=2C_1=2\times2=4\ mm$，则 $d_2=32+2\times4=40\ mm$，也符合毡圈密封标准直径。

初选 6308 型深沟球轴承，其内径为 40 mm，宽度为 23 mm。

取齿轮端面和箱体内壁间距为 15 mm、轴承端面与箱体内壁间距为 5 mm，则取套筒长为 20 mm。通过密封盖的轴段长度应根据密封盖的宽度确定（经初步确定可取为 35 mm），并考虑联轴器和箱体外壁应有一定的距离，综合考虑取该段长为 50 mm。安装齿轮段长度应比轮毂宽度小 2 mm，故Ⅱ段长 $L_2=(2+20+23+50)\ mm=95\ mm$。

Ⅲ段直径 $d_3=45$ mm，根据齿轮的结构设计，通过轴径确定齿轮的轮毂长取 55mm，则此段轴的长度 $L_3=(55-2)$ mm $=53$ mm。

Ⅳ段直径 $d_4=53$ mm（由手册查得 $C_1=2$ mm，取 $h=2C_1=2\times2$ mm $=4$ mm，$d_4=d_3+2h=45+2\times4=53$ mm），长度和右面套筒长度相同，即 $L_4=20$mm。但此轴段左面为滚动轴承的定位轴肩，考虑便于轴承的拆卸，应按轴承标准查取。由机械设计手册查得其安装尺寸为 $h=5$ mm，该段直径应为（$40+2\times5$）mm $=50$ mm，与 d_4 不符，故把Ⅳ段设计成阶梯形（或锥形），左段直径为 50 mm。

Ⅴ段直径 $d_5=40$ mm，长度 $L_5=23$ mm。

绘制轴的结构设计草图，如图 4－54 所示。

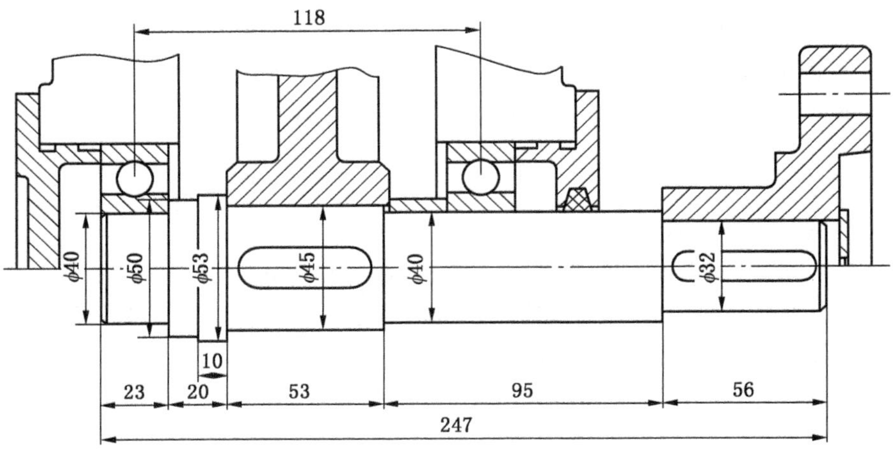

图 4－54　轴的结构设计草图

由上述轴各段长度可算得轴支承跨距 $L=118$ mm。

2. 轴系零部件的校核

1）校核轴的强度

根据受力特点，此轴是弯扭组合变形轴，所以按弯扭合成强度校核轴的强度。

（1）绘制轴受力简图（图 4－55a）。

直齿圆柱齿轮啮合时其法向力分解为圆周力和径向力。

圆周力：
$$F_t=\frac{2T}{d}=\frac{2\times153\times1000}{207}=1478.26\text{ N}$$

径向力：
$$F_r=F_t\tan\alpha=1478.26\tan20°=538.04\text{ N}$$

（2）绘制垂直面弯矩图（图 4－55b）。

轴承垂直面的支撑反力：

$$F_{RAV}=F_{RBV}=\frac{F_r}{2}=\frac{538.04}{2}=269\text{ N}$$

截面 C 处的弯矩：

$$M_{CV}=F_{RAV}\frac{L}{2}=269\times\frac{118}{2}=15872\text{ N}\cdot\text{mm}$$

（3）绘制水平面弯矩图（图 4 – 55c）。

轴承水平面的支撑反力：

$$F_{RAH}=F_{RBH}=\frac{F_t}{2}=\frac{1478.26}{2}=739\ \text{N}$$

截面 C 处的弯矩：

$$M_{CH}=F_{RAH}\frac{L}{2}=739\times\frac{118}{2}=43601\ \text{N}\cdot\text{mm}$$

（4）绘制合成弯矩图（图 4 – 55d）。

$$M_C=\sqrt{M_{CH}^2+M_{CV}^2}=\sqrt{15872^2+43601^2}=46400\ \text{N}\cdot\text{mm}$$

（5）绘制转矩图（图 4 – 55e）。

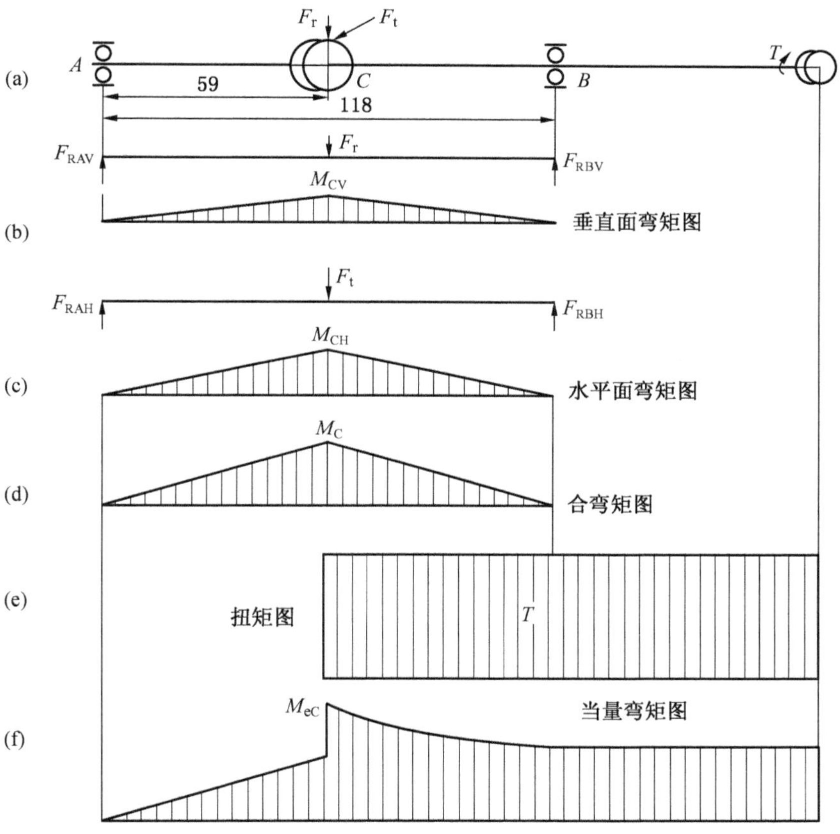

图 4 – 55　轴的受力图和弯扭矩图

（6）绘制当量弯矩图（图 4 – 55f）。

脉动循环变应力时 $\alpha=0.6$。

$$M_{eC}=\sqrt{M_C^2+(\alpha T)^2}=\sqrt{46400^2+(0.6\times153\times1000)^2}=102860\ \text{N}\cdot\text{mm}$$

（7）校核危险截面 C 处的强度。

$$\sigma_e=\frac{M_{eC}}{0.1d^3}=\frac{102860}{0.1\times(45)^3}=11.3\ \text{MPa}\leqslant55\ \text{MPa}$$

经校核，强度足够。

2）滚动轴承的型号确定与校核

减速器输出轴选择的是深沟球轴承6308，查附表得基本额定动载 C_r 和基本额定静载荷 C_{0r}分别为：$C_r=40.8$ kN，$C_{0r}=24$ kN。查表4－9的载荷系数$f_P=1.5$。假设此轴承预期寿命为20000 h。

（1）寿命的校核。

轴承在垂直面和水平面上的力分别为：$F_{RAV}=F_{RBV}=269$ N，$F_{RAH}=F_{RBH}=739$ N，且深沟球轴承不产生派生轴向力，则此对轴承仅承受径向载荷。由于两轴承相对齿轮对称布置，所以两轴承承受载荷相等，计算得

$$F_{R1}=F_{R2}=\sqrt{F_{RAV}^2+F_{RAH}^2}=\sqrt{269^2+739^2}=786\ \text{N}$$

当量动载荷为

$$P_1=P_2=f_P(XF_{R1}+YF_{A1})=1.5\times786=1179\ \text{N}=1.179\ \text{kN}$$

$$L_h=\frac{16670}{n}\left(\frac{C_r}{P_1}\right)^3=\frac{16670}{313}\left(\frac{40.8}{1.179}\right)^3\ \text{h}=2207142\ \text{h}>20000\ \text{h}$$

寿命满足要求。

（2）静强度校核。

轴承静强度的计算公式为

$$C_0\geqslant S_0P_0$$

其中，$C_0=C_{0r}=24$ kN，$P_0=P_1=P_2=1.179$ kN，查表4－13的静强度安全系数$S_0=1.5$。

因此有 $$24\ \text{kN}>1.5\times1179\ \text{kN}=1.77\ \text{kN}$$

静强度满足要求，所以6308轴承适合该轴。

3）键的型号确定与校核

查表4－16得键连接的许用挤压应力为

$$[\sigma]_P=(100\sim120)\ \text{MPa}$$

（1）Ⅰ段轴上键的选择与校核。

Ⅰ段轴上存在联轴器，需要键连接，选A型平键，根据轴径$d_1=32$ mm和联轴器齿轮毂长60 mm，查表4－15得键的截面尺寸为$b=10$ mm，$h=8$ mm，$L=50$ mm。此键的标记为A10×50（GB/T 1096—2003）。

强度核算：

键的有效工作长度$l=L-b=50-10=40$ mm，故

$$\sigma_P=\frac{4T}{d_1hl}=\frac{4\times153\times1000}{32\times8\times40}=60\ \text{MPa}\leqslant[\sigma]_P$$

（2）Ⅲ段轴上键的选择与校核。

Ⅲ段轴上存在齿轮，仍选A型平键，根据轴径$d_3=45$ mm和齿轮毂长55 mm，查表4－15得键的截面尺寸为$b=14$ mm，$h=9$ mm，$L=45$ mm。此键的标记为A14×45GB/T 1096—2003。

键的有效工作长度$l=L-b=45-14=31$ mm，故

$$\sigma_P = \frac{4T}{d_3hl} = \frac{4\times153\times1000}{45\times9\times31} = 48.7\ \text{MPa} \leqslant [\sigma]_P$$

由以上可知两段轴上的键强度均满足要求。

4）联轴器的型号确定与校核

由前所知，所选联轴器为弹性套柱销联轴器 LT6（GB/T 4323—2002），根据《机械设计手册》查得其公称转矩 $[T]=250\ \text{N}\cdot\text{m}$，许用转速 $[n]=3800\ \text{r/min}$。再由表 4－17 查得工作情况系数 $K=1.3$。

$$T_C = KT = 1.3\times153\ \text{N}\cdot\text{m} = 198.9\ \text{N}\cdot\text{m} < [T]$$

输出轴转速 $n=313\ \text{r/min} < [n]$

转速和转矩均满足要求，所以所选联轴器型号合理。

5）绘制轴的工作图

略。

四、拓展知识

（一）滑动轴承

1. 滑动轴承的类型及特点

滑动轴承按其承受载荷的方向分为径向滑动轴承和止推滑动轴承。径向滑动轴承主要承受径向载荷；止推滑动轴承只承受轴向载荷。

滑动轴承按摩擦（润滑）状态可分为液体摩擦（润滑）轴承和非液体摩擦（润滑）轴承。如图 4－56 所示。

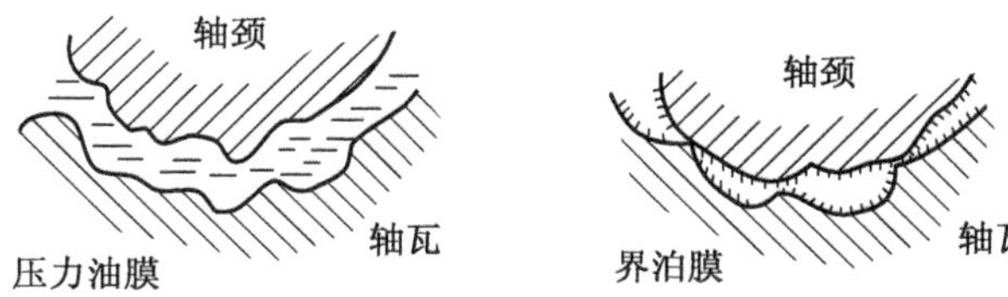

(a) 液体摩擦（润滑）轴承 (b) 非液体摩擦（润滑）轴承

图 4－56 液体摩擦轴承和非液体摩擦轴承

1）液体摩擦轴承（完全液体润滑轴承）

液体摩擦轴承的原理是在轴颈与轴瓦的摩擦面间有充足的润滑油，润滑油的厚度较大，将轴颈和轴瓦表面完全隔开，因而摩擦系数很小，一般摩擦系数为 0.001～0.008。由于始终能保持稳定的液体润滑状态，所以这种轴承适用于高速、高精度和重载等场合。

2）非液体摩擦轴承（不完全液体润滑轴承）

非液体摩擦轴承依靠吸附于轴和轴承孔表面的极薄油膜，但不能完全将两摩擦表面隔开，有一部分表面直接接触，因而摩擦系数大。如果润滑油完全流失，将会出现干摩擦、剧烈摩擦、磨损，甚至发生胶合破坏。

滑动轴承主要具有承载能力高、工作平稳可靠、噪声低、径向尺寸小、精度高、流体润滑时摩擦磨损较小、油膜有一定的吸振能力等优点。非流体摩擦滑动轴承摩擦较大，磨损严重；流体摩擦滑动轴承在启动、行车、载荷、转速比较大的情况下难于实现流体摩擦，流体摩擦滑动轴承设计、制造、维护费用较高。

2. 滑动轴承的结构和材料

1）径向滑动轴承

（1）整体式滑动轴承。

整体式滑动轴承结构如图 4 - 57a 所示，由轴承座 1 和轴承衬套 2 组成，轴承座上部有油孔，整体衬套内有油沟，分别用以加油和引油，进行润滑。这种轴承结构简单，价格低廉，但轴的装拆不方便，磨损后轴承的径向间隙无法调整。适用于轻载低速或间歇工作的场合。

（2）对开式滑动轴承。

对开式滑动轴承结构如图 4 - 57b 所示，由轴承座、轴承盖、对开式轴瓦、双头螺柱和垫片组成。轴承座和轴承盖接合面做成阶梯形，为了定位对中。此处放有垫片，以便磨损后调整轴承的径向间隙，故装拆方便，广泛应用。

（3）自动调心滑动轴承。

自动调心滑动轴承如图 4 - 57c 所示，其轴瓦外表面做成球面形状，与轴承支座孔的球状内表面相接触，能自动适应轴在弯曲时产生的偏斜，可以减少局部磨损。适用于轴承支座间跨距较大或轴颈较长的场合。

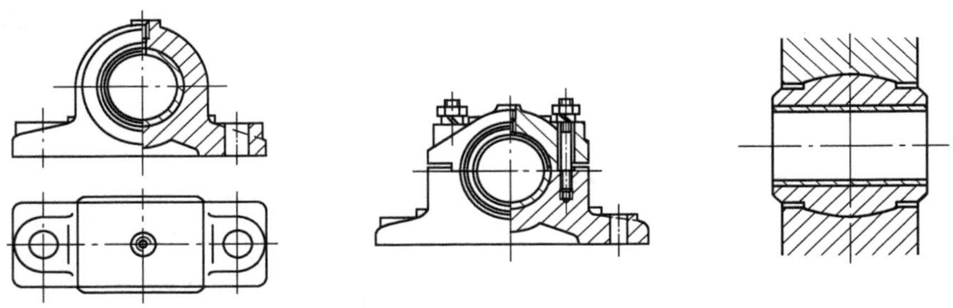

(a) 整体式滑动轴承　　(b) 对开式滑动轴承　　(c) 自动调心滑动轴承

图 4 - 57　滑动轴承的结构

2）止推滑动轴承

止推滑动轴承主要由轴承座和轴颈组成，按照轴颈结构不同可分为实心式、空心式、单环式和多环式 4 种，如图 4 - 58 所示。实心式推力面由于滑动端面中心与边缘的磨损不均匀，造成推力面上的压力分布不均匀，以致中心部分的压力很高，因此应用不多。空心止推滑动轴承轴颈端面的中空部分能存油，压强也比较均匀，承载能力不大。一般机器中采用空心式及单环式结构。轴向载荷较大时可采用多环式结构，多环式结构还可采用双向轴向载荷，压强较均匀，受较大载荷。但各环承载不等，环数不等，环数不能太多。轴承座和轴颈如图 4 - 58 所示。

3. 轴瓦结构

常用轴瓦有整体式和对开式两种。整体式轴承采用整体式轴瓦，如图 4 - 59 所示；对开式轴承采用对开式轴瓦，如图 4 - 60 所示。如果在其内表面浇注一层或两层合金为轴承

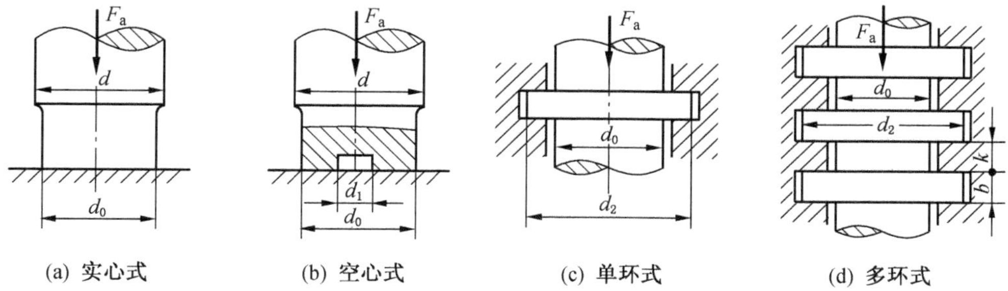

图 4－58　止推滑动轴承结构

衬，则称为双金属轴瓦或三金属轴瓦。为使轴承衬与轴瓦结合牢固，可在轴瓦基体内表面做一些沟槽，如图 4－61 所示。为使润滑油能流到轴瓦的整个工作表面上，轴瓦上要开出油沟，一般油孔和油槽应开在非承载区，由非承载区引入以保证承载区油膜的连续性，不降低其承载能力。图 4－62 所示为常见的油沟。

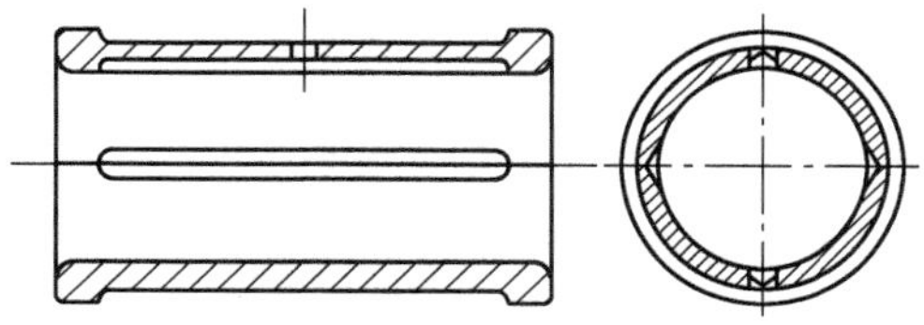

图 4－59　整体式轴瓦

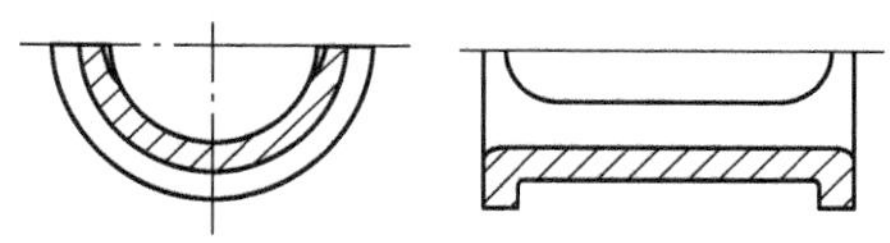

图 4－60　对开式轴瓦

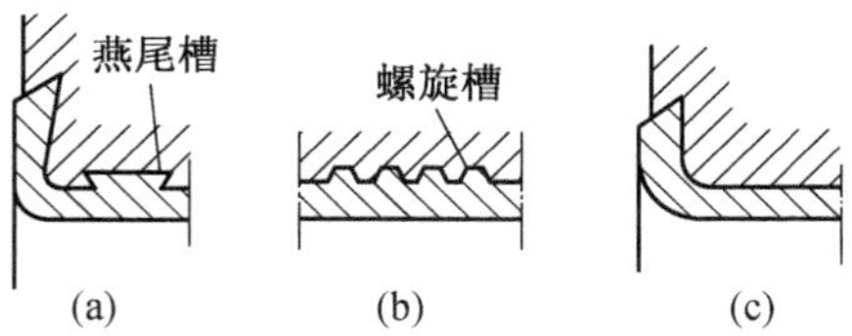

图 4－61　轴瓦的沟槽形状

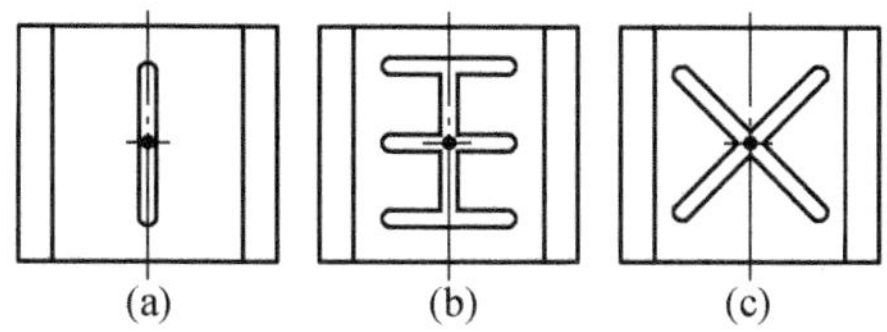

图 4－62　油沟

4. 滑动轴承的润滑

滑动轴承工作时需要有良好的润滑，对减少摩擦和磨损、延长寿命、冷却、散热以及保证轴承正常工作等十分重要。

1）润滑剂

（1）润滑油。

对流体动力润滑轴承（按程度选润滑油），黏度是选择润滑油最重要的参考指标，选择黏度时应考虑以下基本原则：

① 在压力大、温度高、载荷冲击变动大时，应选用黏度大的润滑油。

② 滑动速度高时，容易形成油膜（转速高时），为减少摩擦应选用黏度较低的润滑油。

③ 加工粗糙或未经跑合的表面，应选用黏度较高的润滑油。

（2）润滑脂。

润滑脂的特点是稠度大，不易流失，承载能力强，但稳定性差，摩擦功耗大，流动性差，无冷却效果。适于低速重载、温度变化不大处，且难于连续供油时。

除了润滑油和润滑脂之外，在高温、高压、防止污染等一些特殊场合，还可使用固体润滑剂或气体润滑剂等。

2）滑动轴承的润滑方式

对低速、轻载和不重要的场合，一般采用间歇式润滑；对比较重要的场合，均应采用连续式润滑。

（1）润滑油润滑。

① 手工润滑。如图 4－63 所示，利用油壶或油枪定期向润滑孔、旋套式注油油杯或压配式压注油杯注油。

② 滴油润滑。如图 4－64 所示，用针阀式滴油油杯滴油润滑。

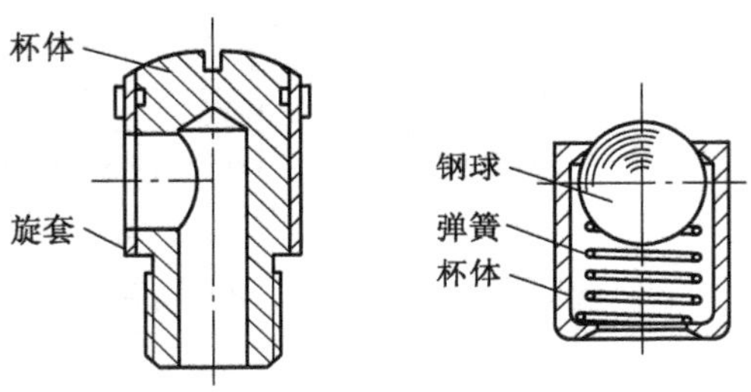

(a) 旋套式注油油杯　(b) 压配式压注油杯

图 4－63　手工润滑方式

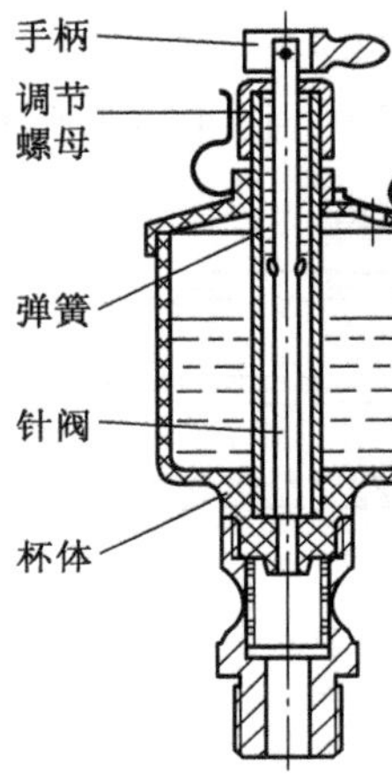

图 4－64　针阀式滴油油杯

③ 油环润滑。如图 4－65 所示，在轴颈上套一油环，环的下部浸在油池中，轴颈靠摩擦力带动油环旋转，从而把润滑油带到轴颈上。

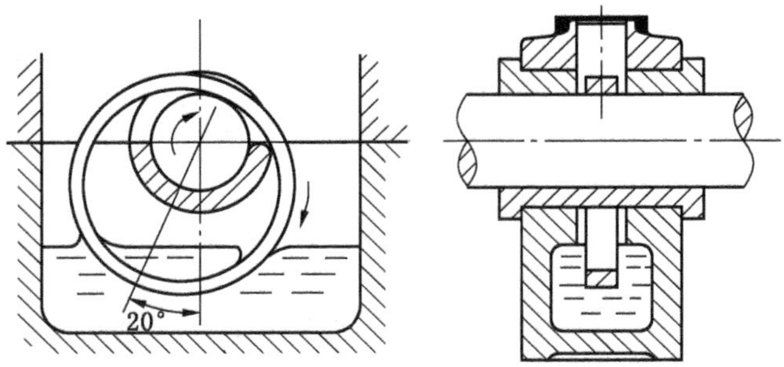

图 4－65　油环润滑

④ 飞溅润滑。利用齿轮、曲轴等转动零件，将润滑油由油池溅散或汇流到轴承中进行润滑。

⑤ 油芯润滑。如图 4－66 所示，利用油芯式油杯将油芯的一端浸入油中，将油吸到润滑表面上。

⑥ 压力循环润滑。利用油泵供应压力油进行强制润滑。

（2） 润滑脂润滑。

① 手工润滑。图 4－67 所示为旋盖式油杯，润滑脂贮存在杯体内，定期旋转杯盖，可将润滑脂压进轴承。

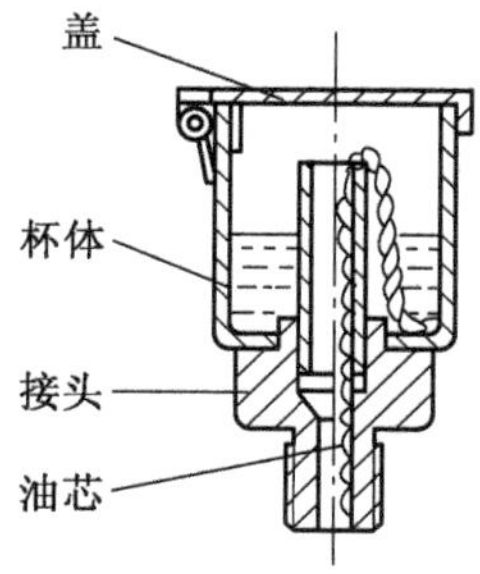

图 4－66 油芯润滑

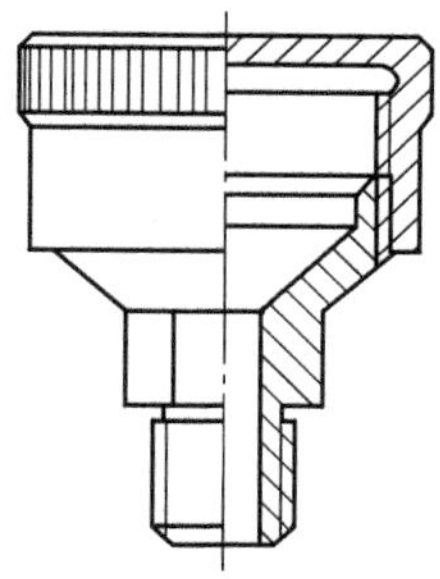

图 4－67 旋盖式油杯

② 集中供油系统润滑。用脂灌、给脂泵、油管、换向阀等组成集中供脂系统，利用适当的泵压定时、定量地发送润滑脂到设备各润滑点。

③ 润滑方式的选择。滑动轴承的润滑方式可按公式 $k = \sqrt{pv^3}$ 求得 k 值后选择，其中 p 为轴颈的平均压强（MPa），v 为轴颈的圆周速度（m/s）。当 $k \leqslant 2$ 时，选择润滑脂润滑；当 $k < 2 \sim 16$ 时，采用压注式油杯或旋套式油杯、针阀式油杯、绳芯润滑；当 $k < 16 \sim 32$ 时，采用油环飞溅润滑；当 $k > 32$ 时，采用压力循环润滑。

5. 滚动轴承与滑动轴承的比较

滚动轴承和滑动轴承在效率、承载能力、转速、旋转精度、使用寿命等方面的性能是有区别的，详细情况见表 4－18。

表 4－18 滚动轴承与滑动轴承的比较

性 质	滚 动 轴 承	滑 动 轴 承	
		不完全液体润滑	液体动压润滑
一对轴承的效率	0.99	0.97	0.995
适应转速	低、中速	低速	中、高速
承受冲击载荷能力	不高	较高	高
启动阻力	低	高	高
噪声	较大	不大	基本无噪声
旋转精度	较高	低	高
外廓尺寸	径向大、轴向小	径向大、轴向小	径向大、轴向小

表 4-18（续）

性　质	滚动轴承	滑动轴承	
		不完全液体润滑	液体动压润滑
安装精度要求	安装精度高	部分结构，易于拆装	
		安装精度不高	安装精度较高
使用寿命	有限	有限	长
维护要求	润滑较简单、维护方便	需要一定的润滑装置	需经常检查润滑装置、油质洁净
其他	更换方便、价格便宜	需经常修复或更换轴瓦，或修复轴颈	价格较高

（二）机械的平衡与调速

机械的平衡和调速是现代机械工程中十分重要的课题，尤其在高速机械和精密机械中更具有特别重要的意义。在此讨论回转构件的平衡、机器的周期性速度波动及其调节问题。

机械运转时各运动构件将产生大小及方向均发生周期性变化的惯性力，这将在运动副中引起附加动压力，增加摩擦力而影响构件的强度。这些周期性变化的惯性力会使构件和基础产生振动，从而降低机器的工作精度、机械效率及可靠性，缩短机器的使用寿命。尤其是当振动频率接近系统的固有频率时会引起共振，造成巨大损失。因此，必须合理分配构件的质量，以消除或减少动压力，这是机械的平衡问题。而机械运转时，由于机械动能的变化会引起机械运转速度的波动，这也将在运动副中产生附加动压力，使机器的工作效率降低，严重影响机器的寿命和精度。因此必须对机械系统过大的速度波动进行调节，使波动限制在允许的范围内，保证机器具有良好的工况，这是机械的调速问题。

1. 机械的平衡

1）机械平衡的目的与分类

机械运转时，活动构件的速度变化将产生惯性力和惯性力矩，这必将在运动副中引起附加的动压力。由于惯性力及惯性力偶矩的大小和方向随着机械运转而产生周期性变化，所以当它们不平衡时，将增大构件中的内应力和运动副中的摩擦，使整个机器发生振动，导致机器本身的工作精度、可靠性和使用寿命下降，从而产生噪声。因此消除或部分消除惯性力和惯性力矩的影响，尽可能减轻有害的机械振动，是研究机械平衡的目的。

2）刚性回转件的平衡

（1）静平衡。

对于轴向尺寸较小的盘状回转件（即宽径比 B/D 小于 0.2），如齿轮、带轮及盘形凸轮等，它们的质量可以视为分布在同一平面内。如果在回转件上有偏心质量块，在转动过程中必然产生惯性力，从而在转动副中引起附加动压力。刚性回转件的静平衡就是利用在刚性回转件上加减平衡质量的方法，使其质心回到回转轴线上，从而使回转件的惯性力得以平衡的一种平衡措施。

在图 4-68 中，若已知盘形不平衡回转件其偏心质量分别为 m_1、m_2、m_3，向径分别为 r_1、r_2、r_3，所产生的惯性力分别为 F_1、F_2、F_3。据平面力系平衡的原理，在该平面内加一平衡质量 m_b，其向径（方位）为 r_b。根据平衡条件

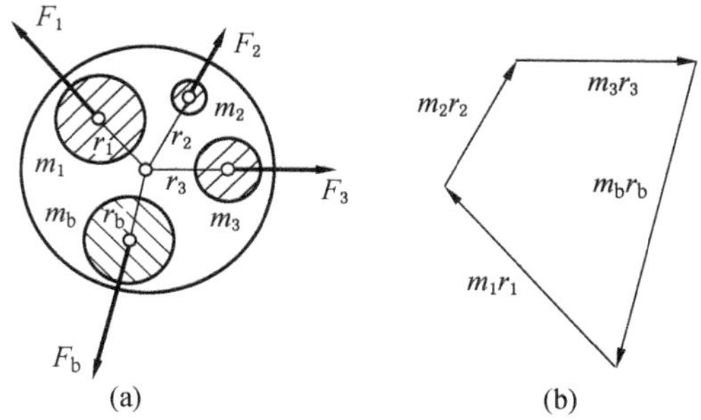

图 4-68　回转件的静平衡

$$F_1+F_2+F_3+F_b=0 \tag{4-13}$$

因 $F_i=m_ir_i\omega^2$，故有

$$m_1r_1+m_2r_2+m_3r_3+m_br_b=0 \tag{4-14}$$

式中　m_ir_i——矢量，称为质径积。

由以上分析可知，一个静不平衡回转件无论含有多少个偏心质量，均可在一个平面内的适当位置，用增加（或去除）一个平衡质量的办法予以平衡，故静平衡又称为单面平衡。

图 4-69 所示是静平衡试验的示意图。试验时，将欲平衡的回转件放到已调好水平的轨道上。如果回转件有偏心质量，回转件将在重力矩的作用下沿着轨道滚动，直至回转件的质心 S 处于轴心正下方才停止滚动。此时可在轴心的正上（下）方任意半径处加（减）一适当的平衡质量，然后再重复上述试验，直到回转件在任何位置都能保持静止为止。

（2）动平衡。

当回转件的轴向尺寸较大，即宽径比（B/D）大于 0.2 时，如多缸发动机的曲轴，其质量就不能再视为分布在同一平面内了。这时，其偏心质量可看成是分布在几个不同的回转平面内。即使回转件的质心位于转轴上，也将产生不可忽略的惯性力矩，这种状态只有在回转件转动时才能显示出来，故称为动不平衡。动平衡不仅要平衡各偏心质量产生的惯性力，而且还要平衡这些惯性力所产生的惯性力矩。

如图 4-70 所示的长回转件，偏心质量分别为 m_1、m_2，并分别位于平面 1、2 上，其回转半径分别为 r_1、r_2，方位如图所示。当回转件以等角速度回转时，它们产生的惯性力 F_1、F_2 构成一空间力系。如果 $F_1=F_2$，回转件质心应位于回转轴上，但 F_1、F_2 必构成一惯性力偶矩。由工程力学知识可知，力偶必须用力偶来平衡。因此，质量分布不在同一回转平面内的回转件要达到完全平衡，必须分别在任选的两个回转面内的相应位置处各加上或减去适当的平衡质量，使回转件的离心力系的合力和合力偶矩都等于零，这类平衡称为动平衡（工业上也称为双面平衡）。所以动平衡的条件是：分布于该回转件上各个质量的离心力的合力等于零，同时离心力所引起的力偶的合力偶矩也等于零。

比较静平衡和动平衡，有如下结论：

① 静平衡只需在一个平面内进行平衡，动平衡则必须在垂直于轴线的两个平面内进行平衡。

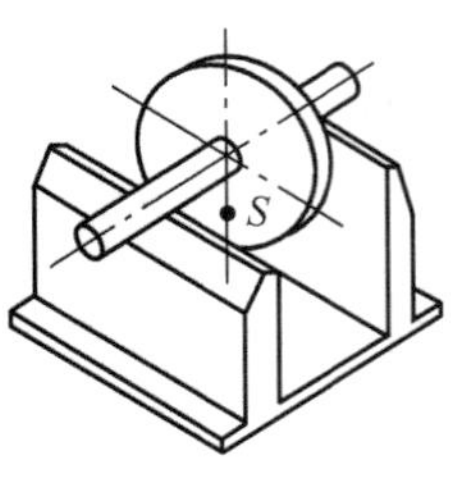

图 4-69　静平衡试验

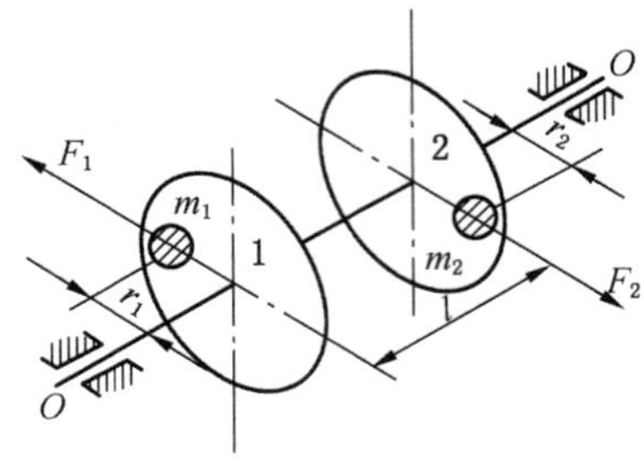

图 4-70　静平衡而动不平衡的回转件

② 回转件满足了静平衡，不一定满足动平衡；若满足了动平衡，则一定满足静平衡。

回转件的动平衡试验一般需在专门的动平衡试验机上进行。主要是用动平衡试验机测出回转件在两平衡基面上不平衡质量的大小和方位，从而在两个选定的平面上加上或减去平衡质量，最终达到平衡的目的。

2. 机械速度的波动及调节

1）机械的运转过程

机械从开始运动到停止运动的整个过程称为机械运动的全过程。一般可分为以下三个阶段：启动阶段、稳定运转阶段和停车阶段，如图 4-71 所示。

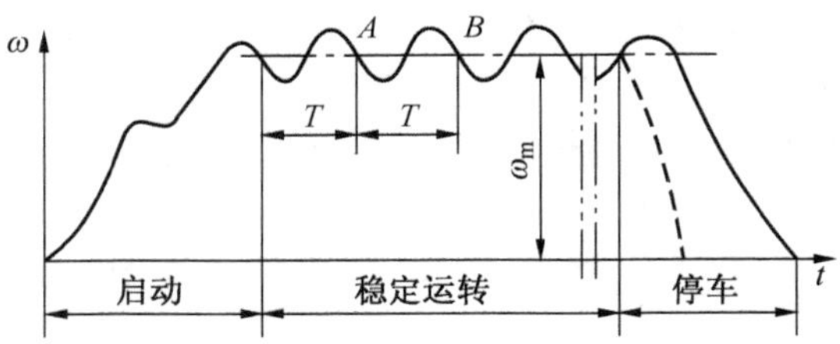

图 4-71　机械的运转过程

（1）启动阶段。

机械从静止状态启动到开始正常工作的过程称为启动阶段。在这个阶段，原动件加速运转，速度从零上升到正常工作速度。机械的动能由零上升到 E。根据动能定理，此阶段内驱动力所做的功 W_d 大于阻抗力所消耗的功 W_r，则有

$$W_d - W_r = E > 0 \tag{4-15}$$

（2）稳定运转阶段。

机械保持等速运转或在其正常工作速度所对应的均值上下周期性波动运转是机械的稳定运转阶段，这也是机器的正常工作阶段。在这一阶段内，大部分机器原动件的平均速度 ω_m 保持稳定，但瞬时速度随外力等因素的变化而产生周期性的波动或非周期性的波动。对于周期性速度波动，在一个周期内（图 4-71 中的 A、B 两点之间）驱动力功 W_d 和阻抗力所做的功 W_r 相等，且 A、B 两点的动能 E_B、E_A 也相等。即在这一阶段作变速稳定运动，则有

$$W_d - W_r = E_B - E_A = 0 \tag{4-16}$$

但在一个周期之内的任一小区间，由于 W_d、W_r 并不一定相等，会使机械的动能变化，瞬时速度 ω 产生波动。例如，牛头刨床、冲床等许多机械的运动，都属于这种周期性变速稳定运动。

另一些机械，如提升机、鼓风机等，其原动件的角速度 ω 在稳定运转过程中恒定不变，称为等速稳定运转。

（3）停车阶段。

撤去驱动力，即 $W_d = 0$。在阻抗力作用下，原动件的速度由工作速度 ω_m 逐渐下降为零，机械的动能 E 逐渐减少至零，则有

$$W_r = E \tag{4-17}$$

制动停车时机械的运转曲线如图 4－71 中虚线部分所示。由此可见，若要缩短停车时间，可采用制动装置以加大制动阻力。

2）机械速度波动的调节

（1）周期性速度波动的调节。

大部分机械的主轴在其主要工作阶段的运转速度是周期性波动的。它的危害是：在机械各运动副中引起附加的动压力，降低机械的工作效率和工作可靠性；同时又可能在机械中引起相当大的弹性振动，这些弹性振动将影响机械各部分的强度和消耗部分动力；另外，这种速度波动还会影响机械所进行的工艺过程，使产品质量下降。因此，必须对机械的速度波动加以调节，使其速度波动被限制在允许的范围内，从而减少上述不良影响，这就是调节机械速度波动的主要目的。

在机械稳定运转阶段，当机械的动能发生周期性变化时，将引起机械速度的周期性波动。如图 4－72 所示，在每个周期内，原动件的角速度 ω 变化规律是相同的，而且其平均角速度 ω_m 保持不变，即

$$\omega_m = \frac{\int_0^{\varphi_T} \omega \mathrm{d}\varphi}{\varphi_T} \tag{4-18}$$

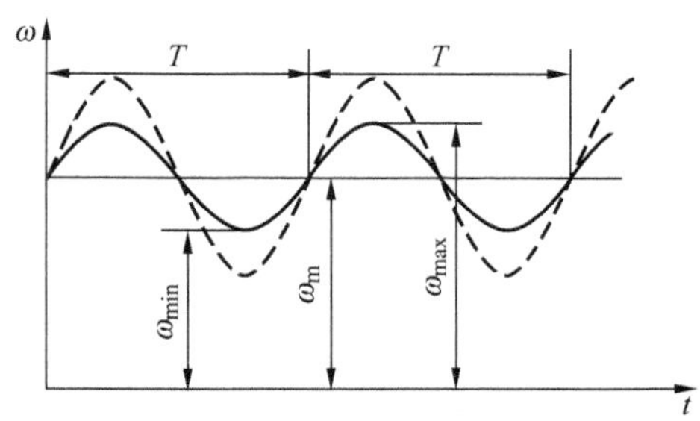

图 4－72　周期性速度波动

在工程中常用最大角速度与最小角速度的算术平均值来近似计算平均角速度。

$$\omega_m \approx \frac{\omega_{max} + \omega_{min}}{2} \tag{4-19}$$

机械速度波动的程度可以用机械运转速度不均匀系数 δ 来表示，即

$$\delta = \frac{\omega_{max} - \omega_{min}}{\omega_m} \tag{4-20}$$

所以，δ 越小，机械越接近匀速运转。几种常见机械的机械运转速度不均匀系数的许用值，可按表 4－19 选取。

机械稳定运转时，如果作用于机械上的外力（驱动力、生产阻力）是周期性变化的，那么引起的速度波动也是周期性的。由于外力的周期性变化，外力对系统所做的功发生周

表4-19 机械运转速度不均匀系数δ的许用值

机械名称	破碎机	冲床和剪床	压缩机和水泵	减速器	交流发电机
δ	0.10~0.20	0.05~0.15	0.03~0.05	0.015~0.020	0.002~0.003

期性交化，由动能定理可知，系统的动能也随之周期性变化。在一个周期内，系统动能的最大变化量，其大小应等于同一周期内外力对系统所做的最大有用功，即

$$\Delta W_{max}=E_{max}-E_{min}=\frac{1}{2}J\omega_{max}^2-\frac{1}{2}J\omega_{min}^2 \tag{4-21}$$

由式（4-19）及式（4-20）、式（4-21）可得速度不均匀系数δ：

$$\delta=\frac{\Delta W_{max}}{J\omega_m^2} \tag{4-22}$$

机械中安装一个具有等效转动惯量J_F的飞轮后，速度不均匀系数δ变为

$$\delta=\frac{\Delta W_{max}}{(J+J_F)\omega_m^2} \tag{4-23}$$

显然，装上飞轮后速度不均匀系数δ将变小，即用飞轮可以调节机械的周期性速度波动的程度。理论上，总能有足够大的飞轮J_F来使机械的速度波动降到允许范围内。飞轮在机械中的作用，实质上相当于一个储能器。当外力对系统做正功时，它以动能形式把多余的能量储存起来，使机械速度上升的幅度减小；当外力对系统做负功时，它又释放出储存的能量，使机械速度下降的幅度减小。飞轮的转动惯量用下式计算：

$$J_F=\frac{\Delta W_{max}}{\omega_m^2[\delta]} \tag{4-24}$$

（2）非周期性速度波动的调节。

在机器的稳定运转时期，如果驱动力、生产阻力或有害阻力突然发生巨大变化，机器主轴的速度会跟着突然增大或减小，结果会引起机器速度过高，导致“飞车”而毁坏，或迫使机器停车。例如，在内燃机驱动发电机的机组中，当载荷减小、所需发电量突然下降时，内燃机所供给的能量就会远远超过发电机的需要，这时必须采用特殊的机构来调节内燃机能量的供给量，使其产生的功率与发电机所需相适应，从而达到新的稳定运动。由于机器运转速度的这种波动不是周期性的，且其作用不是连续的，故称为非周期性速度波动。防止非周期性速度波动所引起的机器毁坏或停车是调节机器速度波动的另一目的。

对于非周期性速度波动的机械，需用专门的调速器来进行速度调节。调速器种类很多，有纯机械式的，有机械式带电气或电子元件的，也有电子式的，具体可参看有关专业文献。

思考与练习

1. 轴常用的材料有哪些？其具体特性是什么？
2. 轴的结构设计应考虑哪些因素？
3. 转轴根据什么理论初步计算轴的直径？根据什么理论进行轴的强度校核？轴的校核步骤是什么？

4. 轴承的寿命如何计算?

5. 转速 n 一定，轴承当量动载荷由 P 增加为 $2P$，轴承的寿命降为原来的多少?

6. 已知深沟球轴承 6310，若当量动载荷 $P = 23$ kN，转速 $n = 90$ r/min，计算该轴承寿命转数和相应的小时数。

7. 键的截面尺寸根据什么尺寸查? 键长如何确定?

8. 键的强度如何校核?

9. 图 4-73 所示为一级圆柱齿轮减速器，已知其传递功率 $P = 15$ kW，从动轮转速 $n = 230$ r/min，从动轮齿数 $z_2 = 72$，模数 $m = 4$ mm，轮毂宽度 $B = 75$ mm，设计此减速器输出轴，并校核所选轴承、键及联轴器。

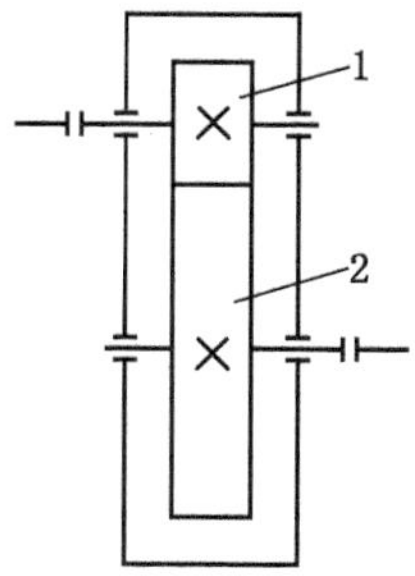

图 4-73　题 9

项目五　零件极限与配合选用

任务一　圆柱体结合的公差与配合确定及标注

一、工作任务

（一）任务概述

零件是加工单元，不管是常用机构、机械传动、轴系零部件，还是一台完整的机器，其最基本的组成单元都是零件。前面的学习项目中对带轮、齿轮、轴等所确定的尺寸仅仅为设计尺寸，而零件在制造时必然存在误差，所以必须在设计尺寸的基础上考虑其制造误差。制造误差一般有尺寸误差、几何误差和表面粗糙度3种表现形式。

（1）尺寸误差。机器由所设计的零件按照一定方式组装而成，在组装过程中零件（如齿轮与轴、套筒与轴）之间又存在“配合”关系，配合反映了机器零件之间存在功能要求的相互关系（如齿轮安装在轴上要求的“松紧”程度）。为保证零件具有互换性和配合关系，必须将误差控制在一定的范围内，即允许所设计的尺寸在一定范围内变动，这种为保证配合关系的实现而制定的误差允许量称为“公差”。如图5－1所示，圆柱体的结合（配合）是孔、轴最基本和普遍的形式，轴1与轴承2内圈、轴1与轴套3、轴1与齿轮4之间必存在配合关系，在设计时要进一步考虑其“尺寸公差”。对于保证互换性的零部件，应对尺寸公差与配合进行标准化。

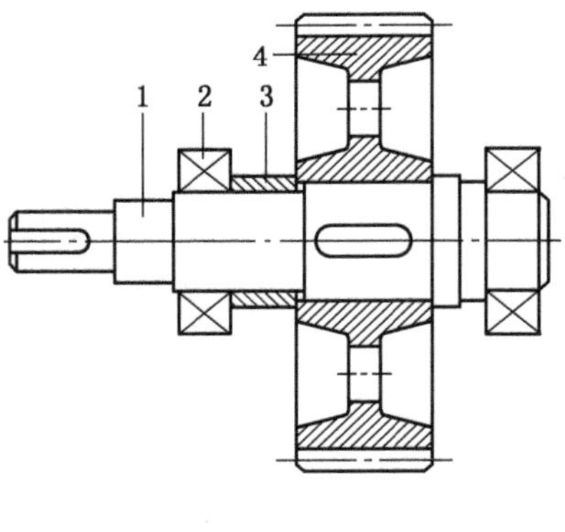

1—轴；2—轴承；3—套筒；4—齿轮

图5－1　轴与轴上零件的配合

（2）几何误差。由于机床夹具、刀具及工艺操作水平等因素的影响，零件的几何要素，即点、线、面也会出现误差，具体内容见任务二。

（3）表面粗糙度。经过机械加工或用其他加工方法获得的零件表面，由于加工过程中的塑性变形、机床的高频振动以及刀具在加工表面留下的切削痕迹等原因，零件的表面不可能是绝对光滑的，存在零件表面光滑程度的差别，具体内容见任务三。

一张完整的零件图上所标注的尺寸除了设计尺寸外，还必须根据零件的功能要求标注反映在加工时允许的尺寸、几何、表面要求的误差范围。在本任务中主要学习圆柱体结合的孔和轴公差与配合的确定及标注方法。

（二）任务要求

1. 知识要求

（1）了解公差与配合的意义。

（2）理解公差与配合基本术语。

（3）掌握公差与配合国家标准的组成。

2. 能力要求

（1）会分析零件图公差与配合。

（2）能进行公差与配合的标注。

（3）能根据圆柱体结合的特点确定其公差与配合。

3. 态度要求

（1）能主动学习，在完成任务过程中发现问题、分析问题和解决问题。

（2）能与小组成员协商、交流配合完成本学习任务。

（3）严格遵守学习纪律。

二、相关知识

（一）互换性

在机械制造业中，零件的互换性是指在同一规格的一批零部件中，可以不经选择、修配或调整，任取一件都能装配在机器上，并能达到规定的使用性能要求，零部件具有的这种性能称为互换性。能够保证产品具有互换性的生产，称为遵守互换性原则的生产。互换性是广泛用于机械制造产品的设计和制造过程中的重要原则，遵守互换性原则能取得巨大的经济和社会效益。而设计人员所设计的零部件在加工时，由于工艺系统误差和其他原因，工件不可能做得绝对正确，总有误差存在。只要误差的大小不影响机器的使用性能，可以允许存在一定的误差，即允许尺寸在一定范围内变动，并将这种尺寸的变动范围称为公差。公差的大小限制了工件尺寸、几何形状和相对位置变动的范围，即限制了加工误差。加工误差不能为零，是绝对值，它反映对制造精度的要求，体现加工的难易程度。成批大量生产的零部件要求有互换性，要求在设计中标注公差时，一定要使所标注的公差能保证零件的互换性。

互换性按互换程度可分为完全互换和不完全互换。完全互换是指一批零部件装配前不经选择，装配时也不需修配和调整，装配后即可满足预定的使用要求。如螺栓、圆柱销等标准件的装配都属于此类情况。

当装配精度要求很高时，若采用完全互换性将使零件的尺寸公差很小，加工困难，成本很高，甚至无法加工，因此可将其制造公差适当放大，以便于加工。在完工后，再用量仪将零件按实际尺寸大小分组，按组进行装配。这样，既能保证装配精度与使用要求，又降低成本。但这仅是组内零件可以互换，组与组之间不可互换，因此叫不完全互换。

不完全互换只限于部件或机构在制造厂内装配时使用。对厂外制作，则往往要求完全互换。究竟采用哪种方式为宜，要由产品精度、产品复杂程度、生产规模及技术水平等一系列因素决定。一般大量生产和成批生产大都采用完全互换法生产。精度要求很高的，如轴承工业，常采用分组装配，即采用不完全互换法生产。而小批和单件生产，如矿山、冶金等重型机器业则常采用修配法或调整法生产。

在电器制造业，一般都采用互换法生产，而对于少数要求特别高，制造上有困难的零件，也有使用修配法的，如在装配前对零件进行整形。当然，在产品试制时，免不了要使用修配法和调整法。

（二）公差及其配合的基本术语与定义

在机械制造中使用最广泛的是孔与轴的结合。为了经济地满足使用要求，应该对尺寸公差与配合进行标准化。公差与配合的标准化不仅可以防止产品尺寸设计中的混乱现象，有利于工艺过程的经济性及产品的使用与维护，而且还可实现刀具和量具的标准化。公差与配合标准已成为机械工业中应用最广、涉及面最大的一个极为重要的基础标准。

1. 尺寸的基本术语及其定义

1）孔和轴

孔——通常是指工件的圆柱形内表面，也包括非圆柱形内表面（二平行平面或切平面形成的包容面）。

轴——通常是指工件的圆柱形外表面，也包括非圆柱形外表面（二平行平面或切平面形成的被包容面）。

图 5－2 所示即为孔和轴的区分。

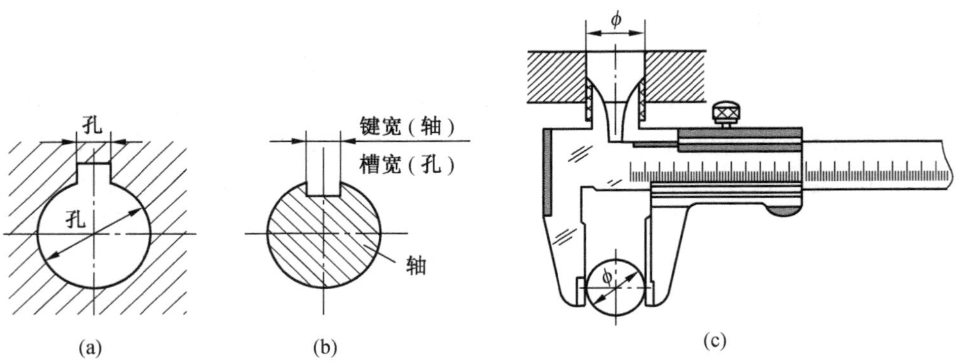

图 5－2　孔和轴的区分

从装配关系讲，孔是包容面，在它之内无材料，称为内表面；轴是被包容面，在它之外无材料，称为外表面。

2）尺寸

如果由单一尺寸确定的部分形不成包容或被包容状态的表面，则它们既不是孔，也不是轴。这种尺寸称为长度尺寸。

尺寸用特定单位表示长度值的数值。一般情况下尺寸只表示长度量，生产制造业规定的尺寸的特定单位为 mm。例如，半径、直径、宽度、长度、高度和中心距等。

广义地说，尺寸还可以包括以角度单位表示的角度尺寸的数值。

3）基本尺寸

基本尺寸是设计给定的尺寸。孔的基本尺寸代号以大写字母 D 表示，轴的基本尺寸

代号以小写字母 d 表示。

基本尺寸是在设计中通过运动、强度、刚度、结构等条件计算并经标准化了的尺寸。它是精度设计的起始尺寸，只表示尺寸的基本大小，并不一定是在实际加工中要求得到的尺寸。

4）实际尺寸

实际尺寸是通过测量得到的尺寸。孔的实际尺寸代号以 D_a 表示，轴的实际尺寸代号以 d_a 表示。

由于存在测量器具、方式、人员和环境等因素所造成的测量误差，所以实际尺寸并非尺寸的真值。同时由于工件存在形状误差，所以同一表面不同部位的实际尺寸也不相同。

5）极限尺寸

极限尺寸是一个孔或轴允许的尺寸变化的两个界限值，它以基本尺寸为基数来确定。两个界限值中较大的一个称为最大极限尺寸，较小的一个称为最小极限尺寸。

孔的最大和最小极限尺寸代号分别以 D_{max} 和 D_{min} 表示。轴的最大和最小极限尺寸代号分别以 d_{max} 和 d_{min} 表示。

在一般情况下，完工零件的尺寸合格条件如下：

孔的合格条件： $D_{max} > D_a > D_{min}$

轴的合格条件： $d_{max} > d_a > d_{min}$

2. 偏差、公差的术语及其定义

1）尺寸偏差（简称偏差）

尺寸偏差是某一尺寸减去其基本尺寸所得的代数差，可为正值、负值或零。在计算和标注时，除零外的值必须带有正、负号。

2）实际偏差

实际尺寸减去其基本尺寸所得的代数差称为实际偏差。

孔的实际偏差： $Ea = D_a - D$

轴的实际偏差： $ea = d_a - d$

3）极限偏差

极限尺寸减去其基本尺寸所得的代数差称为极限偏差。

上偏差：最大极限尺寸减去其基本尺寸所得的代数差称为上偏差，孔的上偏差用 ES 表示，轴的上偏差用 es 表示。

下偏差：最小极限尺寸减去其基本尺寸所得的代数差称为下偏差，孔的下偏差用 EI 表示，轴的下偏差用 ei 表示。

根据定义，孔、轴的极限偏差表示如下：

孔： $ES = D_{max} - D$　　$EI = D_{min} - D$

轴： $es = d_{max} - d$　　$ei = d_{min} - d$

完工零件的尺寸合格条件常用偏差的关系式表达：

孔的合格条件： $ES > Ea > EI$

轴的合格条件： $es > ea > ei$

4）尺寸公差（简称公差）

允许尺寸的变动量称为尺寸公差，公差等于最大极限尺寸与最小极限尺寸之差的绝对

值，也等于上偏差与下偏差之差的绝对值。孔的公差用 T_D 表示，轴的公差用 T_d 表示。其计算公式为

孔： $$T_D = |D_{max} - D_{min}| = |ES - EI|$$

轴： $$T_d = |d_{max} - d_{min}| = |es - ei|$$

注意：公差与偏差是两个根本不同的概念，公差是表示尺寸允许变动的范围，即某种区域大小的数量指标，是绝对值，没有正负之分，也不允许为零，它代表制造精度的要求，反映加工难易程度；而偏差是代数差，表示与基本尺寸偏离程度，与加工难易程度无关。图 5-3 所示为极限尺寸、公差与偏差的相互关系。

3. 零线与公差带

由于公差和偏差的数值与尺寸数值相比差别很大，不便用同一比例尺表示，故采用公差与配合图解（简称公差带图），如图 5-4 所示。

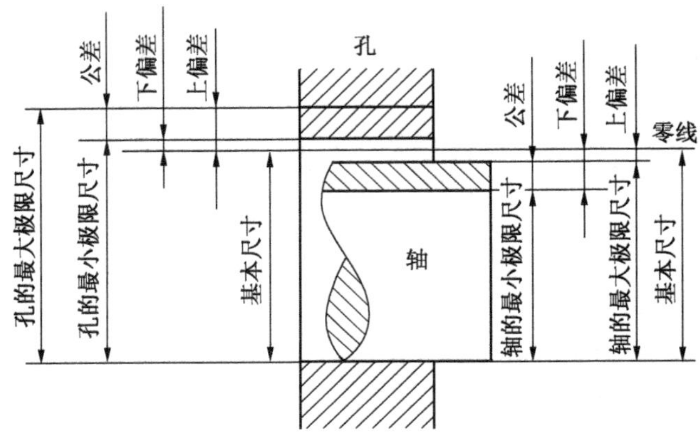

图 5-3　极限尺寸、公差与偏差的相互关系

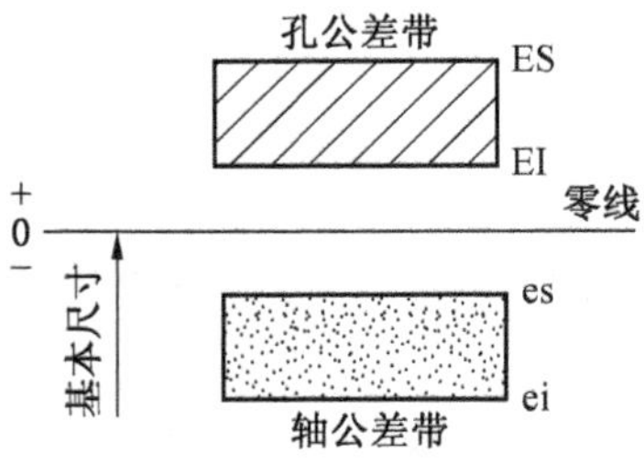

图 5-4　公差带图

1）零线

在公差带图中，确定偏差的一条基准直线，即零偏差线（简称零线）。通常以零线表示基本尺寸。正偏差位于零线的上方，负偏差位于零线的下方。

2）尺寸公差带（简称公差带）

在公差带图中，由代表上、下偏差的两条直线所限定的区域，称为尺寸公差带。在国家标准中，公差带包括了“公差带大小”与“公差带位置”两个参数。公差带大小由标准公差确定，公差带位置由基本偏差确定。

3）标准公差

国家标准规定的用以确定公差带大小的任一公差称为标准公差。

4）基本偏差

国家标准规定的用以确定公差带相对于零线位置的上偏差或下偏差，一般指靠近零线的那个偏差，即基本偏差。

4. 配合的术语及定义

配合是指基本尺寸相同、相互结合的孔和轴公差带之间的位置关系。这种关系决定着配合的松紧程度，且松紧程度通常用间隙和过盈来描述。

1）间隙或过盈

孔的尺寸减去相配合的轴的尺寸所得的代数差，为正时是间隙，用 X 表示，为负时是过盈，用 Y 表示。

根据相互结合的孔、轴公差带不同的相互位置关系，可以把配合分为间隙配合、过盈配合和过渡配合 3 类。

2）间隙配合

保证具有间隙（包括最小间隙等于零）的配合，称为间隙配合。此时，孔的公差带在轴的公差带之上，如图 5－5 所示。

表示间隙配合松紧程度的特征值是最大极限间隙和最小极限间隙。有时也用平均间隙 X_{av} 表示。

最大极限间隙： $X_{max}=D_{max}-d_{min}=ES-ei$

最小极限间隙： $X_{min}=D_{min}-d_{max}=EI-es$

平均间隙： $X_{av}=(X_{max}+X_{min})/2$

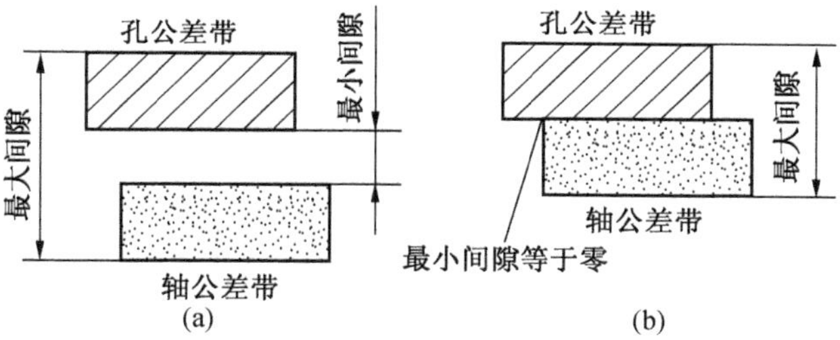

图 5－5 间隙配合

3）过盈配合

保证具有过盈（包括最小过盈等于零）的配合，称为过盈配合。此时，孔的公差带在轴的公差带之下，如图 5－6 所示。

表示过盈配合松紧程度的特征值是最大极限过盈和最小极限过盈。有时也用平均过盈表示。

最大极限过盈： $Y_{max}=D_{min}-d_{max}=EI-es$

最小极限过盈： $Y_{min}=D_{max}-d_{min}=ES-ei$

平均过盈： $Y_{av}=(Y_{max}+Y_{min})/2$

4）过渡配合

可能具有间隙也可能具有过盈的配合，称为过渡配合。此时，孔的公差带和轴的公差带相互重叠，如图 5－7 所示。

过渡配合中，各对孔、轴间的间隙或过盈也是变化的。当孔制成最大极限尺寸、轴制成最小极限尺寸时，装配后得到最大间隙；当孔制成最小极限尺寸、轴制成最大极限尺寸时，装配后得到最大过盈。

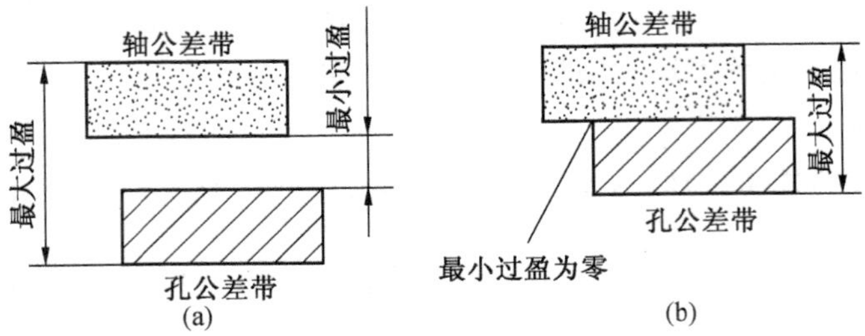

图 5-6　过盈配合

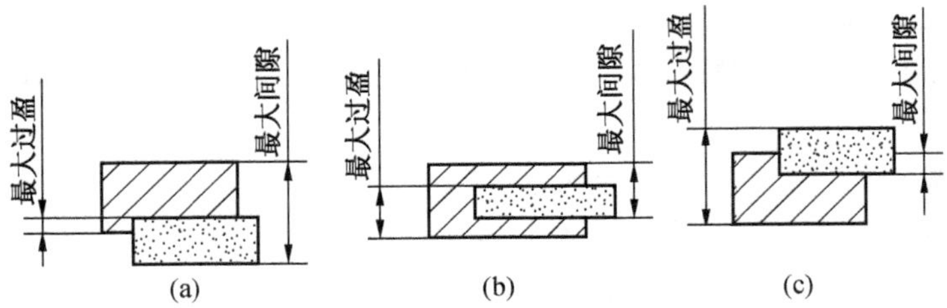

图 5-7　过渡配合

过渡配合的平均松紧程度，可能是平均间隙，也可能是平均过盈。当相互重叠的孔公差带高于轴的公差带时，为平均间隙；当相互重叠的孔公差带低于轴的公差带时，为平均过盈；在过渡配合中，平均间隙或平均过盈为最大极限间隙与最大极限过盈的平均值，所得值为正时则为平均间隙，为负时则为平均过盈。即

$$X_{av}(Y_{av})=(X_{max}+Y_{max})/2$$

5）配合公差

允许间隙或过盈的变动量称为配合公差，用 T_f 表示。配合公差的大小为两个极限值的代数差的绝对值。配合公差反映配合精度，是评定配合质量的一个重要指标，是由设计者按使用要求精度确定的。其计算公式为

间隙配合：　$T_f=|X_{max}-X_{min}|=T_D+T_d$

过盈配合：　$T_f=|Y_{min}-Y_{max}|=T_D+T_d$

过渡配合：　$T_f=|X_{max}-Y_{max}|=T_D+T_d$

配合公差都等于相配合的孔的公差和轴的公差之和。这说明了配合件的装配精度与零件的加工精度有关。若要提高装配精度，使配合后间隙或过盈的变化范围减小，则应减小零件的公差，即需要提高零件的加工精度。

我们用配合公差带图来直观地表示相互结合的孔和轴的配合精度和配合性质。配合公差带完全在零线之上为间隙配合，配合公差带完全在零线以下为过盈配合，配合公差带跨在零线上、下两侧为过渡配合，如图 5-8 所示。

一对具体的孔、轴所形成的结合是否满足使用要求，即是否合用，就看它们装配以后的实际间隙（X_a）或实际过盈（Y_a）是否在配合公差带内。因此，孔轴结合的合用条件为

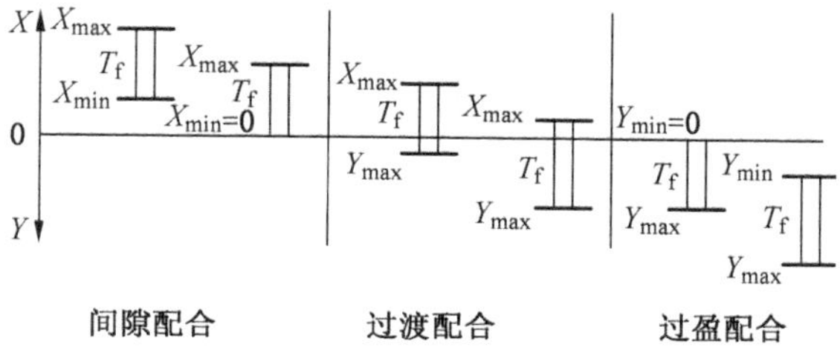

图 5-8　配合公差带

间隙配合：　　　　$X_{max} > X_a > X_{min}$

过盈配合：　　　　$Y_{max} > Y_a > Y_{min}$

过渡配合：　　　　$X_a < X_{max}$　或　$Y_a < Y_{max}$

由合格的孔、轴组成的结合一定合用，且具有互换性，而不合格的孔、轴也可能组成合用的结合，满足使用要求，但不具有互换性。

【例】某配合孔的尺寸为 $\phi25^{+0.033}_{0}$（H8），轴的尺寸为 $\phi25^{-0.020}_{-0.041}$（f7），分别计算其极限尺寸、极限偏差、公差、极限间隙、配合公差，并画出其尺寸公差带图和配合公差带图，说明配合类型。

解　相配孔、轴的基本尺寸：　$D = d = \phi25$ mm

孔的上、下偏差：　ES = +0.033 mm = +33 μm　　EI = 0

轴的上、下偏差：　es = −0.020 mm = −20 μm　　ei = −0.041 mm = −41 μm

孔的极限尺寸：　$D_{max} = D + ES = \phi25.033$ mm　　$D_{min} = D + EI = \phi25$ mm

孔的（尺寸）公差：　$T_D = D_{max} - D_{min} = ES - EI = 0.033$ mm = 33 μm

轴的极限尺寸：　$d_{max} = d + es = \phi24.980$ mm　　$d_{min} = d + ei = \phi24.959$ mm

轴的（尺寸）公差：　$T_d = d_{max} - d_{min} = es - ei = 0.021$ mm = 21 μm

极限间隙：　$X_{max} = D_{max} - d_{min} = +0.074$ mm = +74 μm

$X_{min} = D_{min} - d_{max} = +0.020$ mm = +20 μm

平均间隙：　$X_{av} = (X_{max} + X_{min})/2 = +47$ μm

配合公差：　$T_f = X_{max} - X_{min} = T_D + T_d = 54$ μm

该配合的（尺寸）公差带图和配合公差带图如图 5-9 所示，此配合为间隙配合。

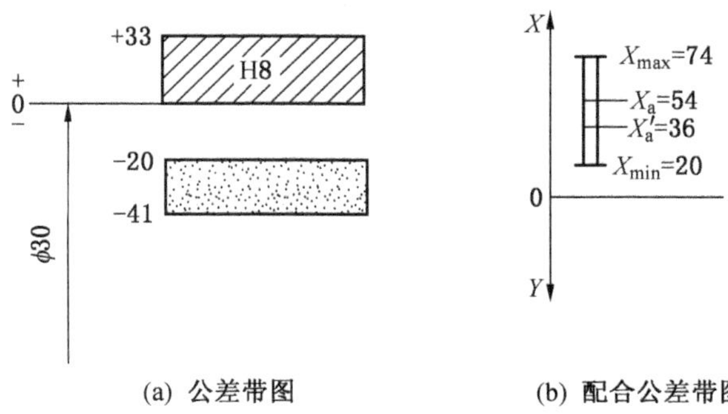

(a) 公差带图　　(b) 配合公差带图

图 5-9　例

（三）公差配合国家标准的组成与特点

孔、轴的配合是否满足使用要求，主要看是否可以保证极限间隙或极限过盈的要求。显然满足同一使用要求的孔、轴公差带的大小和相对位置是无限多的，所以，如果不对满足同一使用要求的孔、轴公差带的大小和位置作出统一的规定，将会给生产过程带来混乱，不利于工艺过程的经济性，也不便于产品的使用和维护。因此，应该对孔、轴尺寸公差带的大小和公差带的位置进行标准化。

1. 标准公差系列

1）标准公差等级

在公差与配合国家标准 GB/T 1800. 1—2009 中所列出的用以确定公差带大小的任一公差称为标准公差，用 IT 表示。它是依据基本尺寸和公差等级确定的。国家标准 GB/T 1800. 1—2009 将标准公差划分为 20 个“公差等级”：IT01、IT0、IT1、IT2 至 IT18，等级依次降低，公差值依次增大。IT01 级精度最高，IT18 级精度最低。

2）尺寸分段

根据公差值计算式，在每一公差等级中，不同的基本尺寸会有不同的公差数值，这将会使公差数值表格非常庞大，既不适用，也无必要。为了减少公差值的数目，统一公差值，简化表格，便于应用，国家标准对基本尺寸进行了分段。尺寸分段后，对同一尺寸分段内的所有基本尺寸，在公差等级相同的情况下，规定相同的标准公差，见表 5 - 1。

由表 5 - 1 可知，公差等级相同、基本尺寸相同或在同一尺寸分段内孔的公差和轴的公差相等。

2. 基本偏差系列

1）基本偏差

表 5 - 1　标准公差值（基本尺寸大于 6 ~ 500 mm）

基本尺寸/mm	公差等级																			
	μm														mm					
	IT01	IT0	IT1	IT2	IT3	IT4	IT5	IT6	IT7	IT8	IT9	IT10	IT11	IT12	IT13	IT14	IT15	IT16	IT17	IT18
≤3	0. 3	0. 5	0. 8	1. 2	2	3	4	6	10	14	25	40	60	100	140	0. 25	0. 40	0. 60	1. 0	1. 4
>3 ~ 6	0. 4	0. 6	1	1. 5	2. 5	4	5	8	12	18	30	48	75	120	180	0. 30	0. 48	0. 75	1. 2	1. 8
>6 ~ 10	0. 4	0. 6	1	1. 5	2. 5	4	6	9	15	22	36	58	90	150	220	0. 36	0. 58	0. 90	1. 5	2. 2
>10 ~ 18	0. 5	0. 8	1. 2	2	3	5	8	11	18	27	43	70	110	180	270	0. 43	0. 70	1. 10	1. 8	2. 7
>18 ~ 30	0. 6	1	1. 5	2. 5	4	6	9	13	21	33	52	84	130	210	330	0. 52	0. 84	1. 30	2. 1	3. 3
>30 ~ 50	0. 6	1	1. 5	2. 5	4	7	11	16	25	39	62	100	160	250	390	0. 62	1. 00	1. 60	2. 5	3. 9
>50 ~ 80	0. 8	1. 2	2	3	5	8	13	19	30	46	74	120	190	300	460	0. 74	1. 20	1. 90	3. 0	4. 6
>80 ~ 120	1	1. 5	2. 5	4	6	10	15	22	35	54	87	140	220	350	540	0. 87	1. 40	2. 20	3. 5	5. 4
>120 ~ 180	1. 2	2	3. 5	5	8	12	18	25	40	63	100	160	250	400	630	1. 00	1. 60	2. 50	4. 0	6. 3

表 5－1（续）

基本尺寸/mm	公差等级																			
	μm														mm					
	IT01	IT0	IT1	IT2	IT3	IT4	IT5	IT6	IT7	IT8	IT9	IT10	IT11	IT12	IT13	IT14	IT15	IT16	IT17	IT18
＞180～250	2	3	4.5	7	10	14	20	29	46	72	115	185	290	460	720	1.15	1.85	2.90	4.6	7.2
＞250～315	2.5	4	6	8	12	16	23	32	52	81	130	210	320	520	810	1.30	2.10	3.20	5.2	8.1
＞315～400	3	5	7	9	13	18	25	36	57	89	140	230	360	570	890	1.40	2.30	3.60	5.7	8.9
＞400～500	4	6	8	10	15	20	27	40	63	97	155	250	400	630	970	1.55	2.50	4.00	6.3	9.7

国家标准将基本偏差标准化，规定了孔、轴各 28 种位置，分别用代号 A、B、C、CD、D、E、EF、F、G、H、J、JS、K、L、M、N、P、R、S、T、U、V、X、Y、Z、ZA、ZB、ZC 表示孔的基本偏差系列（公差带位置）；用代号 a、b、c、cd、d、e、ef、f、g、h、j、js、k、l、m、n、p、r、s、t、u、v、x、y、z、za、zb、zc 表示轴的基本偏差系列（公差带位置）。

从图 5－10 中可以看出基本偏差由两部分组成，上半部分是基轴制中孔的 28 种基本偏差，下半部分是基孔制中轴的 28 种基本偏差。图中基本偏差系列公差带只画出一端，另一端未画出，因为它取决于公差带的大小。

基本偏差系列中的 H(h) 其基本偏差为零，JS(js) 与零线对称，上偏差 ES(es) = $+IT/2$，下偏差 EI(ei) = $-IT/2$，上下偏差均可作为基本偏差。

2）公差带及配合的表示方法

标准规定，公差带代号以基本偏差代号和公差等级的数字表示，如 H7、M8、h6、m7 等。

配合代号用分数形式表示，例如：H8/f7、J8/h7。分子代表孔，分母代表轴。

（1）基准制。

为了以尽可能少的标准公差带形成最多种的配合，标准规定了两种基准制，即基孔制和基轴制。

① 基孔制是基本偏差为一定的孔的公差带，与不同基本偏差的轴的公差带形成配合的一种制度。在基孔制中，孔是基准件，称为基准孔；轴是非基准件，称为配合轴。同时规定，基准孔的基本偏差是下偏差，且等于 0，EI = 0，并以基本代号 H 表示。

② 基轴制是基本偏差为一定的轴的公差带，与不同基本偏差的孔的公差带形成配合的一种制度。在基轴制中，轴是基准件，称为基准轴；孔是非基准件，称为配合孔。同时规定，基准轴的基本偏差是上偏差，且等于 0，es = 0，并以基本代号 h 表示。

（2）基本偏差的构成规律。

在孔和轴的各种基本偏差中，A～H 和 a～h 与基准件相配时，可以得到间隙配合；J～N 和 j～n 与基准件相配时，基本上得到过渡配合；P～ZC 和 p～zc 与基准件相配时，基本上得到过盈配合。

（3）轴的基本偏差的确定。

轴的基本偏差数值是以基孔制为基础，根据各种配合要求经过理论计算、实验或统计分析得到的，轴的另一极限偏差可根据下式计算：

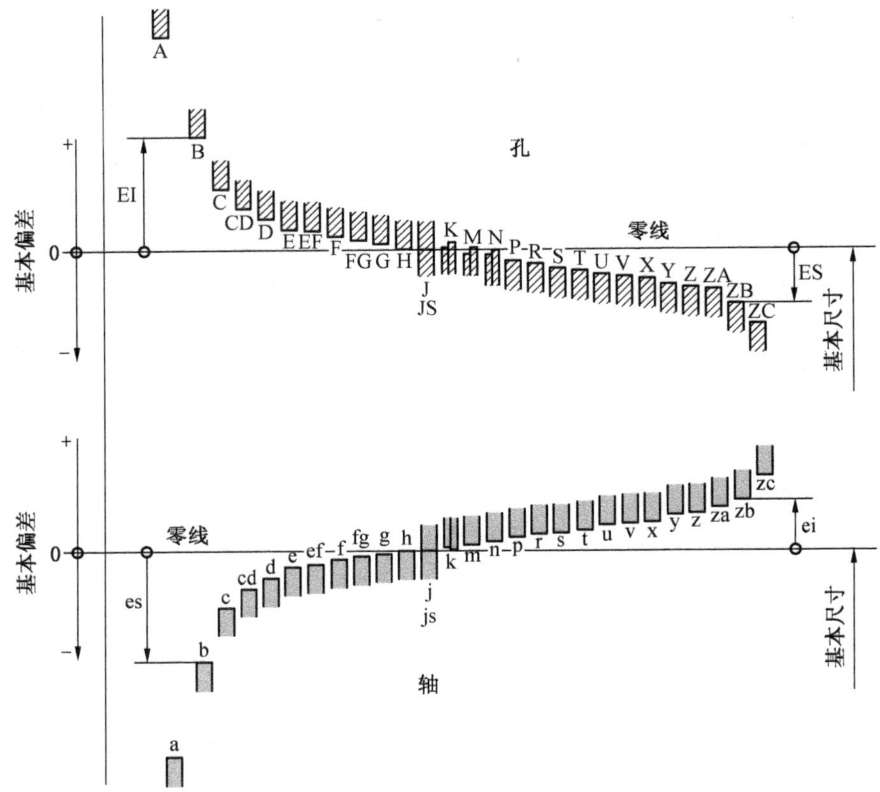

图 5－10　基本偏差系列示意图

$$es = ei + T \quad 或 \quad ei = es - T$$

（4）孔的基本偏差的确定。

对于同一字母的孔的基本偏差与轴的基本偏差相对零线是完全对称的，即孔与轴的基本偏差的绝对值相等而符号相反，即 EI = －es，ES = －ei。

适用范围为以下情况除外的所有孔的基本偏差：当基本尺寸大于 3～500 mm，标准公差等级_ IT8 的 K、M、N 和标准公差等级_ IT7 的 P～ZC，孔或轴的基本偏差的符号相反，而绝对值相差一个 Δ 值。即

$$ES = -ei + \Delta$$

其中　$$\Delta = IT_n - IT_{(n-1)} = T_h - T_S$$

式中　IT_n——某一级孔的标准公差；

$IT_{(n-1)}$——某一级孔高一级的轴的标准公差。

国家标准列出了轴、孔的基本偏差数值表，表 5－2 和表 5－3 仅列出基本尺寸至 500 mm以内的公差值。

表 5 - 2　基本尺寸≤500 mm 轴的基本偏差（GB/T 1800.3—1998）

基本尺寸/mm	基本偏差/μm																											
	上偏差/es												下偏差/ei															
	a*	b*	c	cd	d	e	ef	f	fg	g	h	js**	j			k		m	n	p	r	s	t	u	v	x	y	z
	所有公差等级												5 ~ 6	7	8	4 ~ 7	≤3 >7	所有公差等级										
≤3	-270	-140	-60	-34	-20	-14	-10	-6	-4	-2	0	偏差 = ± IT/2	-2	-4	-6	0	0	+2	+4	+6	+10	+14	—	+18	—	+20	—	+26
>3 ~ 6	-270	-140	-70	-46	-30	-20	-14	-10	-6	-4	0		-2	-4	—	+1	0	+4	+8	+12	+15	+19	—	+23	—	+28	—	+35
>6 ~ 10	-280	-150	-80	-56	-40	-25	-18	-13	-8	-5	0		-2	-5	—	+1	0	+6	+10	+15	19	+23	—	+28	—	+34	—	+42
>10 ~ 14	-290	-150	-95	—	-50	-32	—	-16	—	-6	0		-3	-6	—	+1	0	+7	+12	+18	+23	+28	—	+33	—	+40	—	+50
>14 ~ 18																									+39	+45	—	+60
>18 ~ 24	-300	-160	-110	—	-65	-40	—	-20	—	-7	0		-4	-8	—	+2	0	+8	+15	+22	+28	+35	—	+41	+47	+54	+63	+73
>24 ~ 30																							+41	+48	+55	+64	+75	+88
>30 ~ 40	-310	-170	-120	—	-80	-50	—	-25	—	-9	0		-5	-10	—	+2	0	+9	+17	+26	+34	+43	+48	+60	+68	+80	+94	+112
>40 ~ 50	-320	-180	-130																				+54	+70	+81	+97	+114	+136
>50 ~ 65	-340	-190	-140	—	-100	-60	—	-30	—	-10	0		-7	-12	—	+2	0	+11	+20	+32	+41	+53	+66	+87	+102	+122	+144	+172
>65 ~ 80	-360	-200	-150																		+43	+59	+75	+102	+120	+146	+174	+210
>80 ~ 100	-380	-220	-170	—	-120	-72	—	-36	—	-12	0		-9	-15	—	+3	0	+13	+23	+37	+51	+71	+91	+124	+146	+178	+214	+258
>100 ~ 120	-460	-240	-180																		+54	+79	+104	+144	+172	+210	+254	+310
>120 ~ 140	-460	-260	-200	—	-145	-85	—	-43	—	-14	0		-11	-18	—	+3	0	+15	+27	+43	+63	+92	+122	+170	+202	+248	+300	+365
>140 ~ 160	-520	-280	-210																		+65	+100	+134	+190	+228	+280	+340	+415
>160 ~ 180	-530	-310	-230																		+68	+108	+146	+210	+252	+310	+380	+465
>180 ~ 200	-660	-340	-240	—	-170	-100	—	-50	—	-15	0		-13	-21	—	+4	0	+17	+31	+50	+77	+122	+166	+236	+284	+350	+425	+520
>200 ~ 225	-740	-380	-260																		+80	+130	+180	+258	+310	+385	+470	+575
>225 ~ 250	-820	-420	-280																		+84	+140	+196	+284	+340	+425	+520	+640
>250 ~ 280	-920	-480	-300	—	-190	-110	—	-56	—	-17	0		-16	-26	—	+4	0	+20	+34	+56	+94	+158	+218	+315	+385	+475	+580	+710
>280 ~ 315	-1050	-540	-330																		+98	+170	+240	+350	+425	+525	+650	+790
>315 ~ 355	-1200	-600	-360	—	-210	-125	—	-62	—	-18	0		-18	-28	—	+4	0	+21	+37	+62	+108	+190	+268	+390	+475	+590	+730	+900
>355 ~ 400	-1350	-680	-400																		+114	+208	+294	+435	+530	+660	+820	+1000
>400 ~ 450	-1500	-760	-440	—	-230	-135	—	-68	—	-20	0		-20	-32	—	+5	0	+23	+40	+68	+126	+232	+330	+490	+595	+740	+920	+1100
>450 ~ 500	-1650	-840	-480																		+132	+252	+360	+540	+660	+820	+1000	+1250

注：1. *基本尺寸小于或等于 1 时，各级的 a 和 b 均不采用。

2. **js 的数值，对 IT7 至 IT11，IT 的数值（μm）为奇数时，则取 js = ±（IT - 1）/2。

表 5-3　基本尺寸≤500 mm 孔的

基本尺寸/mm	基本																	
	下　偏　差　EI																	
	A*	B*	C	CD	D	E	EF	F	FG	G	H	JS	J			K		M
	所有公差等级												6	7	8	≤8	>8	≤8
≤3	+270	+140	+60	+34	+20	+14	+10	+6	+4	+2	0	偏差=±IT/2	+2	+4	+6	0	0	-2
>3~6	+270	+140	+70	+46	+30	+20	+14	+10	+6	+4	0		+5	+6	+10	-1+Δ	—	-4+Δ
>6~10	+280	+150	+80	+56	+40	+25	+18	+13	+8	+5	0		+5	+8	+12	-1+Δ	—	-6+Δ
>10~14	+290	+150	+95	—	+50	+32	—	+16	—	+6	0		+6	+10	+15	-1+Δ	—	-7+Δ
>14~18																		
>18~24	+300	+160	+110	—	+65	+40	—	+20	—	+7	0		+8	+12	+20	-2+Δ	—	-8+Δ
>24~30																		
>30~40	-310	-170	-120	—	-80	-50	—	-25	—	-9	0		+10	+14	+24	-2+Δ	—	-9+Δ
>40~50	-320	-180	-130															
>50~65	+340	+190	+140	—	+100	+60	—	+30	—	+10	0		+13	+18	+28	-2+Δ	—	-11+Δ
>65~80	+360	+200	+150															
>80~100	+380	+220	+170	—	+120	+72	—	+36	—	+12	0		+16	+22	+34	-3+Δ	—	-13+Δ
>100~120	+410	+240	+180															
>120~140	+460	+260	+200	—	+145	+85	—	+43	—	+14	0		+18	+26	+41	-3+Δ	—	-15+Δ
>140~160	+520	+280	+210															
>160~180	+580	+310	+230															
>180~200	+660	+340	+240	—	+170	+100	—	+50	—	+15	0		+22	+30	+47	-4+Δ	—	-17+Δ
>200~225	+740	+380	+260															
>225~250	+820	+420	+280															
>250~280	+920	+480	+300	—	+190	+110	—	+56	—	+17	0		+25	+36	+55	-4+Δ	—	-20+Δ
>280~315	+1050	+540	+330															
>315~355	+1200	+600	+360	—	+210	+125	—	+62	—	+18	0		+29	+39	+60	-4+Δ	—	-21+Δ
>355~400	+1350	+680	+400															
>400~450	+1500	+760	+440	—	+230	+135	—	+68	—	+20	0		+33	+43	+66	-5+Δ	—	-23+Δ
>450~500	+1650	+840	+480															

注：1. 基本尺寸小于 1 mm 时，各级的 A 和 B 及大于 8 级的 N 均不采用。

2. 特殊情况：当基本尺寸大于 250~315 mm 时，M6 的 ES 等于 -9（不等于 -11）。

基本偏差（GB/T 1800.3—1998）

偏差/μm																Δ/μm					
上偏差 ES																					
N			P～ZC	P	R	S	T	U	V	X	Y	Z	ZA	ZB	ZC						
>8*	≤8	>8*	≤7	>7												3	4	5	6	7	8
-2	-4	-4	同一直径比大于7级的增加一个Δ值	-6	-10	-14	—	-18	—	-20	—	-26	-32	-40	-60	Δ=0					
-4	-8+Δ	0		-12	-15	-19	—	-23	—	-28	—	-35	-42	-50	-80	1	1.5	1	3	4	6
-6	-10+Δ	0		-15	-19	-23	—	-28	—	-34	—	-42	-52	-67	-97	1	1.5	2	3	6	7
-7	-12+Δ	0		-18	-23	-28	—	-33	—	-40	—	-50	-64	-90	-130	1	2	3	3	7	9
									-39	-45	—	-60	-77	-108	-150						
-8	-15+Δ	0		-22	-28	-35	—	-41	-47	-54	-63	-73	-98	-136	-188	1.5	2	3	4	8	12
							-41	-48	-55	-64	-75	-88	-118	-160	-218						
-9	-17+Δ	0		-26	-34	-43	-48	-60	-68	-80	-94	-112	-148	-200	-274	1.5	3	4	5	9	14
							-54	-70	-81	-97	-114	-136	-180	-242	-325						
-11	-20+Δ	0		-32	-41	-53	-66	-87	-102	-122	-144	-172	-226	-300	-405	2	3	5	6	11	16
					-43	-59	-75	-102	-120	-146	-174	-210	-274	-360	-480						
-13	-23+Δ	0		-37	-51	-71	-91	-124	-146	-178	-214	-258	-335	-445	-585	2	4	5	7	13	19
					-54	-79	-104	-144	-172	-210	-254	-310	-400	-252	-690						
-15	-27+Δ	0		-43	-63	-92	-122	-170	-202	-248	-300	-365	-470	-620	-800	3	4	6	7	15	23
					-65	-100	-134	-190	-228	-280	-340	-415	-535	-700	-900						
					-68	-108	-146	-210	-252	-310	-380	-465	-600	-780	-1000						
-17	-31+Δ	0		-50	-77	-122	-166	-236	-284	-350	-425	-520	-670	-880	-1150	3	4	6	9	17	26
					-80	-130	-180	-258	-310	-385	-470	-575	-740	-960	-1250						
					-84	-140	-196	-284	-340	-425	-520	-640	-820	-1050	-1350						
-20	-34+Δ	0		-56	-94	-158	-218	-315	-385	-475	-580	-710	-920	-1200	-1550	4	4	7	9	20	29
					-98	-170	-240	-350	-425	-525	-650	-790	-1000	-1300	-1700						
-21	-37+Δ	0		-62	-108	-190	-268	-390	-475	-590	-730	-900	-1150	-1500	-1900	4	5	7	11	21	32
					-114	-208	-294	-435	-530	-660	-820	-1000	-1300	-1650	-2100						
-23	-40+Δ	0		-68	-126	-232	-330	-490	-595	-740	-920	-1100	-1450	-1850	-2400	5	5	7	13	23	34
					-132	-252	-360	-540	-660	-820	-1000	-1250	-1600	-2100	-2600						

（四）公差带与配合的标准化

根据国标所提供的20个等级的标准公差和28种基本偏差可组成大量不同大小和位置的公差带（孔有543种，轴有544种），为有利于生产和减少刀具、量具的规格、数量，必须对公差带的数量作必要的限制，所以国家标准规定了优先公差带、常用公差带和一般用途公差带。

1. 优先、常用和一般公差带

国家标准GB/T 1800.2—2009允许任一孔、轴组成配合，但为了简化标准和使用方便，根据实际需要规定了优先、常用和一般的孔、轴的公差带，从而有利于生产和减少刀具、量具的规格、数量，便于技术工作。如图5-11和图5-12所示分别为基本尺寸至500 mm轴、孔优先、常用和一般用途的公差带，应按顺序选用。

在图5-11和图5-12中，轴的优先公差带13种，常用公差带59种，一般用途公差带119种；孔的优先公差带13种，常用公差带44种，一般用途公差带105种。

2. 优先和常用配合

把543种孔的公差带与544种轴的公差带进行组合可得到约30万种配合，远远超过了实际需要，有必要加以限制。国家标准对基孔制规定了13种优先配合和59种常用配合，对基轴制规定了13种优先配合和47种常用配合。具体配合见表5-4和表5-5。

从表中可以看出：当轴的标准公差$T_f \leq$IT8时，与低一级的孔相配；当大于或等于IT8级时，与同级基准孔相配合。当孔的标准公差小于或少数等于IT8级时，与高一级的基准轴相配，其余是孔轴同级相配。

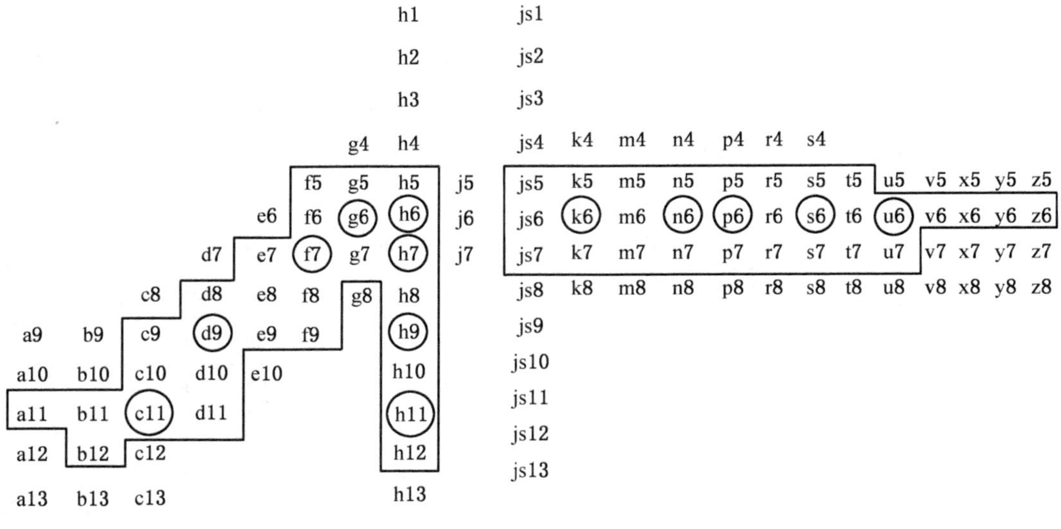

图5-11　轴的优先、常用、一般公差带

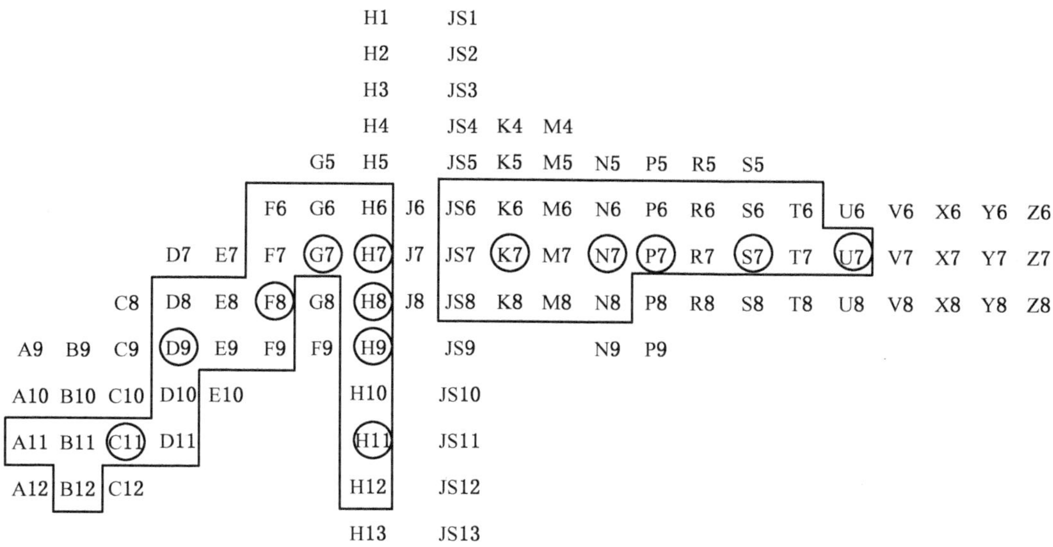

图 5-12　孔的优先、常用、一般公差带

表 5-4　基轴制优先、常用配合

基准轴	孔																				
	A	B	C	D	E	F	G	H	JS	K	M	N	P	R	S	T	U	V	X	Y	Z
	间隙配合								过渡配合			过盈配合									
h5						F6/h5	G6/h5	H6/h5	JS6/h5	K6/h5	M6/h5	N6/h5	P6/h5	R6/h5	S6/h5	T6/h5					
h6						F7/h6	◤G7/h6	◤H7/h6	JS7/h6	◤K7/h6	M7/h6	◤N7/h6	◤P7/h6	R7/h6	◤S7/h6	T7/h6	◤U7/h6				
h7					E8/h7	◤F8/h7		◤H8/h7	JS8/h7	K8/h7	M8/h7	N8/h7									
h8				D8/h8	E8/h8	F8/h8		H8/h8													
h9				◤D9/h9	E9/h9	F9/h9		◤H9/h9													
h10				D10/h10				H10/h10													
h11	A11/h11	B11/h11	◤C11/h11	D11/h11				◤H11/h11													
h12		B12/h12						H12/h12													

注：标注◤的配合为优先配合。

表 5－5　基孔制优先、常用配合

基准孔	轴																				
	a	b	c	d	e	f	g	h	js	k	m	n	p	r	s	t	u	v	x	y	z
	间隙配合								过渡配合			过盈配合									
h6						H6/f5	H6/g5	H6/h5	H6/js5	H6/k5	H6/m5	H6/n5	H6/p5	H6/r5	H6/s5	H6/t5					
H7						H7/f6	◤H7/g6	◤H7/h6	H7/js6	◤H7/k6	H7/m6	◤H7/n6	◤H7/p6	H7/r6	◤H7/s6	H7/t6	◤H7/u6	H7/v6	H7/x6	H7/y6	H7/z6
H8					H8/e7	◤H8/f7	H8/g7	◤H8/h7	H8/js7	H8/k7	H8/m7	H8/n7	H8/p7	H8/r7	H8/s7	H8/t7	H8/u7				
				H8/d8	H8/e8	H8/f8		H8/h8													
H9			H9/c9	◤H9/d9	H9/e9	H9/f9		◤H9/h9													
H10			H10/c10	H10/d10				H10/h10													
H11	H11/a11	H11/b11	◤H11/c11	H11/d11				◤H11/h11													
H12		H12/b12						H12/h12													

注：1. $\frac{H6}{n5}$，$\frac{H7}{p6}$在基本尺寸小于或等于 3 mm 和$\frac{H8}{r7}$在小于或等于 100 mm 时，为过渡配合。

2. 标注◤的配合为优先配合。

（五）公差与配合的标注

1. 在零件图上的标注

用于大批量生产的零件图，可以只标注公差代号，如图 5－13a 所示；用于中小批量生产的零件图，一般只标注极限偏差，上偏差注在右上方，下偏差应与基本尺寸注在同一

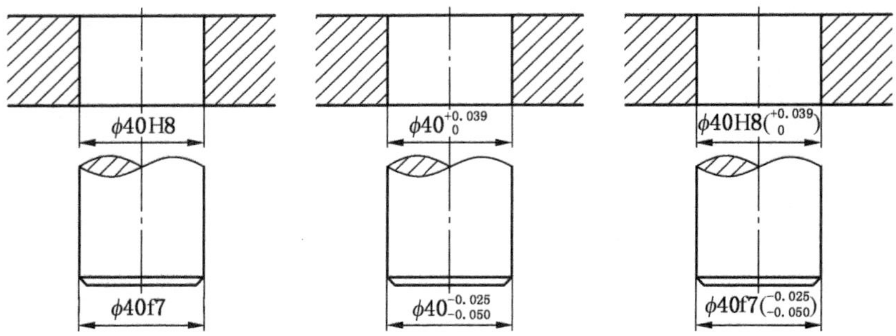

(a)　(b)　(c)

图 5－13　公差带代号、极限偏差在零件图上的标注

底线上，字体高度约为基本尺寸字体高度的三分之二，如图 5－13b 所示；如需同时标注公差代号和对应的偏差值时，则其偏差值应加上圆括号，如图 5－13c 所示。

2. 在装配图上的标注

在装配图上，当轴和孔为配合关系时，必须在装配图上标注出其配合关系，在配合符号中反映出轴和孔各自的公差关系。标注示例如图 5－14 所示。

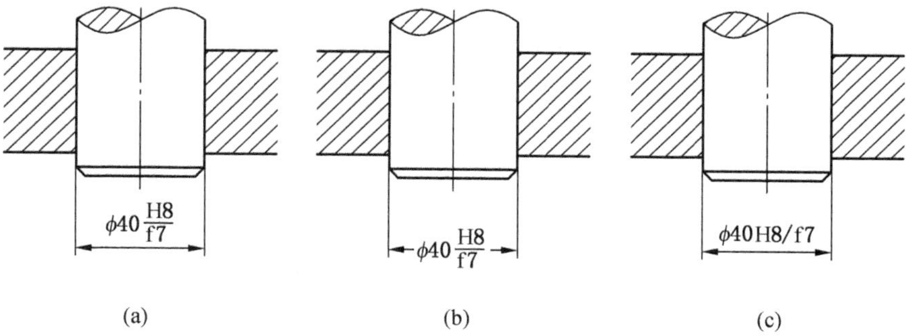

图 5－14　配合代号在装配图上的标注

（六）滚动轴承与轴和座孔的配合

滚动轴承的套圈与轴和座孔之间应选择适当的配合，以保证轴的旋转精度和轴承的周向固定。滚动轴承是标准零件，因此，轴承内圈与轴颈的配合采用基孔制，轴承外圈与座孔的配合采用基轴制。一般轴承内圈旋转，为了防止轴颈与内圈在旋转时有相对运动，轴承内圈与轴颈一般选用 m5、m6、n6、p6、r6、js5 等较紧的配合。轴承外圈与座孔一般选用 J7、K7、M7、H7 等较松的配合。配合选择取决于载荷大小、方向和性质，轴承类型、尺寸和精度，轴承游隙以及其他因素。具体选用可参考机械手册。

滚动轴承内圈与轴配合时，在装配图中只标基本尺寸与所设计轴的公差带代号；滚动轴承外圈与轴承座孔配合时，在装配图中只标基本尺寸与座孔的公差带代号，如图 5－15 所示。

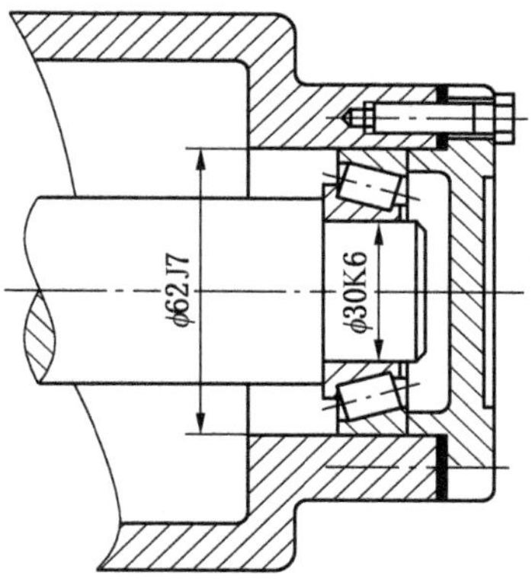

图 5－15　轴承与轴和孔的配合标注

三、任务实施

（一）操作步骤

公差与配合的选择是机械设计与制造的重要环节，主要包括基准制、公差等级和配合种类的选择。选择原则是：在满足使用要求的前提下，尽可能选择较低的公差等级。公差与配合的选择一般有 3 种方法：类比法、计算法和试验法。

类比法就是通过对比类似的机器和零部件进行调查研究，分析对比，吸取经验教训，结合各自的实际情况选取公差和配合。这是应用最多、最重要的方法。

计算法是按一定的理论和公式来确定所需要的间隙和过盈。由于影响因素较复杂，理论均是近似的，计算结果不尽符合实际，故需要进行修正。

试验法是通过试验或统计分析来确定间隙或过盈，此法较为合理可靠，但成本高，只用于重要的配合。

1. 确定基准制

基准制包括基孔制和基轴制两种，一般来说，相同代号的基孔制和基轴制配合的性质相同。如 H7/f6 与 F7/h6 有同样的最大间隙和最小间隙。因此，基准制的选择与使用要求无关，主要应从结构、工艺和经济性各方面综合考虑。

1）基孔制

一般情况下，应优先选用基孔制。通常加工孔比加工轴要困难，所用的刀具、量具的尺寸规格也多些。采用基孔制可减少定值刀具、量具的规格数目，有利于刀、量具的标准化、系列化，因而经济合理，使用方便。

2）基轴制

在下列情况下采用基轴制则经济合理：

（1）当使用具有一定精度的冷拔圆钢，不对外径进行加工时，应采用基轴制。

（2）与标准件配合时，必须按标准件来选择基准制。如滚动轴承的外圈与壳体孔的配合必须采用基轴制。

（3）一根轴和多个孔相配时，考虑结构需要，宜采用基轴制。

2. 公差等级的选择

在满足使用要求的前提下应尽量把公差级别选低，以取得较好的经济效益。

一般采用类比法。如已知配合公差 T，可按下式之一确定孔、轴配合。尺寸公差的大小计算方法为

按极值法计算　　$T_f = T_D + T_d$

按概率法计算　　$T_f = \sqrt{T_D^2 + T_d^2}$

两式中孔、轴公差按下述情况分配：

当配合尺寸≤500 mm 时较高等级配合，由于孔比同级轴加工困难，当标准公差 $T_f \leqslant$ IT8 时，推荐孔比轴低一级；当大于 IT8 级或基本尺寸大于500 mm 的配合，由于孔的测量标准比轴容易保证，推荐采用同级孔、轴配合。

工程中公差等级与配合要求的关系见表 5 - 6；公差等级与加工方法的大致关系可参考表 5 - 7。

3. 确定配合种类

确定配合种类主要指在保证机器正常工作的情况下，相互配合的孔与轴应该具有的相互关系。配合性质主要取决于基本偏差，同时还与公差等级及基本尺寸有关，即配合性质的确定取决于使用要求。

1）配合种类的特点

过盈配合具有一定的过盈量，主要用于结合件间无相对运动、不需要拆卸的静连接。当过盈量较小时，只作精确定心用。如需传递力矩，需要加键、销等紧固件。过盈量较大

表5-6 公差等级的应用

应用场合			公差等级（IT）																	
			01	0	1	2	3	4	5	6	7	8	9	10	11	12	13	14	15	16
量块			—	—	—															
量规	高精度量规				—	—	—	—												
量规	低精度量规								—	—	—									
配合尺寸	个别特别重要的配合			—	—															
配合尺寸	特别重要的配合	孔					—	—	—											
配合尺寸	特别重要的配合	轴				—	—	—												
配合尺寸	精密配合	孔								—	—	—								
配合尺寸	精密配合	轴							—	—	—									
配合尺寸	中等精度配合	孔											—	—						
配合尺寸	中等精度配合	轴										—	—	—						
配合尺寸	低精度配合														—	—	—			
非配合尺寸，一般尺寸																—	—	—	—	—
原材料公差													—	—	—	—	—			

表5-7 各种加工方法的合理加工精度

加工方法	公差等级（IT）																	
	01	0	1	2	3	4	5	6	7	8	9	10	11	12	13	14	15	16
研磨	—	—	—	—	—	—	—											
珩						—	—	—	—									
圆磨							—	—	—	—								
平磨							—	—	—	—								
金刚石车							—	—	—									
金刚石镗							—	—	—	—								
拉削							—	—	—	—								
铰孔								—	—	—	—	—						
车									—	—	—	—	—					
镗									—	—	—	—	—					
铣										—	—	—	—					
刨、插												—	—					
钻孔												—	—	—	—			

表 5－7（续）

加 工 方 法	公差等级（IT）																	
	01	0	1	2	3	4	5	6	7	8	9	10	11	12	13	14	15	16
滚压、挤压												—	—					
冲压												—	—	—	—	—		
压铸													—	—	—	—		
粉末冶金成型								—	—	—								
粉末冶金烧结									—	—	—	—						
砂型铸造、气割																		—
锻造																	—	

时，可直接用于传递力矩。

过渡配合可能具有间隙，也可能具有过盈，因其量小，主要用于精确定心，结合件间无相对运动、可拆卸的静连接。要传递力矩时则要加紧固件。

间隙配合具有一定的间隙，间隙小时主要用于精确定心又便于拆卸的静连接，或结合件间只有缓慢移动或转动的动连接。间隙较大时主要用于结合件间有转动、移动或复合运动的动连接。

2）孔、轴基本偏差的选择

配合类别确定后，非基准件基本偏差的选择有计算法、试验法和经验法 3 种方法。

（1）计算法。根据液体润滑和弹性理论计算出所需间隙或过盈的最佳值，而后选择接近的配合种类。

（2）试验法。针对产品性能影响重大的某些配合，往往需用试验法来确定最佳间隙或最佳过盈，但因其成本高而不常用。

（3）经验法。由平时实践积累的经验和通过类比法确定出配合间隙或过盈，这是最常用的方法。

下面以实例说明经验法确定公差与配合的过程。

（二）实例分析

【实例】在图 5－16 中，减速器轴承代号为 6206，装齿轮段的轴的直径为 $\phi32$，要求齿轮与轴对中性好，且很少装拆，旋转过程中承受轻负荷。试用经验法确定该减速器轴与轴承、齿轮、套筒之间的配合性质，并在图中正确标注。

解 查阅《减速器设计指导书》或其他相关手册，根据题意，为保证定位良好，轴与齿轮的配合代号可采用过渡配合，选用 $\phi32\ \frac{H7}{n6}$；轴承是标准件，轴与轴承内圈为基孔制，一般为过渡配合，此段轴的公差带代号确定为 $\phi30k6$，轴承孔由标准确定；套筒与轴间隙配合即可，选用 $\phi30\ \frac{D11}{k6}$，标注如图 5－16 所示。

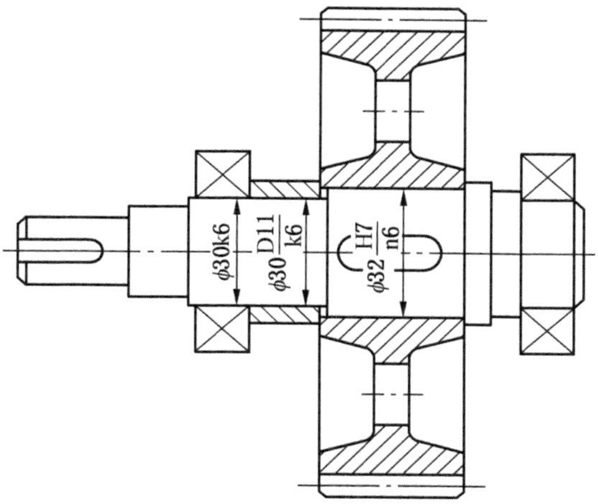

图 5-16 实例

四、拓展知识

一般公差指在车间一般加工条件下可保证的公差。采用一般公差的尺寸，在该尺寸后不注出极限偏差。它主要用于较低精度的非配合尺寸，因此一般可不检验。线性尺寸的一般公差规定了 4 个等级：f（精密级）、m（中等级）、c（粗糙级）和 v（最粗级）。在图样上、技术文件或标注中，用标准号和公差等级符号表示。

例如：选用中等级时表示为 GB/T 1804—m，选用粗糙级时表示为 GB/T 1804—c。表 5-8 为线性尺寸未注极限偏差的数值。

表 5-8 线性尺寸未注极限偏差的数值 mm

公差等级	尺寸分段							
	0.5~3	>3~6	>6~30	>30~120	>120~400	>400~1000	>1000~2000	>2000~4000
f（精密级）	±0.05	±0.05	±0.1	±0.15	±0.2	±0.3	±0.5	—
m（中等级）	±0.1	±0.1	±0.2	±0.3	±0.5	±0.8	±1.2	±2
c（粗糙级）	±0.2	±0.3	±0.5	±0.8	±1.2	±2	±3	±4
v（最粗级）	—	±0.5	±1	±1.5	±2.5	±4	±6	±8

思考与练习

1. 什么是基孔制配合与基轴制配合？为什么要规定基准制？广泛采用基孔制配合的原因何在？在什么情况下采用基轴制配合？

2. 下面三根轴哪根精度最高？哪根精度最低？

（1）$\phi 70^{+0.075}_{+0.015}$ （2）$\phi 250^{-0.015}_{-0.044}$ （3）$\phi 10^{0}_{-0.022}$

3. 根据表 5－9 给出的数据求空格中应有的数据，并填入空格内。

表 5－9　题 3

基本尺寸	孔			轴			X_{max}或Y_{min}	X_{min}或Y_{max}	X_{av}或Y_{av}	T_f
	ES	EI	T_D	es	ei	T_d				
ϕ25		0		－0.040		0.021	＋0.074	＋0.040	＋0.057	0.034
ϕ14		0		＋0.012		0.010	＋0.017	－0.012	＋0.0025	0.029
ϕ45			0.025	0			－0.009	－0.050	－0.0295	0.041

4. 有一组相配合的孔和轴为 $\phi30\frac{N8}{h7}$ mm，作如下几种计算并填空。

查表得 N8＝($^{-0.003}_{-0.036}$)，h7＝($^{0}_{-0.021}$)。

(1) 孔的基本偏差是________ mm，轴的基本偏差是________ mm。

(2) 孔的公差为________ mm，轴公差为________ mm。

(3) 配合的基准制是________；配合性质是________。

(4) 配合公差等于________ mm。

5. 有一孔，轴配合为过渡配合，孔尺寸为 $\phi80^{+0.046}_{0}$ mm，轴尺寸为 $\phi80\pm0.015$ mm，求最大间隙和最大过盈，画出配合的孔、轴公差带图。

6. 图 5－17 所示为减速器轴颈部分，已知轴承型号为 6311，查阅相关资料，为轴承外圈与箱体孔之间、轴承内圈与轴颈之间选用合适的公差与配合代号，并在装配图5－17a 中标注正确的配合代号，在轴承孔图 5－17b 和轴颈图 5－17c 中相应的尺寸线上标注正确的公差带代号及上下偏差。

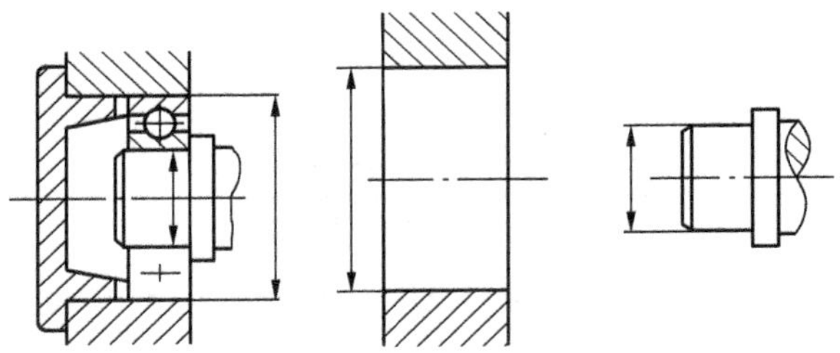

(a) 装配图　　(b) 轴承孔图　　(c) 轴颈图

图 5－17　题 6

任务二　零件几何公差选用与标注

一、工作任务

(一) 任务概述

由任务一已经获知，经过机械加工后的零件存在尺寸误差。而由于机床夹具、刀具及工艺操作水平等因素的影响，零件的几何要素，即点、线、面也会出现误差，如图 5－18 所示车削形成的形状误差，如图 5－19 所示钻削形成的位置误差。这种误差不仅会影响机械产品的质量（如工作精度、连接强度、运动平稳性、密封性、耐磨性、噪声和使用寿命等），还会影响零件的互换性。为了满足零件的使用要求，保证零件的互换性和制造的经济性，设计时必须合理控制零件的形状、方向、位置及跳动误差，即对零件规定形状、方向、位置及跳动公差进行限制，简称几何公差。

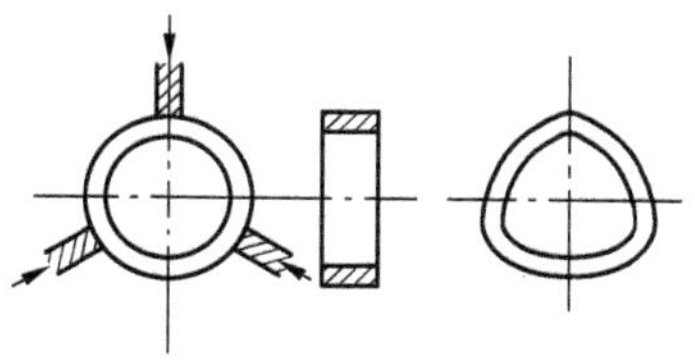

图 5－18　车削形成的形状误差

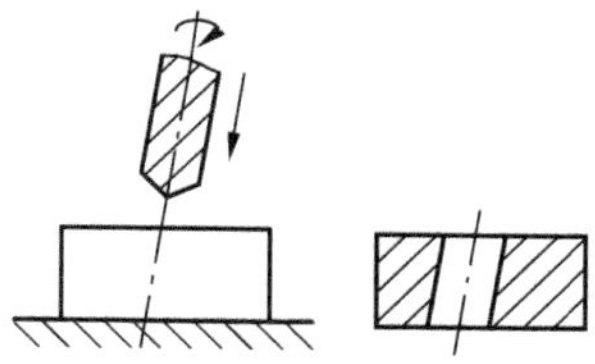

图 5－19　钻削形成的位置误差

（二）任务要求

1. 知识要求

（1）了解零件几何公差的意义。

（2）掌握零件几何公差项目的意义及其符号表示。

（3）掌握零件几何公差的标注方法。

2. 能力要求

（1）能够分析零件几何公差项目意义。

（2）能够确定零件几何公差。

（3）能够正确标注零件几何公差。

3. 态度要求

（1）能主动学习，在完成任务过程中发现问题、分析问题和解决问题。

（2）能与小组成员协商、交流配合完成本学习任务。

（3）严格遵守安全规范。

二、相关知识

（一）几何公差基本知识

1. 几何要素的类型

构成零件几何特征的点、线、面称为要素。要素是形状和位置公差的研究对象，如图 5－20 所示。零件的要素有球心、锥顶、圆柱和圆锥的素线、轴线、端平面、球面、圆锥面、圆柱面等。可以从不同角度对要素进行分类。

1）按结构特征分类

（1）轮廓要素。构成零件外形的、能直接为人们所感觉到的点、线、面要素称为轮廓要素，如图 5－20 中的球面、圆锥面、圆柱面、端平面、圆柱面素线、圆锥面素线、锥顶等。

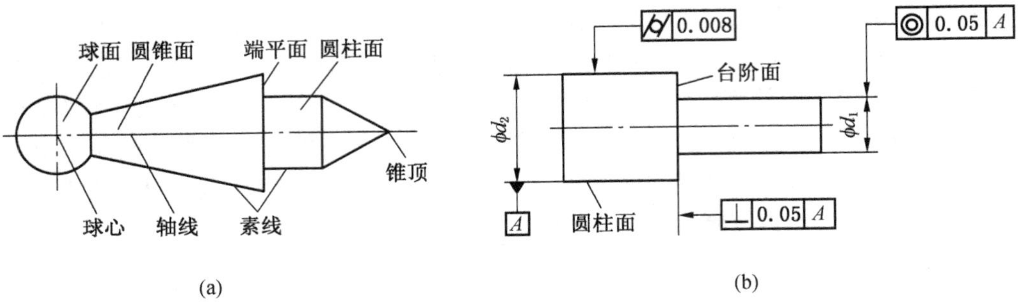

图 5-20　零件的几何要素

（2）中心要素。对称要素的中心点、线、面或回转表面的轴线称为中心要素。中心要素虽然也是客观存在的要素，但不能为人们直接所感觉，必须通过分析后才能说明它的存在，如圆心、轴线、球心等。

2）按在几何公差中所处的地位分类

（1）被测要素。图样上给出了形状或（和）位置公差的要素，称为被测要素，它是检测的对象。被测要素又可分为单一要素和关联要素。

①单一要素。它是仅对其本身给出形状公差要求的要素。②关联要素。它是与其他要素有功能关系的要素，即给出位置公差的要素。

如图 5-20 所示，ϕd_2 的圆柱面是被测要素，给出了圆柱度公差要求，故为单一要素。ϕd_1 圆柱的轴线相对于 ϕd_2 圆柱的轴线有同轴的功能要求，ϕd_2 圆柱的台肩面相对于 ϕd_2 圆柱的轴线有垂直的功能要求，都给出位置公差，则 ϕd_1 圆柱的轴线和 ϕd_2 圆柱的台肩都是被测关联要素。

（2）基准要素。用来确定被测要素的方向或（和）位置的要素。图 5-20 中，ϕd_1 的轴线应与 ϕd_2 的轴线同轴，ϕd_2 的台肩应与 ϕd_2 的轴线垂直，ϕd_2 的轴线为基准要素。理想基准要素简称基准。按存在的状态又分为：①实际要素。它是零件上实际存在的要素，通常以测得的要素来代替。由于测量时有误差，所以，测得的要素并不是实际要素的真实情况。②理想要素。它是具有几何学意义的要素，即图样设计给定的，不存在任何误差的要素。

2. 几何公差项目

几何公差是被测实际要素对其理想要素允许的最大变动量。几何公差带是限制被测实际要素变动的区域。就是被测的实际要素应在给定的公差带内，否则是不合格。几何公差带有一定的大小、形状、方向和位置。

（1）几何公差带的大小用几何公差值 t 确定，它表示了公差带的宽度或直径，如图 5-21 所示的 t、ϕt。

（2）几何公差带的形状取决于被测要素的特征和设计要求。在给定平面内公差带的形状有两平行直线、两等距曲线、两同心圆、一个圆；在空间，公差带的形状有一个球、两平行平面、两等距曲面、两同轴圆柱、一个四棱柱、一个圆柱等，参看图 5-21。

（3）几何公差带的方向即公差带放置的方向，由被测要素与基准的几何关系（垂直、平行或倾斜任一个角度）确定。一般称只能确定公差带的方向，不能确定公差带位置的为浮动公差带。公差带的位置有确定的和浮动的。

为控制机器零件的形位误差，提高机器的精度和延长使用寿命，保证互换性生产，标准相应规定了 14 项几何公差项目。几何公差的项目和代号由表 5－10 列出。

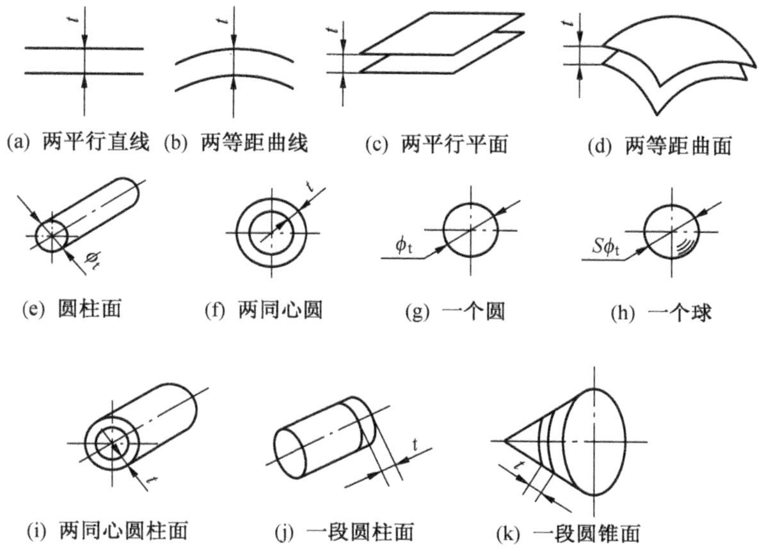

图 5－21　几何公差带

表 5－10　几何公差项目和符号

公差类型	几何特征	符号	公差类型	几何特征	符号
形状公差	直线度	—	位置公差	位置度	⌖
	平面度	⏥		同心度（用于中心点）	◎
	圆度	○		同轴度（用于轴线）	◎
	圆柱度	⌭		对称度	⌯
	线轮廓度	⌒		线轮廓度	⌒
	面轮廓度	⌓		面轮廓度	⌓
方向公差	平行度	//	跳动公差	圆跳动	↗
	垂直度	⊥		全跳动	⌰
	倾斜度	∠			
	线轮廓度	⌒			
	面轮廓度	⌓			

3. 基准

基准是用来确定被测要素的理想方向或位置的，直接关系到位置误差的大小，所以，基准在位置公差中是十分重要的。

基准是理想的要素，它是确定要素间几何关系的依据。根据几何特征有基准点、基准直线、基准平面。

基准实际要素是指零件上起基准作用的实际存在的要素，例如零件上的某一平表面、孔表面等。

图样上所标注的基准都是理想的要素，是设计给定的，该要素不应有任何形状误差。然而加工出来的基准实际要素都有形状误差，不能直接作为基准使用，可根据基准实际要素来确定基准。

1）基准的三种类型

（1）单一基准。是仅由一个要素构成的基准。如图 5－20b 中只有一个基准轴线 *A*，标注时只用一个字母注在框格第三格内。

（2）组合基准。是由两个或两个以上的要素构成而作为单一基准使用的一组要素。如图 5－22 中，*C*、*D* 两要素构成的组合基准（公共基准轴线、公共基准平面）。可用两个字母间加“—”注在框格第三格内。

（3）三基面体系。是由三个相互垂直的基准平面组成的基准体系。如图 5－23 中，三个相互垂直的基准平面 *A*、*B*、*C* 组成三基面体系。可选定对被测要素的使用要求影响最大的为第一基准面；次之为第二基准面；影响最小的为第三基准面。可按这样的顺序将基准字母注在框格内。三个基准平面是确定和测量零件上各要素几何关系的起点。在实际应用中，三基面体系也可用一轴线与其垂直的一个平面所组成，基准轴线可看成是两个互相垂直的基准平面的交线。

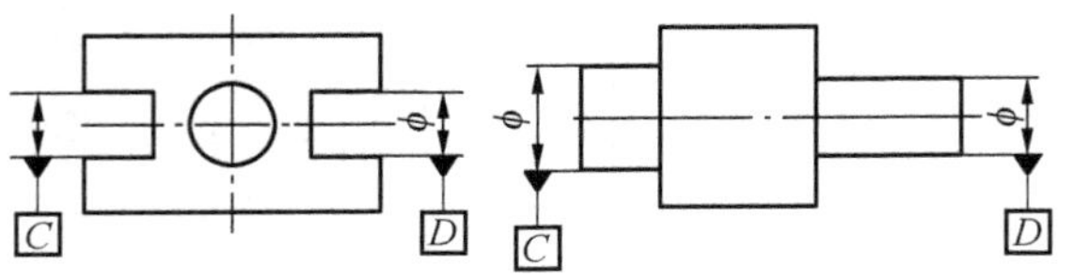

图 5－22　组合基准

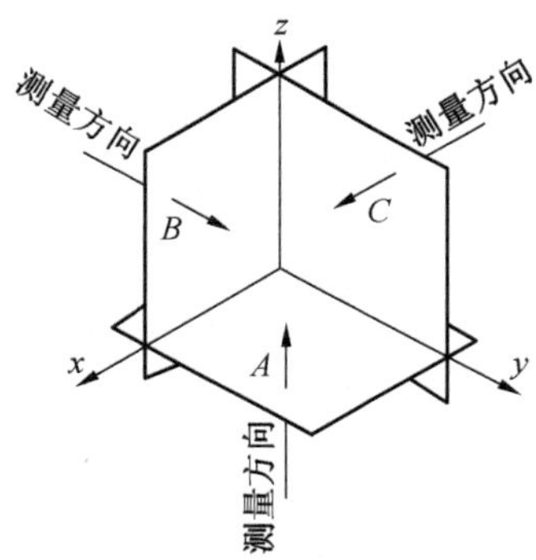

图 5－23　三基面体系

2）基准代号及标注

基准代号由基准符号、方框、连线和字母组成。无论基准代号在图样上的方向如何，圆圈内的字母都应水平书写。基准代号的字母应与公差框格第三格及以后各格内填写的字母相同，基准代号的字母不得采用 E、I、J、M、O、P、L、R、F。基准的顺序在公差框格中是固定的。无论基准符号在图样上的方向如何，方框内的字母要水平书写。标注形式如图 5－24、图 5－25、图 5－26 所示。如图 5－26 所示，当基准要素为轮廓要素时，基准符号应置于轮廓线或轮廓线的延长线上；当基准要素为中心要素时，基准符号连线应与确定中心要素的轮廓的尺寸线对齐。标注时必须分清几何要素是轮廓要素还是中心要素。

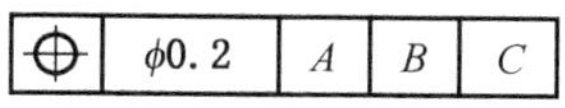

图 5－24　基准顺序

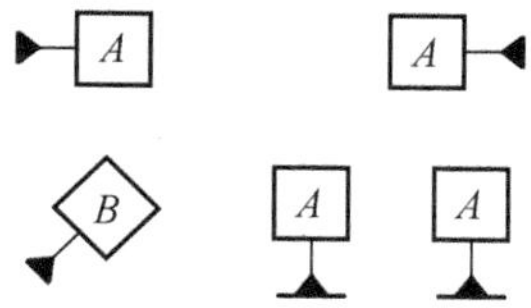

图 5－25　字母水平书写

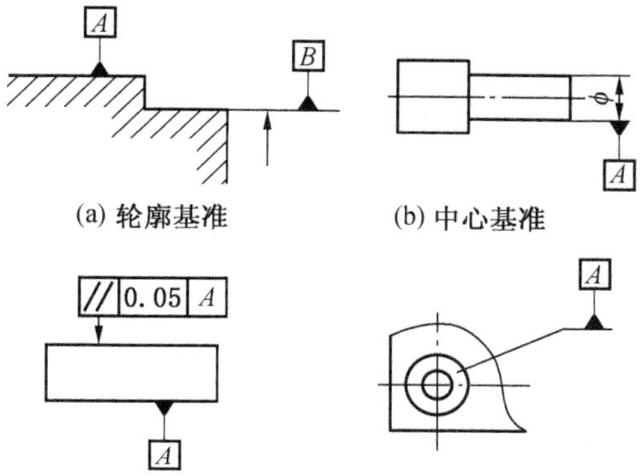

(a) 轮廓基准　(b) 中心基准

(c) 任意基准　(d) 局部基准

图 5－26　基准标注

4. 几何公差带的标注

按几何公差国家标准的规定，在图样上标注几何公差时，应采用代号标注。无法采用代号标注时，允许在技术条件中用文字加以说明。

几何公差的代号包括几何公差项目的符号、框格、指引线、公差数值、基准符号以及其他符号，如图 5－27 所示。

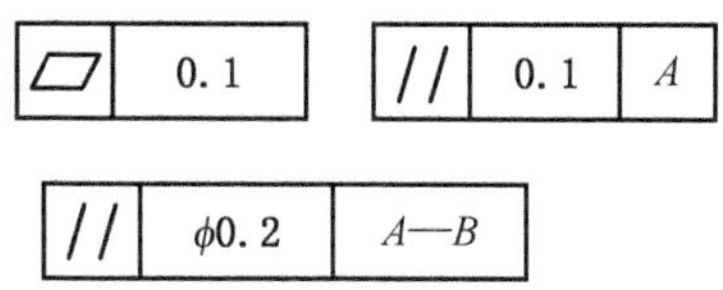

图 5－27　几何公差框格

1）框格

几何公差的框格由两格或多格组成。第一格填写公差项目的符号；第二格填写公差值及有关符号；第三、四、五格填写代表基准的字母及有关符号。

2）指引线

标注时指引线可由公差框格的一端引出，并与框格端线垂直，箭头指向被测要素，箭头的方向是公差带宽度方向或直径方向，如图 5－28 所示。

如图 5－28a 所示，当被测要素为轮廓要素时，指引线箭头应置于轮廓线或轮廓线的延长线上；如图 5－28b 所示，当被测要素为中心要素时，指引线箭头应与确定中心要素的轮廓的尺寸线对齐，标注时同样要分清几何要素是轮廓要素还是中心要素。

3）几何公差标注的简化

当同一被测要素有不同几何公差要求或不同被测要素有相同几何公差要求时，可将一个公差框格放在另一个公差框格的下面，用同一指引线指向被测要素。如测量方向不同，则应分开标注。如图 5－29 所示为进行标注的标准方法。

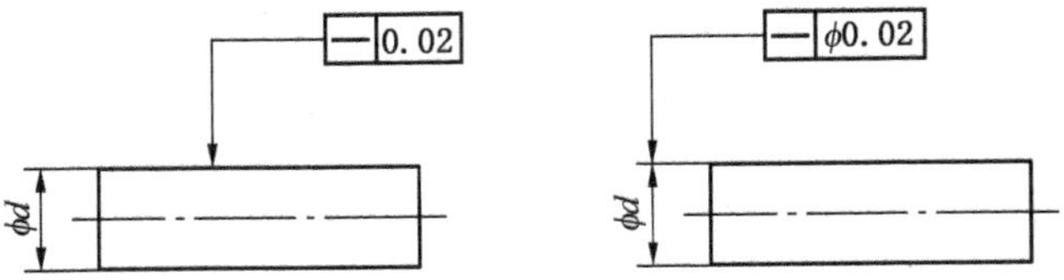

(a) 被测要素为轮廓要素箭头的指向位置　(b) 被测要素为中心要素箭头的指向位置

图 5－28　箭头的指向位置

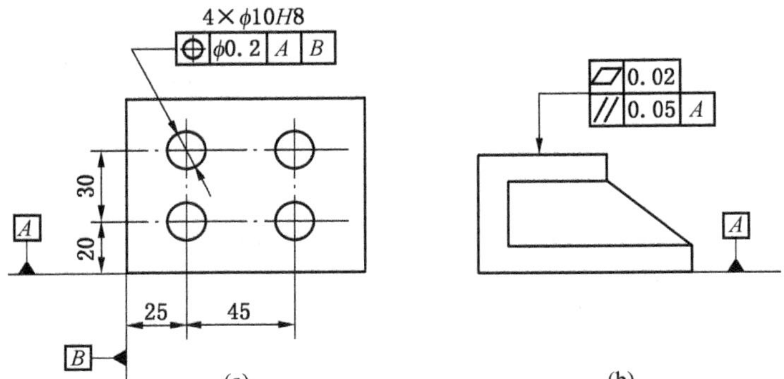

(a)　(b)

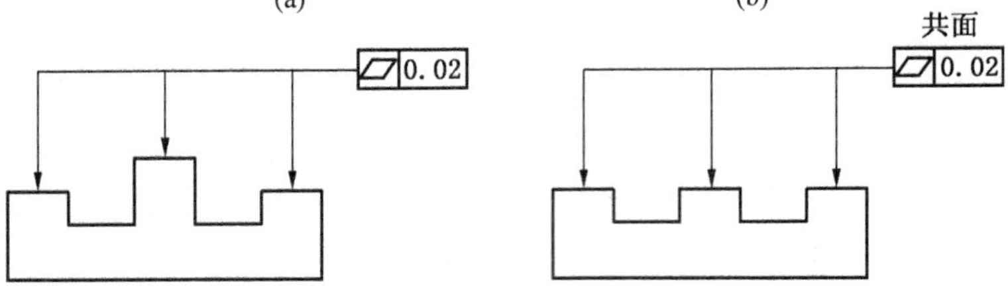

(c)　(d)

图 5－29　几何公差简化

4）其他符号

如果标注对被测要素任意局部范围内的公差要求，应将该局部范围的尺寸（长度、边长或直径）标注在几何公差值的后面，用斜线相隔。如图 5－30a 所示。

如仅对要素的某一部分提出公差要求，则用粗点划线表示其范围，并加注尺寸。

同理，如要求要素的某一部分作为基准，该部分也应用粗点划线表示并加注尺寸，如图 5－30b 所示。

当被测要素为视图上的整个外轮廓线（面）时，应采用全周符号。如图 5－30c 所示。

当形位误差有某些限定要求时，在标注中需要用符号表示出来。几何公差值的限定符号见表 5－11。

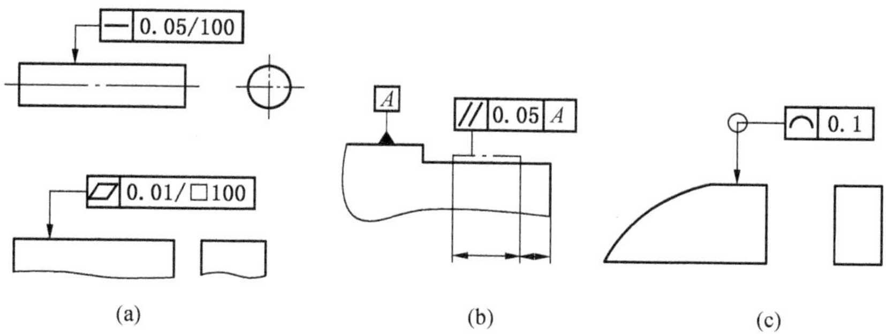

图 5－30　其他标注方法

表 5－11　几何公差值的限定符号

含　　义	符　　号	举　　例
只许中间向材料外凹下	(−)	⏤ | t(−)
只许中间向材料外凸起	(+)	⏥ | t(+)
只许从左至右减小	(▷)	⌭ | t(▷)
只许从右至左减小	(◁)	⌭ | t(◁)

（二）几何公差

1. 形状公差

形状公差是单一实际被测要素对其理想要素的允许变动量。形状公差包括直线度、平面度、圆度、圆柱度、线轮廓度、面轮廓度 6 个项目，除了有基准要求的线轮廓度、面轮廓度外，其他均是对单一要素的要求。

形状公差带是限制单一实际被测要素变动的区域。

1）直线度

直线度是限制实际直线对理想直线变动量的一项指标。直线度可分为给定平面的直线度、给定方向上的直线度、任意方向上的直线度。

（1）给定平面的直线度。

图 5－31 表示圆柱表面上任一素线的直线度公差为 0.02 mm，其公差带是在通过轴线的任一平面内，距离为公差值 $t=0.02$ mm 的两平行直线之间的区域，实际圆柱表面上的任一素线必须位于此区域之内才是合格的。

（2）给定方向上的直线度。

① 给定方向上的直线度公差。图 5－32 表示刀口尺的棱线在箭头所指方向上的直线度公差为 0.02 mm，即垂直箭头所示方向，距离为公差值 $t=0.02$ mm 的两平行平面之间的区域。

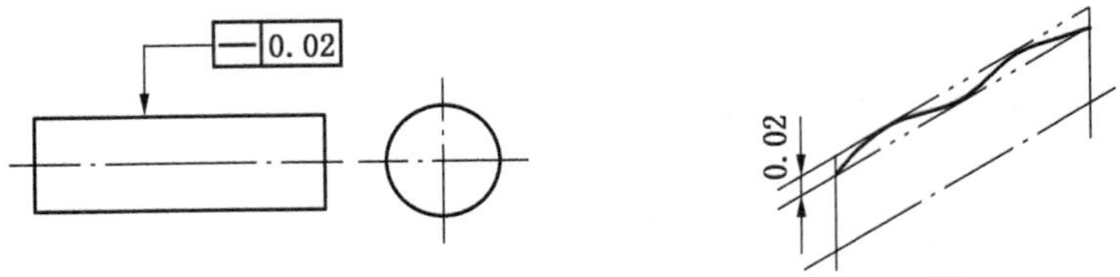

(a) (b)

图 5 - 31　给定平面的直线度公差

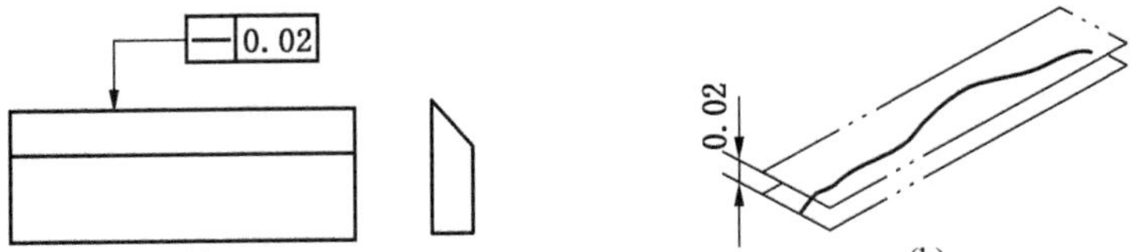

(a) (b)

图 5 - 32　给定方向上的直线度公差

② 给定互相垂直的两个方向的直线度公差。图 5 - 33 表示三棱尺的棱线在给定水平和垂直两个方向上的直线度公差分别为 0.2 mm 及 0.1 mm，其公差带是水平方向距离为公差值 0.2 mm，垂直方向距离为公差值 0.1 mm 的四棱柱。

(a) (b)

图 5 - 33　给定互相垂直的两个方向的直线度公差

③ 任意方向上的直线度公差。图 5 - 34 表示 ϕd 圆柱面的轴线必须位于直径为公差值 0.04 mm 的圆柱面内，其公差带是直径为公差值 $t = 0.04$ mm 的圆柱面内的区域。

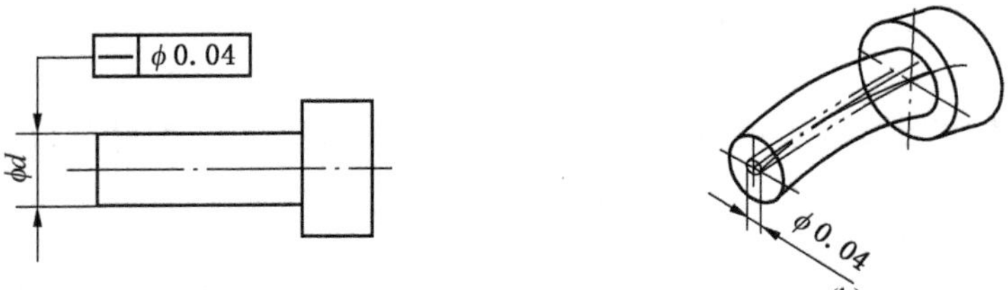

(a) (b)

图 5 - 34　任意方向上的直线度公差

标注直线度时，指引线箭头应指向公差带宽度方向或直径。

2）平面度

平面度是限制实际表面对理想平面变动量的一项指标。它的公差带仅有一种形式，如图 5 - 35 所示。该图表示被测平面的平面度公差值为 0.1 mm，其公差带是距离为公差值

$t=0.1$ mm 的两平行平面的区域。

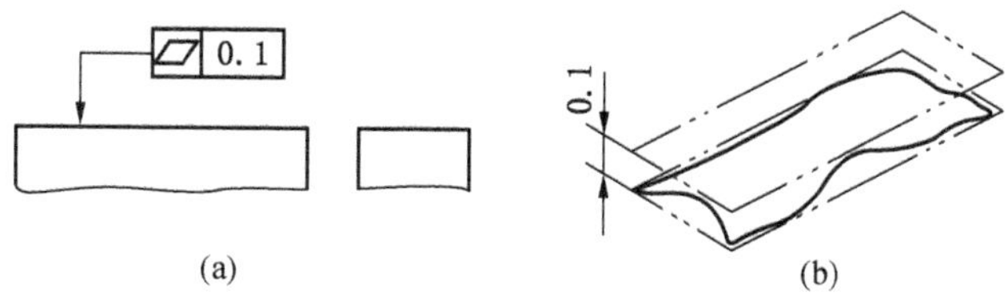

图 5－35　平面度

3）圆度

圆度是限制实际圆对理想圆变动量的一项指标。图 5－36 表示在垂直于轴线的任一正截面上，该圆必须位于半径差为公差值 0.02 mm 的两同心圆之间，其公差带是在同一正截面上半径差为公差值 $t=0.02$ mm 的两同心圆之间的区域，两同心圆的圆心由截圆的实际轮廓确定。标注时，箭头应指向轴线、圆心和球心。

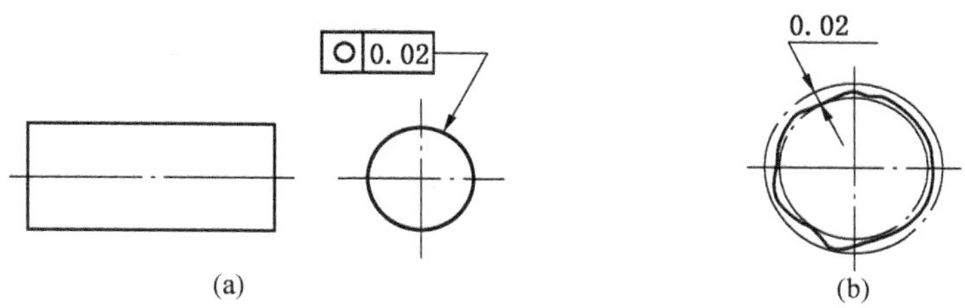

图 5－36　圆度

4）圆柱度

圆柱度是限制实际圆柱面对理想圆柱面变动量的一项指标。图 5－37 表示圆柱面必须位于半径差为公差值 0.05 mm 的两同轴圆柱面之间，其公差带是半径差为公差值 $t=0.05$ mm的两同轴圆柱面之间的区域。

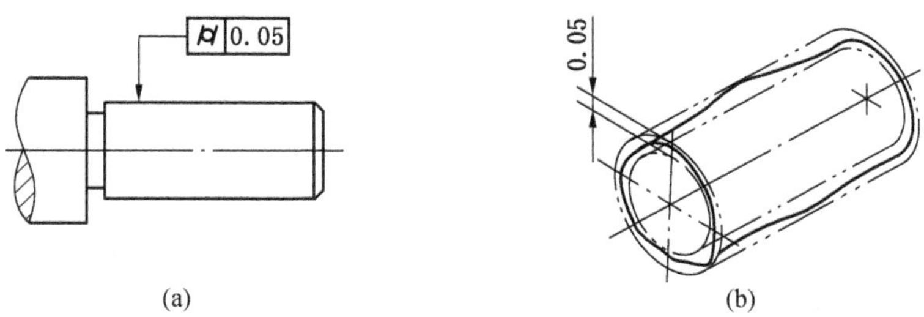

图 5－37　圆柱度

圆柱度是一项综合指标，它控制了圆柱体横截面和轴截面内的各项指标，如圆度、素线的直线度等。对于高精度的零件，如机床主轴轴颈、液压阀等可用此项目来控制形状。

圆柱度在标注时，箭头应垂直轴线指向轮廓。

直线度、平面度、圆度和圆柱度的特点是不涉及基准，其公差带没有方向或位置的约束，可以浮动，且构成公差带几何图形的理想要素都不涉及尺寸。

5）无基准线轮廓度

无基准线轮廓度是对非圆曲线形状的要求，是限制实际曲线对理想曲线变动量的一项指标。

图5－38表示在平行于正投影面的任一剖面上，实际轮廓线必须位于包络一系列直径为公差值0.04 mm，且圆心在理想轮廓线上的圆的两包络线之间，理想轮廓线由理论正确尺寸确定。其公差带是包络一系列直径为公差值 $t=0.04$ mm 的圆的两包络线之间的区域。

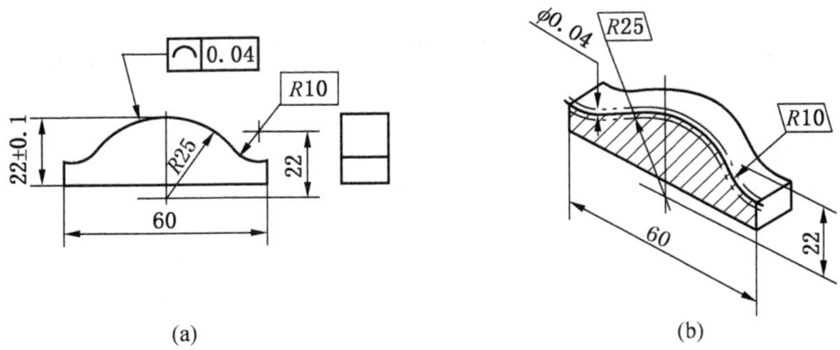

图5－38 线轮廓度

理论正确尺寸是确定理想被测要素的形状、方向和位置的尺寸。在图样上，理论正确尺寸用不注公差的带框数字表示。理论正确尺寸包括长度尺寸（线值）和角度尺寸（角值）。

6）无基准面轮廓度

无基准面轮廓度是对曲面形状的要求，是限制实际曲面对理想曲面变动量的一项指标。图5－39表示实际轮廓面必须位于包络一系列球的两包络面之间。此球的直径为公差值0.02 mm，且球心在理想轮廓面上。其公差带是包络一系列直径为公差值 $t=0.02$ mm 的球的两包络面之间，此球球心位于理想轮廓面上。

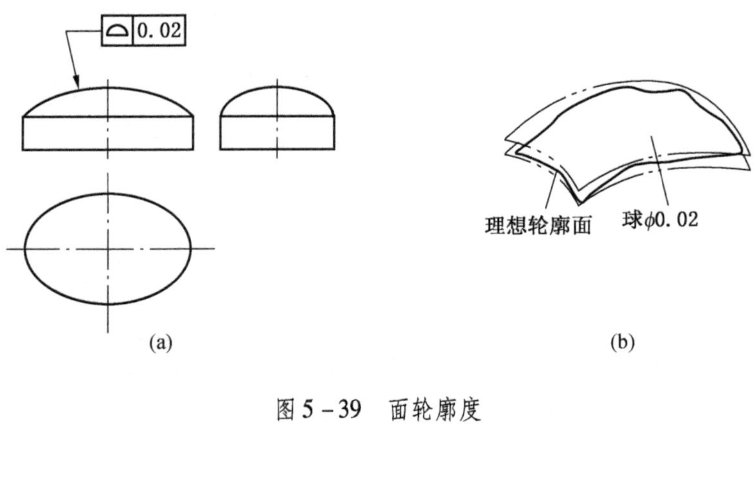

图5－39 面轮廓度

2. 方向公差

方向公差是关联实际被测要素对其具有确定方向的理想要素的允许变动量。理想要素的方向由基准及理论正确尺寸（角度）确定。方向公差包括平行度、垂直度和倾斜度。方向公差3个项目的被测要素和基准要素有直线和平面之分，因此有被测直线相对于基准直线（线对线）、被测直线相对于基准平面（线对面）、被测平面相对于基准直线（面对线）和被测平面相对于基准平面（面对面）等4种形式。其3个项目的典型公差带如图5－40、图5－41、图5－42所示。

1）平行度

平行度是限制被测实际要素对基准在平行方向上变动量的一项指标。图5－40所示为直线对直线任意方向上的平行度，表示了 ϕD 的轴线必须位于直径为公差值0.1 mm，且平行于基准轴线的圆柱面内。其公差带是平行于基准轴线、直径为公差值 $t=0.1$ mm 的圆柱面内的区域。

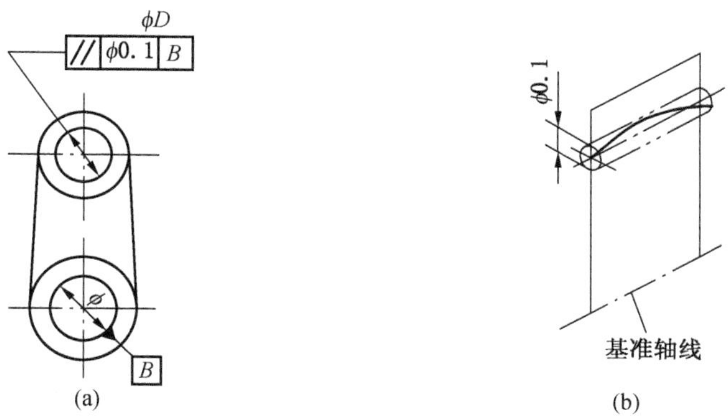

图5－40　平行度

2）垂直度

垂直度是限制被测实际要素对基准在垂直方向上变动量的一项指标。图5－41所示为平面对直线的垂直度，表示了端面必须位于距离为公差值0.05 mm，且垂直于基准轴线的两平行平面之间。其公差带是在垂直于基准轴线，距离为公差值 $t=0.05$ mm 的两平行平面之间的区域。

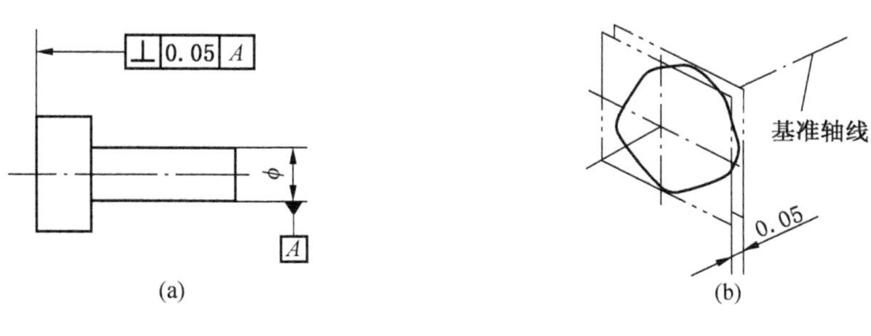

图5－41　垂直度

3）倾斜度

倾斜度是限制被测实际要素对基准在倾斜方向上变动量的一项指标。图 5－42 所示为平面对平面的倾斜度，表示了被测斜平面必须位于距离为公差值 0.08 mm，且与基准平面成 45°的两平行平面之间。其公差带是距离为公差值 $t=0.08$ mm，且与基准平面保持给定角度值 45°的两平行平面之间的区域。

平行度、垂直度可以看成是倾斜度的特殊情况，只是前者理论正确角度为 0°，后者为 90°。

方向公差带具有以下特点：

（1）方向公差带相对于基准有确定的方向。平行度相对于基准保持平行；垂直度相对于基准保持垂直；倾斜度相对于基准倾斜理论正确角度。并且在相对于基准保持定向的条件下，公差带的位置可以浮动。

（2）方向公差可以控制与其有关的形状误差，如直线的平行度公差可以控制该直线的直线度误差；平面的倾斜度公差可以控制该平面的平面度和直线度误差。所以，若规定了定向公差的被测要素，一般不再规定形状公差。

图 5－42　倾斜度

3. 位置公差

位置公差是关联实际被测要素对其具有确定位置的理想要素的允许变动量，理想要素的位置由基准及理论正确尺寸确定。位置公差包括同轴度、对称度和位置度。

位置公差项目中的同轴度只涉及轴线；对称度涉及的有直线和平面；位置度涉及要素包括点、线、面。其 3 个项目的典型公差带如图 5－43、图 5－44、图 5－45 所示。

1）同轴度

同轴度是限制被测轴线偏离基准轴线的一项指标。图 5－43 表示 ϕd 的轴线必须位于直径为公差值 0.1 mm，且与公共基准轴线 A—B 同轴的圆柱面内。其公差带是直径为公差值 $t=0.1$ mm，且与基准轴线同轴的圆柱面内的区域。

2）对称度

对称度是限制被测线、面偏离基准直线、平面的一项指标。对称度要求被测要素与基准要素共线或共面。图 5－44 表示键槽的中心平面必须位于距离为公差值 0.1 mm 的两平行面之间，该两平面对称配置在通过基准轴线的辅助平面两侧。其公差带是距离为公差值 $t=0.1$ mm，且相对于基准轴线对称配置的两平行平面之间的区域。

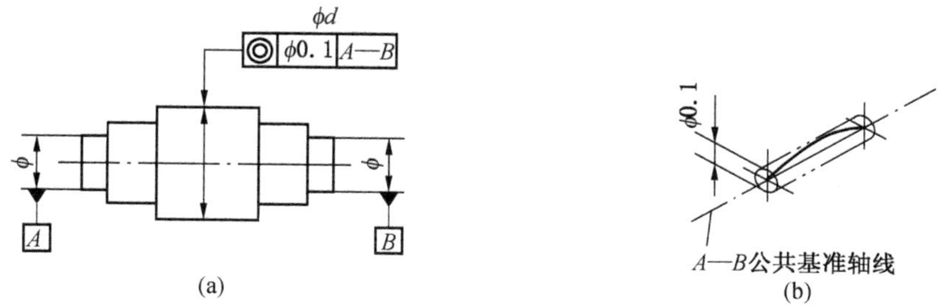

图5－43　同轴度

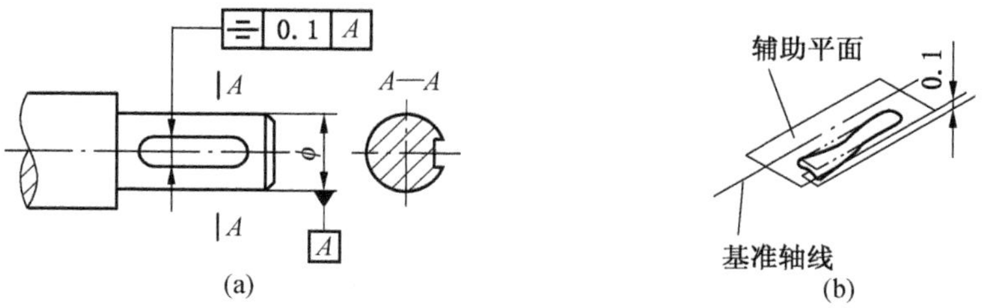

图5－44　对称度

3）位置度

位置度是限制被测要素实际位置对理想位置变动量的一项指标。位置度可分为点、线、面的位置度。图5－45表示ϕD的轴线必须位于直径为公差值0.1 mm，且以相对基准A、B、C所确定的理想位置为轴线的圆柱面内。其公差带是直径为公差值$t=0.1$ mm，且以线的理想位置为轴线的圆柱面内的区域。

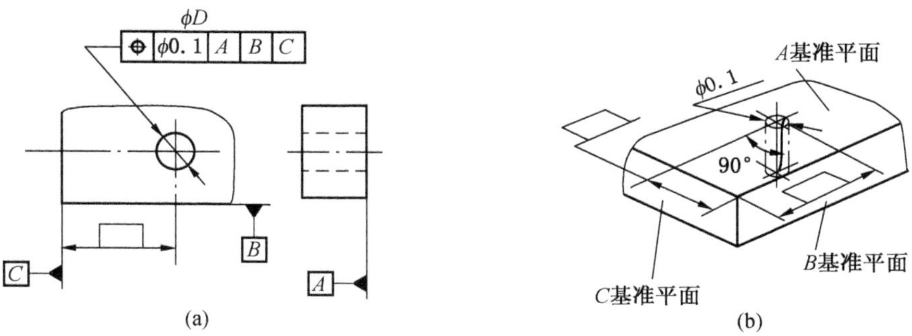

图5－45　位置度

位置公差带具有以下特点：

（1）定位公差带具有确定的位置，相对于基准的尺寸为理论正确尺寸。同轴度、对称度公差带的特点为被测要素与基准要素重合，公差带相对于基准位置的理论正确尺寸为零。

（2）定位公差带具有综合控制被测要素位置、方向和形状的职能。如图5－44中所示线的位置度，控制了轴线的直线度、垂直度、平行度等。所以，在保证功能要求的前提下，对被测要素给定了定位公差，一般不必再给出定向和形状公差。

4. 跳动公差

跳动公差是关联实际被测要素绕基准轴回转一周或连续回转时所允许的最大跳动量。跳动公差分为圆跳动和全跳动。

1）圆跳动

圆跳动是限制一个圆要素的形状和位置变动量的综合指标。圆跳动分为径向圆跳动、端面圆跳动和斜向圆跳动 3 种。

（1）径向圆跳动。如图 5－46 表示 ϕd 圆柱面绕基准轴线作无轴向移动回转时，在任一测量平面内的径向跳动量不得大于公差值 0.05 mm。公差带是在垂直于基准轴线的任一测量平面内，半径差为公差值 $t=0.05$ mm，且圆心在基准轴线上的两个同心圆之间的区域。

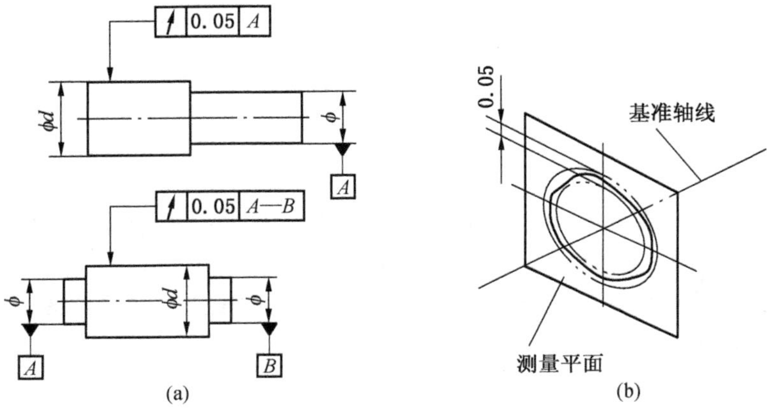

图 5－46　径向圆跳动

（2）端面圆跳动。图 5－47 表示当零件绕基准轴线作无轴向移动回转时，在左端面上测量直径处的轴向跳动量均不得大于公差值 0.05 mm。其公差带是在与基准轴线同轴的任一直径位置的测量圆柱面上沿母线方向宽度为 $t=0.05$ mm 的圆柱面区域。

图 5－47　端面圆跳动

（3）斜向圆跳动。图 5 – 48 表示圆锥表面绕基准轴线作无轴向移动回转时，在任一测量圆锥面上的跳动量均不得大于公差值 0. 05 mm。其公差带是在与基准轴线同轴的任一测量圆锥面上，沿母线方向宽度为 $t=0.05$ mm 的圆锥面区域，除特殊规定外，其测量方向是被测面的法线方向。

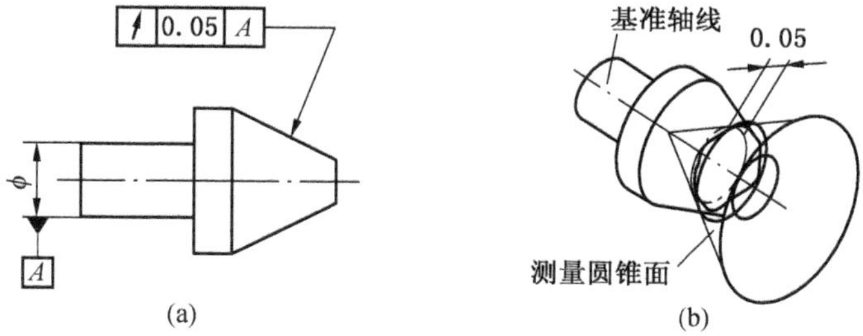

图 5 – 48　斜向圆跳动

三种圆跳动公差带的圆心或轴线必须在基准轴上，但其半径大小可随被测实际轮廓位置的不同而变动。

2）全跳动

全跳动是限制一个圆柱要素的形状和位置变动量的一项综合指标，分为径向全跳动和端面全跳动。

（1）径向全跳动。图 5 – 49 表示 ϕd 表面绕基准轴线作无轴向移动连续回转，同时，指示器作平行于公共基准轴线 A—B 的直线移动。在 ϕd 整个表面上的跳动量不得大于公差值 0. 1 mm。其公差带是半径差为公差值 $t=0.1$ mm，且与公共基准轴线 A—B 同轴的两圆柱面之间的区域。

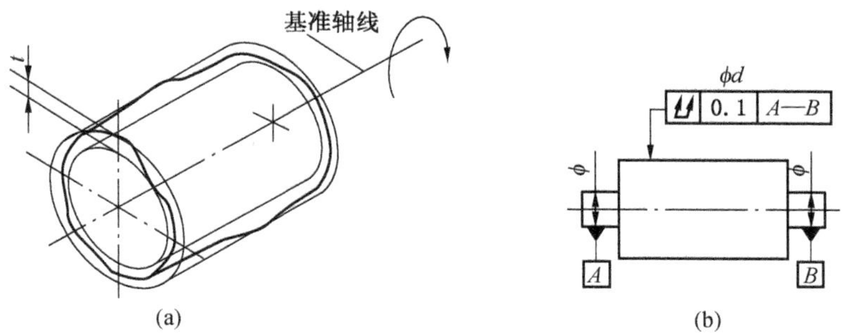

图 5 – 49　径向全跳动

（2）端面全跳动。图 5 – 50 表示端面绕基准轴线作无轴向移动连续回转，同时，指示器作垂直于基准轴线的直线移动。此时，在整个端面上的跳动量不得大于 0. 05 mm。其公差带是距离为公差值 $t=0.05$ mm，且与基准轴线垂直的两平行平面之间的区域。

全跳动公差是一项综合控制几何公差的指标。径向全跳动可控制素线的直线度、圆度、圆柱度、同轴度、径向圆跳动等；端面全跳动可控制平面度、垂直度、端面圆跳动等。而且检测直观、方便，所以，很有使用价值。

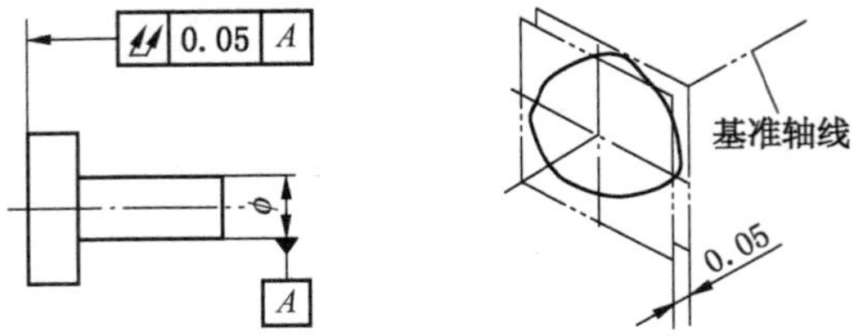

图 5－50　端面全跳动

（三）公差原则

零件的尺寸误差和形位误差总是同时存在，并且同时对零件的装配性能和使用性能产生影响。而尺寸公差和几何公差又是相互联系、相互影响的。因此，必须明确尺寸公差和几何公差之间的内在联系和相互关系，以便准确地表达设计要求和正确判断零件是否合格。确定尺寸公差与形位公差之间的相互关系的原则称为公差原则，它分为独立原则和相关要求两大类。

1. 独立原则

（1）独立原则的含义。独立原则是指给出的尺寸公差和形位公差相互无关，分别满足要求的公差原则。

（2）独立原则的识别。凡是对给出的尺寸公差和几何公差未用特定符号（如Ⓔ、Ⓛ、Ⓡ、Ⓜ等）或文字说明它们有联系者，就表示它们遵守独立原则。

（3）独立原则的应用。尺寸公差和几何公差按独立原则给出，总是可以满足零件的功能要求，故独立原则的应用十分广泛，是确定尺寸公差和几何公差关系的基本原则。

如图 5－51 所示，该轴的实际尺寸应在 29.979～30 mm 范围内，直线度误差应不大于 0.01 mm，圆柱度误差应不大于 0.005 mm。

2. 相关要求

1）包容要求

（1）包容要求的含义。包容要求是要求实际要素处处不得超越最大实体边界的一种公差原则，即实际轮廓要素应遵守最大实体边界，作用尺寸不超出（对孔不小于，对轴不大于）最大实体尺寸。

（2）包容要求的标注。按包容要求给出公差时，需在尺寸的上、下偏差后面或尺寸公差带代号后面加注符号Ⓔ，如图 5－52 所示。

（3）包容要求的应用。包容要求常常用于有配合要求的场合。

2）最大实体要求（MMR）及其应用

（1）最大实体要求的含义。最大实体要求是要求实际要素处处不得超越实效边界的一种公差原则，即实际轮廓要素应遵守实效边界，作用尺寸不超出（对孔不小于、对轴不大于）实效尺寸。

（2）最大实体要求的标注。按最大实体要求给出几何公差值时，在公差框格中几何公差值（包括零值）后面加注符号Ⓜ；最大实体要求用于基准要素时，在公差框格中的基准字母后面加注符号Ⓜ。如图 5－53 所示。

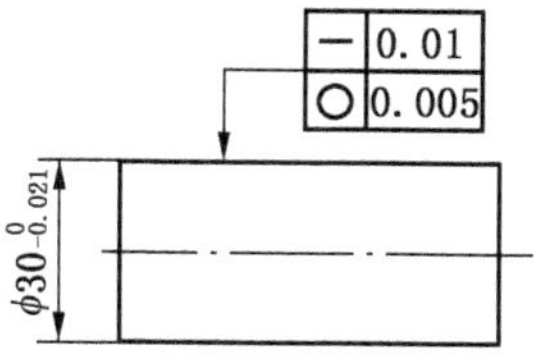

图 5－51 采用独立原则时的标注示例

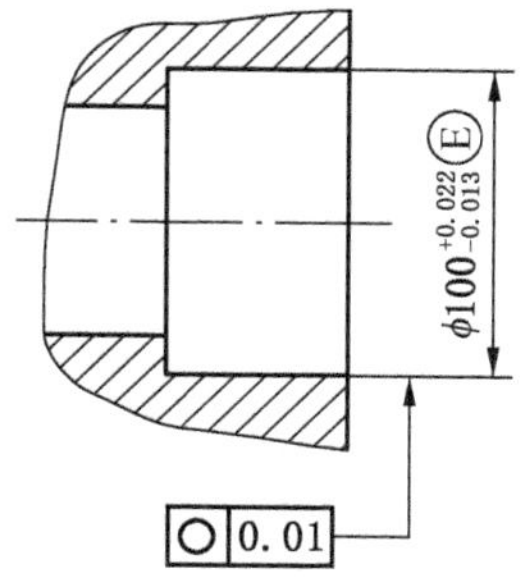

图 5－52 包容要求的标注

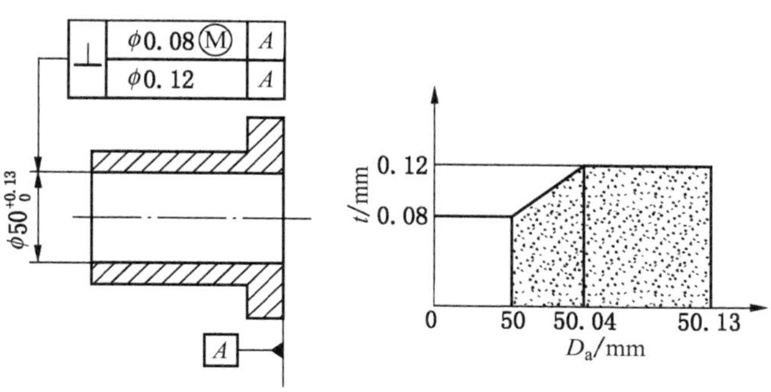

(a) (b)

图 5－53 最大实体要求图解

（3）最大实体要求的应用。最大实体要求常用于只要求可装配性的场合，如轴承盖上用于穿过螺钉的通孔等。

（4）最大实体实效尺寸：

$$MV = M \pm t$$

式中 t——被测要素的几何公差，“＋”号用于轴，“－”号用于孔。

3）最小实体要求（LMR）及其应用

被测要素的实际轮廓应遵守其最小实体实效边界，当其实际尺寸与最小实体尺寸偏离时，允许其形位误差值超出在最小实体状态下给出的公差值的一种要求。它既可以应用于被测要素，也可以应用于基准要素。

（1）最小实体要求应用于被测要素时，应在被测要素几何公差框格中的公差值后标注符号Ⓛ；当最小实体要求应用于基准要素时，应在几何公差框格内的基准字母代号后标注符号Ⓛ。如图 5－54 所示。

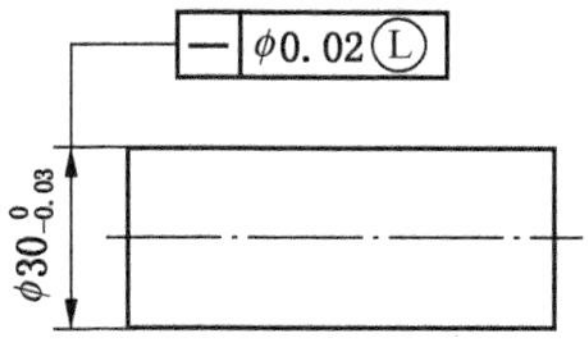

图 5－54 最小实体要求

（2）最小实体要求应用于被测要素时，被测要素的实际轮廓在给定长度上处处不得超出最小实体实效边界，即其体内作用尺寸不应超出最小实体实效尺寸，同时其局部实际尺寸不得超出最大实体尺寸和最小实体尺寸。

对于内表面（孔）：
$$D_{fi} \leqslant D_{LV}$$
且
$$D_M = D_{min} \leqslant D_a \leqslant D_L = D_{max}$$
对于外表面（轴）：
$$d_{fi} \geqslant d_{Lv}$$
且
$$d_M = d_{max} \geqslant d_a \geqslant d_L = d_{min}$$

（3）最小实体要求应用于被测要素时，被测要素的几何公差值是在该要素处于最小实体状态下给定的，当被测要素的实际轮廓与其最小实体状态偏离时，即其实际尺寸与最小实体尺寸偏离时，形位误差值可以超出在最小实体状态下给出的几何公差值，即几何公差值可以增大。

若被测要素采用最小实体要求时，其给出的几何公差值为零，则称为最小实体要求的零几何公差，并以 0 Ⓛ 表示。

最小实体要求主要保证零件强度和最小壁厚。最小实体要求就是使零件具有足够多的材料。被测要素的轮廓遵守最小实体实效边界，主要为了满足零件的强度要求。

3. 公差原则和公差要求的选择

独立原则是处理几何公差与尺寸公差的基本原则，主要用在以下场合：

（1）尺寸精度和形位精度要求都较严，并需要分别满足要求。

（2）尺寸精度与形位精度要求相差较大。

（3）为保证运动精度、密封性等特殊要求，单独提出与尺寸无关的几何公差要求。

（4）零件上的未注几何公差一律遵守独立原则。

三、任务实施

（一）操作步骤

在机械零件的几何精度设计中，正确地选用几何公差项目，合理确定几何公差数值，对提高产品的质量和降低成本具有十分重要的意义，并有利于互换。几何公差的选择主要包括正确选择公差项目、公差数值（或公差等级）、基准和公差原则等。

1. 几何公差特征项目的选择

选择几何公差项目的基本原则是：在保证零件使用性能的前提下，应尽量减少公差项目的数量，并尽量简化控制形位误差的方法。几何公差特征项目的选择可从以下几个方面考虑：

（1）零件的几何特征。零件几何特征不同会产生不同的几何误差。例如，对圆柱形零件，可选择圆度、圆柱度、轴心线直线度及素线直线度等；平面零件可选择平面度；窄长平面可选择直线度；槽类零件可选择对称度；阶梯轴、孔可选择同轴度等。

（2）零件的功能要求。根据零件不同的功能要求，给出不同的几何公差项目。例如，圆柱形零件，当仅需要顺利装配时，可选轴心线的直线度；如果孔、轴之间有相对运动，应均匀接触，或为保证密封性，应标注圆柱度公差以综合控制圆度、素线直线度和轴线直线度（如柱塞与柱塞套、阀芯及阀体等）。又如，为保证机床工作台或刀架运动轨迹的精度，需要对导轨提出直线度要求；对安装齿轮轴的箱体孔，为保证齿轮的正确啮合，需要提出孔心线的平行度要求；为使箱体端盖等零件上各螺栓孔能顺利装配，应规定孔组的位置度公差等。

（3）检测的方便性。确定几何公差特征项目时，要考虑到检测的方便性与经济性。例如，对轴类零件，可用径向全跳动综合控制圆柱度、同轴度；用端面全跳动代替端面对轴线的垂直度，因为跳动误差检测方便，又能较好地控制相应的形位误差。

在满足功能要求的前提下，尽量减少项目，以获得较好的经济效益。

2. 几何公差值（公差等级）的选择

精度的高低是用公差等级来表示的。GB/T 1181—1996 规定：

（1）一般分为 12 级，即 1 ~ 12 级，精度依次降低；仅圆度和圆柱度划分为 13 级。对于位置度，规定了公差值数系，未规定公差等级。几何公差等级常采用类比法确定。

（2）确定几何公差值或几何公差等级时，注意下列情况：

① 通常，同一要素上给定的形状公差值应小于位置公差值。

② 圆柱形零件的形状公差（轴线直线度除外）一般应小于尺寸公差值。

③ 平行度公差值应小于其相应的距离公差值。

④ 在有些情况下，可适当降低 1 ~2 级的选用。

⑤ 对与滚动轴承配合的轴和壳体孔的圆柱度公差、机床导轨的直线度公差等，应按相应标准确定。

3. 未注几何公差值的规定

（1）未注直线度、平面度、垂直度、对称度、圆跳动规定了 H、K、L 3 个等级。

（2）未注圆度公差值等于直径公差值，但不大于 H、K、L 相应的圆跳动的未注公差值。

（3）未注圆柱度公差值不作规定，由要素的圆度公差、素线直线度和相对素线平行度的注出或未注公差控制。

（4）未注平行度公差值等于被测要素和基准要素间的尺寸公差和被测要素的形状公差（直线度或平面度）的未注公差值中的较大者，并取两要素中较长者作为基准。

（5）未注同轴度公差值未作规定。

（6）未注线轮廓度、面轮廓度、倾斜度、位置度的公差值均由各要素的注出或未注出线性尺寸公差或角度公差控制。

（7）未注全跳动公差值未作规定。端面跳动未注公差值等于端面对轴线的垂直度未注公差值；径向全跳动可由径向圆跳动和相对素线平行度控制。

（二）实例分析

【实例 1】如图 5 – 55 所示的轴，给出了有关几何公差，各项分析如下：

（1）$\phi 50_{-0.039}^{0}$的圆柱，采用独立原则；$\phi 30_{-0.025}^{0}$的圆柱，采用包容要求。

（2）$\phi 50_{-0.039}^{0}$的圆柱，表面粗糙度的最大允许值 $Ra = 2\ \mu m$；$\phi 30_{-0.025}^{0}$的圆柱，表面粗糙度的最大允许值 $Ra = 1.25\ \mu m$。

（3）键槽侧面对 $\phi 50_{-0.039}^{0}$圆柱轴线的对称度公差为 0. 02 mm。

（4）$\phi 50_{-0.039}^{0}$圆柱面对 $\phi 30_{-0.025}^{0}$圆柱轴线的径向圆跳动量不超过 0. 03 mm，轴肩端平面对 $\phi 30_{-0.025}^{0}$轴线的端面圆跳动不超过 0. 05 mm。

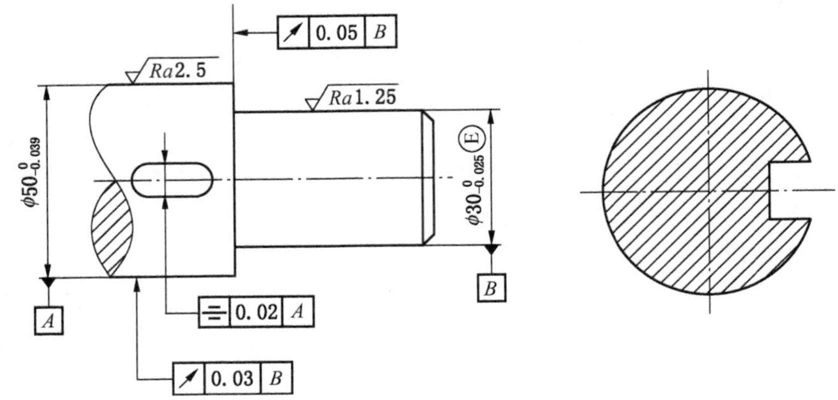

图 5－55　实例 1

【实例 2】图 5－56 所示为减速器的输出轴，根据对该轴的功能要求，给出了有关几何公差，各项分析如下：

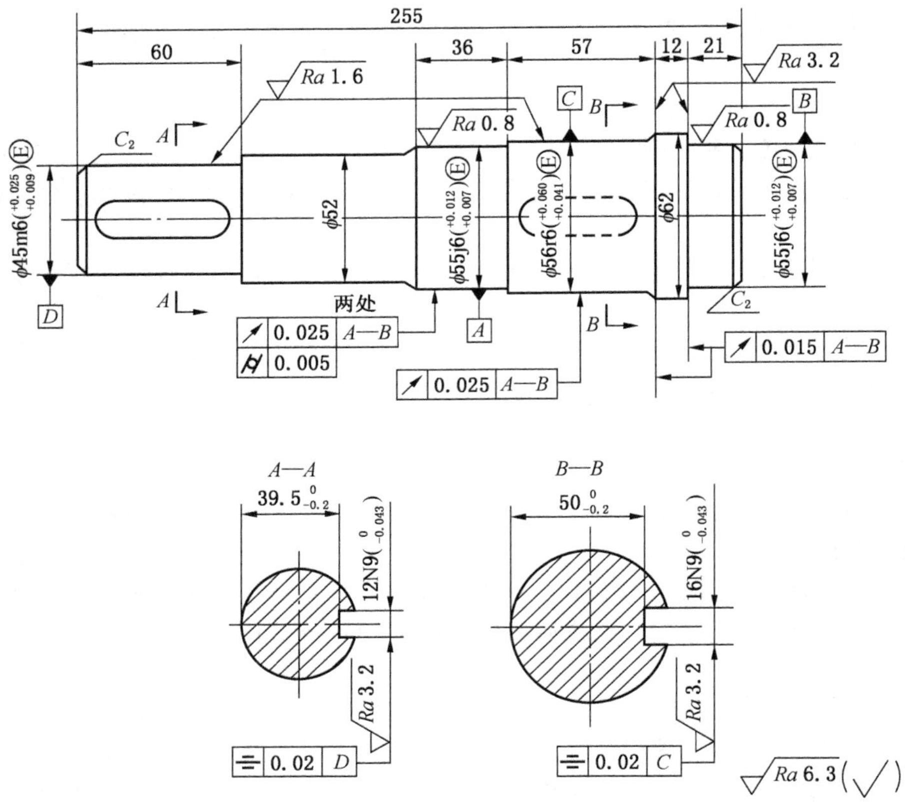

图 5－56　实例 2

（1）两个 ϕ55j6 轴颈，与 P0 级滚动轴承内圈配合，为了保证配合性质，故采用包容要求。按 GB/T 271—2008《滚动轴承与轴和外壳孔的配合》规定，与 P0 级轴承配合的轴颈，为了保证轴承套圈的几何精度，在受包容要求的情况下进一步提出圆柱度公差为0.005 mm的要求；该两轴颈安装上滚动轴承后，将分别与减速箱体的两孔配合，需限制两轴颈的同轴度误差，以免影响轴承外圈和箱体孔的配合，故又提出了两轴颈径向圆跳动公差0.025 mm（相当于7级）。

（2）$\phi62$ 处左、右两肩为齿轮、轴承的定位面，应与轴线垂直，参与GB/T 271—2008的规定，提出两轴肩相对于基准轴线 $A—B$ 的端面圆跳动公差0.015 mm。

（3）$\phi56r6$ 和 $\phi45m6$ 分别与齿轮和带轮配合，为保证配合性质，也采用包容要求。为保证齿轮的正确啮合，对 $\phi56r6$ 圆柱还提出了对基准 $A—B$ 的径向跳动公差0.025 mm。

（4）键槽对称度常用7～9级，此处选8级，查表为0.02 mm。

思考与练习

1. 简述几何公差的意义。

2. 径向圆跳动与同轴度、端面跳动与端面垂直度有哪些关系？

3. 试述径向全跳动公差带与圆柱度公差带，端面全跳动公差带与回转体端面垂直度公差带的异同点。

4. 在表5－12中填写出几何公差各项目的符号，并注明该项目是属于形状公差还是属于位置公差。

表5－12　题4

项　目	符　号	几何公差类别	项　目	符　号	几何公差类别
同轴度		位置公差	圆度		形状公差
圆柱度		形状公差	平行度		位置公差
位置度		位置公差	平面度		形状公差
面轮廓度		形状公差或位置公差	圆跳动		位置公差
全跳动		位置公差	直线度		形状公差

5. 如图5－57所示，指出被测要素遵守的公差原则。

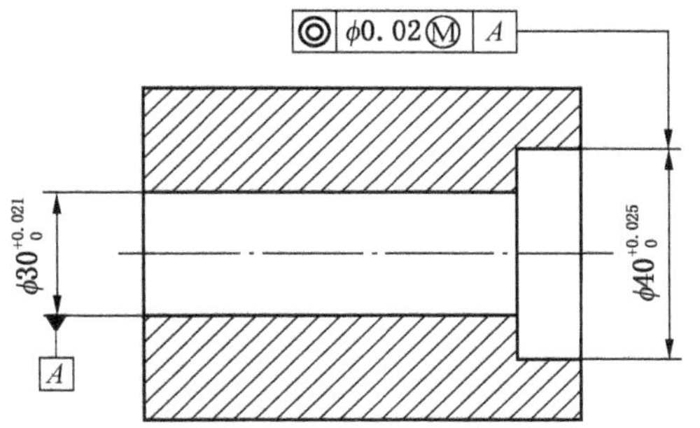

图5－57　题5

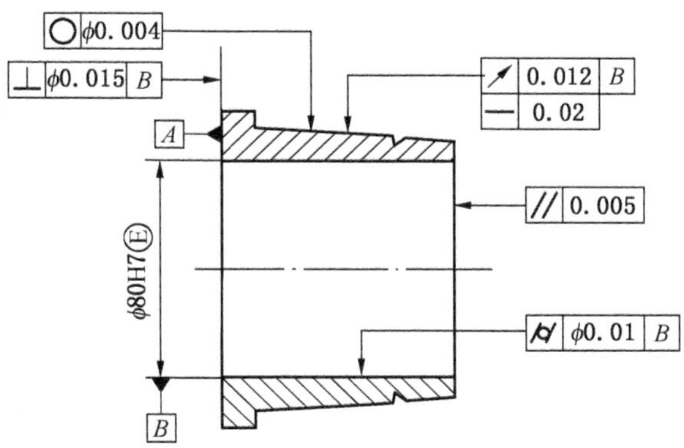

图5－58　题6

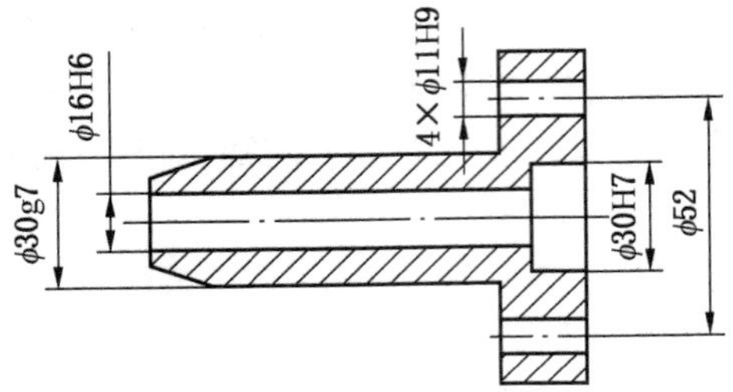

图 5-59　题 7

6. 改正图 5-58 中各项几何公差标注上的错误（不得改变几何公差项目）。

7. 按下列要求标注出图 5-59 所示零件图的被测要素的几何公差。

（1）同轴度公差：被测要素为 30H7 孔的轴线，基准要素为 16H6 孔的轴线，公差值为 0.04 mm。

（2）圆跳动公差：被测要素为零件的右端面，基准要素为 30H7 孔的轴线，公差值为 0.05 mm。

（3）全跳动公差：被测要素为 30g7 的外圆柱面，基准要素为 30H7 孔的轴线，公差值为 0.05 mm。

任务三　零件表面粗糙度的评定与标注

一、工作任务

（一）任务概述

经过机械加工或用其他加工方法获得的零件表面，由于加工过程中的塑性变形、机床的高频振动以及刀具在加工表面留下的切削痕迹等原因，零件的表面不可能是绝对光滑的。这样，在零件加工表面存在几何形状误差，其中一种是由较小间距和微小峰谷形成的零件表面的微观表面不平程度，即表面粗糙度，如图 5-60 所示。表面粗糙度值的大小对零件的使用性能和使用寿命有很大影响，所以，在零件设计时有必要给定其表面粗糙度的评定参数和数值。

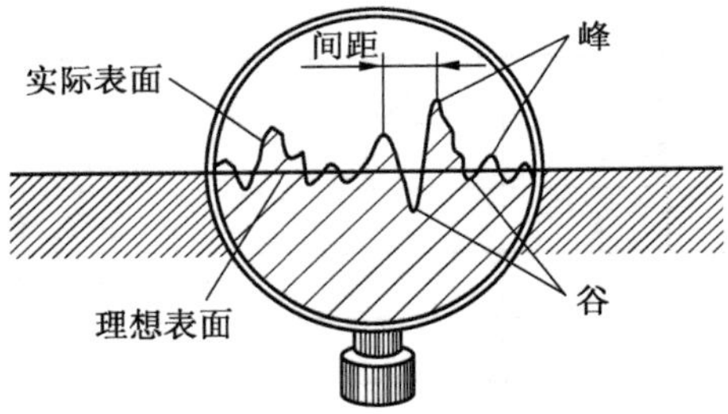

图 5-60　表面粗糙度的放大状况

（二）任务要求

1. 知识要求

（1）了解表面粗糙度对零件质量的影响。

（2）理解表面粗糙度的评定参数和代号意义。

（3）掌握表面粗糙度的标注方法。

2. 能力要求

（1）具备一定的表面粗糙度评定知识。

（2）会标注表面粗糙度。

3. 态度要求

（1）能主动学习，在完成任务过程中发现问题、分析问题和解决问题。

（2）能与小组成员协商、交流配合完成本学习任务。

（3）严格遵守安全规范。

二、相关知识

（一）零件表面几何形状误差的分类

零件表面的几何形状误差分为表面粗糙度、表面波纹度和形状公差三类，如图 5－61 所示。

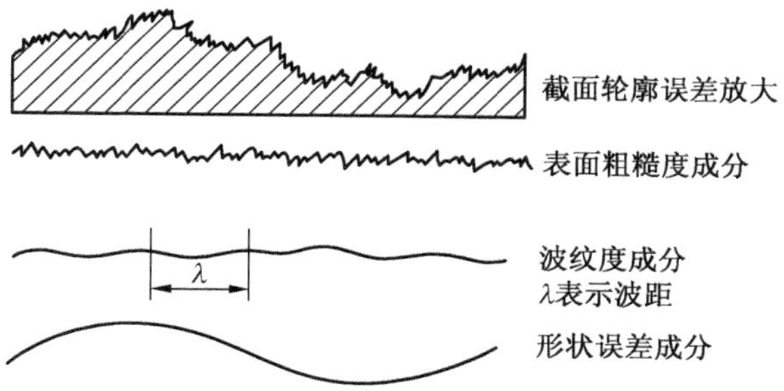

图 5－61　零件的截面轮廓形状

表面粗糙度是指零件表面峰谷波距小于 1 mm，属微观误差。

表面波纹度是指零件表面峰谷波距在 1～10 mm 之间。

形状公差是指零件表面峰谷波距大于 10 mm，属宏观误差。

（二）表面粗糙度对零件质量的影响

表面粗糙度值的大小对零件的使用性能和使用寿命有很大影响。

（1）影响零件的耐磨性。表面越粗糙，摩擦系数就越大，两相对运动的表面磨损也越快；表面越光滑，由于润滑油被挤出和分子间的吸附作用等原因，也会使摩擦阻力增加，加剧磨损。

（2）影响零件配合性质的稳定性。对于间隙配合，相对运动的表面因粗糙不平而迅速磨损，致使间隙增大；对于过盈配合，由于装配时将微观凸峰挤平，产生塑性变形，使实际有效过盈少，降低连接强度；对于过度配合，因多用压力及锤敲装配，表面粗糙度也会使配合变松。

（3）影响疲劳强度。粗糙的零件表面，在交变应力作用下，对应力集中很敏感，使疲劳强度低。

（4）影响抗腐蚀性。粗糙的表面，易使腐蚀性物质附着于表面的微观凹谷，并渗入到金属内，造成表面锈蚀。

此外，表面粗糙度对接触刚度、密封性、产品外观及表面反射能力等都具有明显的影响。因此，为保证机械零件的使用性能，在对其进行设计时，必须提出合理的表面粗糙度要求。

（三）表面粗糙度的评定

1. 表面粗糙度的基本术语

1）取样长度 l_r

取样长度是在测量表面粗糙度时所取的一段与轮廓总的走向一致的长度。

规定：取样长度范围内至少包含 5 个以上的轮廓峰和谷，如图 5－62 所示。

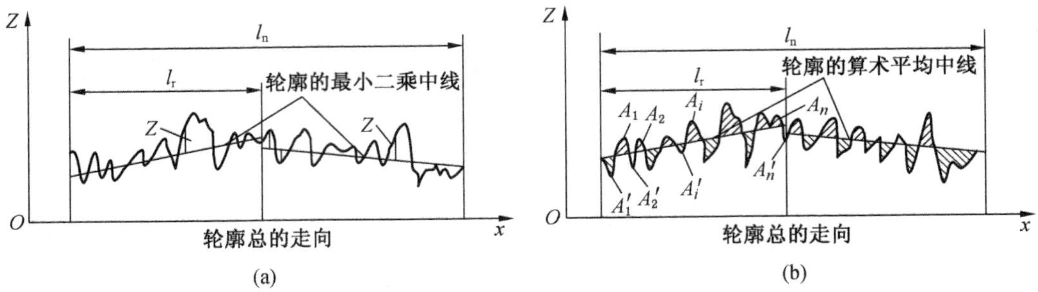

图 5－62　取样长度、评定长度和轮廓中线

2）评定长度 l_n

评定长度是指评定表面粗糙度所需的一段长度。

规定：国家标准推荐 $l_n = 5l_r$；对均匀性好的表面，可选 $l_n > 5l_r$；对均匀性较差的表面，可选 $l_n < 5l_r$。

3）中线

中线是指用以评定表面粗糙度参数的一条基准线。有下列两种：

（1）轮廓的最小二乘中线。是指在取样长度内，使轮廓线上各点的纵坐标值 $Z(x)$ 的平方和为最小的直线，如图 5－62a 所示。

（2）轮廓的算术平均中线。是指在取样长度内，将实际轮廓划分为上、下两部分，且使上、下面积相等的直线。如图 5－62b 所示。

2. 表面粗糙度的评定参数

国家标准 GB/T 3505—2000 规定的评定表面粗糙度的参数有：幅度参数 2 个，间距参数 1 个，曲线和相关参数 1 个，其中幅度参数是主要的。

1）轮廓的幅度参数

（1）轮廓的算术平均偏差 Ra。

在一个取样长度内，纵坐标 $Z(x)$ 绝对值的算术平均值，称为轮廓的算术平均偏差，用 Ra 表示，如图 5－63a 所示。

Ra 的数学表达式为

$$Ra = \frac{1}{l_r}\int_0^{l_r} |Z(x)| \mathrm{d}x \tag{5-1}$$

测得的 Ra 值越大，则表面越粗糙。一般用电动轮廓仪进行测量。

（2）轮廓的最大高度 Rz。

在一个取样长度内，最大轮廓峰高 Z_p 和最大轮廓谷深 Z_v 之和的高度，称为轮廓的最大高度，用 Rz 表示，如图 5－63b 所示。

Rz 的数学表达式为

$$Rz = Z_p + Z_v \tag{5-2}$$

测得的 Rz 值越大，则表面越粗糙。一般用双管显微镜进行测量。

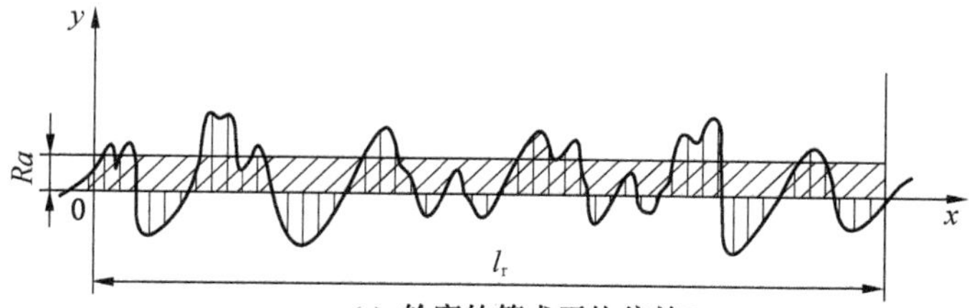

(a) 轮廓的算术平均偏差Ra

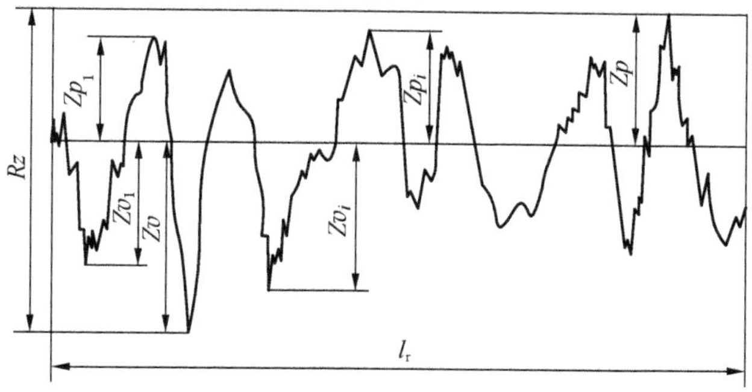

(b) 轮廓的最大高度Rz

图 5-63　轮廓的幅度参数

2）轮廓单元的平均宽度 RS_m

在一个取样长度内，轮廓单元宽度 Xs 的平均值，称为轮廓单元的平均宽度，用 RS_m 表示，如图 5-64 所示。

RS_m 的数学表达式为

$$RS_m = \frac{1}{m}\sum_{i=1}^{m} Xs_i \tag{5-3}$$

RS_m 值越小，轮廓表面越细密，密封性越好。

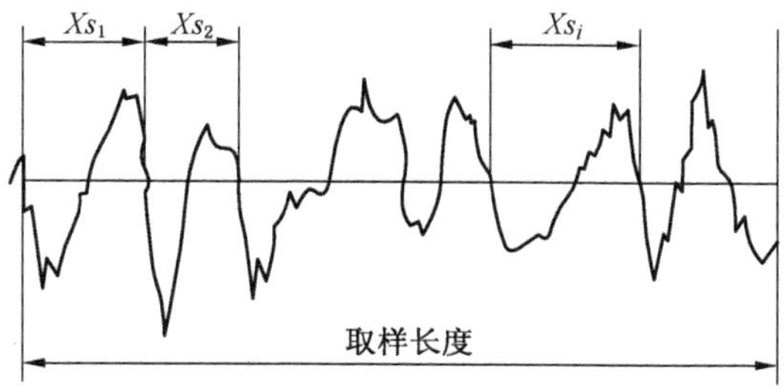

图 5-64　轮廓单元的宽度

3）轮廓的支撑长度率 $R_{mr}(c)$

在给定水平位置 c 上的轮廓实体材料长度 $Ml(c)$ 与评定长度的比率，称为轮廓的支撑长度率，用 $R_{mr}(c)$ 表示，如图 5-65 所示。

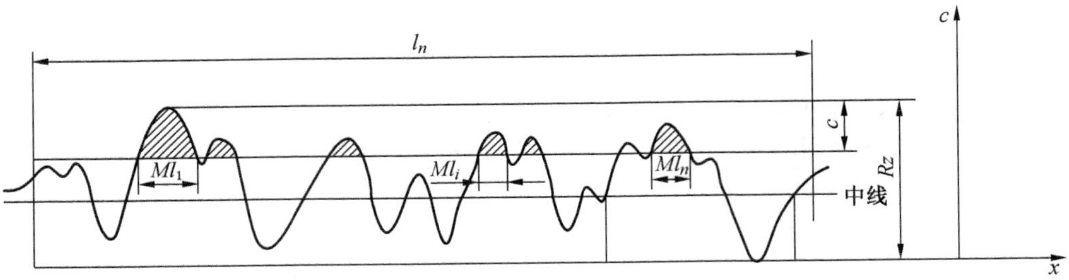

图 5－65 轮廓的支撑长度率

$R_{mr}(c)$ 的数学表达式为

$$R_{mr}(c)=\frac{Ml(c)}{l_n} \tag{5-4}$$

其中 $$Ml(c)=Ml_1+Ml_2+Ml_3+\cdots+Ml_n$$

当 c 一定时，$R_{mr}(c)$ 值越大，则支撑能力和耐磨性越好，如图 5－66 所示。

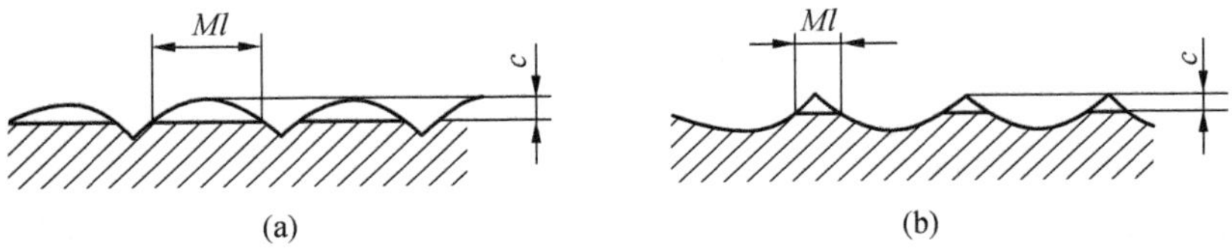

图 5－66 不同形状轮廓的支撑长度

3. 表面粗糙度（评定参数）的选择

1）评定参数的选择

（1）如无特殊要求，优先选用 Ra 和 Rz。在幅度参数中，Ra 值能较完整、全面地表达零件表面的微观几何特征，应优先选用。Rz 值常用在小零件（如顶尖、刀具的刃部、仪表的小元件等）或表面不允许有较深的加工痕迹（防止应力过于集中）的零件。

（2）一些重要表面有特殊要求时，如有涂镀性、抗腐蚀性、密封性要求时才选 RS_m 参数来控制间距的细密度；对表面的支撑刚度和耐磨性有较高要求时，需加选 $R_{mr}(c)$ 控制表面的形状特征。

2）评定参数值的选择

（1）表面粗糙度参数值的选择原则。在满足功能要求的前提下，尽量选择较大的表面粗糙度参数（除 t_p 外）值，以减小加工难度，降低成本。

（2）选择方法。常采用类比法，选择时应注意以下几点：

① 同一零件上工作表面比非工作表面粗糙度参数值小。

② 摩擦表面比非摩擦表面、滚动摩擦表面比滑动摩擦表面的粗糙度参数值小。

③ 承受交变载荷的表面及易引起应力集中的部分（如圆角，沟槽）粗糙度参数值应

小些。

④ 要求配合稳定可靠时，粗糙度参数值应小些；小间隙配合表面，受重载作用的过盈配合表面，其粗糙参数值要小。

⑤ 表面粗糙度与尺寸及形状公差应协调，通常尺寸及形状公差小；表面粗糙度参数值也要小，同一尺寸公差的轴比孔的粗糙度参数值要小。设表面形状公差为 t，尺寸公差为 T，则它们之间通常按以下关系来设计：

普通精度	$t\approx0.6T$	$Ra\leqslant0.05T$	$Rz\leqslant0.2T$
较高精度	$t\approx0.4T$	$Ra\leqslant0.025T$	$Rz\leqslant0.1T$
提高精度	$t\approx0.25T$	$Ra\leqslant0.012T$	$Rz\leqslant0.25T$
高精度	$t<0.25T$	$Ra\leqslant0.15T$	$Rz\leqslant0.6T$

说明：表面粗糙度的参数值和尺寸公差、形状公差之间并不存在函数关系，如机器、仪器上的手轮、手柄、外壳等部位，其尺寸、形状精度要求并不高，但表面粗糙度要求高（即粗糙度值小）。

⑥ 密封性。防腐蚀性要求高的表面或外观美观的表面其粗糙度值应小些。

⑦ 凡有关标准已对表面粗糙度要求作出规定者（如轴承、量规、齿轮等），应按标准规定选取表面粗糙度参数值。表 5－13 为表面粗糙度 Ra 值的应用范围。

表 5－13　表面粗糙度 Ra 值的应用范围

表面粗糙度代号		光洁度代号	表面形状、特征	加工方法	应用范围
I	II				
$\sqrt{}$（不去除材料）	∽		除净毛刺	铸，锻，冲压，热轧，冷轧	用于保持原供应状况的表面
$\sqrt{Ra\ 25}$	$\sqrt{Ra\ 12.5}$	▽3	微见刀痕	粗车，刨，立铣，平铣，钻	毛坯粗加工后的表面
$\sqrt{Ra\ 12.5}$	$\sqrt{Ra\ 6.3}$	▽4	可见加工痕迹	车，镗，刨，钻，平铣，立铣，锉，粗铰，磨，铣齿	比较精确的粗加工表面，如车端面、倒角
$\sqrt{Ra\ 6.3}$	$\sqrt{Ra\ 3.2}$	▽5	微见加工痕迹	车，镗，刨，铣，刮 1～2 点/cm^2，拉，磨，锉滚压，铣齿	不重要零件的非接合面，如轴、盖的端面、倒角，齿轮及带轮的侧面，平键及键槽的上下面，轴或孔的退刀槽
$\sqrt{Ra\ 3.2}$	$\sqrt{Ra\ 1.6}$	▽6	看不见加工痕迹	车，镗，刨，铣，铰，拉，磨，滚压，铣齿，刮 1～2 点/cm^2	IT12 级公差的零件的接合面，如盖板、套筒等与其他零件连接但不形成配合的表面，齿轮的非工作面，键与键槽的工作面，轴与毡圈的摩擦面
$\sqrt{Ra\ 1.6}$	$\sqrt{Ra\ 0.8}$	▽7	可辨加工痕迹的方向	车，镗，拉，磨，立铣，铰，滚压，刮 3～10 点/cm^2	IT8～IT12 级公差的零件的接合面，如带轮的工作面，普通精度齿轮的齿面，与低精度滚动轴承相配合的箱体孔

表 5-13（续）

表面粗糙度代号		光洁度代号	表面形状、特征	加工方法	应用范围
I	Ⅱ				
▽/Ra 0.8	▽/Ra 0.4	▽8	微辨加工痕迹的方向	铰，磨，镗，拉，滚压，刮 3~10 点/cm^2	IT6~IT8 级公差的零件的接合面；与齿轮、蜗轮、套筒等的配合面；与高精度滚动轴承相配合的轴颈；7 级精度大小齿轮的工作面；滑动轴承轴瓦的工作面；7~8 级精度蜗杆的齿面
▽/Ra 0.4	▽/Ra 0.2	▽9	不可辨加工痕迹的方向	布轮磨，磨，研磨，超级加工	IT5、IT6 级公差的零件的接合面，与 C 级精度滚动轴承配合的轴颈；3、4、5 级精度齿轮的工作面
▽/Ra 0.2	▽/Ra 0.1	▽10	暗光泽面	超级加工	仪器导轨表面；要求密封的液压传动的工作面；塞的外表面；活汽缸的内表面

注：1. 粗糙度代号 I 为第一种过渡方式。它是取新国标中相应最靠近的下一挡的第 1 系列值，如原光洁度（旧国标）为▽5，*Ra* 的最大允许值取 6.3。因此，在不影响原表面粗糙要求的情况下，取该值有利于加工。

2. 粗糙度代号Ⅱ为第 2 种过渡方式。它是取新国标中相应最靠近的上一挡的第 1 系列值，如原光洁度为▽5，*Ra* 的最大允许值取 3.2。因此，取该值提高了原表面粗糙度的要求和加工的成本。

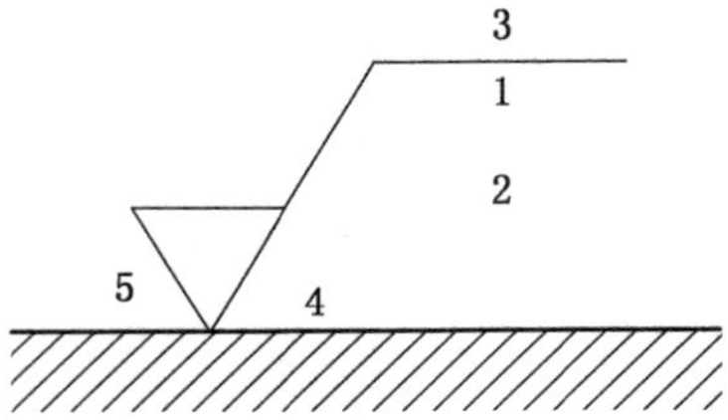

1—第一表面粗糙度（单一）要求（μm）；2—第二表面粗糙度要求（μm）；3—加工方法（车，铣）；4—表面纹理和纹理方向；5—加工余量（mm）

图 5-67　表面粗糙度代号及其标注

（四）表面粗糙度的标注

1. 表面粗糙度的代号

在表面粗糙度符号的基础上，注上其他有关表面特征的符号即组成了表面粗糙度的代号。表面粗糙度数值及其有关规定在符号中注写的位置如图 5-67 所示。

2. 表面粗糙度符号及意义

GB/T 131—2006 对表面粗糙度符号、代号及标注都做了规定，符号在图样上用细实线画出，符号及意义见表 5-14。

表 5-14　表面粗糙度符号及意义

符号	意义及说明
	基本符号，表示表面可用任何方法获得。当不加注粗糙度参数值或有关说明（例如表面处理、局部热处理状况等）时，仅适用于简化代号标注
	基本符号加一短划，表示表面是用去除材料的方法获得，例如车、铣、钻、磨、剪切、抛光、腐蚀、电火花加工、气割等

表 5 - 14（续）

符　　号	意 义 及 说 明
	基本符号加一小圆，表示表面是用不去除材料的方法获得，例如铸、锻、冲压变形、热轧、冷轧、粉末冶金等；或者是用于保持原供应状况的表面（包括保持上道工序的状况）
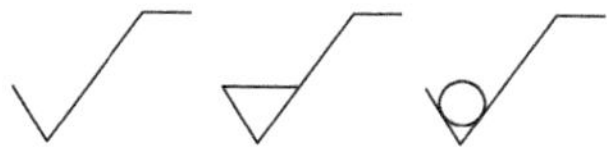	在上述三个符号的长边上均可加一横线，用于标注有关参数和说明
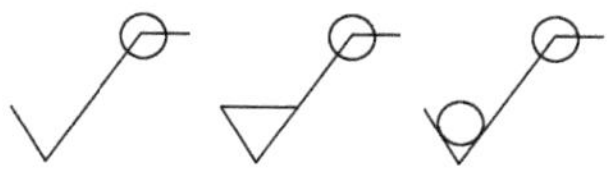	在上述三个符号上均可加一小圆，表示所有表面具有相同的表面粗糙度要求

3. 表面粗糙度在图样中的标注形式

（1）表面粗糙度代号中数字及符号的方向必须按图 5 - 68a 的规定标注。带有横线的表面粗糙度符号应按图 5 - 68b 的规定标注。

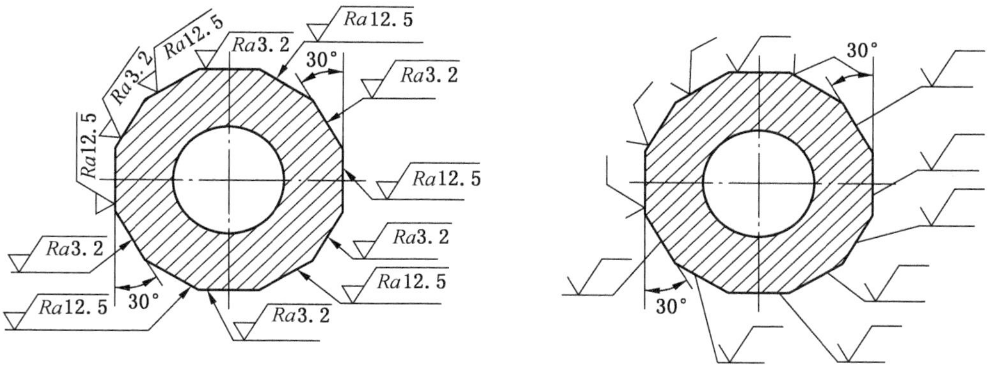

图 5 - 68　表面粗糙度代号中数字及符号方向

（2）在图样上，当空间狭小或不便标注时可以引出标注，如图 5 - 69 所示。

（3）当零件所有表面具有相同的表面粗糙度要求时，可统一标注在图样的右上角，如图 5 - 70 所示。

（4）零件上连续表面、重复要素（如孔、齿、槽等）的表面和用细实线连接不连续的同一表面，其表面粗糙度代（符）号只标注一次，如图 5 - 71 所示。

（5）同一表面上有不同的表面粗糙度要求时，应用细实线画出其分界线，并标注出相应的表面粗糙度代号和尺寸，如图 5 - 72 所示。

（6）齿轮、螺纹等工作表面没有画出齿（牙）形时，其表面粗糙度代（符）号标注法如图 5 - 73 所示。

（7）中心孔的工作表面，键槽工作表面，倒角，圆角的表面粗糙度代号可以简化标

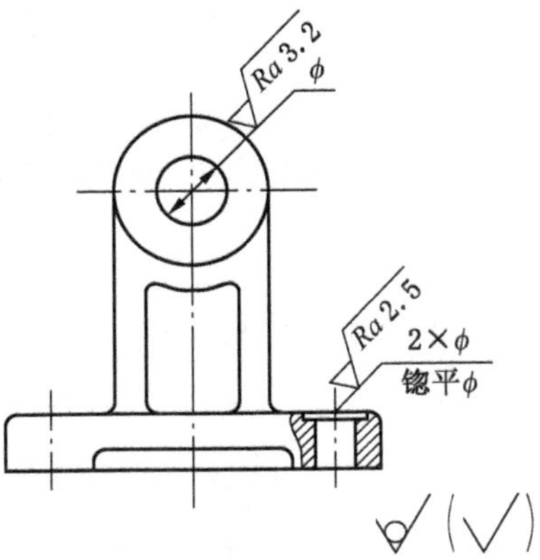

图 5－69　引出标注

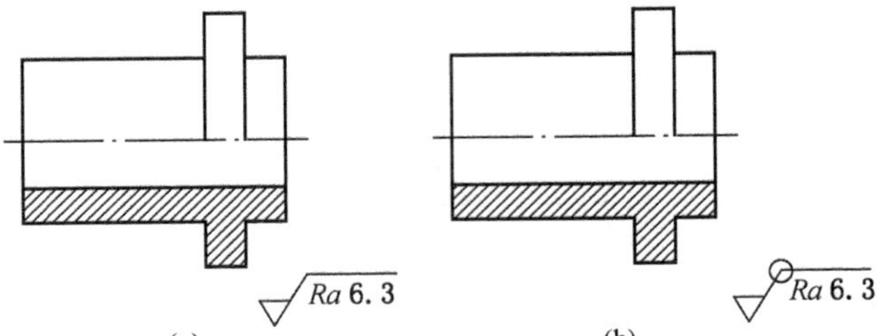

(a)　(b)

图 5－70　全部表面粗糙度相同时的标注方法

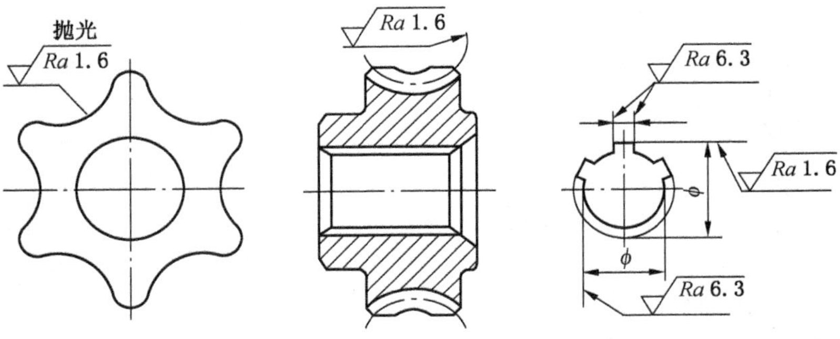

(a) 连续表面注法　(b) 重复要素注法

图 5－71　连续表面、重复表面粗糙度标注

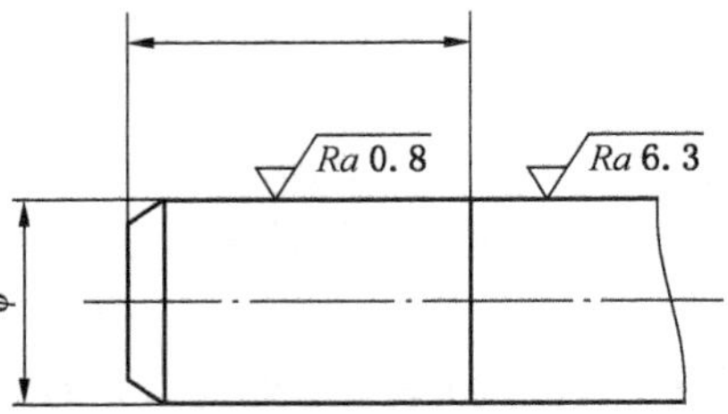

图 5－72　同一表面不同粗糙度标注

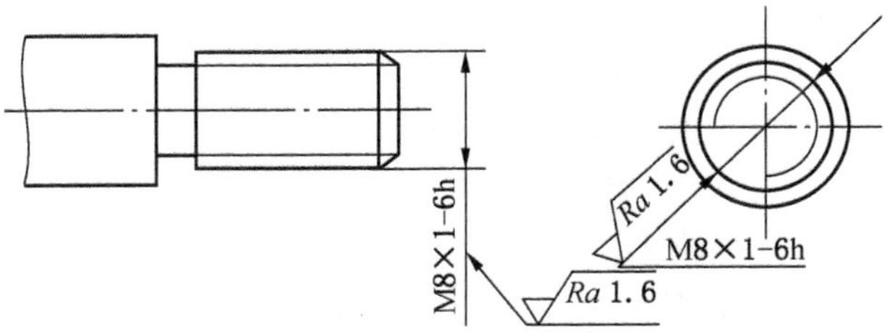

图 5－73　螺纹工作面的表面粗糙度标注

注，如图 5－74 所示。

规定公差值 T 的大小顺序应为：$T_{尺寸} > T_{位} > T_{形状} > Ra(Rz)$，其中 $Ra(Rz)$ 为表面粗糙度参数。

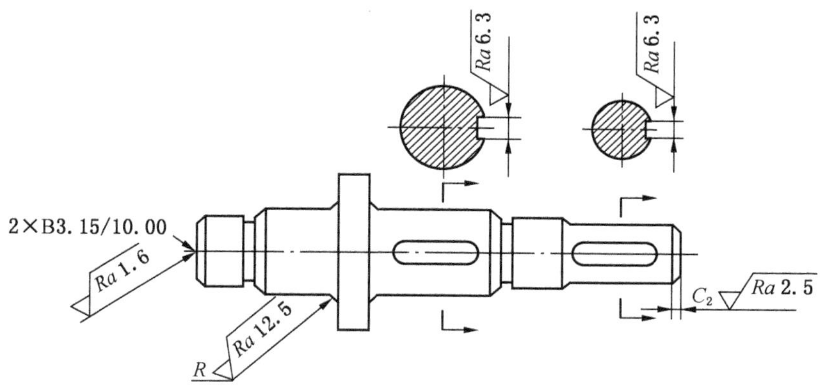

图 5－74　中心孔键槽、倒角和圆角表面粗糙度标注

三、任务实施

（一）工作准备

（1）熟悉表面粗糙度的代号及标注方法。

（2）填写任务工单的资讯、决策、计划部分。

（二）操作步骤

（1）确定表面粗糙度的评定参数。

（2）根据零件加工质量确定表面粗糙度的评定参数值。

（3）进行表面粗糙度的正确标注，并遵循以下标注原则：

① 标注时将其标注在可见轮廓线、尺寸界线、引出线或它们的延长线上，符号的尖端必须从材料外指向加工表面。

② 高度参数：当选用 *Ra* 或 *Rz* 时，符号和数值都要标注。

③ 当允许实测值中超过规定值的个数少于总数的 16% 时，应在图中标注上限值和下限值。

④ 当所有实测值不允许超过规定值时，应在图样上标注最大值或最小值。

⑤ 取样长度：如按国标选用，则可省略不标。

四、拓展知识

表面粗糙度的测量，国标规定的高度参数值是指它的最大允许值。对于有一定加工纹理方向的表面，应在垂直于加工纹理方向进行测量；对于无一定加工纹理方向的表面，如电火花加工表面等，应在几个不同的方向上进行测量，然后取最大值作为测量结果。另外，测量时还应注意，不要把表面缺陷，如沟槽、气孔、划痕等测量法进去。表面粗糙度的测量方法，目前主要有比较法、光切法、干涉法、针描法、印模法等。

（一）比较法

比较法是将被测表面和表面粗糙度样板直接进行比较。多用于车间，评定表面粗糙度值较大的工件。

（二）光切法

光切法是应用光切原理来测量表面粗糙度的一种测量方法。常用仪器是光切显微镜（双管显微镜）。该仪器适用于测量车、铣、刨等加工方法获得的金属平面，或外圆表面。主要测量 *Rz* 值，测量范围为 0.5 ~60 μm。

（三）干涉法

干涉法是利用光波干涉原理测量表面粗糙度的一种测量方法。常用仪器是干涉显微镜，主要用于测量 *Rz* 值，测量范围为 0.05 ~0.8 μm。一般用于测量表面粗糙度要求高的表面。

（四）针描法

针描法是一种接触式测量表面粗糙度的方法，最常用的仪器是电动轮廓仪，该仪器可直接显示 *Ra* 值，适宜于测量 *Ra* 值范围为 0.025 ~6.3 μm 的表面。

（五）印模法

在实际测量中，常会遇到深孔、盲孔、凹槽、内螺纹等既不能使用仪器直接测量，也不能使用样板比较的表面，这时常用印模法。印模法是利用一些无流动性和弹性的塑性材料（如石蜡等）贴合在被测表面上，将被测表面的轮廓复制成模，然后测量印模，从而评定被测表面的粗糙度。

思考与练习

1. 简述表面粗糙度对零件质量的影响。
2. 规定取样长度和评定长度的目的是什么？
3. 表面粗糙度标注原则是什么？
4. 根据表 5－15 中表面粗糙度的意义，在代号栏内用表面粗糙度代号标注出来。

表 5－15　题 4

代　号	意　义
	用任何方法获得的表面，*Rz* 的上限值为 3.2 μm
	用去除材料的方法获得的表面，*Ra* 的上限值为 6.3 μm
	用去除材料的方法获得的表面，*Ra* 的最大值为 6.3 μm
	用去除材料的方法获得的表面，*Ra* 的上限值为 3.2 μm，下限值为 1.6 μm
	用不去除材料的方法获得的表面，*Rz* 的上限值为 50 μm
	用任何方法获得的表面，*Ra* 的上限值为 3.2 μm，*Rz* 上限值为 12.5 μm
	用去除材料的方法获得的圆柱表面，*Ra* 的上限值为 3.2 μm，*Rz* 的上限值 12.5 μm

5. 解释图 5－75 中标注的各表面粗糙度要求的含义。
6. 如图 5－76 所示的压盖螺母，无特殊要求，选择轮廓的算术平均偏差 *Ra*。请查阅资料，确定合适的表面粗糙度值，标出图中用圆圈序号所示意的各加工平面或圆柱面的表

面粗糙度值，未标注的 *Ra* 的上限值均为 25 μm。

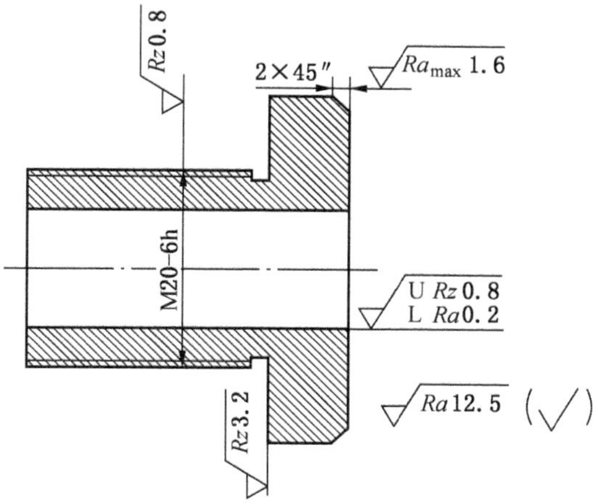

图 5-75　题 5

7. 如图 5-77 所示的阶梯轴，请按下列要求进行正确标注：

（1）大端圆柱面尺寸 ϕ45h7，采用包容要求；表面粗糙度 *Ra* 的上限值为 0.8 μm；

（2）小端圆柱面轴线对大端圆柱面轴线的同轴度公差为 ϕ30 μm；

（3）小端圆柱面尺寸为 ϕ25 ±0.007，圆度公差为 0.01 mm；*Rz* 最大值为 1.6 μm，其余表面 *Ra* 的上限值均为 6.3 μm。

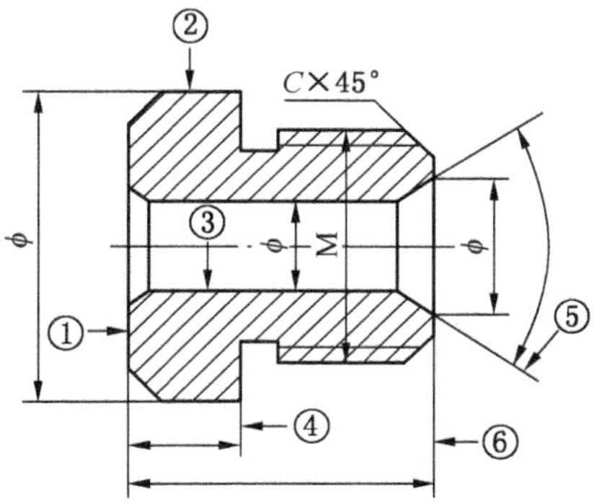

图 5-76　题 6

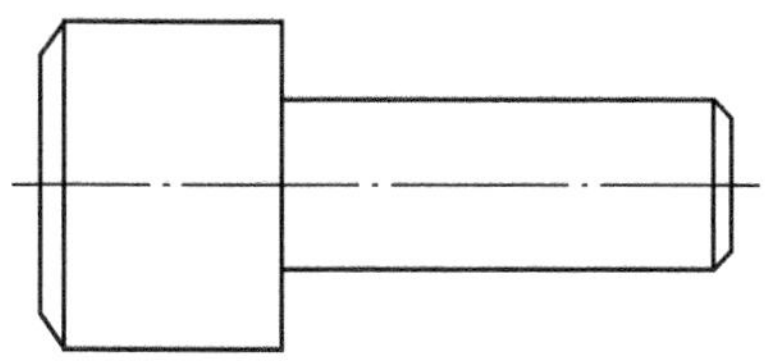

图 5-77　题 7

附录一　实　训　项　目

实训项目一　平面机构运动简图的绘制

一、实训目的

（1）熟悉常用平面机构的组成。

（2）掌握绘制平面机构运动简图的方法和技能。

（3）分析机构运动的确定性。

二、实训设备及工具

（1）实训设备：典型机构、机器的实物或模型（根据实际情况自选）。

（2）测绘工具：圆规、钢板尺（或三角板）、长钳、游标卡尺、量角器；学生自备铅笔、橡皮、纸。

三、实训步骤

（1）分析机构的结构和运动情况，确定构件数目。分清机构中的固定构件、主动件和从动件。从主动件开始，顺着传动路线，分析各构件间的相对运动情况。

（2）确定运动副的类型和数目。根据相连两构件的接触情况和运动特点，判断各运动副的类型。

（3）绘制平面机构运动简图。正确选择投影面和主动件的位置，按构件运动的传动路线顺序，测量机构中与机构运动有关的尺寸，如构件长度、导路位置或角度等，选择适当的比例尺 μ_l，用运动副和构件的规定符号，绘出平面机构运动简图，并对机构中每一构件进行编号，在主动件上标注箭头。

$$\text{长度比例}\ \mu_l = \frac{\text{构件的实际长度(mm)}}{\text{构件的图示长度(mm)}}$$

四、注意事项

（1）爱护设备，动作要轻，不要随便移动设备，以免损坏设备。

（2）实训完成后，应清理实训室，将物品摆放整齐。

（3）对室外大型设备，结合工作原理绘制。

（4）提倡设备类型多样化。

（5）每位学生绘制机构运动简图不少于四个。

实训项目二　机械设计陈列展示柜观察与分析

一、实训目的

（1）观察实体零部件、机构模型等，对实际机械系统增加感性认识。

（2）通过观察动画演示与聆听语音讲解，加深理解书本知识，培养对机械设备的观察能力、分析能力。

二、实训装置

（1）各种机械零部件及机构陈列柜。

（2）各种机械传动装置陈列柜。

三、实训过程

（1）列出机构陈列柜中所展示的机构与零部件名称。

（2）写出参观体会。

四、注意事项

（1）注意安全，不要在实训室内跑动或打闹，以免被设备碰伤。

（2）爱护设备，动作要轻，不要随便移动设备，正确操作语音讲解平台。

（3）禁止从非拆卸设备或展台上取下零件。

（4）实训完成后，应清理实训室，将物品摆放整齐。

（5）填写任务工单相关实训要求。

实训项目三　带传动打滑实验

一、实训目的

（1）观察带传动中弹性滑动和打滑现象，分析其与带传递的载荷之间的关系。

（2）测定滑动率与所传递的载荷及带传动效率之间的关系，绘制带传动的弹性滑动曲线和效率曲线。

（3）了解带传动实验台的设计原理与扭矩、转速的测量方法。

二、实验设备及工作原理

带传动实验台如附图1－1所示，该实验台的主要参数为，带轮直径 $D_1=D_2=120$ mm，测力杆长度 $L_1=L_2=120$ mm。该实验台主要由两个直流电机组成，或其中一个为主动电机5，另一个为从动电机8作发电机使用，其电枢绕组两端接上灯泡负载9，主动电机固定在一个可在水平方向移动的底板1上，与发电机由一根平皮带6连接。在与滑动底板相连的砝码架上加上砝码，即可拉紧皮带6。

电机锭子未固定可转动，其外壳上装有测力杆，支点压在压力传感器上，通过计算即可得到电动机和发电机的转矩。

两电机后端装有光电测速装置和测速转盘，所测转速在面板上各自的数码管上显示。

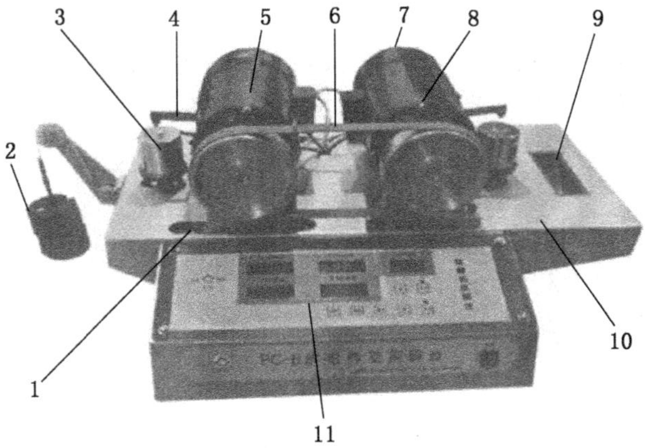

1—电机移动底板；2—砝码；3—传感器；4—弹性测力杆；5—主动电动机；6—平皮带；7—光电测速装置；8—发电机；9—负载灯泡；10—机壳；11—操纵面板

附图1-1 带传动实验台主要结构图

三、实验步骤

（1）接通电源，实验台的指示灯亮，检查测力计的测杆是否处于平衡状态。

（2）加砝码3 kg，使带具有初拉力。

（3）打开计算机，单击“皮带传动”图标，进入皮带传动的封面。单击左键，进入皮带传动实验说明界面。

（4）在皮带传动实验说明界面下方单击“实验”键，进入皮带传动实验分析界面。

（5）慢慢地沿顺时针方向旋转调速按钮，使电机从开始运转逐渐加速到 $n_1=1000$ r/min左右，待皮带传动运转平稳后，可进行皮带传动实验。

（6）在皮带传动实验分析界面下万单击“运动模拟”键，观察皮带传动的运动和弹性滑动及打滑现象。单击“稳定测试”键，稳定记录实时显示的皮带传动的实测结果。单击“实测曲线”键，显示皮带传动滑动曲线和效率曲线。

（7）如果采用手动操作，则每按一次加载按钮，记录转速和扭矩 n_1、n_2、T_1、T_2 的一组数据，直至滑动率大于3%左右，带传动开始进入打滑，若再加载则 n_1、n_2 之差值迅速增大。

（8）绘制带传动滑动曲线和效率曲线（以有效拉力 F 为横坐标，分别以不同载荷下的 ε 和 η 之值为纵坐标）。

四、实验数据记录与处理

1. 实验数据记录

实验数据记录见附表 1－1。

附表 1－1　带传动打滑实验数据记录

初拉力　F_{01} =　　N

序号	n_1/(r·min^{-1})	n_2/(r·min^{-1})	ε/%	T_1/(N·mm)	T_2/(N·mm)	η/%
1						
2						
3						
4						
5						

2. 实验数据处理

（1）滑动系数 ε 的计算公式为

$$\varepsilon = \frac{n_1 - in_2}{n_1} \times 100\%$$

（2）传动效率 η 的计算公式为

$$\eta = \frac{P_1}{P_2} = \frac{T_2 n_2}{T_1 n_1} \times 100\%$$

式中　P_1、P_2——主、从动轮的功率，kW；

n_1、n_2——主、从动轮的转速，r/min；

T_1、T_2——主、从动轮的转矩，N·mm。

3. 填写任务工单相关实训要求（略）

实训项目四　齿轮范成实验

一、实训目的

（1）理解范成法切制渐开线齿轮的基本原理，观察齿廓的渐开线及过渡曲线的形成过程。

（2）理解渐开线齿轮产生根切的原因，了解用变位修正来避免根切的原理，并验证最小变位系数。

（3）加深对互相啮合的齿廓互为包络线的理解。

（4）分析比较标准齿轮和变位齿轮的异同点。

二、实验设备及工具

实验设备：CLF－A 型齿轮范成仪一台，结构如附图 1－2 所示。

实训工具：代替被加工齿轮坯件的图纸一张（每范成一次需要图纸一张）、三角板、圆规、铅笔、橡皮等（学生自备）。

范成齿廓的轮坯图样，制作如附图 1－3 所示。

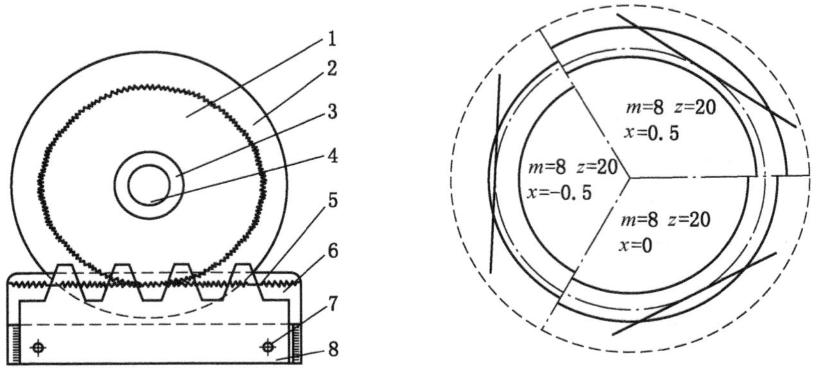

1—齿盘；2—圆盘；3—并帽；4—紧固螺母；5—机座；6—滑动齿条；7—紧固帽；8—齿条刀

附图1-2 范成仪结构示意图

被加工齿轮主要参数为

齿轮1：$m=20$，$z=10$，$a=20°$，$ha^{*}=1$，$c^{*}=0.25$。

齿轮2：$m=8$，$z=25$，$a=20°$，$ha^{*}=1$，$c^{*}=0.25$。

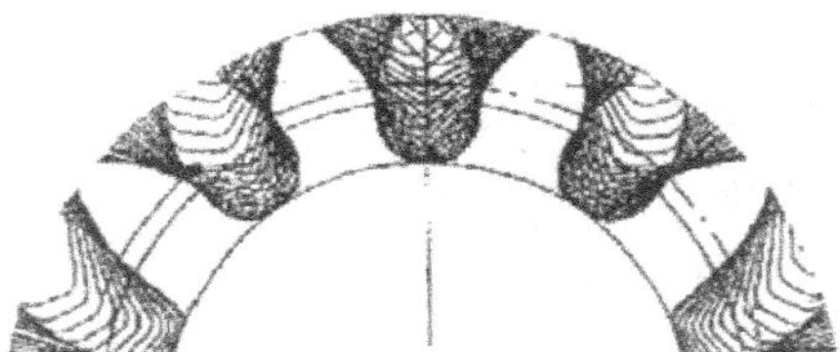

(a) 标准齿轮

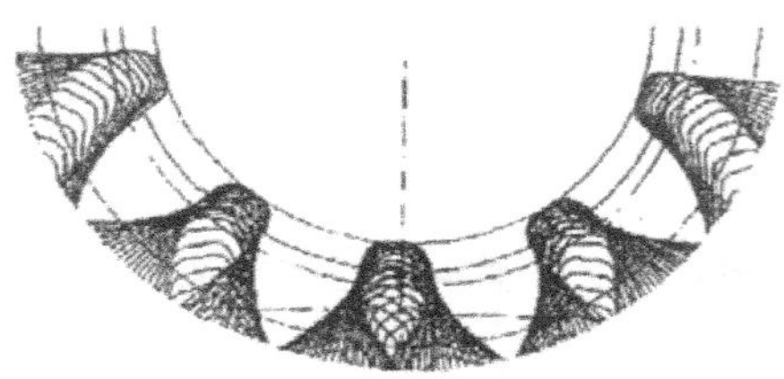

(b) 变位齿轮

附图1-3 范成齿廓轮坯图样

三、实验步骤

本实验齿轮齿廓绘制包括非变位齿轮齿廓和变位齿轮齿廓，其中变位齿轮相关知识请查阅本任务的拓展知识。

1. 绘制非变位齿轮齿廓

（1）将轮坯图样安装在范成仪上，根据模数选择齿条刀，置标准扇形区对齿条位置，要求齿条刀中线与扇形区中线相重合，同时移动齿条刀使齿中的横线与图样的虚线（分度圆相切）相重合，然后旋紧压图螺母和齿条刀螺帽。

（2）绘制前移动滑动齿条连带齿条刀到一端，然后向另一端间歇性平移，滑动齿条每次移动 2 ~ 3 mm，每移动一次，用铅笔描画出刀具在图样上加工的相对位置，视同于刀具在坯件上切去部分的吃刀线。多次平移并重复描下刀具轮廓，一直到描绘包络出两个完整的轮齿为止。

2. 绘制变位齿轮齿廓

当被加工齿轮的齿数 Z 少于 17 时，齿轮范成会出现根切现象。为避免根切，使齿轮能正常啮合，采用变位齿轮可解决这个问题（此外，变位齿轮可改善轮齿的磨损情况，提高轮齿的强度以及修复废旧齿轮等）。

（1）计算变位轮齿的尺寸。

根据不产生根切的最小变位系数公式 $X_{min} = (17 - Z)/17$，计算被加工齿轮的最小变位系数 X_{min}，同时计算出被加工变位后的分度圆、基圆、齿顶圆和齿根圆的相关尺寸，注意齿轮的齿顶圆直径为：$d_a = m_z + 2x_m + 2m$。

（2）绘制齿轮齿廓的步骤类同 1 的（1）、（2）步骤，只是将轮坯图样的安装换成正变位（或负变位）扇形区正对齿条刀位置。

（3）观察分析绘制出的正变位和负变位齿轮齿廓的特点。

3. 填写任务工单相关实训要求（略）

实训项目五　减速器拆装与分析

一、实训目的

减速器是一种应用普遍的通用机械设备，其结构包括了传动零件、支撑零件（轴、轴承）、箱体零件、标准零件及密封装置等典型机械零部件，进行减速器拆装与分析主要实现以下目标：

（1）进一步熟悉减速器零部件结构、组成、功用及结构工艺性。

（2）熟悉各零部件之间的运动关系。

（3）熟悉各零部件之间的装配关系。

（4）熟悉各零部件的拆装方法及程序。

（5）为减速器零部件的选型与设计奠定基础。

（6）为减速器的维修与保养积累工程实践经验。

（7）熟悉各种工具的使用方法。

二、实训设备及工具

1. 实训设备

根据实训室所陈列的减速器，任选单级圆柱齿轮减速器、两级圆柱齿轮减速器、两级圆柱 - 圆锥齿轮减速器和行星减速器至少三部。

2. 实训工具及用品

（1）测绘工具、活动扳手、呆扳手、套筒扳手、手锤、铜棒、内卡钳、外卡钳、铅丝、涂料、轴承拆卸器等，如附图 1 –4 所示。

（2）用品：煤油若干量，分装零件的盘、盒若干只。

(a) 活动扳手

(b) 呆扳手

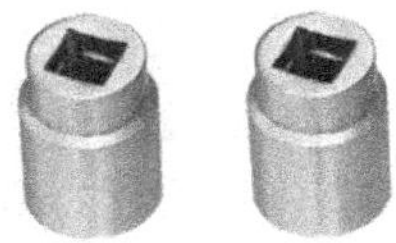

(c) 套筒扳手

(d) 橡胶榔头

(e) 内卡钳

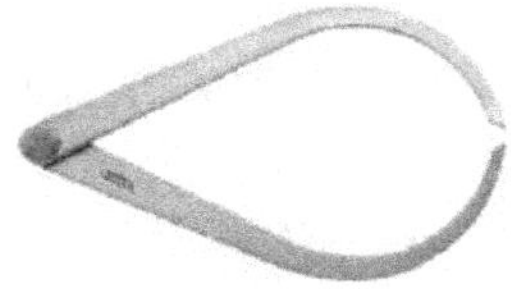

(f) 外卡钳

(g) 轴承拆卸器

附图 1 –4　拆装工具

三、实训步骤

（1）拆卸观察孔盖。

（2）拆卸箱体与箱盖连接螺栓，起出定位销，然后拧动起盖螺钉，卸下箱盖，将箱盖翻转 180°平稳放置一旁，以免损坏结合面；将拆下的定位销、螺栓、螺钉、垫片、螺母等放入零件盘中，以免丢失。

（3）拆卸各轴两边的轴承端盖。

（4）一边转动轴顺着轴旋转方向将高速轴轴系拆下，再用橡胶榔头轻敲轴将低速轴轴系拆卸下来，轴承必须用专用工具拆装。分析轴的结构、分析轴承的类型及型号。

（5）最后拆卸其他附件，如游标、油塞等。

（6）零件拆卸后用打钢印、扎标签或写件号等方法对每一个零件编上件号，分区分组放置在规定的位置。

（7）检查箱体内有无零件及其他杂物留在箱体内后，擦净箱体内部。将各传动轴部件装入箱体内。

（8）将嵌入式端盖装入轴承压槽内，并用调整垫圈调整好轴承的工作间隙。

将箱体内各零件用棉纱擦净，并涂上机油防锈。再用手转动高速轴，观察有无零件干涉，无误后合上箱盖。

（9）松开起盖螺钉，装上定位销，并打紧。装上螺栓、螺母用手逐一拧紧后，再用扳手分多次均匀拧紧。

（10）装好轴承小盖，观察所有附件是否都装好。用棉纱擦净减速器外部，放回原处，摆放整齐。

（11）清点好工具，擦净后交还指导老师验收。

（12）填写任务工单相关实训要求。

四、注意事项

（1）减速器拆卸前要仔细观察零、部件的结构及位置，考虑好拆装顺序再动手，切勿盲目拆卸，以免损坏机器零件或影响精度。

（2）拆卸后的零件按类统一放在盘、盒中妥善保管，防止混乱和丢失。

（3）将所有零件进行编号、登记并注写零件名称，对每一个零件贴挂一个对应标签。

（4）注意操作安全，小心仔细拆装，爱护工具、仪器及设备，避免损坏。

附录二　常用机构运动简图用图形符号

本书涉及的运动副的简图图形符号、构件及其组成部分连接的简图图形符号、各种机构的简图图形符号见附表 2－1 至附表 2－7。

附表 2－1　运动副的简图图形符号（摘自 GB/T 4460—2013）

名　称		基本符号	可用符号	附　注
具有一个自由度的运动副	回转副 a）平面机构 b）空间机构	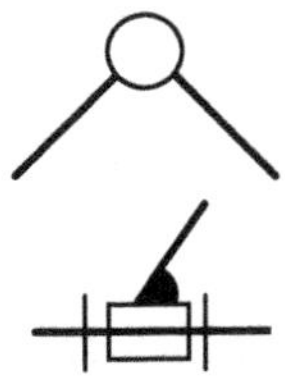	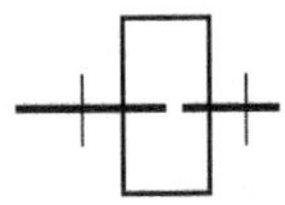	
	棱柱副（移动副）		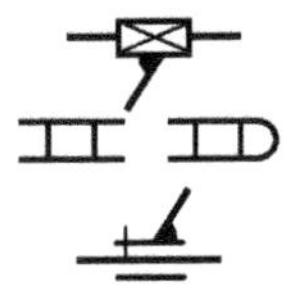	
	螺旋副	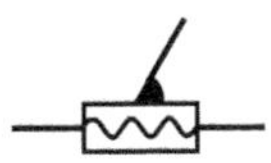		
具有两个自由度的运动副	圆柱副		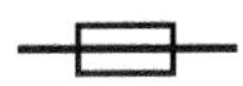	

附表 2－2　构件及其组成部分连接的简图图形符号（摘自 GB/T 4460—2013）

名　称	基本符号	可用符号	附　注
机架	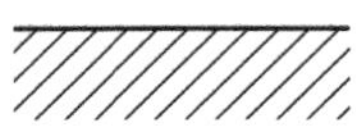		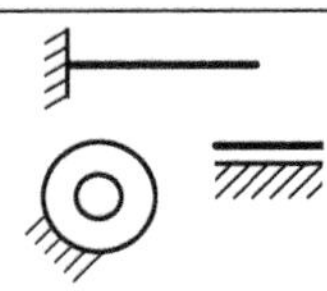
轴、杆			
构件组成部分的永久连接	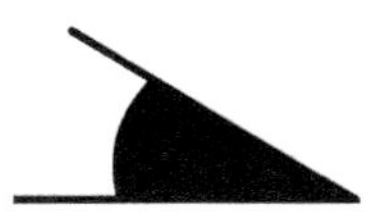		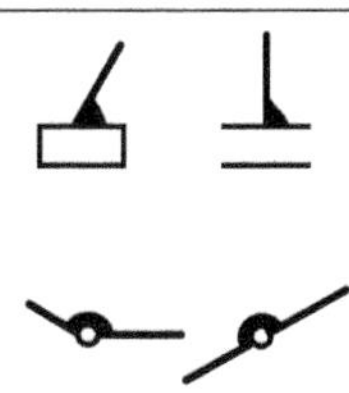

附表2－2（续）

名称			基本符号	可用符号	附注
组成部分与轴（杆）的固定连接					
单副元素构件		构件是回转副的一部分 a）平面机构 b）空间机构	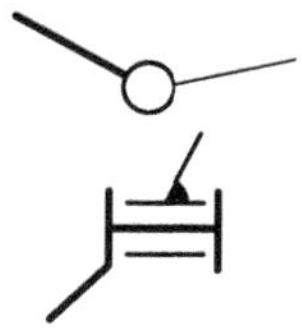		细实线所画为相邻构件
单副元素构件		机架是回转副的一部分 a）平面机构 b）空间机构	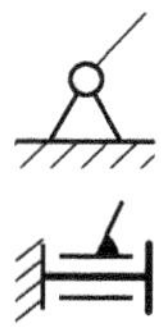		细实线所画为相邻构件
单副元素构件		构件是棱柱副的一部分			细实线所画为相邻构件
双副元素构件	连接两个回转副的构件	连杆 a）平面机构 b）空间机构	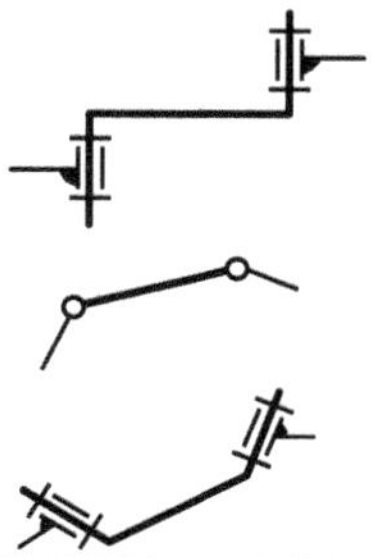		细实线所画为相邻构件
双副元素构件	连接两个回转副的构件	曲柄（或摇杆） a）平面机构 b）空间机构	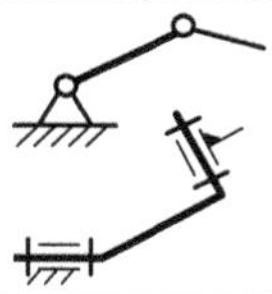		细实线所画为相邻构件
双副元素构件	连接两个回转副的构件	偏心轮			细实线所画为相邻构件
双副元素构件	连接两个棱柱副的构件	通用情况	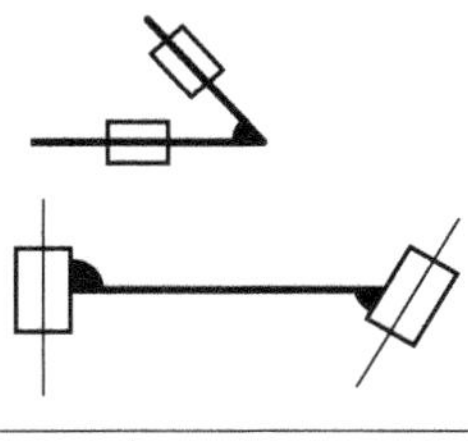		细实线所画为相邻构件
双副元素构件	连接两个棱柱副的构件	滑块	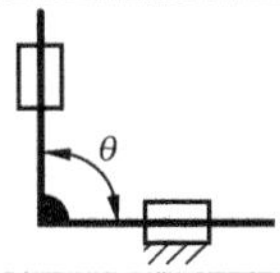	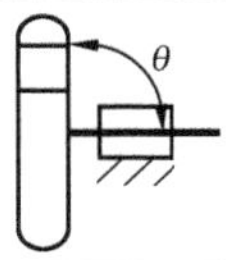	细实线所画为相邻构件

附表 2-2（续）

名称			基本符号	可用符号	附注
双副元素构件	连接回转副与棱柱副的构件	通用情况	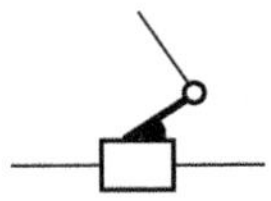		细实线所画为相邻构件
		导杆	 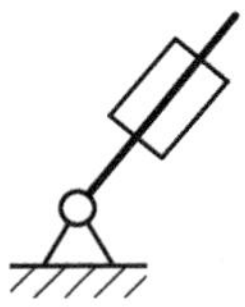		细实线所画为相邻构件
		滑块	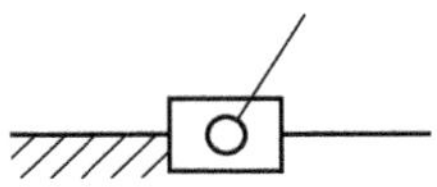		细实线所画为相邻构件
三副构件			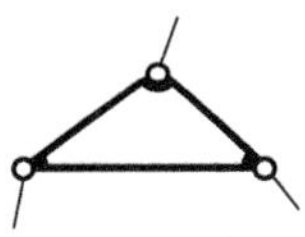	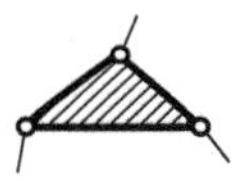	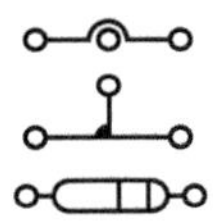
多副元素构件					符号与双副元素、三副元素构件类似

附表 2-3　齿轮机构的简图图形符号（摘自 GB/T 4460—2013）

名称		基本符号	可用符号	附注
齿轮（不指明齿线）	圆柱齿轮	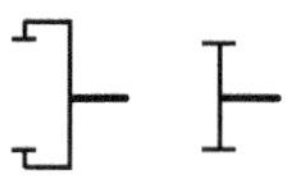	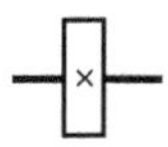	
	圆锥齿轮		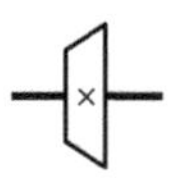	
	挠性齿轮	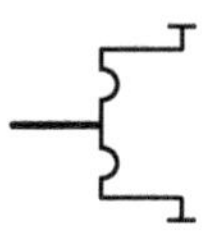		

附表 2-3（续）

名称			基本符号	可用符号	附注
齿线符号	圆柱齿轮	直齿		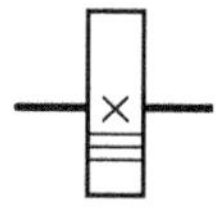	
		斜齿		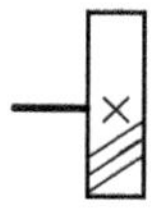	
		人字齿	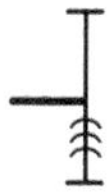	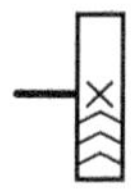	
	圆锥齿轮	直齿	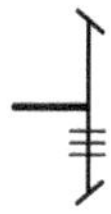	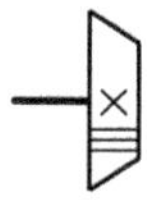	
		斜齿		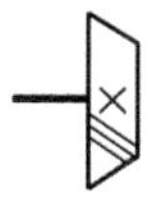	
		弧齿		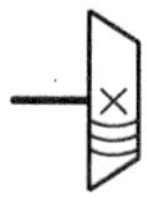	
齿轮传动		圆柱齿轮	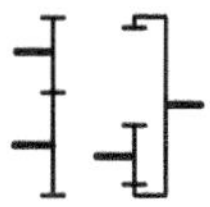	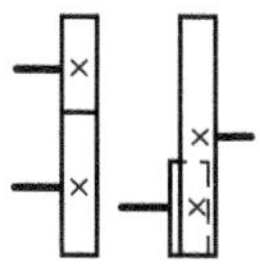	
		非圆齿轮	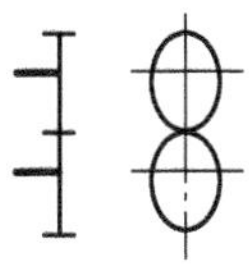		
		圆锥齿轮	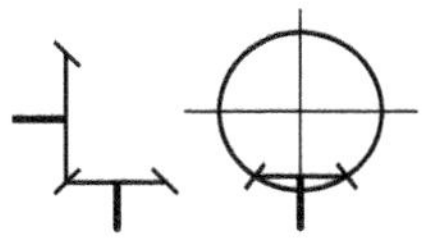	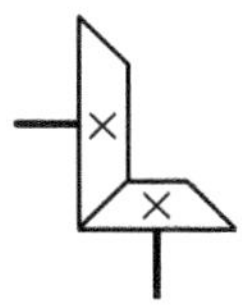	
		准双曲面齿轮	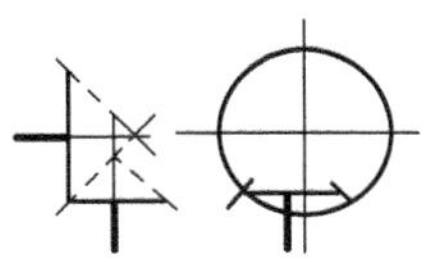	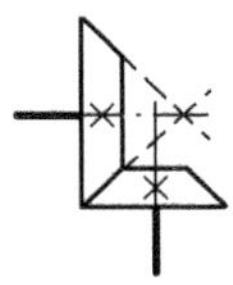	

附表 2－3（续）

名称		基本符号	可用符号	附注
齿轮传动	蜗轮与圆柱蜗杆	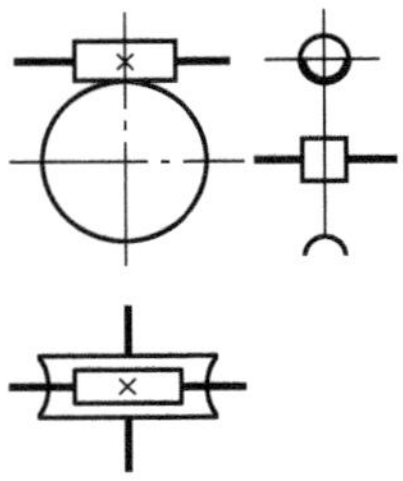	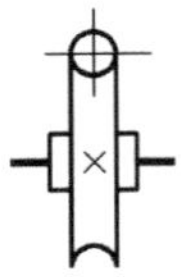	
	蜗轮与球面蜗杆	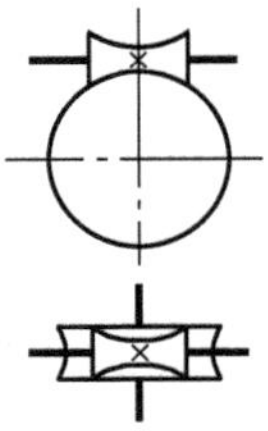	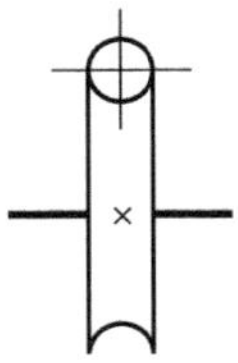	
	交叉轴斜齿轮	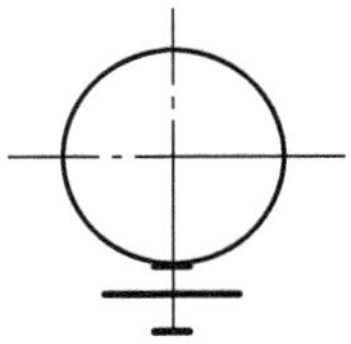	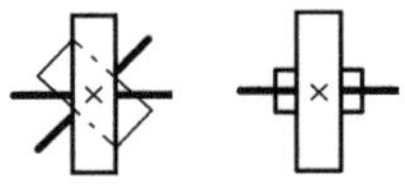	
齿条传动	一般表示	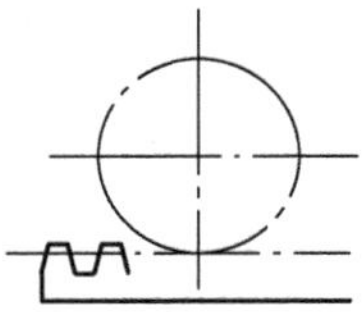	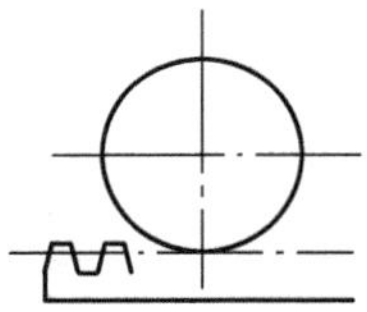 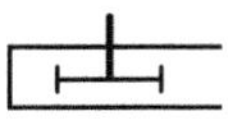	
	蜗线齿条与蜗杆		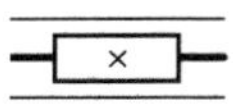	
	齿条与蜗杆		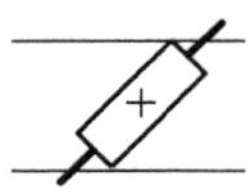	
扇形齿轮传动		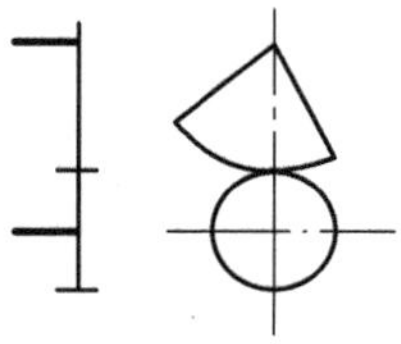	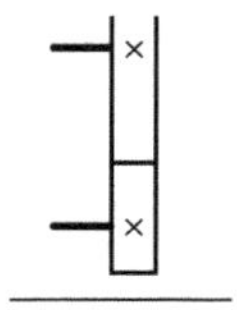	

附表 2-4　凸轮机构的简图图形符号（摘自 GB/T 4460—2013）

名　　称		基 本 符 号	可 用 符 号	附　注
凸轮	盘形凸轮	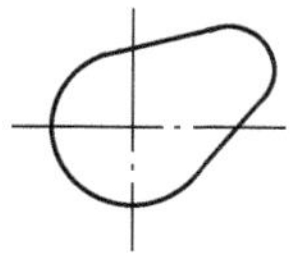		钩槽盘形凸轮 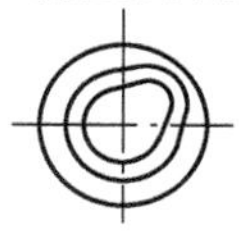
	移动凸轮	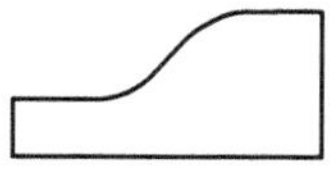		
	与杆固接的凸轮	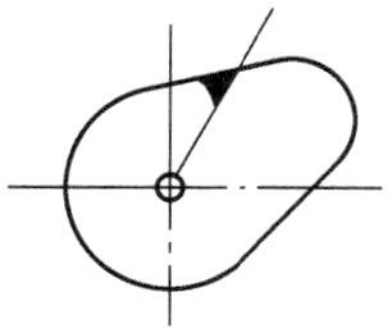		可调连接 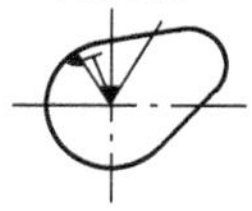
凸轮从动杆	尖顶从动杆	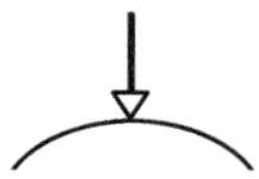		在凸轮副中，凸轮从动杆的符号 
	曲面从动杆			
	滚子从动杆			
	平底从动杆	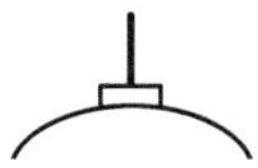		

附表 2-5　槽轮机构和棘轮机构的简图图形符号（摘自 GB/T 4460—2013）

名　　称		基 本 符 号	可 用 符 号	附　注
槽轮机构	一般符号	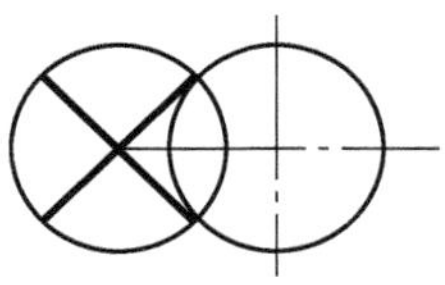		
	外啮合	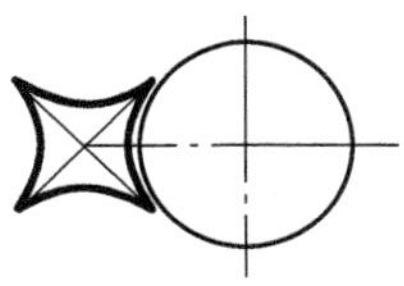	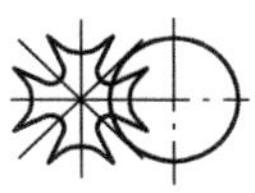	
	内啮合		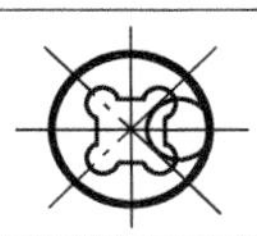	

附表2-5（续）

名称		基本符号	可用符号	附注
棘轮机构	外啮合	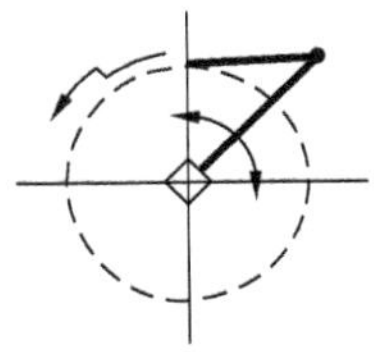	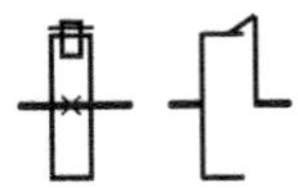	
	内啮合	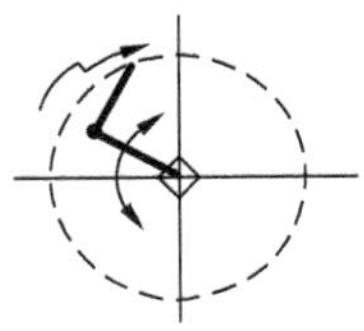	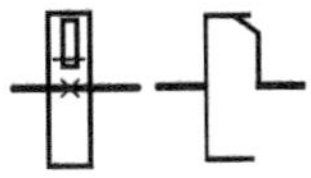	
	棘齿条啮合	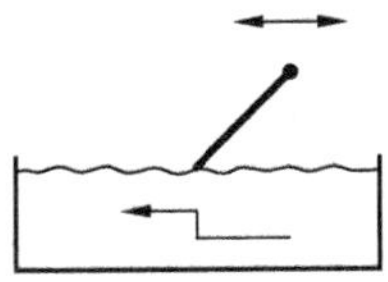		

附表2-6　联轴器、离合器及制动器的简图符号（摘自GB/T 4460—2013）

名称			基本符号	可用符号	附注
联轴器	一般符号（不指明类型）		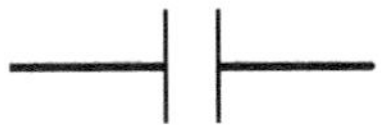		
	固定联轴器		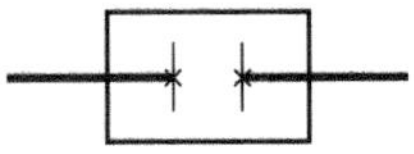		
	可移式联轴器		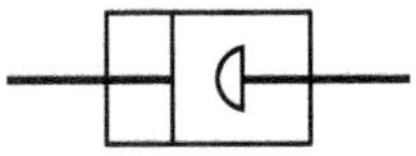		
	弹性联轴器		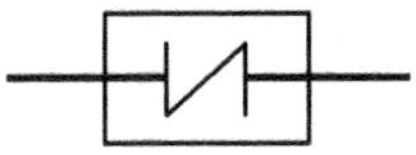		
离合器	可控离合器		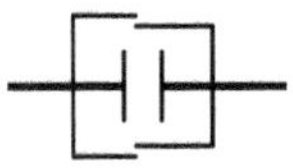		对于离合器和制动器，当需要表明操纵方式时，可使用下列符号： M—机动的； H—液动的； P—气动的； E—电动的（如电磁）。 例：具有气动开关启动的单向摩擦离合器 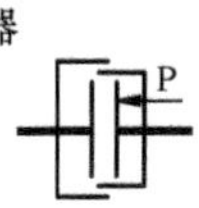
	啮合式离合器	单向式	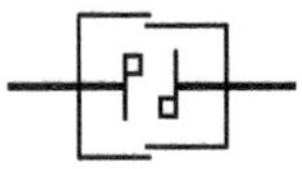	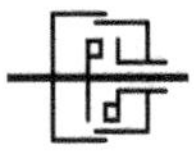	
		双向式	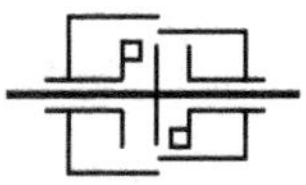		

附表 2-6（续）

名称			基本符号	可用符号	附注
离合器	摩擦式离合器	单向	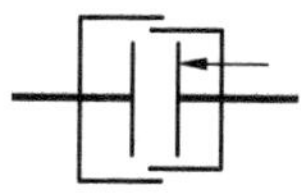	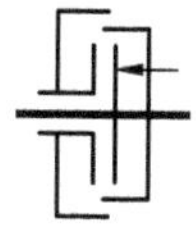	对于离合器和制动器，当需要表明操纵方式时，可使用下列符号： M—机动的； H—液动的； P—气动的； E—电动的(如电磁)。 例：具有气动开关启动的单向摩擦离合器 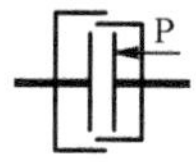
		双向式	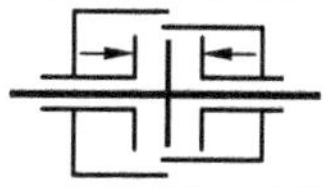	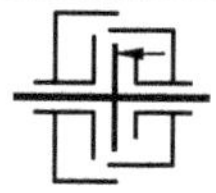	
	液压离合器——一般符号		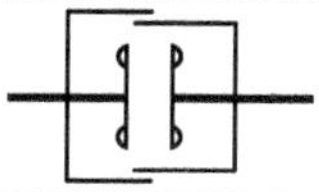		
	超越离合器		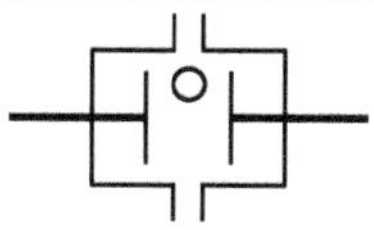		
	电磁离合器		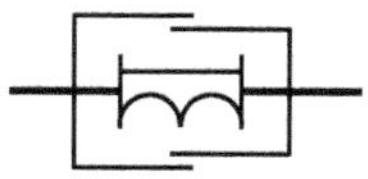		
	安全离合器	带有易损元件	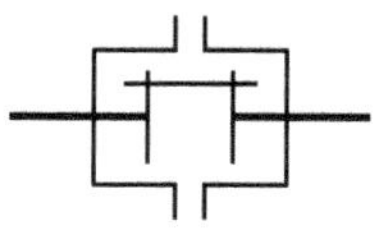		
		无易损元件	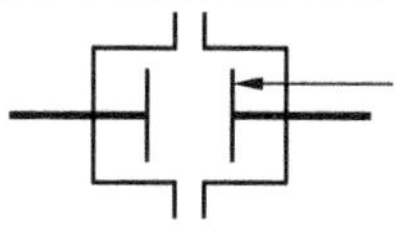		
制动器	制动式一般符号（不规定制动器外观）		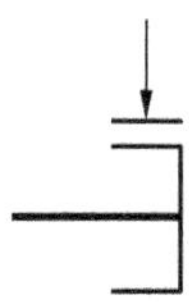		

附表 2-7　其他机构及其组件简图图形符号（摘自 GB/T 4460—2013）

名称	基本符号	可用符号	附注
带传动—— 一般符号（不指明类型）	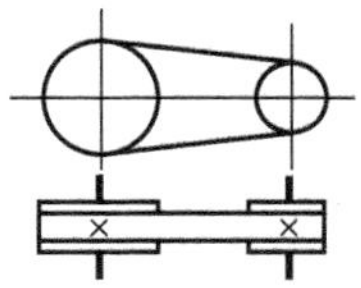 或 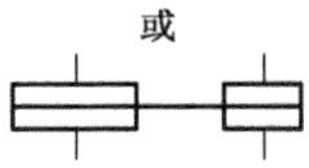		若需指明皮带类型可采用下列符号： 三角带 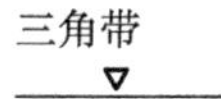 圆带 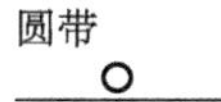 同步齿形带 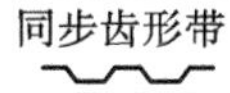 平带 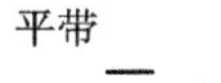 例：三角带传动 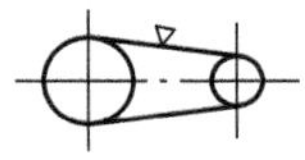

附表 2-7（续）

名　　称	基本符号	可用符号	附　注
轴上的宝塔轮	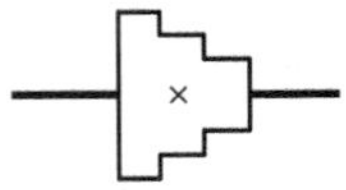		若需指明链条类型，可采用下列符号： 环形链 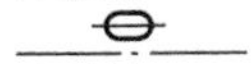 滚子链 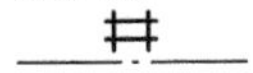 无声链  例：无声链传动 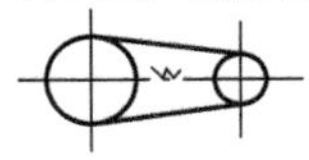
链传动——一般符号（不指明类型）	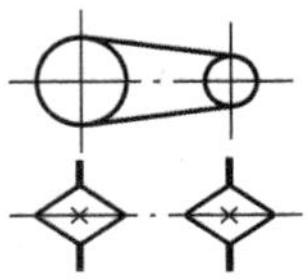		
螺杆传动　整体螺母	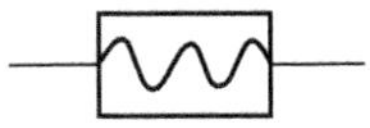		
螺杆传动　开合螺母	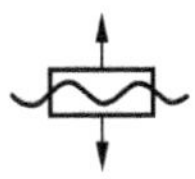		
螺杆传动　滚珠螺母			
挠性轴	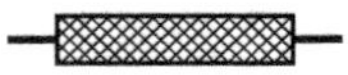	可以只画一部分 	
轴上飞轮	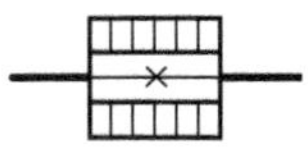	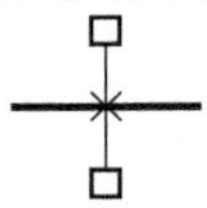	
轴承　向心轴承　滑动轴承	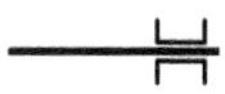		若有需要可指明轴承型号
轴承　向心轴承　滚动轴承	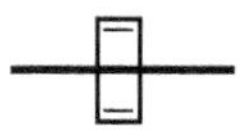	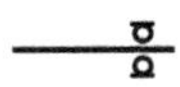	
轴承　滚动轴承　单向	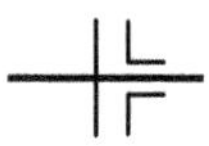		
轴承　滚动轴承　双向	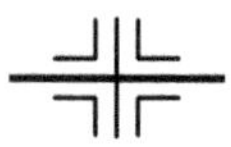		
轴承　滚动轴承　滚动轴承	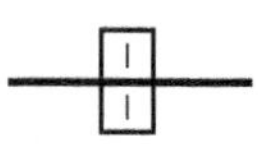		
轴承　向心推力轴承　单向	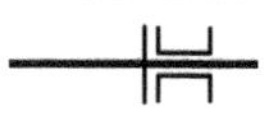		
轴承　向心推力轴承　双向	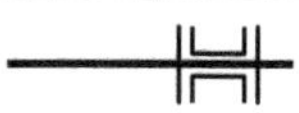		
轴承　向心推力轴承　滚动轴承	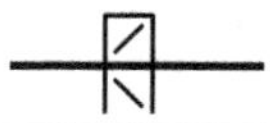		

附录三　部分常用滚动轴承

本附录内容摘自中华人民共和国国家标准《深沟球轴承》(GB/T 276—1994)，见附表3－1和附表3－2。该国家标准现已废止，但针对本教材的学习任务，仅有其外形尺寸不能完全满足有关设计中用到的参数的查取，所以教材中仍使用了该国家标准。

建议使用本附录的同时，可结合代替标准《滚动轴承　深沟球轴承　外形尺寸》(GB/T 276—2013)，以便获得最新参数。

附表3－1　深沟球轴承（GB/T 276—1994 摘录）

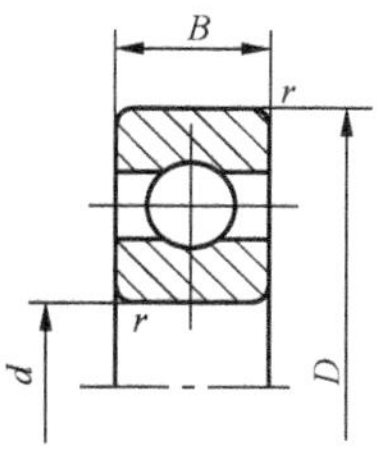

60000型

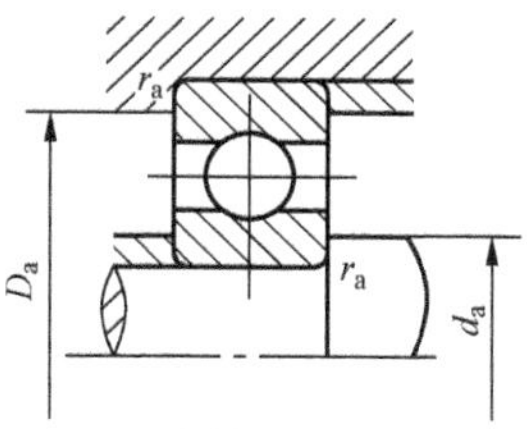

安装尺寸

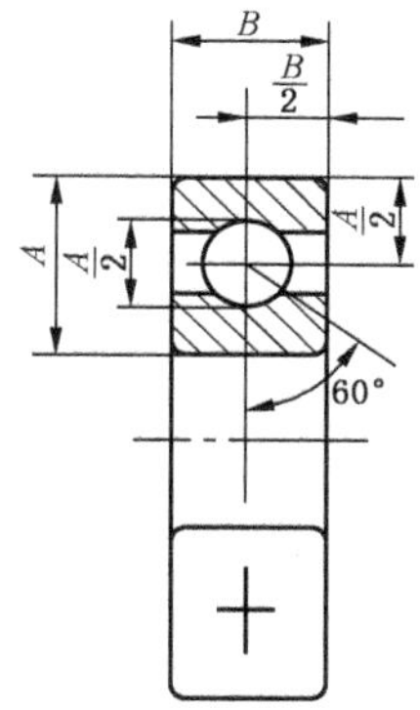

简化画法

标记示例：
滚动轴承 6210 GB/T 276

F_a/C_{0r}	e	Y	径向当量动载荷	径向当量静载荷
0.014	0.19	2.30	当$\frac{F_a}{F_r}\leqslant e$，$P_r=F_r$ 当$\frac{F_a}{F_r}>e$，$P_r=0.56F_r+YF_a$	$P_{0r}=F_r$ $P_{0r}=0.6F_r+0.5F_a$ 取上列两式计算结果的较大值
0.028	0.22	1.99		
0.056	0.26	1.71		
0.084	0.28	1.55		
0.11	0.30	1.45		
0.17	0.34	1.31		
0.28	0.38	1.15		
0.42	0.42	1.04		
0.56	0.44	1.00		

附表3-1（续）

轴承代号	基本尺寸/mm				安装尺寸/mm			基本额定动载荷 C_r	基本额定静载荷 C_{0r}	极限转速/(r·min^{-1})		原轴承代号
	d	D	B	r_{smin}	d_{amin}	D_{amax}	r_{asmax}	kN		脂润滑	油润滑	
(1) 0尺寸系列												
6000	10	26	8	0.3	12.4	23.6	0.3	4.58	1.98	20000	28000	100
6001	12	28	8	0.3	14.4	25.6	0.3	5.10	2.38	19000	26000	101
6002	15	32	9	0.3	17.4	29.6	0.3	5.58	2.85	18000	24000	102
6003	17	35	10	0.3	19.4	32.6	0.3	6.00	3.25	17000	22000	103
6004	20	42	12	0.6	25	37	0.6	9.38	5.02	15000	19000	104
6005	25	47	12	0.6	30	42	0.6	10.0	5.85	13000	17000	105
6006	30	55	13	1	36	49	1	13.2	8.30	10000	14000	106
6007	35	62	14	1	41	56	1	16.2	10.5	9000	12000	107
6008	40	68	15	1	46	62	1	17.0	11.8	8500	11000	108
6009	45	75	16	1	51	69	1	21.0	14.8	8000	10000	109
6010	50	80	16	1	56	74	1	22.0	16.2	7000	9000	110
6011	55	90	18	1.1	62	83	1	30.2	21.8	6300	8000	111
6012	60	95	18	1.1	67	88	1	31.5	24.2	6000	7500	112
6013	65	100	18	1.1	72	93	1	32.0	24.8	5600	7000	113
6014	70	110	20	1.1	77	103	1	38.5	30.5	5300	6700	114
6015	75	115	20	1.1	82	108	1	40.2	33.2	5000	6300	115
6016	80	125	22	1.1	87	118	1	47.5	39.8	4800	6000	116
6017	85	130	22	1.1	92	123	1	50.8	42.8	4500	5600	117
6018	90	140	24	1.5	99	131	1.5	58.0	49.8	4300	5300	118
6019	95	145	24	1.5	104	136	1.5	57.8	50.0	4000	5000	119
6020	100	150	24	1.5	109	141	1.5	64.5	56.2	3800	4800	120
(0) 2尺寸系列												
6200	10	30	9	0.6	15	25	0.6	5.10	2.38	19000	26000	200
6201	12	32	10	0.6	17	27	0.6	6.82	3.05	18000	24000	201
6202	15	35	11	0.6	20	30	0.6	7.65	3.72	17000	22000	202
6203	17	40	12	0.6	22	35	0.6	9.58	4.78	16000	20000	203
6204	20	47	14	1	26	41	1	12.8	6.65	14000	18000	204
6205	25	52	15	1	31	46	1	14.0	7.88	12000	16000	205
6206	30	62	16	1	36	56	1	19.5	11.5	9500	13000	206
6207	35	72	17	1.1	42	65	1	25.5	15.2	8500	11000	207
6208	40	80	18	1.1	47	73	1	29.5	18.0	8000	10000	208
6209	45	85	19	1.1	52	78	1	31.5	20.5	7000	9000	209
6210	50	90	20	1.1	57	83	1	35.0	23.2	6700	8500	210
6211	55	100	21	1.5	64	91	1.5	43.2	29.2	6000	7500	211
6212	60	110	22	1.5	69	101	1.5	47.8	32.8	5600	7000	212
6213	65	120	23	1.5	74	111	1.5	57.2	40.0	5000	6300	213
6214	70	125	24	1.5	79	116	1.5	60.8	45.0	4800	6000	214
6215	75	130	25	1.5	84	121	1.5	66.0	49.5	4500	5600	215
6216	80	140	26	2	90	130	2	71.5	54.2	4300	5300	216
6217	85	150	28	2	95	140	2	83.2	63.8	4000	5000	217
6218	90	160	30	2	100	150	2	95.8	71.5	3800	4800	218
6219	95	170	32	2.1	107	158	2.1	110	82.8	3600	4500	219
6220	100	180	34	2.1	112	168	2.1	122	92.8	3400	4300	220

附表3-1（续）

轴承代号	基本尺寸/mm				安装尺寸/mm			基本额定动载荷 C_r	基本额定静载荷 C_{0r}	极限转速/（$r\cdot min^{-1}$）		原轴承代号
	d	D	B	r_{smin}	d_{amin}	D_{amax}	r_{asmax}	kN		脂润滑	油润滑	
（0）3尺寸系列												
6300	10	35	11	0.6	15	30	0.6	7.65	3.48	18000	24000	300
6301	12	37	12	1	18	31	1	9.72	5.08	17000	22000	301
6302	15	42	13	1	21	36	1	11.5	5.42	16000	20000	302
6303	17	47	14	1	23	41	1	13.5	6.58	15000	19000	303
6304	20	52	15	1.1	27	45	1	15.8	7.88	13000	17000	304
6305	25	62	17	1.1	32	55	1	22.2	11.5	10000	14000	305
6306	30	72	19	1.1	37	65	1	27.0	15.2	9000	12000	306
6307	35	80	21	1.5	44	71	1.5	33.2	19.2	8000	10000	307
6308	40	90	23	1.5	49	81	1.5	40.8	24.0	7000	9000	308
6309	45	100	25	1.5	54	91	1.5	52.8	31.8	6300	8000	309
63010	50	110	27	2	60	100	2	61.8	38.0	6000	7500	310
6311	55	120	29	2	65	110	2	71.5	44.8	5300	6700	311
6312	60	130	31	2.1	72	118	2.1	81.8	51.8	5000	6300	312
6313	65	140	33	2.1	77	128	2.1	93.8	60.5	4500	5600	313
6314	70	150	35	2.1	82	138	2.1	105	68.0	4300	5300	314
6315	75	160	37	2.1	87	148	2.1	112	76.8	4000	5000	315
6316	80	170	39	2.1	92	158	2.1	122	86.5	3800	4800	316
6317	85	180	41	3	99	166	2.5	132	96.5	3600	4500	317
6318	90	190	43	3	104	176	2.5	145	108	3400	4300	318
6319	95	200	45	3	109	186	2.5	155	122	3200	4000	319
6320	100	215	47	3	114	201	2.5	172	140	2800	3600	320
（0）4尺寸系列												
6403	17	62	17	1.1	24	55	1	22.5	10.8	11000	15000	403
6404	20	72	19	1.1	27	65	1	31.0	15.2	9500	13000	404
6405	25	80	21	1.5	34	71	1.5	38.2	19.2	8500	11000	405
6406	30	90	23	1.5	39	81	1.5	47.5	24.5	8000	10000	406
6407	35	100	25	1.5	44	91	1.5	56.8	29.5	6700	8500	407
6408	40	110	27	2	50	100	2	65.5	37.5	6300	8000	408
6409	45	120	29	2	55	110	2	77.5	45.5	5600	7000	409
6410	50	130	31	2.1	62	118	2.1	92.2	55.2	5300	6700	410
6411	55	140	33	2.1	67	128	2.1	100	62.5	4800	6000	411
6412	60	150	35	2.1	72	138	2.1	108	70.0	4500	5600	412
6413	65	160	37	2.1	77	148	2.1	118	78.5	4300	5300	413
6414	70	180	42	3	84	166	2.5	140	99.5	3800	4800	414
6415	75	190	45	3	89	176	2.5	155	115	3600	4500	415
6416	80	200	48	3	94	186	2.5	162	125	3400	4300	416
6417	85	210	52	4	103	192	3	175	138	3200	4000	417
6418	90	225	54	4	108	207	3	192	158	2800	3600	418
6420	100	250	58	4	118	232	3	222	195	2400	3200	420

注：1. 表中 C_r 值适用于真空脱气轴承钢材料的轴承。如轴承材料为普通电炉钢，C_r 值降低；如为真空重熔或电渣重熔轴承钢，C_r 值提高；

2. r_{smin} 为 r 的单向最小倒角尺寸；r_{asmax} 为 r_a 的单向最大倒角尺寸。

附表 3-2　角接触球轴承（GB/T 292—1994 摘录）

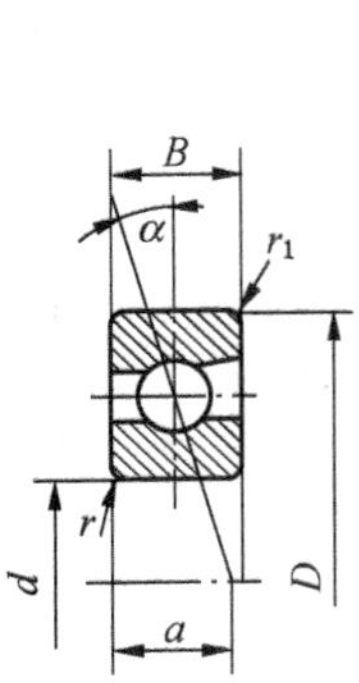

70000C(AC) 型

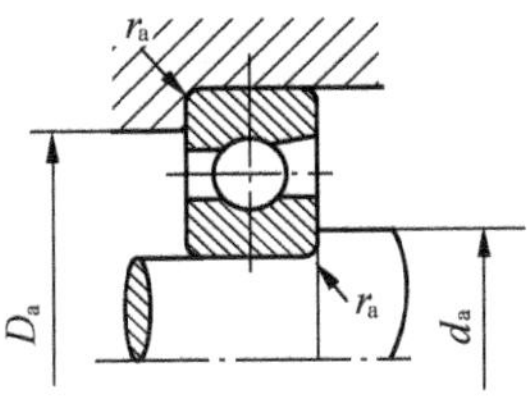

安装尺寸

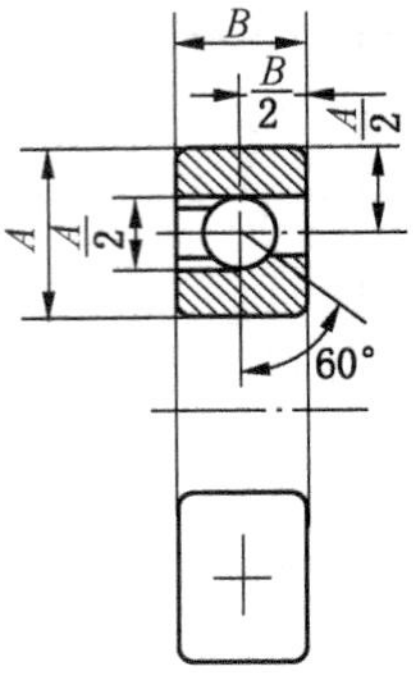

简化画法

标记示例：
滚动轴承 7210C，GB/T 292

iF_a/C_{0r}	e	Y	70000C 型	70000AC 型
0.015	0.38	1.47	径向当量动载荷 当 $F_a/F_r \leqslant e$　$P_r=F_r$ 当 $F_a/F_r>e$　$P_r=0.44F_r+YF_a$	径向当量动载荷 当 $F_a/F_r \leqslant 0.68$　$P_r=F_r$ 当 $F_a/F_r>0.68$　$P_r=0.41F_r+0.87F_a$
0.029	0.40	1.40		
0.058	0.43	1.30		
0.087	0.46	1.23		
0.12	0.47	1.19		
0.17	0.50	1.12	径向当量静载荷 $P_{0r}=0.5F_r+0.46F_a$ 当 $P_{0r}<F_r$，取 $P_{0r}=F_r$	径向当量静载荷 $P_{0r}=0.5F_r+0.38F_a$ 当 $P_{0r}<F_r$，取 $P_{0r}=F_r$
0.29	0.55	1.02		
0.44	0.56	1.00		
0.58	0.56	1.00		

轴承代号		基本尺寸/mm					安装尺寸/mm			70000C（$\alpha=15°$）			70000AC（$\alpha=25°$）			极限转速/（$r \cdot min^{-1}$）		原轴承代号	
		d	D	B	r_s min	r_{1s} min	d_{amin}	D_a max	r_{as} max	a/mm	基本额定动载荷 C_r kN	基本额定静载荷 C_{0r} kN	a/mm	基本额定动载荷 C_r kN	基本额定静载荷 C_{0r} kN	脂润滑	油润滑		
（1）0 尺寸系列																			
7000C	7000AC	10	26	8	0.3	0.15	12.4	23.6	0.3	6.4	4.92	2.25	8.2	4.75	2.12	19000	28000	36100	46100
7001C	7001AC	12	28	8	0.3	0.15	14.4	25.6	0.3	6.7	5.42	2.65	8.7	5.20	2.55	18000	26000	36101	46101
7002C	7002AC	15	32	9	0.3	0.15	17.4	29.6	0.3	7.6	6.25	3.42	10	5.95	3.25	17000	24000	36102	46102
7003C	7003AC	17	35	10	0.3	0.15	19.4	32.6	0.3	8.5	6.60	3.85	11.1	6.30	3.68	16000	22000	36103	46103
7004C	7004AC	20	42	12	0.6	0.15	25	37	0.6	10.2	10.5	6.08	13.2	10.0	5.78	14000	19000	36104	46104
7005C	7005AC	25	47	12	0.6	0.15	30	42	0.6	10.8	11.5	7.45	14.4	11.2	7.08	12000	17000	36105	46105
7006C	7006AC	30	55	13	1	0.3	36	49	1	12.2	15.2	10.2	16.4	14.5	9.85	9500	14000	36106	46106
7007C	7007AC	35	62	14	1	0.3	41	56	1	13.5	19.5	14.2	18.3	18.5	13.5	8500	12000	36107	46107
7008C	7008AC	40	68	15	1	0.3	46	62	1	14.7	20.0	15.2	20.1	19.0	14.5	8000	11000	36108	46108
7009C	7009AC	45	75	16	1	0.3	51	69	1	16	25.8	20.5	21.9	25.8	19.5	7500	10000	36109	46109

附表 3-2（续）

轴承代号		基本尺寸/mm					安装尺寸/mm			70000C（$\alpha=15°$）			70000AC（$\alpha=25°$）			极限转速/（$r\cdot min^{-1}$）		原轴承代号	
		d	D	B	r_s	r_{1s}	d_{amin}	D_a	r_{as}	a/mm	基本额定		a/mm	基本额定		脂润滑	油润滑		
					min			max			动载荷 C_r	静载荷 C_{0r}		动载荷 C_r	静载荷 C_{0r}				
											kN			kN					
7010C	7010AC	50	80	16	1	0.3	56	74	1	16.7	26.5	22.0	23.2	25.2	21.0	6700	9000	36110	46110
7011C	7011AC	55	90	18	1.1	0.6	62	83	1	18.7	37.2	30.5	25.9	35.2	29.2	6000	8000	36111	46111
7012C	7012AC	60	95	18	1.1	0.6	67	88	1	19.4	38.2	32.8	27.1	36.2	31.5	5600	7500	36112	46112
7013C	7013AC	65	100	18	1.1	0.6	72	93	1	20.1	40.0	35.5	28.2	38.0	33.8	5300	7000	36113	46113
7014C	7014AC	70	110	20	1.1	0.6	77	103	1	22.1	48.2	43.5	30.9	45.8	41.5	5000	6700	36114	46114
7015C	7015AC	75	115	20	1.1	0.6	82	108	1	22.7	49.5	46.5	32.2	46.8	44.2	4800	6300	36115	46115
7016C	7016AC	80	125	22	1.5	0.6	89	116	1.5	24.7	58.5	55.8	34.9	55.5	53.2	4500	6000	36116	46116
7017C	7017AC	85	130	22	1.5	0.6	94	121	1.5	25.4	62.5	60.2	36.1	59.2	57.2	4300	5600	36117	46117
7018C	7018AC	90	140	24	1.5	0.6	99	131	1.5	27.4	71.5	69.8	38.8	67.5	66.5	4000	5300	36118	46118
7019C	7019AC	95	145	24	1.5	0.6	104	136	1.5	28.1	73.5	73.2	40	69.5	69.8	3800	5000	36119	46119
7020C	7020AC	100	150	24	1.5	0.6	109	141	1.5	28.7	79.2	78.5	41.2	75	74.8	3800	5000	36120	46120
（0）2 尺寸系列																			
7200C	7200AC	10	30	9	0.6	0.15	15	25	0.6	7.2	5.82	2.95	9.2	5.58	2.82	18000	26000	36200	46200
7201C	7201AC	12	32	10	0.6	0.15	17	27	0.6	8	7.35	3.52	10.2	7.10	3.35	17000	24000	36201	46201
7202C	7202AC	15	35	11	0.6	0.15	20	30	0.6	8.9	8.68	4.62	11.4	8.35	4.40	16000	22000	36202	46202
7203C	7203AC	17	40	12	0.6	0.3	22	35	0.6	9.9	10.8	5.95	12.8	10.5	5.65	15000	20000	36203	46203
7204C	7204AC	20	47	14	1	0.3	26	41	1	11.5	14.5	8.22	14.9	14.0	7.82	13000	18000	36204	46204
7205C	7205AC	25	52	15	1	0.3	31	46	1	12.7	16.5	10.5	16.4	15.8	9.88	11000	16000	36205	46205
7206C	7206AC	30	62	16	1	0.3	36	56	1	14.2	23.0	15.0	18.7	22.0	14.2	9000	13000	36206	46206
7207C	7207AC	35	72	17	1.1	0.6	42	65	1	15.7	30.5	20.0	21	29.0	19.2	8000	11000	36207	46207
7208C	7208AC	40	80	18	1.1	0.6	47	73	1	17	36.8	25.8	23	35.2	24.5	7500	10000	36208	46208
7209C	7209AC	45	85	19	1.1	0.6	52	78	1	18.2	38.5	28.5	24.7	36.8	27.2	6700	9000	36209	46209
7210C	7210AC	50	90	20	1.1	0.6	57	83	1	19.4	42.8	32.0	26.3	40.8	30.5	6300	8500	36210	46210
7211C	7211AC	55	100	21	1.5	0.6	64	91	1.5	20.9	52.8	40.5	28.6	50.5	38.5	5600	7500	36211	46211
7212C	7212AC	60	110	22	1.5	0.6	69	101	1.5	22.4	61.0	48.5	30.8	58.2	46.2	5300	7000	36212	46212
7213C	7213AC	65	120	23	1.5	0.6	74	111	1.5	24.2	69.8	55.2	33.5	66.5	52.5	4800	6300	36213	46213
7214C	7214AC	70	125	24	1.5	0.6	79	116	1.5	25.3	70.2	60.0	35.1	69.2	57.5	4500	6000	36214	46214
7215C	7215AC	75	130	25	1.5	0.6	84	121	1.5	26.4	79.2	65.8	36.6	75.2	63.0	4300	5600	36215	46215
7216C	7216AC	80	140	26	2	1	90	130	2	27.7	89.5	78.2	38.9	85.0	74.5	4000	5300	36216	46216
7217C	7217AC	85	150	28	2	1	95	140	2	29.9	99.8	85.0	41.6	94.8	81.5	3800	5000	36217	46217
7218C	7218AC	90	160	30	2	1	100	150	2	31.7	122	105	44.2	118	100	3600	4800	36218	46218
7219C	7219AC	95	170	32	2.1	1.1	107	158	2.1	33.8	135	115	46.9	128	108	3400	4500	36219	46219
7220C	7220AC	100	180	34	2.1	1.1	112	168	2.1	35.8	148	128	49.7	142	122	3200	4300	36220	46220

附表 3－2（续）

轴承代号		基本尺寸/mm					安装尺寸/mm			70000C ($\alpha=15°$)			70000AC ($\alpha=25°$)			极限转速/($r \cdot min^{-1}$)		原轴承代号	
		d	D	B	r_s	r_{1s}	d_{amin}	D_a	r_{as}	a/mm	基本额定 动载荷C_r	基本额定 静载荷C_{0r}	a/mm	基本额定 动载荷C_r	基本额定 静载荷C_{0r}	脂润滑	油润滑		
					min	min		max	max		kN	kN		kN	kN				
（0）3 尺寸系列																			
7301C	7301AC	12	37	12	1	0.3	18	31	1	8.6	8.10	5.22	12	8.08	4.88	16000	22000	36301	46301
7302C	7302AC	15	42	13	1	0.3	21	36	1	9.6	9.38	5.95	13.5	9.08	5.58	15000	20000	36302	46302
7303C	7303AC	17	47	14	1	0.3	23	41	1	10.4	12.8	8.62	14.8	11.5	7.08	14000	19000	36303	46303
7304C	7304AC	20	52	15	1.1	0.6	27	45	1	11.3	14.2	9.68	16.8	13.8	9.10	12000	17000	36304	46304
7305C	7305AC	25	62	17	1.1	0.6	32	55	1	13.1	21.5	15.8	19.1	20.8	14.8	9500	14000	36305	46305
7306C	7306AC	30	72	19	1.1	0.6	37	65	1	15	26.5	19.8	22.2	25.2	18.5	8500	12000	36306	46306
7307C	7307AC	35	80	21	1.5	0.6	44	71	1.5	16.6	34.2	26.8	24.5	32.8	24.8	7500	10000	36307	46307
7308C	7308AC	40	90	23	1.5	0.6	49	81	1.5	18.5	40.2	32.3	27.5	38.5	30.5	6700	9000	36308	46308
7309C	7309AC	45	100	25	1.5	0.6	54	91	1.5	20.2	49.2	39.8	30.2	47.5	37.2	8000	8000	36309	46309
7310C	7310AC	50	110	27	2	1	60	100	2	22	53.5	47.2	33	55.5	44.5	5600	7500	36310	46310
7311C	7311AC	55	120	29	2	1	65	110	2	23.8	70.5	60.5	35.8	67.2	56.8	5000	6700	36311	46311
7312C	7312AC	60	130	31	2.1	1.1	72	118	2.1	25.6	80.5	70.2	38.7	77.8	65.8	4800	6300	36312	46312
7313C	7313AC	65	140	33	2.1	1.1	77	128	2.1	27.4	91.5	80.5	41.5	89.8	75.5	4300	5600	36313	46313
7314C	7314AC	70	150	35	2.1	1.1	82	138	2.1	29.2	102	91.5	44.3	98.5	86.0	4000	5300	36314	46314
7315C	7315AC	75	160	37	2.1	1.1	87	148	2.1	31	112	105	47.2	108	97.0	3800	5000	36315	46315
7316C	7316AC	80	170	39	2.1	1.1	92	158	2.1	32.8	122	118	50	118	108	3600	4800	36316	46316
7317C	7317AC	85	180	41	3	1.1	99	166	2.5	34.6	132	128	52.8	125	122	3400	4500	36317	46317
7318C	7318AC	90	190	43	3	1.1	104	176	2.5	36.4	142	142	55.6	135	135	3200	4300	36318	46318
7319C	7319AC	95	200	45	3	1.1	109	186	2.5	38.2	152	158	58.5	145	148	3000	4000	36319	46319
7320C	7320AC	100	215	47	3	1.1	114	201	2.5	40.2	162	175	61.9	165	178	2600	3600	36320	46320
（0）4 尺寸系列																			
	7406AC	30	90	23	1.5	0.6	39	81	1				26.1	42.5	32.2	7500	10000		46406
	7407AC	35	100	25	1.5	0.6	44	91	1.5				29	53.8	42.5	6300	8500		46407
	7408AC	40	110	27	2	1	50	100	2				31.8	62.0	49.5	6000	8000		46408
	7409AC	45	120	29	2	1	55	110	2				34.6	66.8	52.8	5300	7000		46409
	7410AC	50	130	31	2.1	1.1	62	118	2.1				37.4	76.5	64.2	5000	6700		46410
	7412AC	60	150	35	2.1	1.1	72	138	2.1				43.1	102	90.8	4300	5600		46412
	7414AC	70	180	42	3	1.1	84	166	2.5				51.5	125	125	3600	4800		46414
	7416AC	80	200	48	3	1.1	94	186	2.5				58.1	152	162	3200	4300		46416

注：表中 C_r 值，对（1）0、（0）2 系列为真空脱气轴承钢的承荷能力，对（0）3、（0）4 系列为电炉轴承钢的承荷能力。

参 考 文 献

[1] 李龙堂．理论力学［M］．北京：高等教育出版社，1984.
[2] 李龙堂．材料力学［M］．北京：高等教育出版社，1984.
[3] 武建华．材料力学［M］．重庆：重庆大学出版社，2002.
[4] 陈继刚，张建中，唐平．工程力学［M］．徐州：中国矿业大学出版社，2005.
[5] 纪武瑜．工程力学［M］．北京：中国劳动社会保障出版社，2005.
[6] 张晓梅．工程力学［M］．北京：煤炭工业出版社，2005.
[7] 孙明礼．机械基础［M］．上海：上海交通大学出版社，2008.
[8] 邹吉权．公差配合与技术测量［M］．重庆：重庆大学出版社，2004.
[9] 徐茂功．公差配合与技术测量［M］．北京：机械工业出版社，2008.
[10] 黄云清．公差配合与技术测量［M］．北京：机械工业出版社，1997.
[11] 孔庆华，刘传绍．极限配合与测量技术基础［M］．上海：同济大学出版社，2002.
[12] 濮良贵．机械设计［M］.5 版．北京：高等教育出版社，1989.
[13] 陈立德．机械设计基础［M］．北京：高等教育出版社，2008.
[14] 邓昭铭，张莹．机械设计基础［M］．北京：高等教育出版社，2008.
[15] 叶茂东，杨树国．机械原理［M］．山西：山西高校联合出版社，1992.
[16] 陈位宫．工程力学［M］．北京：高等教育出版社，2006.
[17] 孟玲琴，王志伟．机械设计基础［M］．北京：北京理工大学出版社，2009.
[18] 刘力．机械制图［M］．北京：高等教育出版社，2002.
[19] 廖念钊，等．互换性与技术测量［M］．北京：中国计量出版社，1990.
[20] 苟向峰．公差配合与测量技术［M］．长沙：国防科技大学出版社，2010.

图书在版编目（CIP）数据

常用机构与零件设计/卢雪红主编．--2版．--北京：煤炭工业出版社，2018

“十三五”高等职业教育规划教材

ISBN 978-7-5020-6861-5

Ⅰ.①常… Ⅱ.①卢… Ⅲ.①机械元件—机械设计—高等职业教育—教材 Ⅳ.①TH13

中国版本图书馆CIP数据核字（2018）第202373号

常用机构与零件设计　第2版

（“十三五”高等职业教育规划教材）

主　　编　卢雪红
责任编辑　闫　非
编　　辑　刘晓天
责任校对　陈　慧
封面设计　王　滨

出版发行　煤炭工业出版社（北京市朝阳区芍药居35号　100029）
电　　话　010-84657898（总编室）　010-84657880（读者服务部）
网　　址　www.cciph.com.cn
印　　刷　北京虎彩文化传播有限公司
经　　销　全国新华书店

开　　本　787mm×1092mm 1/16　**印张**　22　**字数**　522千字
版　　次　2019年1月第2版　2019年1月第1次印刷
社内编号　20181137　**定价**　60.00元